◎ 2月21日，国家林业局局长贾治邦听取北林大专家汇报南方林业冰冻灾害调研情况

◎ 4月9日，国家林业局副局长祝列克一行慰问北林大南方雨雪冰冻灾害考察专家

◎ 2月14~18日，北林大组织专家考察南方雨雪冰冻灾区森林资源灾情
　（左图为校党委书记吴斌在贵州从江县考察苗圃受灾情况，右图为校长尹伟伦在湖南灾害现场调研）

◎ 6月23日，原全国
人大常委会副委员
长许嘉璐来北林大
视察

◎ 10月29日，全国政协副主席罗富和
出席第23届国际杨树大会欢迎晚宴

◎ 8月4日，团中央第一书记陆昊等领
导来北林大视察奥运志愿服务工作

◎ 10月27日，中国野生动物保护协会
会长赵学敏和国家林业局副局长印
红为北林大自然保护大讲堂揭幕

◎ 9月1日，北林大举行2008学年开学典礼

◎ 7月1日，北林大举行2008届本科毕业生毕业典礼

◎ 11月26日，北林大举行2008年社会奖助学金颁发仪式

◎ 北林大教务处荣获北京市高校先进教务处

◎ 9月9日，北林大"优势学科创新平台"项目建设方案举行专家论证会

◎ 11月4日，国家花卉工程技术研究中心接受科技部现场验收评估

◎ 6月10日，科技部专家考察北林大山西吉县国家野外定位站

◎ 7月3日，北林大申报的传统插花入选第二批国家级非物质文化遗产

◎ 10月27日，第23届国际杨树大会开幕

◎ 10月15日，北林大与日本东京农工大学
签署校际协议

◎ 12月3日，北林大举办中韩日林产品贸易国际
研讨会

◎ 12月8日，林业教育国际研讨会暨第一届中国林业教育培训论坛在北林大举行

◎ 5月7日，北林大举行汪振儒教授百年华诞座谈会

◎ 11月23日，北林大举办全国森林培育学科建设高级研讨班

◎ 6月7日，中国生态文明建设论坛在北林大
举行

◎ 5月30日，北林大荣获国家生态文明教育基地
称号

◎ 2月29日，北林大召开2008年工作会议

◎ 3月26日，北林大召开2008年党风廉政建设工作会议

◎ 6月27日，北林大举行庆祝中国共产党成立87周年暨表彰大会

◎ 北林大获2008年首都文明单位标兵称号

首都文明单位标兵
首都精神文明建设委员会

◎ 4月5日,"微笑北京绿色长征"首都大学生第十二届"绿桥"暨第二届全国青少年
绿色长征接力活动在北林大开幕

◎ 5月8日,北林大承办首都高校第46届学生田径运动会

◎ 10月,北林大奥运会、残奥会志愿者工作总结表彰大会

(图片供稿:袁东来等)

北京林业大学

2009 年鉴

BEIJING FORESTRY UNIVERSITY
YEARBOOK

北京林业大学 编纂

中国林业出版社

图书在版编目(CIP)数据

北京林业大学年鉴. 2009/北京林业大学编纂. –北京：中国林业出版社，2009. 12
ISBN 978-7-5038-5748-5

Ⅰ. ①北…　Ⅱ. ①北…　Ⅲ. ①北京林业大学 – 2009 – 年鉴　Ⅳ. ①S7 – 40

中国版本图书馆 CIP 数据核字(2009)第 231417 号

策　　划：邵权熙　冯峻极
责任编辑：冯峻极　苏晓棠
封面设计：点线面工作室

出版：中国林业出版社（100009　北京西城区德内大街刘海胡同 7 号）
网址：www. cfph. com. cn
E-mail：cfphz@ public. bta. net. cn　电话：83223789
发行：中国林业出版社
印刷：北京地质印刷厂
版次：2009 年 12 月第 1 版
印次：2009 年 12 月第 1 次
开本：787mm×1092mm　1/16
印张：20. 25
字数：730 千字
定价：68. 00 元

《北京林业大学年鉴（2009卷）》编辑委员会

主　任：吴　斌　尹伟伦
副主任：陈天全　周　景　逄广洲　宋维明
　　　　姜恩来　方国良　张启翔
委　员：（按姓氏笔画排序）
　　　　于文华　于吉顺　于翠霞　万国良　王　勇　王立平
　　　　王自力　王艳青　石彦君　朱逸民　任　强　全　海
　　　　刘　诚　刘宏文　闫锦敏　孙信丽　李　勇　李东才
　　　　李发顺　李铁铮　李颂华　杨永福　杨宏伟　邹国辉
　　　　沈秀萍　宋太增　张　闯　张　勇　张卫民　张志强
　　　　张劲松　张爱国　陈建成　岳金山　金文斌　周伯玲
　　　　庞有祝　郑晓清　赵相华　侯小龙　姜金璞　贺　刚
　　　　贾笑微　钱秀玉　高孟宁　黄中莉　董金宝　韩海荣
　　　　程堂仁　管凤仙　颜　帅　魏　莹

《北京林业大学年鉴（2009卷）》编辑部

主　编：吴　斌　尹伟伦

副主编：逄广洲　邹国辉　田　阳

编　辑：丁立建　刘继刚　邱　晨
　　　　李延安　杨金融　吴丽娟
　　　　崔建国　沈　芳　李茜玲

编辑说明

做好校史、校志、年鉴等史志修编工作，是大学文化建设和精神文明建设的基础工作。北京林业大学党委高度重视学校史志修编工作，分别于1992年建校40周年和2002年建校50周年之际，先后出版了《北京林业大学校史(1952～1992)》和《北京林业大学校史(1952～2002)》。在此基础上，2009年3月学校成立了以校党委书记吴斌和校长尹伟伦为主任的年鉴编撰委员会，主持启动北京林业大学年鉴编撰工作，旨在逐年分卷记述北京林业大学的基本面貌和发展情况，进一步加强学校史志修编工作。

作为北京林业大学建校以来的第一本年鉴，《北京林业大学年鉴(2009卷)》(以下简称《年鉴2009卷》)全面、系统地反映2008年学校在教学、科研、管理和党建等方面的发展及重大活动情况，可供学校各部门及校外有关单位了解研究学校的发展提供史料。

《年鉴2009卷》选题时间范围为2008年1月1日至12月31日，部分内容依实际情况前后略有延伸，并专门收录了2002～2007年北京林业大学大事记，以更好地反映2002年以来学校建设发展的历史轨迹。《年鉴2009卷》以文章和条目为基本载体，以条目为主，并配有彩色插页。全书共设置19个栏目，分别为北京林业大学简介、特载、专文、机构与队伍、教育教学、学科建设、科学研究、基地平台及研究机构、国际交流与合作、党建与群团、管理与服务、学校公共体系、学院与教学部、人物、2002～2008年大事记、表彰与奖励、毕业生名单、学位授予情况、媒体重要报道要目。稿件由各单位确定专人负责提供，并经单位负责人审定。

《年鉴2009卷》在学校年鉴编撰委员会主持下，由学校年鉴编辑部具体负责。学校党政办公室和有关部门的同志组成年鉴编辑部承担年鉴编辑工作，年鉴的主要撰稿人为校内各单位负责同志和熟悉情况的工作人员。

《年鉴2009卷》的顺利出版离不开学校领导的坚强领导以及全校各部门的大力协助，宣传部李铁铮、期刊编辑部颜帅为年鉴编辑提出了宝贵的意见，樊新武、王燕俊、李伟利等同志参与编辑工作，在此谨表深深的谢意。由于年鉴涉及面广，内容多，编撰时间紧迫，加上是众手成书，编辑人员的水平所限、经验不足，年鉴中错误遗漏之处在所难免，敬请读者批评指正。我们将不断探索改进工作，努力提高学校年鉴的编纂与出版质量。

《北京林业大学年鉴》编辑部

2009年10月

见证学校发展　传承北林文化

——写在《北京林业大学年鉴（2009卷）》出版之际

2009年是我们伟大祖国60岁生日。伴随着共和国的成长，北京林业大学走过了57年的发展历程。回首过去，北林从小到大、由弱变强，昔日只有一个专业、百余名学生的学校，如今已经成为国内同类院校中具有领先地位的绿色最高学府。半个多世纪以来，北林人始终秉承"知山知水、树木树人"的办学理念，胸怀"替河山妆成锦绣，把国土绘成丹青"的志向，精心培育绿色科技人才，不断推进绿色科技创新，为祖国绿色事业提供了强有力的科技和人才支撑，在中国高等教育史上谱写了华美的绿色乐章。

为了完整地记录北京林业大学发展历程，更好地传承北林精神，学校在《北京林业大学校史（1952~1992）》和《北京林业大学校史（1952~2002）》的基础上，于2009年决定启动学校首部年鉴的编撰工作。在年鉴编撰委员会的领导下，年鉴编辑部克服时间短、任务重等困难，认真调研并精心制定了符合年鉴规范、突出学校特色的年鉴构架，组建了精干的年鉴兼职组稿队伍，群策群力地完成了《北京林业大学年鉴（2009卷）》的组织编撰工作。这其中，凝聚了年鉴编辑部和全体组稿人员的大量心血。我谨代表年鉴编撰委员会向为年鉴编撰出版付出辛勤劳动的同志们表示由衷的感谢！

《北京林业大学年鉴（2009卷）》是一部资料性工具书，全面、系统地记述了学校2008年各方面工作的新成就、新发展、新变化、新经验，全书共约70万字。该书的出版，不仅是年鉴工作者向学校返京复校30年献上的一份厚礼，而且是学校史志工作的一个新起点，更为学校建校60年的校史修编积累了翔实的资料。

当前，北京林业大学正经历难得的发展机遇。全校上下正在以引领生态文明，建设高水平林业大学为目标，真抓实干，加快学校发展步伐，努力提升学校核心竞争力，推动学校事业科学发展、和谐发展。年鉴工作是大学文化建设的一部分，更是一项长期的事业。衷心希望年鉴工作者充分认识年鉴在资政、存史、育人、宣传方面的意义，开动脑筋、拓展思路、扎实工作，通过实践的积累和理论的探索，使年鉴常编常新，体现时代特征、大学特色、北林特点，成为师生了解学校的窗口、学校对外交流的名片，发挥年鉴的最大价值。希望全校各单位和全体师生、校友都要关心和重视年鉴工作，继续支持学校年鉴的编撰，在教学科研和管理中充分用好年鉴成果。

衷心祝愿学校年鉴越办越好，更上一层楼！

北京林业大学党委书记

《北京林业大学年鉴（2009卷）》主编　吴斌

于2009年岁末

目　　录

教 育 教 学

北京林业大学年鉴2009卷

北京林业大学年鉴2009卷

北京林业大学简介

北京林业大学是教育部直属、教育部与国家林业局共建的全国重点大学。学校办学历史可追溯至1902年的京师大学堂农业科林学目。1952年全国高校院系调整，北京农业大学森林系与河北农学院森林系合并，成立北京林学院。1956年，北京农业大学造园系和清华大学建筑系部分并入学校。1960年被列为全国重点高等院校，1981年成为首批具有博士、硕士学位授予权的高校。1985年更名为北京林业大学。1996年被国家列为首批"211工程"重点建设的高校。2000年经教育部批准试办研究生院，2004年正式建立研究生院。2005年获得本科自主选拔录取资格。2008年，学校成为国家"优势学科创新平台"建设项目试点高校。

学校以林学、生物学、林业工程学为特色，是农、理、工、管、经、文、法、哲相结合的多科性协调发展的全国重点大学。学校现有13个学院、35个博士点、73个硕士点，本科招生专业及方向52个，拥有1个一级国家重点学科（涵盖7个二级学科）、2个二级国家重点学科，1个国家重点（培育）学科、10个国家林业局重点学科、1个北京市一级重点学科（含3个二级学科）、3个北京市二级重点学科、1个北京市重点交叉学科。截至2008年12月，学校在校生21 510人，其中本科生12 993人，研究生3275人，各类继续教育学生4294人，非计划招生高等教育学生中在职人员攻读硕士学位948人。学校现有专任教师991人，其中具有高级职称教师522人。拥有中国工程院院士4人，国家级有突出贡献专家8人，省部级有突出贡献专家18人，长江学者3人，国家新世纪百千万人才工程人选2人，享受国务院政府特殊津贴105人。教师获奖众多，其中有1人获何梁何利科技进步奖，1人获国际环境突出贡献奖，1人获全国优秀科技工作者称号，2人获全国模范教师称号，4人获全国优秀教师称号，其他获各类省部级以上奖励200余人次。

学校科学研究实力雄厚，成果丰硕。建有1个国家工程实验室、1个国家工程技术研究中心、1个国家野外台站、4个教育部重点实验室、3个教育部工程技术研究中心、1个教育部科技创新团队、5个国家林业局重点实验室、1个北京市重点实验室、4个国家林业局定位观测站、1个国家级理科人才培养基地。"十五"以来获得包括9项国家科技奖在内的各类科技奖励40余项，以第一作者单位发表论文被SCI收录124篇，EI收录405篇，ISTP收录90篇。"十一五"以来，继续承担国家科技支撑计划、"863"计划、国家自然科学基金重点项目等重大科技计划课题，获得科研经费3.2亿元。在树木抗逆分子生物学基础以及抗逆植物材料的选育与栽培技术，花卉新品种选育、栽培与应用，林木新品种选育与产业化开发，林业生态工程建设综合技术，森林生物质资源保护与利用等方面形成了优势、特色研究领域。以三倍体毛白杨、四倍体刺槐、名优花卉、地被植物等优良品种，林产精细化工为龙头的高新技术产业体系正巩固发展。毛白杨产业受到朱镕基总理和温家宝总理等国家领导人的重视和关怀，对三倍体毛白杨科研、推广示范等工作做了重要批示，并给予专项拨款。

学校高度重视本科教学工作，教学改革成果丰硕，教学质量稳步提高。近年来，连续获得3项国家级教学成果一等奖，2项国家级教学成果二等奖和15项省部级教学成果奖。有国家级精品课程7门、北京市精品课程15门，北京市教学名师6名。国家级特色专业建设点6个，北京市特色专业建设点7个，国家级优秀教学团队3个，北京市优秀教学团队5个。2002年以来，学校学生在国际大学生风景园林设计大赛、国际建筑师及大学生建筑设计大赛中，有9人次获得金奖。在全国大学生英语竞赛中，有8人获特等奖，43人获一等奖。在全国大学生数学建模大赛中，有9人获全国一等奖，3人获全国二等奖。学校本科毕业生就业率始终在90%以上。

2005年学校在教育部组织的普通高等学校本科教学工作水平评估中获得优秀。

学校形成了"知山知水、树木树人"的办学理念，为国家培养了5万多名高级专门人才和一批外国留学生，其中包括12名两院院士以及12名省部级领导为代表的一大批杰出的科技专家和管理干部，他们为中国林业事业做出了卓越的贡献。

校本部现有校园面积45公顷，正在建设的鹫峰校区占地面积50公顷，学校实验林场占地面积724.67公顷，学校总占地面积819.67公顷。此外在河北沧州建有200公顷的教学科研实习基地。图书馆纸质藏书达137.35万册，电子资源库17种，各类电子图书总计74.32万册。建成了"千兆骨干、百兆桌面"的数字校园网络。

学校积极推进国际合作和开放办学。学校先后与31个国家和地区的160余所高等院校、科研院所和非政府组织建立了教育与科技合作关系。2000年以来，共举办了30次国际学术会议，接待国外专家学者千余人次，派出大量教师出国交流合作，执行国际合作项目40余项。2003年与美国密西根州立大学联合办学，培养草业科学（草坪方向）专业本科生，学生毕业后，可获得北京林业大学、美国密西根州立大学两校本科学士学位。学校每年还向美国、日本、芬兰等国派出研究生30余名，每年招收来自韩国、日本、马来西亚、越南、吉尔吉斯坦等国家的留学生近100人。

目前，学校正以办人民满意的高等教育为宗旨，进一步提高办学质量，为把学校建设成为特色鲜明的高水平、多科性、研究型大学而努力奋斗。

（刘继刚　邹国辉）

特　载

发挥学科优势 服务南方灾后森林恢复重建工作

2008年2月，湖南、贵州、江西等南方多个省（区、市）遭受严重低温雨雪冰冻灾害，森林资源受到严重破坏，导致林业生产受到严重影响。

北京林业大学积极发挥人才、科技和知识优势，2008年2月14~18日组织26名专家分3个调查组，赴湖南省、江西省和贵州省开展森林资源受灾情况调研及灾后重建工作，积极提交专家建议，主动服务南方低温雨雪冰冻受灾省（区、市）的灾后重建工作，为抗灾救灾提供科技服务。专家建议得到国家领导人的多次批示，直接推动了国家对受灾林区实行扶持政策、实施林业恢复重建工程，受到国家林业局党组的高度评价。

学校党委高度重视此项工作，2008年2月12日校党委书记吴斌教授、校长尹伟伦院士主持召开紧急会议，认真研讨南方雨雪冰冻灾后恢复重建工作，果断作出决定，组织包括"长江学者"特聘教授等多学科的26名专家参与此项工作。2月14~18日，各调查组分别深入到受灾严重的湖南省郴州市、长沙市、衡阳市、浏阳市，江西省吉安地区，贵州省黔东南州等地的林区，实地调查林区群众的生产生活、林区基础设施、林业经济发展、森林资源、野生动植物资源等损失情况；重点对国有林场、自然保护区、集体林、生态公益林、工业用材林、经济林等不同类型、不同年龄阶段的林分进行调查，统计比较受灾程度、分析成灾原因；深入村寨走访受灾群众，了解灾区群众最紧迫的生产生活需求；积极参与受灾地区灾后重建规划的制定，把森林资源恢复与重建的科学技术问题宣传给各级政府、有关部门和广大群众，受到有关省（区、市）、地方林业主管部门和灾区群众的欢迎。

学校专家经过认真调研，提出了生态恢复重建的10项建议和措施：一是紧急筹措林业救灾资金；二是尽快启动国家生态恢复重大工程；三是立即开展冰雪灾害影响综合评估；四是切实解决灾区民生问题；五是密切关注次生灾害发生，随时掌握动态变化，严防爆发次生灾害；六是最大限度地保护地被物；七是加快人工补植造林力度；八是着力构建混交林生态系统；九是慎重使用外来树种；十是坚决防止乱砍盗伐。

2月21日，国家林业局局长贾治邦等领导认真听取了北京林业大学赴南方雪灾区开展林业冰雪灾害考察调研情况汇报。校党委书记吴斌、校长尹伟伦院士及部分参加考察的专家，向国家林业局领导和各司局主要负责人介绍了灾区林业受害情况，对主要灾害损失进行了初步分析，对灾后复建提出了建议。汇报会上，北林大专家展示了在灾区拍摄的反映林业灾情的大量照片，向与会者展示了灾区的受灾现状。

贾治邦指出，南方雪灾发生以后，北京林业大学党委以强烈的政治责任感和对林业事业高度负责的精神，主动投入到林业恢复重建工作。校党委书记和校长在灾后第一时间亲自带队，组织26位专家赶赴重灾区，深入第一线考察，得到了大量第一手资料和真实情况，在最短时间内形成了科学翔实的调研报告，为国家林业局进一步决策相关事宜提供了依据。专家们在汇报中提出的许多建议，符合灾区和林业建设实际，切中恢复重建的要害，有重要的价值，使与会者受到了启发。他说，林业振兴靠科教，灾区的恢复与建设更离不开科技教育的支持。

贾治邦感谢北京林业大学对我国林业建设、国家林业局的支持，并希望今后进一步加强双方的联系，为林业发展提供更多的科技支撑。

此后，学校和专家通过各种渠道向党中央、国务院反映林业受灾情况和灾后重建的政策建

议。校长尹伟伦院士多次在不同场合反映林业灾情，并在2008年全国政协十一届一次会议小组会上发言汇报林业灾情，引起了有关领导的高度重视。

4月9日上午，受国家林业局局长贾治邦委托，国家林业局副局长祝列克带领局办公室、造林司、资源司、计资司、科技司、宣传办等司局负责同志专程来校慰问调研。在听取校党委书记吴斌、校长尹伟伦关于学校总体发展情况和南方雨雪冰冻灾害防灾抗灾工作情况简要介绍后，祝列克就森林恢复重建、学校建设发表了讲话。

祝列克代表国家林业局党组和贾治邦局长对北林大表示由衷的感谢。他赞扬学校长期以来为国家培养大批林业人才、为林业事业提供强大的智力支持。他指出，北京林业大学的院士和专家还通过多种渠道，积极向中央和国务院反映林业受灾情况和灾后重建的政策建议，受到了温家宝总理和回良玉副总理的高度重视，多次作出重要批示，推动了国家对受灾林区实行政策扶持，促进了林业灾后重建工作的顺利开展。他表示，学校此行动充分体现了北林大党政领导班子和专家学者胸怀林业、服务林业、报效国家的高尚品质和政治敏锐性，充分说明北林大是一支值得信赖的队伍。

祝列克认真听取了学校专家对林业恢复重建的建议。他希望北京林业大学进一步组织力量对科学发展林业、基础设施保障、应急体系建设、森林经营等进行深入研究，为林业恢复建设提供更好的支持。他表示，国家林业局将进一步加大部局共建北京林业大学的力度，在学科建设、科学研究、人才培养等方面全力支持北京林业大学的发展，为学校更好地服务林业建设创造良好条件。他明确表示支持学校的建议，在北京林业大学尽快建立国家林业局南方雨雪冰冻灾害森林生态恢复科研基地、森林重大灾害防治研究中心，启动更多林业生产实践中急需技术的科研项目，早出成果，更好地服务现代化林业建设。

学校向国家林业局领导汇报了学校专家对灾区生态系统恢复重建的建议和设想：进一步加强森林资源经营，建立森林经营的技术规范和效益评价的国家标准；进一步完善林权改革的配套措施，健全生态补偿机制，将林地经营权和产权分开，建立森林经营事务所，科学制定林地经营方案，增强森林的生态效益；进一步加强对林业体制、政策、管理、技术等不同层面的研究，从政策架构、管理方式、技术路线等方面增强林业应对灾害的能力，推进现代林业建设。

学校提出三点建议：一是国家林业局在南方灾区建立冰雪灾害森林生态恢复科研基地，为学校提供平台配合林业恢复重建工程开展科技攻关，保留部分有代表性的林地，为教学科研提供样地和实验空间；二是在学校建立国家林业局森林重大灾害研究中心，使学校跟踪关键技术问题，组织力量开展森林防火、重大森林病虫害、极端天气情况对森林影响反应机制、林业灾后评估、森林经营等基础、技术、政策研究；三是建议国家林业局加大对学校的指导，开拓支持学校服务林业建设的领域，使学校更多地参与林业建设。

学校强调，服务林业是学校永远不变的使命。学校将按照国家林业局的要求，高质量完成林业科研和人才培养工作。学校将以林业建设需求为引领，进一步明确学校的重点学术发展方向，调整学科建设和科技创新的思路，组织多学科力量有针对性地开展科技攻关，全力以赴为林业灾后重建和现代林业建设提供科技支撑，保持鲜明的办学特色，为我国林业发展建设做出积极贡献。

（刘继刚　田　阳）

举全校之力 做好汶川地震抗震救灾工作

2008年5月12日汶川地震发生后，北京林业大学紧急行动起来，通过认真做好在校涉灾学生的帮扶工作、发动全校师生捐款捐物、参与震后恢复重建等方式，积极投入到抗震救灾工作中。

一、坚持以人为本，扎实深入地做好学校涉灾学生帮扶工作

学校通过校、院、部门和班级等组织，在第一时间开展四川及相关省（区、市）涉灾学生的情况调查工作，详细了解学生的现状，并对家中房屋受损倒塌、家中人员伤亡等情况进行多次核查和分类统计，确保底数清楚。在此基础上，学校通过心理干预、发放补助等方式帮扶家庭受灾学生。一是做好心理干预，学校全体学生管理干部、班主任和学生党员，通过召集家庭受灾学生开座谈会和深入到班级、宿舍等方式，对涉灾学生进行安慰、疏导，开展细致深入的思想工作，帮助学生尽可能地保持与家里的联系。针对涉灾学生的心理情况，组织心理辅导员进行了团体或一对一的心理辅导，排解其心理压力，保证了他们思想稳定；二是发放受灾补助。学校拿出专项经费为每位涉灾学生补助 300 元，各学院也筹措经费对每位涉灾学生进行 100 ~ 500 元不等的配套补助；三是学校充分利用"6 + 1"家庭经济困难学生资助体系，通过特殊困难补助、学费减免、临时补助、助学金等多种形式开展专项补助。对于家庭受灾十分严重、现在生活十分困难、急需要帮助的学生，将确保"绿色通道"畅通，让学生在第一时间得到资助。

学校分 6 批对涉灾学生进行了慰问和资助，累计 28 人，发放资金达 15 万余元。

二、发挥一方有难、八方支援的精神，师生员工踊跃捐助款物

学校党委、行政迅速部署向四川地震灾区献爱心活动，学校广大师生掀起向四川地震灾区献爱心热潮，用实际行动向灾区人民捐款、捐物。校领导带头、广大教职员工踊跃捐款，各级党组织和广大党员踊跃交纳"特殊党费"。其中，69 位老同志第一时间主动到离退休处办公室自愿捐款，91 岁高龄的中国工程院院士陈俊愉教授捐出 10 000 元。广大同学采取多种途径积极参与抗震救灾活动。校学生会、校社联、校红十字会等利用各种宣传阵地开展了灾区情况通报、横幅签名、填写心愿祝福板等爱心活动，发布抗震救灾宣言书、爱心寄语，进行抗震救灾募捐。多个学生党支部自发在校园 BBS 上制作并发布了"情系大地震"网络祈愿墙，以祈愿的形式寄托对遇难同胞的无限哀思，表达对灾区人民的支持和问候。学校师生积极响应号召，组成了一支 30 人的志愿者队伍前往北京市血液中心无偿献血。

截至 5 月 29 日，学校累计个人捐款总数达 181 295.41 元；学校和各学院以单位和组织的名义捐款总数达 460 770.9 元；通过北京林业大学社区居委会捐款 6288 元。

三、成立专家组，加强防治地震山地次生灾害的科学研究

学校积极发挥学科和专家优势，针对灾区次生山地灾害的关键问题，成立防治地震山地次生灾害专家组，主动投身汶川地震灾区恢复重建的科学研究。

5 月 28 日下午，校党委书记、水土保持专家吴斌教授专门主持召开了防治地震次生灾害专家座谈会，组织学校水土保持、工程绿化、环境保护、山地灾害、地理信息系统、生态学、土木建筑等方面的 10 多名专家，针对地震灾区潜在次生山地灾害及其预防的关键问题，商讨如何发挥北京林业大学多学科优势和特色，开展次生山地灾害防治工作，为灾区重建与恢复以及合理利用土地提供科学依据。

根据汶川地震灾区的实际情况，专家提出 3 项建议，加强次生山地灾害防治工作：一是要开展灾区次生山地灾害快速评估，为当地政府和相关部门灾后重建科学提供决策依据，二是开展村镇建设地危险区域划分，为灾后重建规划提供技术支撑，三是开展灾区村镇重建规划研究，为广大灾区恢复与重建提供示范。

学校汇总专家建议，形成了《关于加强汶川地震灾后次生山地灾害防治的建议》，上报国家抗震救灾总指挥部及教育部、水利部、环境保护部、国土资源部、住房和城乡建设部、科技部、民政部、国家林业局、北京市政府等上级部门，得到了上级有关部门的高度评价。住房和城乡建设部有关司局专程来校听取专家建议。

四、成立科技特派团，参与陕西省略阳县灾区灾后恢复重建

2008 年 10 月，科技部决定组织开展汶川大地震灾后恢复重建科技特派团对口帮扶工作，依靠科技支援灾区灾后恢复重建，推进灾区新农村建设。根据科技部精神要求，北林大积极响应，迅速成立了工作领导小组并确定了对口帮扶单

位——陕西省略阳县。根据略阳县的资源现状与产业发展特色及需求，精心挑选了10名科技人员，组成了以张启翔副校长为团长的"北京林业大学科技特派团"。

2008年11月4日，在四川省成都市召开的对口帮扶工作启动会上，校党委书记吴斌代表北林大与对口帮扶单位陕西省略阳县签订了合作协议并初步确定了帮扶工作方案。根据方案设计，北林大将以"立足本地优势资源，转化优势科技成果，推动地方支柱产业发展"为对口帮扶指导思想，依托北林大在林业资源（中药材）研究开发的科技优势，充分发挥科技平台、科技人才与技术项目的集成优势，结合帮扶单位的林业资源（中药材）开发状况及需求，联合帮扶地区企事业单位，通过开展杜仲、银杏等林业资源高效综合利用研究、新产品及市场开发、科技培训，转化优势科技成果，提升林业资源（中药材）研发科技含量，建立典型企业科技创新示范，推动当地支柱产业的快速发展，逐步形成产、学、研、发为一体的良性产业链，加快灾区恢复重建工作进程。

为尽快落实帮扶协议中确立的帮扶目标，进一步明确帮扶任务，保障帮扶项目能切合帮扶对象的实际需求，2008年11月26～29日，北林大对略阳县进行了调研和科学考察。

在略阳期间，张启翔副校长携科技处负责人、科技特派团主要成员参观考察了略阳县银杏示范基地、杜仲优良品种繁育基地以及杜仲、天麻等中药材资源开发利用龙头企业的产品开发与生产情况，对当地特色资源的保护现状以及开发利用水平有了初步的了解；在参观考察的同时，科技特派团与地方政府部门、相关企业的管理人员开展了深入的交流与洽谈，进一步明确了科技帮扶工作方向，完善了科技帮扶工作方案。双方均表示，在未来2～3年，北林大将在特色林产品开发与利用、人才培养等方面以科研项目为依托与陕西略阳县开展多方面的合作。

通过对陕西略阳的实地调研和考察，特派团对略阳县的中药材产业发展状况以及迫切需求有了较为深刻的了解，并确立了"集中力量解决关键问题"的工作方针。通过研讨，科技特派团决定以陕西略阳绿洲饮料食品有限公司（陕西略阳县内以杜仲产品深加工为主的高新技术龙头企业）作为首要科技援建对象，由北林大提供科研经费，设置了杜仲调味饮品研制及其生产企业设备车间升级改造方案、杜仲叶有效成分及功能性研究两个对口帮扶科技研究合作项目，并得到了陕西省略县科技管理部门以及生产企业的认同。

特派团将于2009年3月中、下旬，赴略阳实施杜仲调味饮品研制及其生产企业设备车间升级改造，内容包括：杜仲和粮食混合发酵技术系统研制；适合中型杜仲醋加工企业使用的杜仲保健醋的产业化加工技术研发；杜仲保健醋的保健功能因子研究；提出适合中型企业使用的杜仲保健醋的相关设备体系；按照GMP标准提出企业车间升级改造工程规划。全部工作预计在2009年底全面完成。　　　（田振坤　田　阳）

实施研究生培养机制改革
激励研究生学习和创新

为统筹和优化配置学校科研、教学等方面的资源，形成有利于激发研究生创新热情和创新实践的培养机制和资助体系，建立起以科研为导向的导师负责制，构建导师、研究生和培养环境三者和谐发展、协同创新的制度结构，建立研究生教育质量的长效保障机制和内在激励机制，全面提高研究生培养质量，北京林业大学于2008年制定了研究生培养机制改革试行方案并开始实施。主要内容包括：

一、调整研究生招生类别

研究生招生类别由计划内非定向、计划内定向、计划外委托培养、计划外自筹经费四类调整为非在职、委托培养和专项计划培养三类，从根本上打破了公费和自费的区别。

二、维持原学费制度

学费维持原标准不变，硕士 7000 元/年，设计艺术学（材料学院）10 000 元/年，委托培养硕士 8000 元/年；博士 10 000 元/年。

三、完善奖学金制度与"三助"津贴制度

完善奖学金制度，建立"三助"津贴制度是研究生培养机制改革的核心内容。

北京林业大学研究生奖助金结构

研究生类别	等级	比例	基本奖助金（元/年）		优秀奖学金	"三助"津贴（元/年）	
			学业奖学金	生活助学金		助研	助教、助管
硕士	一等	40%	7000	2000	另行申请	2000	另行申请
	二等	30%	3500	2000		2000	
	三等	30%	0	2000		2000	
博士		100%	10 000	3000		4000	

1. 奖学金制度

研究生奖学金分为基本奖助金、优秀奖学金两类。基本奖助金由学校负责提供，按学年进行评选。其中，非在职研究生均可申请学业奖学金，获得的学业奖学金可直接抵扣学费；非在职硕士、博士研究生均可获得一定标准的生活助学金，硕士、博士发放时间不超过 3 年，硕博连读不超过 5 年。优秀奖学金主要为鼓励在学期间学业优异、科研成果突出的研究生而设置，奖励经费纳入学校预算，每年经费 50 万 ~ 100 万元。奖学金根据研究生各年度学业表现制定专门的评定办法进行评定，具体由研究生院招生处和党委研究生工作部具体负责组织实施。

2. "三助"津贴制度

"三助"津贴分为助研、助教、助管津贴三类。"三助"是研究生结合学业或在学有余力的情况下通过相应劳动获得岗位津贴的形式，它有利于研究生的科研、综合素质的养成，并获得经济上的资助，同时也有利于补充学校科研、教学、管理岗位人员的不足。

（1）助研津贴：对于所招收的非在职研究生按标准提供助研津贴，并制定岗位职责。助研津贴的来源以导师为主，同时学校设立研究生培养扶持基金，用于根据学科特点资助部分研究生获得助研岗位津贴。

（2）助管、助教津贴：学校根据情况每年设立一定数量的助教岗位和助管岗位，各部门所需的助管岗位数量由人事处协调核定。助教岗位数量由教务处、研究生院、人事处根据学校本科及研究生教学需要核定。助教和助管津贴按 300 元/月发放，其中学校承担 200 元/月，用人单位承担 100 元/月。

四、强化导师负责制，完善研究生培养模式

强化了导师在研究生培养过程中对其思想道德、学术道德、科学精神、业务指导等的教育和监督责任，同时明确了导师在研究生录取选拔、奖学金评定、助研津贴发放、学业指导方式以及培养过程要求等方面的权力。

完善了研究生的培养模式。实行学分制基础上的弹性学制，基本学制硕士生和非在职博士生为 3 年、在职博士生为 4 年、提前攻博和硕博连读生为 5 年；全面修订研究生培养方案，加强对研究生创新思维和实践能力的培养，提高对参与学术活动、实践活动、发表论文等要求，进一步提高研究生培养质量；设立研究生培养创新和质量保障基金，加强研究生教学改革、优秀博士论文建设、研究生访学与学术交流等的建设力度；完善现有的导师遴选制度。

五、研究生医疗制度改革

研究生医疗实施分类管理，A 类为校内门诊及住院费用按规定享受公费医疗，B 类为校内门诊按规定享受公费医疗，住院治疗按北京市学生儿童大病医疗保险规定执行。两类研究生按照当年的有关情况确定，享受年限为基本修业年限。

六、研究生培养机制成效显著

研究生培养机制改革解决了原来研究生培养内在激励机制不够完善、导师责权利不够明确和教育资源配置不够优化等问题，对研究生培养质量的进一步提高意义重大。

2008 年北林大研究生培养机制改革试行工作进展顺利，取得很好的效果。2008 年共录取博士生 231 人，圆满完成国家下达规模。2008 年共计 2272 人报考北林大硕士生，最终录取

900人，比2007年增加53人，增幅6.25%。2008年研究生奖学金总额39.49万元，共有102人获"爱林"校长奖学金奖，奖励总额40.8万元。2008年学校面向13个学院和部分职能部门共设置120个助教及助管岗位，共发放助教及助管津贴384人次，总金额12万元；助研津贴4298人次，总金额205万元。

（贾黎明　马履一）

原全国人大常委会副委员长
许嘉璐来校视察调研

2008年6月23日，原全国人大常委会副委员长许嘉璐莅临北京林业大学视察调研，国家林业局党组成员、中央纪委驻国家林业局纪检组组长杨继平，国家林业局宣传办主任曹清尧陪同视察。许嘉璐亲切探望了我国著名园林花卉专家陈俊愉院士，听取了学校工作汇报，并在座谈会上发表了重要讲话。

许嘉璐对北京林业大学近年来的发展给予高度评价。他说，北京林业大学精英荟萃，为国家和林业发展做了很多实事，办学成绩显著。特别是改革开放30年来，学校与国家同步发展，无论是在学科建设还是在学术成就方面都取得了丰硕的成果，为下一步的发展奠定了坚实的基础。许嘉璐还充分肯定了学校主动适应国家生态文明建设战略的要求，积极传播绿色文化、引领绿色文明。

关于生态文明建设，许嘉璐认为要全面反思人类近现代发展的历史，对近现代文明进程进行综合全面的评价。从社会、工业、经济等方面来看，生态问题表现为能源过度消耗、环境污染、自然破坏等等。从哲学层面来看，西方哲学各个流派一直都在对科学主义、科技至上进行反思、质疑。总结东西方哲学层面对生态问题的反思成果，我们可以得到相似的结论，那就是科学要回归自然，人类需要回到祖先那里吸吮乳汁。这就给我国的发展提出了重要的课题：一方面要积极汲取西方的文明成果和科技成果的先进经验，大力发展我国的经济，努力改变我国落后的面貌，另一方面要通过创新发展思路，摒弃西方工业发展对自然资源过度索取的错误做法，走有中国特色的发展道路。如果我们完全按照西方的路走，假以时日，就需要有林业、水利、土壤、生态方面的专家通过大量的创造发明来挽救这960万平方千米的土地。因此，对于这样两难的选择，中国的哲学界、思想界必须高度重视这个问题的严峻性，凝聚智慧，为走出经济发展和生态良好双赢的道路提供智力支持。许嘉璐指出，当前要加强生态文明的研究。他表示，要想做好生态研究，要有"形"上的统帅，要提高到文明的层面，做到"低头拉车，抬头看路"。他强调要站在文化的高度搞好林业。林业中渗透着文明的精髓，林业的本质就是文化的问题。必须通过积极发展林业相关学科，从人文角度加强对人与自然关系的研究。北京林业大学提出"知山知水，树木树人"的办学理念，"树人"和"树木"很好地体现了林业的人文精神，即爱森林就是爱生命，就是爱家园，值得发扬光大。

许嘉璐担任了"国家中长期教育改革和发展规划纲要"顾问，他特别关注我国高等教育的发展。在座谈中，他反复强调，高等教育的发展必须不断深化改革，除了对教学内容、教学方式的变化，更要大胆地对教育体制、机制进行改革。他以北师大和香港浸会大学联合建立的联合国际学院（UIC）为例介绍了教育体制机制改革的重要性。UIC现有教师不到100人，其中60%是从国际聘请。学校在保持大陆高校严格管理的基础上，充分借鉴浸会大学英国式的管理经验，探索出了适合学校发展的管理新路：学校由二十几个委员会共同管理，每个委员会都由教授组成，学校各项决定都由各相关委员会提出方案，经董事会研究来决定，各职能部门的职责是服务和执行工作，充分实现全民管理。这一成功的探索启示我们，建设有中国特色的高等教育发展模式，必须不断地探索和改革，解决前进道路上的未知情况，使我们的高等教育始终保持活力。

许嘉璐认为，高等学校必须主动适应21世

纪的新情况和新特点，主动适应国际教育竞争带来的压力和国内经济快速发展对高等教育提出的新任务。当前要坚持以十七大精神为指导，进一步解放思想，深化改革，扩大开放。学校要把目光放到国际的广阔视野中，不要拘泥在国内，要在国际上寻找竞争对手，制定赶超的目标；内部管理要大胆引入竞争，引入优胜劣汰；要加大人才的引进、培养、管理和使用力度，设立专项经费从国际上引进高水平教师；教育教学不仅要重视学生的知识层面培养，更要重视学生的道德素质培养。

谈到教育面临的形势，许嘉璐说，国家一直坚持走科教兴国的道路，对教育的投入将会进一步增加，为教育发展创造了良好的条件。国家还将根据国情对高考进行渐进式的改革，基础教育阶段都进一步突出素质教育这一主线，着力培养学生全方面的素质。他指出，我国的高等教育要走精英教育和大众教育相结合的道路，既主动适应经济发展推进高等教育的普及发展，也要高度重视对精英人才的培养，特别是博士、硕士阶段的教育必须坚持精英教育方式，培养优秀拔尖人才。

（杨金融　田　阳）

"优势学科创新平台"建设项目获准立项

2008年12月4日接教育部通知，北京林业大学"优势学科创新平台"建设项目作为国家"优势学科创新平台"第二批试点建设的项目，正式获准立项建设。

"优势学科创新平台项目"是继"211工程"和"985工程"后，国家为提高高等教育实力和水平的又一重大举措。该项目于2006年12月由教育部、财政部开始试点建设，重点是加大对若干综合优势突出、国家和行业发展急需的能源、资源和环境等重点领域相关学科的建设力度，通过重点建设，大力提高这些学科的科技创新能力和解决制约经济社会发展的重大瓶颈问题的能力，增强其承担国家重大任务、开展高水平国际合作的竞争实力，促进学科优化和交叉，形成一批重大科技成果，在建设创新型国家中发挥重要作用。

2007年以来，北京林业大学就如何建设"优势学科创新平台"进行了多次论证。围绕国家生态安全的重大战略需求、结合国家科技发展规划的优先主题和国家林业发展的战略目标，依托学校在国内实力最强、优势最为突出的林学一级学科的学科优势，学校最终将优势学科创新平台定位于建设"应对全球变化的森林生态系统恢复重建与可持续经营优势学科创新平台"。

学校组织校内有关专家编制了"优势学科创新平台"建设方案，并于9月9日聘请了以中国工程院院士王涛为专家组组长的7名校外专家对

我校的"优势学科创新平台"项目建设方案进行了论证。会后，根据专家提出的意见组织力量对项目建设方案进行了进一步的修改，在规定的时间内完成了项目建设方案的编制、论证和上报工作。

一、项目建设目标

通过5～10年的建设，使该创新平台成为我国森林生态系统恢复重建与可持续经营领域知识创新、技术创新的核心基地，培养和聚集优秀科技人才的园地、国际合作与学术交流的重要窗口，并具有较高的国际知名度。

二、主要学科或领域

主要支撑学科或领域：

林学国家一级重点学科（包括森林培育、水土保持与荒漠化防治、森林经理学、森林保护学、林木遗传育种、野生动植物保护与利用和园林植物与观赏园艺）

生物学的国家重点学科植物学、省部级重点学科生态学

林业工程的国家重点学科木材科学与技术

相关支撑学科或领域：

省部级重点学科土壤学等。

三、主要建设方向

优质高效森林培育与经营

脆弱生态系统退化机制与恢复重建

林木良种与生物学基础

生态系统保护

9

四、主要研究内容

基于森林在增加碳汇、减缓全球气候变化及生态环境建设中的重要地位，以生物学、生态学为基础，以森林生态系统为对象，围绕森林生态系统恢复重建与可持续经营中的重大科学问题开展多学科的综合性创新研究。研究将本着基础研究与应用基础研究、微观手段与宏观方法、传统技术与高新技术、科技开发与生态环境重大建设工程相结合的原则；在研究应对气候变化的森林生态功能、森林生态系统的退化与生态修复机理的基础上，建立森林植被恢复生态学的理论体系，重点研究森林植物抗逆机理与种质创新、森林植被恢复和能源林培育、森林生态系统保护和可持续经营等问题，为我国增加碳汇、解决重大生态环境问题提供科学依据和技术支撑。

五、建设资金及构成

项目建设总资金1.3亿元。其中，中央财政专项资金1.0亿元，学校自筹资金0.3亿元。

六、项目负责人

校长尹伟伦院士。

（孙玉军　张卫民）

"211工程"三期建设启动

为贯彻落实科教兴国和人才强国战略，根据建设创新型国家的要求，国家决定实施"211工程"三期建设。

北京林业大学按照《高等教育"211工程"三期建设总体方案》要求，紧密结合《国家中长期科学和技术发展规划纲要（2006～2020年）》，以及《林业发展"十一五"和中长期规划》，结合学校"十一五"发展规划，围绕突出自身特色和优势，提出学校"211工程"三期建设的指导思想、总体建设目标和主要任务。

为了做好"211工程"整体规划，学校制定了《北京林业大学"211工程"建设项目管理实施办法》、《北京林业大学"211工程"专项资金管理办法》等管理文件和具体措施，完成了"211工程"三期建设方案的编制工作，并组织校内专家完成了教育部委托的对全国管理科学、生物学和林学3个领域92个"211工程"建设项目进行评审的工作。

北京林业大学"211工程"三期建设方案获教育部、财政部和发改委三部委的批准，主要建设任务包括重点学科建设、人才建设、公共服务体系建设3部分共13个子项目，建设项目投资总额为7630万元，其中：中央专项资金4900万元，学校自筹资金2730万元。2008年中央专项建设经费1420万元已落实，三期"211工程"进入实施阶段。

一、指导思想

深入贯彻落实科学发展观，把握学科研究前沿与国家和林业重大战略需求紧密结合。坚持以学科建设为核心，突出队伍建设和人才培养，强化科技创新和成果推广；坚持以学术综合集成为重点，优化资源配置，创新体制机制；着力学术建设，增强人才培养、科技创新和社会服务能力，推进学校事业又好又快发展。

二、总体建设目标

"十一五"时期是学校夯实教学研究型大学并向研究型大学转型的关键时期，具有承前启后的历史地位。学校本着为今后优势学科创新平台建设留有空间并相互衔接的原则确定了"211工程"三期建设的总体思路和总体建设目标是：继续以重点学科建设为核心，以项目带动重点学科与相关学科的建设，拓展学科领域，拓宽服务面向；着力培养学术领军人物和学术带头人，并加快对中青年骨干教师的培养；突出创新人才培养，改革人才培养模式，提高研究生的创新能力；通过体制机制创新，提供良好的学术与人才发展环境；巩固科技创新平台建设，提升学科的学术研究水平，使学校若干个重点学科达到或接近国际同类学科先进水平；加大公共服务体系建设力度，提升校园网和图书信息资源的服务能力；成为我国林业和生态建设领域培养创新人才和解决国家重大需求及生态保护与建设重大问题的基地；培育和提升重点学科核心竞争力，并带动学校整体办学水平的提高，为建设高水平林业大学，奠定全面而坚实的基础。

三、主要建设任务

"211工程"三期主要围绕规划、培育、提升与创新学校的核心竞争力来规划建设，主要建设任务包括：重点学科建设、人才建设（创新人才培养和队伍建设）、公共服务体系建设三个部分共13个子项目。

1. 重点学科建设

（1）森林资源培育（学科：森林培育、草业科学）

（2）森林资源经营与保护（学科：森林经理学、森林保护学）

（3）生态脆弱区域生态系统功能的恢复重建（学科：水土保持与荒漠化防治、土壤学、环境工程学）

（4）园林与人居环境建设（学科：园林植物与观赏园艺、城市规划与设计）

（5）木本植物生长发育与逆境生物学（学科：植物学、生化与分子生物学、生物物理学、微生物学）

（6）全球变化背景下森林及湿地生态系统保护（生态学、自然保护区学、野生动物保护与利用）

（7）林木育种分子基础与良种工程（林木遗传育种、生物化学与分子生物学）

（8）木质材料与能源（学科：木材科学与技术、林产化学加工、森林工程）

（9）中国现代林业建设经济管理理论与政策体系构建（学科：林业经济管理、管理科学、应用经济学、农业经济管理）

2. 人才建设

（10）创新人才培养

（11）师资队伍建设

3. 公共服务体系建设

（12）图书馆及校园网络

（13）公共分析测试平台

（高双林　张卫民）

北京林业大学岗位设置管理和人员聘用制改革

北京林业大学岗位设置管理和人员聘用工作，是根据国家有关事业单位改革和人事制度改革的总体精神，按照教育部关于直属高校岗位设置实施工作的具体部署开展的，是国家事业单位整体改革的组成部分，是进一步深化学校人事制度改革的重要内容。

本次岗位设置和人员聘用工作的政策依据人事部《关于印发〈关于事业单位岗位设置管理试行办法〉的通知》（国人部发〔2006〕70号）、人事部《关于印发〈事业单位岗位设置管理试行办法实施意见〉的通知》（国人部发〔2006〕87号）和人事部、教育部《关于印发高等学校、义务教育学校、中等职业学校教育事业单位岗位设置管理的三个指导意见的通知》、《教育部办公厅关于北京林业大学岗位设置方案的批复》（教人厅〔2007〕13号）等文件精神。在此政策依据基础上，学校按照教育部的统一部署，从2007年12月26日起至2008年1月18日全面实施岗位设置和人员聘用工作。

一、成立专门组织管理机构

学校成立由校长牵头的岗位设置和人员聘用工作委员会，全面负责本次改革工作：

尹伟伦任主任委员，吴斌任副主任委员，陈天全、周景、钱军、宋维明、姜恩来、方国良、张启翔、张清泉任委员。

委员会下设办公室，设在人事处。

二、基本原则

科学设岗，总量控制；公开招聘、择优聘用、以岗定薪；合同管理，严格考核；实现由身份管理向岗位管理的转变。

三、制定政策文件

学校专门出台了《北京林业大学关于岗位设置管理和人员聘用的暂行办法》、《北京林业大学关于教师专业技术岗位职责、聘用条件和考核办法的暂行规定》等一系列相关文件，为设岗、聘用工作提供了政策依据和制度保障。

四、岗位设置概况

1. 岗位设置范围

全校正式事业编制教职工。

2. 岗位设置类别

岗位分为专业技术岗位、管理岗位和工勤技能岗位3种类别，其中专业技术岗位分为教师岗位和其他专业技术岗位。

3. 岗位等级设置

专业技术岗位分4档：即正高级、副高级、中级和初级，共13个等级。其中，正高级一至四级岗位对应专业技术一至四级岗位，副高级一至三级岗位对应专业技术五至七级岗位，中级一至三级岗位对应专业技术八至十级岗位，初级岗位一、二级对应专业技术十一、十二级岗位，专业技术十三级岗位是员级岗位。教师专业技术岗位最高等级为一级岗，其他专业技术岗位系列最高档为正高级的，根据工作需要岗位等级最高为三级，最高档为副高级的，岗位等级最高为五级，最高档为中级的，岗位等级最高为到八级。

管理岗位共分8个等级，即从校级正职、校级副职、处级正职、处级副职、科级正职、科级副职、科员、办事员依次对应管理岗位三至十级职员岗位。

工勤技能岗位包括技术工五个等级岗位和普通工岗位。高级技师、技师、高级工、中级工和初级工依次对应技术工一至五级岗位。

4. 岗位总量和各类岗位结构比例

按照国家人事部和教育部文件规定，学校本次岗位设置总量为1650个。其中专业技术岗位一般不低于岗位总量的70%，教师岗位不低于岗位总量的55%，管理岗位一般不超过岗位总量的20%。结合学校实际情况，本次岗位设置专业技术岗位控制目标为1184个，占岗位总量的71.8%，其中教师岗位控制目标为908个，占岗位总量的55%；管理岗位控制目标为330个，占岗位总量的20%；工勤技能岗位控制目标为136个，占岗位总量的8.2%。

在本次岗位设置中，按照重点向教师专业技术岗位倾斜的原则，确定各类岗位内部结构比例控制目标。

（1）专业技术岗位。专业技术岗位正高级、副高级、中级、初级的总体比例控制目标为15%、33%、42%、10%，其中，教师专业技术岗位正高级、副高级、中级、初级的比例控制目标为19%、36%、37%、8%，其他专业技术岗位正高级、副高级、中级、初级的比例控制目标为4%、23%、57%、16%，首轮聘任时专业技术正高级二、三、四级岗位占正高级岗位总量的结构比例为10%、30%、60%，其中教师正高级二、三、四级的结构比例控制目标为10.6%、30.6%、58.8%，所有专业技术岗位系列副高级一、二、三级岗位占副高级岗位总量的比例为20%、40%、40%，中级一、二、三级岗位按中级岗位（职务）实际人数的30%、40%、30%设置，初级一、二级岗位按初级岗位（职务）实际人数的50%、50%设置。

（2）管理岗位。四级及以上担任领导职务的职员职数，按教育部核定的校级领导班子职数确定；管理职员六级及以上岗位数量原则上控制在管理岗位总量的35%。五级和六级岗位职员职数比例原则上按1:2确定。

（3）工勤技能岗位。一级、二级技术工岗位的总量占工勤技能岗位总量的比例为8%。

五、岗位职责与聘用条件

1. 专业技术岗位

教师一级岗位的岗位职责与聘用条件按照国家有关规定执行。二级岗位的岗位职责与聘用条件由学校统一制定，报教育部审批备案。三、四级岗位的岗位职责与聘用条件由学校制定基本原则，设岗单位可根据学科专业特点和发展需要补充岗位职责与聘用条件，但不能降低标准。五级及以下岗位的岗位职责与聘用条件由学校制定指导性意见，各设岗单位制定具体细则。

学校统一制定专职辅导员岗位和其他专业技术岗位的岗位职责和聘用条件。

2. 管理岗位

管理三、四级岗位的岗位职责和聘用条件，按照干部管理权限由上级主管部门统一制定。五级及以下岗位的岗位职责和聘用条件由学校统一制定。

3. 工勤岗位

工勤技能岗位的聘用条件由学校制定，岗位职责由设岗单位根据工作需要制定。

六、岗位聘用

1. 岗位聘用程序

岗位聘用的具体程序包括：公布岗位、个人

申聘、资格审核、述职评议、审批、公示、签约。

2. 岗位聘用期限

学校全员岗位聘用的一个完整聘期为4年。非全员统一聘用与学校签订聘用合同人员聘期只能签至下一轮全员统一聘用时间，聘用时距规定退休年龄超过2年但不足4年人员，聘用合同期限至规定退休时间。

专业技术一级岗人员聘用无固定期限。

七、岗位考核

1. 考核办法制定和组织实施

各教学科研单位根据岗位职责并结合事业发展需要制定教师专业技术岗位考核办法，由各单位组织考核；学校或有关单位制定非教师专业技术岗位和工勤技能岗位的考核办法，由各单位组织考核；管理岗位按照干部管理权限确定考核办法和考核管理部门。

2. 考核方式

采取年度考核与聘期考核相结合的原则，教师专业技术岗位以聘期考核为主，其他岗位人员以年度考核为主。

3. 考核结果

考核结果分为优秀、合格、基本合格和不合格。

八、有关问题的处理和本次首轮聘用的过渡办法的说明

（1）岗位设置后首轮开展人员聘用工作时，现有人员按照届时职务职级和岗位聘用条件聘至相应等级的岗位。未能达到现职务对应档次的最低等级岗位聘用条件的，按过渡政策暂可聘至现职务对应档次的最低岗位等级。

（2）专业技术各档、各级人员超过结构比例控制目标的，首轮聘用时，允许超出部分聘用在目前专业技术职务对应档次的最低岗位等级，在今后的聘期通过低聘或转聘的办法，达到规定的结构比例。

（3）各教学科研单位将各级教师岗位数按照学校岗位分配办法分解至各学科专业，在全院范围内予以公布，不得打通使用。

（4）关于同时在专业技术与管理岗位双肩挑任职人员的岗位设置及考核问题。根据国家政策规定管理岗位人员受聘高级专业技术岗位并执行相应专业技术岗位工资的，原则上以管理五级及以上岗位人员为主。首轮聘用时，由党委组织部聘用、任命的副处级及以下具有教师专业技术职务的管理干部仍在聘用期限范围内的，允许按照目前专业技术职务在相关单位申聘专业技术岗位，执行双肩挑政策。教师双肩挑人员申聘专业技术四级及以上岗位并获批准的人员，还需按专业技术岗位考核办法进行考核。各教学科研单位可适当降低教学工作考核标准，正副校级最多降低80%，正处级最多降低70%，副处级最多降低60%。绩效工资中任务津贴的发放可参考上述标准降低额定工作量。

（5）关于国家基本工资和校内绩效工资的确定。所有聘用上岗人员从2008年1月1日起，执行新的国家基本工资和校内绩效工资标准。

（6）学校研究决定，2006年7月1日至本次实施岗位聘用前，已办理退休手续的专业技术人员，可根据相关岗位等级的聘用条件，按照规定聘用程序，向退休前所在单位申请确定高于目前工资执行标准的岗位等级，学校批准后，按新的岗位等级确定国家基本工资标准，重新计算退休费，与在职人员同步兑现。此类人员可不占用本单位的岗位职数。

截至2008年1月18日，学校岗位设置管理和人员聘用工作基本完成，全校在岗教职工均按照新的岗位设置体系确定了聘用岗位，实现了新旧用人机制的平稳过渡。（崔惠淑 全 海）

林木育种国家工程实验室建设项目获准立项

2008年3月北京林业大学组织申报林木育种国家工程实验室建设项目。经过国家发展改革委员会专家组的现场考察、综合评定与审核，国家发展改革委员会于2008年10月23日批复

同意进行建设。北林大为项目法人单位。

林木育种国家工程实验室主要由林木遗传育种国家重点学科提供支撑，在分子生物学、植物学等基础研究和应用基础研究领域方面进行多学科交叉。实验室的技术团队由 31 人组成，其中有教授 13 人（博士生导师 12 人），副教授和高级实验师 16 人，讲师 2 人。团队成员有 21 人曾在美国、加拿大、瑞典、德国、澳大利亚、日本、英国、比利时等国外著名大学和研究机构中开展博士后工作、进修学习和合作研究等。

林木育种国家工程实验室建设项目的主要建设内容是：在现有基础上，建设林木分子标记辅助育种、基因工程育种、细胞遗传与细胞工程育种、良种繁育技术研发平台，以及人工气候室、温室、组培室等配套设施。

林木育种国家工程实验室建设项目的建设目标和任务：围绕现代林业多功能、生态化、工程化的发展需要，建立基于分子水平的林木种质研发平台，开展林木速生、高抗等功能基因的快速发展和鉴定、高效多基因转化、高密度遗传图谱构建，林木新种质性状快速鉴定等核心技术的研究；开发速生丰产林、生物质能源用林等树种的良种培育产业化技术；未来 2～3 年，突破 2～3 项良种培育核心技术，开发 1～2 项产业化技术，形成 2～3 项重要科技成果。

林木育种国家工程实验室建设项目新增总投资 1900 万元，其中国家投资 600 万元，主要用于相关研发设施的建设，其余资金由学校自筹资金解决。

林木育种国家工程实验室设置理事会、技术委员会、管理办公室、研究分室和知识产权办公室等。理事会是国家工程实验室的决策和监督机构，其职责包括选聘实验室主任、确定实验室的发展方向和主要研究领域、审定实验室规划、监督财务预决算等；技术委员会作为学术咨询及技术管理机构。其职责是研究实验室发展方向、学术队伍培养方案，对研究计划进行审查，对实验室的研究进展、研究成果、技术转化等进行考核和评价，并予以相应的技术指导。林木育种国家工程实验室实行理事会领导下的主任负责制。

（孙月琴　石彦君）

第 23 届国际杨树大会召开

经过 2 年的精心筹备，第 23 届国际杨树大会和第 46 届执委会会议于 2008 年 10 月 27 日至 11 月 1 日在北京成功举办。国际杨树大会（IPC）每 4 年举办 1 次。继 1988 年北京成功地举办第 18 届国际杨树大会后，相隔 20 年国际杨树会议再次在北京举办。

本次大会由联合国粮农组织（FAO）及其下属的国际杨树委员会（IPC）主办，中国林学会、中国杨树委员会、北京林业大学和中国林科院承办，河南省濮阳市人民政府、北京市园林绿化局、北京市林学会、江苏省泗阳县人民政府、内蒙古自治区通辽市人民政府、国际林业研究组织联盟（IUFRO）等协办。大会组委会主席由北京林业大学校长尹伟伦院士担任，大会秘书处设在北京林业大学，由联合国粮农组织官员及北林大国际交流与合作处人员组成，承担大会组织和各项协调工作。

本届大会的会议主题是"杨树、柳树与人类生存"，共收到来自世界各地专家学者、杨树从业人员提交的会议论文 247 篇，其中来自中国的 107 篇，涉及杨树基因工程与遗传育种、分子生物学、杨树栽培、经营管理、木材加工、杨树生态环境保护和多资源利用等各个层面。包括欧洲、北美洲、拉丁美洲、亚洲等 30 多个国家共计 110 人左右外国学者注册参会，中国参会人员在 100 人左右。北京林业大学校长尹伟伦院士作为大会主席主持大会，这是国际杨树大会有史以来第一次由中国人作为大会主席主持大会；同时，尹伟伦院士被新一届执委一致推举为国际杨树委员会执委。

大会发言 14 名，其中 3 名中国专家；分组会议共有 78 名代表发言，其中 23 名是中国学者；18 场分组会中，36 名参会者作为分组主席主持讨论和发言。第 44 届执行委员会会议使用英语；第 23 届国际杨树大会开幕式、闭幕式及大会会议同时使用 3 种语言（英语、法语和西班牙语）并提供同传服务，分会及工作组会议仅使用英语；会议论文和论文摘要均用英文书写。

大会就杨树、柳树工业用材林营造的现状与进展，杨树、柳树在生态/环境恢复、生物质能源、碳汇功能和应对气候变化的现状与进展，杨树育种、柳树育种、生物技术和森林健康的最新进展等方面开展了广泛的研讨与交流，并出版了世界杨树发展报告和会议论文摘要集。与会代表一致认为，中国的林业发展是世界林业发展的重要组成部分，同时也是广大发展中国家发展林业的榜样。

北京林业大学、中国林科院、东北林业大学、南京林业大学等高校以及我国地方科研院所的杨树科研人员，我国各地林业主管部门的领导、各大企业的企业家等具有广泛代表的参会人员有效地宣传了我国在杨树基因学、遗传育种、木材加工、栽培、生态环境建设方面的取得的巨大成就。

大会期间，全国政协副主席罗富和作为重要嘉宾出席欢迎晚宴，国家林业局副局长张建龙亲临大会开幕式并致辞，代表中国政府对我国林业建设宏观战略、重大林业生态工程、林业

产业、林业国际交流与合作作了全面的介绍。

为使会议达到更好的学术效果，大会精心安排了会前和会后 2 次学术考察。

会前学术考察（2008 年 10 月 23～25 日）：内蒙古通辽市。共有来自美国、加拿大、阿根廷、巴西、意大利、法国、英国、土尔其等 12 个国家和我国的 33 名国际知名的育种、栽培、加工利用、生态环境等领域的杨树专家学者、企业界人士参加该线路，对通辽市林业生态建设、林业产业发展取得的巨大成就给予了极大的肯定。

会后学术考察（2008 年 10 月 31 日至 11 月 4 日）：北京市—河南省濮阳市—江苏省泗阳县—江苏省南京市—北京市。共有来自印度等 17 个国家和我国的 50 名国际知名的杨树专家学者、企业界人士参加考察。

此次大会的组织工作得到了国际杨树委员会主席 Bissofi 先生以及联合国粮农组织 Jim Carle 先生的高度赞扬，盛赞此次大会无论是规模，参与国别和人数，还是学术成就都是有史以来最成功的一次。国际杨树委员会要求各学术组要积极发展与中国业内同行的合作，取长补短，共同促进国际杨树事业的蓬勃发展。

（覃艳茜　张志强）

林业教育国际研讨会暨第一届中国林业教育培训论坛举行

"林业教育国际研讨会暨第一届中国林业教育培训论坛"于 2008 年 12 月 7～11 日在北京林业大学召开，为期 5 天。此次研讨会由中国林业教育学会、北京林业大学、不列颠哥伦比亚大学（University of British Columbia）联合举办。大会主题为"林业教育与全球森林可持续发展"。

来自北美、南美、亚洲（包括中国）、欧洲、大洋洲有关林业院（校）长、林业教育单位专家、学者以及相关国际组织的代表 80 余人参加本次研讨会。中国林业教育学会理事长杨继平主持了开幕式。国家林业局副局长李育材在本次会议开幕式上作题为"中国林业教育的现状及发展趋势"的专题报告。国家林业局主要领导及有关

司局的负责人共 24 人参加了会议开幕式。

与会国内外代表针对全球林业及教育领域面临诸多困难和一系列挑战，围绕当前和未来社会对林业教育发展的要求、林业教育的国际间合作议题；本地区、本国、本学校林业教育现状及构想；为实现这些构想加强国际、地区以及国家之间的合作、全球林业教育机构之间可能的合作领域，依托网络技术共享林业教育资源的可能性以及其他共同感兴趣的议题展开深层次的研讨。25 名与会的中外代表在大会上做了口头发言，会议以出版论文集的形式发表与会者的全部论文。

北京林业大学校长尹伟伦院士作了题为"森

林功能认识与中国林业高等教育：过去、现在、未来"的报告。报告分为5部分：世界对森林功能的认识历程及国际林业的发展；中国古代生态观与森林可持续利用思想；中国林业高等教育发展的4个阶段；中国林业高等教育现阶段的发展状况；中国林业高等教育发展的展望。报告从历届世界林业大会主题分析了国际林业的发展，指出了中国林业高等教育发展的4个阶段：19世纪末期的晚清到20世纪中期（1952年）的中国现代林业的萌芽阶段；国民经济的重要支柱产业的中国林业与中国林业高等教育；多功能林业的发展与中国林业高等教育的转型阶段；

21世纪的森林可持续经营的发展阶段。

通过深入的交流与讨论，与会中外代表达成了广泛的共识，通过了《全球林业教育机构共同行动宣言》：面对全球林业及教育领域面临诸多困难和挑战，迫切需要全球林业教育机构保持广泛、紧密的国际合作与交流，以更深层次和更高效率的合作，应对林业相关领域面临的挑战；林业教育适时作出调整，提升应变能力，扩大国际教育的专业视野，解决社会发展对林业的需求与林业教育发展不相适应的矛盾。

（覃艳茜　张志强）

北京林业大学平安奥运工作综述

2008年是奥运决战之年。根据北京市委教育工委关于《2008年首都高校安全稳定暨"平安奥运行动"实施方案》的精神，北京林业大学积极推进动态预警、宣传动员、责任管理、组织实施、应急处置等体制机制建设，调动广大师生员工的积极性，实施和推进"平安奥运"工作。

学校党委高度重视平安奥运工作，党委常委会专题研究部署"平安奥运"工作。学校成立了由校党委书记吴斌、校长尹伟伦担任组长的"平安奥运行动"工作领导小组。领导小组下设办公室，办公室设在保卫处。学校领导实行包片负责制，学校领导按照所分管的职能部处和所联系的学院分工负责，全面监督指导"平安奥运行动"的各项工作。平安奥运工作共分深度排查阶段、集中整治阶段、严密控制阶段、总结巩固4个阶段组织实施。

2月1日至3月25日，是平安奥运深度排查阶段。学校重点开展"四个专项排查"和"四项工作检查"，即：主要开展"法轮功"等邪教问题排查；涉及稳定问题排查、安全隐患排查、矛盾纠纷排查，检查保密工作、检查应急预案、检查"两会"和奥运测试赛工作、检查"平安奥运行动"总体工作。2008年3月13日，学校召开"平安奥运行动"工作部署会，动员和部署平安奥运工作。通过各部门深入细致的排查，全校共查处消防隐患10处，交通隐患1处，治安隐患5处，

危险品管理问题7处，水电气热设施3处，重点部门部位12处，矛盾纠纷6起，保密工作1处，应急预案49个，重点问题矛盾台账13个。

3月25日至6月25日，是平安奥运集中整治阶段。学校重点开展"八个专项行动"，即：配合公安机关重点打击校园违法犯罪行动；全面消除校园安全隐患；努力化解各类矛盾纠纷；整治校园及周边秩序；深入开展安全教育；加强保密工作；综合检验维稳防控工作。学校通过全员动员，推进网格化管理，落实校园安全责任，解决重点难点问题。维护保养全校消防设施，并确保100%完好有效；危险化学药品实施集中管理；对治安薄弱环节配备安保力量，并加强技术防范手段；对个别难以解决的问题落实责任，确保问题隐患和矛盾纠纷的妥善处理。5月23日，学校召开"平安奥运行动"督查工作部署会，加强"平安奥运行动"工作方案的落实，严查可能存在的安全隐患，特别加强实验室、学生公寓、食堂等部位的隐患排查，以及水、电、暖的安全管理，工作不留死角。各单位明确整改时限，落实责任人，有跟踪、有反馈，确保安全隐患整改落实，保持信息通畅，及时沟通和反馈工作情况，以及存在的问题。6月16日，学校"平安奥运行动"督查组利用3天时间，集中督查全校"平安奥运"工作情况，进一步提高各学院对"平安奥运行动"工作重要性的认识，及时整改新发

问题隐患和矛盾纠纷，全面提升学校安全稳定工作基础。

6月25日至9月25日，是平安奥运严密控制阶段。学校重点做到内紧外松，统筹安排各项工作；突出重点，严密落实防控措施；冷静应对和快速处置突发事件；畅通渠道，确保信息畅通。学校根据《2008年北京奥运会、残奥会期间北京林业大学"多维综合防控体系"建没方案》的具体内容，从2008年8月6日起启动校园二级加强防控工作方案，实施校园验证制度，加强校园安全管理。学校共投入保卫干部15人、保安员110多人，奥运志愿者210多人参与校园综合防控工作。通过二级加强防控方案的实施，净化校园环境，大大降低校园发案率，维护了校园安全秩序。据统计，自学校二级加强防控启动以来平均每日验证21 946人次，登记车辆565辆，办公区楼宇验证197 400人次；保安员累计加班2400多小时。做好奥运期间学校交通管理工作。奥运期间封存30辆公车，并与各单位签订交通安全责任书，落实安全责任；对假期出长途的车辆进行安全检查，签订长途车辆安全责任书；清理废旧自行车2000多辆，码放校园自行车，整治校园非机动车秩序；组织协调奥运会期间30辆大客车及残奥会期间10辆大客车在学校的停放，以及残奥运期间观众车辆的交通疏导等工作。积极宣传、广泛发动暑期留校学生参与平安奥运志愿服务工作，210名学生参与平安奥运志愿者服务。实施网格化管理，落实安全责任，学校及时与相关部门签订了网格化安全责任书，强化安全责任意识。

9月25日至年底，是平安奥运总结巩固阶段，学校重点做好奥运安保工作和全年维护安全稳定任务工作总结。奥运结束后，学校认真对"平安奥运行动"工作进行了总结，探索建立校园安全管理工作的长效机制。一是建立学校安全稳定工作党委统一领导，校领导包片负责，平安奥运领导小组总体协调的工作机制；二是建立以楼宇为单位的三级常规防控体系和以校门为重点，多部门联动、多单位协调的二级加强防控工作体系；三是建立学校安全责任体系。通过平安奥运工作，落实各单位安全责任主体地位，强化了安全责任"谁使用、谁负责，谁管理、谁负责，谁主办、谁负责"的工作原则，建立了安全责任追究办法。通过安全责任的落实，大大提高了广大师生的安全意识，实现安全工作由被动落实向主动实施的转变；四是建立学校应急工作体系。通过平安奥运工作，建立了学校应急工作多部门联动的工作体系，及时妥善地处置学校各类突发事件，强化校园安全稳定工作。

在奥运总结评比工作中，学校安全保卫工作得到了上级部门表彰。学校保卫部门被评为北京市委教育工作委员会、北京市教育委员会"平安奥运"先进集体，保卫处负责人被评为"北京奥运会、残奥会"先进个人，两人被评为"北京教育系统奥运先进工作者"。（李耀鹏　管凤仙）

北京林业大学奥运志愿者工作综述

2008年8月8日，举世瞩目的第29届奥运会在北京开幕。作为奥运会举办中的重要组成部分，志愿者发挥了不可替代的作用。7月26日至8月24日，北京林业大学3846名志愿者在奥林匹克公园公共区、北区场馆群、签约饭店和宾馆、城市站点开展志愿服务工作，并参与了开闭幕式、赞助商陪同等工作。

一、整体情况
1. 参与人员
奥林匹克公园公共区奥运赛会志愿者1301

名，残奥会赛会志愿者1294名，主要服务于奥林匹克公园公共区南部安检区、鸟巢、水立方周围竞赛场馆区；奥林匹克公园北区场馆群赛会志愿者180名，主要服务于曲棍球场；住宿服务专业志愿者120名，主要服务于西郊宾馆、紫光国际交流中心等14个宾馆及饭店；城市志愿者、社会志愿者1004名，主要服务于友谊宾馆、圆明园、五道口城铁站等7个公交、地铁站点；教师驾驶员志愿者10名，主要服务赛会期间各国奥委会官员、贵宾等；另外负责接待外地、香

港、台湾及华人华侨志愿者150名，其中四川80名、河南80名、香港15名、台湾12名、华人华侨23名。加上赞助商陪同、餐饮志愿者800人，以及后方服务团队，总参与人数达到3846人。

2. 服务时间

自2006年8月，志愿者招募启动以来，志愿者经过报名、招募、选拔、培训、演练、服务、总结等多个阶段，涉及内容和参与时间历时2年，不仅接受各种通用培训和专业培训，也参与了很多现场演练和赛会服务。奥运会从8月1日至24日，残奥会从9月1日至20日，累计45天，共有3846人，提供了120万小时的志愿服务。志愿者服务分早班、晚班，早班最早上岗时间3：30，集合出发时间3：00，晚班最晚离岗时间零晨2：30，返回时间零晨3：30。服务时间之长、上岗时间之早、离岗时间之晚在所有场馆中都是十分少见。另外，国庆期间还有100名志愿者继续在公共区服务。

3. 服务过程

志愿者克服了天气热、时间长、出发早、返回晚等不利因素和服务区域大、观众人流多、比赛日程满等客观困难，高水平、高质量完成奥运会志愿服务工作。虽然在服务过程中也出现了一些伤病，但他们在学校和场馆的关心下，及时克服困难，解决问题，总体运行情况良好，在志愿者身上表现出了较高的素质和较强的能力。志愿者通过自己的热情周到服务为观众排忧解难，通过自己灵活机动的方法处理纷繁复杂问题，为奥运会奥林匹克公园公共区的正常运行发挥了重要作用。

二、工作规划

1. 运行计划

为圆满完成奥运会工作任务，及时编写了《北京林业大学奥运会志愿者工作运行计划》、《北京林业大学奥运会志愿者赛时运行计划》、《北京林业大学奥运会志愿者后勤保障政策》等，对奥运会志愿者工作进行详细说明和安排，并在实战中检验，在检验中调整，在调整中完善。

2. 组织体系

完善领导协调体系，负责指导和协调测试赛工作；健全组织运行体系，推动各项工作的落实，为服务提供组织保障；建立赛时指挥体系，

形成奥运工作领导小组办公室、各工作组、各学院负责人、志愿者主管、普通志愿者分级分层工作模式，进行赛时指挥。完善外围保障体系，在学校奥运工作领导小组领导下，出台具体保障和激励措施，建立志愿者住宿、餐饮、交通、医疗、活动等方面的保障政策。

3. 工作落实

召开校内部门、院系协调会，下发《北京林业大学关于做好奥运会、残奥会志愿者工作的通知》，安排部署奥运会志愿者工作。各部门、各学院根据实际情况和需要，全力配合做好志愿者组织协调、思想教育、后勤保障等工作。

三、赛前培训

1. 通用培训

学校组织奥运会志愿者开展志愿服务、奥运知识、文明礼仪、交通安全等方面的培训，不断提高志愿者的知识水平。各学院邀请专家学者开展奥运培训活动，加强政策、应急、知识培训，为志愿者开展志愿服务奠定基础。同时，学校发放《北京奥运会志愿者读本》等书籍，以及奥运培训讲座的光盘，作为培训的参考资料。

2. 专业培训

学校协助场馆组织志愿者参加赛前的专业培训，先后开展了岗位培训和场馆培训，重点介绍了岗位的基本情况、岗位职责、工作任务、工作流程、服务标准、操作规范以及公共区基本情况、注册分区、竞赛知识、内部设施、组织机构等内容，进一步强化了志愿者的志愿服务能力和素质。

3. 主题活动

学校通过开展"微笑北林"主题宣传教育实践系列活动，进一步加强奥运理念、奥运知识、志愿服务等方面的培训，将活动与培训紧密结合，在活动中培训，在培训中活动，以活动推动培训，以培训促进活动，达到不断增强志愿者志愿服务意识、强化志愿者奥林匹克精神、提高志愿者志愿服务本领的目的。

四、保障措施

1. 思想上动员

在志愿者参加各种主题活动和奥运会志愿服务之前，学校都要召开工作动员会，进行充分的思想动员。对活动和工作的重要意义、具体安排、基本要求等方面进行具体说明和介绍，使志

愿者不仅充分认识到活动的重要性，也使其感受到参加这样活动的荣誉感，达到激发志愿者参与热情、提高志愿者思想认识的目的，为活动开展做好思想准备。

2. 政策上落实

学校积极落实有关奥运会志愿者的各项优惠和保证政策。如将奥运志愿服务纳入第二课堂素质教育，合格者给予学分奖励；优秀志愿者推优入党、志愿服务纳入暑期社会实践，参与统一总结表彰，等等。

3. 资源上整合

通过各种渠道积极整合校内外资源，为志愿者通用培训、公益实践、赛事演练等提供帮助和服务，并积极创造志愿服务的机会，使志愿者获得充分地锻炼，在志愿服务能力上不断获得提高。

4. 后勤上保障

积极解决志愿者在服务期间的学习和生活中的困难，协调做好志愿者餐饮、住宿、交通、洗浴等问题，并在食堂为志愿者免费提供绿豆汤和凉茶。同时，做好志愿者的思想和心理疏导工作。

五、基本经验

1. 提高认识是做好服务的前提

在服务前，召开志愿者思想动员会，详细介绍奥运志愿服务的重要意义、实践价值、工作要求等，使志愿者能够感觉到参加志愿服务的重要性和荣誉感，进一步激发志愿者的服务热情，最大限度地发挥他们的潜力。在服务中，通过开会、座谈、交流等方式，了解志愿者在志愿服务过程中的困难和问题，并及时加以解决，使志愿者感受到组织的关心；了解志愿者的感受和体会，并加以正确的引导，使志愿者感受到组织的温暖。在服务后，召开专门会议进行系统总结，既总结经验又查找问题，为下一次参加志愿服务提供参考和借鉴。

2. 明确任务是做好服务的基础

任务下达是否明确和具体是能否高质量高水平完成奥运志愿服务的前提和基础。学校通过文字材料和专门会议，对志愿服务的时间地点、赛事名称、服务要求、岗位职责、培训工作等进行详细说明，尽量使各方面工作任务和要

求更明确、更具体，使志愿者在志愿服务前对志愿服务有较为全面和清晰的了解，并能根据工作内容和要求进行针对性的前期准备，有利于进一步提高服务的水平。

3. 确保质量是做好服务的重点

在符合志愿者总体要求的原则下，突出志愿者来源高校的特色。一是选拔高素质的志愿者参加测试赛志愿服务。学校参加奥运志愿服务的志愿者是在4000多名报名参加奥运会志愿者的群体中，经过资格审查、笔试面试、实践考察等环节最后确定的，切实选拔出了一批服务热情高、基本素质好、综合能力强的志愿者参加志愿服务。二是加大志愿者的培训力度。在奥组委统一开展培训基础上，学校根据实际需要和具体特点，开展了通用培训，进一步增强了志愿者的服务本领和临战能力。三是加强志愿服务的监督和管理。在服务过程中，加强志愿者赛事服务工作的考核、监督和管理，进一步规范志愿服务行为，做到质量高、特色浓。四是做好激励保障工作。制定志愿者的激励保障政策，切实做好志愿者的后勤保障工作，彻底解决志愿者的后顾之忧，使志愿者全身心的投入到志愿服务工作中。学校在住宿、请假、交通等方面给志愿者提供了坚实的保障。

4. 理顺关系是做好服务的保障

奥运志愿服务工作涉及到各个层面，关系能否顺畅关系到志愿服务工作的进展和质量。一是做好任务落实工作。在奥组委、团市委的统一领导下，在场馆运行团队的具体指导下，切实做好测试赛志愿者各项工作的落实，并不断总结工作经验，创新工作方法，拓展工作途径，将工作抓好抓实。二是做好校内协调工作。做好学校各职能部门的沟通协调工作，尤其是在学生上课期间开展志愿服务，做好与教学部门的沟通和协调显得十分重要。同时，也要做好志愿者住宿、餐饮、交通等方面的协调工作，为志愿者提供坚强的后方保障。三是做好志愿者各项工作。做好志愿者的选拔、培训、上岗、激励、保障等工作，使志愿者全身心投入到志愿服务工作中，切实发挥志愿者的潜能，争取高质量完成任务。

（佟立成　于吉顺）

专 文

党发重要文件选编

北京林业大学 2008 年党政工作总结

北林党发〔2009〕1 号

2008 年是学校稳定发展，载入史册的一年。一年来，在教育部、国家林业局和北京市委的殷切关怀下，校党委、校行政带领全校师生员工团结一致，共同努力，深入学习贯彻党的十七大精神，认真实践科学发展观，围绕"深化改革、发展学术、突出特色、提高质量"的主题，改革创新，苦练内功，卓有成效地完成了全年的目标和任务，取得了多项令人振奋的业绩，各项事业呈现出科学发展、和谐发展的良好局面。现总结如下：

一、深入实践科学发展观，突出办学特色优势，实现学校又好又快发展

1. 明确目标，统筹兼顾，积极推动学校在新形势下稳步发展。学校召开年度工作会议，确立了发展学术和深化改革两大主题，提出了"深化改革、发展学术、突出特色、提高质量"的内涵发展新思路，制定了年度工作要点，细化了 9 大方面 44 项重点工作任务，坚持教授治学，增强民主管理，凝聚全校师生员工智慧，不断创新工作思路，确保了各项工作有序开展。

2. 坚持发挥办学优势，主动服务社会发展。在南方雨雪冰冻灾害和汶川特大地震抗震救灾中，学校以强烈的政治责任感和对国家生态建设事业高度负责的精神，积极行动、全面提供灾后重建的科技支撑。学校主要负责同志第一时间亲自带队组织专家奔赴南方雨雪冰冻灾区开展调研，提出林业灾后重建建议。专家积极向国务院和中央反映林业受灾情况和灾后重建政策建议，得到了温家宝总理和回良玉副总理的多次重要批示，推动了国家对受灾林区实行扶持

政策、实施林业恢复重建工程。汶川地震发生后，学校快速成立防治次生山地灾害专家组，结合学科特色向上级部门提交防止次生山地灾害的专家建议，深入受灾地区参与灾后重建，受到国家林业局、城乡建设部、环保部和四川省的高度肯定。

3. 促进学科建设跨越式发展，激发学校办学潜力。学校主动适应国家需要，积极开展学术建设，应对全球变化的森林生态系统恢复重建与可持续经营优势学科创新平台正式立项，学校将获得国家专项资金支持，使我校成为全国农林高校中唯一的国家优势学科创新平台建设高校，标志着学校的整体办学水平跃上了一个更高层次。三期"211 工程"顺利启动，进入实质性建设阶段，未来 5 年内将获建设资金 4900 万元。重点学科建设进一步加强，继国家重点学科由原有的 4 个一跃提高到 10 个（包括 1 个国家重点培育学科）后，2008 年又有 5 个学科成为北京市重点学科。

二、全面加强党建和思想政治建设，和谐校园建设取得新进展

1. 继续深化干部人事制度改革，进一步加强干部队伍建设。加大了校级领导干部的培养和交流力度，进一步做好校级班子的配备工作。1 名校级班子成员被提任到北京市属高校担任党委书记，新提拔 1 名副校级干部到新疆挂职锻炼，选拔 2 名校长助理。研究制定了《北京林业大学管理干部职级管理实施办法》、《北京林业大学非领导职务实施办法》等规章制度。切实做好干部任用工作，完成了校、处两级后备干部队伍调整补充工作，加强院系科级干部配备。全年

共任免处级干部16人次。加强党校工作，开展多层次的干部培训。拓宽年度考核渠道，将网上测评与现场测评相结合，进一步提高年度考核工作实效。

2. 进一步推进党建工作和宣传新闻工作，党建研究取得实效。加强基层党建工作，巩固党建评估成果，发挥基层党组织的作用。党建研究取得显著成效，获得全国高校党建研究会论文一等奖、北京高校党建研究会课题一等奖等一批党建成果。坚持正确的舆论导向，充分发挥多种媒体的作用，宣传新闻工作进一步加强。深入开展北京奥运、改革开放30年宣传教育，启动《北京林业大学改革开放30年大事记》编撰工作。强化网络宣传教育，掌握网络思想政治教育工作主动权。继续推进北林文化建设工程，加强大学文化建设，积极倡导绿色文化。学校第五次获得首都文明单位称号。

3. 强化制度体系建设，加强对重点部位重点环节的监督，深入开展党风廉政建设。认真落实党风廉政建设责任制分工，基本完成学校惩防体系建设的34项重点工作，建立相关制度65项。制定了《北京林业大学重点部位和重点环节监督管理办法》，加强对执行制度和完善制度的监督，对重点部位和重点环节，尤其是招投标工作进行了实质性监督。全面规范审计工作，起草修订了13项审计制度，积极开展工程审计、经济责任审计和科研经费审计，首次实施工程项目全过程审计，切实维护了学校财经秩序。

4. 加强组织领导，高质量完成平安奥运、志愿者服务等工作，受到上级表彰。学校以高度的政治责任心，围绕平安奥运和奥运志愿者两大重点任务，深入部署，认真做好思想动员、组织安排和物质保障，高质量地完成学校迎奥运的各项工作。

在平安奥运方面，学校建立健全了安全责任体系和应急工作体系，切实加强校园防控，深入排查问题隐患和矛盾纠纷，圆满完成平安奥运各项任务，取得了安全保卫攻坚战的最后胜利，确保了学校的政治稳定和师生员工生命财产安全，受到北京市委和市委教育工委的高度评价和多次表彰，2名同志荣获北京奥运会、残奥会先进个人称号。

在奥运志愿者工作方面，发动全校师生，认真做好奥运志愿者招募、选拔、培训、测试赛工作。奥运会和残奥会期间，学校共组织4078名志愿者，累计服务52天，提供了近120万小时的志愿服务，近两千人次荣获各类志愿者奖励，充分展示了北林学子的风采，志愿者工作取得圆满成功。校团委荣获北京奥运会、残奥会先进集体称号。

5. 统战、离退休、工会等工作取得新成绩，推动了和谐校园建设。注重发挥民主党派、侨联、无党派人士的作用，统战工作进一步加强。我校侨联被评为北京市侨联工作先进集体，多名党外人士获上级表彰。召开了第五届教代会、第十三届工代会第四次会议，听取学科建设和科技基础平台建设汇报，组织教代会执委巡视学校教研室，保证教职工参与民主办学。经济管理学院工会被评为全国模范职工小家。落实离退休同志各项待遇，进一步加强老有所为平台建设，举行全国老教授专家论坛，充分发挥老同志智力优势，为国家建设积极建言献策。

6. 发挥各级党组织的优势，心系灾区，奉献爱心。学校积极响应党中央号召，组织各级党组织和教职员工发扬一方有难、八方支援的奉献精神，为南方雨雪冰冻和汶川地震受灾地区捐款捐物，广大党员踊跃积极交纳"特殊党费"支援地震灾区重建。据不完全统计，全校共捐献44万多元善款和一大批赈灾物资，党员交纳31万余元"特殊党费"，充分展现了北林人崇高的社会责任感。

三、全面深化教学改革，提高教育质量，着力培养创新人才

1. 牢固树立教学中心地位，全面深化教学改革，教育教学质量不断提高。教育部和北京市质量工程建设喜获丰收。6个本科专业入选国家级特色专业建设点，新增2个国家级教学团队，新增1门国家级精品课程，2种教材获得国家精品教材称号。7个专业进入北京市特色专业建设行列，建设3个北京市优秀教学团队，新增2名北京市教学名师和2门北京市精品课程。新增国家大学生创新实验计划40项，北京市大学生研究与创业行动计划25项，学校大学生科研训练计划立项97项。学生在各类学术创新竞赛中获得包括2项全国特等奖在内的40余项省部级以上奖励。

围绕创新型人才的培养目标，全面深化教学改革。本科教学围绕"质量工程"的实施，结合新版人才培养方案，全面修订了各专业教学大纲。强化名师和教学团队建设。启动了第三批专业建设，集中力量建设优势品牌专业，重点扶持紧缺专业。优化梁希班人才培养方案，继续探索研究型人才培养模式。鼓励教师固化科研和教改成果，编写高水平教材。出台推荐免试研究生工作新政策，吸引优秀的学生留在校内读研，共有488名学生被推荐免试攻读2009级研究生。进一步规范教学管理工作，健全教学质量监控体系，狠抓教风和学风建设。

2. 以研究生培养机制改革正式推行为契机，狠抓研究生培养质量。全面修订了研究生培养方案，加强研究生培养及教学管理。完善了研究生"三助"管理的各项规定，制定了《研究生攻读学位期间发表学术论文的规定》，为发挥研究生骨干作用、产出高水平论文提供了制度保障。2008年共招收各类研究生1408人，达到历史最高水平。研究生教育质量不断提高，一篇论文被评为北京市首届优秀博士学位论文。研究生就业率达到96.51%。

3. 进一步做好招生就业工作。加大招生宣传力度，探索多元人才选拔模式，共招收本科生和第二学位生共3288人，本科一志愿录取率97.78%，生源质量继续保持较高水平。进一步完善就业工作体系，克服种种困难，加强就业指导和服务，拓展就业市场，2008届本科毕业生就业率达到93.57%，就业质量进一步提高。学校就业中心荣获北京地区高校示范性就业中心称号，并获得了北京市教委建设经费100万元。

四、注重科研管理和平台建设，国内外交流合作实现跨越，学校知名度显著提高

1. 科研立项继续保持良好势头，狠抓科研项目管理，科技成果产出丰硕。进一步加强各种重大项目申请的前期研究和顶层设计，进行战略部署，精心组织，抢占先机，提高了科研项目的中标率。全年科研项目合同经费总数达到1.14亿元，其中新签纵向科研课题190余项，项目经费1亿元。积极争取与北京市教委的共建项目，全年共得到项目经费达1328万元。

加强科研项目的过程管理，抓项目中期管理、经费管理和项目结题验收，确保项目按计划

顺利实施。全年新获国家科技进步二等奖2项（其中1项为参加单位）；以第一完成单位完成三大检索论文172篇，其中SCI论文47篇，同2007年相比翻了一番。

全面推动科研校院二级管理运行模式，强化学校宏观管理和学院具体管理的责任分工，特别加强对科研论文产出的激励，取得了一定的效果；注重发挥校院学术委员会在科研项目申报、中期评估、验收、成果推荐中的作用，加强学术管理力度，确保了科研管理的有效组织和控制。

2. 完善平台建设机制，科技创新平台和基地建设再获突破。获准组建林木育种国家工程实验室，至此学校已有3个国家级实验平台，国家级科技平台数量在全国林业院校继续保持领先；新建木质材料科学与应用教育部重点实验室和宁夏盐池国家林业局荒漠生态定位站。国家花卉工程技术研究中心顺利通过国家验收。全年共争取到科技平台建设资金1491万元。

加大大型仪器设备资源整合力度，推动科技平台实体化建设。完成科学实验楼改造并正式投入启用。有效整合大型仪器设备资源，将30台大型精密贵重仪器设备实施网上信息公布和预约服务，实验楼一层作为学校公共分析测试平台的基本架构基本形成，设备运行效率逐步提高。

3. 成功举办一系列重大学术活动，国际国内学术知名度显著提升。成功举办第23届国际杨树大会、林业教育国际研讨会两大国际学术会议，全年还组织召开了十余次国内具有影响的学术会议。这些高水平的学术活动，极大彰显了我校的国际学术地位和社会知名度，进一步浓厚了学术氛围。

4. 国际交流与合作进一步加强。2008年先后与东京农工大学等7所高校签署校际合作协议。正式启动了"111引智基地"项目，聘请外籍教师项目大幅度增加，全面展开国家公派研究生出国留学计划，先后有51人次学生通过公派留学、校际交流等途径赴外学习，全年共招收留学生82名。

五、以全面推行人事聘任改革为主线，人才和师资队伍建设取得新进展

1. 抓住岗位聘用改革的契机，稳步推进人事分配制度改革。完成了岗位设置和全员首轮岗位聘用工作，确立了科学体现工作业绩和工作实

效的岗位考核体系，在全校范围内开展公开选拔优秀青年教师破格竞聘四级教授工作，并启动首轮聘用后第一次各级岗位的空岗补聘工作。强化学科团队考核，推动学科建设。

制定了新的教学科研单位绩效工资分配办法，以适应学科专业发展需要，形成有效的激励导向。学校高度关注民生，通过提高住房公积金缴存比例、提高生活补贴等多种方式，共投入1000多万元用于改善职工待遇，全年教职工月收入人均提高了近500元。

2. 完善人才工作政策，人才和师资队伍建设取得新进展。坚持党管人才，进一步充实学校人才工作领导小组；深入调研全校13个教学单位，重新起草《北京林业大学关于人才工作的意见》、修订《北京林业大学人才引进工作的暂行规定》和《北京林业大学中青年教师培养计划》等文件，全面梳理了人才工作的重点和思路，进一步优化人才工作的政策体系。继续加大人才引进力度，全年共引进第三层次人才2人，共接收42名毕业生充实到师资队伍中，新进教师质量进一步提高。完善了中青年教师的培养体系，由原来的6个培养子项目增至8个，通过国内访问、出国研修、在职学位提升和课程进修、学术交流等方式，为中青年教师的个性化发展提供支持。深入开展师德师风建设，学校获得北京市师德先进集体称号，两位教师被评为北京市师德先进个人。

六、基本建设取得突破，资金筹措和财务管理不断加强

1. 着力推进基本建设，基本建设立项获得重大进展，校园环境不断改善。进一步理顺基建管理关系，制定了《工程造价控制管理办法》等多项制度，进一步规范基建管理，积极应对建设工程的仲裁、起诉等案件，切实维护学校合法利益。学研大厦和苗圃教工住宅获得教育部批复，其建成将极大地缓解学校办学资源紧张的状况。标本馆布展工程开工，2009年5月将投入使用，成为办学资源的又一增量。坚持总体设计分步实施的原则，完成了校园环境改造的总体规划，实施了环半导体研究所周边道路改造工程，校园环境改造取得明显成效，极大地方便了广大师生的出行。

2. 加大资金筹措力度，细化财务管理。巩固纵向经费主渠道，大力拓展横向经费渠道，积极争取财政修购等专项经费。全年共取得各种收入超过5亿元，比2007年增长8.7%，综合财务实力进一步增强。科学编制校级教育事业费预算，严格预算管理，进一步细化各类经费管理，完善财务服务。按照要求认真做好国库集中支付工作，做好学生学费和住宿费的收取工作，2008年毕业生学费收缴率达到99.5%。

七、稳步推进管理改革，有效激发办学活力，管理效益得到进一步提升

1. 校院二级管理改革稳步推进。制定《关于人才队伍补充的暂行办法》，增强了学院进人自主权，实现了人事管理重心下移。新的教学科研单位绩效工资分配办法将有效增强学院办学自主性，激发办学活力。

2. 校园信息化水平不断提升，校务公开取得实效。数字校园二期建设稳步推进，开发完善了校内信息发布系统、三维虚拟校园等一批应用系统，办公自动化建设系统试运行效果良好，无纸化办公取得阶段性成果。进一步规范了对外协议、合同、文件等管理工作，切实维护学校的利益和声誉。制定了学校校务公开工作实施细则，编制了学校校务公开目录。针对学校改革发展重大问题和师生关注热点问题组织实施多次信息发布会，促进了信息公开。

3. 总务产业工作进一步加强。节能工作取得显著效果，本着"保障使用、有效节约"的原则加强节能工作，学校被评为全国城市节水科技创新工作先进校园和北京市节水先进集体。校办产业规范化建设工作不断深入，资产经营公司及下属子公司运营正常，资产经营公司本年共上交红利400万元。

4. 深化后勤管理改革，确保学生饮食质优价廉。面对2008年物价不断攀升、人工成本大幅提高的严峻形势，饮食服务中心坚决贯彻执行中央关于确保学生食堂饭菜质量、稳定物价的指示精神，一方面向管理要效益，通过管理降低成本；另一方面，充分挖掘内部潜力，全年共拿出200多万元补贴学生食堂，在确保学生饭菜质量的前提下不涨价，为维护学校稳定作出了突出贡献。

八、坚持育人为本，强化大学生思想政治教育，促进学生全面发展

1. 切实发挥学生管理的教育服务职能，促进学生全面发展。召开学生工作会议，进一步明确了以学生为本的工作思路，确立了学生工作的"九大工程"。一年来，深入开展思想政治教育、爱国主义教育、安全教育，继续深化学生心理素质教育与心理危机干预体系建设，着重提高学生思想道德素质。推进学风建设工程，做好学生日常管理、服务工作，进一步改善学生公寓条件。强化辅导员、班主任队伍建设，提高学生管理队伍素质，8名辅导员被评为北京市优秀辅导员。完善评优表彰体系，完善学生资助工作格局，全面贯彻落实国家新资助政策，积极争取外部资源，多方拓展资助渠道，全年共发放1722.66万元助学贷款。研究生的思想教育工作进一步加强。

2. 做好绿色长征系列活动，促进学生成长成才。先后以"南方雨雪冰冻灾害"、"汶川大地震"灾区调研和"种植三百亩青春奥运林"为主题，举办绿色长征系列活动，全国31所高校的近万名绿色长征队员直接参加活动，影响力达数十万人。以三项杯赛、新农村建设、基层志愿服务等项目为重点，积极引导学生增强科技创新意识、投身社会实践与服务。

九、坚持统筹兼顾，抓好工作落实，其他各项工作取得显著成效

1. 图书和期刊工作健康发展。图书馆馆藏进一步丰富，图书与电子资源利用率提高。学报和期刊工作质量继续提高，《北京林业大学学报》获第二届中国高校精品科技期刊奖。

2. 体育工作扎实推进。除完成日常教学及课外训练任务外，还圆满承办了首都高校第46届田径运动会，并取得了历史最好成绩，田径队进入甲组前四强。

3. 教学实习林场建设步伐加快。全年共接待校内外师生科研及实习6000余人次，教学实习基地的功能得到有效发挥。森林公园接待游客11万人次。森林防火不断完善工作预案，严防死守，全年度没有发生火情、火警，林场被评为北京市森林防火先进集体。

4. 成人教育向继续教育迈进。成人教育学院更名为继续教育学院，将办学重点转移到继续教育上来，继续加强对脱产教育、函授教育的管理，向教育部申请开展现代远程教育试点，各项准备工作已经齐备，正在等待审批。

5. 校友会和教育基金会工作取得较快发展。扎实做好校友数据库、校友网站、校友简报的制作编发工作，进一步加强校友联系。全年教育基金会共接受捐赠253万余元，设立奖助学金28项，受益学生457人。

总之，过去的2008年，是学校内涵发展实现突破的一年。展望新的一年，学校将围绕提高教育质量和科学研究水平、加强高水平学科建设和人才队伍建设、强化学科优势和办学特色、深化校内管理体制和机制改革等重点，明确工作思路，细化工作举措，推动学校各项工作的深入发展。

中共北京林业大学委员会　北京林业大学
2009年3月2日

北京林业大学2008年党政工作要点

北林党发〔2008〕2号

2008年是全面贯彻落实十七大精神、推进"十一五"建设承上启下的关键年，是学校确定的改革深化和学术发展年。2008年学校各项工作的总体要求是：以邓小平理论和"三个代表"重要思想为指导，深入学习贯彻党的十七大精神，认真实践科学发展观，围绕"深化改革、发展学术、突出特色、提高质量"的主题，坚持解放思想，推进改革创新，苦练内功，推动内涵发展，提高教育质量，提升办学水平，增强办学效益，认真完成以下9个方面的重点工作，实现各项事业又好又快发展。

一、深入贯彻落实十七大精神，以改革创新精神全面加强党的建设，推动党建思想政治工作迈上新台阶

1. 深入学习贯彻落实党的十七大精神，进一步解放思想、深化改革。继续把深入学习贯彻党的十七大精神作为全年的政治任务，以党委理论中心组和二级中心组理论学习为龙头，组织全校师生员工开展广泛、深入的学习贯彻活动。进一步用中国特色社会主义理论体系武装党员干部、教育广大师生，着力在武装头脑、指导实践、推动工作上下功夫，不断解放思想，推动学校改革进一步深化。

2. 加强干部队伍建设，为学校发展提供组织保障。根据工作需要，进一步配齐配强干部。结合人事制度改革，研究制定加强管理干部建设的有关文件并组织实施。组织全校处级干部开展学习十七大精神轮训，落实新一轮培训干部任务。加强党校工作，完善处级干部一课一网一册学习平台，建立干部教育培训可持续机制。

3. 坚持抓基层、打基础，扎实做好基层党组织建设工作。认真总结北京市党建评估检查验收工作的经验，进一步规范基层党组织建设工作。设立党建课题，继续加强党建理论研究，迎接"北京高校党的建设和思想政治工作优秀成果和创新成果奖"评选。深入开展学生党员"述责测评"活动，进一步加强包括流动党员在内的经常性的党员教育和管理。

4. 完善大宣传格局，推进宣传思想教育和新闻工作。坚持正确的舆论导向，积极主动向社会发布新闻，整合校内各种媒体的信息资源，推进全员参与、全面覆盖、全力建设的"三全"工程，加强新媒体建设，着力营造有利于学校改革和发展的舆论氛围。进一步发挥北京高校校报研究会的影响和作用。

5. 进一步推进北林文化建设工程，促进大学文化建设。成立学校大学文化建设领导小组，加强大学文化建设。积极弘扬北林精神，多渠道加强师德、职业道德建设。筹建学校艺术馆。

6. 完善惩治和预防腐败体系，加强党风廉政建设。贯彻落实中纪委二次会议精神，进一步完善惩防体系各项制度，努力拓展从源头上防治腐败工作领域。加强全校招投标工作，修订招投标管理规定，完善招投标管理监督机制。制定并实施《北京林业大学重点部位和重点环节监督管理办法》，明确重点监督部位、重点监督环节以及监督管理指标和责任，引导业务部门加强内部监督管理。落实宣传教育联席会议，开展多种形式反腐倡廉宣传教育，着力推进校园廉政文化建设。强化审计监督和服务，以规范审计程序和完善内控制度为着力点，进一步加强基建、修缮工程审计，开展财务决算审计，实施重点科研项目经费使用审计，完成处级领导干部经济责任审计。

7. 加强统战、工会、离退休工作，努力构建和谐校园。深入贯彻落实全国高校统战工作会议精神，推进统战工作的制度化和规范化建设，充分调动统一战线各方面成员为学校建设服务的积极性。加强工会工作，完善教代会工作制度，推进二级教代会建设，组织好学校本科教学示范邀请赛。加强离退休工作。以"迎奥运、讲文明、树新风"为切入点，围绕学校中心工作，充分发挥离退休同志的老有所为的作用，建立稳定和谐的离退休环境。

8. 围绕平安奥运的中心任务，全面推进校园安全稳定工作，营造良好的校园环境。结合我校工作实际，落实工作责任制，加强安全隐患排查整改。深化科技创安，建设校园总控室，全面提高校园技术防范水平，建设良好的校园治安秩序。切实做好学校各项大型活动的安全保卫工作。完善突发事件处置机制，加强预警和演练，做好公共卫生、政治安全、校园稳定等事件的预防处置，确保学校安全稳定。制定本科生和研究生野外实习安全管理规定，加强野外实习管理。

二、坚持育人为本，德育为先，推进大学生思想政治教育工作

9. 教育、管理和服务并重，扎实做好学生工作。继续深入贯彻落实中央16号文件精神，进一步加强和改进学校大学生思想政治教育工作。完善机制、强化管理，在学生中深入开展"三观"教育，加强学风建设，促进学生的全面发展；加强辅导员、班主任队伍建设，推进学生工作信息化平台建设；落实措施，优化服务，建立人性、科学和高效的学生服务工作体系。

10. 以提升质量为重点，继续强化招生就业工作。强化招生制度化、体系化、信息化建设，科学合理制定招生计划，探索多元录取选拔模式，逐步建立招生改革实验体系，实施招生阳光工程。建立招生宣传服务体系，吸引优质生源，提高生源质量，争取本科生录取第一志愿率达到90%以上。继续推进"积极就业、科学就业、安全就业"的方针，深化就业工作体系和就业服务

体系建设，不断提高就业工作质量，争创北京地区示范性高校毕业生就业中心，争取就业率保持在90%以上。

11. 突出工作重点，做好共青团工作。以奥运志愿者工作、校园文化建设和绿色长征等绿色环保活动为重点，加强共青团工作。做好奥运会志愿者招募选拔、培训和组织工作，全力以赴完成奥林匹克公园公共区等奥运志愿者工作项目；举办好绿桥、绿色长征等重点绿色环保活动；制定国家大学生文化素质教育基地建设实施方案，成立学生艺术教育中心，迎接国家大学生文化素质教育基地中期验收；制定学校绿色文化建设发展规划。

三、以质量为核心，进一步巩固教学工作的中心地位，全面推进本科教学质量工程和研究生教育创新

12. 继续做好"质量工程"建设项目的申报和建设工作。分步骤、有针对性地组织好各级"质量工程"建设项目的申报工作，力争更多项目进入北京市、国家级"质量工程"建设行列。加强对"质量工程"建设项目的管理，狠抓内涵建设，着力改革，努力创新，发挥好"质量工程"各建设项目的示范带头作用，提高项目建设质量，突出办学特色。

13. 深化教学改革，促进教育创新。以"深化'质量工程'，全面提升教学质量"为主题，召开第十次本科教学工作会。完成人才培养方案修改和教学大纲编写，建立人才培养方案执行跟踪反馈机制；继续创新教育模式，完善"梁希实验班"管理制度，加强研究型教学方式的研究与探索；进一步调整专业布局，使专业设置科学规范合理；做好专业建设，适时开展新一轮专业评估；继续加强课程建设和教材建设。

14. 加强新建学院的建设。加大自然保护区学院、环境学院等新建学院的扶持与建设力度，使新建学院办学条件明显改善。

15. 加强实践教学，培养学生创新精神。加强实验室和教学实习基地建设。结合人才培养方案修改，全面修订实验实习指导，大力推进综合性、设计性、研究性实验的开设；建立各学院的实验教学中心和实验教学平台，积极申报国家级、北京市实验教学示范中心；倡导研究型学习方式，继续实施大学生科研训练计划和国家

大学生创新性实验计划。

16. 加强本科教学管理的创新与优化。在保障教学工作正常运行的基础上，努力进行教学管理的创新，进一步推进考试方法改革，完善教学质量监控机制，加大教学信息化建设力度，积极探索完善教学二级管理的机制和办法。强化教研组功能，规范教研组的教学研究活动，发挥教研组在加强本科教学方面的作用。

17. 继续推进研究生教育创新，着力提高研究生教育质量。加强招生宣传，吸引优质生源，做好硕士研究生招生改革。全面开展研究生培养机制改革试点工作，建立起以科研为导向、导师负责制的研究生培养机制。完善导师遴选制度，加强导师遴选工作。修订研究生课程体系设置，重新审定现有课程的教学大纲，淘汰低水平及交叉课程。加强研究生的教学管理，进行研究生教育督导。启动北京市研究生教育产学研基地的建设工作。建立和完善以研究生"三助"为核心的奖助贷体系。以学术道德教育为重点，落实研究生二级管理，加强研究生的思想教育工作，进一步规范研究生日常管理。

四、强化学科建设的龙头地位，科学谋划"211工程"三期和国家优势学科创新平台建设启动工作，全面加强学科建设

18. 科学规划，做好"211工程"三期启动建设工作。凝炼方向，统筹资源，认真做好"211工程"三期建设规划、项目可行性论证和评审工作，争取国家在项目经费投入上有新的增长。组织好项目启动和建设，推进学校教育与科技创新，提升重点学科学术水平，增强学校核心竞争力。

19. 精心谋划，全力争取优势学科创新平台立项。积极做好申报优势学科创新平台的各项工作，全力争取国家优势学科创新平台项目2008年在教育部立项建设。提前准备，认真制定项目建设方案和各项管理制度，提高项目建设的成效，进一步提升我校优势学科领域的科技创新能力。

20. 以提高学科实力为重点，扎实开展学科建设工作。认真落实国家重点学科建设规划，加强国家重点学科建设。统筹各级各类学科的建设，加大建设投入力度，推进学科资源整合和结构优化。明确学科建设任务和目标，落实学科建

设责任制，进一步完善学科建设、管理、评估机制。以优化结构为出发点，积极申报新增博士点和硕士点。高质量做好新增北京市重点学科的评审工作，争取有新的突破。

五、围绕国家战略需求，加强科技管理，狠抓科技成果产出，增强科技创新能力

21. 加强组织，整合优势，加强科技项目的组织申报。注重特色、整合资源、挖掘潜力、提前部署，认真研究分析国家各类科技政策，加大"863"重大重点项目，科技支撑计划课题，国家自然科学基金重大、重点课题申报的组织协调力度，争取更多的科技资源。

22. 加强过程管理，狠抓科技产出，提升科技水平。执行《北京林业大学关于校院科研管理的有关规定》，全面推进校院科研管理，落实学院科研责任制，促进科技成果产出；加强过程管理，对重点科技项目进行中期评估，加强科研绩效评估；加强各类在研课题的管理，组织好结题项目的验收与成果申报工作，促进成果产出；开通学校科研管理信息系统，实现科技资源共享，提高科技管理与服务的信息化水平；加强经费监督管理，保障资金安全高效运行。

23. 创新学术组织建设机制，激发学术创新活力。完善制度，进一步促进多学科的交叉融合，加强一院多中心、一院多所的学术组织建设，形成更多的学术和科技创新增长点，活跃学术创新氛围。

24. 建好生态文明研究中心。加大林业史博士点的建设工作，组织做好《中华大典·林业典》的编纂工作，撰写并出版生态文明研究丛书和绿色传播系列丛书，召开非物质木文化国际研讨会，为生态文明建设提供有力支撑。

25. 加速科技成果转化，提升科技服务社会的能力。出台政策，加强学校科技成果推广转化体系建设，建立促进科技成果推广转化机制，主动面向市场、适应行业需求，推进实用新技术的推广和转化。完成实用科技成果汇编的编制。

26. 强化重点实验室、工程中心等平台建设。尽快完成科学实验楼入驻工作，加强重点实验室建设和管理。完善共享共用的管理体制和运行机制，实施统筹管理，实现大型仪器设备资源的整合和开发使用，全力打造实验楼公共研究平台，为创建国家重点实验室创造基础条件

和保证。制定和完善实验室建设规划与计划，整合实验室房屋资源和仪器设备资源；迎接国家花卉工程技术研究中心、教育部水土保持与荒漠化防治重点实验室、教育部林业生态工程研究中心的评估验收工作，申报林木育种国家工程实验室。

六、完善人事制度改革，落实人才强校战略，进一步汇聚高水平拔尖人才

27. 全面完成人事聘任制改革，完善激励约束考核机制建设。完成人事聘任制度改革。加强配套政策的制定和完善，巩固改革成果。以加强重点岗位管理为突破口加大岗位责任制的执行力度，强化考核评估，形成强有力的激励约束机制，激发教职员工的工作积极性，创造良好的工作氛围。

28. 加大人才强校战略实施力度。进一步完善人才工作政策，优化人才工作机制。加大人才工作投入，继续实施"梁希学者"特聘教授计划，推进高层次人才引进工作。

29. 做好中青年教师的培养工作。积极补充教学科研急需的青年教师。以促进拔尖人才培养和优秀创新团队培育为重点，继续组织实施中青年教师培养计划的各项任务，以筹建国家重点实验室为目标构建创新团队，为优秀人才脱颖而出创造良好的发展空间。

七、深化管理改革，提升管理水平，激发办学活力

30. 以财务和人事管理为重点，推进校院二级管理改革。细化二级管理改革工作方案和时间进度表，广泛开展调研，精心制定政策，分步稳妥推进二级管理改革，下沉管理重心，扩大学院自主权，激发学院工作活力。进一步深化校务公开，推进学校民主政治建设。

31. 进一步精简会议、压缩文件，改进管理手段，提高管理和办事效率。加强数字校园和信息化建设，全面推进办公自动化建设，提高办公效率。增强服务意识，转变管理工作作风。进一步规范公文管理，压缩发文数量。

32. 加强财务管理，进一步开源节流。在争取国家加大投入的基础上，多渠道筹措办学经费，为学校发展提供资金支持。强化预算的执行力度，加强支出管理，严格控制一般性支出，维护财经秩序，提高经费使用效益。

33. 加强固定资产和仪器设备管理。根据固定资产清查情况，认真做好后续资产的报废及销账工作，进一步加强对固定资产的规范管理。加大对仪器设备采购和管理的力度，扩大公开招标采购仪器设备的范围，提高大型仪器设备使用效益。

34. 继续规范校办产业。完善资产经营公司内部建设，力争完成印刷厂和北林宾馆改制；继续加强重点企业管理，逐步提高北林科技的经营效益。

35. 做好总务和后勤工作，建设节约型校园。完成校内锅炉房供暖设施节能改造工程，深入开展节水、节电和节能活动，建设节约型学校。充分利用修购专项经费，加大基础设施改造力度，完成体育馆到一教和北门道路维修及学7号楼、10号楼周边环境绿化美化工作。继续规范后勤管理，稳定食堂餐饮价格，确保饮食质量和卫生安全。

八、扎实推进基本建设，优化资源配置，切实改善办学条件

36. 加大基础设施建设力度。尽快收尾在建工程，完成标本馆布展工程的设计和施工，继续完善科学实验楼的水电改造工作。开拓学校发展的新空间，稳步推进教学实习林场的整体规划工作，加强沧州教学实习基地的规划建设。

37. 做好新建项目的前期准备工作。完善学研大厦的规划设计方案，积极协调相关部门，加紧做好项目报批工作。推进学校苗圃住宅建设的准备工作。进一步做好学校东侧土地的征用工作。

38. 进一步调整办公用房，优化办学资源。制定办公用房有偿使用管理办法，充分发挥新增资源的作用，加大工作力度，向教学科研一线倾斜，进一步调整办公实验用房，尽可能改善各单位办公用房不足状况。

九、积极推进国际合作，统筹协调、高质量地完成其他工作

39. 围绕学校战略发展需要，积极推进国际交流与合作。重点筹备国际杨树大会、世界林业校（院）长论坛，提高学校知名度。推进与国外知名大学建立长期稳定的交流合作关系，实施长期滚动支持学科建设聘请外国（籍）教师项目，加大教师、学生赴国外学习交流项目实施力度，扩大专业教师和管理人员公派出国规模，推动实质性的国际科技合作。实施商务部援外培训项目。做好政府奖学金留学生的招生和管理，拓展招收学历教育学生。认真执行"中美草坪管理"合作办学项目的实施和管理，探索新的合作模式和开发新项目。

40. 加大图书资源建设，提高馆藏质量。采取有效措施，进一步扩大藏书的数量，突出馆藏特色。积极购买SCI数据库等电子资源。改善阅读环境，完善数字平台，扩大馆际资源共享。

41. 继续办好成人和继续教育。加快远程教育的筹备进度，力争实现远程教育招生。认真做好高职恢复招生的前期准备工作。加强对夜大学、函授站点的管理，保证教学质量稳步提高，拓展培训等非学历教育领域，提高成人继续教育的办学效益。

42. 继续做好校友工作。建立校友数据库，编辑出版校友刊物，完善校友交流沟通的网络，广泛开展校友活动。完善基金会运行体制，设立基金会项目，积极拓展资金募集渠道。

43. 办好各种学术期刊，发挥高教研究室作用。组织优质稿源，不断提高《北京林业大学学报》《北京林业大学学报（社会科学版）》《中国林业教育》《风景园林》等学术刊物的学术影响力，拓展《中国林学（英文版）》的国际化程度。发挥高教研究室的专长，开展教育教学研究。

44. 办好首都高校第46届田径运动会。组织开展迎奥运群众体育活动。认真组织、精心筹备，高质量办好首都高校第46届田径运动会。

为圆满地完成工作要点提出的各项任务，学校将对重点工作进行任务分解和细化。各分管校领导要切实负责，抓紧部署落实各分管口的工作，定期督促检查；全校各单位要提出具体的实施计划，细化工作措施，明确进度安排，增强计划性，使各项工作有部署、有落实。组织人事部门要将各部门重点任务的完成情况纳入年度考核内容，确保各项任务真正达到预期效果，促进学校实现全面协调可持续发展。

中共北京林业大学委员会　北京林业大学

2008 年 3 月 3 日

中共北京林业大学委员会关于进一步加强奥运工作的意见

北林党发〔2008〕3 号

2008 年是北京奥运会筹办工作的决胜之年。奥运筹办工作已进入向赛时转化的关键时期。为全面推进北京奥运会志愿者各项筹备工作，圆满完成我校承担的奥运会志愿者工作任务，根据奥组委总体要求和学校党委指示精神，将奥运会志愿者工作基本模式、我校奥运会志愿者推进情况和工作任务、学校各单位、各部门职责分工，以及近期工作安排通知如下，具体指导我校奥运会志愿者工作的开展，努力实现奥运促成长、奥运促发展、奥运促成才。

一、指导思想

以邓小平理论和"三个代表"重要思想为指导，牢固树立和认真落实科学发展观，大力弘扬社会主义荣辱观，站在构建社会主义和谐社会和夺取全面建设小康社会新胜利的战略高度，围绕举办一届"有特色、高水平"奥运会的目标，以"抓机遇、做贡献、促发展、留遗产"为指导方针，充分发挥我学科优势和专业特色，坚持奥运筹办工作与高校育人工作紧密结合，圆满完成我校奥运筹办的各项任务，努力实现奥运促成长、奥运促成才、奥运促发展。

二、工作模式

1. 场馆。场馆专指为奥运会和残奥会提供比赛、训练和赛会组织接待等服务的场所、设施，是实施"绿色奥运、科技奥运、人文奥运"理念的重要阵地，是展示首都形象和奥运筹办工作水平的重要窗口，也是赛时志愿者工作的主阵地。奥运会场馆分为竞赛场馆、训练场馆、非竞赛场馆三类。竞赛场馆共 31 个，如国家体育场、奥体中心体育馆等；训练场馆 40 个，指供训练使用的场馆，通常设立在比赛场馆之外，用于运动员在赛前和赛期进行训练，如北京体育大学训练场馆、清华大学体育馆、首都师范大学体育馆等；非竞赛场馆共 15 个，指在明确划定的安全区域内，正式用于举办奥运会或残奥会的非竞赛场地，由奥组委或其合作伙伴/机构运作，属奥组委或其合作伙伴/机构专用场地，如奥林匹克公园公共区、运动员村、媒体村、首都机场、总部饭店等。

2. 志愿者。北京奥运会志愿者主要分为赛会志愿者和城市运行志愿者。赛会志愿者又分为通用志愿者、专业志愿者及代表性人群志愿者。通用志愿者，专业要求不高，主要在竞赛场馆和非竞赛场馆开展服务的志愿者；专业志愿者，专业要求相对较高，主要为了满足赛会期间特殊志愿服务岗位专业需求的志愿者，如驾驶员志愿者、贵宾陪同及语言服务志愿者等；代表性群体志愿者，主要考虑到奥运会的全民参与、面向全球的原则，为了体现志愿者群体广泛代表性的志愿者，如港澳台、华人华侨、京外志愿者等。

3. 场馆对接。场馆对接是指为奥运会、残奥会的各场馆明确志愿者来源单位，在场馆和志愿者来源单位之间建立工作对接关系，共同推进场馆志愿者队伍的组建、管理、保障等工作，将志愿者运行工作整合并落实到场馆的工作模式。参与对接的场馆包括北京地区的奥运会、残奥会竞赛场馆、非竞赛场馆和训练场馆。北京高校是北京奥运会赛会志愿者的主体来源单位，同时也承担城市志愿者和部分专业志愿者等工作任务。场馆对接主要分为三种模式：第一，馆校对接，是指奥运会、残奥会场馆与高校志愿者团队建立的对接关系。馆校对接既可以是一所高校与一个场馆对接，也可以是以一所高校为主、组合多所高校与一个场馆对接。馆校对接是场馆对接制的基础。第二，馆企对接，是指奥运会、残奥会场馆与企业志愿者团队建立的对接关系。馆企对接既可以是一家企业与一个场馆对接，也可以是以一家企业为主、组合多家企业与一个场馆对接。如首钢集团对接首钢篮球体育馆、首旅对接总部饭店等。第三，馆区（县）对接，是指奥运会、残奥会场馆与场馆所在区县志愿者团队建立的对接关系。如顺义区对接顺义水上公园等。

4. 我校场馆对接情况。根据奥组委和团市委统一安排，我校对接的非竞赛场馆为奥林匹克公园公共区，我校为主责高校，其他还包括北京邮电大学、北京信息科技大学、中国石油大学、

首都医科大学、中国防卫科技学院、北京劳动保障职业学院，共7所学校；对接的竞赛场馆为奥林匹克公园北区场馆群，我校为参与高校，主责高校为北京交通大学，其他还包括北京青年政治学院，北京科技职业学院。其他，还将以专业志愿者、城市运行志愿者等项目和方式参与奥运会志愿服务工作。

三、推进情况

2006年8月28日奥运会志愿者招募选拔工作启动以来，学校紧紧围绕奥运筹办工作，在奥组委、市教工委和团市委的正确领导下，在学校党委的直接领导下，紧紧抓住北京筹办奥运的有利时机，深入开展奥运会志愿者工作和奥林匹克教育工作。

1. 重点工作推进情况。学校紧紧围绕北京奥运筹办，重点开展了以下工作：制定我校奥运会志愿者工作"1678"总体规划，指导奥运会志愿者工作稳步推进；建立奥运会志愿者工作领导小组及工作小组，确保奥运会志愿者工作顺利实施；组建由300人参加的奥运会前期志愿者骨干团队，近1万名学生参与的奥运会志愿者服务团，成为开展奥运志愿服务的依托力量；开展奥运会志愿者报名招募宣传活动累计50多次，直接及间接参与人数1万人次，扩大奥运会志愿者工作的影响力和覆盖面；参与全市性大型志愿服务活动12次，开展奥运志愿服务主题实践及专题培训活动20次，直接参与人数3000人，覆盖全校6000多名青年学生，提高了我校青年学生志愿服务的综合能力；推进奥林匹克教育工程，提升了青年学生历史使命感和民族责任感；另外，还编写了奥运会志愿者培训教材等。

2. 测试赛工作完成情况。2007年8月，我校100名志愿者参加了在奥林匹克北区场馆群曲棍球馆举行的曲棍球测试赛志愿服务；同时，17名志愿者参加了住宿服务志愿服务工作，41名志愿者参加了交通引导工作。10月，我校63名志愿者参加了在奥林匹克北区场馆群网球场举行的2007国际网球巡回赛事志愿服务；同时，48名志愿者参加了住宿服务志愿服务工作。这些志愿者在场馆运行团队的领导下，在志愿者经理和观众服务经理具体指导下，以饱满的热情和积极的心态，认真负责、保质保量的完成了测试赛志愿服务任务，既锻炼了队伍，又展现了

风貌。

在2007年8月到10月举行的好运北京体育赛事志愿服务中，我校11名同学被评为驻地优秀交通志愿者；14人被评为优秀住宿服务专业志愿者。另外，老山自行车场馆群场馆团队也专门发来感谢信，对在8月20日至21日在老山小轮车赛场举行的"2007国际自盟小轮车世界杯赛"和9月22日在老山山地车赛场举行的"2007国际自盟山地车邀请赛"两项赛事中我校志愿者给予的大力支持和提供的优质服务表示衷心的感谢。

3. 志愿者招募选拔情况。我校已选拔出通用志愿者和专业志愿者共2140人，其中奥林匹克公园公共区1800人，奥林匹克公园北区场馆群200人，住宿服务专业志愿者130人，教师驾驶员志愿者10人。招募选拔后，这些志愿者将陆续参加通用培训和专业培训。

四、具体任务

根据奥组委和团市委的安排和部署，我校承担的奥运会志愿者6项具体工作为：

1. 奥林匹克公园公共区通用志愿者。奥林匹克公园公共区通用志愿者为4800名，来源7所对接高校，即北京林业大学、北京邮电大学、北京信息科技大学、中国石油大学、首都医科大学、中国防卫科技学院、北京劳动保障职业学院，我校为主责单位，将承担1500名到1800名志愿者招募任务，数量巨大，任务繁重。

2. 奥林匹克公园北区场馆群通用志愿者。奥林匹克公园北区场馆群（曲棍球馆、射箭场、网球馆）通用志愿者为2655名，我校作为场馆对接参与高校，按照奥组委和团市委要求，参与高校将承担不低于10%的志愿者招募任务，即我校将招募200名志愿者，赛时在奥林匹克公园北区场馆群开展志愿服务工作。

3. 住宿服务专业志愿者。按照奥组委运动会服务部安排，我校为住宿服务专业志愿者招募来源单位，目前已在我校招募130名志愿者，赛时将在全市各大宾馆、饭店开展住宿服务接待志愿服务任务。后续任务还没有下达。

4. 驾驶员专业志愿者。按照奥组委和北京市教工委要求，已在我校教师中选拔了10名驾驶员志愿者，赛时开展交通驾驶志愿服务工作。在高校招募的驾驶员志愿者主要从事贵宾陪同

志愿服务，即面向其他国家元首、国际奥委会委员、各国奥运会官员等群体开展志愿服务工作。

5. 城市运行志愿者。北京市城市运行志愿者总体需求为50万人。按照奥组委和团市委的要求，2008年将在高校招募一定数量的志愿者，在城市的社区街道、公交站点、旅游景点等地点开展志愿服务工作，具体数量还没有确定。

6. 京外、港澳、海外志愿者接待任务。按照奥组委和团市委安排，我校将承担在奥林匹克公园公共区开展志愿服务的京外、港澳、海外志愿者的接待工作，总计228人，其中香港18人，华人华侨50人，四川80人，河南80人。2008年7月到奥运会结束，我们将陆续承担这些志愿者的培训、住宿、餐饮、活动场地提供、交通服务、日常管理等工作。同时，由于这些志愿者对北京情况了解不多，相互之间也不十分熟悉，我们还需要对他们提供相应的志愿服务，以确保他们顺利开展奥运志愿服务。

五、职责分工（略）

六、近期工作

1. 完成志愿者的保留确认工作。按照奥组委和团市委统一安排和部署，2008年2月底之前，完成志愿者信息审核、照片采集工作；4月底前，完成全部赛会志愿者的录取工作。

2. 完成组织体系和骨干团队建设工作。以学院为分团、以50人为一队、以10人为一组，建立"分团、分队、小组"的组织体系；同时，选拔优秀志愿者担任团队（组）的负责人。3月底前完成我校组织体系和骨干团队建设工作。

3. 完成通用培训和专业培训工作。按照奥组委要求，志愿者来源单位负责志愿者通用培训和外语培训的组织实施；协助专业志愿者项目组开展专业培训；配合场馆团队进行场馆培训和岗位培训。采用学院自行组织与学校统一组织相结合的原则，分阶段、分批次、分层次的开展通用培训工作。5月底完成全部通用培训工作。专业培训按照场馆运行团队安排进行培训。

4. 完成奥林匹克公园公共区测试赛工作。4月16～20日公共区将举办测试工作。我校将组织部分或全部志愿者参加测试活动。根据情况，我校将按学院或按年级组织参加测试活动。

5. 完成赛会期间工作运行计划编制工作。赛会期间，志愿者将涉及交通、住宿、医疗、安保等多项工作，涉及学校多个部门。3月底完成赛会期间总体运行计划编制工作，5月底完成各分项方案制定工作。

七、工作要求

1. 加强领导，形成合力。在我校原有奥运会志愿者工作领导小组基础上成立学校主要领导任组长的奥运工作领导小组，负责我校有关奥运工作的领导和协调工作；学校各相关部门、各学院作为领导小组成员单位，各学院由学院团总支具体负责各项工作的落实；工作领导小组下设办公室，办公室挂靠学校团委。建议学校以文件形式将奥运工作领导小组机构成立情况下发，并召开专门会议，研讨工作，凝聚共识，切实形成"党委统一领导、党政齐抓共管、各部门大力支持、各学院积极配合、广大师生共同参与"的浓厚氛围和良好环境，确保奥运会志愿者工作顺利开展，稳步推进。

2. 精心组织，稳步推进。各单位各部门要将奥运会志愿者工作作为当前工作中一项重要任务来抓，高度重视，精心组织，狠抓落实。要根据本单位本部门的实际情况，制定切实可行的工作计划和方案，并按照要求突出重点，分布实施，稳步推进。要精心组织，认真开展有关奥运会志愿者的各项教育实践活动和奥林匹克教育活动，并与高校育人工作紧密结合，切实做到活动顺利圆满开展，工作扎实有效推进。

3. 注重宣传，营造氛围。按照奥组委关于宣传工作的统一要求，充分发挥我校的特色和优势，做好志愿者舆论宣传和引导工作，妥善处理申请人在报名奥运会志愿者过程中出现的各种问题。要充分挖掘志愿者申请人、测试赛志愿者、城市志愿者中典型代表，大力宣传报道，充分发挥典型示范和榜样带头的作用。要及时总结奥运会志愿者工作的先进经验和优良做法，并进行推广。要通过多种形式开展宣传报道，突出我校绿色特色，为我校志愿者工作的开展营造良好的氛围。

4. 健全机制，提供保障。各单位要加强协调、密切配合，保持信息沟通渠道和信息传递的准确。要结合我校奥运会志愿者工作的实际特点制定和完善会议、沟通、交流等工作机制，认真加以研究和部署。要定期召开工作协调会，全面贯彻落实上级交办的任务，研究解决工作中的困

难和问题。各部门要做好学生后勤保障工作和协调工作,提供政策保障和制度支持,切实解决学生的后顾之忧。要将奥运会志愿者工作纳入学分制管理,合理设定大学生参加奥运培训、开展志愿服务的学时、学分。要把大学生参与奥运

会志愿服务作为大学生综合素质考评的重要依据,在评优工作、推荐就业单位等方面给予优先考虑。

中共北京林业大学委员会

2008 年 3 月 10 日

北京林业大学研究生外出安全管理办法

北林党发〔2008〕8 号

第一章 总 则

第一条 为加强对我校研究生外出安全的管理,保障外出过程中人员、财产的安全,根据国家和学校的有关规定,特制定本管理办法。

第二条 研究生外出是指我校研究生为完成学位论文和导师的科研任务在校外进行的调研、课程校外实习、校院组织的校外社会实践等活动。

第三条 研究生外出必须贯彻"安全第一、预防为主"的方针,保证个人的人身和财产安全。

第四条 本管理办法适用于我校招收的全日制学历教育研究生及在站博士后。

第二章 审批程序和要求

第五条 需要外出调研、课程实习、社会实践的研究生必须认真填写《北京林业大学研究生外出申请表》(以下简称《申请表》),签订《北京林业大学外出安全承诺书》,并将经过审批的《申请表》送学院党团部门备案。

第六条 外出完成学位论文和导师科研任务的研究生,其《申请表》由研究生导师审批、学院主管院长审核;外出课程实习的研究生,其《申请表》由任课教师审批、学院主管院长审核;外出参加校院组织的社会实践等活动的研究生,其《申请表》由组织活动的责任人审批、学院主管书记审核。

第七条 研究生外出前,审批人必须确认已为所有外出研究生购买有效的《人身意外伤害保险》。因完成学位论文和导师的科研任务外出的费用由导师业务经费或科研费中列支;校院

组织的社会实践等活动的费用从活动费中列支。

第八条 审批人负责对外出研究生进行相关的安全和纪律教育,审核人负责检查核实相关手续办理的情况。

第九条 外出研究生要提高安全防范意识,自觉遵守交通规则,选择合适的交通方式,严禁搭乘私家车,严禁乘坐无证、无照人员驾驶的车、船等交通工具;在野外工作期间一律禁止驾驶车、船等交通工具,以确保人身和财产的安全。

第十条 审批人必须对外出调研实践活动做好安全预案,特别是对一些交通通讯条件差、自然或社会环境复杂的特殊地区要做周密的安排。原则上不允许研究生独自从事调研实践活动,两人以上的应指定负责人。

第三章 外出期间的组织管理工作

第十一条 外出调研实践所需的物资、重要文件、贵重仪器设备和现金应由指定的负责人调度管理;所采集的标本、样品和重要的资料应有专人保管,清点造册。防止火灾、雨淋、丢失、盗窃、损坏等事故的发生。

第十二条 到达调研实践地区后,应与当地有关部门取得联系,取得地方政府和有关机构的支持和帮助。涉及敏感地区的调研实践活动,必须事先征得当地政府和相关部门的同意。

第十三条 外出调研实践活动原则上应按预定的区域、路线、内容开展,并与审批人随时或定时保持联系,通报情况。若临时改变活动区域和路线,必须及时向审批人汇报。

第十四条 外出调研实践过程中进入环境恶劣、复杂的区域时,必须随时了解当地气象、

地理、治安等有关情况；野外宿营时必须选择地理环境安全的地点，出现险情应及时组织疏散和转移；尊重地方民风、民俗，执行地方政策法规。

第十五条　雇佣民工和向导时，应请地方相关部门推荐择用，原则上不得自行雇佣。

第十六条　外出期间要注意饮食(水)和个人生活卫生，防止食物(水)中毒和疾病发生。

第十七条　外出期间如果发生人身意外伤害等突发事件，必须保持冷静，采取积极有效的处理措施，并及时向当地公安机关和学校报告。

第十八条　外出人员调研实践工作结束后必须立即返回学校，回校后及时向导师报到，并向学院党团部门备案。

第十九条　凡违反本管理办法，在外出工作期间造成不良影响、造成事故的调研实践团队或个人，责任自负，并将根据事件的性质、程度给予批评教育或行政处罚；对触犯法律者，按法律程序追究其责任。

第四章　附　则

第二十条　本办法自下发之日起实施。

第二十一条　本办法由研究生院、党委研究生工作部负责解释。

中共北京林业大学委员会

2008 年 4 月 8 日

关于进一步加强和改进党委中心组学习的实施意见

北林党发〔2008〕13 号

为全面贯彻党的十七大精神，落实中央《关于进一步加强和改进党委中心组学习意见》的通知，以及 2008 年习近平同志、李源潮同志在全国干部教育培训工作会议上的有关讲话精神，进一步加强和改进中心组工作，积极推进学校领导班子和中层领导干部思想政治建设，结合学校实际，特制定如下实施意见。

一、充分认识加强和改进党委中心组学习的重要意义

在新的历史时期，不断加强和改进党委中心组学习对学校的改革和发展具有重大意义。要充分认识到，校党委中心组学习是学校领导班子和其他成员在职学习的重要组织形式；是加强领导干部思想政治建设，提高领导决策能力的重要途径。进一步加强和改进党委中心组学习，对于加强学校党的思想建设，推动全校政治理论学习，做好领导干部的理论武装，进一步统一思想，凝聚力量，鼓舞斗志，增强信心，促进学校各项工作又好又快发展，都具有重要意义。

二、进一步明确党委中心组学习的主要任务

党委中心组学习的首要任务，是通过深入学习贯彻中国特色社会主义理论体系，科学掌握和运用马克思主义立场、观点、方法，不断推进理论研究和工作创新。党委中心组要认真落实中央精神，将学习贯彻邓小平理论、"三个代表"重要思想和科学发展观进一步引向深入；要努力提高马克思主义理论水平，善于运用辩证唯物主义和历史唯物主义的世界观和方法论观察形势，分析问题，指导工作；要着眼于对实际问题的理论思考，把理论学习同研究解决师生最关心、最直接、最现实的利益问题结合起来，同解决学校改革发展稳定中的重大问题结合起来，使理论学习真正成为指导工作、推动科学发展、促进校园和谐、开创学校新局面的强大动力。

三、建立健全党委中心组学习的组织建设

1. 细分三级学习层次，形成各有侧重的学习机制。校党委中心组按照核心组、中心组、扩大组 3 个层次开展学习，形成分层实施、分层管理的学习机制。核心组主要由校领导和部分有关部门负责人组成，主要开展政策研讨、文件学习、工作研讨等形式的学习；中心组由核心组以及部分职能部门一把手、分党委书记、院长组成，主要开展专题研讨、专题调研、经验交流等形式的学习；扩大组是在中心组的基础上，根据需要扩大到职能部门负责人、分党委负责人等，以听取专题报告等活动为主要学习形式。

2. 明确工作职责，保证责任落实。校党委中心组组长由校党委书记担任，主要负责审定中

心组学习计划，确定学习主题和研讨专题，提出学习要求，主持集中研讨活动，指导和检查中心组成员的学习。分管宣传思想工作的校党委副书记担任中心组副组长，协助组长负责学习活动的组织安排。校党委宣传部长担任中心组学习秘书，负责做好中心组学习的实施工作。宣传部、党政办负责中心组学习的日常具体工作。二级中心组组长由分党委书记担任，副组长由分党委副书记担任，秘书可由分党委指定相关负责同志担任，工作职责参照校党委中心组执行。

四、不断完善党委中心组学习的制度和管理

1. 严格学习制度，保障学习效果。校党委中心组严格执行个人自学、集体研讨、学习档案、学习交流、专题调研、学习考勤、学习通报等制度，每两周集中一次，每次时间2~3小时，保证学习任务落到实处。中心组成员应协调好学习和工作的关系，尽量不把教学、科研任务安排在中心组学习时间。因特殊原因不能参加的成员要向主管校领导请假，并以提交学习体会的形式进行补课。连续不参加学习3次以上者，视情节给予提示或警示。

坚持中心组学习考核和激励机制，根据中心组学员学习考勤、集中研讨、理论学习论文、研究成果及二级中心组学习等情况，评选出中心组优秀学员并进行表彰。

2. 精心设计专题，提高学习实效。党委中心组以个人自学和集中研讨为主，以辅导报告、观看录像为辅，以理论学习和调研实践相结合的方式，以学习党的路线、方针政策为主要内容，以学校发展的重大问题为研讨主题，紧密结合自身的思想建设，结合学校的改革发展，精心设计学习主题，认真安排重点发言，深入开展学习讨论和交流，力争在学习深度和学习实效上下功夫。

3. 加强学习交流，改进学习通报。各级党委要高度重视中心组学习，要列入重要议事日程，要把中心组学习情况纳入到干部年终考核之中。党委中心组认真探索加强学习通报的新途径，通过内部情况通报或报刊、橱窗、网络、广播、电视等方式，及时向广大党员、干部和群众通报学习情况和学习成果，经常开展学习督察和学习交流，带动广大党员、干部、群众共同学习。

4. 加强二级中心组学习，建立创新学习模式。二级中心组要根据本单位的具体情况，积极探索有效的学习模式，要把学习活动与加强基层党建、促进学科建设、提高管理水平、凝聚师生力量、推动学校发展紧密结合。二级中心组要规范学习活动，制定学习计划，每学期要及时向校党委宣传部报送本单位的学习计划、总结和中心组成员名单，并做好学习记录备查。

中共北京林业大学委员会
2008 年 10 月 21 日

校发重要文件选编

北京林业大学研究生招生监察办法

北林校发〔2008〕1 号

第一条 为进一步贯彻落实好国家有关研究生招生的政策法规，实施研究生招生"阳光工程"，规范招生管理，保证硕士、博士研究生招生工作公开、公平、公正，根据教育部相关文件要求，结合我校的实际情况制定本办法。

第二条 学校成立由校纪委书记为组长，纪检监察部门负责人为成员的研究生招生监察工作领导小组，具体实施对研究生招生程序和重点环节的监督检查。

第三条 研究生招生监察工作的主要任务：

1. 监督检查研究生招生主管部门贯彻落实国家有关招生政策、法规、制度的情况和学校招生的各项规定。

2. 监督检查研究生招生主管部门及其工作

人员依法行政、履行职责的情况，对不符合程序和规定的做法，提出监察意见，督促其及时整改。

3. 配合研究生招生办公室对招生工作人员进行国家招生政策、法规、制度和纪律的教育。

4. 受理有关涉及国家招生政策、法规与纪律问题的投诉和举报，督促或会同有关部门进行调查处理，维护考生和招生工作人员的合法权益。

5. 督促、会同有关部门查处招生工作人员和其他相关人员的违法违纪行为，按照党纪政纪有关规定，追究当事人和相关人员的责任。

第四条 研究生招生监察的具体内容：

1. 监督检查招考信息公开、命题人员回避和试题安全保密制度的执行情况，参与考场巡视，监督检查考试成绩公示情况。

2. 参与复试分数线的确定，监督检查复试办法的制定，参与复试巡视，监督检查复试结果的公示情况。

3. 参与录取工作，监督检查录取过程中执行规定的情况。

4. 监督检查在招考和录取过程中是否存在其他违规行为。

第五条 对研究生招生监察人员的要求：

1. 招生监察人员应熟悉业务，作风正派，坚持原则，实事求是，廉洁自律，秉公执纪，坚决杜绝以权谋私等腐败行为。

2. 实行现场办公制度。招生复试期间，招生监察工作领导小组要检查重点环节，进入考生集中的复试场所，对招生录取进行监督检查。

3. 实行回避制度。本人或直系亲属报考本校，招生监察人员和招生工作人员，应主动申请回避，不得参加当年的招生监察工作和招生录取工作。

第六条 学校各级招生工作人员和监察工作人员应严格自律，自觉接受及社会的监督，自觉遵守招生工作纪律和工作程序，严格执行招生计划和招生规定，不准违反规定降分录取"关系"考生，不准向考生、考生家长暗示或索要财物。

第七条 对于违反招生纪律的行为，招生监察领导小组应及时指出，进行批评教育，督促改正；对于情节严重，在社会上造成不良影响的，要进行严肃处理；对于考生反映的招生问题应认真组织调查，向考生反馈调查结果；在招生录取工作中，遇有重大问题或疑难问题，应向学校招生委员会和教育部高教司、驻教育部监察局报告。

北京林业大学
2008 年 1 月 15 日

北京林业大学关于校院科技管理的若干规定

北林校发〔2008〕5 号

为推动学校科技工作的发展，落实校院两级工作管理的指导方针，明确校、院对科技工作的管理职责，特制定本规定。

一、学校科技工作实行校院两级管理模式。学校科技处作为学校科技管理的职能部门，在学校的领导下，负责对全校的科技业务工作进行有效组织和科学管理，以宏观管理为主。各学院作为科技工作的主体，在学校规定的职责和权限范围内，在院长的领导下全面开展本单位的科技工作，在管理业务上接受学校科技处的指导，侧重学院科技工作的具体管理。学院对学校负责（校院主要科技管理工作的职责划分见附件）。

二、学院院长是本单位科技工作的主要负责人，分管科技的副院长是本单位科技工作的直接负责人，要根据学院的科技管理职责，认真履行自己的岗位职责。各单位应配备科技秘书，协助科技分管副院长开展工作。

三、学校学术委员会作为学校科技工作的学术评议、审议和学术决策咨询机构，负责对学校科技工作进行学术咨询、学术指导，参与科技管理并提出建议。学院学术委员会负责本单位科技工作的咨询、指导与协调。

四、学校根据科技工作实际，在管理上实行

"纵向归口、横向放开"的原则,即:凡涉及对上级主管部门及上级科技主管部门(纵向)的科技工作,均须通过科技处统一组织、统一管理,统一对外。横向科技开发和服务工作(包括工程类项目),各学院可在科技处统一协调指导下,自主对外联系和开展工作,并负责处理合同纠纷。横向科技合同(协议),经学院科技分管副院长审查后,报发展规划处审核,最后由科技处统一审查签章。知识产权由科技处统一管理。

五、学院要对本单位报送所有材料的规范性、真实性进行审查、把关,对申报项目、科技奖励推荐材料进行学术评审,客观评价其学术水平,保证报送的材料内容真实,格式规范。

六、学院教师上报材料必须通过科技秘书,科技处不接收教师个人上报任何材料。科技处下发任何通知和材料必须通过学院科技分管副院长和科技秘书,不直接下发教师个人。

七、学院科技管理费用于学院开展科技管理活动。

八、各学院应于每年11月30日前将本年度的科技工作总结和下年度的科技工作计划报科技处。

科技处应于每年12月20日前将本年度学校的科技工作进行总结并且制定下年度学校的科技工作计划。

九、学校对学院科技工作进行考核。在学院《"十一五"科技成果产出目标责任制》执行期结束,对学院科技任务指标完成情况进行考核,考核结果与学校相关奖励政策挂钩,规定另定。

十、本规定自发布之日起执行,由科技处负责解释。

北京林业大学
2008年1月20日

附件: 北京林业大学校院主要科技
管理工作的职责划分

一、学　校

科技处作为学校科技管理的职能部门,代表学校履行以下职责。

1. 负责制定和实施学校科技发展规划(五年)和年度计划。负责制定和实施学校科技管理制度、办法;建立符合学校情况,鼓励教师科技创新的激励机制与约束机制。

2. 负责对学院开展科技政策的咨询服务;发布各类科技通知、项目指南信息;对学院具体科技项目申报、过程管理、成果鉴定、奖励推荐、科技档案归档等管理环节提供技术指导。

3. 项目申报。负责各类纵向科技项目的组织、上报。负责组织、指导、协调跨学院科技项目申报、推荐;组织限报项目校级推荐评审、论证会;加强与科技主管部门的沟通、联系及协调。

4. 项目管理。负责课题实施过程中的宏观管理、检查监督工作。负责纵向课题任务书(合同书)审查;组织专家对在研项目进行中期评估或必要的现场查验;配合主管部门开展项目中期评估检查工作,上报相关材料;科技合作协议(合同书)书审查、指导。

5. 成果管理。负责布置科技项目结题、验收、鉴定工作;负责科技成果登记、管理、归档工作。负责学校教师科技成果(含论文、专著、专利、新品种、软件等)的登记、审核和管理;负责学校科技成果推介及成果转化管理,代表学校对外签订成果转化(转让)合同。

6. 成果奖励。负责组织学校各类科技成果奖励申报、评审、上报工作。负责动员、组织教师申报各类省部级以上科技奖励及各种社会科技奖励;组织专家对学校推荐各类奖励的科技成果进行校级评审、答辩;负责各类人员奖励的申报、推荐工作;负责各类专家库人选的申报推荐工作。

7. 经费管理。配合相关部门制定学校科技经费监督管理办法,规范、指导科技经费使用;配合相关部门开展对学校科技经费的检查与审计;负责用科技经费采购仪器设备、出国和外聘专家、科技协作费外拨的审核。

8. 学术道德建设。制定学校教师学术道德规范和科技不端行为处理办法,开展宣传教育活动,对道德失范、科技不端行为进行调查并形成处理意见。建立教师科技成果质量保障和督查机制,促进教师科技活动符合学术规范要求,保障人才公平竞争,有效杜绝学术不良行为发生。

9. 科技任务审核。学校负责本校教职工职称评审中科技成果业绩材料的审核。负责对教师聘期完成岗位科技工作任务的情况进行考核。会同人事部门制定教师科技工作量考核标准与奖惩细则，对教师完成科技任务情况严格考核并实施奖惩。负责科技津贴核发核定工作。

10. 信息平台建设。负责学校科技管理信息系统建设、维护；负责系统数据收集、转入、共享。

二、学　院

1. 贯彻落实学校科技发展规划，执行相关部门和学校科技管理办法和规定，依据相关规定管理本学院承担的各类科技项目。

2. 学院建立科技档案和科技信息管理平台。

3. 项目申报。传达学校相关科技申报通知和项目指南；组织和指导本单位教师申报各类科技项目；对省部级以上项目申报，学院应组织推荐评审会，审查、完善申报材料。

4. 项目管理。加强学院对本学院承担科技项目的管理、检查、督促，掌握科技计划的执行、落实和进展情况，促进科技成果产出。负责报送本学院承担各类科技项目年度报告或总结报告。组织和配合学校和上级主管部门对纵向科技项目的中期检查和评估；开展学院检查督促工作，发现问题，及时解决或报告。

5. 成果管理。督促本学院教师承担科技项目及时结题、鉴定、验收，负责组织本学院项目的鉴定、验收会议。负责学院专利、新品种、软件登记、论文统计、备案、管理工作。负责组织填报各类专家库人员信息表。组织本单位的各种学术交流活动。负责上报本单位科技成果的转化信息。

6. 成果奖励。组织动员本学院教师申报各类成果奖；负责组织学院科技成果推荐的评审及科技成果的预答辩；负责申报各类人员奖励材料的审查推荐工作；负责本院各类科技成果奖励的登记、统计、管理工作。

7. 经费管理。依据相关科技经费管理办法和项目合同经费预算，负责国家计划课题和国家林业局各类计划课题经费支出的审批；负责所有课题设备采购、国际交流活动、科技协作费支出的审批；负责相关仪器设备和大宗信息资料登记、管理；配合学校和相关部门开展经费审计和检查工作；开展本学院承担科技项目的科技经费的自查工作。

8. 学术道德建设。负责对本院教师和研究人员的科技行为进行规范、督查。对教师在个人或集体学术创作中有涉嫌抄袭、剽窃、伪造数据等学术不良行为的应及时向学校科技管理部门汇报，不得压报、瞒报。通过组织学习、宣传等多种有效形式认真做好本院教师的学术自律工作。

9. 科技任务审核。学院领导和监督本院科技机构、教师及时按照学校要求做好各项工作，负责教师科技考核材料的收集和登记，并做好初审，初审后确认无误的按学校要求提供给管理部门进行复核。

10. 信息平台建设。按要求于每月1至2日上报学院有关需转入学校科技信息系统的相关数据。

北京林业大学采购大宗货物、工程和服务招标管理办法（试行）

北林校发〔2008〕10 号

第一章　总　则

第一条　为了进一步规范我校采购大宗货物、工程和服务（以下简称"大宗采购"）招标管理，维护学校和采购招投标活动当事人的利益，提高办学投资效益，加强对大宗采购招标活动的监督管理，防止违规、违纪及腐败问题的发生，根据《中华人民共和国招标投标法》（1999年）、《中华人民共和国政府采购法》（2002 年）、财政部《政府采购货物和服务招标管理办法》（财政部令 2004 年第 18 号）、教育部《政府采购管理暂行办法》（2005 年）、《工程建设项目招标范围和规模标准规定》（国家计委第 3 号令）、《北京市工程建设项目招标范围和规模标准规定》（北京市政府 89 号令）等有关文件规定，结合学校实际，制定本办法。

第二条　本办法所指采购是指学校以合同方式有偿取得货物、工程和服务的行为，包括购买、租赁、委托、雇用等。大宗采购一般是指学校财务预算资金单个项目基建工程超过50万元（含），维修工程超过30万元（含），其他项目超过10万元（含）的采购行为。货物是指各种形态和种类的物品，包括原材料、燃料、设备、产品等；工程是指建设工程，包括建筑物和构筑物的新建、改建、扩建、装修、拆除、修缮等；服务是指除货物和工程以外的其他采购对象，包括经济技术服务、人力服务、安保服务、物业服务等。

第三条　凡学校各单位申报的大宗采购项目均须执行本办法，由学校招标管理机构统一组织招标工作，使用单位不得擅自组织相关招标活动。任何单位和个人不得将依本办法必须招标的项目化整为零或者以其他任何方式规避招标。

第四条　以政府采购其他方式采购的大宗采购项目遵照学校政府采购相关管理规定执行。

第五条　大宗采购招标应当遵循公开透明、公平竞争、公正诚信原则。

第六条　大宗采购招标活动必须接受学校财务处和纪检监察部门的监督。

第二章　大宗采购招标管理和监督机构

第七条　学校成立大宗采购招标工作领导小组，校长担任组长，有关校领导和职能部门负责人为成员。招标工作领导小组下设三个招标小组，即：基建招标小组、修缮和服务采购招标小组、大宗物资和设备采购招标小组。招标工作领导小组负责招标相关规章制度的审定，领导和指导招标小组开展工作，审定重点项目招标组织方案，处理招标工作中所出现的重大问题。招标小组具体制定招标计划并组织实施招标或委托代理机构实施招标。

第八条　学校成立大宗采购招标工作监督小组，校纪委书记任组长，成员由校纪委委员、纪检监察、财务、审计、工会、职代会代表等有关人员组成。招标工作监督小组通过参与调研、考察、询价、招标文件制作、开标、评标、定标等招标重点环节，对招标工作领导小组和招标小组及投标人的招投标工作过程进行监督。

第九条　基建招标小组组长由主管基建房产校领导担任，成员由基建房产、财务、纪检监察、审计、实验室与设备管理、总务产业和使用单位有关人员及有关专家、技术人员组成。

基建招标小组负责基本建设工程的设计、勘察、施工、监理及主要工程材料、设备等招标工作。

第十条　修缮和服务招标小组组长由主管总务后勤校领导担任，成员由总务产业、财务、审计、纪检监察、实验室与设备管理、基建房产部门和使用单位的有关人员以及有关经济和技术人员组成。

修缮和服务招标小组负责房屋修缮、拆改建、基础设施改造与校园环境整治工程的设计、施工、监理及主要工程材料等招标工作；负责经济技术服务、对外租赁承包、物业服务、安保服务、药品、后勤物资、食堂大宗物品等采购招标工作。

第十一条　大宗物资和设备采购招标小组组长由主管设备校领导担任，成员由实验室与设备管理、财务、审计、纪检监察、使用单位及有关专家、技术人员组成。

大宗物资和设备采购招标小组负责教学、科研、办公、医疗、文体、交通、安保、消防设备和仪器采购及家具、图书教材、通用软件采购招标工作。

第十二条　大宗采购招标包括学校招标小组自行组织招标（以下简称"自行招标"）和招标小组委托招标代理机构招标（以下简称"委托招标"）两种形式。

第十三条　招标小组的主要工作职责是：

1. 接受使用单位大宗采购计划申请，组织可行性认证，编制招标计划，组织开展招标项目调研、考察、询价等招标准备工作；

2. 组织办理委托招标相关事宜；

3. 组织学校自行招标的开标、评标、定标等工作；

4. 负责组织与中标人签订合同，组织质量验收和售后服务跟踪。

第十四条　学校自行招标的评标小组组长和成员一般由招标工作领导小组和监督小组共同确定，重大招标项目评标小组组长和成员由学校党委确定。评标小组成员为5人（含）以上单数，其中项目使用单位人员不得超过成员总数的1/5，技术、经济等方面的专家不得少于成员总数的2/5，一般以校外专家为主。专家评审费用由学校单独列支。评标小组的主要工作职责是：按照标书要求，综合分析评价投标书及投标人的各项指标，发表评标意见，按规定进行决标投票、打分或其他方式表决意见。

第十五条 招标中的特殊问题，由招标小组和监督小组共同协商提出意见，报招标工作领导小组审议或组长审批。重要工程或项目的招标工作应由党委常委会决定。

第三章 大宗采购招标方式和范围

第十六条 招标分为公开招标和邀请招标。

公开招标：招标人依法以招标公告的方式邀请不特定的法人或者其他组织参加投标。招标公告应当通过国家指定的报刊、信息网络或者其他媒介发布。

邀请招标：招标人依法从符合相应资格条件的法人或者其他组织中邀请3家（含）以上，并以投标邀请书的方式，邀请其参加投标。

第十七条 根据规定，下列项目属于公开招标范围：

（一）货物采购

单项或批量采购金额一次性达到120万元人民币以上的。

（二）工程采购

1. 施工单项合同估算价在200万元人民币以上或者建筑面积在2000平方米以上的；

2. 工程项目重要设备、材料等货物采购，单项合同估算价在100万元人民币以上或者单台重要设备估算价在30万元人民币以上的；

3. 单项合同估算价低于前两款规定的标准，但项目总投资额在3000万元人民币以上的。

（三）服务采购

1. 勘察、设计、监理等工程类服务采购，单项合同估算价在50万元人民币以上的；

2. 其他服务单项或批量采购金额一次性达到120万元人民币以上的。

第四章 大宗采购招标工作准备

第十八条 使用单位和有关部门在采购任务立项和资金落实的前提下，经使用单位负责

人审批后，向招标小组提出采购申请，并配合进行市场调查。

第十九条 使用单位将需采购项目的指标要求、技术性能、数量、规格等相关文件至少于15个工作日前送交招标小组，以便进行招标技术准备。除特殊情况外，不得以时间紧迫等借口规避招标程序。

第二十条 编制招标文件前，招标小组应组织开展招标项目调研、考察、询价，根据需要组织专家对招标文件中有关技术、经济、商务指标进行前期论证。委托招标项目由招标小组负责向代理机构提供招标文件所需资料；自行招标项目由招标小组根据招标项目的不同内容编制相应的招标文件（不得要求或者标明特定的生产供应者以及含有倾向或者排斥潜在投标人的其他内容），发放招标文件、图纸、资料，组织招标答疑。

第二十一条 投标单位的选择：按照标书要求选择符合条件的投标人，除特殊情况外，最低不得少于3家。

第五章 开标、评标与定标

第二十二条 委托招标的开标、评标、定标工作由采购代理机构和招标小组按照国家有关规定组织实施。

第二十三条 开标前，有关部门应根据项目情况进行询价或委托中介机构编制拦标价并做好保密工作。开标现场公布拦标价。若超过五分之三投标单位的报价高于询价结果或拦标价，则取消该次评标，并重新进行招标。

第二十四条 自行招标项目的开标由招标小组组长主持或组长委托人员主持，招标小组成员、投标人参加；评标、定标由评标小组选出的组长主持，评标人及招标小组有关人员参加。评标小组成员与投标人有利害关系、亲属关系时，必须回避。经评标小组对投标文件相关指标进行综合分析、比较与评价后，遵循公平、公正、择优的原则推荐中标候选人。招标小组在评标结束后五个工作日内确定中标人。任何单位和个人不得非法干预、影响评标的过程和结果。

第二十五条 投标人的中标应当符合下列条件之一：

1. 能够最大限度满足招标文件中规定的各

項综合评价指标；

2. 完全满足招标文件的实质性要求，并且经评审的投标价最低；但是投标价格低于成本的除外。

第六章 大宗采购招标的监督检查

第二十六条 学校大宗采购招标工作监督小组负责对采购招标活动进行监督检查。监督检查的主要内容是：执行有关法律、法规的情况；采购招标程序、范围、方式的执行情况；采购合同履行情况及其他相关内容。

第二十七条 学校大宗采购招标工作监督小组派人参加各招标小组的招标活动，发现招投标违规情况后应及时报告招标工作监督小组，监督小组提出初步意见，与招标工作领导小组共同研究处理。监督小组派出人员在开标、评标、定标时可发表意见，不参加定标投票或评分，但具有对违规投标人行使一票否决的权利或取消违规投标人投标资格的权利。

第二十八条 委托招标由代理机构按照规定完善相关资料，对招标结果进行公示，招标小组应与代理机构交接有关资料。自行招标定标后应填写《北京林业大学大宗采购项目自行招标结果备案书》，中标结果由各招标小组负责公示。招标小组负责大宗采购招标有关资料的收集、整理和存档，采购文件的保存期限为从采购结束之日起至少保存十五年。

第二十九条 招标小组在签订合同时必须与中标单位签订《北京林业大学大宗采购项目招投标廉政承诺书》。招标小组和使用单位人员要认真遵守招标原则，严格遵守保密要求，在确定中标人前不得与投标人就投标价格、投标方案

等实质性内容进行谈判，不得以任何形式泄露标底，杜绝与投标方串通、围标现象的发生。不得接受投标方的任何礼品、礼金及参加有碍公务的任何形式的活动。

第三十条 招标小组、使用单位、投标方在招投标过程中相互监督，对招投标活动过程中发现的违规违纪问题及时向招标监督领导小组反映。

第三十一条 招标确定的中标价如遇变动，招标小组必须以书面形式及时向学校招标工作领导小组和监督小组汇报，并说明其原因。

第三十二条 特殊情况由招标小组集体讨论，并将讨论意见报学校招标工作领导小组和监督小组审定。

第七章 附 则

第三十三条 各招标小组应依据本办法制定相应职责范围的大宗采购招标实施细则。

第三十四条 学校所属的独立法人(包括企业)利用自有(自筹)资金投资的本办法中所列举的采购项目，参照本办法执行。

第三十五条 本办法未涉及的其他事项按国家有关规定执行。

第三十六条 违反本办法，将按国家和学校相关法规进行处理。

第三十七条 本办法由财务处和纪检监察部门负责解释。

第三十八条 本办法自发布之日起实施，《北京林业大学设备物资采购及基建修缮工程招投标管理暂行办法》及相关实施细则同时废止。

北京林业大学
2008 年 4 月 7 日

北京林业大学关于进一步加强审计工作的意见

北林校发〔2008〕11 号

为了全面贯彻落实新《审计法》(2006 年修正)和《教育系统内部审计工作规定》，进一步加强学校审计监督力度，充分发挥审计工作在学校经济运行过程中的服务和监督保障作用，经学校研究，现提出进一步加强我校审计工作的意见。

一、强化审计监督意识，进一步提高对审计工作重要性的认识

学校审计部门是学校管理系统中的一个重要组成部分，是重要的监督部门，是学校持续健

40

康发展的"保健医生"。审计监督作用的有效发挥，对于保证学校资金安全和规范经济运行秩序具有重要意义，对于促进党风廉政建设和保护爱护干部具有重要作用。审计部门要按照"为防范经济风险服务、为提高学校资金使用效益服务、为解决学校改革和发展中的突出矛盾服务"的"三服务"宗旨，坚持"主动、独立、前移、过程"的工作原则，既查错防弊，又立足于服务和管理，在服务中实施监督，在监督中强化服务，不断提高学校的管理水平和办学效益，为学校主要领导提供决策依据，当好领导的参谋助手。全校各级领导和各部门要重视审计工作，提高审计意识和法制意识，积极支持审计部门依法独立开展工作。

二、围绕学校中心工作，突出审计工作重点

审计部门要紧紧围绕学校中心工作，把审计工作的重心放在重点部门、重点项目和重点环节上，强化事前审计和事中审计，推进过程审计，有针对性地开展审计服务和监督。

（一）加强经济责任审计

经济责任审计是对领导干部任职期间承担本单位经济管理职责的完成情况，包括财务收支、重要资金和财产管理、内部控制制度的健全性和有效性以及遵守国家财经法规等情况进行综合评价。经济责任审计是促进干部廉洁勤政，更好地履行岗位职责的重要举措，对于强化干部监督和管理、维护学校财经秩序、推进依法治教具有重要意义。学校开展领导干部经济责任审计，重点是对各二级单位、各部门负责人（包括主持工作的副职）经营、管理责任进行审计，具体包括任中经济责任审计、离任审计。要坚持"关口前移"的原则，对在任期内的干部，有计划地开展任中审计和重点审计，一般情况下，相关处级干部每四年进行一次任中审计；要坚持"先审后离"的原则，对因各种原因离任原岗位的干部，在离岗前进行任期经济责任审计。要健全经济责任审计联席会议制度，学校经济责任审计联席会议由纪委牵头，组织、人事、审计、监察、财务等部门参加。纪委要定期组织召开经济责任审计联席会议，交流通报和研究解决经济责任审计工作中有关问题。组织部要根据联席会议成员单位提出的下一年度责任审计项目的建议，于上年度末或干部岗位变动前提出干

部经济责任审计对象及要求，经党委常委会批准后，委托审计部门具体办理。组织部门要高度重视经济责任审计成果的转化运用并建立相关机制，将审计结果作为被审计领导干部业绩考评和职务任免的参考依据。

（二）加强预算执行和财务收支审计

为了保证预算执行和决算管理的规范性，学校逐步推行预算执行情况和决算审计。审计部门要加强对预算过程和决算管理的服务与监督，有重点的开展预算执行情况审计工作，与财务部门共同落实预算管理规定，进一步发挥再监督的职能作用，不断提升学校预算的科学性和可操作性。学校要探索预算经费项目效益审计制度，逐步加大效益审计监督的力度。每年从有关单位中抽取一定比例的修购专项、政府采购等项目对执行过程及效益进行审计。审计内容为被审计项目负责单位是否合理设计经费使用方向，有效管理和使用资金，项目资金的使用是否达到预期结果或效益。

加强财务收支管理，开展重要收费及使用情况审计。按照财务管理制度，学校所有收费均由财务统一组织实施和管理，任何单位不得自行组织收费。为保证学校收入预算的完成，审计部门要对学费、住宿费、水电暖费、房租、产业上缴、工资返还、各单位创收上缴等收费情况进行审计。要重点检查各收费单位有无乱收费、应收未收、坐收坐支等违反财经纪律的情况。

（三）加强建设工程和修缮工程审计

建设工程、修缮工程审计是学校工程管理的一项重要内容，加强工程审计对于促进工程管理具有重要意义。要加强工程审计计划管理。建设工程、修缮工程计划要明确实施审计的形式（竣工结算审计或过程跟踪审计），审计部门根据建设工程年度计划和修缮工程年度计划制定年度工程审计计划。

要加强重点工程的审计监督管理。对重点基建、修缮工程逐步实施全过程跟踪审计，在建设工程施工预算、招标、签订合同、洽商变更、竣工结算、财务决算等各个环节严格审核把关，将技术经济审查、审计控制和审计评价相结合，重点加强造价控制和规范工程管理。在编制重点工程标底时，除项目管理单位组织编制外，审计部门也要独立组织（或委托专业代理机构）编制标

底，以提高工程效益和工程质量。工程审计由审计部门或审计部门委托具有相应资质的工程造价咨询机构实施，委托程序按国家有关规定办理。审计部门要加强对受托工程造价咨询机构的管理和监督。

要健全完善工程审计联席会议制度。主管审计校领导要根据情况主持召开由主管基建校领导、主管修缮校领导和审计、基建、财务、纪委、监察等有关部门参加的审计联席会议。在工程审计前期，要主持召开工程前期审计联席会，明确审计任务、审计方式、审计重点，安排落实好各部门工作职责。在工程竣工审计结束后，要召开工程竣工审计联席会议，通报审计进程、存在问题、审计结果等重要事项，确定审计报告和审计意见。在全过程工程审计中，要定期召开联席会议，及时研究解决有关重要问题。

（四）进一步加强科研经费审计

近几年，学校的科研经费逐年增加，特别是"十一五"期间承担了大量的科研课题，科研经费渠道形成了纵向多层次、横向多元化的新格局。学校审计部门要按照教育部、财政部《关于进一步加强高校科研经费管理的若干意见》和科技部《关于严肃财经纪律，规范国家科技计划课题经费使用和加强监管的通知》要求，制定与科研二级管理相适应的科研经费审计管理办法，对国家、省部级纵向科研课题经费、国际合作课题经费、自选课题和横向课题经费等有关重点科研项目经费使用进行审计，保证科研经费使用的真实、合法，提高科研经费使用效益。

（五）加大对重点部门、重点环节、重点项目的审计力度

要对经济活动频繁、资金流量大的重点部门进行重点审计。实施重点专项资金审计，加强对"211工程"、修购专项、购房补贴等专项资金的管理与使用情况审计，确保其合规有效使用。要强化对重大资金投入项目的立项、实施、评估、投资处置等环节的审计监督，进一步防范投资风险，杜绝和防止违规投资行为。要加强对校办企业和后勤总公司的审计监督，既要保证其正当权益，又要防范国有资产流失和经营风险。要推进大宗物资设备采购项目的审计，严格执行政府采购和招投标有关制度，降低采购成本，保证采购质量。

三、规范和健全审计运行机制，进一步加强审计过程管理

（一）加强对审计工作的领导

学校审计工作是学校财经管理工作的一部分，也是学校监督管理体系中不可缺少的重要环节。学校党政负责人要加强对审计工作的领导，支持审计部门依法独立履行职责，定期部署和检查审计工作，安排审计部门参加相关会议，提供审计经费保障和工作条件，听取审计部门的工作汇报，审定审计报告和检查审计结果落实情况。

（二）进一步规范审计程序，严格按程序实施审计

学校审计部门要遵照《北京林业大学内部审计工作规定》的要求，严格按照有关程序开展职责范围内的审计监督工作。要加强审计计划管理并制定相关管理规定。对于上级主管部门安排项目、学校领导交办项目、学院和职能部处委托项目、审计部门拟定项目等各类型审计项目要科学规划、统筹安排。每年初，审计部门根据各单位项目计划和学校总体情况，拟定学校年度审计计划，报校长办公会或党委常委会审批。经济责任审计项目按照学校组织部门提出审计对象编制。基本建设审计项目按照学校年度基建项目计划和年度竣工验收计划编制。修缮审计项目按照学校年度修缮计划编制；其他类审计项目按照相关规定编制。年度审计计划一经批准，原则上必须确保完成，不得擅自变更。对于计划外审计项目，委托部门一般需提前一个月向审计部门提出。审计部门要严格按照学校有关规定的审计程序对各类拟审项目组织（或委托）实施审计，对于无预算和未按规定实施招标的项目，审计部门原则上不予审计。

（三）建立内审与内审委托相结合的工作模式

为了加强审计监督的力量，学校实行内部审计和委托社会审计相结合的审计监督机制。审计部门要按照审计项目性质决定内审或外审形式，委托社会中介机构审计的大型审计项目一般采用公开或邀请招标方式。根据审计工作任务需要，审计部门可聘请有关社会专业审计人员为顾问，指导和参与学校内部审计工作。

四、优化审计工作环境，进一步提升审计工作水平

（一）以规范管理为重点，健全和完善内部审计规章制度

按照《审计署关于内部审计工作的规定》的要求，审计部门要把制度建设摆在更为突出的位置上，不断完善学校审计制度，严格执行审计工作程序，积极推动依法审计。要根据学校实际，进一步修订和完善学校审计的实施办法、规程规范、纪律准则等内部审计制度。审计部门要与有关部门协调配合，修改完善有关管理制度，形成健全的内部控制制度体系。

（二）加强审计宣传教育工作，营造和谐审计环境

要利用多种形式宣传有关审计监督的法律法规，提高各方面对审计工作的认识，优化审计氛围，营造和谐审计环境。对负有经济责任的各级干部、企业法定代表人及有关会计人员，定期进行任期经济责任和审计知识的教育，增强相关人员的责任意识、自律意识和法律意识，奠定良好的审计监督基础。学校财务、组织、人事、科技、纪委监察等部门要定期与审计部门沟通交流，通报研究有关情况。各部门、各学院要树立全方位的审计监督意识，积极配合审计部门实施审计，落实审计报告和管理建议书中有关意见和建议，重视对审计结果的运用，支持审计监督工作的建设发展。

（三）加强审计队伍建设，提高审计人员整体素质

为适应新形势下的审计工作要求，学校审计工作人员要重视对国内外先进审计理论和审计技术的学习，审计部门要加强内部管理，增强服务意识，正确处理监督和服务的关系。要重视培养审计工作需要的复合型人才，教育审计人员自觉遵守职业道德，优化审计队伍的专业结构、知识结构和年龄结构，建设一支政治过硬、作风优良、业务精通的审计队伍。要解决好审计人员在业务培训、职务评聘和待遇等方面存在的实际困难和问题，根据有关规定和工作需要设立实职副处级审计员，为审计人员发展创造条件。

（四）创新审计思路，努力实现审计转型

审计部门要以开拓创新的精神，不断挖掘审计潜力，实现审计工作从单纯的"审"向"防"转变，从以财务收支审计为主向管理审计和效益审计转变，积极探索内部控制审计、管理审计、效益审计、专项审计和审计调查的新途径，加强审计理论研究，推进审计结果公开，试行计算机辅助审计，不断推动内部审计工作改革，努力开创审计工作新局面。

北京林业大学
2008 年 4 月 3 日

北京林业大学研究生培养机制改革试行方案

北林校发〔2008〕15 号

研究生队伍不仅是学校高层次人才培养的对象，也是我校科学研究和学术创新的重要力量，近年来我校研究生招生规模、培养质量都有了长足发展。随着研究生招生规模的扩大，培养质量要求也进一步提高，现行的管理机制存在着导师的责、权、利不够明确，研究生培养的内在激励机制不够完善，对高质量优秀研究生的激励机制不足，研究生培养与科研实践、科研成果联系不够紧密，研究生生活待遇有待改善等问题，研究生培养机制改革势在必行，同时，近年来我校科研经费显著增加，也为研究生培养机制的改革提供了条件。

为进一步调动导师和研究生的积极性，激发研究生的创新热情，鼓励研究生的创新实践，提高研究生培养质量，根据教育部部署，落实近年来教育部和国务院学位办对研究生培养机制改革的指导思想，参考已开展培养机制改革高校的方案，同时结合学校的实际情况，我校拟从2008年入学的研究生开始，试行研究生培养机制改革，具体方案如下。

一、指导思想

统筹和优化配置学校科研、教学等资源，形

成有利于激发研究生创新热情和创新实践的培养机制和资助体系,建立起以科研为导向的导师负责制,构建导师、研究生和培养环境三者和谐发展、协同创新的制度结构,建立研究生教育质量的长效保障机制和内在激励机制。

二、改革原则

1. 统筹资源:统筹国家拨款、研究生学费、导师部分科研经费、学校及学院投入等;

2. 分类指导:改革应兼顾学科差异,分类指导,分层操作;

3. 简单易行:方案应易于理解,方便操作;

4. 稳步推进:改革幅度适度,逐步推进;

三、改革方案

(一)学费制度

根据教育部颁布的《普通高等学校学生管理规定》(中华人民共和国教育部令第21号),研究生有义务按规定交纳学费。我校学费维持原标准不变,硕士7000元/年,设计艺术学(材料学院)10 000元/年,委托培养硕士8000元/年;博士10 000元/年。

(二)调整研究生招生类别

研究生招生类别由现在的计划内非定向、计划内定向、计划外委托培养、计划外自筹经费四类调整为三类:

1. 非在职研究生:无工作单位,非在职脱产学习,必须转工资关系、档案,可转户口,毕业按照国家政策可参加就业派遣

2. 委托培养研究生:有工作单位,在职脱产或不脱产学习,不转档案户口,毕业后须回委托培养单位就业。

3. 专项计划培养研究生:少数民族骨干计划或其他国家专项培养计划,按照国家相关政策规定,在职人员不转档案户口,非在职人员可转档案户口,毕业后须回定向单位或地区就业。

(三)强化导师负责制

导师在研究生培养过程中应自觉履行《北京林业大学研究生指导教师职责》,尤其应强化以下责任:

1. 加强对研究生思想道德、科学精神的教育,对研究生的学术道德负有教育与监督的责任。

2. 加强对研究生的业务指导,为研究生参与科研与实践工作提供良好的机会与条件。

3. 导师须按照招收研究生数量设置助研岗位,并提供不低于学校规定的最低标准的助研津贴。

4. 协助校、院和学科做好其他方面的研究生管理工作。

导师在履行职责的同时享有以下的权利:

1. 在国家和学校的政策范围内,导师有权在研究生录取选拔过程中,提出录取意见。

2. 在奖学金评定中有权对研究生进行考核并提出评定建议。

3. 根据研究生的实际表现,有权对研究生提出暂停发放助研津贴、提前毕业、延期毕业或中止培养计划的建议。

4. 导师有权按照培养方案制定研究生具体培养计划,并指导研究生开展科学研究工作。

5. 享有其他与研究生培养和提高科研质量的有关权利。

(四)完善奖学金制度、"三助"津贴制度

奖学金分为基本奖助金、优秀奖学金两类。"三助"津贴分为助研、助教、助管津贴三类。

1. 奖学金

(1)基本奖助金。基本奖助金由学校负责提供。

学业奖助金:非在职研究生可申请学业奖助金。硕士分为两个等级,一等比例为40%,奖励标准7000元/学年,二等比例30%,奖励标准3500元/学年;非在职博士研究生均可获得学业奖助金,标准为10 000元/学年。学业奖助金按学年评选,获得的学业奖助金可直接抵扣学费。

生活助学金:非在职硕士、博士研究生均可获得一定标准的生活助学金,发放标准:生活助学金按硕士2000元/学年,博士3000元/学年,每年按月发放。发放时间:硕士、博士不超过3年,硕博连读不超过5年。

(2)优秀奖学金:学校设置研究生创新特别奖、各种单项奖等优秀奖学金,以鼓励在学期间学业优异、科研成果突出的研究生。奖励经费纳入学校预算,经费50万~100万元。

(3)奖学金评定办法:①基本奖助金评定:第一学年,研究生院按照比例下达各等级奖助金名额(包含推免生及硕博连读生),导师、学科、学院按照研究生初复试成绩确定,推免生直接获

得二等以上奖学金，硕博连读生在硕士第一学年享受硕士一等奖学金。第二学年根据研究生的学业成绩和综合表现进行评定。具体办法由各学院制定实施细则。研究生院招生处和党委研究生工作部具体负责组织实施。②优秀奖学金评定：党委研究生工作部制定或修订评定办法，组织实施。③教育部下达的少数民族骨干计划属于国家专项计划，招收的研究生定向培养，指标单列，无论是否在职均不参加基本奖助金评定，按照原有规定标准发放助学金。可参加优秀奖学金评定。

2. 研究生"三助"津贴制度

研究生"三助"是指助研、助教、助管。"三助"是研究生结合学业或在学有余力的情况下通过相应劳动获得岗位津贴的形式，它有利于研究生的科研、综合素质的养成，并获得经济上的资助，同时也有力补充了学校科研、教学、管理岗位人员的不足。

（1）助研津贴。导师对于所招收的非在职研究生按标准提供助研津贴，并制定岗位职责。根据我校学科特点，划分Ⅰ-Ⅲ类招生学科如下：

Ⅰ类学科：包含哲学、经济学、法学、教育学、文学、管理学门类下招生的18个二级学科，及生物物理学二级学科；

Ⅱ类学科：城市规划与设计学科；

Ⅲ类学科：其他学科（35个）。

Ⅰ类学科助研津贴最低标准：硕士1000元/学年，博士2000元/学年；Ⅱ类、Ⅲ类学科助研津贴最低标准为：硕士2000元/学年，博士4000元/学年。根据需要，学校对于Ⅰ类、Ⅱ类学科分配一定数量的招生名额，助研津贴由学校资助，原则上每名导师不超过1个资助名额，在学校资助名额以外招生的导师，按照以上标准提供助研津贴。导师可根据研究生工作业绩及经费情况向上浮动津贴。导师根据研究生年度岗位职责完成情况，确定下一年度研究生是否继续享受助研津贴。延期毕业生助研津贴的发放由导师自行决定。

学校设立研究生培养扶持基金，用于资助部分研究生助研岗位津贴。包括：①Ⅰ类学科与最低津贴标准差额部分。②资助Ⅰ类、Ⅱ类学科导师招收1名研究生的助研津贴。③资助学科需

要但科研经费不充足的导师招收研究生。获得批准的申请人，学校可提供1名硕士的基本岗位津贴。为激励导师主动获取科研项目，申请者最多只能连续申请三次资助。

院系和学科可自筹资金设立助研岗位。

（2）助管、助教津贴。2008年全校助教岗位、助管岗位暂设120个，其中助教岗位70个，助管岗位50个。各部门所需的助管岗位数量由人事处协调核定。助教岗位数量由教务处、研究生院、人事处根据学校本科及研究生教学需要核定。助教助管津贴按300元/月发放，其中学校承担200元/月，用人单位承担100元/月。

（五）招生计划确定办法

由研究生院负责制定《招生计划管理办法》，根据导师提出的招生计划和学科特点编制学校的招生计划及招生专业目录。招生计划向重点学科、重点实验室和重点科研项目倾斜。

（六）完善研究生培养模式

1. 研究生学制。在实行学分制的基础上继续推行弹性学制。硕士研究生实行以3年为基础的弹性学制，根据课程学习和论文工作完成情况可最多可申请提前1年毕业；非在职博士研究生实行以3年为基础的弹性学制，在职攻读博士学位研究生实行以4年为基础的弹性学制。提前攻博和硕博连读研究生在校学习年限至少为5年。

2. 培养方案。全面修订研究生培养方案，加强科学研究方法论类、实验实践类、反映学科前沿专题类课程的比重，提高对参与学术活动、实践活动等必修环节和论文发表的要求，进一步提高研究生培养质量。

3. 设立研究生培养创新和质量保障基金。该基金主要用于研究生教学改革、优秀博士论文建设、研究生访学与学术交流。

4. 完善现有的导师遴选制度。根据以科研为导向的导师负责制的原则，完善导师遴选制度。

四、其他相关问题与政策

1. 研究生出国、休学期间停发各类津贴。

2. 本方案从2008级研究生开始试行。

北京林业大学

2008年4月16日

北京林业大学研究生"三助"工作实施办法(试行)

北林校发〔2008〕21 号

为有效促进我校研究生教育工作,适应研究生培养机制改革的需要,发挥研究生在学校科研、教学、管理与服务工作中的作用,更好地培养研究生的创新能力、实践能力和责任意识,提高研究生的综合素质和生活待遇,学校决定设立研究生"三助"(助教、助研、助管)岗位,并实行岗位津贴制度。现根据《北京林业大学研究生培养机制改革实行方案》制定我校研究生"三助"工作实施办法。

第一章 总 则

一、岗位工作内容说明

1. 助教:指研究生从事教学辅导、答疑、批改作业、指导实验、上习题课、协助指导外业实习等,并与教务管理人员做到有效沟通。

2. 助研:指研究生参与导师的科研工作。如承担科学实验、工程设计、文献检索、编制程序、设备维修与调试、技术后勤、社会调查等。

3. 助管:指研究生兼任思想政治教育、行政管理、后勤服务管理工作等。

二、组织机构

1. 学校成立由学校领导、研究生院、人事处、教务处、科研处、财务处、党委研究生工作部等相关职能部门组成的研究生"三助"管理委员会,负责整体规划和具体指导,审定"三助"岗位设置,监督、评估"三助"工作的实施与方案执行情况。

2. 管理委员会下设研究生"三助"管理办公室,挂靠在党委研究生工作部,负责组织助管方案的制定实施,协调各学院及各有关部门开展"三助"工作,督促落实学校设立的助教、助管岗位,检查、核实"三助"工作酬金的发放情况。

3. 各相关职能部门应指定专人负责"三助"的相关工作;各学院由研究生培养的主管领导负责,组织专门人员共同开展助教、助研、助管岗位的设置、申请、聘用和考核等方面工作。

三、岗位设置

1. 全校助教、助研和助管岗位数量的确定

与分配由人事处会同研究生院、党委研究生工作部、教务处、科研处、财务处等相关职能部门统一完成。

2. 助教岗位由相关教学单位根据实际需要设置;助研岗位由研究生导师根据研究生所承担科研和相关工作任务设置;助管岗位由学校教学行政管理、党务及后勤等部门根据实际工作需要设置。

3. 岗位设置时间原则上以学期为单位,最长为一学年。

四、管理要求

1. 所有研究生"三助"岗位必须有明确的工作任务,待聘计划需要明确岗位目标、每周工作时间、工作量及对拟聘研究生的要求等。

2. 所有助教、助管岗位遵循"公开、公平、公正"的原则招聘。研究生从事助教、助管工作应征得导师同意,且不得影响正常科研和学习工作。原则上助教、助管岗位不可兼任。

3. 研究生在担任助教、助管期间应有一定的工作量和时间投入,原则上工作时间最低不少于 12 小时/周,不高于 20 小时/周,津贴标准为 300 元/月,每年按 10 个月发放。

4. 助研津贴标准为非在职硕士研究生 200 元/月,非在职博士研究生 400 元/月,每年按 10 个月发放。

5. 助教、助管岗位的聘用或解聘,助研岗位的变动调整,均需由使用单位提出处理意见报主管部门审批,结果要报"三助"管理办公室备案。

6. 助教、助管岗位津贴的经费由学校列入每年度财务预算。助研岗位津贴的经费由研究生导师从科研经费和学校财务预算中提供。

五、岗位经费管理

1. 学校财务设立研究生"三助"岗位津贴账号,每学年初学校及研究生导师划拨相应经费到研究生"三助"账号,由"三助"管理办公室统一协调与管理。

2. 研究生"三助"岗位津贴每月由"三助"管

理办公室同学生处按聘岗计划协定通过银行卡的形式发放给学生本人。

六、岗位考核

1. 助教、助管由用人单位负责考核，每学期末将考核意见报主管部门和"三助"管理办公室，"三助"管理办公室按月发放酬金。

2. 助研由导师考核，"三助"管理办公室根据学校研究生招生处提供的标准按月发放助学金，对于考核后需要进行减少或停发的，由导师填写"研究生助学金变更发放审批表"报所在学院审核后，报"三助"管理办公室。

3. 从事"三助"工作的研究生每学期末填写"研究生'三助'工作考评表"，对所从事的"三助"工作进行客观真实的自评，并对承担的工作提出意见建议等。《考评表》报"三助"管理办公室备案。

4. 每学期根据聘任协议规定的工作任务与要求，由聘用部门填写"研究生'三助'工作考核表"，对聘任的"三助"研究生做出工作评价，根据双向选择的结果，决定对被考核研究生续聘、调岗或解聘。

5. 如获得"三助"岗位的研究生有以下情况之一发生，停止聘用，并取消此后的"三助"岗位申请资格：

（1）获聘研究生学位课考核未通过；

（2）获聘研究生因任何原因终止学业；

（3）获聘研究生违反校纪校规；

（4）岗位考核不合格。

第二章　助教工作

一、助教岗位设置

1. 各学院根据实际情况，可在下列课程的教学与教辅工作中设置研究生助教岗位：

（1）全校公共基础课；

（2）本学院开设的本科课程；

（3）研究生的部分课程。

2. 根据研究生助教的岗位数，由教务处和研究生院协商岗位在本科生教学与研究生教学需要之间分配，教务处、研究生院根据各学院开课情况、课程性质以及当年可聘用助教的数量进行调控，并向聘用单位下达聘用的助教名额。

3. 拟聘用助教的系、学科或教研室在填写教学任务书时，提出需求，由学院根据教务处、

研究生院核定岗位数，汇总并填写"研究生'助教'岗位设置汇总表"，并在学期初向研究生公开招聘。聘用单位在汇总表中明确写明岗位能力要求、工作时间安排、工作内容说明等。

4. 研究生助教每次聘期原则上为一个学期。

二、助教人员聘任

1. 研究生根据各主管单位向全校公布的助教岗位需求，向聘用单位递交"研究生'助教'岗位申请表"，申请助教岗位。

2. 研究生助教资格由聘用单位负责教学工作的领导组织面试，聘任名单按助教类型分别报教务处、研究生院审批后，由聘用单位与拟聘任的研究生签订聘用协议，并报"三助"管理办公室备案，以银行卡的形式发放酬金。

3. 各学院应对担任助教的研究生进行岗前培训。

三、助教管理与考核

1. 研究生助教在课程主讲教师的指导下工作。主讲教师对助教工作进行监督。

2. 研究生助教的考核：学期结束前研究生助教必须向聘用单位递交工作小结，在学生、主讲教师考评的基础上，由开设课程的学院进行汇总并分别报教务处、研究生院备案。学院应建立健全研究生助教工作检查制度。

3. 出现下列情形之一的研究生助教，由主讲教师向学院分管教学负责人报告，终止其助教资格：

（1）无故缺席应参与的教学活动1次以上；

（2）所助教课程中超过1/3的学生表示不满意；

（3）其他违纪或不适于做助教的情况。

第三章　助研工作

一、助研岗位设置

1. 实行研究生培养机制改革后，招收的全日制非在职硕士、博士研究生均可获得一个助研岗位。

2. 研究生助研每次聘期原则上为一学年。

二、助研管理考核

1. 助研在导师的指导下从事工作，由导师按学年进行工作考核，如从事助研工作的研究生不能按要求完成工作，导师可提出暂停或解除聘用意见，经所在学院同意后，报"三助"管理办

公室备案。

2. 研究生助研以学院为单位进行管理，对于不能执行学院聘用研究生助研规定的导师，经学院申报，研究生院审核，可考虑限制该导师招收研究生名额。

3. "三助"管理办公室根据研究生院招生处提供的名单和导师提出的调整意见，以银行卡的形式发放助研津贴。

第四章 助管工作

一、助管岗位设置

1. 助管岗位的设置必须确保工作量，以提高相关部门的工作效率为前提。

2. 每学期末各学院、各部门根据工作实际需要，填写"研究生'助管'岗位设置汇总表"，聘任单位在汇总表中明确写明岗位能力要求，工作时间安排，工作内容说明等，并向人事处申请助管岗位。

3. 人事处根据学校及用人单位的实际情况确定学校的助管岗位数，由"三助"管理办公室向全校研究生公布。

4. 用人单位应指定专人帮助助管了解、熟悉工作，并为其安排工作任务。

5. 研究生助管每次聘期原则上为一个学期。

二、助管人员聘任

1. 各学院助管岗位原则上面向本单位研究生招聘，学校各部门助管岗位面向全校研究生招聘。

2. 应聘研究生根据"三助"管理办公室公布的岗位需求向用人单位递交《研究生"助管"岗位申请表》，申请助管岗位。

3. 用人单位组织面试。在批准的名额内与拟聘任的研究生签订协议，并报"三助"管理办公室备案，以银行卡的形式发放酬金。

4. 助管考核合格者可以续聘，用人单位直接到"三助"管理办公室备案。因解除聘用协议空缺出来的岗位应重新公开招聘。

三、助管管理考核

1. 研究生助管在聘用期间由聘用单位指定专人指导管理。

2. 从事助管工作的研究生在学期结束前3周内，必须填写"研究生'助管'工作考核表"，由聘用单位做出工作评价，负责人签字确认。

3. 用人单位汇总本单位助管的考核结果，报"三助"管理办公室备案。

第五章 附 则

本办法从 2008 年入学的研究生开始试行。

北京林业大学

2008 年 10 月 14 日

北京林业大学审计项目年度计划管理办法

北林校发〔2008〕24 号

第一条 为了规范学校审计项目年度计划管理，提高审计效率和质量，促进学校审计工作科学、有序运行，根据《审计机关审计项目计划管理办法》、《内部审计计划准则》和有关规定，制定本办法。

第二条 本办法所称的审计项目年度计划是指审计部门为达到预期审计目的，对年度审计任务所做的事先规划，是学校年度审计工作计划的重要组成部分。审计项目年度计划由上级主管部门安排审计项目、学校领导交办审计项目、学校审计部门自行安排审计项目和校内职能部处委托审计项目组成。

第三条 编制审计项目年度计划应当按照上级部门和学校要求，紧紧围绕和服务于学校中心工作，遵循"程序规范、重点突出、统筹协调，合理均衡"的原则，稳妥选择审计重点，科学制定审计方式，均衡安排审计进度，确保审计质量和水平。

第四条 审计项目年度计划由审计部门负责拟定，报经主管校领导和学校党委行政审批；审计部门应根据批准后的审计项目年度计划组织实施审计活动。

第五条 审计项目年度计划基本内容包括：审计项目名称、类型；被审计单位名称；审计方式及审计组织形式；审计进度安排；其他说明（后续审计等）。

第六条　制定审计项目年度计划的程序：

1. 每年12月初，审计部门收集审计项目信息，向基建处、财务处、组织部、科技处、实验室与设备管理处、后勤、产业等部门发出"年度审计项目计划申报表"，各相关单位在申报表填列拟安排的重点项目及审计意向，并于12月底交到审计处。

2. 审计部门根据学校领导安排和各部处报送的重点项目及审计意见，按审计内容、性质分类汇总审计项目，编制下一审计项目年度计划报学校批准。其中经济责任审计项目按照学校组织部门提出计划编制；基本建设审计项目按照学校年度基建项目计划和年度竣工验收计划编制；修缮审计项目按照学校年度修缮计划编制。其他类审计项目按照相关规定编制。

3. 经校领导批准后的审计项目年度计划报教育部备案。

第七条　审计项目年度计划的调整。审计项目年度计划一经批准，原则上必须确保完成，不得擅自变更。如确有必要调整，必须经主要校领导批准，并按下列程序调整：

1. 上级主管部门、学校主要领导交办的审计项目应及时落实；

2. 基本建设项目审计计划按照学校基建计划经主管基建的校领导批准后调整；

3. 修缮项目审计计划按照学校修缮计划经主管总务的校领导批准后调整；

4. 其他类审计项目计划经相关主管业务校领导批准后调整。

第八条　审计部门要定期对审计计划执行及管理情况进行检查和考核。检查和考核的主要内容包括：审计计划编制是否及时、完整、科学、合理，计划完成的质量和效果等。

第九条　建立审计项目年度计划执行报告制度。审计部门分别在每学期末，向学校领导提出上半年及全年审计计划执行情况的综合报告。报告的主要内容包括：计划执行进度、审计的主要成果、计划执行中存在的主要问题及改进措施与建议等。

第十条　本规定由审计处负责解释。

第十一条　本规定自发布之日起实施。

北京林业大学

2008年11月4日

北京林业大学建设工程和修缮工程全过程审计实施办法

北林校发〔2008〕25号

第一章　总　则

第一条　为了加强我校建设工程和修缮工程过程管理，合理控制工程造价，保障工程质量，维护学校经济利益，根据《中华人民共和国审计法》、《教育系统内部审计工作规定》(教育部令〔2004〕第17号)、《教育部关于加强和规范工程项目全过程审计的意见》(教财〔2007〕29号)及学校有关规定，结合我校实际，制定本办法。

第二条　本办法中建设工程和修缮工程(以下简称"工程项目")指学校及所属单位使用各类资金开展的建筑物和构筑物新建、改建、扩建、装饰、拆除、修缮等工程。建设工程和修缮工程全过程审计是指学校审计部门依据国家法律法规及校内有关制度，对工程项目从投资立项、勘察设计、招投标、施工管理、竣工结算到财务决算等各阶段经济管理活动的真实性、合法性和效益性进行监督、控制和评价。

第三条　本办法所称工程项目主管部门是指学校基建房产处、总务产业处以及校内自行开展零星修缮工程的相关单位。

第四条　本办法适用于投资估算在200万元以上的工程项目。200万元以下项目可根据其性质、特点和学校要求执行此办法。

第五条　全过程审计分为紧密型和松散型两种方式，审计部门可根据工程项目的复杂程度、投资金额多少、工程量和隐蔽工程多少、工期长短等因素，结合学校实际情况确定全过程审

计方式。

紧密型全过程审计，即审计部门对投资估算在1000万元以上（含1000万）的工程项目，从投资立项到竣工交付使用各个阶段实施全过程跟踪审计。

松散型全过程审计，即审计部门对投资估算在200万~1000万元之间工程项目从投资立项开始对部分阶段或重点环节进行跟踪审计。

第六条　全过程审计由学校审计部门负责组织，一般以委托社会中介机构审计的方式组织实施审计，具体委托过程执行《北京林业大学委托社会中介机构审计管理办法》。

第二章　工程项目全过程审计中相关单位职责

第七条　审计部门的职责

1. 在学校领导下，全面负责学校工程项目全过程审计工作的组织、管理、监督、协调和评价工作；

2. 确定全过程审计的方式、内容和要求，提供审计信息和资料，审定项目全过程审计实施方案；

3. 审查确认中介机构提出的意见、建议及审计报告后出具审计意见，监督和评价中介机构工作质量；

4. 负责协调各相关单位的工作关系，定期组织召开由工程项目主管部门、项目管理公司、监理单位、施工单位、审计中介机构等有关部门参加的协调会，研究处理审计过程中遇到的重要问题；

5. 审定最终的工程造价。

第八条　工程项目主管部门在全过程审计中，除履行其正常的管理职能外还应当履行下列职责

1. 协调和监督项目管理公司、勘察设计、施工、监理等有关单位，支持和配合审计部门工作；

2. 及时向审计部门提供工程项目相关审计资料，并对资料的真实性、合法性和完整性负责；

3. 配合审计部门和施工、监理等单位共同勘查施工现场，回答审计人员提出的问题，说明施工过程中的实际情况；

4. 及时签认和落实审计意见，协同审计部门解决全过程审计中遇到的问题，对于与审计有争议的问题及时提出并予以协调解决，确保工程进度和质量。

第九条　社会中介机构的职责

1. 遵照国家有关的法律法规和委托合同约定，认真履行工作职责，按要求完成各阶段的审计工作，对提交的审计意见和咨询意见承担法律和经济责任；

2. 选派综合素质高、业务能力强的审计人员组成审计项目组；派驻具有造价工程师资格和具有相应工程专业能力的工地审计人员，进驻施工现场，开展全过程审计工作；

3. 负责编制并落实全过程审计大纲和审计实施方案。主要包括：对投资立项及其可行性研究报告进行审查；对设计阶段的主要内容进行审核；编制及审核工程量清单，编制及审核工程标底；对招投标文件、有关合同进行审查；检查隐蔽工程的施工情况，参与工程验收；参与材料和设备的采购，进行市场询价，审核采购价格；对设计变更、工程洽商提出建议，审核确认变更、洽商费用；审查和确认工程预付款和工程进度款；对工程进度进行检查和评价；对工程索赔费用进行审查；对工程竣工结算和财务决算进行审计等；

4. 负责审查或纪录工程施工过程中与造价有关的事项，建立往来文件收发登记制度和资料归档制度。对每个审计事项完成审核后，都应出具相应的审计意见，按审核时间、专业统一编号，一式五份（工程项目主管部门及工程管理相关方、审计项目组和审计处，经各方审核签字并加盖单位公章）作为工程最终结算依据；

5. 及时向学校审计部门汇报全过程审计工作情况，并接受审计部门的监督；做好与学校工程管理部门和工程相关单位的沟通和协调工作，促进全过程审计工作的顺利开展；

6. 全过程审计结束后，认真总结并提出工程项目全过程审计工作报告，及时向审计部门移交全部审计资料。

第三章　工程项目全过程审计的主要内容

第十条　投资立项阶段的主要内容

1. 工程项目投资立项的科学性；

2. 可行性研究报告的真实性、完整性和科学性；

3. 工程项目投资估算的准确性。

第十一条　设计阶段的主要内容

1. 审查设计招标文件、设计合同；

2. 审查设计标准和设计范围是否符合批准的要求；

3. 审核设计概算的准确性及概算总额是否在批准的投资估算限额之内。

第十二条　施工招投标阶段的主要内容

1. 审查各项招标文件和招标答疑文件内容是否准确完整；

2. 审查和编制工程量清单；

3. 审查和编制工程项目招标底；

4. 进行市场询价，审查投标报价依据是否准确，是否符合实际；

5. 审查招标程序是否合理合法，开标、评标、定标工作是否公平公正。

第十三条　施工阶段的主要内容

1. 施工合同的审计：审查合同基本条款和补充条款内容是否全面、表述是否清晰准确，双方的权利和义务是否明确，重点对合同范围的划分，风险因素的规定，工程预付款和履约保证金的比例，进度款支付的时间，设计变更与洽商程序，竣工结算时价款的调整范围进行审计；

2. 隐蔽工程的审计；

3. 主要材料及设备采购的审计；

4. 工程进度款的审计；

5. 设计变更及工程洽商费用的审计；

6. 索赔费用的审计。

第十四条　竣工结算阶段的主要内容

1. 审查竣工结算资料的完整性；

2. 结合资料进行现场勘查，检查实际施工是否与施工图纸、招标文件、施工规范的要求相符；

3. 审查和评价工程结算造价的真实性和合法性，全面审查工程量、定额套项、取费标准是否合理准确，材料价格是否与签证价、市场价相符，甲供材料是否扣减。

第十五条　竣工财务决算阶段的主要内容

1. 项目概算执行情况，工程项目报建、勘察、设计等前期费用，中期施工成本费用和后期验收费用等；

2. 项目资金来源、支出及结余等财务情况；

3. 交付资产使用情况；

4. 有必要审查的其他事项。

第四章　工程项目全过程审计的主要程序

第十六条　投资立项阶段的主要程序

1. 工程项目主管部门将投资立项的相关资料送交审计部门；

2. 审计部门在 15 个工作日内提出审计意见；

3. 工程项目主管部门根据审计意见，完善投资立项方案；

4. 工程项目主管部门将最后确定的投资立项方案及时反馈到审计部门，并将书面资料送交审计部门备案。

第十七条　设计阶段的主要程序

1. 工程项目主管部门将设计图纸、设计招标文件、设计合同、收费标准文件及时送交审计部门，审计部门对设计概算及图纸进行审计，并在 15 个工作日内提出审计意见；

2. 工程项目主管部门根据审计意见，完善设计招标文件，组织开展招标工作，并将最后确定的各种意见及时反馈给审计部门；

3. 工程项目主管部门提供一套完整工程项目设计资料给审计部门存档备查。

第十八条　施工招投标阶段的主要程序

1. 工程项目主管部门将拟定的各种招投标文件在招标公告前 7 个工作日送交审计部门，审计部门在收到招标文件 5 个工作日内提出审计意见；

2. 工程项目主管部门或其委托机构对工程量清单进行审查，与审计社会中介机构计算的工程量清单进行核对，最终结果须通过学校基建部门和审计部门确认；

3. 工程项目主管部门或其委托机构与审计中介机构同时分别编制工程标底。按照严格的保密程序和时间要求，将标底送交审计部门，由审计部门从两个标底中选择一个作为工程项目的标底，并将书面资料送交工程项目主管部门准备招标工作；或按时送交基建或修缮和服务招标组组长，组长从两个标底中选择一个作为工程项目的标底。招标结束后，两个标底一式两份由工程项目主管部门和审计部门分别保存。

4. 工程项目主管部门根据审计意见，对招标文件进行完善后实施招投标工作，将招投标情

况及结果及时反馈给审计部门，并将最终的招标文件提供给审计部门备案。

第十九条　施工阶段的主要程序

（一）施工合同审计

1. 工程项目主管部门将拟签的施工合同送交审计部门，审计部门审核合同条款并在5个工作日内提出审计意见和建议。

2. 工程项目主管部门根据审计意见，对施工合同进行完善后签订正式合同，并向审计部门提交一套完整的合同资料存档备案。

（二）隐蔽工程审计

1. 隐蔽工程验收时，工程项目主管部门应提前3工作日通知审计部门，审计部门派专业工程师，采用多种手段对隐蔽工程及其他工程实际施工进行跟踪，勘察包括使用卷尺进行测量，使用数码设备对现场情况直观记录，必要时可以使用有效方法对相关部位实际使用的材料进行取样复核；

2. 审计部门在隐蔽工程验收时，应填制《隐蔽工程全过程审计记录》，并将验收情况及时反馈基建部门。

（三）材料设备采购的审计

1. 工程项目主管部门提前向审计部门提供建设工程所需采购的材料和设备清单，包括产品名称、厂家、规格、性能指标、暂估价格等资料；

2. 审计部门对上述资料进行审核，参与材料设备的考察和采购招投标，经考察和市场询价后，提出该种材料设备的建议价格和相关意见；

3. 工程项目主管部门参照审计意见，按不高于审计建议价格，在确保质量的前提下择优选购材料设备，并将最终的定价结果及时反馈给审计部门备案。

（四）工程进度款的审计

1. 由施工单位提交当月的工程量统计资料和月度工程支付申请；

2. 监理部门对上述资料进行初步审核，提出初核意见；

3. 审计部门进行最终审核；

4. 工程项目主管部门根据审计部门审核结果支付工程进度款。

（五）工程洽商、变更的审计

1. 设计变更、工程洽商需由相关单位以书面形式提出，工程项目主管部门和审计部门共同协商一致后执行。

2. 工程洽商变更经监理公司、工程项目主管部门初步审核向审计部门提交书面审核报告；

3. 审计部门对其提交的书面审核报告进行复核，并在3个工作日内提出审核意见，送交工程项目主管部门；

4. 工程项目主管部门根据审计部门提供的工程洽商变更的审核意见，与施工单位签订正式的洽商变更资料，作为工程结算依据；不按规定送达的设计变更、工程洽商，其变更和洽商的费用不得计入结算。

（六）索赔、合同等事项的审核程序

1. 工程项目主管部门提供相关资料；

2. 审计中介机构对上述资料进行审核，提出审计意见或建议；

3. 工程项目主管部门参照审计意见进行处理。

第二十条　竣工结算审计程序

1. 工程项目主管部门在接到施工单位竣工结算报告和完整的竣工结算资料后，在规定的时间内，对结算资料进行初步审核，并形成工程竣工结算初步审核意见书；

2. 工程项目主管部门将初步审核意见书和相关工程结算资料送交审计部门，审计部门按照规定的程序和要求进行审计，出具审计报告；

3. 工程项目主管部门按照审计报告及时进行竣工结算。

第二十一条　竣工财务决算审计程序

1. 财务部门和工程项目主管部门编制竣工财务决算报告，并将相关审计资料交审计部门；

2. 审计部门对竣工财务决算报告的真实性、合法性和效益性进行审计并出具决算审计报告；

3. 财务部门和工程项目主管部门根据审计报告办理结转固定资产和交付使用手续。

第五章　附　则

第二十二条　本办法由学校审计部门负责解释

第二十三条　本办法自公布之日起执行。

北京林业大学

2008年11月4日

北京林业大学科研经费审计实施办法(试行)

北林校发〔2008〕28 号

第一条 为了加强科研经费的管理,保证科研经费使用的合理性和有效性,建立健全与科研二级管理相适应的科研经费审计制度,根据国家有关科技项目经费管理规定和《北京林业大学内部审计工作规定》,结合我校实际情况,制定本办法。

第二条 本办法所称科研经费审计是指审计部门或科技主管部门依法组织对我校各类科研经费的财务收支等相关经济活动进行监督和评价。

第三条 凡列入我校科技计划的国家、省部级纵向科研项目、国际合作项目、自选项目和横向科研等项目均纳入我校科研经费审计范围。

第四条 科研经费审计类型

国家规定的科研经费决算审签。此类审计主要是指按照相关经费管理规定,必须经学校审计部门审签后方能上报经费决算的科研项目,具体包括国家高技术研究发展计划("863"计划)、国家自然科学基金项目、国家基础研究重点项目、博士学科点专项科研基金等项目。

学校自主安排的科研经费审计。此类审计主要是指学校科技主管部门和审计部门根据上级有关政策及学校科研经费使用状况,重点抽查部分科研项目并对其财务收支等情况进行审计。

按规定必须委托社会中介机构实施的科研经费审计。此类审计是指课题项目在结题验收之前,上级主管部门要求依托单位委托社会中介机构,对将要进行结题验收项目经费的使用情况进行审计并出具审计报告。

第五条 科研经费审计组织方式

1. 科研经费决算审签和自主安排的审计项目由审计部门负责组织实施,一般采用内部审计方式进行,也可视情况委托社会中介机构审计。审计实施过程中科技主管部门和相关单位应支持配合审计部门工作。

2. 按规定必须委托社会中介机构实施的科研经费审计项目,由科技主管部门组织聘请社会中介机构。审计部门协助科技处工作,提出审计工作建议,提供资质和信誉良好的社会中介机构信息。各学院全面负责并具体实施本单位科研项目经费审计。

第六条 科研经费审计的主要内容

1. 科研经费是否纳入财务部门集中核算,统一管理,是否专款专用;

2. 科研经费内部控制制度是否健全,使用过程中执行是否严格、有效;

3. 科研经费支出是否符合项目批复预算范围和标准,是否存在截留、挪用、挤占和存在虚列支出、以领代报等违规违纪问题;

4. 科研配套资金是否到位;

5. 科研经费采购设备、软件等物资,以及支出建设项目等是否执行政府采购和招投标等规定;

6. 科研项目决算报表内容是否完整、数字是否真实、准确,有无隐瞒、遗漏或弄虚作假;财务决算报告是否真实准确地反映科研项目经费预算执行情况;

7. 其他需要审计的事项。

第七条 科研经费审计所需要资料

(一)科研经费决算审签所需要的资料

1. 科研经费管理的政策法规及项目批复预算等;

2. 财务会计资料;

3. 科研经费支出明细表和固定资产清单(需由课题负责人、所在学院负责人签字盖章);

4. 经科技主管部门和财务部门签字确认的科研经费决算报表;

5. 其他相关资料。

(二)自主安排和委托中介机构审计项目所需要的资料

1. 科研项目立项批复文件;

2. 科研项目实施协议、合同任务书和项目预算等;

3. 项目实施中相关的其他协议(采购合同、加工协议等);

4. 项目经费使用的会计报表、账簿、凭证；

5. 协作单位使用协作经费的会计报表、账簿、凭证；

6. 自筹经费来源和使用情况说明；

7. 项目结余经费使用说明；

8. 科研项目完成结题文件；

9. 项目参与实施人员清单（包括姓名、年龄、学历、职称等）。

以上4～9项资料，需由课题负责人、所在学院负责人签字并盖单位公章；涉及外单位的，外单位相关负责人签字、加盖单位公章。被审计单位对所提供审计资料的真实性和完整性负责。

第八条　科研经费审计程序

（一）科研经费决算审签程序

1. 科研项目负责人按照科研经费决算报表编制要求，依据科研经费收支记录，如实编制科研经费决算报表，由科研项目负责人签字并加盖所在学院公章。

2. 项目负责人将经费决算报学校科技主管部门和财务部门审核签章后，在规定上报决算截止日的10个工作日前，将资料报送审计部门。

3. 审计部门收到资料后应及时进行审查，审核决算报表数字是否与财务账簿记录相符，经费收入、支出、结余是否真实、准确和完整，如发现审计资料不齐全、不准确，应及时通知相关学院及项目负责人在规定的时间内补充、修正，审核确认无误后签字并盖章。

4. 审计部门审签时，如发现有不符合相关经费管理规定事项的，应及时向相关学院提出书面审计意见，相关学院负责审计意见的落实。如发现有重大问题，要及时通报科技主管部门并向校领导报告。

（二）学校自主安排的科研经费审计程序

1. 自主安排的科研经费审计项目实行计划管理。按照《北京林业大学审计项目年度计划管理办法》，每年12月底科技主管部门向审计部门提出下一年度计划，经校领导批准列入年度审计工作计划，需调整年度审计计划或临时增加的科研审计项目，须经学校主管领导批准。

2. 审计部门牵头组织召开由科技处、相关学院、财务处等有关部门参加的审前沟通会，及时公布学校批复的科研经费审计计划并提出审计要求，与有关部门协商和沟通审计实施安排，明确审计目的、范围和时限。

3. 审计部门根据学校批准的科研项目审计计划和审前沟通会的要求，在实施审计前一周向相关学院发放审计通知书。

4. 相关学院按照审计通知书的要求向审计部门报送审计资料，并对审计资料的真实性和完整性负责。审计部门接收、登记审计资料，按照必要的审计程序和方法实施审计。

5. 在审计实施过程中，相关学院要及时提供审计所需资料并回答有关问题。科技主管部门应积极支持和配合审计部门工作。审计部门对发现的违规违纪问题及时通报科技主管部门并向校领导报告。

6. 审计部门出具审计报告初稿，在征求相关学院负责人、项目负责人及科技主管部门意见后，按照审计规定出具正式审计报告，报主管审计的校领导审批。

7. 审计部门向科技主管部门、相关学院及项目负责人提交审计报告，并对审计资料进行整理归档。

（三）按规定必须委托社会中介机构实施的科研经费审计程序

1. 科技主管部门在指定范围内选择社会中介机构，规定审计范围、内容和要求，签订委托审计合同，相关学院具体组织实施审计。

2. 社会中介机构提交审计报告征求意见稿，经相关学院、科技主管部门确认后，出具正式审计报告一式五份报相关部门存档（相关学院、课题负责人、科技、财务、审计各一份）。

第九条　学校审计部门和科技主管部门可视工作需要，对与科研经费有关的经济活动进行延伸审计。

第十条　本办法由学校审计部门和科技主管部门负责解释。

第十一条　本规定自发布之日起执行。

北京林业大大学

2008年11月4日

北京林业大学印章管理规定

北林校发〔2008〕29 号

第一章 总 则

第一条 为进一步规范学校各级各类印章的使用、管理,维护印章的效力,确保用印工作的安全性和严肃性,根据国家有关规定,结合学校实际,特制定本规定。

第二条 我校各级各类印章,是学校及各部门、各单位在职权范围内进行公务活动、依法行使职权的重要标志。各单位要根据工作的需要和职权的范围,依法使用。

第三条 党政办公室负责学校印章管理工作,包括刻制、回收印章,监督印章的保管和使用等。

第二章 印章的刻制、启用和废止

第四条 学校各职能部门、学院、教学部、直属附属单位的印章,均依照学校机构设置的文件刻制;业务专用章因工作需要的,由所属单位提出申请,经学校审批后方可刻制;学校各非常设机构及各单位内设机构一般不刻制印章,确因工作需要由有关单位提出申请,经学校审批后方可刻制。

第五条 经学校同意刻制的印章,均由党政办公室安排专人到公安局指定地点刻制。各单位未经许可不得自行刻制带有校名的公章和业务专用章。印章刻制的具体流程依照《北京林业大学印章刻制使用流程》(北林党政办发〔2005〕3 号)执行。

第六条 新刻制的印章由党政办公室验印登记并下发正式启用通知后方能启用。作废印章应及时交回党政办公室备案后,交由学校档案馆保存。

第三章 印章的适用范围、使用程序和批准权限

第七条 各类印章的适用范围

(一)"中国共产党北京林业大学委员会"印章

用于以校党委名义向校内、校外发送的各类公文、文书材料、政审信函、报表、介绍信等。

(二)"北京林业大学"印章

1. 用于以学校名义向校内、校外发送的各类公文、文书材料、报表、介绍信等;

2. 用于学校颁发的各种证件、证书、聘书等;

3. 用于以学校名义签订的各类合同、协议、意向书等;

4. 用于各类需经学校批准的申请表、申报材料、出国材料等。

(三)"北京林业大学"钢印

用于工作证、退休证、学生证、毕业证、学位证、专业技术职务聘任证书等证件的照片压印。

(四)校党委书记签名章

用于以校党委书记名义发出的信函、填报的材料等。

(五)校长签名章

1. 用于各类学校颁发的证件、证书、聘书;

2. 用于需要法定代表人署名的报表、合同、协议以及委托书、任务书、申报表、审批表等;

3. 用于以校长名义发出的信函、填报的材料等。

(六)各种业务专用章

经学校批准刻制的各类业务专用章,只适用于专门用途和范围。

(七)各部门和单位印章

1. "北京林业大学党政办公室"印章用于以党政办公室名义上报、发送的各类公文、文书材料以及对外联系工作等。

2. 各职能部门、各学院、教学部、直属附属单位的印章,主要用于在职责范围内处理公务、发布事宜、向学校上报请示或报告、与校内各单位联系工作,原则上不对外使用。

第八条 学校印章使用程序和批准权限

1. 以学校名义发出的公文,按照公文处理流程,经党委书记、校长或分管校领导签发后

用印。

2. 各种证件用印，由主管业务部门列出名单并经该部门负责人签字后，由专人到党政办公室用印。补办证件，需经相关部门审核，党政办公室复核后，方可用印。

3. 各种证书、聘书按学校有关规定，经相应的评审机构评审或学校会议讨论确定，由主管业务部门列出名单、分管校领导签字后，由专人到党政办公室用印。

4. 各类合同、协议等法律文书，须经主办部门或单位负责人签字后，经发展规划处审核并报分管校领导批准后，方可用印。

5. 各类申报材料、审批表和报表需加盖学校印章的，须由相关单位负责人签字后，经分管校领导审核同意后用印。

6. 对境外发出的函件需加盖学校印章的，须由主办部门或单位负责人签字，经国际交流与合作处审核、分管校领导签发后，方可用印。

7. 凡不必正式行文但需以学校名义发出的函件，应按规定格式书写或打印，由主办部门或单位负责人在拟办函件上签字，经党政办公室审核、分管校领导批准后方可用印，并留存原件备查。

8. 需加盖党委书记签名章、校长签名章的，须经党委书记、校长本人认可，或授权分管校领导同意后方可用印。

9. 我校教职员工因私需要使用学校印章的，须由所在部门或单位出具书面证明，并由相关单位审核，经分管校领导批准后方可用印。

第四章 印章的保管和使用

第九条 第七条中第（一）至（五）印章由党政办公室专人负责保管和使用。学校各类印章应做到专人保管、专人使用、专柜存放。各部门和单位内设机构确因工作需要刻制的印章，应交由所在部门或单位专人统一保管。印章存放地点要求安全保险。不得携带印章离开用印办公地点。特殊情况须借出使用时，用印部门或单位须出具书面申请，由印章监管人批准后方可借出，并派人监印。

第十条 坚持原则，严格照章用印。用印前要核实签发人姓名、用印件内容与落款。盖印位置要恰当，印迹要端正清晰，落款处加盖的印章应骑年盖月。各类材料在使用印章前，经办人均须根据《北京林业大学用印批办单》，履行用印审批程序。各类法律文本等重要材料要留下相应文本存档备查。

第十一条 严格控制学校印章的使用范围，凡用各部门或单位印章和有关专用章可以办理的事项，不得使用学校印章。

第十二条 有下列情况之一者，不予用印

1. 涉及个人财产、经济、法律纠纷等方面的文件、材料；

2. 未经相关部门或单位领导签发批准的文件、材料；

3. 与本单位工作、业务无关的文件、材料；

4. 空白介绍信、空白证件、空白奖状等；

5. 有违背本规定或仍需核实或内容不实的。

第十三条 监印人员要有良好的素质，坚持原则、不徇私情、廉洁奉公、办事公道、作风严谨，严格按规定和程序用印。

第十四条 因印章使用或保管不当而出现严重事故，学校将追究管理人员及单位领导的责任。因非法、越权使用本单位印章给学校造成法律纠纷、经济损失和声誉毁损的，学校将视其情节对该单位管理人员和其他直接责任人员追究相关责任。

第五章 附 则

第十五条 本规定由党政办公室负责解释。
第十六条 本规定自印发之日起施行。

北京林业大学
2008 年 12 月 1 日
（专文由党政办供稿）

重要讲话

校党委书记吴斌在 2008 年干部工作会议上的讲话

2008 年 2 月 29 日

同志们、老师们：

大家下午好。我们在这里召开 2008 年度干部工作会议。主要任务是部署 2008 年学校的党政工作，推进学校的建设发展。2 月 27 日，学校召开了校领导班子会，确定 2008 年为"改革深化年"和"学术发展年"，充分讨论了 2008 年学校党政工作要点（讨论稿），明确今年的党政重点工作。

下面，我以"解放思想，深化改革，发展学术，多办实事，推动学校又好又快发展"为题，讲三个方面的问题，对学校全年工作进行部署。

一、关于近期中央、教育部有关会议的主要精神

2008 年是全面贯彻落实党的十七大精神的第一年。春节前，中组部、中宣部和教育部党组召开了全国第十六次高校党建工作会议。会议的主题是"深入学习贯彻党的十七大精神，以改革创新精神推进高校党的建设，为高等教育事业的科学发展提供政治保证和组织保证"。习近平同志接见了与会代表，李源朝同志、周济部长做了重要讲话，提出了关于高校党建工作的六条成功经验、高等教育的六个阶段性特征、党建工作的两项根本任务和八项具体工作，对进一步学习贯彻十七大精神，以改革创新精神加强高校党的建设做出了全面部署。

会议强调高校党的工作要按照科学发展观的要求，实现科学发展、创新发展、和谐发展；巩固党在高校的领导地位和执政基础，保持和发展高校党员队伍的先进性，不断增强党组织的生机活力和对党员干部、广大师生的吸引力和凝聚力。

年前，还召开了教育部直属高校第十八次咨询会议，陈至立国务委员和周济部长都做了重要讲话，要求我们要认真学习贯彻十七大精神，进一步提高高等教育质量，加快从高等教育大国向高等教育强国迈进的步伐。

会议提出：一是要切实把高等教育工作重点放在提高质量上，狠抓教学改革，创新教育观念和人才培养模式，努力培养大批拔尖创新人才和各类优秀人才；二是要加强教师队伍建设，培养和汇聚一批具有国际先进水平的学术大师和学科带头人；三是要优化高等教育结构和布局，形成多样化、多层次、多类型、开放的高等教育体系；四是要继续实施"211 工程"和"985 工程"，坚定不移地推进一流大学和高水平大学及学科建设，提高创新能力；五是要继续深化改革，提高高等教育对外交流与合作水平。六是要加大财政投入，创新管理模式，落实高校办学自主权，为建设高等教育强国提供有力保障。

这一系列重要会议，对我们学校的工作都具有很强的针对性和指导意义，我们一定要抓好会议精神的贯彻落实，增强做好全年工作的紧迫感和责任感。

当前，北京林业大学正处在一个新的发展起点上，面临许多重大机遇，但也面临着更为艰巨和繁重的任务。从全国高等教育发展的态势来看，2007 年高等教育毛入学率达到 23%，目前全国普通高校在校生达到 1800 万，规模和总量居世界第一，我国的高等教育正站在新的历史起点上，迈出了从高等教育大国转向高等教育强国的关键一步，建设创新型国家和建设高等教育强国的战略部署，必将为高水平大学建设带来新的更大机遇，为高等教育质量的提高提出了更高的要求；但同时，高等教育优质资源不足的问题日益凸显，高水平大学之间的竞争不断加剧，学校争取发展空间的任务必将更加繁重。

从学校自身发展的道路来看，近年来，学校牢牢把握管理、质量、特色的主题，以提升办学质量为主线，以学科建设为核心，以人事制度改革为动力，抢抓发展机遇，学校实现了快速发

北京林业大学年鉴2009卷

展、健康发展。学校的整体实力显著增强，办学水平不断提高，社会影响力不断提升。

但是，我们更应该清醒地认识到我们的差距和不足。当前，我校杰出人才的匮乏、科技创新平台亟需加强建设、资金不足的压力不断加大，使我们的办学能力和办学水平面临许多严峻挑战；在日益激烈的竞争面前，我们还缺乏危机意识和忧患意识，事业心、责任感还有待进一步增强；随着办学规模扩大和管理重心下移，学院的管理难度不断加大，面临许多发展难题；面对复杂的社会环境，加强大学文化建设，浓厚学术氛围的任务还很重。这些问题和任务，都是我们今后一段时期需要重点加以解决的。必须引起我们高度重视并着力加以解决。

二、关于2008年重点工作的部署（详见2008年党政工作要点，略）

三、做到"四个坚持"，抓好工作落实，确保全年任务的高质量完成

可以看到，今年的任务非常繁重。年度各项工作任务能否完成，各项工作能否取得成效，必须做到"四个坚持"，即坚持解放思想、坚持深化改革、坚持发展学术、坚持多办实事。

一是坚持解放思想。面对新任务，我们必须紧密联系实际，进一步解放思想。解放思想要着眼于学校发展的新起点，把握住新的特点，要立足于真抓实干，解决好关键问题。要克服骄傲自满和安于现状的思想，增强忧患和竞争的意识；克服因循守旧和固步自封的观念，增强改革创新和对外开放的意识；克服急功近利和奢侈浪费的思想，增强艰苦奋斗和可持续发展的意识；克服无所作为和患得患失的精神状态，增强爱校敬业和奋发有为的意识。通过解放思想，更新发展理念，破解发展难题，着力解决影响和制约学校科学发展的突出问题。要在谋求发展动力上解放思想，进一步创新管理体制和工作机制。要坚持学习、研究、创新，以学习促进思想解放、以调研把握问题症结、以创新推动教育发展。

二是坚持深化改革。今年是纪念改革开放30周年。我们要以更大的决心坚持进一步深化改革，加快发展，用实际行动纪念改革开放30

周年。今年学校深化改革的重点任务包括人事制度改革的深化、管理体制改革的深化、依法治校的深化。人事制度改革要在2007年人事聘任改革的基础上，做好后续工作，完善相关制度，使每个岗位有职有责，加强考核，强化激励约束机制。管理改革要重点推进校院两级管理改革，下沉管理重心，提高管理效益。依法治校要重点做好管理规章制度的完善，进行规范的管理，增强管理的科学性。当前，特别要通过依法治校，切实维护学校的权益。改革的力度要大、步子要稳。要科学规划、分步实施，要以推动学校发展为目标；改革要从学校的实际出发，坚持以人为本，广泛听取群众意见，坚持走群众路线。

三是坚持发展学术。作为学术组织，学术实力是大学的最终声誉所在。今年是学校的学术发展年，要加大人才队伍建设力度，引进高水平的人才、培养中青年骨干教师；要积极争取国家优势学科创新平台和"211工程"，加大公共平台建设，争取国家重点实验室建设；要抓包括论文、奖励、专利、技术等在内的高显示度科技成果的产出；要通过加强管理、推进创新，促进教育教学质量建设。

四是坚持多办实事。今年的任务很多，会后学校年度工作要点将以文件形式下发。各位分管领导和各院部处要召开会议逐项进行研究部署，制定具体措施，要有明确的目标要求和时间要求，一定要做到措施得力、责任到人、督促到位。全校各单位要提出具体的实施计划，周密分解任务，细化工作措施，明确进度安排，及时追踪落实，保证完成任务。各级干部要增强大局意识，切实承担起岗位职责，深入调查研究，把握实情，加强组织协调，形成合力，全力以赴推动重点工作的执行和落实。学校将定期就重点工作进行督查督办，确保各项任务真正达到预期效果。

同志们，老师们，做好全年的工作，意义深远，责任重大。让我们切实增强事业心和责任感，把目光盯在学校发展大局上，把心思用在事业上，求实创新，奋发有为，争创一流的工作业绩，为实现学校的发展目标而贡献我们的力量。

谢谢大家！

校党委书记吴斌在 2008 年暑期干部工作会议上的讲话

2008 年 7 月 12 日

同志们：

刚才校长尹伟伦同志代表学校总结了今年上半年的工作、部署了下半年的工作，副校长姜恩来同志对平安奥运工作进行了布置，我完全赞成。希望大家会后认真研究、狠抓落实，确保各项工作有序开展。借此机会，我对学校改革发展和今后工作讲几点意见。

一、抓住机遇，深化改革，走特色发展之路

党的十七大以来，我国经济社会发展步入了一个新的阶段，为学校的发展带来了新的机遇。加强自然生态环境的修复和治理，维护国家生态安全，统筹人与自然和谐，发展循环经济，促进可持续发展，全面建设小康社会等国家发展战略，我国经济发展方式在转型，产业在转型，这些对于我们既是挑战，更是学校发展的重大历史机遇。这样的机遇可遇不可求，能否在3到5年之内抓住机遇，使学校各项事业的发展再上一个新台阶，是直接关系学校能否可持续发展的头等大事。

国际社会对自然生态环境保护高度关注，对污染环境治理高度关注。从1992年的里约会议、1997年的京都议定书、今年年初的巴厘岛会议、以及最近在日本洞野湖召开的八国首脑会议，国际社会讨论的一个重大问题就是全球环境问题，以及如何应对全球气候变化。

在这样的大背景下，我校作为特色鲜明的高等院校，如何用更广阔的战略视野，重新审视学校的发展，进一步研究学校的发展战略规划，调整学科方向，突出特色，制定切实可行的目标和具体措施，使我们的教学科研等各项事业实现跨越式发展，是我们需要认真思考的重大课题，各学院要根据自己的学科特点，提出今后的创新发展计划。

四年半以前，我曾经就学校需要重点发展的六个领域，做过一些分析，认为基于可持续发展的战略要求，国家和社会对资源、环境和材料有着越来越重要的战略需求等问题的认识。我认为学校今后仍要围绕这些需求，充分利用好自身的优势，明确学术发展重点和方向，重点发展具有我校特色和优势的学科，积极发展前沿新兴学科和交叉学科。

在资源方面，要重点研究森林资源、生物质资源的培育、保护和经营管理。

在生态系统管理方面，要重点关注在全球变暖大背景下的自然环境保护和管理服务，污染环境的修复治理，环境国际履约对我国环境政策技术带来的影响等。

水土流失和荒漠化是中华民族的心腹大患，近年来连续多次爆发的沙尘暴、四川大地震引发的泥石流、滑坡等次生灾害，直接威胁着我国经济社会发展和人民生命财产安全，因此，继续加强水土保持和荒漠化防治研究，是国家生态安全和这些地区人居环境安全的战略要求。

园林学科是国家重点学科，是生态文明的制高点。随着城市化进程的加快和经济社会的发展，要重点研究城乡人居环境安全和美化问题，必须继续发展好园林学科，同时发展相关交叉学科，增强学科发展后劲。

在材料方面，要坚持基础研究、产品研发和推动产业并举，加强以木质为基础的材料和生物质能源的研究利用，重点是要推出技术和产品，促进相关产业发展。

随着国家提出建设生态文明的战略思想，加强对生态文化的研究，引领绿色文明。

最近，国务院下发了关于集体林权制度改革的文件，这是我校林业经济及相关学科发展的一个重大机遇，要紧紧围绕这一国家重大政策要求，深入研究发展林业的体制问题、政策问题、法律问题、管理问题以及有关技术问题。

此外，学校更应该努力提升服务国家战略的层次，更广泛更深入地参与到国家宏观政策的制定和国家重大项目的决策研究中，争取更大的发言权和话语权。

二、深化人事制度改革，加大人才强校战略的落实力度

2007年，学校按照教育部的要求，结合学

校实际，开始进行教师聘任制度的改革，以岗位责任作为考核衡量教师业绩的主要标准，这是高校人事制度改革的一项重大举措，这一改革得到了广大教职员工的拥护和大力支持，取得了重大进展。下一步，是要在已有工作的基础上，通过深化改革，强化考核，解决人事制度改革中出现的新情况和新问题，更好地调动教师和团队的积极性。

教师岗位责任制的落实，完善人事考核机制至关重要。在强化个人岗位业绩考核的同时，要特别注重团队的考核。针对学科建设等团队性工作，要研究建立学科负责人、教授、学术骨干等具体的考核办法和标准，明确工作任务和量化标准，纳入岗位考核体系，避免因注重个人发展而影响学科建设等工作成效。

同时，必须高度关注学校教师总量不足，教师缺编严重的问题。一方面要加大师资的补充力度，积极引进优秀的青年教师；另一方面要主动向教育部汇报，求得支持，在学校现有规模的基础上，合理定编，争取给学校发展创造更大的空间。

人才问题是学校发展的关键。与发展需求相比，我校学术大师后备人选匮乏、学术梯队不完备、师资整体实力不强，仍然是制约学校发展的瓶颈。学科需要有很强的领军人物带领团队从事教育科研工作。希望各个学院，尤其是研究型学院，进一步加强人才工作，为更多优秀人才脱颖而出创造条件。要认真分析教师现状，全面了解人才需求，科学制订发展规划，细化完善各项措施，使青年教师得到更好的培养、中年教师更好地发挥作用，老教师有效地带领团队，从而促进教师队伍可持续发展。对于优秀拔尖人才的培养，相关部门、学院和学科要科学制定未来3到5年的院士人选、"长江学者"、"杰出青年基金"培养计划，有计划地实行定向培养，要着力培养战略科学家，这一点对国家和学校未来发展十分关键。

人才引进要全力以赴，不惜代价。人才引进不要只局限于成型的人才，要更加关注有培养前途的青年学术骨干（30岁左右、具有海外博士（后）经历、研究背景良好、学科亟需）的引进和培养。对于青年学术骨干的培养，胆子要大一些，要敢于给他们压担子，提供发展空间。今年

6月，学校已经开始试行破格提拔教授制度，聘任了5位年轻教授，最年轻的只有35岁。今后将继续实施这样的人才特区政策，以开放的胸怀，包容的态度，大胆使用年轻人，形成健全的人才梯队。希望各院的院长书记以强烈的责任心、使命感、紧迫感，下大力气抓好人才队伍建设，人才引进步子要更大一些，措施更实一些。各学院，特别是研究型学院，每年都要在人才引进、培养和使用方面有新的突破和措施，院长书记要负直接责任，要作为年度干部考核指标。

三、深化教育教学改革，努力提高教育教学质量

大学教育的根本目的是推动社会的发展和人的全面发展，提高教育教学质量是高等学校的中心工作。在我国高等教育进入大众化阶段的情况下，作为优质高等教育资源的北京林业大学，必须坚持精英教育的道路，狠抓教育教学质量，努力培养优秀人才。

要进一步解放思想，明确"培养什么样的人、用什么办法培养人"这一根本问题，使学生全面发展、健康成长，成为对社会有贡献的人。对于学生的培养，科学素养和人文精神同等重要。要教学生学会学习，提高学生自主获取知识的能力；要教学生学会思考，使他们能对现实问题进行理性的思考和批判；要教学生学会审美，构建学生正确的价值观；要重视专业课程体系、教学课程的整体安排，着力培养学生的人文素质和综合素质。我校是从单科性学校发展而来的，在林业领域积累了丰富的经验，但是在培养学生综合素质方面，我们还有很多的工作要做。

教学改革的一个重要内容，就是要明确各专业的人才培养目标，做到培养措施具体落实。不同的专业，是培养设计师、工程师还是管理工作者，目标一定要明确。在当前就业压力增大、就业竞争激烈的情况下，如果我们的专业培养目标不明确，学生的就业就是大问题。如果毕业生就业不好，学校就很难有一流的生源，就很难培养出一流的毕业生。希望各个学院要认真考虑专业发展方向，明确每个专业培养学生的规格和标准。我们培养的学生，有的学生以事业为主，有的是以职业为主。因此，各个专业必须通过深化教学改革，创新教育手段，教会学生几门真正对其就业成才有实质性帮助的"手艺"。在这方面，

我们必须认真研究，采取切实有效的措施。

教学过程的管理必须严格。学院要下大力气，强化教研室的作用，切实建立科学的教学管理体系。新一轮的教学计划，在课改方面，要尽量压缩理论教学时数，压缩重复部分，坚决杜绝每一门课自成体系；要增加讲座，增加讨论，增加实践，进一步提升学生的动手实践能力，使其毕业后能快速适应就业要求。

专业建设必须加强。我们的优势专业不能大意，当前教育环境的竞争日趋激烈，综合性院校纷纷增办了一些原来行业院校特有的专业，我校过去一些在全国几乎是唯一的优势专业不再是唯一，特色专业的优势也不再突出。因此，必须认真研究每个专业的教学问题，采取切实的措施，使每个专业的教学质量有一个实实在在的提高。

四、切实加强创新平台建设，努力提升学术创新能力

创新平台建设是为教师提供科研和教学的重要基础条件。创新平台建设包括公共平台，国家级、省部级重点实验室、工程中心，各级各类野外台站等，对学校的教学科研影响重大，必须高度重视，采取切实措施，加强建设。

学校有很多重点试验室，国家级工程中心、野外台站，省部级重点实验室。现实问题是名称不少，实质建设不够，不少重点实验室，野外台站空壳化现象严重。如果继续发展下去，只会带来更多负担，而对学术发展起不到应有的支撑，后果不堪设想。

如何加强公共平台、野外台站和重点实验室的建设，相关部处要认真谋划，找准重点，加紧工作。当前，必须重点做好以下几个方面的工作。

一是解决公共平台、野外台站和重点实验室固定科研编制的问题。平台建设必须要有相应的固定人员编制，如果不落实人的问题，没有组织上的保证，平台建设就是一句空话。平台建设的人员包括三类，一类是专职研究人员，科研为主，有适当的教学任务，带研究生；另一类是专职管理人员，负责实验室的运行，避免所有公共平台和野外台站，重点实验室的运行流于形式；第三类是专职实验人员，实验工程师，特别是大型仪器，要有高水平的实验工程师操作，提高实验设备利用率，促进创新成果产出。对于这些专职人员，要有相应的政策保障，解决其后顾之忧。可以预期，如果学校有40多名专职科研编制，北林的重点实验室建设和科研成果产出的情况就会大幅度提高。

二是要集中有限经费进行重点建设。当前要重点通过大型仪器设备资源的整合，建设有显示度的大型公用平台、专业平台、学科平台，确保大型仪器相对集中、开放使用、提高利用率。此外，要针对学校学科建设的特点，特别关注野外台站的建设。目前，学校对野外台站的投入明显不足，也还没有一套完善的人财物、科研管理办法，对野外台站的发展非常不利，发展规划处、财务处、科研处和实验室与设备管理处要抓紧研究，拿出具体的意见。

三是积极争取国家级平台建设的新突破。我们要积极争取国家重点实验室，这是学术发展的标志性成果。建成什么样的国家重点试验室，建设目标和任务是什么，如何落实，发展规划处要组织相关学科研究，提出建设领域和具体的建设设想，加快工作进度，争取有所突破。

五、做好"211工程"和国家优势学科创新平台建设，增强学科竞争力

"211工程"三期建设已经启动，建设经费已经落实，这对学科建设是一个重大契机。我们要通过"211工程"建设，系统规划重点学科的建设，进一步凝练学科方向，把学科建设真正抓实，使重点学科再上一个新台阶，有一个更大发展。有关学院和重点学科建设单位要认真谋划，努力争取学科发展的新突破，争取出一批有标志性的成果。

学校正在积极争取国家优势学科创新平台建设，希望很大。"211工程"和国家优势学科创新平台建设，要综合考虑学校、学院和学科的发展，确定学科发展目标，要向国际国内一流的学科看齐，瞄准国际水平，结构学科团队，发展学科力量，增强学科的竞争力。

六、加强科研产出管理，产生高水平的成果

这几年学校的科研课题和经费，无论横向和纵向，都有了较大的增长，为产出高水平成果奠定了扎实的基础。但是，我们也必须清醒地看到，学校科研课题总体水平不高，没有重大自然科学基金项目，没有"973项目"和"973项目"首

席科学家，在国家重大研究领域没有发言权；科研上跟踪的多，创新的少，重复的多，发展的少，国家科技三大奖中，也只有科技进步奖，奖项的水平还需要有较大幅度的提高。这些都是学校科研实力不足的具体反映，也是今后的努力方向。因此，绝不能满足于现在有多少科研经费，有多少科研项目，而要看科研水平和质量，出高水平的科研成果。各个学院，特别是林学院、水保学院、生物学院、材料学院、园林学院、环境学院、保护区学院，都要加强科技创新，产出有高显示度的成果。

当前，我们要特别关注高质量学术论文的产出。我校SCI论文不多，水平不高，因此，在高水平论文的产生方面要切实采取措施，建立严格的制度。科技论文的产出主体是研究生，特别是博士研究生，必须高度重视这支科学研究的主体力量，要把优势学科博士生在校学习期间发表SCI文章，作为毕业时学位授予的一项制度固定下来。至于是1篇还是2篇，不同的学科可以有不同的标准，林学院、水保学院、生物学院、材料学院、园林学院、环境学院、保护区学院的标准要高一些，设计类的要有其他的衡量指标，人文社会科学类的也要有相应的标准。我们有3000多名在校研究生，如果每年毕业的1000多名研究生中有20%发表SCI论文，就有200篇SCI，何愁没有高水平的文章产出。研究生院、科技处、财务处、人事处和相关部门要研究制定发表SCI论文的奖励办法和激励机制，鼓励教授和研究生产出高水平的论文和科研成果。

七、深化研究生教育改革，培养拔尖创新人才

如果学校没有一流的研究生生源，北林就办不成研究型大学，出不了高水平的成果。研究生教育首先要解决学生的选拔问题。能不能选拔一流的学生，很关键。我校本科生的生源在同类院校中是一流的，如何把一流的本科生留下来成为研究生，进而将优秀的硕士培养成高水平的博士，教务处、研究生院和学生处要拿出办法，限制高水平本科生流向外校，把优秀学生留在本校攻读研究生，同时制定办法对这些优秀学生在学习和生活上提供良好资助，在导师分配上采取倾斜政策，配备最好的导师指导他们的研究。

其次是研究生的培养过程。研究生院要认真研究，制定办法，加强管理。现在研究生课程太多、重复的太多、低水平的太多，大量的课程要压缩，要使课程更加有效，使学生有自由想象和研究的空间，要增加讨论，增加讲座。研究生教育必须坚持个性化教育、精英教育。要出台相应的政策，提高研究生毕业的门槛，提高研究生，特别是博士生的培养质量。毕业的门槛怎么设、延期毕业研究生如何管理，研究生院要提出办法。总之，要通过管理机制的重大变革，建立完善的机制，把最优秀的本科生选到硕士，把最优秀的硕士选到博士，真正把北林建成林业高层次人才的最大培养基地。

八、加强基础设施建设，改善办学条件

学校的办学资源，教学科研、办公和食堂资源十分紧张，被列入教育部5所办学基本条件最困难学校，制约了学校的发展。

有关部门要抓紧教学科研设施建设规划的落实，主动向教育部和北京市的有关部门汇报，及时沟通，争取尽快改变学校办学资源严重不足的现状。基建房产处要尽快制定计划，使学研大厦等重点建设项目列入国家发改委、教育部的计划。要克服困难，积极推进征地和基本建设工作，改善学校办学条件。

九、总体设计，分步实施，加强校园环境整治

校园环境整治和优化，要综合考虑校园内的交通、通讯、照明、标识、安全、绿化美化、违章临时建筑拆除等各个方面。要明确，校园整治不仅仅是一种基础设施的修缮和建设，更重要的是文化建设，要建设出北林的品味，体现北林校园的特色。

我们要通过校园环境整治，给教师提供一个能安心工作的稳定的校园环境，给学生提供一个潜心学习的浓厚学习氛围。要坚持以人为本，加大投入，舍得投入，改善有关教学设施，排查安全隐患，把工作做在前面，这项工作涉及面广，有关门要通力合作，主责单位要全力以赴，保证学校教学、科研和生活环境的和谐稳定。

十、加强党建和反腐倡廉，加强干部队伍建设，为学校发展提供坚强有力的保证

教职工队伍是学校所有工作的根本，干部队伍是学校事业发展的重要保障。而干部队伍能力的高低，又取决于包括组织建设在内的党建工作抓得好不好。因此，各级党组织都要加强党的建设工作，通过思想建设、组织建设、作风建设、制度建设和反腐倡廉建设，进一步巩固党建评估的成果，多种途径、多种方式强化干部教育培训，夯实基层党组织的基础，提高全体党员和全体干部的创新能力，执政能力，服务意识，提高全体干部和教师做大事谋大事成大事的意识，提高全体教职员工的和大局意识，创新意识，质量意识，增强党组织的战斗力，为学校发展提供坚强保障。

我校干部队伍整体素质较高，有着较强的事业心和责任心，是一支能谋事、能干事的队伍，随着各项改革事业的推进和学校的发展，继续加强干部队伍的培养，培养一支积极进取、作风扎实、热爱教育事业、熟悉高校管理的干部队伍，是保证学校高水平发展的重要基础，解决一些实际问题，保护干部队伍的积极性，提高他们的能力，刻不容缓，必须提到议事日程，采取可行的措施，切实解决问题。在干部培养教育方面要多种形式，鼓励干部在职进修、读学位，国内外脱产学习提高；要积极研究在人事聘任制实施后干部职称的评聘问题，以利于学校管理工作和对外交流，干部技术职称的评聘，首要的是考察他们的工作业绩；要积极研究干部队伍参加教学科研活动，提高他们在教学、科研管理方面能力。

我校的反腐倡廉工作已经在完善制度上做了大量工作。今后，要在已有工作的基础上，认真贯彻执行党的纪律和已经制定的各项制度，用制度管干部、管教师，一刻都不要松懈对反腐倡廉工作的落实。当前，高校的腐败问题时有发生，有些腐败问题十分严重，令人震惊，大家要高度重视，引以为戒，强化廉洁自律意识。

十一、深化校院两级管理改革，提高管理水平。

学校发展的任务繁重，必须以科学的管理作为保障，才能完成这些改革发展任务。因此，要不断深化管理改革，实行严格的管理，推行科学的管理，向管理要效益。

学校已经在人事管理、财务管理和相关的分配制度改革方面做了很多工作，今后要继续深化管理改革。校院两级管理改革，不仅是如何把学校和院一级的管理权限和责任分清楚，更重要的是激发激活学院的创新能力和发展活力。因此，要在校院合理分权的基础上，真正将相应的管理资源同时下放到学院，鼓励学院创新发展。学院要认真研究建立符合实际的行政组织和学术组织，使学院的发展水平更高，使每个教师有积极性从事教学和科研工作。学校有关部门要转变观念，改变管理模式，减少管理环节、提高管理效率。

同时，要狠抓管理执行力的落实。管理制度确定下来，就必须保持制度的严肃性，使之成为学校内部人人遵守的制度和管理依据，只有这样，从每个环节抓起，权力运行才规范，执行力才能提高，确保依法管理、科学管理和规范管理。领导干部要带头执行制度，群众要监督制度的执行，在全校上下形成严格按章办事的良好风气。

十二、以高度的政治责任感做好平安奥运工作，确保校园安全。

高校的稳定始终是一件大事，各项维稳措施必须抓紧落实，要认识到位，措施到位，任务明确，不留死角。今年国家大事多，北京奥运、改革开放30周年等大活动多，大家要有高度的政治责任感，强烈的忧患意识，确保奥运及其他重大活动期间的安定和谐，确保教师和学生的人身安全。要精心安排，做好奥运会志愿者工作，确保志愿者能够安心服务奥运，要做好思想上动员，组织上的安排，物质上的保证。

希望大家继续保持主人翁责任感和大局意识，坚持解放思想、开拓创新的思想状态，增强进取意识，以创新求发展，同心同德，圆满完成2008年学校党政工作要点确定的各项任务，推动学校各项工作的发展！

校长尹伟伦在2008年暑期干部工作会上的讲话

2008年7月12日

同志们：

今天学校的全体校领导和各职能部门、各学院的党政一把手都出席了在这里召开暑期干部工作会议，研究和部署学校的各项重点工作。下面，我对今年上半年学校的工作进行总结，提出暑假期间和下半年的工作要点。

一、2008年上半年工作总结

今年是全面贯彻落实十七大精神、推进"十一五"建设承上启下的关键年，是改革深化和学术发展年。半年来，学校上下围绕"深化改革、发展学术、突出特色、提高质量"的主题，各项事业取得了可喜的成绩。

（一）发挥优势，众志成城，在国家重大灾难面前发挥独特作用

今年，国家遭受了几次前所未有的灾难，年初南方的雨雪冰冻灾害，"5·12"汶川大地震，都是突如其来的巨大灾难。在重大灾难发生后，全校师生迅速响应党和国家的号召，发挥学科优势，发扬社会主义精神和中华民族传统美德，为抗震救灾和恢复重建做出了应有的贡献。

雨雪冰冻灾害发生后，学校反应迅速，迅速组织了三支专家组，深入灾情严重的省份，掌握了宝贵的第一手资料，向国家林业局提交了灾后重建建议书，并参与制订了《南方雨雪冰冻灾害地区林业科技救灾减灾技术要点》、《雨雪冰冻灾害受灾林木清理指南》，受得国家林业局和各受灾省份林业部门的高度肯定，取得了很好的声誉。

汶川大地震发生后，学校师生踊跃向灾区捐款捐物，党员自愿缴纳"特殊党费"30余万元，其他各类捐款达46万元。在奉献爱心的同时，学校还积极参与有关部委组织的救灾工作，成立了相关领域专家组成的防治次生山地灾害专家组，结合学科特色探讨防止次生山地灾害对策，向上级部门和受灾地区提交了防止地震次生灾害发展、保障灾区安全、开展灾后重建的建议书，受到国家相关部委的高度肯定。实践证明，北林鲜明的学科特色能够、也应该为国家做

出重要贡献，北林更应该主动地服务国家需求，主动地占领行业主战场，服务国家、服务行业，发展学术，增强核心竞争力。

（二）深入学习贯彻十七大精神，全面加强党建和思想政治工作，构建和谐校园

1. 认真总结党建评估工作，深入开展党建研究。组织基础党组织学习《北京高校党建评估工作成果汇编》，积极总结我校迎评促建过程中加强党建工作的好做法、好经验，凝练创新成果，查找突出问题。今年学校党委在全校范围内深入开展党建研究工作，1项合作研究课题获得了北京高校党建研究会课题一等奖，另有1项合作研究课题在研。全校各基层党组织共申报课题40余项，经专家论证最终立项28项，支持经费达4万元。

2. 进一步加强干部队伍建设。召开学校组织工作会议，进一步夯实学校事业发展的组织基础。加大了对管理干部和后备干部的培养和选拔，确定2名同志为校长助理，22名同志为校级后备干部。加强干部职级管理，做好干部选任工作。制定了《北京林业大学关于进一步加强干部职级管理的实施意见》，完成了3位处级非领导职务的选任工作，启动了科级非领导职务的选拔任用工作。上半年共任命处级干部12名，科级干部11名。根据上级要求，开展了援疆干部、教师的选派工作。

3. 进一步强化宣传新闻工作，建设特色大学文化。坚持正确的舆论导向，充分发挥多种媒体的作用，深入宣传党的十七大精神。开展纪念改革开放30周年系列宣传活动。加强大学文化建设，积极倡导绿色文化，构建学校核心价值观，以"崇尚自然、追求真理"为主要内涵的北林精神逐步深入人心。学校获得"2008年首都文明标兵单位"，成为全国首批10个"国家生态文明教育基地"之一。

4. 强化制度体系建设，深入落实党风廉政建设责任制。召开了2008年学校党风廉政建设工作会议，对校级领导及分管的19个相关部门

和各学院进行党风廉政建设重点任务分解，明确责任、加强领导、严格贯彻和执行党风廉政建设责任制。加强制度体系建设，上半年共起草和修订了《北京林业大学采购大宗货物、工程和服务招标管理试行办法》、《北京林业大学关于进一步加强审计工作的意见》等12项监察、审计方面的文件和制度。完成了3位处级干部的离任审计，做好基建、修缮、科研经费的审计工作。

5. 落实"平安奥运行动"，扎实做好校园安全稳定工作。先后成立了学校"平安奥运行动"工作领导小组和平安奥运工作督查工作组，经过深度排查和集中整治两个阶段的工作，对重点部位和难点问题逐一认真排查，逐一落实解决。落实了来信来访、学生心理教育工作，做好校园安全保卫工作，确保了学校的政治稳定和师生员工生命财产安全。

6. 统战、工会、离退休工作井然有序，推动了和谐校园建设。加强对党外代表人士队伍建设工作，召开了"五一口号"发布60周年座谈会。召开第五届教代会、第十三届工代会第四次会议，听取学科建设现状分析及发展思路和关于科技基础条件平台建设的报告。评选表彰了第二届"巾帼之星"。进一步加强老有所为平台建设，充分发挥老同志余热。

（三）以"质量工程"为依托，深化教学改革，提升人才培养质量

1. 加大教学投入，创新教学模式。学校加大了本科教学经费投入，近3年有3000多万元投入到各个学院的教育教学工作。同时，学校召开了教学工作会议，进一步明确创新教育的开展和创新人才的培养的重要性，总结本科教学成果，产生了一批北京教学名师，创新本科教育模式。

2. 教学改革成效显著。通过加大教改立项支持力度，确立了55项2008年校级项目，大大激发了教师参与教学改革的积极性。结合新版人才培养方案，对各专业教学大纲的全面修订已基本完成。上半年新增2门北京市精品课程，新增3个北京市优秀教学团队，林学等7个专业进入北京市特色专业建设行列。学校教材建设工作也取得了好成绩，在中国林业教育学会主办的优秀教材评奖工作中，我校获得一等奖5项，二等奖1项，优秀奖3项，占获奖总数的

1/4。

3. 提升人才培养质量。进一步规范教学管理工作，健全教学质量监控体系，狠抓教风和学风建设。全年度国家大学生创新性实验计划立项40个，参加项目学生106人，支持经费108万元；在数学建模、英语等各类竞赛中，我校学生获得全国特等奖2项，一等奖8项，二等奖25项，三等奖46项。在今年由我校承办的第46届首都高校学生运动会上，我校勇夺男女团体总分甲组第四名，达到历史最高水平。

4. 强化质量意识，进一步做好招生就业工作。今年共有1095人报名参加我校自主选拔录取考试，最后划定460人获得我校自主选拔录取资格。今年共有本科毕业生3424人（其中双学位22人），截至6月29日，本科毕业生就业率为91.73%，就业形式多样化。积极引导学生到基层就业，106名同学入选北京市大学生村官计划。

（四）以学科建设为核心，推进"211工程"三期工程建设，不断创新研究生教育

1. 完成了我校"211工程"三期建设方案的编制论证和优势学科创新平台前期准备工作。"211工程"三期方案主要围绕规划、培育、提升与创新学校的核心竞争力的主线，分重点学科建设、人才建设、公共服务体系建设3个重点建设部分，共13个子项目。建设项目国家安排专项资金4900万元，学校自筹资金4000余万元，总投资将近1亿元。同时明确了"211工程"三期建设项目与优势学科创新平台项目相衔接的原则。

2. 加强重点学科建设力度。学校在经费非常紧张的情况下，安排了50万元的重点学科建设专项经费，已分两批启动重点学科建设项目基金，较好地解决了学科急需。要凝聚凝练学科建设方向，特别是加强重点学科，交叉学科和跨学科方向的建设。

3. 组织完成了我校北京市重点学科评选与验收工作。在北京市从2007年年底开始启动的重点学科项目验收工作中，我校的生态学、木材科学与技术2个市重点学科被评定为优秀，各获得增加10万元建设经费的评优奖励。在新一轮市重点学科的评估工作，我校5个学科成为北京市重点学科，其中，林业工程被授予一级学科北京市重点学科，生态学、城市规划与设计、草业

65

科学被授予二级学科北京市重点学科，生态环境地理学被授予交叉学科北京市重点学科点。在2008～2012年期间，北京市安排我校重点学科建设经费将超过820万元。

4. 努力提高研究生教育质量。今年是研究生教学质量年，出台了招生配套方案与措施，落实推动研究生培养机制改革，起草了培养方案修订文件，完成教学质量评价指标修订。2008年我校共招收科学学位研究生1131人，在职人员攻读硕士学位277人，是历史上招生人数最多的一年。截至7月1日，研究生一次签约率82%，比上年同期提高近20个百分点，就业率达90%以上。

（五）坚持党管人才，推进人事制度改革，人才和师资队伍建设取得新进展

1. 落实收入分配制度改革方案，制定科学的岗位考核体系。本轮事业单位改革，是建国以来首次关于用人机制观念上的变革，由身份管理向岗位管理转变。收入分配制度改革方案随岗位聘任到位全面落实，国家基本工资和校内绩效工资全部按所聘岗位兑现。配合岗位聘任制度，根据不同学科专业的特点，采取分类指导的原则，各单位均制定了本单位量化考核指标体系。岗位考核将坚持年度考核与聘期考核相结合的原则，考核结果将作为岗位聘任的重要参考指标。

2. 开拓思路，扎实做好人才工作和师资队伍建设。开辟人才培养与选拔特区，5名青年教师破格聘任教授四级岗位。加大人才引进的海内外宣传力度，力争高水平人才引进实现新的突破。接收近50名毕业生充实到师资队伍中，新进教师质量进一步提高。全面实施中青年教师培养计划，并作进一步的调整，加大教学第一线教师的培养力度，增加本科精品课程教师培训计划，同时计划扩大青年教师出国研修培养的资助范围。

（六）强化过程管理和目标管理，科技创新和基地建设良性发展

1. 加强科研工作过程管理和目标管理。重大科研计划项目申的取得新突破，包括35个国家科技计划项目、163个国家自然科学基金项目在内的各类申报项目共计379个。目前已签合同项目经费2500万元，纵向科研经费已到位3200

万元，横向科研经费已到位506万元。获得授权发明专利6项。今年推荐的国家科学技术奖正在公示中。《中华大典·林业典》普查工作顺利完成，获得上级好评。

2. 加强科研平台和基地建设。完成了林木育种国家工程实验室的申报、答辩、论证、考察和各种手续的备案工作，目前待国家发改委的正式批复后进行立项建设。完成了木材料科学与应用教育部重点实验室可行性论证，并获教育部批准进行立项建设。组织和协调专家组对山西吉县国家野外生态定位观测站的实地考察。新申报2个野外生态定位观测国家台站。完成了720万元仪器设备采购任务，加强了对仪器设备采购计划的管理，控制仪器设备的重复购置，努力实现仪器设备资源的合理布局和大型仪器设备的资源共享。

（七）稳步推进管理改革，做好基本建设，激发办学活力

1. 稳步推进各项管理改革。进一步推进校务公开工作，落实行政主体到位。完成了《北京林业大学校务公开目录》的编制。数字校园二期建设稳步推进，办公效率显著提高，网络服务类型多样，网络安全程度有效加强。资产经营公司运转良好，初步达到了学校与企业双赢的目标，北林科技等重点企业积极拓宽延伸业务范围，绩效提高显著。总务工作扎实开展，确保学校正常运转，本着"保障使用、有效节约"的原则加强节能工作，取得显著效果。积极应对物价上涨，确保伙食价格、质量和数量的三不变，高质量完成全校师生的后勤服务工作。

2. 积极开展基本建设工作。完成了苗圃教工住宅项目管理单位的招标、住宅设计方案竞赛、确定设计招标代理等工作。确定了标本馆布展工程的设计方案和科技实验楼的改造方案。完成了由国管局全额拨款的迎奥运环境整治建筑物外立面清洗粉饰工作，粉刷面积达1.7万平方米。

3. 积极筹措资金，严格财务管理。上半年争取到专项修购资金2500万元。加强收费管理，较好地解决了学生欠费问题。配合国家审计署圆满完成了对我校2007年财务收支情况的审计工作。希望大家积极做好厉行节约，为学校发展提供更好的资金支持。

（八）以重大事件为契机，强化大学生思想政治教育

1. 加强学生教育管理，做好学生资助工作。以雨雪冰冻、3·14拉萨骚乱事件、海外火炬传递受阻以及抗震救灾为契机，在学生中深入开展理想信念教育、爱国主义教育、公民道德教育，加强心理危机预防和干预工作，着重提高学生思想道德素质。以学风建设为重点，扎实做好学生日常管理、服务工作。强化辅导员、班主任队伍建设，提高学生管理队伍素质。完善学生资助工作格局，做好受雨雪冰冻和地震灾害家庭经济困难学生的资助工作。

2. 深入开展奥运志愿服务、绿色长征等主题活动，全方位育人成效显著。顺利完成志愿者招募工作，全校共招募各类志愿者2709人，还将负责四川、河南、港、澳、台、侨、外代表性群体志愿者约240人的接待工作。在积极做好培训工作的基础上，组织参加了"好运北京"系列体育赛事，通过主题教育实践活动，营造了奥运志愿服务良好氛围，并制定了奥运成果转化工作方案。召开了2008年北林共青团工作会，基本完成了学院团总支改制分团委工作，加强了基层团组织建设。主办了"微笑北京，绿色长征"首都大学生第十二届"绿桥"暨全国青少年绿色长征接力活动。

（九）坚持统筹兼顾，高质量完成其他各项工作，促进协调发展

1. 对外积极开拓，提高国际交流与合作层次。第23届国际杨树大会筹备工作按计划顺利进行。积极筹办2008年林业教育国际研讨会。圆满完成"森林资源与可持续经营管理"官员研修班，共有来自45国家和地区的77名官员参加，规模为历届之最。本学期共招收留学生36名，精心安排好留学生的学习和生活。全校有11名学生成功申请了公派研究生项目，9名学生通过校际交流派出，接受1名日本校际交流学生。

2. 积极扩大校友会工作影响。完成了4万余条校友信息核对工作。上半年教育基金会共筹集资金170多万元，发放各类奖助学金58万余元，资助学生372人。

3. 其他各项工作取得显著成效。成人教育在教育部取消直属高校脱产形式招生的情况下，

保持了4100人的招生计划，开办远程教育工作顺利进行。期刊工作质量继续提高，完成了我校主办的3种刊物新一届编委会的组建工作。继续加强电子图书资源和特色数据库建设。林场建设加快，圆满完成2007至2008年度森林防火工作。

总之，在校党委、校行政的正确领导下，通过全校各职能部门、各学院的共同努力，我们圆满完成了2008年上半年的各项重点工作，为全面完成年初制定的2008年学校工作要点打下了良好的基础。

二、2008年下半年重点工作部署

今年下半年要在上半年工作成绩的基础上，按照年初所制定的党政工作要点，继续围绕"深化改革、发展学术、突出特色、提高质量"的主线，抓改革、谋创新、争学术、促发展，重点做好以下几个方面的主要工作：

（一）党建和思想政治工作

1. 按照上级部署，深入开展学习实践科学发展观活动。要以此为契机，进一步解放思想，用科学发展观武装全体党员和全校师生员工的头脑，统领学校改革发展全局。广泛开展纪念改革开放30周年主题教育活动。

2. 进一步加强干部队伍建设。完善人事聘任制实施后干部队伍的管理，切实做好干部考核工作。配齐配强各级干部，认真开展干部培养教育，加强后备干部队伍建设工作。

3. 进一步落实和强化大宣传格局的建设，健全相关制度，不断加强宣传和新闻工作，为中心工作的开展营造良好的校园舆论氛围。

4. 切实巩固党建评估的成果，进一步加强分党委(党总支)建设，抓好学院党政管理机制运行，促进学院管理创新。以社会主义新农村建设为切入点，进一步加强教工和学生党支部建设，强化基层党组织的服务功能。

5. 坚持突出特色，强化学术氛围，进一步加强大学文化建设。做好奥运精神遗产的总结与传承工作。

6. 加强反腐倡廉工作。认真贯彻执行党的纪律和惩防体系制度，加强重点部位和重点环节的监督管理，开展执行党风廉政建设责任制和校务公开落实情况检查。完善审计规章制度体系，实行基本建设的跟踪审计。

7. 以推进民主办校、建设和谐北林为目标，进一步做好工会、离退休和统战工作。组织教代会执委开展教研室工作巡视。凝聚各方力量，进一步加强的师德建设。以老教授协会和关心下一代工作委员会建设为抓手，做好离退休工作。

8. 以高度的政治责任感，进一步加大安全保卫工作力度，确保学校改革发展稳定。

（二）本科教育教学和教学改革

1. 进一步加强教育部、北京市"质量工程"建设项目的管理，细化建设方案，加大建设力度，进行阶段评估，争取出高水平的教学改革成果。

2. 深入推动学校"三精一名"工程建设，加强专业建设，进一步明确各专业的人才培养目标，落实相应的培养措施。

3. 深入调研教学改革工作，总结经验，提出具体改进方案。进一步整合教学改革特色项目，备战北京市和国家教学成果奖评审。

4. 做好承担的国家"十一五"规划教材项目的管理工作，开展2008年校级教材立项的评审工作，确立10~15种教材建设项目。参加北京市、国家级精品教材评审。

5. 按照教育教学规律，完善"梁希实验班"管理制度和培养方案，推进研究型教学的试点，发挥其辐射作用。

6. 加强教学管理，进行严格的教学质量控制。切实抓好学科教研组的整合工作，突出团队作用，做好青年教师的培养使用工作。

7. 进一步加强实践教学工作。规范教学实习内容，分层次建设好教学实习基地。制定实验成绩评价指标，加强实践教学管理。

（三）研究生教育

1. 继续完善北京林业大学研究生培养机制改革方案，制定公费医疗方案、奖助金评选方案和"三助"管理办法，全面推动奖学金制和导师资助制的顺利落实。完善研究生选拔政策，进一步吸引本校优秀生源报考研究生。

2. 继续推动研究生教育创新，提升培养质量。立项建设50门左右的研究生课程改革项目，启动10门左右的精品研究生课程建设项目，做好北京市产学研项目的实施。完善研究生就读期间发表高水平论文的制度要求，探索研究生教育淘汰制，确保研究生培养质量。

（四）学科建设和"211工程"

1. 扎实做好"211工程"三期的实施工作，编制完成有关项目的可行性研究报告，进一步凝炼学科方向，强化学术能力建设，真正把"211工程"的经费用好，用出效益。

2. 完成优势学科平台项目建设方案的制定，继续推动工作开展。

3. 统筹各个方面的力量，进一步做好各级各类重点学科建设，提升学科的创新能力。开展学科建设情况中期检查评估。

（五）科学研究和科技创新平台建设

1. 做好各类科研计划项目的申报，争取更多的科技资源。主动适应国家需求，加强科技支撑，提高学校对国家重大战略的服务能力。继续深入做好雨雪冰冻灾害和汶川地震灾后重建的科技支撑后续工作。

2. 加强科研项目的目标管理和过程管理。开展国家科技计划课题中期评估，完成"九五""十五"承担国家林业局重点项目的清查、验收，完成"948引进项目"会议验收和2006年立项项目中期评估工作。做好科技奖项的申报。

3. 执行《北京林业大学关于校院科研管理有关规定》，制定鼓励科技产出（SCI论文、专著、专利、科技奖励）的激励约束机制，促进高水平科技成果产出。

4. 积极推动重点实验室等科研平台的实体化建设。按照国家级—省部级—校级—院级四个层次，编制学校实验室建设规划，落实科研编制、平台运行经费和管理机制，健全组织，搭建有显示度的科技平台。做好国家花卉工程技术研究中心和水土保持与荒漠化教育部重点实验室的验收工作，以及林木育种国家工程实验室和宁夏盐池生态定位观测站的立项建设工作。加强与地方和企业的合作，建设长期科研基地。

5. 加强科研楼的使用管理。通过资源整合和管理机制创新，完善实验室人员建设计划，搭建科研楼一层的科技创新公共服务平台。

6. 凝炼国家重点实验室的组建方向，提出具体的建设设想，加快工作进度，力争在国家重点实验室申报上取得突破。

7. 基本完成《中华大典·林业典》的编撰工作。办好生态文明研究中心。

（六）人才工作和人事制度改革

1. 拓宽视野，加大力度，切实做好长江学者、梁希学者等高层次领军人才的招聘力度。

2. 对于优秀拔尖人才，制定专门培养计划，实施定向培养。贯彻实施中青年教师培养方案，加强中青年教师的培养工作。

3. 细化考核指标，完善人事考核机制，严格按照岗位责任制，出台团队性工作的考核政策，要求做好人事制度改革后的个人岗位和团队业绩考核工作。根据考核情况，启动首轮聘任后的第一次空岗补聘工作。

4. 进一步完善各教学科研单位新的绩效工资分配方案。

（七）大学生思想政治教育和学生管理

1. 落实中央 16 号文件精神，加强大学生思想政治教育。根据上级要求，开展主题教育活动。

2. 做好招生就业工作。不断健全招生宣传服务体系，建立优质生源基地。召开就业工作会议，发动全员就业，健全就业指导、服务体系建设，及早抓好 2009 年的毕业生就业工作。

3. 认真做好 2008 级新生的入学迎新工作。以学风建设、家庭经济困难经济资助、学生公寓管理和公寓文化建设为重点，做好学生管理服务工作。进一步加强辅导员队伍和心理咨询队伍建设。

4. 切实做好共青团工作。做好奥运会志愿者工作成果的转化工作。制定学校绿色文化建设发展规划。迎接国家大学生文化素质教育基地中期验收。继续打造绿色校园文化品牌。

（八）管理改革和管理工作

1. 进一步完善财务管理制度，拓展资金渠道，确保财务安全。

2. 深化校院二级管理改革。在校院合理分权的基础上，下放管理资源，鼓励有条件的学院探索行政组织和学术组织创新，促进学院创新发展。

3. 实施校务公开目录，推进院务二级公开。

4. 正式推行办公自动化（OA）系统，实行网上公文流转和办公自动化。

5. 继续确保伙食价格、质量和数量的三不变，高质量完成全校师生的后勤服务工作。

6. 加强产业工作，迎接教育部产业规范化进校检查。

7. 扎实开展总务工作，做好节能减排，确保学校正常运转。

（九）基本建设和校园环境整治工作

1. 全力以赴推进苗圃教工住宅的前期手续办理，争取完成设计、规划、施工等报审工作，力争尽快开工建设。

2. 积极争取上级部门对我校学研大厦的立项支持。继续推动校园周边的征地工作。

3. 加快推进标本馆布展和入驻工作。

4. 系统设计校园环境综合整治规划，分步骤对交通、通讯、照明、标识、安全、绿化美化、违章临时建筑拆除等校园环境进行整治，力争使校园环境明显改善。

5. 进一步做好沧州教学科研基地的规划和利用。

（十）国际合作及其他工作

1. 认真筹备，全力办好国际杨树大会和国际林业高等教育论坛两个国际会议。

2. 继续加强电子图书资源和特色数据库建设。做好信息网络安全工作。

3. 加快林场建设。以服务教学科研为重点，完成林场总体规划，发挥林场对教学科研的支撑作用。

4. 强化继续教育，与合作方积极推动远程教育工作。

同志们，下半年的工作任务非常明确，关键在于落实。希望大家根据学校的工作思路，认真规划，创造性的工作，为圆满完成各项任务，为早日实现学校的长远目标而努力奋斗！

谢谢大家！

改革创新 团结奋进 加快推进高水平多科性研究型大学建设

——校长尹伟伦在第五届教代会、
第十三届工代会第四次会议上的工作报告

2008 年 4 月 11 日

各位代表、同志们：

现在，我代表学校向大会作校长工作报告，请代表们讨论和审议。

一、过去一年工作简要回顾

2007 年，学校深入学习贯彻党的十七大精神，以科学发展观统揽全局，强化质量建设，努力打造特色，学校保持良好的发展势头，简要总结如下：

（一）党建评估获得北京市党建达标验收优秀，党建工作再上新台阶

多途径深入贯彻十七大精神，掀起了学习十七大精神的热潮。通过党建评估，促进党建工作规范化建设，实现了"以评促建、以评促改、建立长效机制"的目标，受到专家组高度评价，获得优秀称号。完成党总支改制工作，基层党组织建设得到加强。加强大学文化建设，学校获首都文明单位标兵称号。强化党风廉政建设，完成惩防体系制度建设。统战、离退休、安全保卫有序开展。学生五大服务体系建设稳步推进，开展奥运志愿服务、绿色长征等主题活动，全方位育人成效显著。

（二）全校统筹，加强重点学科建设，新一轮国家重点学科申报成果丰硕

学校积极整合学科资源，全力做好国家重点学科的评估和申报工作，林学一级学科成为国家一级重点学科，国家重点学科增至 9 个，林业经济管理被列为国家重点培育学科，继续保持林学学科优势。经学校上下多方努力，主动争取教育部的支持，平台建设有望列入教育部新的计划。

（三）全面启动质量工程，教育教学工作取得新进展

本科教育积极争取质量工程项目，取得教育部第一类特色专业建设点 6 个、第二类特色专业建设点 3 个，共获建设经费 360 万。"梁希实验班"入选国家级人才培养模式创新实验区。新

增两门国家精品课程、1 个国家级优秀教学团队、3 门北京市精品课程、4 种北京市精品教材、1 名北京市教学名师、2 个北京市优秀教学团队，新建两个北京市实验教学示范中心。推行梁希实验班教学改革，探索个性化的精英型人才培养模式；新成立环境学院，拓展办学空间；成立自然保护区学院董事会，加快学院的发展步伐；高质量通过外语专业本科教学评估；本科学生获得各类竞赛 70 余项奖励。研究生教育方面，再获 1 篇全国百篇优秀博士论文；1 篇论文获"首届全国农业推广硕士优秀学位论文奖"；新增 1 个博士后流动站。招生就业工作稳中有升，本科一志愿率 95.05%，本科毕业生就业率达 95.53%。

（四）狠抓科研目标和过程管理，科研创新和基地建设取得新进展

召开科技工作会议，落实科研工作目标责任制，规范管理；全年新签纵向合同项目 136 项，科研总经费 6620 万元；共获各类科技奖励 19 项，其中国家科技进步二等奖，高校科技奖自然科学奖一等奖、发明奖二等奖各 1 项；林业生物质材料与能源教育部工程研究中心得到批准，新增木材科学与工程实验室教育部重点实验室；重点实验室进驻工作有序开展，科学实验楼已经开始运转使用；成立生态文明研究中心，《中华大典·林业典》编撰进展顺利。

（五）加强人才工作，师资队伍建设取得新进展

学校汇聚优秀拔尖人才，引进了包括杰出青年基金获得者在内的一批学科带头人，直接带动相关学院和学科的发展。全年共接收 65 名毕业生充实到师资队伍中。全面启动中青年教师人才培养计划 6 个子项目，为教师个性化发展提供支持。加强师德建设，开展了师德建设大讨论和师德征文活动，评选表彰 13 名首届"青年科技之星"。1 名教师获全国模范教师称号和全国高校优秀思想政治理论课教师称号，两名教师荣获宝

钢优秀教师奖，3 名教师分获北京高校青年教师教学基本功比赛一、二、三等奖。

（六）以人事制度改革为突破口，管理改革取得新进展

学校按照人事部、教育部《关于高等学校岗位设置管理指导意见》和《教育部直属高等学校岗位设置管理暂行办法》，广泛发动民主，科学制定方案，经教育部审批后，实施人事聘任制改革，完成了工资套改、岗位设置管理和人员聘用工作，有效激发教职员工活力。产业规范化建设稳步推进，成立资产经营管理公司，骨干企业步入良性发展；调整学校学术委员会，充分发挥教授治学的作用；完成了全校范围的固定资产清查，摸清了学校范围内的资产情况。拓展资金筹措渠道，全年争取各种收入 40 862 万元。通过严格预算管理，经费使用效益不断提高。

（七）加快基建工作进度，办学资源整合实现新进展

科学实验楼和大学生活动中心通过验收，办理移交手续，标本馆基建工程完工。新一轮的办学资源调配有序进行。争取到国家投入 2000 多万元，完成了苗圃锅炉房煤改气工程。

（八）坚持民主办学，学校民主政治建设取得新进展

校务公开连获"全国厂务公开民主管理先进单位"、"全国政务公开工作先进单位"两项殊荣。召开了第五届教代会、第十三届工代会第三次会议，讨论人事聘任制度改革方案，听取产业规范化建设汇报，保证了教职工参与民主办学。

各位代表，2007 年学校发展取得了较大的成绩。这里面凝聚了全体教职员工的心血。在此我代表学校党政对大家的付出表示由衷的感谢！

在总结成绩的同时，我们也清醒地认识到，学校在现实工作中还存在很多薄弱环节，其中特别突出的有：教育思想观念还有待于进一步解放；高层次拔尖人才引进、培养需要进一步加大力度；管理改革亟待深化，资源的有效整合和优化配置有待进一步加强。这些都需要我们高度重视并采取有效措施认真加以解决。

二、坚持改革创新，凝聚全校合力，加快推进高水平多科性研究型大学建设

党的十七大将教育放在社会建设五有目标和改善民生六大任务之首，强调"优先发展教育，建设人力资源强国"。这一战略部署要求高等教育将提高质量放在首位，努力为建设高等教育强国作贡献。

为此，学校将 2008 年确定为"改革深化年"和"学术发展年"。我们要用十七大精神全面审视学校，围绕高水平研究型大学的目标和提高办学质量的主题进行再思考、再规划，科学谋划学校发展，凝聚全校师生员工智慧，群策群力，加快推进高水平研究型大学建设。今年要着力做好以下几方面的工作，促进学校事业又好又快发展。

（一）以提升质量为核心，全面推进本科教学质量工程和研究生教育创新

提高教学质量是永恒的主题。今年本科教育要继续做好"质量工程"建设项目的申报和建设，加大已有项目的建设力度，提高项目建设质量，形成特色。

要进一步深化教学改革，促进教育创新。完成人才培养方案修改和教学大纲编写，加强"梁希实验班"管理，进一步调整专业布局，开展新一轮专业评估。加强课程、教材、实验室和教学实习基地建设。加强本科教学管理的创新。强化教研组功能，规范教研组的教学研究活动。要加大自然保护区学院、环境学院等新建学院的扶持与建设，促进其健康发展。

要继续推进研究生教育创新。认真做好研究生培养机制改革工作。完善科学研究为主导的导师负责制，加强研究生的教学管理，修订研究生课程体系设置，完善研究生培养方案，提升研究生培养质量。

（二）以学科建设为龙头，科学谋划"211 工程"三期和国家优势学科创新平台建设，全面加强学科建设

学科建设是发展学术的重要工作之一。今年要做好"211 工程"三期启动的规划、项目可行性论证和评审工作，争取国家投入上有新的增长。要继续加大工作力度，全力争取优势学科创新平台立项。

要苦练内功，扎实开展学科建设工作。认真落实国家重点学科建设规划，加强国家重点学科建设。统筹各级各类学科的建设，加大建设投入力度，推进学科资源整合和结构优化。特别是要落实学科建设责任制，进一步完善学科建设、管

理、评估机制。

（三）以发展学术为目标，加强科技管理，狠抓科技成果产出，增强科技创新能力

科研工作要重点抓好项目申报、成果产出、平台建设、学术组织建设、科技推广五个方面的工作，提升科技创新能力。

项目申报要继续加强组织、挖掘潜力、提前部署，加大"863"重大重点项目、国家自然科学基金重大、重点课题申报的组织协调力度，争取更多的科技资源。

科技产出要认真执行校院科研管理的有关规定，落实学院科研责任制，加强各类在研科研项目的过程管理、结题项目的验收与成果申报工作，促进成果产出。

抓好一院多中心、一院多所的学术组织建设，加强生态文明研究中心的建设，促进多学科的交叉融合。

科技创新平台建设要进一步做好大型仪器设备资源的整合和共享，全力打造科学实验楼公共研究平台。同时要重点做好工程中心、重点实验室的评估验收工作。

加强学校科技成果推广转化体系建设，建立促进科技成果推广转化机制，主动面向市场、适应行业需求，推进实用新技术的推广和转化。

（四）完善人事制度改革，落实人才强校战略，进一步汇聚高水平拔尖人才

今年，要进一步深化改革，巩固改革成果。要加强配套政策的制定和完善，加大岗位责任制的执行力度，强化考核评估，使教师有职有责，形成强有力的激励约束机制，激发教职员工的工作积极性，创造良好的工作氛围。

要加大人才强校战略的实施力度。继续实施"梁希学者"特聘教授计划，推进高层次人才引进工作。要以促进拔尖人才培养和优秀创新团队培养为重点，加强中青年教师培养。

（五）深化管理改革，提升管理水平，激发办学活力

建设现代大学管理体系，是我们面临的重要问题。今年要推进校院二级管理，向管理改革要效益。要以财务和人事管理为重点，分步稳妥推进二级管理改革，下沉管理重心，扩大学院自主权，激发学院工作活力。要完善制度体系，加强依法治校工作。要加强学校各项管理制度的

完善，规范管理工作。

要加强学校管理，推行科学管理。财务管理要开源节流，多渠道筹措办学经费，强化预算的执行力度，提高经费使用效益。提高管理效率方面要精简会议、压缩文件，加强数字校园和信息化建设，全面推进办公自动化建设。设备管理要根据固定资产清查情况，进一步加强对固定资产的规范管理。加大对仪器设备采购和管理的力度，扩大公开招标采购仪器设备的范围。校办产业管理要完善资产经营公司内部建设，加强重点企业管理，逐步提高北林科技的经营效益。总务后勤工作要加大基础设施改造力度，开展节水、节电和节能活动。规范后勤管理，稳定食堂餐饮价格，确保饮食卫生安全。

（六）扎实推进基本建设，优化资源配置，切实改善办学条件

基础设施建设是学校发展的重要保证。今年要尽快收尾在建工程，完成标本馆布展工程的设计和施工，继续完善科学实验楼的水电改造工作。同时，要做好学研大厦、学校苗圃住宅建设等新建项目的前期准备，加紧报批。稳步推进学校东侧土地的征用工作。还要积极开拓学校发展的新空间，推进教学实习林场的整体规划，加强沧州临港教学实习基地的规划建设。

要加大办公用房的调整力度，充分发挥新增资源的作用，向教学科研一线倾斜，尽可能改善各单位办公用房不足状况。

（七）注重改善民生，全心全意依靠教职员工，努力构建和谐校园

学校的发展要全心全意依靠全体教职员工。今年在做好各项重点工作的同时，学校将认真办几件与师生员工利益密切相关的实事，努力解决事关广大师生员工切身利益问题，将继续加强民主政治建设，编制学校校务公开目录，进一步深化校务公开，推进和谐北林建设。

学校将继续完善、发展民主办学的管理体制和运行机制，充分发挥工会组织党联系群众的桥梁和纽带作用，充分发挥工会、教代会民主参与、民主管理、民主监督的作用，为构建和谐校园、促进学校发展贡献力量。

（八）以解放思想为主线，贯彻落实十七大精神，全面加强党建和思想政治工作

加强党的建设，是学校发展的政治保证。今

年，我们要继续将学习十七大精神作为全年政治任务，用十七大精神武装全校师生员工头脑、指导实践、推动工作。

要加强干部和基层党建工作。组织全校处级干部开展学习十七大精神轮训，落实新一轮大规模培训干部任务。进一步规范基层党组织建设工作。加强党员的经常性教育和管理。加强宣传新闻工作，推进大学文化建设。完善惩治和预防腐败体系，加强党风廉政建设。

深入贯彻落中央16号文件精神，加强大学生思想政治教育工作。做好招生就业工作。争取本科生录取第一志愿率达到90%以上、就业率保持在90%以上。

切实加强安全保卫工作和平安奥运工作，全力保障学校安全稳定。统战、工会、离退休工作，也要按照校党委的统一部署，围绕构建和谐校园这一任务，突出工作重点，加大工作力度。

此外，今年还要重点筹备国际杨树大会、世界林业校（院）长论坛，提高学校国际知名度；通过加快远程教育的筹备进度，力争实现远程教育招生；重点组织、精心筹备，高质量办好首都高校第46届田径运动会。

各位代表、同志们，2008年是学校发展的关键一年，处在新起点就要有新思路，面临新机遇就要有新举措。让我们始终保持朝气蓬勃、奋发向上、求真务实的精神状态，抓住机遇，开拓创新，积极拼搏，同心同德，扎实苦干，确保学校持续健康快速发展，为把我校建设成为国际知名、国内高水平的多科性、研究型大学而努力奋斗！

（重要讲话由党政办供稿）

机构与队伍

党群行政机构

学校党群机构
    北京林业大学党政办公室
    中共北京林业大学委员会组织部
    中共北京林业大学委员会党校
    中共北京林业大学委员会宣传部
    中共北京林业大学委员会统战部
    中共北京林业大学纪律检查委员会
    中共北京林业大学机关委员会
    中共北京林业大学委员会保卫部
    中共北京林业大学委员会学生工作部
    中共北京林业大学委员会武装部
    中共北京林业大学委员会研究生工作部
    中国教育工会北京林业大学委员会
    共青团北京林业大学委员会

学校行政机构
    党政办公室
    发展规划处
    研究生院
    教务处
    科技处
    人事处
    学生处
    招生就业处
    计划财务处
    基建房产处
    国际交流与合作处
    总务与产业管理处
    实验室与设备管理处
    监察处
    审计处
    新闻办公室
    保卫处
    离退休工作处

学院机构
    林学院
    园林学院
    水土保持学院
    经济管理学院
    工学院
    材料科学与技术学院
    生物科学与技术学院
    信息学院
    人文社会科学学院
    外语学院
    理学院
    自然保护区学院
    环境科学与工程学院
    继续教育学院
    体育教学部

教学辅助、附属、挂靠单位及产业机构
    实验林场
    图书馆
    信息中心
    校医院
    校友会
    期刊编辑部
    高教研究室
    后勤服务总公司
    北京林大资产经营有限公司
    北京林大林业科技股份有限公司
    北京林业大学社区居委会
    北京林业大学人口与计划生育办公室
    林大附小
    中国林业教育学会
    中国水土保持学会
    中国防治荒漠化培训中心
    国家林业局自然保护区研究中心

（人事处供稿）

学校重要委员会和领导小组

北京林业大学保密工作委员会

主　任：吴　斌

副主任：尹伟伦　陈天全　姜恩来　方国良
　　　　张启翔

成　员：邹国辉　管凤仙　王玉杰　全　海
　　　　杨宏伟　李铁铮　张爱国　马履一
　　　　韩海荣　张志强　任　强　于吉顺
　　　　郑晓清　黄中莉　赵相华　李东才
　　　　阎锦敏　王　勇　李颂华　张　勇
　　　　庞有祝　沈秀萍　陈建成　周伯玲
　　　　于文华　杨永福　刘宏文　高孟宁
　　　　万国良　于翠霞　魏　莹　王艳青
　　　　张劲松

学校保密委员会下设办公室，办公室设在党政办公室。

主　任：邹国辉

副主任：管凤仙

成　员：田　阳　汪海洋　吴丽娟　张月桂
　　　　袁东辉　沈　芳　李耀鹏　甄同爱

北京林业大学财经工作领导小组

组　长：吴　斌

副组长：尹伟伦

成　员：陈天全　宋维明　姜恩来　方国良
　　　　张卫民　姜金璞　王自力　刘　诚
　　　　全　海

办公室主任：刘　诚

办公室设在财务处。

北京林业大学第六届校学术委员会

顾　问：关君蔚　沈国舫　陈俊愉　孟兆祯

主　任：尹伟伦

副主任：张启翔　宋维明

委　员：马履一　尹伟伦　王向荣　史宝辉
　　　　刘俊昌　孙德智　严　耕　余新晓
　　　　宋维明　张文杰　张启翔　张志毅
　　　　李俊清　郑小贤　侯小龙　俞国胜
　　　　赵广杰　骆有庆　黄心渊　蒋湘宁
　　　　韩海荣

秘　书：侯小龙

秘书处设在科技处。

北京林业大学"211工程"三期建设项目领导小组

组　长：吴　斌　尹伟伦

副组长：张启翔

成　员：钱　军　宋维明　姜恩来　张卫民
　　　　邹国辉　韩海荣　马履一　侯小龙
　　　　石彦君　全　海　刘　诚　高双林

北京林业大学人才工作领导小组

组　长：吴　斌

副组长：尹伟伦

成　员：周　景　宋维明　姜恩来　方国良
　　　　张启翔

办公室主任：全　海

办公室副主任：王玉杰

办公室成员：韩海荣　马履一　侯小龙
　　　　　　杨宏伟　刘　诚　姜金璞

办公室设在人事处。

北京林业大学学科建设领导小组

组　长：尹伟伦

副组长：吴　斌　宋维明

成　员：张启翔　张卫民　马履一　邹国辉
　　　　全　海　侯小龙　刘　诚　骆有庆
　　　　余新晓　张志翔　赵广杰　刘俊昌
　　　　李　雄

领导小组下设学科建设办公室，挂靠在发展规划处。

办公室主任：张卫民

副主任：孙玉军　高双林　贾黎明

北京林业大学产业规范化建设领导小组

组　长：尹伟伦　吴　斌

副组长：陈天全　张卫民

办公室主任：王自力

办公室副主任：姜金璞　刘　诚

办公室成员：杨宏伟　蔡　飞　王小军

陈　欣　李亚军　向文生

办公室设在总务产业处。

北京林业大学大宗采购招标管理小组

组　长：尹伟伦

副组长：陈天全　姜恩来　方国良　张启翔

成　员：张卫民　邹国辉　姜金璞　王自力

　　　　石彦君　刘　诚　张爱国　杨宏伟

　　　　刘金霞

北京林业大学贯彻落实党风廉政建设责任制领导小组

组　长：吴　斌

副组长：方国良　周　景

组　员：邹国辉　王玉杰　全　海　李铁铮

　　　　张爱国　杨宏伟　郑晓清　陈建成

　　　　周伯玲　张　勇　张劲松　沈秀萍

　　　　庞有祝　高孟宁　刘宏文　严　耕

　　　　万国良　于文华　魏　莹　齐秀生

　　　　赵相华　刘金霞

北京林业大学校务公开领导小组

组　长：吴　斌

副组长：尹伟伦　陈天全　周　景　姜恩来

　　　　方国良

成　员：邹国辉　王玉杰　全　海　张爱国

　　　　朱逸民

北京林业大学校务公开委员会

主　任：尹伟伦

副主任：陈天全　方国良　周　景

成　员：邹国辉　张卫民　王玉杰　李铁铮

　　　　郑晓清　管凤仙　全　海　刘　诚

　　　　姜金璞　石彦君　王自力　韩海荣

　　　　侯小龙　马履一　张志强　任　强

　　　　张　闯　朱逸民　黄中莉　田　阳

　　　　李颂华

校务公开工作委员会办公室设在党政办公室。

办公室主任：邹国辉（兼）

副主任：朱逸民（兼）

北京林业大学校务公开监督委员会

主　任：方国良

副主任：张爱国　张绍文

成　员：杨宏伟　陈建成　沈秀萍　张　勇

　　　　于吉顺　杨永福　田海平

校务公开监督委员会办公室设在纪委、监察处。

北京林业大学房屋管理委员会

主　任：陈天全

副主任：周　景　方国良

成　员：张卫民　邹国辉　王玉杰　全　海

　　　　姜金璞　杨宏伟　王自力　刘　诚

　　　　朱逸民　宋太增　张志毅　张　岩

　　　　张绍文　李亚军

办公室成员：李亚军　柴　宁

北京林业大学加强和改进大学生思想政治教育领导小组

组　长：吴　斌

副组长：尹伟伦　周　景　宋维明　姜恩来

成　员：邹国辉　王玉杰　李铁铮　董金宝

　　　　全　海　韩海荣　管凤仙　宋太增

　　　　于翠霞　严　耕　孙信丽　任　强

　　　　张　闯　于吉顺

办公室设在党政办公室。

北京林业大学信访工作领导小组

组　长：吴　斌　尹伟伦

副组长：陈天全　方国良　周　景　姜恩来

　　　　宋维明

成　员：邹国辉　张爱国　杨宏伟　王玉杰

　　　　李铁铮　黄中莉　张卫民　郑晓清

　　　　管凤仙　全　海　刘　诚　王自力

　　　　姜金璞　侯小龙　韩海荣　马履一

　　　　张志强　任　强　张　闯　于吉顺

　　　　朱逸民　宋太增　李发顺　贺　刚

　　　　李颂华

信访工作办公室设在党政办公室。

主　任：邹国辉

副主任：张爱国　汪海洋

北京林业大学离退休工作领导小组

组　长：吴　斌

副组长：周　景　陈天全　方国良

成　员：邹国辉　王玉杰　全　海　刘　诚

李铁铮　姜金璞　王自力　贺　刚
朱逸民　齐秀生　宋太增　曹怀香
王友琴　刘家骐　贺庆棠

北京林业大学民族宗教工作领导小组

组　长：方国良

副组长：姜恩来

成　员：王玉杰　李铁铮　黄中莉　管凤仙
　　　　张志强　韩海荣　任　强　孙信丽
　　　　赵相华　于吉顺

领导小组办公室设在党委统战部，具体负责日常工作。

办公室主任：黄中莉（兼）

办公室副主任：管凤仙（兼）

北京林业大学人口与计划生育委员会

主　任：陈天全

副主任：邹国辉　王玉杰　全　海　郑晓清

成　员：沈秀萍　于文华　周伯玲
　　　　陈建成　管凤仙　张爱国　李铁铮
　　　　王自力　张劲松　赵相华　任　强
　　　　孙信丽　贺　刚　胡　建

人口与计划生育委员会设办公室。

办公室主任：胡　建

北京林业大学体育运动委员会

主　任：尹伟伦

副主任：姜恩来　周　景　钱　军　宋维明
　　　　李东才

委　员：邹国辉　韩海荣　李铁铮　朱逸民
　　　　管凤仙　孙承文　张　闯　任　强
　　　　于吉顺　孙信丽　贺　刚　王艳青
　　　　魏　莹　李成茂　赵俊石　赵海燕
　　　　苏　静　刘祥辉　李庆卫　任忠诚
　　　　倪潇潇　王艳洁　黄国华　宋吉红
　　　　田　丰　陈　东　校学生会主席
　　　　校研究生会主席

办公室主任：陈　东

北京林业大学治理教育乱收费领导小组

领导小组组长：方国良

副组长：宋维明　姜恩来

办公室主任：邹国辉

办公室副主任：刘　诚　张爱国　杨宏伟

成员：李铁铮　韩海荣　马履一　王自力
　　　姜金璞　张　闯　任　强　管凤仙
　　　阎锦敏　赵相华　于志明　李东才
　　　贺　刚　刘金霞　王孝全　钱秀玉

办公室设在监察处，联系人：王孝全

（党政办、人事处供稿）

干部名单

北京林业大学校级领导干部

党委常委，党委书记：吴　斌

党委常委，校长：尹伟伦

党委常委，副校长：陈天全

党委常委，党委副书记：周　景

党委常委，党委副书记，副校长：钱　军
（2008年7月调北京建筑工程学院工作）

党委常委，副校长：宋维明

党委常委，副校长：姜恩来

党委常委，党委副书记兼纪委书记：方国良

党委常委，副校长：张启翔

北京林业大学职能部门、工会、团委负责人

校长助理、发展规划处处长：张卫民

校长助理，总务产业处处长：王自力（2008年6月任校长助理）

校长助理、研究生院常务副院长：马履一（2008年6月任校长助理）

党政办公室主任：邹国辉

党委组织部部长：王玉杰

党校副校长：董金宝

党委宣传部部长兼新闻办公室主任：李铁铮

党委统战部部长：黄中莉

纪委副书记：张爱国

机关党委书记：郑晓清

党委保卫部部长、保卫处处长：管凤仙
党委学工部部长、学生处处长兼武装部长：任　强
研工部部长：孙信丽
教务处处长：韩海荣
科技处处长：侯小龙
人事处处长：全　海
计划财务处处长：刘　诚
招生就业处处长：张　闯
基建房产处处长：姜金璞
实验室与设备管理处处长：石彦君
国际交流与合作处处长：张志强
监察处处长兼审计处处长：杨宏伟
离退休处党委书记：齐秀生
离退休处处长：宋太增
工会常务副主席：朱逸民
团委书记：于吉顺（副处级）（2008年1月9日任职）

北京林业大学学院党政负责人

林学院党委书记：张　勇
林学院院长：骆有庆
园林学院党委书记：沈秀萍
园林学院院长：李　雄
水土保持学院党委书记：庞有祝
水土保持学院院长：余新晓
经济管理学院党委书记：陈建成
经济管理学院院长：刘俊昌
工学院党委书记：于文华
工学院院长：俞国胜
材料科学与技术学院党委书记：杨永福
材料科学与技术学院院长：赵广杰
生物科学与技术学院党委书记：周伯玲
生物科学与技术学院院长：张志翔
信息学院党委书记：刘宏文
信息学院院长：黄心渊
人文社会科学学院党委书记：于翠霞

人文社会科学学院院长：严　耕
外语学院党委书记：万国良
外语学院院长：史宝辉
理学院党委书记：高孟宁
理学院党委常务副书记：韩秋波（2008年10月13日任职）
理学院院长：张文杰
自然保护区学院党总支书记：王艳青
自然保护区学院院长：雷光春
环境科学与工程学院党总支书记：魏　莹
环境科学与工程学院院长：孙德智
继续教育学院党总支书记：张劲松
继续教育学院院长：于志明
体育教学部直属党支部书记兼主任：李东才
体育教学部常务副主任：孙承文

北京林业大学教辅单位负责人

林场场长：王　勇
图书馆馆长：刘　勇
图书馆常务副馆长：阎锦敏
校医院院长：贺　刚
社区居委会主任：李发顺
后勤服务总公司总经理：赵相华
北京林大林业科技股份有限公司董事长：王自力
期刊编辑部主任：颜　帅
校友会秘书长：王立平
信息中心主任：李颂华（副处级）
高教研究室副主任：李　勇（副处级）
人口与计划生育办公室主任：胡　建（副处级）
林大附小校长：钱秀玉（副处级）
中国水土保持学会常务副秘书长：黄　元
中国水土保持学会办公室主任：岳金山
中国林业教育学会常务副秘书长：贾笑微
国家林业局自然保护区研究中心副主任：张燕良（副处级）
（组织部供稿）

教育教学

本科教育

【概　况】　全校本科教学管理工作主要由教务处承担，下设教学运行管理中心、学籍管理与注册中心、考试中心、现代教育管理中心、评估中心、实习实验教学管理中心和教学研究科。

2008年的教学工作思路是：贯彻教育部"扎实推进教学质量与教学改革"的精神，以"质量工程"为依托，以质量建设为核心，以培养学生学习能力、实践能力、创新能力、交流能力和适应能力为重点，注重实践教学和人才培养模式改革，加强教学管理制度的完善，不断提高教育教学质量。

出台配套教学管理文件近100份，制定北林大教学管理制度6项、修订3项。审核并完成教学大纲编制工作，完善梁希实验班各项规章管理制度。

做好课程安排工作。组织安排全校选课工作，修改部分教务系统中选课等相关模块程序，保障教学运行。完成488名学生的推荐免试研究生工作。完成2008届本科毕业生学位授予、毕业离校，2008级本科新生电子注册工作及48名2007级学生转专业工作。组织2008年6月和12月两次全国大学外语四、六级考试及各个学期期末考试工作。

组织参加北京市优秀教学成果奖评选，获得优秀教学成果一等奖2项，二等奖6项。全面总结近年来本科教学改革实践，出版教改论文集2部。

继续实行教学督导制和教学信息员制度。开展期中教学检查和本科生课堂教学效果网上评价工作。抽查2008届本科毕业生毕业论文情况。坚持"动态课堂教学评价"和评价申诉制度，启动"北京林业大学学院本科教学工作状态公布"工作，对各教学单位教学情况、教学效果和教学目标的实现情况进行总结，教学质量监控系统得以进一步完善。

进一步拓展校外实习基地。统筹考虑大学生创新性实验计划、科研训练计划、学科竞赛等项目，建立校院两级大学生科研训练管理体系。

2008年，北林大新增国家级第三批特色专业建设点1个，北京市特色专业建设点7个；国家级教学团队2个，北京市优秀教学团队3个，北京市教学名师2人；国家级精品课程1门，北京市精品课程2门；国家级精品教材2部、北京市精品教材2部，林学会评奖中获奖教材7部；北京市高等学校教育教学改革立项目3个。

学校教务处当选为2008年北京市先进教务处，同时，韩海荣处长被评为北京市普通高等学校优秀教学管理人员。　　　（张　戎　韩海荣）

【专业设置】　新增动画、车辆两个专业。增设物业管理专业，替换原工商管理专业（物业管理方向）。2008年学校共有46个专业（58个专业及专业方向），覆盖了教育部设置的12个学科门类中的7个学科门类（理学、工学、农学、文学、经济学、管理学、法学），其中：工学门类16个专业（20个专业及专业方向），理学门类7个专业，农学门类7个专业（8个专业及专业方向），文学门类4个专业（6个专业及专业方向），经济学门类3个专业（5个专业及专业方向），管理学门类8个专业（11个专业及专业方向），法学门类1个专业。该年招生本科专业及专业方向52个。

北京林业大学2008年专业设置 （续）

学院	专业
林学院	林学 *
	森林资源保护与游憩 *
	草业科学(草坪科学与管理方向) *
	草业科学(中美合作办学项目) *
	地理信息系统 *
园林学院	园林 *
	旅游管理 *
	风景园林 *
	园艺(观赏园艺方向) *
	城市规划 *
水土保持学院	水土保持与荒漠化防治 *
	资源环境与城乡规划管理 *
	土木工程 *
经济管理学院	农林经济管理 *
	工商管理 *
	工商管理(经济信息管理方向) *
	工商管理(物业管理方向) *
	物业管理
	会计学 *
	统计学 *
	统计学(证券投资分析方向)
	统计学(市场调查与分析方向)
	金融学 *
	国际经济与贸易 *
	市场营销 *
	市场营销(电子商务方向) *
	人力资源管理 *
工学院	机械设计制造及其自动化 *
	交通工程(汽车运用工程方向)
	车辆工程 *
	工业设计 *
	自动化 *
	自动化(工业自动化方向)
	电气工程及其自动化 *
材料科学与技术学院	木材科学与工程 *
	木材科学与工程(家具设计与制造方向) *
	包装工程 *
	林产化工 *
	林产化工(制浆造纸工程方向) *
	艺术设计
	艺术设计(装潢艺术设计方向) *
	艺术设计(环境艺术设计方向) *
生物学院	生物技术 *
	生物科学 *
	食品科学与工程 *
信息学院	信息管理与信息系统 *
	计算机科学与技术 *
	数字媒体艺术 *
	动画 *
人文学院	法学 *
	心理学 *
外语学院	英语 *
	日语 *
理学院	电子信息科学与技术 *
	数学与应用数学 *
自然保护区学院	野生动物与自然保护区管理 *
环境科学与工程学院	环境科学 *
	环境工程 *

注：＊为2008年招生专业。

（颜贤斌 张 戎）

【本科教学质量工程】 2008年，将"质量工程"纳入学校教育教学改革的系统工程，遵循"立足实际，着眼长远，以建设促发展"的思路，加大投入力度，拨付本科教学专项建设经费，支持平台项目建设、教学改革配套建设，以及各类学科竞赛和学生科研创新活动，并通过定期组织项目研讨和专家检查，交流建设经验，及时发现问题，提高建设水平，全力保障"质量工程"建设的稳步进行和可持续发展。 （张 戎 韩海荣）

【专业建设】 组织申报教育部、北京市"特色专业建设点"并启动北林大第三期专业建设立项工作。

6月，教育部启动"第三批特色专业建设点"相关工作。北林大生物科学专业获批国家级第三批特色专业建设点。北京市启动特色专业建设点评审工作，北林大林学、园林、农林经济管理、水土保护与荒漠化防治、木材科学与工程、生物科学、风景园林7个专业被确立为北京市特色专业建设点。

组织评选"环境工程专业课程体系与实践教学体系构建"等6个项目为北林大第三期专业建设立项项目。

组织有关国家级特色专业的教师和教学管理人员分批参加高等学校本科特色专业项目建设交流研讨会。 （张　戎　韩海荣）

【教学运行】 制定"北京林业大学考试管理规定"、"北京林业大学关于调课的管理规定"、"北京林业大学关于借用教室的规定"等教学运行管理制度。

2008学年两学期共计安排课程4358门次，受理教学计划调整41门次，调停课997门次，教师补课、学生活动、计划外课程等借用教室约54 600学时。专业选修课793门次，全校选修课223门次，选课达34 739人门次，其中毕业班学生加选低年级课程共471人门次。 （尹大伟　徐迎寿）

【人才培养】 制定《北京林业大学科技创新学分实施办法（试行）》、《北京林业大学名师讲堂实施办法（试行）》审核并完成教学大纲编制工作。依据新版人才培养方案，全面修订教学大纲，重点解决教学内容重复的问题，力争做到一个知识点在所有课程之间只能出现一次，同时把学科前沿的知识补充到课程之中。最终完成54个专业及方向、全校公共选修课的教学大纲编制工作，共涉及1972门课程。 （徐迎寿　韩海荣）

【梁希实验班】 2008年，按照"侧重自学能力的培养和引导，加强文理交叉，拓宽基础"的总体思想，梁希实验班形成文科班和理科班两套创新型人才培养方案，制定与之相配套的教学管理制度，并建立人才培养方案执行跟踪反馈机制，调整成绩折算办法，进行全校选拔。2008年，共有文科学生27人、理科学生35人进入梁希实验班学习。

制定《北京林业大学梁希实验班有关经费计算方案（试行）》，明确计算教师教学工作量、导师工作量、教学运行支持费用、管理费等办法，向相关学院划拨教学运行补充经费116 600元。制定《北京林业大学梁希实验班导师制实施办法》，详细规定导师的聘任条件、工作职责、选聘程序、管理与待遇，最终为2007级57名学生选派导师36人。

设立梁希奖学金。2008年，梁希实验班学生荣获国家奖学金2人、国家励志奖学金2人、梁希奖学金（一等）6人、梁希奖学金（二等）12人、梁希奖学金（三等）17人、国家助学金（一等）8人、国家助学金（二等）12人、文体优秀奖2人、三好学生12人、优秀学生干部6人。2007级梁希文科、理科班均获得"优良学风班"称号。 （徐迎寿　韩海荣）

【教学队伍建设】 2008年，北林大新增2名北京市教学名师，2个国家级教学团队，3个北京市优秀教学团队。

不断深化"名师培育工程"，对稳定教学队伍、促进教授上讲台，起到了较好的示范作用，宋维明、李雄两位教授获得2008年度北京市教学名师称号。

2008年，农林经济管理专业教学团队、园林专业教学团队和水土保持与荒漠化防治专业教学团队被评为北京市优秀教学团队，并全部推荐参评国家级优秀教学团队。9月，园林专业教学团队和水土保持与荒漠化防治专业教学团队被确立为2008年度国家级优秀教学团队。 （颜贤斌　张　戎）

【课程建设】 2008年，新增国家级精品课程1门，北京市精品课程2门，校级精品课程12门。截至2008年底，学校共有国家级精品课程7门，北京市精品课程15门，校级精品课程68门。

11月，确定森林资源经营管理课程为国家级精品课程。测量学和园林树木学两门课程为北京市精品课程。大学英语、森林资源经营管理、林业生态工程学和土壤学均被推荐参评2008年国家级精品课程。

组织《微生物学》和《土壤侵蚀原理》两门课

程申报2008年教育部双语教学示范课程。

（颜贤斌　张　戎）

【教材建设】　2008年有2部教材获国家级精品教材，2部教材获北京市精品教材称号，7部教材在林学会评奖中获奖。加强教材选用情况的调查和反馈，开展教材选用信息统计工作。组织开展2008年校级教材立项工作，评出18部教材为校级教材立项项目。

组织推荐《生态环境建设规划》等11部教材参评2008年度北京市精品教材。11月北京市教委公布北林大孟宪宇主编的《测树学》和陈志泊主编的《面向对象程序设计——C＋＋》为2008年度北京市精品教材。袁津生主编的《计算机网络安全基础（第3版）》和韩朝主编的《物业管理学》2部教材入选国家级普通高等教育精品教材。

组织教师参加中国林业教育学会"第二届高、中等院校林（农）类优秀教材评奖"。共有4部教材获一等奖，1部教材获二等奖，2部教材获优秀奖。

组织开展2008～2009学年第一学期教材选用信息统计。共收集信息1600多条，对本学期开设的2000余门课程的教材选用情况进行调查。

（周璐璐　张　戎）

【教学研究】　2008年，获批北京市教学改革立项项目3项，编撰教学改革论文集两套。组织校级教学改革项目的中期检查和结题验收。

制定《2008年度北京林业大学教学改革研究项目立项指南》，设立招标项目和侧重立项项目两大模块。组织专家评审会，确立55个项目为2008年校级教学改革研究项目。

制定《北京林业大学教学研究项目管理办法》和《北京林业大学教学研究经费使用及管理办法》，并向各学院拨付2008年度教学改革研究经费，所有项目中期检查前的经费均划拨至项目所在学院，由学院组织中期检查，加强二级管理。

组织申报2008年度北京市教育教学改革立项项目。11月，尹伟伦教授、韩海荣教授负责的"农林类高等院校通识教育推行策略研究"、韩海荣教授负责的"大众化教育背景下农林院校精英型人才培养模式的研究与实践"和李雄教授负责的"风景园林专业人才培养模式与课程体系研究"3个项目获准北京市高等学校教育教学改革立项。同期成功组织申报北京高校大学英语教学改革研究项目及教育部应用型软件技术人才创业教育实验区。

编撰论文集两套，《改革·创新·发展——教学改革与实践论文选编》和《改革·创新·发展——教育创新与创新教育探索论文选编》收录教学改革及教学管理研究论文81篇。

组织2008年度校级教改立项的中期检查和结题验收。共有37个项目参加中期检查，经专家评审，3个项目被中止，2个项目需要改进，其余项目顺利通过中期检查，进入下一研究阶段。44个项目参加结题验收，经专家评审，1个项目被中止，1个项目建议整改，其余项目顺利通过验收。其中6个项目思路清晰、完成质量高、应用效果好，达到优秀标准。

（周璐璐　张　戎）

【教学管理制度】　制定《北京林业大学教学研究项目管理办法》、《北京林业大学特色专业建设点实施规范》、《北京林业大学优秀教学团队实施规范》、《关于北京林业大学教育教学研究论文认定的暂行规定》等文件，对"质量工程"相关项目进行规范化管理。起草并下发《关于拨付2007年教育部"质量工程"学校获批项目建设经费的通知》，将国家级和北京市级"质量工程"部分项目建设经费划拨有关学院。

制定《北京林业大学关于推荐特殊学术专长或具有突出培养潜质学生免试攻读硕士研究生的实施办法》、《北京林业大学名师讲堂实施办法》等4项制度，修订本科学籍管理规定、研究生助教制度等6项制度。　（张　戎　韩海荣）

【学籍管理】　组织开展2008年推荐免试研究生工作，共有488名学生获得免试资格。完成2008届本科毕业生学位授予、毕业离校及2008级本科新生电子注册工作。组织完成48名2007级学生转专业工作。

2008年北林大推荐免试研究生工作施行新政策。共有488名2005级学生被推荐免试攻读09级硕士研究生，占该级学生人数的14.5%。其中252人留校攻读硕士研究生，占推荐比例的51.7%，比2007年增加7%；236人被校外科研院所、大学接收，占推荐比例的48.3%，有11名学生被直接推荐攻读博士研究生。

252人留在本校攻读硕士研究生，135人专业排名在前十名，所占比例占留校人数的53.6%。在236名被推荐到校外的学生中，推荐到北京大学 31 人、中国科学院 27 人、北京理工大学 21 人、北京航空航天大学 19 人、北京师范大学 17 人、中国人民大学 9 人、浙江大学 7 人、清华大学 6 人。

组织开展 2008 届本科毕业生学位授予工作。共有 3404 人顺利离校，其中 3266 人授予学位学士，3320 人达到毕业资格，毕业率达 97.5%。

核对 2008 级新生基本信息，并完成学籍电子注册工作，共有 3256 名 2008 级新生取得学籍。

共有 105 名 2007 级学生提出专业调整申请，48 名同学初审、笔试、面试均合格，转入新专业学习。 （孟祥刚　韩海荣）

【成绩管理】 2008 年教师网上录入课程成绩达 3651 门。教师更改学生成绩采取自下而上逐级审核的签字制度，每学期通报各学院更改成绩情况，并对更改成绩严重的教师进行处理。

2008 届共有 3404 名本科学生进行答辩，教学督导和教务处抽查答辩工作，共抽查 160 余人，约占总数的 4.7%。 （孟祥刚　韩海荣）

【考试管理】 组织 2007～2008 学年第二学期及 2008～2009 学年第一学期期末考试，涉及课程 1130 门次。组织补考，2007～2008 学年第二学期涉及课程 511 门次，学生 4787 人次；2008～2009 学年第一学期涉及课程 396 门次，学生 3498 人次。

组织 2008 年 6 月和 12 月两次全国大学外语四、六级考试。6 月份共 6989 人参加考试，其中英语四级 3790 人、英语六级 3194 人、日语四级 2 人、俄语四级 3 人，12 月份 4828 人参加考试，其中英语四级 756 人、英语六级 4072 人。2006 级学生在 2008 年 6 月四级考试中，一次通过率达到 87.64%。 （谢京平　冯铎）

【教学检查】 2008～2009 学年，选聘班道明、王九丽、王乃康、张璧光、陈学英 5 名专家担任教学督导员，班道明任组长。督导组听课 600 余门次。2008～2009 学年第 1 学期，组织检查组检查各学院本科补考试卷。共抽查 2007～2008 学年第二学期补考的课程 83 门，占该学期补考课程的 17%，试卷不合格课程数 30 门，不

合格率 36%。

2007～2008 学年，评选出优秀信息员 13 名、优秀信息员组长 11 名和信息员先进个人 4 名。从 2006、2007、2008 级各专业聘任 254 名同学担任北林大 2008～2009 学年教学信息员。收集、处理、反馈学生信息员教学情况信息 500 余条。收集、回复或处理教务网站学生留言或咨询 1200 余条。

全年共组织听课 1377 次，其中管理人员听课 205 次，涉及被听课教师 633 人次，被听课程 674 门次；全校共组织观摩教学 73 次，教师座谈会 83 次，学生座谈会 59 次。

2008 年，组织全校本科生对 3585 门次课程进行评价。2007～2008 学年第 2 学期，学生对 1743 门次课程进行评价，其中评价分数 ≥90 分的课程有 1305 门次，占参评课程的 74.87%，评价分数 <80 分的课程有 24 门次，占参评课程的 1.38%。2008～2009 学年第 1 学期，对 1842 门次课程课堂教学情况进行了评价，评价分数 ≥90 分的课程有 1441 门次，占参评课程的 78.23%；评价分数 <80 分的课程有 19 门次，占参评课程的 1.04%。

主办编印《评建周报》8 期，发刊 2400 余份。 （于　斌　冯　铎）

【网络教学管理】 修改部分教务系统中选课等相关模块程序。升级完善教务管理系统中学生学籍管理、学生注册与学费管理、课程管理、排课管理、选课管理、成绩管理、补考和缓考管理、教师课堂教学评价、四六级考试报名管理、班级评优、毕业资格审查等模块。

运用操作系统封装技术、网络传输技术和克隆技术，实现快速部署操作系统和各类应用软件，解决教室楼多媒体软件维护难、易染病毒的问题，完善教学平台，修改相关程序，杜绝以往匿名下载教学平台中教师课件的现象。

（冯　强　冯　铎）

【实验室建设、实践教学】 利用修购专项等经费，进行实验室建设。以北京市实验教学示范中心建设为重点，强化实验室内涵建设，积极挖掘和利用学校教学科研资源，实验开出率始终保持在 100%，农林及理工类学院有综合性设计性实验的课程比例达到 80%。 （张　勇　韩海荣）

83

【教学实习基地建设】 拓展校外实习基地。2008年北林大与甘肃小陇山实验林场、辽宁林业职业学院实验林场等签订合作协议。

（张 勇 韩海荣）

【大学生科研训练】 认真执行《北京林业大学大学生科研训练计划实施办法》等文件，实行过程质量控制管理。选拔、培育高水平项目进入国家、北京市级创新计划项目。加大对学生课外科技活动的引导和指导，制定并实施《北京林业大学大学生创新学分实施办法》。

2008年，新增国家大学生创新实验计划40项，北京市大学生研究与创业行动计划25项，学校大学生科研训练计划立项97项，参加学生412人。

（张 勇 韩海荣）

【学科竞赛】 组织参加2008年全国大学生英语竞赛，共有1539人参赛。最终获得全国特等奖2人，一等奖8人，二等奖23人，三等奖46人。

组织参加2008年全国大学生数学建模与计算机应用竞赛，共有12队参赛，2队获北京市一等奖，1队获北京市二等奖。

首次组织参加"首都第四届机械创新设计大赛"，共有4队参赛，1队获二等奖，2队获三等奖。"第三届全国大学生飞思卡尔杯智能汽车竞赛"，1队获三等奖。"2008年亚太大学生机器人大赛国内选拔活动"，进入32强。

（谢京平 韩海荣）

学位与研究生教育

【概 况】 北京林业大学研究生院（Graduate School of Beijing Forestry University）于2000年经教育部批准试办，2004年正式建立，主要负责组织实施全校的学位与研究生教育管理工作。现有教职工11人，下设招生处、学位与培养处以及信息管理中心和博士后流动站。党委研究生工作部于2005年经校党委批准设立，负责全校研究生德育、党建、就业、学生管理、研究生"三助"、学籍管理以及研究生共青团等工作，现有教职工4人，与研究生院合署办公。

学校现有4个一级学科博士学位授权点、5个一级学科硕士学位授权点、35个二级学科博士学位授权点、73个二级学科硕士学位授权点、3个硕士专业学位类型、5个博士后流动站。博士、硕士点覆盖农学、工学、理学、文学、管理学、经济学、哲学、法学、教育学9个学科门类和26个一级学科。

现有研究生导师421人，其中博士生导师143人，硕士生导师278人。2008年招收研究生1408人（博士生231人，硕士生900人，在职人员攻读硕士学位研究生277人）。毕业研究生774人（博士生171人，硕士生603人）。授予学位1017人（博士学位188人，硕士学位632人，专业学位197人）。至2008年底，在校学术型研究生3275人（博士生825人，硕士生2450人），专业学位研究生948人。

2008年，"研究生培养机制改革"正式启动，形成有利于激发研究生创新热情和创新实践的培养机制和资助体系。加强教学管理，对研究生课堂教学秩序进行抽查和及时通报；完善课程教学评价体系，提高研究生教学质量。组织各学院、学科对北林大现有研究生培养方案、研究生在学期间公开发表学术论文要求、硕士生入学考试和博士生入学考试业务课的命题、保密、阅卷、复试、录取、监督检查等方面的管理制度进行全面修订。

2008年，通过研究生生源拓展、研究生自选课题基金资助项目验收、学位论文隐名送审、优秀博士学位论文评审、完善研究生信息管理系统等举措，提高研究生培养质量。8月，北林大1篇博士学位论文被评为北京市优秀博士学位论文。4~6月，新遴选25名研究生指导教师。

2008年，研究生院获多项教育创新成果奖励。5月15~16日，与北京理工大学共同承办北京高教学会研究生教育研究会培养、学位专题工作研讨会，北林大荣获"北京地区研究生培养工作优秀单位"称号，获研究生培养工作优秀成果一等奖、研究生学位工作优秀成果二等奖各1

项。12月，荣获"北京地区学位与研究生教育管理先进集体"称号。此外，另有1人获得北京地区学位与研究生教育管理先进个人。

（孙信丽 马履一）

【研究生招生】

各类研究生招录情况 ①博士研究生。2008年共录取博士生231人，其中提前攻博士生73人，硕博连读生12人，圆满完成国家下达规模。按录取类别分：委托培养77人，非在职147人，少数民族骨干计划7人。②硕士研究生。2008年共计2272人报考北京林业大学，包括推荐免试研究生222人，最终录取900人，比2007年增加53人，增幅6.25%。按录取类别分：非在职考生878人，委托培养12人，少数民族骨干计划10人。③在职人员攻读硕士学位。共录取2007级在职人员攻读硕士学位277人，其中风景园林94人，农业推广158人，工程硕士21人，高校教师4人。

研究生招生改革 从2008年4月开始，研究生招生类别由计划内非定向、计划内定向、计划外委托培养、计划外自筹经费四类调整为非在职研究生、委托培养研究生和专项计划培养研究生三类。非在职研究生在校期间实行年度奖学金评定制度。硕士一等奖学金可获得7000元/年，二等奖学金可获得3500元/年，一、二等奖学金比例占70%；非在职博士研究生可获得1万元/年。所有非在职研究生均可获得学校和导师提供的生活助学金和助研津贴，硕士最低4000元/年，博士最低7000元/年。2008年8月，制定《北京林业大学研究生培养机制改革公费医疗管理试行方案》并正式执行。2008年12月，博士生英语试题库建设项目正式启动，预计2010年将投入使用。

招生管理制度改革 ①管理制度建设。3~4月和12月，分别对硕士生入学考试和博士生入学考试业务课的命题、保密、阅卷、复试、录取、监督检查等方面的管理制度进行修订。9~12月，分别对招收高等学校教师攻读硕士学位入学考试和专业学位第二阶段考试专业课命题规定进行修订。②复试录取工作。4月14日，对复试工作培训，各学科复试组长、各学院主管研究生副院长和研究生秘书参加了培训。4月19~20日，学校纪委和学院主管院长及研究生

院工作人员组成复试巡视组对各学科硕士生复试进行巡视。③建立招生监督制度。学校纪检监察部门全程参与复试录取工作，组织成立校院两级招生工作领导小组，公开监督投诉电话，及时公示研究生复试、拟录取名单。

生源拓展 ①调剂管理。2008年报考北林大硕士研究生上线人数不足，4月，利用中国研究生信息网进行调剂，其中初试生源不足的34个学科共调剂录取180名考生，完成当年招生指标。②加大招生宣传力度。利用中国教育和科研信息网全年进行招生宣传。招生处会同各学院分别于6月和9月赴济南、重庆和南京参加全国大型研究生招生现场咨询会。10月，借助中国研究生招生信息网进行考研在线咨询。接收2009级免试生268名，比2008级增加46人，增幅20.7%；2008年专业学位报考人数达725人，比2007年增加184人，增幅34%。

（崔一梅 马履一）

【研究生培养】

课程教学 2008年春季开设研究生课程189门，秋季开设170门，共359门。各学院和教学实习点共完成85门专业学位研究生课程的授课工作，完成246位专业学位研究生的学位论文开题报告工作。

1月10日，北林大召开校学位评定委员会会议，17名委员参加。委员会主任尹伟伦通报2008年工作，要求各学院落实教研组集体活动，加强对课程设置的管理和课程内容的论证，整合调整研究生课程体系，注重研究生课程和本科生课程的衔接，提倡研究生到校外选课，强调研究生课程要少而精，要把握学科前沿内容，进一步重视和加强研究生学术道德教育。

教学质量管理 2月27日，研究生院召开各学院研究生主管院长和秘书会议，确立2008年为研究生教学质量年，下发《关于进一步加强研究生教学秩序管理，提高研究生教学质量的通知》，提出6条要求：不得任意删减讲授内容和压缩学时；讲授内容要具有前瞻性，随时关注国内外学科发展前沿；不得任意更换任课教师；不能擅自更改上课时间和地点；不得以提前上课或课间不休息为由提前下课；课程考核要规范、公平、合理。

课程教学评价体系 3月3日，根据师生在

"研究生课程教学评价指标"意见征集活动中提的意见，进行专家的初选、评定、意见反馈和讨论修改，修订网上研究生教学质量评价指标，并发布于新的研究生信息管理系统中，从2008年起开始实施新的教学质量评价体系。

培养方案修订 4月18日，北京林业大学校学术委员会与学位评定委员会召开联席会，对研究生培养方案修订、教学大纲审定、教学秩序检查和教学质量评价等内容进行了通报和研讨。7月2日，研究生院下发《关于全面修订我校研究生培养方案的通知》，组织各学院、学科对研究生培养方案进行全面修订。课程设置要求科学、规范，重视能反映本学科前沿的专题类课程及不同学科门类科学研究方法论类课程的设置，重视数学等基础类课程的开设，重视对最新学术动态、研究进展和先进科学实验手段等内容的介绍，加强实验实践课程的设置，并以设计型实验为主，辅以验证型实验，以提高研究生的实际动手能力。

自选课题资助基金项目总结验收 2月，对2005级研究生自选课题资助基金项目的总结验收工作进行了布置。截至7月4日，受资助的134名硕士毕业研究生已发表或收录的论文共150篇，其中受"北京林业大学研究生自选课题"资助的文章共100篇。92个项目验收获得通过，合格率达68.7%。

国家公派专项研究生奖学金项目组织申报 3月，研究生院会同国际交流与合作处根据国家留学基金资助出国留学选派要求，制定了北林大"2008年国家公派专项研究生奖学金项目"实施方案，组织研究生申报。5月，经国家留学基金委组织专家评审，11名研究生获得资助，其中派出攻读博士学位研究生3名，联合培养博士研究生8名。

在读硕士生提前攻博选拔 10月28日至12月10日，组织2009年度硕士生提前攻读博士学位选拔工作，经过个人申请、导师推荐、班级评议、学院资格审核、学科考核小组组织答辩和初选工作、学院审查上报初评名单、研究生院审核等程序之后，共选拔74名优秀硕士研究生提前攻读博士学位。　　　　(刘翠琼　马屦一)

【研究生学位】 研究生院学位办公室每年从申

请答辩的研究生中随机抽取一定比例的学位论文进行隐名送审。5～6月，共有205名博士申请答辩，其中101名博士的学位论文进行了隐名送审，占整个送审比例的49.3%；共有637名硕士提交了答辩申请，其中224名为隐名送审，占整个送审比例的35.2%。10月，首次将专业学位论文送到校外进行匿名送审，共有172名农业推广硕士、10名风景园林硕士和12名工程硕士提交论文参加评审，其中有14名农业推广硕士和1名风景园林硕士未通过。同时，利用研究生信息管理系统审核并通过738名研究生提交的论文全文、题录、中文摘要、英文摘要，使毕业研究生的电子答辩材料提交更加规范、完整、准确。

6月29日，召开2008年第一次北京林业大学学位评定委员会会议，共授予147名研究生博士学位，609名研究生硕士学位、18名研究生农业推广硕士专业学位和3名工程硕士专业学位，学位授予总量比上年同期增长6%。

8月，植物学科王瑞刚的博士学位论文被评为2008年北京市优秀博士学位论文，给予指导教师陈少良50万元的科研资助。11月16日，第十届校级优秀博士学位论文评选会共评选出4篇校级优秀博士学位论文，并推选这4篇论文参评2009年全国优秀博士学位论文。

10～12月，修订《北京林业大学关于博士、硕士研究生在攻读学位期间发表学术论文的规定(讨论稿)》。本次以修订研究生发表学术论文刊物界定为基础，分不同学科门类适当地提高了博士生及同等学力申请博士、硕士学位人员在学期间发表学术论文的要求，进一步对硕士研究生发表学术论文的学术刊物类型进行明确和规范，体现对各层次、不同类型学位研究生的分类要求。

2008年，完成同等学力人员申请硕士学位外语和专业综合考试报名的资格审核工作，共有51名同等学力人员通过了资格审核。组织申请人员进行建筑学综合水平考试的快速设计部分。

2008年，研究生指导教师遴选委员会委员遴选出21名博士生指导教师和4名硕士生指导教师。

完成国务院学位委员会学科评议组换届和选聘第六届学科评议组成员的推荐工作，分8个一级学科，北林大推荐16名专家为国务院学位委员会学科评议组第六届成员候选人，最终经国务院学位委员会批准，北林大张启翔、宋维明、赵广杰、李文彬、蒋湘宁5名专家分别担任国务院学位委员会第六届学科评议组成员。

（王兰珍　马履一）

【研究生教育创新】　3月，申报获得北京市教委"北京城市生态环境建设产学研联合培养研究生基地"第二期100万元资助。9月，研究生院组织多学科编写"北京市生态公益林质量升级关键技术研究产学研联合培养研究生基地"任务书及年度项目申报书，纳入北京市教委全市9个"北京高校产学研联合研究生培养基地"建设项目，该项目建设期3年，建设经费300万元。

2008年，研究生管理信息系统全面完善，修正系统BUG，规范和优化全部代码，新增课程安排管理子模块已投入使用。5月16日，与中国农科院签订研究生管理信息系统开发协议，多次与中国农科院管理人员针对该院研究生教育实际进行研讨，确定了研究生管理信息系统二次开发方案。10月20日，与中南林业科技大学签订研究生管理信息系统开发协议，赴长沙研讨中南林业科技大学研究生教育信息化现状，确定系统修改开发方案。

2008年，研究生院负责组织完成对北林大"211工程"三期创新人才培养子项目"研究生创新人才培养建设计划"的编写。12月，"211工程"创新人才培养子项目"研究生创新人才培养建设计划"落实经费150万元。仪器分析实验技术和现代树木生物学实验技术等课程的建设内容通过论证，年内正式出版5本校级优秀博士论文，博士生英语试题库建设启动，预计2010年将投入使用。　（贾黎明　马履一）

【研究生党建与思想政治】

党建工作　10月18日、19日，学校举办2008年研究生党支部书记培训班，学校90个研究生党支部书记和支部委员共150余人参加。

思想政治教育　3月，学校开展研究生基本情况调查。先后完成《北京林业大学研究生基本情况调查报告》和《研究生思想状况和生存状况调查报告》。4月，学校依托校心理咨询中心，开展一系列心理健康教育活动，先后组织《隐形的翅膀》主题电影巡演、心灵阳光工程百所大学校园讲座"应对冲突"等活动。5月12日，学校

在研究生中深入开展"学习胡锦涛在北京大学师生代表座谈会上的讲话精神"学习研讨活动。4月28日，《北林研究生简讯》创刊。

入学及毕业离校教育　6月30日，学校在田家炳体育馆举行研究生毕业典礼，校党委书记吴斌和校长尹伟伦分别寄语毕业生。9月1～5日，学校组织新生入学教育，开展以开学典礼、专题教育讲座、新生见面会、安全知识讲座、校史参观等为主要内容的教育活动。

（崔建国　孙信丽）

【研究生就业】　2008年研究生就业工作采取了以下措施：结合北林大校院二级管理的模式和研究生就业特点，先后出台《北京林业大学毕业研究生就业工作实施意见》、《北京林业大学研究生就业工作管理条例》等指导性文件，进一步完善了《毕业研究生签约流程示范》、《研究生户口、档案管理规定》、《毕业研究生改派的有关说明》等文件。改版研究生就业信息网站，为毕业生提供就业信息3276条，点击率超过2万次；开通的短信平台累计为毕业生发布就业短信1.5万条，出版电子就业简报3期，就业数据报表15期。先后开展就业讲座35场，就业座谈42场；为267名研究生提供个性化就业指导，为774名毕业生核对就业数据，办理离校手续。通过宣传、咨询、落实北京市市委和组织部关于引导毕业生到西部、到基层工作的有关政策，在北林大形成了良好的就业导向；同时，对就业困难学生采取一对一的帮扶措施，特别是汶川地震中受灾的毕业生给予一定的经济支助。2008年，学校派专人到京津、长江三角洲、珠江三角洲等30余家用人单位进行走访；学校组织负责就业工作的指导教师参加教育部、人事部、市教委组织的就业人员专业化培训累计15人次。

2008年，北林大毕业研究生总人数774人，其中博士171，硕士603人。截至9月1日，一次性签约人数为747人，其中有8名毕业研究生被北京市聘为"研究生村官"，7名毕业生参加了"农村支教"，38名毕业生志愿到西部地区工作，6名涉灾地区研究生也已全部落实工作岗位，北林大研究生就业率达96.51%，超过北京市研究生就业率的平均水平。　（徐伟　孙信丽）

【研究生学生管理】

外出安全及医疗保险 4月，学校出台《北京林业大学研究生外出安全管理办法》。2008年开始实施研究生培养机制改革，研究生医疗保险根据入学类别和入学成绩分为A、B两类，A类研究生依然享有公费医疗，B类研究生由学校统一为其办理北京市学生儿童大病医疗保险，费用学校负担。2008年学校共为349名B类研究生办理大病医疗保险，并为2006、2007级自筹经费研究生162人办理续保手续。

博士生挂职锻炼 3月底，第一批到北京市挂职锻炼的12名博士圆满完成挂职任务，朱本成等3名博士生于当年毕业后直接留在挂职单位工作。2008年5月，学校第二批5名博士生开始到北京市挂职锻炼。

评优工作 2008年学校共评出研究生先进班集体17个，优秀研究生辅导员13人，优秀研究生标兵23人，优秀研究生76人，学业优秀奖117人和学术创新奖51人，奖学金总额39.49万元。评选优秀研究生干部176人，文体活动积极分子54人和社团活动积极分子211人。完成2008年"爱林"校长奖学金的评定工作，共有102人获奖，其中2008级研究生新生76人，2006级和2007级继续获奖者26人，奖励总额40.8万元。

（崔建国 孙信丽）

【研究生"三助"】 3月，财务处和党委研究生工作部联合下发《研究生"助研"津贴发放有关事项的通知》。通知就"助研"津贴的资金来源、"助研"津贴的具体发放程序、导师助研津贴经费额度等做了具体要求。7月，根据《北京林业大学研究生培养机制改革实行方案》制定《研究生"三助"（助教、助研和助管）工作实施办法（试行）》。实施办法规定"三助"岗位数量确定与分配由人事处会同研究生院、党委研究生工作部、教务处、科研处、财务处等相关职能部门统一完成，并对岗位要求、岗位考核、岗位津贴、经费管理等做了说明。9月，制定《北京林业大学研究生助管管理细则》。细则就助管岗位设置、岗位申请与聘用、岗位津贴及经费管理、岗位考核等做了具体说明。10月24日，学校召开2008年研究生助管工作会议，会上提交了《北京林业大学研究生助管岗位职责协议书》，研工部代表学校向50名研究生助管发放了聘书。

2008年学校面向13个学院和部分职能部门共设置120个助教及助管岗位，其中研究生助教岗位70个，助管岗位50个，岗位津贴标准为300元/月。研究生辅助导师完成科研工作（助研），由导师从科研经费中支付其助研津贴，标准不高于600元/月，通过银行卡的形式按月发放。2008年共发放助教及助管津贴384人次，总金额12万元；助研津贴4298人次，总金额205万元。

（崔建国 孙信丽）

【研究生共青团】

志愿服务 2008年，学校推荐34名研究生干部参加奥运会服务工作，校研会在英语口语选拔测试、编写奥运会志愿者书籍、"好运北京"系列测试赛、奥林匹克公园公共区赛会志愿者培训及赛事服务中表现突出，被共青团北京市委员会和北京市学生联合会授予"首都高校奥运工作先进学生集体"荣誉称号。3月，研工部组织学校奥运志愿者前往紫竹院公园，开展以"传播绿色理念，微笑北京奥运"为主题的奥运环保工作成果展示。3月22日，联合海淀区农林绿化委员会进行关于"海淀区林业现状与需求"的问卷调查，共完成调研问卷137份，并形成调研报告。5月16日，面向全校研究生发起"携手同心共渡震灾，众志成城重建家园"紧急赈灾捐助行动，共募集善款人民币2.6万余元，并将全部募捐所得汇至中国红十字会总会，用于地震灾区的救助与重建。

各类学生活动 4月开展了"关于研究生英语课程设置的调研"，调查在读研究生英语学习情况，汇总研究生对英语课程设置的意见建议，为研究生英语教学改革提供参考。按照学校研究生人数的8%抽样发放问卷239份，回收有效问卷233份，整体回收率97.49%。10月，开展"研究生国学背景及态度调研"，了解在读研究生人文素质水平。按学校研究生人数的10%抽样发放问卷327份，回收有效问卷307份，形成《北京林业大学研究生国学背景及态度调研报告》。举办了研究生春季乒乓球赛、夏季篮球赛、秋季羽毛球赛和第三届研究生冬季趣味运动会，举办了第二届研究生风采大赛和女生节系列活动，全年共举办研究生周末舞会28场。12月

29日，组织召开北京林业大学第十四届研究生委员会延期调整大会。　（崔建国　孙信丽）

【研究生学术科技创新】

学术科技文化节　10月，学校组织学校研究生参加北京市首届研究生学术科技文化节，承办院士讲坛1场，组建羽毛球代表队和辩论赛代表队。院士讲坛邀请沈国舫院士做"人与自然和谐发展——记'三北'防护林体系"学术报告，羽毛球代表队闯进复赛，辩论赛代表队取得北京市第三名。11月，学校举办第十三届研究生学术文化节。本届学术文化节围绕"绿色、创新、和谐、发展"的主题，共举办各类讲座35场，学术沙龙12场，英语演讲比赛1场。

学术科技成果　2008年，举办各类研究生学术报告和学术讲座120余场，学术沙龙35场，博士讲坛8场，名家访谈4期。12人次获得国家级以上学术科技竞赛奖励，研究生所发表的学术论文SCI收录7篇，EI收录15篇，申请获得各类专利12项。此外学校还举办了首届研究生"学术之星"评选，共评出"学术之星"10名，"学术之星优秀奖"5名。　（崔建国　孙信丽）

【博士后工作】

科研流动站　北林大现有生物学、林学、农林经济管理、林业工程及建筑学5个博士后科研流动站。招收生物学博士后的二级学科包括植物学、生物化学与分子生物学、生态学等；招收林学博士后的二级学科包括林木遗传育种、森林培育学、森林保护学、森林经理学、野生动植物保护与利用、园林植物与观赏园艺、水土保持与荒漠化防治以及自然保护区、生态环境工程、工程绿化、城市林业、复合农林学；招收农林经济管理博士后的二级学科包括林业经济管理；招收林业工程博士后的二级学科包括森林工程、木材科学与技术、林产化学加工工程以及山地灾害防治工程、林业装备工程；招收建筑学博士后二级学科包括城市规划与设计（含风景园林规划与设计）。

日常管理　培养方面，由博士后流动站进站考核专家组对申请进站人员条件、素质和能力进行审核，全年考核人数23人；在出站环节，通过出站报告对申请出站的博士后进行工作评价，有9名博士达到出站要求；2007级博士后的中期考核工作按计划开展。经过研究生院、学生处、财务处和银行等多方协作，博士后的工资及补助发放形式改为直接入卡式。

进出站人员情况　2008年北京林业大学进站博士后22人，其中科学11人，生物学4人，林业工程2人，农林经济管理3人以及建筑学2人；当年出站博士后9人，其中林学4人，生物学1人，林业工程4人，其中5人回到了原单位工作，1人出国继续从事在站研究项目，1人就职于北京一所中学从事生物教学，另有2人调入在京单位。截至年底，在站博士后人员为53人。

基金申报　3月，申报第四十三批博士后基金面上资助，共申报4个项目，其中农林经济管理站孔凡斌的"中国林业市场化进程测度：指标体系、方法与实证研究"获得二等资助；7月，申报第一批博士后特别资助，共申报3个项目，林学站陈发菊的"红花玉兰花部多态性分析及其与传粉、结实的相关性研究"和农林经济管理站孔凡斌的"集体林权制度改革社会影响评价：指标、方法与实证研究"获得第一批中国博士后科学基金特别资助；9月，申报第四十四批博士后基金面上资助，共申报7个项目，建筑学站蔡君的"场所依赖——使用者和游憩环境及行为关系的研究"和林学站贺窘青的"红花玉兰花色成因分析及花色苷组分变异在分类中的应用"分别获得二等资助。

联谊活动　12月26日，2007级、2008级京内外博士后17人在北京举办了迎新年"红色经典"联谊会。　（李　凯　马履一）

继续教育

【概　况】　北京林业大学继续教育学院（School　of Continuing Education）于1991年3月成立，原

名成人教育学院。2008年12月更名为继续教育学院。负责成人学历教育和非学历教育，对外代表学校统筹管理学校成人高等教育和各级各类培训。

继续教育学院共有员工21人，其中正式员工15人，合同制聘用员工6人。下设成人教育分院、网络教育分院和培训分院。成人教育分院下设招生办公室、学籍管理办公室、脱产教学部、夜大教学部、函授教学部、国家林业局自学考试管理中心、北京林业大学自学考试办公室。

继续教育学院先后在天津、山西、吉林、浙江、福建、山东、河北、河南、广西、甘肃、西藏、内蒙古、江西、四川、新疆、云南、广东、上海、宁夏、黑龙江等全国20个省（区、市）建立了24个函授站（分院），统一由继续教育学院管理。在北京设立了校本部夜大教学部、首联大夜大教学部、宣武广安门夜大教学部、房山夜大教学部共4个夜大学教学部。学院承担国家林业局自学考试管理中心林业行业自学考试、国家林业局干部岗位培训、继续教育、工人考核培训和外派劳务培训等任务。

【党建和思想政治】 继续教育学院党委下设3个党支部。其中教工党支部1个，学生党支部2个。共有党员27名，其中教工党员13名，学生党员23名。全年发展学生党员12名，转正学生党员9名。

2008年党总支先后制定和完善学习制度、会议制度、党务工作程序制度、三重一大议事制度、院务公开细则、党风廉政措施等。

2008年，学院改版门户网站，创办了《成教动态》，发行3期。学院配备专职团干部和班主任，关注特困学生和存在心理健康疾病的学生。在汶川大地震后，学院党总支积极组织开展"牢记党性宗旨，心系灾区群众"特殊党费交纳活动。学生入党积极分子充分发挥所学英语专业知识的优势，积极参加奥运志愿者活动。做好奥运期间安全稳定工作。组织参加了国家林业局、高等教育学会、北京林业大学等多项研究课题。

【继续教育招生与学籍管理】

招生 2008年招生工作实施阳光工程，坚持网上录取，在保持林学、园林、水土保持等传统专业的基础上，新增动画专业，专升本和高起本均新增心理学、人力资源管理等5个专业，停招专科层次的应用心理学、财务管理和专升本层次的对外汉语和动画4个专业。

2008年，在全国计划招生4100人，覆盖全国21个省（区、市），其中函授计划招生2600人，业余计划招生1500人；共录取新生4430人，其中按照学习形式分类，函授共录取2928人，业余共录取1502人；按照学历层次分类，高起专录取1848人，专升本录取2129人，高起本录取453人。招生专业54个，超额完成了全年的招生计划。共组织480余人，分16个考场进行了素描、色彩的专业课考试。先后两次组织2009届脱产、夜大毕业生共计600余人采集毕业用数码相片，同时收集并扫描函授毕业生数据相片共计1900余人。本学年共组织春季北京市成人学位英语考试677人，其中北京市考生385人，共组织13个考场，聘用监考教师30人，外省考生292人，分布在全国12个省（区、市）。

学籍管理 2008年顺利完成各项电子注册工作，注册08级新生共计3443人。注册颁发2008届毕业证书计2752个，其中按照学习形式分类，脱产毕业生520人，夜大毕业生487人，函授生毕业1745人；按照学历层次分类，高起专1285人，专升本1307人，高起本160人。共组织春季北京市成人学位英语考试784人，其中北京市考生529人，共组织18个考场，聘用监考教师40人，外省考生255人，分布在全国11个省（区、市）。

【脱产教育】 2008年，共有脱产教育学生251人，3个年级，12个专业班级。将西山、大兴两个校区合并到西山校区。第一学期末减员4人，第二学期减员2人。

【夜大学教育】 2008年，夜大学办学规模增长44%，秋季新生报考录取后，办学规模超过3000人。学院独立管理29个班级850名学生，经济管理学院、外语学院、信息学院、人文学院和水土保持学院5个学院均设立了夜大学教学点。校外在北京市宣武区、海淀区和房山区分设了南城夜大教学点、首联大夜大教学点和房山夜大教学点。设置艺术设计、物业管理、工程监理、园林技术、建筑工程技术、动画、物流管理、会计、工商企业管理、建筑工程项目管理10个专科专业；设置会计学、工商管理、艺术设计、园林、英语、心理学、物业管理、物流管理、人力资源管理、国际经济与贸易10个专科升本科专业；设置工商管理、人力资源管理、园林、会计学、艺术设计、心理学、国际经济与贸易7个高中起点升本科专业。

【函授教育】 2008年，召开了春、秋两次成人教育工作会议，研究讨论林业行业高校继续教育发展等问题。连续5年聘请学校有关专业专家、教师，对来自12个分院、函授站的函授本科毕业生进行毕业论文集体答辩。6个专业的102名学生参加，其中：园林专业59人，林学专业19人，水土保持与荒漠化防治专业3人，食品科学与工程专业2人，土木工程专业9人，环境科学与工程专业10人。2008年函授部积极联系并配合河北分院、河南分院帮助其恢复建站并开始招生。

【自学考试管理】 2008年，承担了54门课程，报考1047科次，1012左右份试卷。每年两次组织落实园林专业实践课指导课程。5月，完成了8门实践课课程指导，报考101科次，12月，落实9门实践课程，实践课筛选表已上报自考办考务科。6月，组织落实独立本科段学生毕业论文指导和答辩参加学生8名。11月，完成了园林专业《园林美术》非笔试课程考试，报考科次10人。协助北京市自考办完成园林专业24门教材

大纲编写的后期完善工作。推荐园林专业48名教师参加命题及相关的组织工作。

（李淑艳 于志明）

【继续教育培训】 2008年继续教育学院加强与北京市教育考试院、国家林业局、各省（区、市）林业厅、环保部等部门的交流与合作，采取订单式培养模式发展园林、花卉和家具等相关专业的高等职业技术教育，策划开发景观设计师、家具设计师、花卉园艺师、室内装饰设计师、商务策划师5个职业资格培训班，共培训600余人；开展英语培训、艺术考试培训。

【现代远程教育筹备】 2008年，学校注册成立"中林弘成科技公司"，正式启动远程教育筹备工作。完成"北京林业大学现代远程教育人才培养方案"，办学模式分为高起本、高起专、专升本3个层次，开设了园林、园艺、城市规划、艺术设计、人力资源管理、会计学、工商管理、物业管理、林学、旅游管理、家具设计与制造共计11个专业。编写《北京林业大学现代远程教育管理文件汇编》，收录国家对现代远程教育的主要法规10部，撰写学校内部规章制度和管理文件17个。制作北林大第一门拥有自主知识产权的网络课件《园林花卉学》。"北京林业大学现代远程教育网"建设完成并投入运行。"北京林业大学现代远程教育网络教学平台"初建完成并投入测试。撰写完成《关于北京林业大学开展现代远程教育试点的申请报告》。

（继续教育由李淑艳、于志明撰稿）

招生与就业

【概 况】 2008年，学校围绕吸引优质生源、提高生源质量的目标，完成制度化建设、体系化建设和信息化建设。制定科学合理招生计划，完善招生计划分配体系；探索多元录取选拔模式，逐步建立招生改革实验体系；规范规章制度，实施依法招生，完善招生录取管理体系；实施"阳光工程"，加强招生监察，强化招生监督保障体系；加大招生宣传，提高社会声誉，建立招生宣

传服务体系，开展本科生招生工作。

2008年，本科生就业工作以"积极就业、科学就业、安全就业"为指导方针，进一步推进就业工作"四高一好一确保"的质量目标，深化就业工作体系和就业服务体系，做好就业市场开拓，深化就业服务体系建设。2008年，学校被北京市教育委员会命名为"北京地区高校示范性就业中心"。

（翁 婧 董金宝）

【招生计划】 学校 2008 年面向全国 31 个省（区、市）投放本科招生计划 3300 人，实际完成计划 3288 人，其中：统招生 2786 人，自主选拔录取 172 人，艺术特长生 33 人，国防生 74 人，艺术类 117 人，高水平运动员 16 人，二学位 17 人，少数民族预科 30 人，内地生源定向到西藏 21 人，保送生 8 人，内地西藏班 8 人，新疆高中班 6 人。 　　　　　　　　（穆　琳　董金宝）

【生源质量】 本科一志愿录取率为 97.78%，为历年最高。理科录取平均分高出重点线分差的平均值 31.75 分，文科高出重点分数线 30.4 分。高考成绩高出重点线 60 分以上的考生 299 人，高出 80 分以上的考生 92 人，高出重点线 100 分以上的考生 28 人。

北京、天津、辽宁、河北、山东、浙江、江苏、陕西等 24 个省（区、市）（2004 年为 18 个，2005 年为 16 个、2006 年为 17 个、2007 年为 20 个）的第一志愿率达 100%。北京、天津、河北、内蒙古、山东等省（区、市）的生源情况保持稳定的基础上有所提高，江苏、浙江、四川、江西等省（区、市）生源质量提高明显。北京、天津、山西、陕西、河北、辽宁、重庆、浙江、江苏等省（区、市）的生源质量好于 2007 年，上海、广东、湖北、湖南、四川、青海、宁夏等省（区、市）的生源质量略低于 2007 年。

2008 年学校制定《北京林业大学关爱震区考生招生录取方案》，从招生计划、录取政策、资助体系、心理关爱等 4 个方面制定相关措施，切实支援震区。 　　　　　　（穆　琳　董金宝）

北京林业大学 2008 年各省（区、市）本科招生录取分数情况统计

省（区、市）	文科				理科			
	重点线	录取线	最高分	平均分	重点线	录取线	最高分	平均分
北京	515	541	598	557.1	502	524	624	561.7
天津	523	550	595	569.5	522	550	607	572.5
山西	545	562	599	573.7	546	554	617	574.2
河北	537	564	578	570	552	580	613	586
内蒙古	543	572	593	582.9	548	582	623	591.7
辽宁	538	566	610	579.7	515	558	623	570.1
吉林	565	575	611	592.9	569	591	631	600.2
黑龙江	569	589	616	599.6	577	578	650	609.8
上海	451	457	470	465.5	467	467	490	474.9
江苏	330	363	383	370	330	362	388	370.4
浙江	550	571	594	577.8	550	550	608	578.8
安徽	553	574	586	577.8	563	576	601	582
福建	547	560	573	565.5	534	534	600	554.6
江西	520	537	556	543.93	512	529	555	535.6
山东	584	587	623	604.9	582	604	642	615.3
河南	557	565	626	577.5	563	566	622	584.7
湖北	532	533	564	544.9	548	548	592	562.6
湖南	581	591	610	600.5	536	542	573	552.4
广东	570	573	605	581.9	564	564	607	577.9
广西	528	563	587	570.4	501	516	588	538.8

（续）

省(区、市)	文科				理科			
	重点线	录取线	最高分	平均分	重点线	录取线	最高分	平均分
海南(标准分)	658	699	734	711.8	625	668	721	683.7
四川	598	607	636	617.5	593	593	667	611.0
四川(延考)	567	580	594	584	578	590	628	603.5
贵州	566	595	624	603	521	541	604	564.2
云南	550	584	606	589.9	530	532	631	569.1
陕西	557	587	620	596.4	527	547	619	565.4
甘肃	560	572	600	581.6	558	572	613	584.6
甘肃(延考)	503	524	524	524	500	504	532	515.6
青海	490	503	547	529.8	438	438	539	468.5
新疆	525	546	594	570.7	515	549	611	574.1
宁夏	532	540	550	546.6	498	498	572	521.3
重庆	576	598	609	602.6	544	563	607	577.2
西藏	500	537	537	537	290	291	291	291.0

【招生宣传】

招生简章 2007年12月份印制了两种艺术设计专业招生简章20 000份；2008年3月份印制了本科招生简章双面彩页25 000份，涵盖专业介绍、招生计划等内容；印制彩色折页25 000份；编印《北京林业大学报考指南》8000册，包含北林概况、院士风采、院系专业、攻读硕博、学科建设、教学培养、奖助学金、就业状况、招生章程等详细介绍；设计制作宣传展板16块。制作发放《北京林业大学2008年自主选拔录取招生简章》2500份、《北京林业大学2008年艺术特长生招生简章》2500份。在招生网上公布《北京林业大学2008年国防生招生简章》、《北京林业大学2008年草坪管理(中美合作办学)招生简章》、《北京林业大学2008年第二学士学位招生简章》、《北京林业大学2008年内地生源定向西藏招生简章》、《北京林业大学2008年少数民族预科招生简章》、《北京林业大学2008年内地西藏班、新疆高中班简章》。

电话咨询 选拔优秀学生22名组成招生咨询小组，从4月份开始至填报志愿结束，每天早8点至晚上9点轮流值班，接听电话，接待考生家长咨询，节假日不休，平均日接听电话600余次，高峰时期1200余次。每个院系均向社会公布招生专用电话，配备专人接听，回答考生有关专业介绍方面的咨询。

网络服务 2008年北林招生网全新改版，日均访问1091人次，在线招生咨询栏目回答考生问题3874条。学校在阳光高考信息平台、中国教育在线等教育系统网站和各省级教育网、招生网以及搜狐、新浪、中国广播网等商业网站上定期发布有关招生宣传的文章，参加各大网络媒体的网上招生咨询、宣传展示等活动。

传统媒体 学校在《高校招生》、《求学》、《招生考试通讯》、《课堂内外》等杂志和专刊上刊登了学校介绍；《中国青年报》、《北京晚报》、《现代教育报》、《北京考试报》、《新京报》、《北京晨报》等均有报道；在北京电视台、内蒙古电视台、安徽电视台、中央人民广播电台、北京人民广播电台、大连广播电台、江苏广播电台等做了十余次关于填报志愿和学校介绍的节目。

招生咨询活动 参加北京、四川、江苏、浙江、辽宁、黑龙江、山东、河北、河南、山西、陕西、安徽、江西、湖南、湖北、甘肃、宁夏、等21省(区、市)41地招生咨询活动，仅在北京市就参加25次各种规格的招生咨询会，派出教

师 120 余人次；由单纯参加咨询会过渡到深入中学走访，与广大考生进行面对面交流，争取高质量的生源。 （穆琳 董金宝）

【特殊类型招生】

艺术设计 学校 2008 年艺术设计专业计划招收本科生 120 人，在北京、沈阳、济南、武汉、西安、长沙、南京、郑州、广州设立 9 个考点，通过各种途径发放招生简章 15 000 余份，参加专业考试的 10 502 人，发放合格证 683 人，专业课合格线 74 分，合格考生分布在 25 个省（区、市）。经过高考文化课考试后，有 165 人报考学校，117 人被录取。

艺术特长生 学校在全国计划招收艺术特长生 40 人，特长项目为西洋乐器、民族乐器、舞蹈、声乐，报名 678 人，合格 496 人，签约 476 人，录取 33 人。

自主选拔录取招生 2008 年报名参加学校自主选拔录取的考生共有 1095 人，经初审 739 人合格，606 人参加考试，460 人获得学校自主选拔录取资格（其中 181 人获得 A 档，达到重点线后可加 40 分参与专业选择，279 人获得 B 档，可加 20 分参与专业选择）。最终 172 人被学校录取。

高水平运动员 2008 年学校高水平运动员计划招收 33 人，招生项目为田径。共有来自北京、山东、河北、辽宁、吉林、黑龙江、内蒙古、湖南等 11 个省（区、市）的 98 名运动员参加测试。经过学校的专业测试，共有 39 名成绩优异者合格，最终录取 16 人。

第二学士学位 2008 年学校工商管理二学位计划招收 30 人。招生办承担计划制定、招生宣传、考试报名、资格审查、组织出题、考试安排、组织阅卷、评分、录取、报批等各项工作。共报名 27 人，录取 17 人。 （穆琳 董金宝）

【2008 届本科生就业情况】 2008 年学校共有本科毕业生 3424 人（其中双学位 22 人），分布在 49 个专业（方向）。截至 8 月 31 日，本科毕业生一次就业率 93.57%，其中，升学 771 人，占毕业生总数的 22.52%；留学 112 人，占 3.27%；就业 2321 人，占 67.79%。就业的毕业生中签就业协议 1928 人（包括北京"村官"108 人，支教

10 人，志愿服务西部 1 人），签约率 82.13%；签劳动合同 10 人，用人单位证明 283 人，自由职业 99 人。京外生源户档留校人数为 59 人。

从就业单位性质来看，机关 82 人（其中 56 人为基层党政机关），占签约总数的 4.25%；军队 45 人（其中 41 人国防定向委培毕业生），占 2.33%；企业 1438 人，占 74.59%；事业 169 人，占 8.77%；基层 119 人，占 6.17%；

从就业地区流向来看，在北京就业 685 人，占签约总数的 35.53%，其中去远郊区县就业 190 人，占 27.74%，京外生源留京 385 人，占在京签约人数的 56.2%；到西部地区就业 151 人，占签约总数的 7.83%，非西部生源到西部地区 25 人，占西部地区就业的 16.56%。

（翁婧 董金宝）

【职业发展教育与就业指导】 面向全体 2008 级本科新生，开展"大学生职业规划与就业指导"入学教育。面向低年级同学开展第四届"职业发展月"系列活动，组织讲座、工作坊等活动 20 余场；面向毕业生开展第五届"就业指导月"系列活动，组织讲座、工作坊等活动 11 场。在本科 2005 级开设《就业指导》必修课、2007 级开设《职业生涯规划》必修课。引进北森测评公司 careersky 职业测评系统，全体在校生均可注册使用。接待"职业规划与就业指导"预约咨询 20 例。

（翁婧 董金宝）

【就业市场开拓与实践基地建设】 2008 年，招生就业处高度重视就业市场建设，着力构建校园市场为主体的有效需求市场。走访北京亦庄经济技术开发区人事劳动和社会保障局、海淀区人事局人才交流中心、中关村科技园区管委会人才资源处、北京市东城区人才服务中心、天津市园林局、天津市公路局、天津市绿化中心、天津市园林规划设计院、浙江萧山经济技术开发区等用人单位 60 余家。参加中关村人才市场校企见面会、北京市高校毕业生就业指导中心校企联谊会、校企沙龙、南京市第四届校企见面会、"创新苏州，创业天堂"人才开发合作洽谈会、2008 浙江高层次人才洽谈会等有关校企见面会 20 多场。与北京工业设计促进中心、浙江省长兴县、北京浙江企业商会、嘉丰木业（苏州）有限公司、浙江省水利水电勘测设计院等 10 家用人单位举行

签约仪式，建立"北京林业大学就业实践与教学实习基地"，就业基地总数达到130余家。

（翁　婧　董金宝）

【就业服务】

招聘会、宣讲会　组织2009届毕业生冬季供需洽谈会、2008暑期就业实践双选会等大型校园综合招聘会4场；组织第三届林业产业发展与人才开发论坛暨林业院校应届毕业生校园招聘会、杭州西湖风景区北京林业大学专场招聘会、江西林业厅下属事业单位招聘会、浙江省长兴县北京林业大学校园专场招聘会、北京浙江企业商会北京林业大学校园招聘会等行业性、区域性中型招聘会5场；组织华为集团北京林业大学校园宣讲会、北京天恒建设集团校园宣讲会、博彦科技（北京）有限公司北京林业大学宣讲会、法国欧尚集团公司北林大校园招聘宣讲会、百胜餐饮集团中国事业部北林大宣讲会、四川升达林业产业股份有限公司北林大宣讲会等专场宣讲招聘会102场。

大学生"村官"、"支教"项目　2008年，学校共有108名同学被选聘为北京市大学生"村官"、10人参加中小学支教。学校参加大兴、昌平、平谷、怀柔等区县的"村官"选聘工作协调会、组织学生到区县参加面试、召开北京林业大学2008年村官、支教选聘工作现场说明会暨典型事迹报告会、2008北京林业大学"村官""支教"上岗欢送会，组织学生参加北京市上岗欢送会及各区县上岗欢迎会。

扶助困难群体就业　4月22日，学校与华民慈善基金会签订大学生就业扶助项目合作协议，基金会资助学校2009届100名本科毕业生每人5000元就业扶助金，合计资助金额为50万元。举办华民慈善基金会大学生就业扶助项目北京林业大学报告会暨"大爱同行"就业培训。汶川地震发生后，学校立即统计地震灾区毕业生名单及就业进展情况，制定并实施资助措施。继续面向经济困难毕业生设立资助基金。

毕业典礼　7月1日举办2008届本科生毕业典礼和学位授予仪式，7月2日办理毕业生离校手续。　　　　　　（翁　婧　董金宝）

【就业队伍建设与调查研究】　组织校院两级就业人员参加北京高校就业指导中心"就业工作人员专业化培训"、组织全校20名就业工作人员参加GCDF全球职业规划师培训、给2008级新生班主任做就业工作培训。

召开就业工作总结会、表彰学校就业研究课题优秀论文。参加国家林业局人才交流中心就业指导优秀论文评选，获一等奖1篇，二等奖2篇，三等奖1篇和优秀组织奖。参加北京市教委重大课题《北京地区普通高等教育专业预警机制研究》、市教委委托课题《高校办学定位与就业研究》。

统计并编印《2008届毕业生签约情况调查统计问卷》、《2009届毕业生择业意向调查》、《2008就业工作白皮书》、《2009年毕业生就业指导手册》。全国农林高校就业指导教材编委会筹备会在学校召开，学校任主编单位。

学校就业服务中心学生助理团第五次换届大会，编印《就业指导报》（第10～22期）、《就业之路》（第15～18期）、2008年《就业启航》论文集。　　　　　　（翁　婧　董金宝）

学科建设

学科设置与建设

【概　况】　2008 年，北京林业大学有 4 个一级学科博士学位授权点和 5 个一级学科硕士学位授权点，35 个二级学科博士学位授权点和 73 个二级学科硕士学位授权点，3 个硕士专业学位授权点，14 个高校教师攻读硕士学位授权点，5 个博士后流动站。博硕士点覆盖 9 个学科门类的 26 个一级学科。有 1 个一级国家重点学科（涵盖 7 个二级学科），2 个二级国家重点学科，1 个国家重点（培育）学科；1 个北京市一级重点学科（涵盖 3 个二级学科），3 个北京市二级重点学科，1 个北京市交叉重点学科；10 个国家林业局重点学科。学校学科体系以林学为优势特色，生物学、林业工程学、农林经济管理等多学科协调发展。

北京林业大学博士学位授权一级学科

序号	学科门类	一级学科名称
1	理学	生物学
2	工学	林业工程
3	农学	林学
4	管理学	农林经济管理

北京林业大学博士点一览

序号	学科门类	一级学科名称	二级学科名称
1	理学	生物学	植物学
2	理学	生物学	动物学
3	理学	生物学	生理学
4	理学	生物学	水生生物学
5	理学	生物学	微生物学
6	理学	生物学	神经生物学
7	理学	生物学	遗传学
8	理学	生物学	发育生物学
9	理学	生物学	细胞生物学
10	理学	生物学	生物化学与分子生物学
11	理学	生物学	生物物理学
12	理学	生物学	生态学
13	工学	机械工程	机械设计及理论
14	工学	建筑学	城市规划与设计（含风景园林规划与设计）
15	工学	林业工程	森林工程

（续）

序号	学科门类	一级学科名称	二级学科名称
16	工学	林业工程	木材科学与技术
17	工学	林业工程	林产化学加工工程
18	工学	林业工程	山地灾害防治工程
19	工学	林业工程	林业装备工程
20	农学	农业资源利用	土壤学
21	农学	畜牧学	草业科学
22	农学	林学	林木遗传育种
23	农学	林学	森林培育
24	农学	林学	森林保护学
25	农学	林学	森林经理学
26	农学	林学	野生动植物保护与利用
27	农学	林学	园林植物与观赏园艺
28	农学	林学	水土保持与荒漠化防治
29	农学	林学	自然保护区学
30	农学	林学	生态环境工程
31	农学	林学	复合农林学
32	农学	林学	城市林业
33	农学	林学	工程绿化
34	管理学	农林经济管理	农业经济管理
35	管理学	农林经济管理	林业经济管理

北京林业大学硕士点一览

序号	学科门类	一级学科名称	二级学科名称
1	哲学	哲学	科学技术哲学
2	经济学	应用经济学	国民经济学
3	经济学	应用经济学	区域经济学
4	经济学	应用经济学	财政学（含税收学）
5	经济学	应用经济学	金融学
6	经济学	应用经济学	产业经济学
7	经济学	应用经济学	国际贸易学
8	经济学	应用经济学	劳动经济学
9	经济学	应用经济学	统计学
10	经济学	应用经济学	数量经济学
11	经济学	应用经济学	国防经济学
12	经济学	理论经济学	人口、资源与环境经济学

（续）

序号	学科门类	一级学科名称	二级学科名称
13	法学	法学	法学理论
14	法学	马克思主义理论	马克思主义基本原理
15	法学	马克思主义理论	思想政治教育
16	教育学	心理学	应用心理学
17	文学	外国语言文学	外国语言学及应用语言学
18	文学	外国语言文学	英语语言文学
19	文学	艺术学	设计艺术学
20	理学	地理学	自然地理学
21	理学	地理学	地图学与地理信息系统
22	理学	生物学	植物学
23	理学	生物学	动物学
24	理学	生物学	生理学
25	理学	生物学	水生生物学
26	理学	生物学	微生物学
27	理学	生物学	神经生物学
28	理学	生物学	遗传学
29	理学	生物学	发育生物学
30	理学	生物学	细胞生物学
31	理学	生物学	生物化学与分子生物学
32	理学	生物学	生物物理学
33	理学	生物学	生态学
34	工学	机械工程	机械制造及其自动化
35	工学	机械工程	机械电子工程
36	工学	机械工程	机械设计及理论
37	工学	机械工程	车辆工程
38	工学	控制科学与工程	控制理论与控制工程
39	工学	计算机科学与技术	计算机软件与理论
40	工学	计算机科学与技术	计算机应用技术
41	工学	建筑学	城市规划与设计（含风景园林规划与设计）
42	工学	土木工程	结构工程
43	工学	农业工程	农业生物环境与能源工程
44	工学	林业工程	森林工程
45	工学	林业工程	木材科学与技术
46	工学	林业工程	林产化学加工工程
47	工学	林业工程	山地灾害防治工程

（续）

序号	学科门类	一级学科名称	二级学科名称
48	工学	林业工程	林业装备工程
49	工学	环境科学与工程	环境科学
50	工学	食品科学与工程	农产品加工及贮藏工程
51	农学	农业资源利用	土壤学
52	农学	农业资源利用	植物营养学
53	农学	畜牧学	草业科学
54	农学	林学	林木遗传育种
55	农学	林学	森林培育
56	农学	林学	森林保护学
57	农学	林学	森林经理学
58	农学	林学	野生动植物保护与利用
59	农学	林学	园林植物与观赏园艺
60	农学	林学	水土保持与荒漠化防治
61	农学	林学	自然保护区学
62	农学	林学	生态环境工程
63	农学	林学	复合农林学
64	农学	林学	城市林业
65	农学	林学	工程绿化
66	管理学	管理科学与工程	管理科学与工程
67	管理学	工商管理	会计学
68	管理学	工商管理	企业管理
69	管理学	工商管理	旅游管理
70	管理学	工商管理	技术经济及管理
71	管理学	农林经济管理	农业经济管理
72	管理学	农林经济管理	林业经济管理
73	管理学	公共管理	行政管理

北京林业大学现有硕士学位授权一级学科

序号	学科门类	一级学科名称
1	经济学	应用经济学
2	理学	机械工程
3	农学	农业资源利用
4	管理学	管理科学与工程
5	管理学	工商管理

【"211工程"三期建设启动】 北京林业大学"211工程"三期建设坚持以重点学科建设为核心，以人才建设和科技创新平台及其运行机制建设为重点；突出重点学科建设项目以国家和林业重大需要为导向，凝炼出学科前沿研究方向和工作目标；为研究、解决重大科学问题和实现工作目标构筑具有特色和优势的科技创新平台；集聚富有活力与创新精神的学术团队等特点。

学校"211工程"三期建设中央专项资金4900

万元，主要用于重点学科建设、创新人才培养和师资队伍建设。建设期为4年(2008~2011年)。学校制定了《北京林业大学"211工程"建设项目管理实施办法》、《北京林业大学"211工程"专项资金管理办法》等管理文件和具体措施。

（高双林　张卫民）

【学科建设】　北京林业大学"应对全球变化的森林生态系统恢复重建与可持续经营优势学科创新平台"项目获教育部批准立项建设。项目服务于国家生态安全的重大科技战略需求，重点研究优质高效森林培育与经营、脆弱生态系统退化机制与恢复重建、林木良种与生物学基础、生态系统保护。

学校5个学科被北京市教育委员会批准为北京市重点学科，其中，林业工程被授予一级学科北京市重点学科；生态学、城市规划与设计、草业科学被授予二级学科北京市重点学科；生态环境地理学被授予交叉学科北京市重点学科点。并

根据北京市教委要求完成了北京市重点学科2008~2012年建设任务书的填报工作。

组织参加全国一级学科评估。教育部学位与研究生教育发展中心开展了第二轮第二批学科评估工作，本次学科评估在50个一级学科中进行，学校多个学科从学科方向、学术队伍、科学研究、人才培养、平台建设等方面进行系统分析和凝练，确定应用经济学、生物学、建筑学等3个学科参加全国一级学科评估。

启动学校重点学科建设项目基金。为加强重点学科，特别是国家重点学科的建设力度，学校安排了50万元作为重点学科建设项目基金。

学校农业经济管理博士点、微生物学博士点和细胞生物学硕士点进行独立招生的论证工作；为加强学校北京市重点交叉学科建设，确定在地理学及林学的相关二级学科下，新增了"生态环境地理"招收方向，已列入2009年的招生计划。

（学科设置与建设由向文生、孙玉君撰稿）

重点学科

北京林业大学重点学科

重点学科类别	学科名称	学科涵盖范围
国家重点学科		
一级学科国家重点学科	林学	所含7个二级学科：森林培育、水土保持与荒漠化防治、林木遗传育种、园林植物与观赏园艺、森林经理学、森林保护学、野生动植物保护与利用
二级学科国家重点学科	植物学	—
	木材科学与技术	
国家重点(培育)学科	林业经济管理	—
省部级重点学科		
一级学科北京市重点学科	林业工程	所含3个二级学科：木材科学与技术、林产化学加工工程、森林工程
二级学科北京市重点学科	生态学	—
	城市规划与设计(含风景园林规划与设计)	
	草业科学	
交叉学科北京市重点学科	生态环境地理学	交叉领域：林学、地理学

（续）

重点学科类别	学科名称	学科涵盖范围
国家林业局重点学科	植物学	—
	生态学	
	城市规划与设计（含风景园林规划与设计）	
	木材科学与技术	
	林产化学加工工程	
	土壤学	
	森林保护学	
	森林经理学	
	野生动植物保护与利用	
	林业经济管理	

【森林培育】 国家重点学科。学科始建于1952年，是中国建立最早的林学类学科点之一，从第一任教研室主任王林教授开始，历经沈国舫、孙时轩、王九龄等几代老一辈造林学家的引领和建设，于1986年获得博士学位授予权。长期以来，该学科点在森林培育学家沈国舫院士和中国工程院院士尹伟伦教授等学科带头人的带领下，在科学研究、人才培养等方面一直处于全国同类学科的领先地位，得到了全国学科同行的高度评价和认可。作为林学的核心学科，森林培育学科于1989年、2001年和2007年三次被评为国家重点建设学科，是"九五"、"十五"和"十一五"、"211工程"重点建设学科。以该学科为依托，北林大于1995年和2004年先后建立了干旱半干旱地区森林培育及生态系统国家林业局重点开放性实验室和森林培育与保护教育部重点实验室。

根据中国现代林业发展趋势，特别是国家重大林业工程对森林资源培育的理论与技术需求，结合学科群长期以来的研究特色和"十一五"期间承担的国家和地方重大科技项目特点以及学科梯队现状，学科分为3个主要研究方向：

公益林资源培育 主要开展水资源节约型、抗旱、耐瘠薄树种选择，林分种内、种间关系，林木生长与立地环境关系，林分结构动态与林分质量关系，森林资源培育措施与森林服务功能关系，不同空间配置中林农和林牧和谐发展的人工调控机理等研究。重点突破北京山区生态公益林的构建和经营技术，华北和西北地区退耕还林中林农、林草复合经营技术。

商品林资源培育 通过工业用材林、能源林、特色经济林树种选择，高质量苗木培育，林分结构与生产力的关系，工业人工林地力可持续维持，人工林生产力及林产品形成的树木水分、养分和光能利用效率以及光合产物分配耦合机理等技术研究，重点突破杨树、落叶松为主的速生丰产林苗木培育技术、苗木质量技术标准和速生丰产林（纸浆林）培育技术，以板栗、核桃为主的新品种选育与丰产栽培技术，以刺槐、杂交柳、栎类、柠条、沙棘、沙枣、紫穗槐等为主的能源林培育技术。

城市森林资源培育 主要对城市森林的良种选育、空间布局合理性、城市宜居性、功能的尺度效应、林木耗水规律、林分结构与其风景游憩林功能的耦合机理、景观斑块空间配置的美学原理与技术以及植被的生态需水、节水灌溉、节水灌溉制度、植物对雨水和再生水的生长与生理响应等进行研究，重点突破以北京市为典型代表的城市森林合理布局及其对城市宜居性的贡献、风景游憩林营建技术等。

学科共有教师13名，其中中国工程院院士1名、教授4名、副教授6名、讲师1名、实验师1名；博士生导师10名，硕士生导师18名。其中，35岁以下教师占23.1%；36～45岁教师占38.5%，46～55岁教师占30.8%，56岁以上教师占7.6%；具有博士学位教师占80%。

北京林业大学年鉴2009卷

学科成员承担的科研项目包括"863"、国家"十一五"科技支撑、科技部科技成果转化、国家咨询项目、"948"引进项目、教育部重大项目培育基金等40个，经费达1985万元。研究成果主要体现在：在生态公益林资源培育方面，对植物材料抗逆性选育及栽培技术、林木耗水与林木生理生态基础、生态公益林的抚育和营建理论与技术、华北石质山区退耕还林技术、退化草地植被恢复技术等研究；在商品林资源培育方面，开展了速生丰产林栽培技术、经济林新品种选育及高效栽培技术、灌木能源林培育技术的研究；在城市森林资源培育方面，对风景游憩林的经营技术、红花玉兰新种和变种的发现及引种技术开展了研究。这些方面的研究成果处于该领域国内领先、国际前沿的地位。

学科现有研究生162名，其中硕士108名，博士54名，博士后4名；2008年毕业26名硕士研究生，18名博士生。

在条件建设方面，该学科群拥有"干旱、半干旱地区森林生态系统与森林培育"省部级重点实验室；经过两期的"211工程"建设，建成教育部和北京市共建"北京林业大学森林培育与保护教育部重点开放实验室"，并在华北地区建立科研试验基地。两学科群已拥有一批价值近2000万元、以野外定位研究、森林生产力研究、实验室分析测试，特别是土壤和植物水分生理等为特色的高水平仪器设备，居国内同类学科领先地位。

学科重视学术交流，2008年度共有26人次参加国际学术交流、国内学术研讨会，承办第九届全国森林培育学术研讨会。

森林培育学科作为国家级重点学科，主持编写国家林业公益性行业科研专项顶层设计。在高效能源林培育与经营技术、经济林优质高产培育技术、城市森林建设技术、高效复合经营系统结构配置与可持续经营技术、植被配置模式与结构优化技术等方面的研究成果为国家林业建设发挥积极作用。同时，该学科主持完成的国家林业局和北京市园林绿化局项目"北京山区生态公益林抚育技术与示范"的研究成果，为北京市政府中幼林抚育工程提供了技术支撑，也为我国生态公益林的抚育提供了理论依据和技术参考。

【水土保持与荒漠化防治】 国家重点学科。学科始建于1952年。1980年北京林业大学正式成立了水土保持系，1981年批准建立全国第一个水土保持硕士点，1984年批准建立了全国唯一的水土保持博士点，1989年被国家教委确定为第一批国家重点学科，1996年被列入"211工程"重点建设学科。2001年重新申报后，再次成为国家重点学科。

学科分为3个主要研究方向：

水土保持 研究水土保持可持续发展的基本理论，水土保持动态监测、调控的机理、途径和方法，水土保持各项技术措施空间配置的原理、方法以及相互作用机理，开发建设项目水土保持和水土流失面源污染防控理论与技术等。

荒漠化防治 研究荒漠化地区土地资源、水资源和植被资源的优化利用，荒漠化形成的动力学机制，土地荒漠化的生态学过程，荒漠化土地植被的恢复与重建技术，荒漠化监测、预警、灾害评估等指标体系与理论、生物治沙、化学治沙和工程治沙的关键技术与材料，不同类型荒漠化综合治理的可持续经营技术模式等。

林业生态工程 研究林业生态工程区域（流域）优化配置技术，稳定林分结构技术设计，困难立地的森林培育技术，径流林业和抗旱造林技术，林业生态工程效益评价与信息管理技术等。

2008年从中科院地理所和中国农业大学引进教师2名。40岁以下青年教师占学科总人数的比例接近40%，具有博士学位的45岁以下的中青年教师超过90%。学术队伍方向明确，已形成了以中青年教授为学术骨干、老中青结合、学缘结构合理、学科梯队完善的学科队伍。

2008年学科共承担科研项目47个，其中：国家科技攻关课题7个，国家自然基金项目4个，北京市科委重大项目2个，国家林业局公益项目1个，国家林业局"948"项目2个，国际科技合作项目2个。

学科现已具有包括本科、硕士、博士、博士后培养在内的完整人才培养体系。2008年，学科共培养本科生56名，硕士生32名，博士生22名。

2008年学科对林业生态工程研究室、荒漠化防治研究室、流域治理研究室、技术基础研究室以及其包含的防护林实验室、经济林实验室、风蚀实验室、荒漠化实验室、森林水文与生态水文实验室、土壤侵蚀实验室、流域规划设计实验室、水土保持"3S"技术实验室和水土保持综合分析实验室进行了进一步建设。

学科在保持活跃的国内科研合作与学术交流的同时，先后与美国北卡罗来纳州立大学、美国亚利桑那州立大学、日本琉球大学、德国慕尼黑大学、奥地利维也纳农业大学、韩国汉城大学、以色列农业大学、台湾中兴大学建立了稳定的科研合作和学术交流关系。2008年正在进行中奥、中德合作研究项目2个。

2008年，共接纳3个国家和地区有关方面的科技人员4人，20多人赴匈牙利参加第14届世界水土保持大会，1人赴奥地利参加第11届国际自然灾害防治大会。

在产学研基地建设方面，野外教学科研基地包括山西吉县、北京密云、重庆缙云山、河北丰宁、山西方山、宁夏盐池、青海大通、陕西吴旗和北京延庆。增加了野外试验基地的标准地及集水区数量，购置了先进的野外仪器设备及仪器设备配件。

学科面向生态环境建设主战场成立的具有独立法人资格的"北林丽景生态环境规划设计院有限责任公司"运转良好。

【林木遗传育种】 国家重点学科。学科始建于1954年，1962年始招研究生（含留学生），1986年始招博士生，是中国林木遗传育种学科第一个硕士点和博士点，1992年起成为部级重点学科，2003年起成为国家重点学科。在学科的奠基者朱之悌院士、沈熙环教授领导下，经过几代人的精心经营，已成为中国北方林木遗传育种科学研究、人才培养与学术交流中心，在国内外享有重要影响。

学科现有成员14名，其中有12人具国外学位及合作研究背景，50岁以下研究人员均有博士学位。包括长江讲座教授1名，部级跨世纪青年学科学术带头人1名，国际林联IUFRO学部负责人1名，中国林学会林木遗传育种专业委员会副主任和常委各1名等；学科建有"林木育种国家工程实验室"和"林木花卉遗传育种教育部重点实验室"，仪器设备精良；承担国家科技支撑、国家自然基金、"863"、"948"等重要课题；

在树木遗传改良的分子基础、林木多倍体育种以及抗逆性育种有重要突破；曾获国家科技进步二等奖4项，省部级科技进步一、二等奖10余项；研究生培养能力进一步增强，4篇博士论文获得学校优秀博士论文，1篇入选全国百篇优秀博士论文。

学科主要研究方向：树木功能基因组学与分子育种、树木细胞遗传与细胞工程、阔叶树种遗传改良、针叶树遗传改良、经济林木遗传改良、林木良种繁育、森林遗传学与可持续育种策略。

2008年，学科新引进细胞生物学领域具博士学位的青年学者1名，另有2名在国外进修教师学成回国。主持国家"十一五"科技支撑课题和专题、国家自然基金、"863"项目、"948"项目、教育部新世纪优秀人才项目等项目30余个，总经费达1400多万元。出版学术著作3部，在国内外学术刊物上发表论文38篇，获得国家发明专利5项，获得梁希优秀论文二等奖1项。研究生培养人数稳步增加，在读研究生80人，其中博士生29人，硕士生61人。2008年毕业研究生23人，其中授予博士学位5人，硕士学位18人。获得学校优秀博士论文1篇。

2008年，学科邀请和接待国内外学者讲学和访问40多人次；累计有60多人次出国进修、开展合作研究或参加国际会议和考察；主持召开了首届华北地区林木遗传育种年会；协助承办第23届国际杨树大会等。

【园林植物与观赏园艺】 国家重点学科。学科始建于1951年，1960年开始招收研究生和国外留学生，1986年始招收博士生，是我国最早具有园林植物与观赏园艺博士学位授予权的学科点，也是我国唯一的园林植物与观赏园艺国家重点学科。多家国内外权威学术机构设在该学科，如梅品种国际登录中心、中国园艺学会观赏园艺专业委员会、中国插花花艺研究会、全国插花花艺培训中心、中国花协梅花蜡梅分会、中国花协牡丹芍药分会等，担任国家级学术机构副理事长的专家4人。

学科分为4个主要研究方向：

观赏植物种质资源及遗传育种 梅花、牡丹、玫瑰、紫薇、桃、菊花等传统名花资源与育种；报春花属植物资源、野生石斛属植物资源、

野生花卉资源调查、保护与引种驯化。

现代化花卉栽培技术 包括月季、百合等重要切花现代化花卉栽培技术；大花蕙兰、蝴蝶兰、石斛等重要商品盆花的现代化栽培技术，重点研究用于盆花生产的可再生代用基质、营养施肥及花期调控技术，低能耗、高品质工厂化蝴蝶兰组培育苗新技术。

花卉生物技术研究 包括菊花、百合等花卉重要基因的克隆研究、花卉转基因技术体系建立、转基因植物评价体系建立与转基因品种的安全释放。

园林植物应用与园林生态研究 包括对园林植物生态保健作用机理的探索研究、对人居环境质量监测和综合评价的研究。

学科队伍共 36 人，其中院士 1 名，教授 9 名，副教授 15 名，博士生导师 9 名。拥有国家级有突出贡献的中青年专家 1 人、教育部新世纪人才 1 人、宝钢优秀教师特等奖获得者 1 人、北京市教学名师 1 人，在国际学术组织中任职的专家有 4 人，陈俊愉院士为我国第一个国际栽培植物品种登录权威。教学系列 45 岁以下的专职副教授 11 名，60 岁以下的教授 8 名全部具有博士学位。

学科实验室面积 3000 平方米，组培室 500 平方米，现代化自控实验温室 5000 平方米，新建日光试验温室 3000 平方米，新建试验冷库 200 平方米，试验仪器设备达 500 余台（件），仪器设备费超过 1000 万元，万元以上仪器设备 100 余台（件）；拥有实验和生产实习基地 4 个，合计 229 公顷（包括现代化温室 12.9 公顷、日光温室 13.2 公顷）。国家花卉工程技术研究中心的建设，为学科的发展提供了强有力的支撑。

近年来，学科点获得大量建设经费。"211工程"建设投入经费 250 多万元，自筹经费 460 多万元，其中：购置设备费用 510 多万元、人才培养 20 多万元、图书资料 70 多万元、师资队伍建设 30 多万元、国际国内学术交流 30 多万元。

2008 年在研的"十一五"科研项目 42 个，项目总经费 3914.88 万元，其中 2008 年获得批准的科研项目 10 个，总经费 301.88 万元。获得植物新品种授权 2 项，登录植物品种 2 个。申报了"传统插花艺术"区级、市级、国家级非物质文化遗产（编号：Ⅶ-93），最终作为国家级唯一

的插花项目，列入第二批国家级非物质文化遗产名录。

2008 年验收"948"科研成果 4 项，验收标准 5 个。获得专利 2 项（发明专利 2008.7.23 第 414010 号），2008 霍英东教育基金会第十一届高等院校青年教师自然科学奖 1 项。出版专著 2 部，发表论文 60 篇，其中 SCI 收录 1 篇，ISTP 收录 4 篇。

2008 年共招收本科生 150 余名，招收硕士生 70 名，博士生 10 名，专业学位硕士生 30 名，授予博士学位 8 名，授予硕士学位 60 名，为国家培养了大批的园林植物与观赏园艺专业人才。定期接待美国、欧洲等国家和地区的大学生来学校短期学习、实习。

2008 年 8 月中国园艺学会观赏园艺专业委员会和国家花卉工程技术研究中心在黑龙江哈尔滨市召开"2008 年中国园艺学会观赏园艺专业委员会年会"，并由中国林业出版社正式出版系列论文集《中国观赏园艺研究进展》（张启翔教授主编）。学科与中国风景园林学会规划设计委员会联合举办的风景园林师 30 年学术交流报告会等。共有来自 5 个国家和地区的 10 多名专家学者进行了交流。

学科与国内外许多重要的花卉研究开发机构和有实力的花卉公司建立了稳定的联系，拥有许多花卉技术开发合作的伙伴。

2008 年奥运会前期，协助完成"奥运用花抗逆性研究"、"北京奥林匹克森林公园接近自然的生态规划研究"项目研究。受北京奥组委的委托，王莲英教授组织主持设计了北京奥运会、残奥会颁奖花束，并受托对奥运会新闻大厅进行了环境设计。

【森林经理学】 国家重点学科。由我国著名森林经理学家范济洲、关毓秀、于政中教授于 1952 年创立。学科点 1956 年开始招收研究生，1981 年首批获硕士、博士学位授予权，1989 年被评为国家重点学科。1996 年被列为国家"211工程"重点建设学科，2006 年成为国家林业局重点学科。1995 年建成国家林业局森林资源与环境管理重点开放实验室，2004 年建成省部共建教育部森林培育与保护重点实验室。

学科在我国森林经理学科领域发挥了重要

的引领作用。20世纪50年代建立了我国的森林调查技术和永续利用理论，60年代开展了森林经营方案编制与遥感技术应用，70年代创建了具有国际先进水平的全国森林资源连续清查体系（获国家科学技术进步二等奖），80年代创建了森林资源综合信息管理体系（获林业部科技进步一等奖），90年代推进了林业可持续发展和森林可持续经营研究，21世纪在学科交叉领域首创了林业"3S"技术和林业信息技术新方向（2004年获国家科学技术进步二等奖），为我国森林资源经营管理的现代化建设作出了重大贡献。

50多年来，学科点培养出了一大批优秀人才，中科院院士徐冠华、唐守正就是该学科培养的优秀毕业生代表，中国林科院院长张守攻博士和近百名博士研究生已成为高等院校、科研单位、规划设计和资源管理部门的主要领导和业务骨干。

学科现已形成相对稳定的研究方向，主要有：森林可持续经营理论与技术、森林资源监测与评价、林业"3S"与信息技术、生态旅游、森林文化与森林美学。

学科现有固定在编人员31人，教授12人，副教授15人，其中1人为省部级有突出贡献的中青年专家，2人为省部级跨世纪青年学科带头人，1人获教育部高校青年教师奖励计划资助，1人获教育部新世纪优秀人才支持计划资助，25人次担任全国性学会副理事长、常务理事等职务。具有博士学位25人，占总人数的80%，具有博士后经历的8人，80%以上具有在国外留学和访问学者经历。

2008年培养了博士研究生7名，硕士研究生28名。

学科拥有国内外学术期刊55种、专业著作8000余册、国内外相关教材85部、森林规划设计和经营方案300余部、学位论文500余部、相关学术研讨会资料/论文集200余部、主要林区航空和航天影像资料。设有205平方米的研究生专用研究室，配备RS、GIS、GPS软件和硬件、统计分析软件、数学模型软件、规划设计软件、信息管理软件等，能充分满足研究生培养的需要。与中国林科院情报中心、国家林业局规划院、中国科学院图书情报中心实现信息共享。在主要林区建有教学科研基地6处。

2008年，学科先后召开中国林学会森林经理分会2008年"林权制度改革与森林经营管理"学术研讨会，第二届海峡两岸森林经理学术研讨会，森林经理重点学科建设高级研讨班；参与南方雨雪冰冻灾害考察，完成南方雨雪冰冻灾害考察报告。主持编写《雨雪冰冻灾害受害林木清理指南》经国家林业局批准后实施。举办商务部"森林可持续经营林业官员研修班"。主持国家林业局森林认证试点，主持编写《中国森林认证实施规则》。主持编写北京市《生态公益林经营类型划分规程》地方标准。学科获得国家林业局2008年科技服务林改先进集体，郑小贤教授获得国家林业局2008年科技服务林改先进个人荣誉称号。

【森林保护学】 国家重点学科。学科始建于1952年，1958年招收森林保护专业本科生，1981年和2000年分别获得硕士、博士学位授予权。1992年被评为原林业部重点学科，2007年被评为国家重点学科。现建有教育部北京市共建森林培育与保护重点实验室、国家林业局森林保护重点实验室，以及森林昆虫学、林木病理学和化学保护3个本科实验室及森林病害、昆虫和动物3个标本室。现有教授5人，副教授6人。其中教育部"长江学者"特聘教授1人，2006年获批教育部"林业重大病虫灾害预警与生态调控技术研究"创新团队。1990年以来，学科获得各类重要科技奖励31项，其中国家科技进步二等奖2项、三等奖4项，省部级科技进步一等奖3项；获国家级教学成果一等奖1项。

学科主要研究森林有害生物的防治理论与技术。经几十年的积累，不断凝练并形成了森林害虫控制、林木病害控制、林业外来有害生物防控等3个主要研究方向。特别是在重大林木病虫灾害的生态控制和监测预警、林业外来有害生物预警与控制、园林植物病虫控制、森林鼠害控制等方面具有较大优势，特色明显。

2008年，学科在获批国家重点学科的基础上，进一步凝炼研究方向，尤其是林木钻蛀性害虫的生态调控理论和技术方面的优势和特色更加鲜明；在昆虫信息素的开发和利用方面有了新的突破；强化了介壳虫和竹节虫分类方面的传统优势；在寄主与病原菌互作关系以及菌物系统学

研究方面的特色逐步凸显。引进了1名从事害虫化学生态研究的副教授；晋升了1名教授、3名副教授。

2008年新增课题15个，经费278万元，其中骆有庆教授、石娟副教授继续获得"973"项目的资助；田呈明教授争取到科技援疆项目和"948"项目；武三安教授首次发现并鉴定了我国重要危险性检疫害虫扶桑绵粉蚧。各类在研课题进展顺利，其中骆有庆教授主持的国家林业局重点课题"沙棘病虫害综合治理技术试验示范"和国家自然基金"光肩星天牛成虫寄主选择记忆效应的研究"已结题验收，并获得了2项专利；学科主持承担的"十一五"科技支撑课题和专题均已通过了中期评估验收。

2008年度招收硕士生20名，博士生6名；毕业硕士研究生13名、博士生5名。以贺伟教授牵头的森林保护教学团队建设项目获学校专项资助。2名青年教师聘请了中科院的知名学者作为学术导师开展相关研究工作。针对学科发展状况，组织离退休老教授、相关学科教师、研究生和本科生举办了专业建设研讨会，对今后专业发展方向有了更加明确的共识。

作为学校"211工程"三期重点建设的学科，落实建设经费165万元；积极组织国家优势学科创新平台的申报和建设工作，实验室面积扩展到300平方米，同时各类仪器设备也逐步到位。

在广州联合主办"第二届全国生物入侵学术研讨会"，承办了"第七届全国化学生态学学术研讨会"和"第二届中国森林保护学术论坛暨森林保护学科建立50周年纪念会"，并编辑了《中国森林保护学科50周年纪念文集》。

第五批援疆干部田呈明教授主持开展了重大检疫性害虫枣实蝇的防控技术研究工作。9月温俊宝副教授作为第六批援疆干部，赴新疆农业大学开始援疆工作。骆有庆教授受邀赴西藏开展了外来林业有害生物防控培训，在黑龙江为林业干部做了森林病虫害防控的相关培训工作。骆有庆、田呈明两名教授起草了中国林业绿皮书中有关病虫害的内容，并和温俊宝副教授一起参与起草了我国林业行业专项顶层设计。

【野生动植物保护与利用】 国家重点学科。学科是在"211工程"项目支持下于2001年成立的

林学二级学科，2006年被评为国家林业局重点学科，2007年晋升为国家重点学科，现已成为学校生物科学与技术学院从多层面研究动物、植物及微生物三大生物类群的重要支撑学科。学科共有13人，其中教授4人，副教授6人；拥有动植物系统与进化生物学实验室、动植物资源保护实验室、动物生理实验室、动植物标本馆、植物资源利用实验室、森林资源与食品研究所。近5年来，承担国家级课题12个，省部级课题10个，国际合作项目4个及10余项应用型横向课题；在国内核心期刊发表论文60余篇，在SCI、EI刊物上发表论文21篇；获得省部级以上奖励3项，申请专利5项。

学科主要研究方向有：动植物系统学及进化生物学、动植物生理生化及繁殖生物学、动植物遗传多样性及种质资源保护、动植物保护生物学及自然保护区建设、动物免疫及疫源疫病研究、生物资源利用与产业技术研究方向，其中在濒危动物引入生物学、受胁林木种质资源的研究、动植物生态与保护生物学、农林复合系统的动物多样性保护等方向的研究已处于国内领先地位。

2008年，学科申请并承担国家"十一五"科技支撑项目子专题4项，申请国家自然科学基金3项，承担省部级课题6项；完成并结题国家自然科学基金4项，其他项目5项；发表SCI刊源论文3篇，国内核心期刊论文8篇。以学科牵头，带动学校生态学、环境学及自然保护区学等相关学科，申请"211工程"三期建设项目；申请到学校学科发展专项经费1项；继续执行教育部修购专项项目。

吸纳动物生理、动物分类学、植物种质资源学博士生3名。截至2008年底，该学科业已形成了无脊椎类、哺乳类、鸟类、动物生理、植物系统学及植物种质资源学各拥有两名教师组成的研究方向交叉、年龄结构合理的师资队伍。

2008年度按照学校的要求，进一步修改及完善研究生培养方案，制定了每周开展研究生学术活动的规章制度。共计招收硕士研究生15名，博士研究生6名；毕业硕士生12名，毕业博士生5名。

2008年组织召开"雁鸭类保护网国际研讨会"，首次建立我国及太平洋沿岸国家的雁鸭类监测网络；邀请国内外知名学者来校访问讲学及

举办学术活动 10 余次；通过学术交流搭建研究生申请国外著名高校的桥梁，1 名该学科硕士生被普林斯顿大学录取为博士研究生。

【植物学】 国家重点学科。学科于 1981 年批准为国家首批硕士学位点，1992 年被评为原林业部重点学科，于 1998 年获得博士学位授予权，2007 年被评为国家重点学科，是北林大唯一的理学国家重点学科，是国家基础科学研究与教学人才培养基地（生物学专业点）、国家花卉工程技术研究中心及林木、花卉遗传育种教育部重点实验室和生物学博士后流动站的主要支撑学科。多年担任林业高校《植物学》、《植物生理学》、《树木学》等多门植物学相关课程全国统编教材的主编单位，引领全国林业高等院校森林植物学科的发展。

学科分为 4 个主要研究方向：

树木抗逆基础研究与应用 揭示木本植物抗逆性（抗旱、抗盐、抗寒）的生理生化机制，分离与鉴定树木抗逆性关键基因与调控因子，实现林木抗逆分子调控。建立按植物生命需水状况定量精准灌溉配套技术体系，促进农林业节水灌溉的研究和应用。

生殖器官的发育与调控基础研究 利用 RNAi 与 microRNA 技术，深入研究特定木本植物生殖生物学特性及植物激素与基因表达调控机理；通过木本植物体细胞胚胎诱导和根、茎、叶营养器官的再生，深入研究体细胞发生和细胞、器官形态建成的分子机理。

植物次生代谢与防御反应 研究药用植物的次生代谢机制及其关键调控酶基因，探究药用植物次生代谢物生物合成调控的分子机理，为实现药用次生代谢物定向生物合成奠定基础；探索植物防御反应中次生挥发物复合报警信号的组成规律及作用方式、个体间的信号传递途径及机理。

植物系统分类与演化生物学 利用传统分类的研究方法，结合现代分子系统学研究手段，开展蕨类和种子植物的形态学、孢粉学、繁殖生态学、组织发生学和遗传多样性研究。通过对重要植物类群的形态与分类研究，对植物大时间尺度时空演化式样及结构与生殖器官的进化式样的揭示，以及对于类群在物种水平上的起源、散布与灭绝的过程与机制的探讨，揭示植物演化的式样、途径和适应性，为研究植物多样性保护和资源可持续利用等科学问题提供理论依据。

学科形成了由国家工程院院士领衔、学缘与年龄结构合理的学术团队；现有教师 13 名，包括 1 名中国工程院院士，教授 8 名，副教授 4 名，讲师 1 名，具备中级职称的教辅人员 1 名。

2008 年学科承担科研项目 23 个：包括国家自然科学基金重点项目 2 个，面上项目 7 个，"863" 专题 2 个，国家 "十一五" 科技支撑课题 1 个，科技部林业公益行业科研专项 1 个。科研经费累计 1200 万元以上。2008 年在各研究方向均取得重要进展，在 *Plant Physiology*，*Biochem. Biophys. Res. Commun*，*Tree Physiology* 等主流国际刊物上发表 SCI 收录论文 12 篇，累计影响因子超过 20。在国内核心期刊发表论文 43 篇。

尹伟伦教授主持 "名优花卉矮化分子生理、细胞学调控机制与微型化生产技术" 研究获得 2008 年度国家科学技术进步二等奖。陈少良教授获得北京市优秀博士学位论文指导教师称号。

2008 年毕业的博士生 10 名，硕士生 20 名；2008 年新招博士生 9 名，硕士生 23 名，在读的博士生 33 名，硕士生 59 名。其中 1 名博士生的论文评选为 2008 年度北京市优秀博士学位论文。

2008 年选派 2 名青年教师到国外一流实验室访问，从美国引入一名特聘教授开展叶绿体分裂相关基因的分离等方向的工作。该学科的实验室仪器设备经过 "211 工程" 一、二期建设，已达到国内林业院校同类实验室的领先水平。

2008 年 10 月 27~30 日协办第 23 届国际杨树大会，扩大了学科点在国际上的影响。

【木材科学与技术】 国家重点学科、国家林业局重点学科。1981 年、1986 年经国务院学位委员会批准，成为国内第一批具有硕士学位和博士学位授予权的二级学科。2001 年木材科学与工程实验室被认定为北京市重点实验室，2002 年该学科被认定为北京市重点学科。2003 年建立林业工程一级学科和博士后流动站。2006 年该学科被认定为国家林业局重点学科。2007 年该学科被认定为国家重点学科。该学科所属的林业工程一级学科于 2008 年被认定为北京市一级重点学科。经过多年发展，该学科已经成为特色鲜

明、优势突出、实力雄厚的学科。

学科主要研究方向：木材学、木材干燥、木质复合材料与胶粘剂、木材制品加工工艺、木材加工装备与过程自动化、木材功能性改良。

学科有教授10人，副教授11人，博士生导师6人。具有研究生学历人员占总人数的89%，具有博士学位人员占总人数的82%；其中国务院学位委员会学科评议组成员1人，北京市优秀教师1人，享受政府津贴者8人，国家一、二级学会理事长、理事19人，联合国环境开发署独立咨询专家3人，留学回国或在国外从事过合作的研究者21人。

现承担国家自然科学基金、"十一五"科技支撑计划、引进国际先进农业科学技术、国家林业局重点等国家和省部级科研项目35个，国际合作项目9个，企业委托项目18个，国家标准编制4项，在研经费总额达4200万元。获得授权发明专利16项，申报发明专利24项，发表论文128篇，SCI、EI、ISTP收录24篇。

2008年招收博士研究生6人，毕业3人，招收硕士研究生38人，毕业28人。研究生在 *Holzforschung*、*Mokuzai Gakkaishi*、*Wood Fiber and Science* 等国内外学术期刊上发表论文67篇，其中SCI、EI收录13篇，入选校级优秀博士学位论文2篇。

木质材料科学与应用教育部重点实验室、木材科学与工程北京市重点实验室总面积达到3600平方米，仪器设备总值2500多万元。

学科教师30余人次参加了中国科协、中国林学会、中国复合材料学会、中国粘接剂学会、中国林学会木材科学学会、中国林学会木材工业学会、中国林学会生物质材料学会等举办的学术会议，发表特邀学术报告4人次、学术论文21篇。参加国际会议并发表论文6人次。

学科同日本岛根大学、日本京都大学、美国密西根州立大学等20多所大学和研究机构签署了长期交流合作协定。派遣青年教师1人次、研究生2名赴国外大学进修学习、攻读学位和开展合作研究。邀请国外学者10余人次来校进行学术交流活动。

学科研发的人造板甲醛消纳剂生产与应用技术、多功能阻燃剂生产技术、防霉抗菌木质复合材料生产技术、环境友好型脲醛树脂胶粘剂制造及应用关键技术等成果已经转让多家企业，实现了产业化，取得了良好的经济和社会效益。

【林业经济管理】 国家重点（培育）学科。学科点历史可追溯到1952年，朱江户教授在国内首开林业政策与管理课程，1956年廖士义教授在国内首开林业经济学课程。1959年建立林业经济本科专业并开始招收本科生，60年代开始招收留学生和研究生；1984～1986年连续招收3届林业经济研究生班，1984年获林业经济管理硕士学位授予权；1996年获博士学位授予权，并培养出首批林业经济管理博士，2007年招收了首批国外林业经济博士留学生；2003年建博士后流动站，并培养了国内首批博士后。于1996年、2001和2007年被列为国家"211工程"一期、二期、三期重点建设学科。2001年国家重点学科评定中，列林业经济管理二级学科第一。2005年以第一名成绩获农林经济管理一级学科博士学位授予权。2006年成为国家林业局重点学科，2007年成为国家重点培育学科。

学科点在国内同类学科中具有明显优势，享有较高学术地位和一定国际影响。先后为原林业部林业经济管理专业教学指导委员会主任单位和教育部农林经济管理教学指导委员会副主任单位，国务院农林经济学科评议组历届成员单位。改革开放以来，学科获国家级奖6项，省部级奖23项，出版专著和教材115部，发表论文1500余篇。学科培养了包括6名省部级干部等在内的2000多名林业经济管理人才。

林业经济管理学科主要研究方向：

林业经济理论与政策 重点研究森林资源价值、林业可持续发展、林业市场化等方面的理论与政策问题。

林业管理 重点研究林业企业管理理论、森林资源管理、自然保护区管理等问题。

森林资源核算与资产化管理 主要研究森林资源价值核算、森林资源资产评估及资产化管理、绿色GDP等。

林产品市场与贸易 该方向在国内林产品市场与贸易、林业产业发展等领域产生了多项有重要学术和应用价值的成果。

2008年组织林业经济管理学科教师和研究生开展对江西省持续的林权改革研究，在科研实践中增强了团队合作及研究能力。建立了经济和管理两个青年教师学术活动小组，每组年支持5000元，用以鼓励青年教师有组织性开展学术交流，形成新的具有创新能力的青年科研团队。

学科研究取得较大进展，获包括国家自然科学基金等省部级和国际合作项目23个，经费260余万元。获省部级一等奖1项，二等奖1项，三等奖1项。2008年发表学术论文200篇，出版专著7部，副主编4部，出版教材15部。特别是青年教师的学术论文及出版教材的数量和质量有明显提高。经济管理学院投入3万元支持学科青年教师科研启动项目6个。

2008年毕业博士生36名，硕士生13名，研究生就业率达98%。

在基础条件方面，为新进教师配备计算机等设施，利用"211工程"三期建设经费，投入70万元，完善林业经济综合实验室。

2008年国际学术交流与合作得到巩固。聘请国外知名教授8人给研究生上课或进行专题讲座，重点抓好与国外大学开展人员交流和合作研究生培养等方面的工作。已初步与美国滨州大学达成教师互访协议，并正在开展与瑞典农业大学合作研究生培养和开通环境评价国际课程等项目。正在与澳大利亚国立大学开展资源与环境经济等方向的合作培养硕士项目。

2008年12月，成立北京林业大学林权研究中心，开展中国林权改革长期研究。并举办南方集体林区林权制度改革及区域发展研讨会。

【林产化学加工工程】 北京市重点学科、国家林业局重点学科。学科源于1958年，1993年成为硕士点，2000年成为博士点，为国家"211工程"二期、三期重点建设学科。学科现有教授5人，副教授11人，入选教育部新世纪优秀人才2人，具有博士学位的教师16人，全国一、二级学会常务理事、理事7人次。2008年在站博士后3人，在读博士研究生12名，硕士研究生53名。

现设林产精细化工、制浆造纸、生物质能源及化学品、植物资源化学、水处理技术和功能高分子材料等6个学术研究方向。

林产精细化工方向在松香乳液制备、改性

生漆、木本多糖胶、壳聚糖、杜仲有效成分等研究方面取得了系列成果。以松节油为原料合成系列香料是学科特色之一，50多个重要香料品种的合成研究已完成。

植物资源化学及制浆造纸方面，在半纤维素高效清洁分离、结构鉴定及化学改性基础研究方面具有国际影响力。蒸汽爆破法制浆技术成果居国内领先水平，学科拥有自主知识产权。三倍体毛白杨材性和制浆造纸工艺系统研究以及溶剂法制浆正向产业化推进，提出了浆料中纤维角质化的机理。

生物质能源及功能高分子材料方面，形成了以林木生物质和木材废弃物为原料制备乙醇的高效预处理、高效转化研究技术体系、生物柴油综合评价和改性研究平台。在新型发光材料、超滤膜分离材料、高效吸水材料等方面已打下很好的研究基础。

2008年学科聘任林产化工专家宋湛谦院士、制浆造纸专家陈克复院士为学科兼职教授，引进从事细胞壁超微结构研究的教授1名，分别接收中国科学院和中国林科院应届博士各1名；学科孙润仓教授当选国务院学科评议组成员，许凤教授入选教育部新世纪优秀人才计划，2名教师晋升教授，3名教师晋级副教授一级岗。

学科启动教育部学科创新引智重大项目、国家自然科学基金面上项目、国家"十一五"科技支撑计划课题，新增林业行业公益性研究专项、"948"引进项目、林业科学技术推广项目等课题，科研项目合同经费达1600万元。发表SCI收录论文14篇、EI收录论文7篇，获得梁希青年论文一等奖1项，申报发明专利10项，授权发明专利2项。

2008年培养毕业博士研究生4名、硕士研究生9名，招收博士研究生6名、硕士研究生19名，指导国家大学生创新计划5项、北京市大学生创新计划和北京林业大学大学生科研训练计划共8项。1人赴美国进行公派访问学者研究，1人从美国学成回国，1人申请获得国家公派访问学者全额资助项目，2人参加师资培训并通过教师资格考试。

在教育部学科创新引智项目、"211工程"建设项目、"十一五"支撑计划课题等经费支持下，学科购进并启用离子色谱、凝胶渗透色谱、渗透

汽化分离装置、近红外光谱等大型仪器设备，总投入经费近200万元。并对计划购买的核磁共振仪、气—质连用仪等大型设备开展了调研论证。

学科先后有4人次分别去英国、美国、俄罗斯等进行交流访问，邀请美国纽约州立大学David Kiemle教授、美国威斯康辛大学吕发创教授、美国田纳西大学王思群教授、英国威尔士大学Juma'A RN Aldulayyml教授、Gwynn Jones教授等6人次来校讲学交流。学科有7人次参加国际学术会议、12人次参加国内学术会议。

学科与河北春蕾集团、中国林产工业公司、中国林科院林产化工研究所、华北制药集团、南京野生植物研究院等单位继续保持良好的教学科研合作基地关系。

【森林工程】 北京市重点学科。学科于2003年获得博士学位授予权。2008年成为其前身是林业与木工机械学科。我国著名的森林利用学专家陈陆圻先生的研究工作为该学科奠定了坚实的基础，于1958年撰写了我国第一本《生态采运学》专著，开创了我国生态采伐研究的先河。

学科在林业人机环境工程、人工林采伐设备、立木整枝抚育机器人、森林火灾监测以及防风固沙自动化装备方面开展研究。研究成果处于国内领先地位。

2008年学科在岗教师7人，其中国务院学科评议组成员1人，教授（博士生导师）3人，副教授（硕士导师）2人，讲师2人。5人具有博士学位。60岁以上教授1人，45～50岁教授2人，副教授1人，35岁以下副教授1人，讲师2人。教师毕业的专业领域覆盖机械工程、森林工程、自动化等。梯队的年龄结构和知识结构合理。

学科主持的省部级以上在研项目共有10个，总经费1040万元。其中2008年新立项课题3个。在研课题包括国家“十一五”科技支撑计划课题1个，国家林业公益行业专项项目1个，教育部博士点基金项目2个，“948”项目2个（含子项目1项），国家农业科技成果转化资金项目1个，国家林业局重点项目2项，博士后基金项目1个。教师共发表学术论文19篇，其中EI、ISTP收录7篇，申请国家专利8项。

2008年招收博士研究生3名、硕士研究生7名，在读总人数31名（其中博士研究生12名）。

毕业研究生6名（其中博士研究生3人），毕业的研究生就业于北京林业大学、国家林业局、北京航空航天大学、厦门理工学院、九龙纸业等部门。

学科教师和博士研究生参加在新加坡召开的国际工业电子技术与应用（ICIEA）国际学术会议2人次，参加国内召开的国际学术会议2人次，国内学术会议5人次。派遣青年教师访问学者赴清华大学进修1人。

2008年学科筹办第十六届木材无损检测国际会议，会议将于2009年5月在北京召开。

【生态学】 北京市重点学科、国家林业局重点学科。学科源于1952年建立的森林学，著名植物学家汪振儒教授和中国生态学会前理事长李文华院士是学科的创始人。学科培养出全国林业系统的第一个博士和博士后。依托学科建有省部共建森林培育与保护教育部重点实验室、山西太岳山森林生态定位站，2001年成立了国家林业局自然保护区研究中心。学科也是国家林业局重点学科，学校“211工程”和“优势学科创新平台”重点建设学科。依托学科的支持，学校自然保护区、森林保护、森林土壤和环境科学等先后建成博士点和硕士点。

学科形成了以森林生态为核心，自然保护为特色的4个稳定研究方向。具体包括：

生物多样性与自然保护研究 应用生态学的基本理论和方法，系统开展生物多样性保护、珍稀濒危物种评价、栖息地植被恢复、自然保护区建设和管理等方面的研究。

森林对干扰的响应机制研究 以人为干扰的森林采伐和自然干扰的林火为对象，系统开展生态采伐与林火动态的研究。

森林生态系统碳循环研究 以森林和草原为研究对象，系统开展森林碳汇能力、森林生物量和生产力的研究，解决受到人为和自然干扰导致的生态退化和大尺度的生态系统变化。

生态脆弱山区森林更新与环境评价研究 以森林、自然环境和人工环境为对象，系统开展森林环境影响、森林更新和污染生态方面的研究，解决森林和人类生存环境问题。

学科主持国家自然科学基金、北京市自然科学基金、国家林业局公益项目与各级政府和地方单位等课题 20 余个,"十一五"期间科研经费达 1800 多万元,年均经费 360 多万元,2008 年副教授以上人均经费 22.5 万元。2008 年学科共发表论文 37 篇,其中 SCI 收录 3 篇,出版专著(教材)3 部。

学科学术队伍现有 29 人,其中教授 8 人,副教授 8 人,讲师 13 人。40 岁以下的青年教师占 55%,具有博士学位的教师达到 98%。2008 年引进北大博士 1 人。培养 4 名青年学术骨干。

2008 年,生态学科共有 104 名研究生,其中硕士 68 名,博士 29 名,博士后 7 人;2008 年毕业 20 名硕士生,6 名本国博士生。

学科的教学和科研条件不断改善,山西太岳山森林生态系统定位站获得专项建设经费 202 万元,"211 工程"重点学科建设项目获得专项经费 78 万元,财政部修购专项建设经费 56 万元。这些建设经费使学科实验室硬件设施和实验设备得到较大改善和补充,促进了科学研究和研究生培养。

学科重视学术交流,2008 年度共有 6 人次参加国际学术交流,获得教育部青年教师出国培训交流计划资助 3 人(1 人已出国)。

学科有关生物多样性保护与自然保护区建设等方面的研究结果被北京市园林绿化局、北京市环保局和北京市科委所采纳;推动实施绿色奥运理念,规划部分被北京市政府有关业务部门采纳并得到了应用,在制定生物多样性长期发展规划和生态文明建设中发挥了重要作用。北京市生物多样性保护体系和"三区二带"保护格局构建技术,为建设国家首都、国际城市、文化名都、宜居城市提供指导和技术支撑,推动了北京生态城市建设的步伐。以森林生态系统定位研究为主的森林生态系统碳循环研究方向的阶段性研究成果,为国家林业系统制定全球变化下的森林生态系统经营和环境保护提供了科学依据。

【城市规划与设计(含风景园林规划与设计)】

北京市重点学科、国家林业局重点学科。学科是园林环境教育部工程研究中心的主干学科,全国风景园林硕士专业学位秘书处、中国风景园林学会教育研究分会(筹)、教育部环境生态类教学指导委员会园林专业分委员会、全国高等院校园林教材编写指导委员会的挂靠单位和主任委员单位。学科的奠基人汪菊渊先生和为学科发展作出重要贡献的孟兆祯先生是我国建立院士制度以来风景园林学科仅有的两位院士。

学科点已经确立了以风景园林规划与设计方向为核心、风景园林历史与理论以及景观生态工程与技术两个研究方向相辅相成的学科结构体系。

2008 年,学科共有教授 10 名,其中:中国工程院院士 1 名,国家林业局跨世纪学科带头人 2 名,博士生导师 7 名,硕士生导师 17 名,副教授(或相当专业技术职务者)19 名;中青年教师中具有博士学位和在读博士生占教师总数的 65%;60 岁以下教授 9 名,教学系列 45 岁以下的专职副教授 16 名,45 岁以下教师占教师总数 93%。学科点聘任国外兼职教授或客座教授 4 名,邀请国外专家学者 100 余人次来校讲学。

2008 年完成多项科研和规划设计项目,如 2008 奥运会的规划设计系列项目以及各类重要的园林博览会系列项目。出版著作 1 部,发表论文多篇,其中 SCI 收录 1 篇。

学科建立多层次网络化的教学和科研基地。除风景园林研究所、计算机辅助设计室、园林工程实验室、模型工作室等学院内的研究所(室)和实验室之外,还包括 2 个具有甲级资质的设计院——深圳市北林苑景观及建筑规划设计院和北京北林地景园林规划设计院有限责任公司,另有北林科技园林工程公司、深圳市北林地景园林工程有限公司等。此外,在全国各地和企业事业单位合作建立教学实习基地 41 家。

学科在中外风景园林交流中扮演重要的角色。学科每年举办较为大型的国内学术交流会议 2~3 次。2008 年,哈佛大学设计研究生院风景园林系主任尼尔·科克伍德教授、日本著名景观设计师户田芳树先生等人来校进行学术交流,来访学术团体有德国风景园林师协会代表团、马来西亚 Putra 大学师生访问团等。2008 年 10 月与中国风景园林学会规划设计委员会联合举办风景园林师 30 年学术交流报告会,邀请多名国内知名学者作学术报告。2008 年有 1 名新加坡留学生获得博士学位,新入学 1 名越南留学生攻读硕士学位。

学科点王向荣、李雄、朱建宁、何昉等一大

批中青年学者，从事广泛的规划设计实践，完成了《奥运森林公园项目先期建议书》、北京奥林匹克森林公园林泉奥梦景区设计、北京五棵松文化体育中心景观设计、北京奥林匹克森林公园植物景观生态设计研究等项目。

【草业科学】 北京市重点学科。学科始建于1998年底，自1999年开始招收草坪科学与管理方向的硕士研究生，2000年开始招收草坪科学与管理方向的博士研究生；2003年经教育部批准，草业科学学科获得博士学位授予权。学科已汇聚了一支以国内外著名学者领衔的优秀学术队伍，在草坪科学与管理、高尔夫球场与运动场、草坪与地被植物资源、草地生态、草坪草与牧草遗传育种、草坪生物技术、草坪工程、城市生态用水等方面形成了稳定和前沿性的学术研究方向。

学科在草业科学领域的研究涵盖了以草坪学为主要对象的草地遗传资源与生态、草坪生理、草坪草与牧草遗传育种、草坪经营与管理、高尔夫球场与运动场和城市生态用水等方向，并开展了草坪与地被植物遗传多样性、草坪生物技术和裸露坡面植被恢复技术等方面的研究。形成草坪科学与管理、草地资源与草地生态、城市生态用水等三大核心研究队伍。

学科学术队伍结构合理，以教授博导为研究方向带头人，同时注重后备人才梯队建设。现有教师8人，其中：教授暨博士生导师3人，副教授4人，讲师1人，所有教师均具博士学位，一半以上的教师有留学经历，可以直接用英语授课；实验师1人，具硕士学位；办公室和试验地辅助人员3人（学科聘用）。

学科主持承担包括"863"、国家自然科学基金、国家科技支撑计划等国家级及省部级项目20余项，项目经费1000余万元。2008年获得国家发明专利1项。

草业科学现有本科生270余人，硕士研究生56人、博士研究生24人，博士后1人。与美国北达科塔州立大学开展草坪管理专业研究生的联合培养，现有1名博士生在美国北达科塔州立大学学习并参与科研。

学科建立设备完善的2个实验室（草坪生物技术实验室、草地资源与生态实验室）和3个相对固定的教学实习基地（供本科生集中实习）。2008年分别在昌平区和顺义区新建了2个固定的教学科研实习基地（昌平白浮草坪试验站、顺义草地植物实验站）。

学科教师在国际草业学术界具有较好的声誉，韩烈保教授连续两届担任国际草坪学会常务理事，2005年率团成功申请到了2013年国际草坪大会的举办权，并被选为第十二届国际草坪学会主席；卢欣石教授担任中国草学会副理事长，2008年被评为享受政府特殊津贴专家。

学科与国际间的学术交流频繁，先后邀请多名国际知名专家来校访问交流，促进了国际草业界对我国草业发展的认识。与美国密西根州立大学联合办学，进行草坪管理本科生教育。同时，还先后与丹麦丹农种子公司育种中心、美国北达科塔州立大学等大学科研机构进行实质合作，开展草坪管理专业研究生的联合培养，先后有3名研究生学成回国。

【生态环境地理学】 交叉学科北京市重点学科。该学科由农学门类一级学科林学下的二级学科生态环境工程学科、复合农林学、工程绿化与理学门类一级学科地理学下的二级学科自然地理学科、地图学与地理信息系统学科交叉组成，有教授12名，副教授12名，讲师2名。

学科设有4个研究方向：

流域水文生态环境 以流域为单元，遥感与地理信息系统为主要技术手段，研究土壤侵蚀及地表物质迁移、污染物扩散过程，以及森林流域水文生态过程。

土地科学与区域地理学 利用"3S"技术及景观生态学的理论与方法，研究地球表层自然环境的组成、结构、功能、动态及其空间分异规律，土地利用空间结构及其演化过程与区域协调发展。

脆弱环境生态修复 运用地理学与生态学理论方法和"3S"技术，研究脆弱环境生态退化、污染地区的生态演替规律及其修复机理与措施。

城乡人居环境绿化工程 运用景观生态学和人文地理学理论方法和"3S"技术，研究城市、村镇林草植被空间结构配置及开发建设工程项目区快速绿化技术。

学科承担了国家科技攻关计划研究课题、

"973"研究专题、林业公益行业研究项目、国家"948"项目、国家林业局重点研究计划、自然科学基金等多方面的研究任务,具有充足的研究经费。在森林植被对流域水文过程影响及流域防护林体系空间配置、农林复合经营结构配置及可持续经营调控与效益评估、脆弱环境生态修复及困难立地造林与植被恢复、开发建设项目及城乡人居环境绿化工程等方面进行研究。其中林用保水剂扩大范围区试通过验收,认定成果1项,国家科技支撑项目困难立地工程造林关键技术研究通过中期验收。在国家一级期刊发表学术论文15篇。

依据交叉学科优势,联合多个学科培养研究生。2008年联合招收硕士研究生40名、博士10名,毕业硕士生30名、博士8名。

学科依托水土保持与荒漠化防治教育部重点实验室、林业生态工程教育部工程研究中心和山西吉县森林生态系统国家野外科学观测研究站、国家林业局北京密云首都圈森林生态系统定位站等野外台站和科研与教学基地,重点建设以"3S"技术为主体的生态环境地理信息系统实验室和北京妙峰山生态环境建设与保护野外科学研究与教学基地,包括妙峰山径流侵蚀观测系统、陆地水量平衡系统、森林水文循环系统等。

学科广泛开展了国内外学术交流,2008年度派遣2人次参加国际学术会议和交流,10人次参加国内学术会议和交流;邀请国外知名专家2人次来华进行合作研究和交流。

【土地与环境学】 土地与环境学科包括土壤学与植物营养学两个硕士点,并设土壤学博士点。现有教职工10人,其中:博士生导师3名,硕士生导师5名;教授3人,副教授3人,具有博士学位教师2人,实验员2名。35~40岁教师4

名,40~45岁教师4名。2008年新增外聘博士生导师1名,新获博士学位教师1名。

2008年学科到位科研经费1610万元,科研新立项8个,其中:国家自然科学基金2个,"948"项目1个(城市湿地景观水生物污染治理技术引进),北京市科委重大项目1个(园林绿化废物资源化再利用生产花木基质关键技术研究与示范)。2008年学科承担科研项目22个,其中:国家自然科学基金2个,"948"项目4个(退化杉木林地地力恢复及配套生物肥料开发应用技术引进、森林生态系统碳水耦合通量野外观测与数据分析技术引进、刺毛荨麻等适于北方荒漠化地区灌木的引进、城市湿地景观水生物污染治理技术引进),国家"十一五"科技支撑项目5个(设施园艺富营养土壤的修复与养分高效利用技术、三倍体毛白杨速生纸浆林可持续经营管理技术研究与示范、西北黄土区防护林体系空间配置与结构优化技术研究、三峡库区低山丘陵区水土保持型植被建设技术试验示范、落叶松云冷杉林土壤有机碳贮量研究)。孙向阳教授被聘为第六届国际地圈生物圈计划中国委员会委员、农业资源利用领域农业推广硕士教学指导委员会成员。

2008年共发表论文37篇,其中:核心论文34篇,2篇被EI收录。学科新招硕士生10名、博士生2名。毕业硕士11名、博士1名。邀请美国农业部土壤调查局专家作报告交流。

学科承担了学校本科生《土壤学》、《土地资源学》、《森林土壤学》、《无土栽培》、《土壤学基础》、《土壤与土壤地理学》、《土壤学Ⅰ》、《土壤学B》、《土壤理化分析》,《植物营养的土壤化学》、《土壤学A》、《土壤学与土地资源学》、《肥料学》、《土壤学与土地资源学》、《施肥理论与技术》等课程教学。

(重点学科由向文生、张卫民撰稿)

科学研究

【概　况】　2008 年是"十一五"国家各项科研计划全面实施的关键年，是"十二五"科技工作开始启动的部署年。北京林业大学科技工作坚持向管理要效益，全面完成年度计划任务，同时启动部分"十二五"相关工作，科研校院二级管理运行机制正在逐步形成。

2008 年，新签科研项目合同经费总数 1.14 亿元。其中：纵向项目新签合同 190 余个，项目经费 1 亿元。到位经费 9700 万元，其中：纵向项目经费 8360 万元，横向协作科研经费 1340 万元。

2008 年，学校承担的 69 项科研项目通过验收、结题或审定；以北京林业大学为第一完成单位发表的科技论文被三大检索系统收录 172 篇；组织鉴定科技成果 1 项；申请发明专利 80 项，实用新型 11 项，新品种 13 项，软件登记 1 项，其中：获得授权发明专利 13 项，实用新型 3 项；获植物新品种权保护 2 项。获国家科技进步二等奖 2 项（主持 1 项，参加 1 项）；获梁希青年论文奖 12 篇。

2008 年度，继续加强科技成果推广开发工作，积极参与区域创新体系，为地方经济建设服务，坚持产学研结合，支撑企业技术创新。

【科研项目】　2008 年，北京林业大学共组织申报涉及 11 个部委，20 多个类别的科研项目 485 个。其中：国家计划项目（科技部）44 个、教育部各类计划项目 70 个、国家林业局各类计划项目 67 个、国家环保部计划项目 4 个、国家自然科学基金项目 168 个、国家社科基金项目 13 个、北京市自然科学基金项目 66 个、北京市计划项目 27 个、其他渠道项目 27 个。

新签纵向项目合同 190 余个，其中：国家科技支撑计划课题 3 个、国家"863"计划课题 1 个、国家自然科学基金项目 32 个、林业公益性行业科研专项 8 个、国家林业局"948"引进项目 9 个、环保公益性行业科研专项 3 个，经费共计 430 万

元；学校新进教师科研启动基金项目 16 个，经费 43 万元。

2008 年，学校支持承担了国家"十一五"科技支撑项目自然保护区建设关键技术研究与示范（2008BADB0B00），该项目针对自然保护区建设中存在的主要科技问题，重点研究自然保护区体系构建技术、功能区划技术、生境质量与生物资源动态监测技术、濒危物种保护技术、干扰生态系统的修复技术、适应性经营与资源可持续利用技术，重点突破生物廊道、自然保护区最小面积、湿地类型自然保护区功能区划、生态系统健康状况监测、濒危物种非损伤性诊断、濒危物种种群复壮、典型退化生态系统恢复、旅游环境容量评估等技术难点，为提高我国自然保护区建设工程的质量、提高投资效益提供系统的技术支撑。项目总经费 2846 万元。该项目共设置 6 个课题，分别由北京林业大学、中国科学院植物研究所、中国林业科学研究院承担，其中北京林业大学主持承担自然保护区体系构建技术研究（2008BADB0B01）、自然保护区濒危物种保护技术研究（2008BADB0B04）、自然保护区适应性经营与资源可持续利用技术研究与示范（2008BADB0B06）等 3 个课题。

【科研经费】　2008 年，学校科研项目合同经费总数 1.14 亿元，其中纵向项目经费 1 亿元。经费来源渠道主要有：科技部 2670 万元，国家林业局 4520 万元，北京市项目 970 万元，国家环保部 760 万元，国家自然科学基金委 814 万元，其他部门 280 万元。2008 年到位经费 9700 万元，其中：纵向项目经费 8360 万元，横向协作科研经费 1340 万元。

【科技成果】　2008 年，北京林业大学通过验收、结题、审定的科研项目共 69 个，其中：教育部新世纪优秀人才支持计划项目验收 2 个、国家林业局"948"项目验收 22 个、国家林业局重点项

目验收 8 个、国家林业局科技推广项目验收 2 个，对国家林业局验收项目均组织专家进行了现场查定；教育部重大项目验收 1 个。国家林业局标准项目通过审定 2 个。国家社科基金结题 1 个，教育部重点项目结题 8 个，国家自然科学基金项目结题 16 个，高校博士点专项科研基金项目结题 3 个，北京市自然科学基金结题 2 个，霍英东基金结题 2 个。

2008 年度以北京林业大学为第一完成单位发表的科技论文被三大检索系统收录 172 篇，其中：SCI 收录 47 篇，EI 收录 79 篇，ISTP 收录 46 篇。

2008 年度组织鉴定科技成果 1 项；申请发明专利 80 项，实用新型 11 项，新品种 13 项，软件登记 1 项。获得授权发明专利 13 项，实用新型 3 项。获植物新品种权保护 2 项。

【科技奖励】 2008 年，北京林业大学组织申报了 12 个类别的科技奖励。获国家科技进步二等奖 2 项（主持 1 项，参加 1 项）；获梁希青年论文奖 12 篇，其中一等奖 1 篇，二等奖 6 篇，三等奖 5 篇。

北京林业大学尹伟伦院士主持完成的"名优花卉矮化分子、生理、细胞学调控机制与微型化生产技术"获 2008 年度国家科技进步奖二等奖。该成果属林业领域，汇集了 12 年来 6 个国家及省部级课题的研究，集中探索植物株型矮化育种和栽培的分子生理代谢调控机制和技术体系的建立。

该项目的主要成果为：

首次系统搜集矮化基因资源（木本为主），建立基因库，用作矮化育种、理论和技术研究；研究各株型发育分子调控机制，揭示矮化基因表达、生理代谢反应、细胞形态建成的矮化调控途径和机制；阐明调控光合、水分、营养代谢的矮化栽培原理；鉴定出 GA 为主的花芽分化调控物质，提出叶芽向花芽转变及开花调控理论。

建立四类矮化技术：以 AFLP 分子标记辅助选择技术，获矮化资源 33 个；克隆矮化关键基因 2 个，建立矮化分子育种技术，获转基因月季株系；竹、梅、菊、牡丹等化控和中间砧矮化调控技术，9 年生株高仅为对照 1/3；调控光合、水分、营养代谢和根系生长矮化栽培技术，综合

实现株型矮化。

创建牡丹体细胞胚胎发生、黄化嫩枝繁殖等新技术，开辟攻克微型花卉繁育难题新途径；首次建立黄色系月季工厂化育苗技术体系。

建立大型花卉微型化栽培技术体系：发明肉质主根须根化调控技术，攻克牡丹难以盆栽成活的难题，建立光合、水分、营养生理综合调控的矮化栽培技术，创立牡丹矮化轻质盆栽技术；攻克旱生根系耐水湿性诱导难题建立水培花卉生产技术。

研制花芽与开花调控配方与技术，人工促进叶芽原基向花芽转变，将牡丹开花从春季拓展到秋季。该成果独辟蹊径，将田间大型名优花卉特色与矮型盆栽、案头观赏效果融合，培育矮、精、美、特花卉观赏资源，赢得新的国内外市场；在 28 个省（市）多个微型花卉生产单位应用示范，普及先进科技，培养和提高花卉品位；解决部分人员就业等，近 3 年累计直接经济效益（增加利润和节支总额）显著；获国家授权发明专利 1 项，发表学术论文 38 篇，专著 6 部，培养研究生 13 名（硕士 8 名，博士 5 名），培训大批技术人才。经济、社会效益显著，引领微型花卉产业，促进生态文明和宜居环境建设

【科技成果转化与推广】 2008 年，学校继续加强科技成果推广开发工作，积极参与区域创新体系，为地方经济建设服务，坚持产学研结合，支撑企业技术创新。

学校认真筛选实用性较强的食品类、化工类、木材加工类、林木花卉新品种及栽培技术，先后参加由教育部、科技部、中科院、湖北省政府联合主办的第四届中国·湖北产学研合作项目洽谈会，由国家科技部、商务部、农业部等 17 个部委与陕西省政府联合举办杨凌第十五届国际农业高新科技成果博览会，由科技部、教育部、信息产业部、中科院等 13 个部委与福建省政府联合举办的第六届福建省中国·海峡项目成果交易会，由新疆维吾尔自治区政府和新疆生产建设兵团主办的第二届中国新疆·中亚产学研展洽会暨承接东部产业转移项目对接会，由国家林业局和山东省政府主办的第五届中国林产品交易会等。通过以上这些高层次的科技成果展示平台，得到有关部门关注，扩大学校影响。

【校地合作】 2008年,学校与承德市政府签署重点项目合作协议书,并在林木种苗生产及抗旱造林技术、抗逆经济林良种选育方面实施合作。

10月,学校与甘肃省小陇山林业实验局签署教学科研合作协议书。双方本着"优势互补、互惠互利、讲求实效、共同发展"的原则,全面开展科教合作。根据协议,北京林业大学在甘肃省小陇山林业实验局挂牌建立北京林业大学教学科研合作基地,在林业科技与林业经济发展领域、开发和推广林业适用技术领域、林业人才培养、科研和教学实习活动等方面开展合作。

11月,学校与陕西省略阳县签订地震灾后恢复重建帮扶合作协议,确定帮扶工作方案。根据方案设计,北京林业大学以"立足本地优势资源,转化优势科技成果,推动地方支柱产业发展"为对口帮扶指导思想,依托学校在林业资源(中药材)研究开发的科技优势,充分发挥科技平台、科技人才与技术项目的集成优势,结合帮扶单位的林业资源(中药材)开发状况及需求,联合帮扶地区企事业单位,通过开展杜仲、银杏等林业资源高效综合利用研究、新产品及市场开发、科技培训,转化优势科技成果,提升当地林业资源(中药材)研发科技含量,建立典型企业科技创新示范,推动当地支柱产业的快速发展,逐步形成产、学、研、发为一体的良性产业链,加快灾区恢复重建工作进程。

2008年,教育部、科技部和广东省启动省部企业科技特派员行动计划,学校材料学院青年教师伊松林副教授被选派入驻广东省中山市花果山木制品有限公司,解决企业生存和发展中的科技问题。

【科技管理】 2008年完成北京林业大学科研信息系统研建、数据录入、系统的试运行,提高管理水平。

2008年度全面推动科研校院二级管理运行模式,强化学校宏观管理和学院具体管理的责任分工,在有效沟通、有效协调、有效组织和控制的各环节上发挥作用。

加强制度建设,建立了科技处行政管理办法,明确岗位职责及公文签发、公章使用审批程序和备案,大处着眼,小处着手,要求将每一项工作做实、做细,做到热情服务、规范管理,责任到人,把工作的着力点放到学校科技发展宏观战略研究和学校社会服务能力提高上。建立监督机制,提高办事效率,树立服务意识,提升管理能力,不断探索高校科技管理的新机制、新举措。

加强科研经费管理。2008年配合计划财务处对18个国家林业局"948"引进项目进行资金专项检查的自查工作;结合国家农业科技成果转化资金项目验收工作,配合审计处委托社会会计事务所对2个验收项目进行了科研经费审计。继续开展国家科技计划项目北京林业大学科研人员财务纪律承诺书的签订工作。

【科技统计】 2008年,学校历时3个月完成由科技部、财政部、国家资源基础条件平台中心联合开展的国家科技基础条件资源调查工作。该项工作涉及学校人事处、实验室建设和设备管理处、财务处、科技处,经多个部门协作,完成各类数据的采集、核查、上报及补报工作,基本摸清学校现有科技条件平台的人、财、物情况,为逐步实现资源共享奠定了基础。

2008年,完成2007年度教育部全国普通高等学校科技统计年报表,全国普通高等学校人文、社会科学统计年报表的统计工作,开展2007年度科普工作调查表和国家科技攻关计划、星火计划、"863"计划、农业科技成果转化资金、科技成果重点推广计划等执行情况调查表的调查填报工作。

(科学研究由田振坤、侯小龙撰稿)

基地平台及研究机构

【概　况】　北京林业大学现有国家、省部级重点实验室、工程中心及野外观测定位站22个。为1个国家工程实验室（林木育种国家工程实验室），1个国家工程技术研究中心（国家花卉工程技术研究中心），1个国家野外观测研究站（山西吉县落叶阔叶林生态系统国家野外站），4个教育部重点实验室（水土保持与荒漠化防治教育部重点实验室，林木、花卉遗传育种教育部重点实验室，森林培育与保护教育部重点实验室和木质材料科学与应用教育部重点实验室），1个北京市重点实验室（北京市木材科学与工程重点实验室），3个教育部工程研究中心（园林环境教育部工程研究中心、林业生态工程教育部工程研究中心，生物质材料与能源教育部工程研究中心），4个国家林业局野外观测研究及生态站，即首都圈森林生态站、长江三峡库区（重庆）森林生态站、山西太岳山森林生态站和宁夏盐池荒漠生态系统野外定位观测站，5个国家林业局重点实验室（水土保持国家林业局重点实验室、树木花卉育种生物工程国家林业局重点实验室、森林资源和环境管理国家林业局重点实验室、干旱半干旱地区森林培育及生态系统研究国家林业局重点实验室和森林保护国家林业局重点实验室），2个国家林业局研究中心（国家林业局生态文明中心、国家林业局自然保护区中心）。

2008年8月，宁夏盐池荒漠生态系统野外定位观测站经国家林业局组织专家进行现场评定，并批准建设。10月，林木育种国家工程实验室经国家发改委批复，进入立项建设，国家投入项目经费600万元。11月，科技部对国家花卉工程技术研究中心进行了现场评估及验收工作。

学校新改建的科研楼于2007年正式启用，科研楼共有5层，设有公共分析测试平台；林木、花卉遗传育种教育部重点实验室；森林培育与保护教育部重点实验室；国家花卉工程技术研究中心；引进人才及创新团队实验用房。

（甄晓惠　石彦君）

【国家花卉工程技术研究中心】　于2005年1月经国家科学技术部批准组建，组建期为2005～2007年，依托单位是北京林业大学。2008年11月顺利通过科技部现场评估验收。

中心有研发人员235余人，其中：固定人员125人，流动研究人员（包括研究生、博士后、访问学者、客座研究人员）110人。专职研究人员85人，其中：院士2人、高级职称研究人员41人。3人在国际学术组织中任职，5人在国内学术组织和行业协会任重要职务，其中陈俊愉院士是梅品种国际登录权威，王莲英教授为中国传统插花国家级非物质文化遗产的传承人，张启翔教授为中国园艺学会副理事长和中国插花花艺协会会长、中国花卉协会常务理事。

中心主持承担国家"863"项目、国家自然科学基金、"十五"科技攻关计划项目、"十一五"科技支撑计划项目、转基因专项等国家科研课题23个，省部级科研课题39个，与国内单位合作开展工程技术研发项目24个，开展国际合作研究项目14个；获国家科技进步二等奖2项，省部级科技进步奖3项，获得国家发明专利5项；收集花卉种和品种2744个，培育花卉新品种（品系）79个，获得国家新品种保护权15项，国际品种登录16个；完成10项国家和行业标准的制定。

中心组建期间累积投入2600多万元，改扩建和新建实验室、办公楼、冷库、国际梅园展示温室、炼苗室等14 400平方米。建设优良花卉种质资源圃34.67公顷。建有花卉栽培工程技术实验室、花卉育种工程技术实验室、花卉生物技术实验室、花卉生理与应用实验室、花卉发育调控实验室、花卉资源与种质创新实验室等。

中心在全国不同区域设立了16个技术研发与推广中心，构建起完整的技术研发与推广平台。2008年与全国15个国内知名花卉企业和研

究单位签订技术合作协议，在花卉工程技术方面进行全面合作，建立13.33公顷的花卉种质资源圃。

（廖爱军　沈秀萍）

【山西吉县落叶阔叶林生态系统国家野外站】
成立于2005年，是我国52个国家级生态环境野外观测站中的15个森林站之一，是教育部所属高校4个国家级生态站之一。站长为朱金兆教授。

基地位于山西省吉县，主要由蔡家川流域试验区和红旗林场试验区组成，分别代表黄土梁状丘陵沟壑类型区和黄土残塬沟壑类型区。面积达100平方千米，学校拥有全部使用权和部分土地产权。

基地具有较好的野外实验室设备和仪器等研究条件和生活条件，能够作为林业生态工程效益监测评价、造林营林、森林水文、治山技术等研究的固定试验基地。基地成立以来，已承担国家科技攻关项目、国家重大基础研究计划课题、国家自然科学基金课题等各类重大科技项目50余项，积累大量的科技资料，特别是流域水文泥沙过程资料及小气候资料和森林植被定位观测资料长达20多年，是国家林业科技攻关课题的野外试验与示范基地和中日技术合作项目的野外试验基地。主要研究方向为：落叶阔叶林植被结构及其演替过程，嵌套流域森林水文过程，土壤侵蚀及生态修复过程。

2008年6月10～12日，国家生态环境野外科学观测网络秘书处组织国家生态野外观测研究网络专家组一行，对基地进行现场考察和指导工作。

（甄晓惠　石彦君）

【林木育种国家工程实验室】（详见特载，略）
【水土保持与荒漠化防治教育部重点实验室】
成立于2003年5月，设水土保持、林业生态工程、荒漠化防治、生态环境工程、自然地理等5个实验室，占地1684平方米。拥有大中型仪器设备35套。主要开展小流域土壤侵蚀与森林水文机理与过程、荒漠化生态修复机理与过程、水土流失生态修复机理与过程等3个方向的研究。2008年，水土保持与荒漠化防治教育部重点实验室承担国家"973"项目、国家自然科学基金、国家科技攻关项目、国家林业局项目、林业公益

性行业科研专项、省部委重点项目、北京市自然科学基金等纵向科研项目共计60个，跨地区、跨部门之间的横向合作研究项目31个。实验室2008年获得科技成果5项，其中：国家科技进步二等奖1项、省部级奖项4项，具体包括：矿山植被生态恢复材料与应用技术研究、长江三峡岗岩地区优先流发生及其运动机制、黄土高原林木根系固土作用力学机制研究和北方防护林理论、经营与技术。共发表论文97篇，其中：EI收录39篇，SCI收录10篇。

现有固定人员63人，其中：正高级20人、副高级33人、中级7人。2008年培养毕业研究生76人，其中：博士生47人、硕士生29人。

（张　岩　朱清科）

【林木、花卉遗传育种教育部重点实验室】成立于2003年。依托于林木遗传育种、园林植物与观赏园艺以及植物学3个国家重点学科，生物化学与分子生物学博士点学科。现有固定研究人员46人。

2008年，实验室主持和承担国家"863"项目、国家自然科学基金、国家"十一五"科技攻关项目、省部委重点项目等纵向科研项目共计27个，合同经费共计2998万元。发表论文57篇；出版专著1部；出版教材1部；申请专利6个，批准授权3个；培养博士研究生30名，硕士研究生48名。引进三级教授1名，4人提升为教授，6人提升为副教授。入选北京市优秀博士论文1篇，入选北京林业大学优秀博士论文3篇。

实验室主要研究人员尹伟伦院士、实验室主任张志毅教授获联合国粮农组织森林年纪念奖章。由尹伟伦院士课题组完成的名优花卉矮化分子、生理、细胞学调控机制与微型化生产技术获得2008年国家科技进步二等奖。

（张平冬　张志毅）

【木质材料科学与应用教育部重点实验室】于2007年12月获准立项建设，主要开展木材科学基础理论与应用、木材节能干燥理论与技术、木质复合材料与胶粘剂、家具与木材制品加工工艺、木材化学加工与利用、木质生物质能源化高效利用等方面的研究。

固定研究人员36名，其中：教授15人、副教授10人、高级实验师4人，具有博士学历的

教师 29 人。

2008 年，实验室新增科研经费 1000 多万元，获授权发明专利 7 个，申报 9 项；发表科技论文 130 篇，SCI 收录 23 篇，EI 收录 9 篇，ISTP 收录 4 篇。教育部新世纪优秀人才 2 人，梁希青年论文奖一、二等奖各 2 人，北京林业大学优秀博士论文 1 篇。　　　　（胡传坤　高建民）

【森林培育与保护教育部重点实验室】 由干旱、半干旱地区森林培育及生态系统研究实验室、森林资源与环境管理重点实验室、森林保护学重点实验室和国家林业局森林生态网络太岳山森林生态定位站，以及国家林业局自然保护区研究中心整合优化后组成。2004 年被列入教育部和北京市省部共建重点实验室。2008 年被教育部正式批复建设教育部重点实验室。

实验室主要开展森林栽培理论与技术、天然林经营与林业信息化技术、森林生态系统恢复理论与技术及森林有害生物控制等 4 个方向的研究工作。实验室面积 3240 余平方米，具有 1 个公共平台和 5 个特色实验室，并拥有 4000 万元的先进仪器设备，其中 10 万元以上的仪器设备近百套。近年来在国内建立了 8 个固定试验基地和 70 个项目合作试验基地。

2008 年实验室共获批 "十一五" 国家科技支撑项目 1 个，课题及专题 3 个，"973" 项目子课题 2 个，"948" 项目 2 个，国家自然科学基金项目 3 个，省部委基金、重点课题 57 个，科研经费累计 3503.6 万元。

2008 年度获梁希青年论文二等奖 2 项，三等奖 3 项；共发表文章 160 多篇，其中被 SCI 收录 8 篇，被 EI 收录文章 27 篇，核心期刊 129 篇。举办国内外学术会议 7 个。

2008 年度实验室引进各类优秀人才共 3 名，培养博士学位研究生 35 人，硕士学位研究生 70 人；举办国内外学术交流和报告会 10 余场。

（王　蕾　骆有庆）

【园林环境教育部工程研究中心】 于 2001 年批准建设，以北京林大林业科技股份有限公司形式进行开发、经营和管理，以北京林业大学园林学院和花卉研究所的骨干作为技术支撑，以北京林业大学的研究成果作为中心的主要内容进行技术配套和技术推广。主要技术领域和技术方向为园林设计、园林工程施工和高档花卉集约化生产。

中心成立了以中国工程院院士为总顾问，9 名教授为专家组成员，13 名教授、13 名副教授、12 名博士为主体，21 名硕士、27 名工程师为业务骨干，42 名一线工作人员的研发队伍，其科技水平及股份公司的科技含量始终处在行业的领先地位。

2008 年建设生产温室 6000 平方米、展示温室 2000 平方米，改造生产温室 1500 平方米。生产大花蕙兰、蝴蝶兰、盆栽竹芋等商品盆花以及花卉制种等，年销售额 8000 万元。承担完成璟都馨园、道丰科技商务园、怡水园别墅环境、现代管理大学皇家艺术学院、北京理工大学良乡校区、北京大学畅春园等景观绿化工程，工程款 1.5 亿元。

（张强英　程堂仁）

【林业生态工程教育部工程研究中心】 成立于 2006 年。设抗逆性植物材料良种选育与基因工程分子育种、退化生态系统植被恢复与重建、生态经济型防护林体系构建与可持续经营、流域管理与林业生态工程规划设计、林业生态工程建设效益监测与评价 5 个实验室，占地 600 平方米。拥有大中型仪器设备 60 套。主要开展天然林保护、退耕还林、防沙治沙、防护林体系建设等林业生态工程建设领域的相关技术和理论等研究。2008 年承担 "十一五" 国家科技支撑课题困难立地工程造林关键技术研究和地方项目陕西省吴起县生态园建设规划设计、中国神华神东煤炭分公司生态建设规划等项目。

现有固定人员 44 人，其中：正高级 16 人，副高级 16 人，中级 12 人。　　（朱清科）

【林业生物质材料与能源教育部工程研究中心】 于 2007 年 10 月获准立项建设，依托木材科学与技术、林产化学加工工程、森林培育等学科建设。主要研究方向为：环境友好木质新材料开发与制造、林业生物质产品加工及性能评价、林业生物质功能性高分子材料开发利用、林业生物质资源精细化学加工、林业生物质高效转化利用、林业生物质产品加工过程节能与环保监测评价。

中心在北京林业大学建设科研基地 1 个，规模 50 人，其中高级职称研发人员 37 名；在北

京、河北、浙江等地建立成果转化、产业化示范基地4个,规模60人,其中高级工程师占20%以上。

2008年,工程中心新增科研经费1000多万元,获授权发明专利7个,申报9项;发表科技论文130篇,SCI收录23篇,EI收录9篇,ISTP收录4篇。2人入选教育部新世纪优秀人才计划,获北京市发明专利奖1项,梁希青年论文奖一、二等奖各2项。 (胡传坤 高建民)

【长江三峡库区(重庆)森林生态系统定位研究站】 成立于1998年10月。下设国家林业局长江三峡库区(重庆)森林生态站缙云山实验室,拥有大中型仪器设备10套。主要开展森林水文、土壤侵蚀、环境水质等研究。2008年,长江三峡库区(重庆)森林生态系统定位研究台站承担国家"十一五"科技支撑计划重庆北部水源区水源涵养林构建技术试验示范、国家自然基金项目基于分形理论的三峡库区林地土壤结构特征与土壤侵蚀关系、"948"引进项目城市河流生态系统的森林生物工程修复技术引进等3个课题。获得如下成果:确定重庆最优理水调洪型林分构建技术,研究三峡库区典型林分林地土壤结构特征,提出河流水质净化的模型。共获观测数据19 428万条,数据量112 MB。年度共发表论文7篇。

现有固定人员15人,其中:正高级2人,副高级2人,中级4人。培养毕业生11人,其中:研究生10人(博士生3人,硕士生7人),本科生1人。 (王玉杰 朱清科)

【山西太岳山森林生态系统定位研究站】 是中国森林生态系统定位研究网络(CFERN)台站之一,其前身为北京林业大学森林生态研究室,1990年正式建站。承担单位为北京林业大学,站址位于山西省沁源县太岳山国有林管理局。

现有教授、研究员7人,中级职称15人,博士研究生5人,硕士研究生人10人。

2008年发表科学论文80篇和出版专著3部;获省部科学技术进步奖3项,霍英东基金青年教师奖1项。定位站与中科院动物所、上海交通大学、北京师范大学、西北农林大学、山西农业大学、河北农业大学、山西省林科院等多家大学、科研单位的研究人员进行长期合作。 (康峰峰 赵秀海)

【首都圈森林生态系统定位观测研究站】 成立于1986年6月。下设森林水文、土壤等3个实验室。拥有大中型仪器设备10套。主要开展土壤—森林植被—大气界面生态过程、坡地生态过程、流域生态过程、森林植被与城市环境关系等研究。2008年,首都圈森林生态系统定位观测研究站承担基于首都圈森林生态系统定位站平台的林木耗水研究、北京密云水库水源保护林营建关键技术研究、华北土石山区防护林体系空间配置与结构优化技术研究等5个课题。获得北京地区主要优势树种耗水特征、单木和林分耗水模型、北京山区防护林优势树种群落结构等成果。获观测数据12.1万条,数据量200MB。发表论文43篇,其中EI收录16篇。

现有固定人员13人,其中:正高级5人,副高级7人,中级1人。培养毕业生13人,其中:研究生7人(博士生3人,硕士生4人),本科生6人。 (余新晓 朱清科)

【宁夏盐池荒漠生态系统定位研究站】 成立于2003年,2008年7月加入国家林业局陆地生态系统观测研究网络(CTERN)。定位站拥有数据处理中心、标本室、实验室、水量平衡场、风蚀观测场及多处固定植物观测样地等基础设施,占地总面积2000万平方米,拥有大中型仪器设备30余套。主要开展半干旱草原与干旱荒漠过渡地区植被水量平衡规律,人为干扰和自然恢复状态下植被演替规律,近地表风沙运动规律及土壤风蚀机理,荒漠生态系统物质流动与能量循环,土地利用/覆被变化对荒漠化的影响,沙区人居环境安全评价及其动态变化等研究。2008年申报实用新型专利2项。共获观测数据12万条,数据量4GB。共发表论文6篇。

现有固定人员16人,其中:正高级6人,副高级8人,中级1人。培养毕业生15人,其中:研究生8人(博士生2人,硕士生6人),本科生7人。 (张宇清 朱清科)

【国家林业局自然保护区研究中心】 2001年12月18日正式挂牌,挂靠在北京林业大学。中心主要负责林业系统国家级自然保护区申报及评审组织工作，自然保护区学术研究工作，自然保护区管理者培训等。2008年，国家林业局自然保护区研究中心继续协助国家林业局野生动植物保护司组织林业系统国家级自然保护区晋升评审工作和国家级自然保护区《总体规划》、《生态旅游规划》的评审工作，组织自然保护区扶贫、第二届生物多样性保护与自然保护区管理建设生态旅游等3次学术研讨会，举办广西地区自然保护区建设管理技术培训班。

（刘文敬　张燕良）

【**国家林业局生态文明研究中心**】　成立于2008年9月4日。其前身为2007年12月28日成立的北京林业大学生态文明研究中心。研究中心主任为北京林业大学党委书记吴斌。中心整合全校教师资源，以人文学院教师为主，组成了多学科的研究群体。2008年，该中心拟出版的生态文明建设系列丛书已完稿7部并交付出版社，2009年初将正式出版。　　（杨冬梅　于翠霞）

国际交流与合作

【概　况】　2008 年，接待来访团组 4 个 19 人次，因公出国(境)共计 51 组 85 人次，共派出对台交流团组 6 组 11 人次，获得北京市因公出入境先进单位荣誉称号。新签和续签校际合作协议 8 个。共招收来自 28 个国家各类留学生 82 人，其中攻读学位留学生 24 人。与美国密西根州立大学合作举办"草坪管理"本科学士学位项目，2008 年招生人数 32 人，在校生 151 人。聘请长期文教专家 5 人，科教专家 1 人，短期专家 67 人次，政府间科技合作项目 4 项。举办国际会议 2 次，第四年举办商务部援外培训林业官员研修班。国家公派研究生项目共有 20 名学生获得留学资格，4 名学生获得与有关国家互换奖学金项目留学资格，通过校际交流渠道共派遣 9 名学生前往 4 个国家学习。

【外事综合工作】　2008 年接待各国来访团组 4 个 19 人次。6 月 30 日，苏丹新纳尔(Sinnar)大学校长 Mohmmed Warag Omar 一行来校访问，随行的有苏丹教育部 Elrasheed Elbile 司长，苏丹驻华使馆 Mohmmed Mergani 副领事。7 月 4 日，波兰波兹南农业大学郝特曼教授一行 7 人来校参观交流，双方就留学生交流、专业合作等议题进行讨论。10 月 16 日，日本东京农工大学校长小畑秀文一行来访，与学校签署校际合作协议。10 月 29 日，日本森林综合研究所所长铃木和夫一行来访，与学校签订校际合作协议。

2008 年，学校因公出国(境)共计 51 组 85 人次，其中校级团组 3 个 3 人次，出访参加国际和区域性会议团组 22 个，出访目的地包括美国、加拿大、德国、瑞典、西班牙、日本等 20 个国家(地区)。2008 年 5 月在北京市政府外办、市政府港澳办召开的全市因公出入境工作会议上被评为 26 家北京市因公出入境先进单位之一。

【校际交流】　2008 年，学校共签订或续签校际协议 8 个，分别为台湾元培科技大学、日本鸟取大学、东京农工大学、东京大学农学及生命科学研究生院、波兰罗兹科技大学、西班牙马德里大学、苏丹新纳尔大学、日本林业与林产品研究所。协议主要在信息交流、教学科研、教职工及学生交换方面开展合作。

【留学生工作】　2008 年度来校留学生共计 82 人，其中：语言生 49 人，普通进修生 9 人，本科生共 5 人，硕士生 10 人，博士生 9 人；来自亚洲、非洲、欧洲共 28 个国家。

3 月 24 ~ 27 日赴孟加拉国参加教育部留学基金委孟加拉留学中国教育展。

【合作办学】　北京林业大学与美国密西根州立大学合作举办"草坪管理"本科学士学位项目。该项目 2008 年招生人数 32 人，2008 年在校生 151 人，2004 级学生共 28 人于 2008 年 8 月赴美国进行为期半年的专业实习。2008 年 6 月在北林大召开中美合作办学五校联席代表会议，就各校的项目执行情况进行通报，就学生的 TOEFL 考试情况、学生实习、签证、学费增加、学分互认等情况进行明晰。6 月 14 日，在北京林业大学举行中美合作办学第一届学生毕业典礼。这是密西根州立大学首次在校外、尤其是首次在国外大学举办学位授予仪式。

【引智工作】　围绕学校的教学和重点科研项目，2008 年度学校共聘用长期语言文教专家 5 人在校从事英语、日语教学工作；长期科教专家 1 人在校从事科研教学工作；邀请国外科技专家短期来华讲学，从事科研合作 67 人次，其中政府间科技合作项目 4 项(中奥 3 项，中匈 1 项，计 6 人次)。学科范围涵盖语言、林业、水保、园林、生物、林业经济、森林工业、人文、信息等 25 个专业。

【援外培训】　学校连续第四年成功承办商务部

援外培训——森林资源与可持续经营管理官员研修班。

此次森林资源可持续经营管理官员研修班从 2008 年 4 月 23 日至 5 月 13 日，历时 20 天，共有来自阿富汗、阿尔巴尼亚、阿尔及利亚、安哥拉、东帝汶、莱索托等 45 个国家和地区的 77 名官员参加。四年来学校共培训来自 108 个国家和地区的 202 名高级林业政府官员。

研修班期间，共举行 12 次专业讲座、8 次参观实习、2 次专题座谈，课程涉及森林生物灾害控制、全球气候变化、天然林经营、森林旅游、生物多样性保护、生态恢复、森林资产化经营、自然保护区管理、森林认证等内容。

【国际会议】 2008 年 10 月 27～30 日，第 23 届国际杨树大会在北京林业大学成功举办。本次大会由联合国粮农组织（FAO）及其下属的国际杨树委员会（IPC）主办，中国林学会、中国杨树委员会、北京林业大学和中国林科院承办，大会的会议主题是"杨树、柳树与人类生存"。包括欧洲、北美洲、拉丁美洲、亚洲等 30 多个国家共计 110 余名外国学者注册参会，中国参会人员在 100 人左右。

12 月 7～11 日举办了林业教育国际研讨会暨第一届中国林业教育培训论坛，为期 5 天。自北美洲、南美洲、亚洲（包括中国）、欧洲、大洋洲有关林业院校长、林业教育单位专家、学者以及相关国际组织的代表 80 余人参加本次研讨会。

【港澳台交流】 2008 年，学校共派出对台交流团组 6 组 11 人次（其中 4 组 9 人次赴台参加了海峡两岸山地灾害、环境保护、生命科学、森林生态等专业领域的研讨会，有 2 组 2 人次研究生赴台北科技大学各进修 4 个月）。

10 月 16～24 日举办 2008 海峡两岸林业循环经济与生态文明学术交流营活动，北京林业大学经济管理学院和北京林业大学海峡两岸经济与生态研究交流中心具体承办。此次参访团共有团员 72 人。活动包括开营仪式，学术研讨交流，北京参观考察，河北参观考察等内容。学校与台湾元培科技大学签订了校际合作协议。

【学生出国留学】 经校内选拔推荐、上报国家留学基金委评审，最终有 20 名学生入选国家公派研究生项目，4 人入选与有关国家互换奖学金项目，获得公派留学资格。

2008 年北京林业大学国家公派研究生录取名单

姓 名	所在院系	学科专业	申报留学国别	出国期限（月）	出国性质（博士/联合培养博士）
侯国华	林学院	草业科学	美国	16 个月	联合培养博士
赵彩君	园林学院	城市规划与设计	澳大利亚	12 个月	联合培养博士
李 琳	园林学院	园林植物与观赏园艺	美国	12 个月	联合培养博士
石春娜	经管学院	林业经济管理	美国	12 个月	联合培养博士
张 兰	经管学院	林业经济管理	加拿大	12 个月	联合培养博士
王若涵	生物学院	野生动植物保护与利用	加拿大	12 个月	联合培养博士
张国君	生物学院	林木遗传育种	澳大利亚	18 个月	联合培养博士
沈俊岭	生物学院	林木遗传育种	澳大利亚	18 个月	联合培养博士
张 赟	林学院	生态学	加拿大	48 个月	博士
梁茂厂	林学院	草业科学	日本	42 个月	博士
黎建强	水保学院	水土保持与荒漠化防治	奥地利	48 个月	博士
李 倞	园林学院	城市规划与设计	德国	48 个月	博士
张翼鹤	工学院	工业设计	加拿大	72 个月	博士

（续）

姓　名	所在院系	学科专业	申报留学国别	出国期限（月）	出国性质（博士/联合培养博士）
高　强	材料学院	木材科学与技术	加拿大	48个月	博士
王　磊	材料学院	木材科学与技术	美国	48个月	博士
张　鑫	生物学院	野生动植物保护与利用	德国	48个月	博士
张艳霞	生物学院	植物学	荷兰	48个月	博士
董乐萌	生物学院	植物学	荷兰	48个月	博士
李　慧	生物学院	植物学	荷兰	48个月	博士
杨　暖	生物学院	微生物学	荷兰	48个月	博士

2008年北京林业大学校际交流交换学生情况

境外合作院校	派出学生	年级	专业	接收学生
芬兰赫尔辛基大学	陈欣	本06	生物科学与技术	—
日本鸟取大学	何　琳	硕07	外国语言学及应用语言学	清河创平
	季江静	硕07	外国语言学及应用语言学	—
	金虎范	硕07	森林培育学	—
	金桂香	硕07	森林培育学	—
	吴　韡	本06	生物技术	—
瑞典农业大学	郝婷婷	硕07	森林培育学	—
	倪瑞强	硕07	森林培育学	—
法国巴黎高科教育集团	李梓	本04	地理信息系统	—

2008年北京林业大学与有关国家互换奖学金项目录取名单

姓名	所在院系	专业	所在年级	派往国别
刘新有	材料学院	木材科学与工程	本科05级	罗马尼亚
孙红男	生物学院	农产品加工及贮藏工程	硕08级	匈牙利
路会丽	生物学院	农产品加工及贮藏工程	博08级	匈牙利
孙佳琦	园林学院	园林植物与观赏园艺	硕08级	匈牙利

注：以上4名学生将于2009年正式入学。

（国际交流与合作由覃艳茜、张志强撰稿）

党建与群团

组织工作

【概　况】　2008年，北京林业大学组织工作的指导思想和总体要求是：以邓小平理论和"三个代表"重要思想为指导，深入学习贯彻党的十七大和第十六次全国高校党建工作会议精神，针对党建工作存在的不足，对2008年学校干部队伍建设、基层党组织建设工作、党建理论研究工作提出明确的要求，以改革创新精神加强干部队伍建设、基层党组织建设和党校建设。

基层党组织建设　建立发展党员工作责任制，做好发展党员监督检查工作；纪念建党87周年；根据中组部关于《中国共产党党费收缴、使用和管理的规定》文件精神，制定党费收缴方案，完成党员党费核算工作；响应党中央号召，组织开展向汶川地震灾区捐献"特殊党费"活动；完成党员信息库初步建设工作；开展毕业生党员专题教育活动，做好新生党员的甄别、教育工作；做好红色"1+1"活动的组织、申报、总结工作；认真做好党内各项统计工作；开展党建研究，提炼党建理论成果。

干　部　认真落实《党政领导干部选拔任用工作条例》，深化干部人事制度改革。根据《党政领导班子后备干部工作规定》的有关规定，进行学校校级后备干部的推荐工作。充实干部队伍，为学校管理提供人才保障。对干部进行日常管理，创新干部考核办法，完成校级和处级领导干部的年度考核工作。加强制度建设，完善干部队伍建设机制。

党　校　落实《干部教育培训条例（试行）》精神，加大干部教育培训力度，创新干部教育培训模式，科学合理规划干部教育培训内容，增强干部教育培训实效。以坚定理想信念为重点，认真做好预备党员和入党积极分子培训工作。加强党校自身建设，为党校工作提供保障。

（盛前丽　张　闯）

【党组织基本情况】　截至2008年12月31日，北京林业大学共有分党委13个，党总支3个，直属党支部6个，党支部256个，其中：教职工党支部83个，离退休党支部8个，研究生党支部91个，本科生党支部74个。

组织关系在校党员共计3997名。①政治面貌。正式党员3032名，占党员总数的75.86%，预备党员965人，占党员总数的24.14%。②性别。女性党员2100名，占党员总数的52.54%。民族分布，少数民族党员226名，占党员总数的5.65%。③职业情况。在岗教工党员976名，占全校党员的24.14%；学生党员2714人，占全校党员的67.90%；离退休党员269名，占全校党员的7.01%；出国出境未归、组织关系未转出毕业生、非全日制教育学生党员38名，占全校党员的0.95%。

学生党员共计2714名，占在校大学生总数的16.95%；研究生党员1482名，占研究生总数的47.08%；本科生党员1232名，占本科生总数的9.57%。

2008年共发展党员1028名，其中：干部系列2名，教师系列3名，其他专业技术人员4名，全日制学生1007名，非全日制学生12名。

（南　珏　张　闯）

【基层党组织建设】

加强发展党员的监督检查　学校明确"学校党委统一领导，党委组织部督促检查，各分党委（党总支、直属党支部）贯彻落实"的领导体制和工作机制，形成"各分党委书记为发展党员工作的第一责任人，党支部书记为直接责任人，党支部组织委员、入党介绍人为具体责任人"的责任制体系。2008年6月，完成对各分党委60份党员组织发展材料的抽查工作，抽查合格率达95%。

"七一"评选表彰 学校有多名基层党组织和集体获得国家和北京市表彰。严耕教授获全国模范教师、全国优秀理论课教师称号，校党委宣传部党支部获得北京高校先进基层党组织称号，康向阳教授和林震副教授获得北京高校优秀党员称号，园林学院党委书记沈秀萍获得北京高校优秀党务工作者称号。在中国共产党成立87周年之际，学校召开庆祝中国共产党成立87周年暨表彰大会，大会对党政办公室党支部等15个先进基层党组织和郑晓清等18名优秀共产党员进行表彰工作。各分党委也开展了二级表彰工作。

15个先进基层党组织：

机关党委党政办公室党支部、机关党委校医院党支部、生物学院党委、工学院学生第六党支部、材料学院艺设学生第一党支部、信息学院党委、林学院森林保护学科党支部、园林学院党委、理学院数学党支部、外语学院党委、离退休党委第五党支部、经管学院05级金融学生党支部、成教学院教工党支部、体育教学部直属党支部、林场直属党支部。

18位优秀共产党员：

郑晓清　吴丽娟　王士永　周伯玲　霍光青
李建章　郑　云　田呈明　李晓凤　周春光
程艳霞　王雷梅　徐　平　田砚亭　李红勋
贝裕文　张立秋　赵文兵

制定党费收缴方案 2008年4月，学校向各基层党组织传达《中共中央组织部印发〈关于中国共产党党费收缴、使用和管理的规定〉的通知》文件精神，制定学校新的党费收缴方案，并按照新方案重新核算学校全体党员需要交纳的党费。

组织开展捐献"特殊党费"活动 学校向各级基层党组织传达中共中央组织部《关于做好部分党员交纳"特殊党费"用于支援抗震救灾工作的通知》，号召广大党员、干部交纳"特殊党费"。截至6月底，学校广大党员踊跃交纳310 667.5元"特殊党费"全额上缴中组部、北京市委，由上级党组织代转灾区。

完成党员信息库建设 北京市委组织部自2006年起在全市各个系统逐步建立涵盖全市所有党组织、党员、申请入党人员，以及对流动党员、困难党员进行分类管理的信息库。2008年11～12月，按照市委教育工委统一安排，学校确定了两级共计23个节点的管理员，指导基层党组织开展信息采集工作，加强信息采集过程的监督和管理；制定录入方案，开展信息库管理员录入工作培训，在12月上旬按时完成了党员信息库的录入工作。

党员教育与管理 在毕业生党员中开展专题教育活动，印发《致毕业生党员一封信》和《毕业生党员组织关系接转工作问答》，完成2008届1407名毕业生党员组织关系转出工作。重点做好新生党员甄别、教育、管理工作，认真查阅党员入党材料，及时处理工作过程中发现的问题。共计接收新生党员351名，新教工党员20名。

开展红色"1+1"活动 按照市委教育工委有关文件要求，组织理学院学生党支部等29个学校学生党支部组成项目团队利用暑假时间与京郊农村开展以城乡携手迎奥运为主题的红色"1+1"活动，受到京郊农村基层党组织广泛赞誉。利用网络平台，开设活动博客，完成活动总结工作。

开展党建理论研究 学校与清华大学共同承担北京高校党建研究会课题《高校院(系)工作的领导机制和工作机制探讨》，以全优的成绩获得北京高校党建研究会课题一等奖。参与由北京市委副书记王安顺主持的重大哲学社会科学研究课题——《北京高校党建30年经验总结研究》，具体承担其中两项子课题的研究工作。《以校务公开和党务公开协调发展推进高校民主政治建设》、《高校院(系)工作领导体制和工作机制探讨》分获全国高校党建研究会中国高校党的建设30年研究征文活动一等奖和优秀论文奖。2008年3月开始，学校组织各党委职能部门、各二级党组织进行党建研究，设立基层党组织建设、干部队伍建设、党务理论探讨等各类课题26项，投入经费7万余元。经学校党建研究课题评审组讨论，19项课题通过验收并予以结题，4项课题暂缓结题，3项课题不予结题。

开展党内统计 认真完成半年党内统计、年终党内统计、流动党员统计等多项统计工作，为上级部门及学校制定政策提供依据，2008年12月被市委教育工委授予2007年党内统计全优单位荣誉称号。　　　　　　　（南　珏　张　阀）

【干部工作】

校级干部调整 2008 年 6 月，学校协助教育工委干部处进行市属高校校级领导干部推荐工作，经民主推荐、组织考察、公示，2008 年 7 月，校党委副书记兼副校长钱军调任北京建筑工程学院党委书记。2008 年 7 月，协助教育部人事司开展民主推荐、组织考察，教育部任命王玉杰为学校副校级干部。学校党委决定王玉杰作为援疆干部，赴新疆昌吉学院工作。2008 年 9 月，新疆昌吉学院任命王玉杰为昌吉学院党委委员、昌吉学院副院长。

校长助理增补 2008 年 6 月 3 日，党委常委会综合民主推荐和考察组的考察意见，任命马履一、王自力为学校校长助理，并报教育部人事司批准。

向外推荐干部 2008 年协助北京市委教育工委干部处进行对王栋拟任市教委人事处副处长的组织考察及任前公示；推荐经济管理学院金笙副教授作为北京市第十二次妇代会代表大会代表；在 2008 年北京市公开选拔领导干部工作中，学校党委推荐刘宏文、张向辉、王晓旭 3 名干部参与竞争，并协助考察组对冯仲科、王晓旭进行组织考察。

干部队伍状况 截至 2008 年底，处级干部共计 168 人，其中正处级干部 69 人（含享受正处级待遇 5 人）。处级干部中 30 岁以下的比例为 2.4%，具有本科及以上学历的 97%，其中获得博士学位的 36%；处级干部平均年龄 44 岁。有科级干部 174 人，正科级干部 139 人，占 80%。具有本科以上学历的 150 人；35 岁以下的 139 人，占 80%；女性干部为 83 人，占 48%；少数民族干部 11 人；党外干部 17 人。其中分布在各个学院的干部，共 66 名，占 38%，其他均在机关及教辅等部门。

处级干部任免 2008 年处级干部任免共 16 人次，其中任命 14 人次（新任或者提任 10 人，其中非领导职务选任 3 人），免职 2 人次，校内交流处级干部 1 人，2008 年科级干部任免共 48 人次。

2008 年，继续对处级干部的任命实行试用期制，对试用期满的 8 名处级干部进行试用期考核。

干部挂职和借调 2008 年奥运期间，学校先后推荐韩秋波、张春雷、张元 3 名处级干部，卢振雷、王晓旭、张向辉、佟立成、李锋 5 名科级干部，朱丽轩、陈晓颖、杜景芬 3 名教师参与奥组委及其相关部门服务（韩秋波、张春雷、卢振雷、王晓旭 4 人自 2007 年 5 月起在奥组委志愿者部工作）。

2008 年选派校团委 2 名干部在团中央借调工作；选派 1 名干部在市委组织部党员教育管理处短期借调；选派工学院党委副书记、副院长赵俊石到市教委体育美育处挂职一年；选派 1 名干部在市教育工委保卫保密处借调。通过宣武区人才计划，推荐 3 名在读博士前往宣武区锻炼。

外派干部培训 2008 年 3～6 月，计财处处长刘诚参加国家教育行政学院第二十九期高校中青年干部培训班学习；2008 年 9～12 月，校长助理、研究生院常务副院长马履一参加国家教育行政学院第三十期高校中青年干部培训班学习。2008 年 4～7 月，校友会秘书长王立平参加国家林业局党校第三十二期党员领导干部进修班学习；2008 年 9 月至 2009 年 1 月，校工会副主席田海平参加国家林业局党校第三十三期党员领导干部进修班学习。校长助理、总务产业处处长兼北京林大林业科技股份有限公司董事长王自力、林学院党委书记张勇两人参加为期一个月的第五期北京高校领导干部教育管理研究班学习；离退休处副处长兼副书记曹怀香参加为期一周的北京高校优秀青年干部培训班学习。

干部考核 为拓宽年度考核渠道，将网上测评与现场测评相结合，对全校处级干部进行了年度考核。14 名正处级干部和 19 名副处级干部考核结果确定为优秀，其他为合格。

干部监督 2008 年委托审计处对姜凤龙、吴燕、于志明、张启翔 4 名干部进行了离任经济责任审计。进一步规范和完善干部收入申报制度，党员领导干部个人有关事项报告制度，坚持每半年进行一次处级干部收入申报工作，每一年进行一次干部有关事项报告。

后备干部 2008 年 4 月召开由院士、老领导，党委、纪委委员，民主党派和无党派代表、校工会委员、教代会执委，现职正处级干部、教授代表等 120 多人参加的校级后备干部民主推荐会，校级后备干部按岗位及管理方向划分为党务管理、业务管理和行政管理三类，每类岗位要求

推荐3~4人。党委常委会以民主推荐结果为依据，综合考虑后备干部队伍建设的结构要求、素质要求等，确定21名校级后备干部，其中，50岁及以上4人，占19.1%；40~49岁干部15人，占71.4%；40岁以下干部2人，占9.5%；女干部2人，占9.5%；党外干部3人占14%；少数民族干部2人，占9.5%。

自查处级干部档案 2008年继续对处级干部档案进行自查，针对自查出现的问题，及时进行查找、调查。

制度建设 起草《北京林业大学关于设立非领导职务的实施意见》、《党政管理干部评审（聘）教育管理系列职称条件规定》文件，提交党委常委讨论。按照文件精神，选拔2名正处级非领导职务干部，1名副处级非领导职务干部。

（黄薇 张闯）

【党校工作】 2008年党校工作分别从干部、支部书记、组织员、党员和入党积极分子5个层面开展培训，共举办级及各类培训班9期，搭建处级干部"一课一网一册"学习平台，建立处级干部选课学习制度。2008年，党校共培训2857人次。

干部培训 ①举办处级干部学习十七大精神轮训班。2008年4月，分三批轮训162名处级干部。培训采取专题辅导报告、小组讨论、观看录像和撰写学习笔记相结合的形式。专题辅导讲座采取校领导专题授课和外聘专家辅导相结合，举办改革开放30年的思想解放历程、中国特色社会主义道路、中国特色社会主义理论体系、十七大党章等专题辅导报告，观看《构建社会主义和谐社会重要问题分析》、《以改革创新精神推进党的建设新的伟大工程》录像资料，进行分组讨论，参训干部结合学习体会撰写学习总结。学校党委书记吴斌和党委副书记周景先后三次现场指导工作，进行培训动员并作专题辅导。②搭建处级干部"一课一网一册"学习平台。2008年举办处级干部"每月一课"3次。学校党委书记吴斌作深入学习实践科学发展观，生态文明建设专题辅导报告，中共中央党校哲学部现代科学技术哲学教研室主任、博士生导师李建华教授作科学发展观与系统科学专题报告。国务院发展研究中心潘占杰研究员作当前经济形势分析专题辅导报告。2008年引进国家

教育干部管理学院开发的干部在线学习网，干部可以根据自己的需要选择自己感兴趣的学习课件学习。对干部参加在线学习实行账号和学分管理。2008年编印《学习宣传贯彻党的十七大精神学习读本》，干部学习后撰写学习体会。组织部、党校对学习读本进行回收检查。2008年编辑《干部学习文萃》一册，收录学校领导和各职能部门负责人推荐的理论文章。③建立处级干部选学学习制度。2008年共开设了《校园/奥运英语》、《人力资源管理》、《公共行政管理》、《管理心理学》4门课程供干部选学。每门课程为20学时，共有160多人次参加了选课学习。4门课程分别由经管学院、人文学院、外语学院的教师授课。④举办第四期中青年干部培训班。坚持分级分类原则，2008年，党校举办第四期中青年干部培训班，历时2个多月，共计授课60个学时。共有50人参加了培训。培训内容涉及理论武装、岗位培训、形势政策解读、党性锻炼4个方面。组织学员考察红旗渠，参观殷墟纪念博物馆。

支部书记和组织员培训 2008年12月，党校举办1期教工支部书记和组织员培训班，89名教工党支部书记和组织员接受培训。校党委副书记周景作《如何加强高校基层党支部建设辅导报告》，观看《改革开放30年的历史进程和道路探索》录像。就如何进一步完善工作机制，保障教工党支部充分发挥作用，做好青年教师党员的发展工作，发挥教师党员的先锋模范带头作用，提高党支部战斗堡垒作用等分组讨论。2008年5月与研究生工作部联合举办研究生党支部书记培训班。

预备党员培训 2008年3月1~2日和9月6~7日，分别举办2008年第一期和第二期预备党员培训班，培训学员808人次。集中授课14次。主要安排加强党性修养做合格共产党员、民主集中制、十七大党章辅导、论共产党员的修养导读、党风廉政建设新进展、预备党员须知、当前国际和国内形势分析等内容，对预备党员继续进行党性教育，增强党员意识和先进性意识。

入党积极分子培训 2008年3~5月和9~11月，党校分别举办学生业余党校第三十九期提高班和第四十期提高班，2008年3月1~2日和9月6~7日，分别举办2008年第一期和第二

期教工、研究生入党积极分子培训班，培训学员1679人。共集中授课24次，主题讨论8次，社会实践和"星期六义务劳动"、党校特色活动各1次。编辑《党校通讯》10期，《党校之声》2期。授课内容包括科学发展观专题、构建社会主义和谐社会、走新型工业化道路，建设创新型国家，中国特色社会主义理论体系、共产党宣言导读、入党须知等专题。第三十九期提高班举办主题演讲活动，激发同学们参与奥运，服务奥运、奉献奥运的热情。第四十期提高班举办经济全球化利大于弊还是弊大于利主题辩论赛，引导广大学员正确认识经济全球化对发展中国家的影响。

党校自身建设 ①加强理论研究。2008年，党校积极参与学校课题申报，共有2项研究课题获得立项。"信息化技术在党校工作中的应用研究"课题分析了党校干部教育培训管理功能需求，为建设干部教育培训管理系统提供了基础。《新时期干部教育培训模式研究》课题系统研究，总结了新时期高校干部教育培训模式，对学校干部教育培训工作进行指导。党校还积极参与

中国高等教育研究会党校研究分会和学校党建和思想教育杂志共同举办的纪念改革开放30年学校党建和思想教育征文活动，取得一等奖。②举办党校工作研讨会。2008年，党校举办党校工作会议。各学院分管党校工作的副书记和各学院主管党校工作的党务干事参加，交流工作经验。

北京高校工作协作组工作 2008年12月30日，北京高校党校协作组2008年年会在北京林业大学举行，会议听取北京高校党校协作组第七届组长单位所作的工作报告，交流高校党校工作经验，进行第八届领导小组组长、副组长换届工作。北京市委教育工委副书记刘建、中国农业大学党委书记瞿振元、北京林业大学党委书记吴斌等出席会议并讲话。会议由北京林业大学党委副书记周景主持。会议还表彰了三年来为北京高校党校的工作作出突出贡献的先进单位和先进个人。与会人员选举北京林业大学为第八届党校协作组组长单位，北京科技大学为副组长单位。 （盛前丽　张　闽）

宣传新闻

【理论学习】 2008年，北京林业大学理论学习坚持以邓小平理论和"三个代表"重要思想为指导，深入贯彻落实科学发展观，以学习宣传贯彻党的十七大精神为重点，把学习贯彻科学发展观与构建社会主义和谐社会的重大战略思想放在突出的位置，增强社会主义核心价值体系的吸引力和凝聚力。

学校党委专门制定年度理论学习计划，采取丰富的形式，注重抓好资料编写、理论辅导、专题研讨、实践调研、成果总结和二级学习6个环节，提高全校的理论学习成效。

改进党委理论中心组学习模式 根据中央通知精神，制定《关于进一步加强和改进党委中心组学习的实施意见》，调整学校党委理论学习中心组的学习和组织形式，将学校党委理论学习中心组细分为核心组、扩大组和中心组三级理论中心组，形成分层学习机制。按照三个层次

的学习任务和工作职责，设计学习专题，形成分层负责、各有侧重的学习机制，通过政策研讨、文件学习、专题研讨、实践调研、辅导报告不同形式，开展系列学习活动。

2008年3月12日，学校党委中心组学习中纪委十七届二次会议精神、全国教育纪检监察工作会议精神；3月19日，校党委中心组举行学习贯彻"两会"精神学习扩大会议，全国政协委员尹伟伦校长传达全国"两会"精神；4月2日，党委理论中心组开展理论学习，集中学习国务委员陈至立在教育部直属高校工作咨询委员会上的讲话和中组部部长李源潮在第十六次全国高校党建工作会议上的讲话；5月21日开展奥运专题学习，北京社科院首都文化发展研究中心副主任沈望舒作《人文奥运的着眼点和着力点的报告》；7月4日，校长尹伟伦传达国务院总理温家宝在两院院士大会上的讲话精神，并结合当前

形势和林业的任务作辅导报告；9月17日开展奥运专题扩大学习会，中国人民大学人文奥运研究中心执行主任、北京人文奥运研究基地首席专家金元浦作《奥运文化遗产和后奥运时代的文化发展报告》；10月15日，校党委书记吴斌作《学习实践科学发展观生态文明建设专题辅导报告》；11月12日，校党委理论中心组召开学习扩大会议，国务院发展研究中心高级经济师潘占杰作《国际金融危机与我国经济形势的报告》，12月24日，中央党校李建华作《系统科学与战略思维的辅导报告》；组织校党委理论中心组成员收看《警示与反思》教育专题片、奥运会开幕式精彩回顾等节目。

开展研讨调研 2008年，校党委中心组分别就抗震救灾、学习英模教师、科学发展观、纪念改革开放30周年开展专题调研和实践活动，先后考察北京现代汽车有限公司、顺鑫牛栏山酒厂等企业；调研草业专业发展状况、东北林区林业发展状况；参观焦庄户地道战遗址纪念馆，深圳纪念改革开放30周年历史图片展；考察走访哈尔滨市林业局、东北林业大学、北京师范大学珠海分校、深圳市北林苑景观及建筑规划设计院。

强化对二级中心组的指导，建立创新型学习模式 二级中心组根据党委统一部署及本单位具体情况，探索有效的学习模式，把学习活动与加强基层党建、促进学科建设、提高管理水平、凝聚师生力量、推动学校发展紧密结合，力争在思想认识上达到新高度，在指导实践上取得新成效，在推动工作上实现新的突破。2008年12月，组织编印校党委理论中心组理论学习文集，并收录于《中国林业教育》增刊，共刊登51篇中心组成员撰写的理论文章。

（刘 忆 赵海燕）

【思想教育】 校党委抓住迎接北京奥运和纪念改革开放30周年的有利契机，推进实施思想政治教育重点工作，在思想道德建设、服务奥运工作、建设大学文化、构建和谐校园等方面取得新进展。

学习贯彻党的十七大精神，提高教师政治理论水平 制定学习贯彻党的十七大精神实施意见，组织各单位开展专题讲座、座谈会、主题征文、参观展览、外出考察、最佳主题活动评比的学习和实践活动。学校各种媒体宣传报道开展学习贯彻十七大精神的情况。4月召开宣传思想工作会，表彰17个校级文明单位、20项学习十七大精神最佳活动、10名校优秀基层宣传工作者和十七大征文组织者。学校组织上报的"学习十七大，与奥运同行——大学生文化墙展示活动"获北京高校学习十七大精神优秀主题教育活动奖。

开展奥运主题宣传教育活动，弘扬绿色奥运理念和志愿者服务精神 2月28日，校党委制定奥运宣传方案，成立奥运宣传领导小组，校党委书记为组长，主管宣传工作、学生工作的副书记、副校长为副组长，成员由宣传部、党政办、研工部、学工部、团委、体育教学部等部门负责人及学院分党委书记组成，办公室设在党委宣传部，负责奥运宣传的日常工作协调。学校建立分层负责宣传机制，形成全面覆盖的宣传局面。重点建设专职人员、兼职干部、学生干事、志愿者4支宣传队伍，通过校外媒体、学校媒体、学院媒体、服务站点4个层面，开展奥运服务及志愿者风采的宣传报道。

校党委中心组举办专家辅导、集中研讨、参观考察等形式，开展奥运专题学习活动，党委宣传部编辑《学习参考》3期、《宣传动态》5期、《舆情通报》17期，深化奥运宣传思想教育。召开志愿者誓师大会、"绿色学子见证绿色奥运"座谈会，发出《绿色奥运倡议书》。各分党委开展丰富多彩的主题宣传教育活动。

开展纪念改革开放30周年主题宣传教育活动 5月29日，校党委发出通知，在全校开展以"回顾三十载光辉历程，展示改革开放辉煌成就，促进学校各项工作"为主题的纪念活动。开展纪念改革开放30周年师生知识竞赛，"我与改革开放"、"亲历改革开放30年"主题征文活动，编辑整理学校纪念改革开放30周年大事记、党建和思想政治工作优秀论文集、学生征文优秀论文集等工作。各宣传媒体开辟了纪念改革开放30周年专栏、专版和重点栏目。编辑印发《纪念改革开放30周年工作简报》8期、专题视频10个。宣传改革开放的意义、成就和经验，宣传学校建校以来教学、科研等各项事业取得的成绩和经验，以及为学校发展作出贡献的典型人物、先进事迹。

开展师德师风建设，提高教职工思想道德水平 结合胡锦涛总书记在北京大学讲话精神和教育部、北京市委教工委《关于向抗震救灾英雄教师学习》的文件要求，在全校进行统一部署，开展师德师风专题活动。举办师生座谈会、信息工作交流会，加强对基层工作的指导和舆情交流。

汶川大地震发生之后，编印《北林宣传动态——抗震救灾专刊》和《师魂——用生命谱写爱的赞歌》等，在全校开展学习英雄教师大讨论。学校各媒体开设专栏专版，及时报道各级组织抗震救灾工作动态，营造良好的舆论氛围。

建立舆情预警监控体系，做好网络舆情引导与监控 完善网络管理制度，实施网络登记备案制度，修改、完善和补充网络管理制度，制定《应对网上突发事件的处理办法》、《舆论引导员工作职责》等文件；要求各网站设立论坛版主，对论坛实行24小时监控；建立网络安全突发事件的预案及预警机制，针对突发事件，制定应对流程，积极倡导校园网络文明，维护学校的荣誉。开发完成了50期《舆情通报》的电子版，实现纸质版电子化，做好网上舆情的收集、整理、分析和引导，每周将新完成的《舆情通报》及时上网，并将电子版直接发送至党委中心组成员邮箱，保证重大舆情及时、快速、安全送达至相关的管理者。健全网络宣传和舆情引导队伍，新组建网络引导员队伍，开展网上论坛日常舆论的监控和引导，完善舆情预警和监控体系。

抓好宣传队伍建设，加强宣传队伍培训 重点抓好专职人员、宣传委员、宣传员、网络管理员、网络引导员、通讯员和学生队伍建设。组织开展专职宣传队伍学习，通过支部组织生活、工作例会、参加学习研讨会形式，开展业务学习和专题培训。抓二级学院分党委、党总支和直属党支部宣传委员、宣传员，各单位通讯员、网络管理员的业务学习，开展每两周一次的理论和业务学习。2008年，新闻办召开表彰大会，共表彰8名优秀通讯员，12名优秀学生记者。

（刘 忆 李铁铮）

【文化建设】 继续推进北林文化建设工程，参与学校艺术馆的筹备、规划等工作，先后赴北京航空航天大学、北京工业大学调研考察，为学校建设艺术馆提供参考和依据。开展学校文明单位评选，丰富大学文化建设的内容；以服务首都奥运为契机，开展弘扬绿色文化，传播绿色文明宣传系列活动；开辟"院士风采"、"北林学府人物"、"身边的榜样"等栏目，宣传优秀师生代表的先进事迹，树立良好的学风、教风和校风；在绿色新闻网改版中，突出绿色文化特色，发挥学校在传播绿色文化、引领绿色文明中的作用；《北林报》加大绿色文化的报道力度；北林广播台举办系列文化活动。与党委学工部联合开展学生宿舍楼名征集和命名活动，发动学生参与宿舍和校园文化建设。

（王燕俊 李铁铮）

【新闻宣传】 宣传部、新闻办发挥各种媒体作用，结合学校中心工作，集中报道学校重大事件。2008年，《北林报》共出版28期；绿色新闻网播发3000余条新闻；电子公告屏播报673期；校园绿色视频40期，时长超过800分钟；校园公共电视共播放节目超过100个，时长超过200分钟；广播台开办了17个栏目，每天播出时长130分钟；拍摄、编辑、制作宣传橱窗500多块；电视制作组播出校园电视新闻10余期，录制了专题片；对外新闻报道400多篇。

开展奥运专题宣传。《北林报》开设"绿色奥运绿色校园"专版，"迎奥动态"、"喜迎奥运大家谈"、"我与奥运的故事"、"祝福北京奥运"、"志愿者在行动"专栏，出版14期；作为北京高校校报研究会理事长、秘书长单位，倡导发起首都高校奥运主题报道活动；绿色新闻网开设"我与奥运"专栏，发布奥运相关报道500多篇；广播台开设栏目，每天坚持播出；制作17块奥运宣传橱窗；积极发挥电子公告屏、公共电视等新兴媒体的作用，制作《人文奥运》、《绿色奥运》、《历届奥运会开幕式精彩回顾》、《奥运比赛项目简介》、《奥运宣传短片》、《中国奥运英雄榜》、《奥运志愿者》等10多个视频材料，在办公区和学生生活区滚动播出；电子公告屏播发新闻要目；学校借助社会媒体发布学校奥运服务的重大信息，积极引导社会舆论，营造良好的社会舆论环境。学校奥运服务工作分别被数十家媒体报道，报道、转载次数达300多篇次。

（王 磊 李铁铮）

纪检监察

【概　况】　北京林业大学纪委办公室、监察处合署办公，是主管学校党的纪律检查工作和行政监察工作的职能部门。校纪委依据党章、党纪条规和法律法规，贯彻"党委统一领导，党政齐抓共管，纪委组织协调，部门各负其责，依靠群众支持和参与"的领导体制和工作机制，履行"保护、教育、监督、惩处"职责，协助校党委加强党风廉政建设和组织协调反腐败工作。

2008年，纪检监察工作围绕贯彻落实党的十七大精神和上级总体工作部署，按照反腐倡廉建设要服务教育事业健康发展、服务人才队伍健康成长，从严治教、规范管理的要求，贯彻落实党风廉政建设责任制，强化监督，完善制度，开展反腐倡廉宣传教育，加强队伍自身建设，保证学校深化改革、健康发展。

【贯彻落实《实施纲要》】　2008年，校纪委按照《建立健全教育、制度、监督并重的惩治和预防腐败体系实施纲要》的要求，完善相关制度，推进惩防体系建设。截至2008年底，建立体系制度65项。2008年重点规范管理和强化监督，制定《北京林业大学重点部位和重点环节监督管理办法》，就业务程序对15个重点部位的90个工作环节进行梳理和规范；制定《北京林业大学采购大宗货物、工程和服务招投标管理办法》，整合全校的招投标工作，实现招投标工作的主体转变，体现全过程监督和监督者的否决权；制定《北京林业大学进一步加强审计工作的意见》等6项审计制度。

【贯彻落实党风廉政建设责任制】　3月26日，学校召开2008年党风廉政建设工作会议，学习、贯彻中纪委二次全会精神和胡锦涛同志重要讲话；传达教育部、北京市纪检监察工作会议精神；总结部署学校反腐倡廉建设工作。大会表彰2007年度执行党风廉政建设责任制先进单位(经济管理学院、工学院、组织部、人事处)。下发《2008年党风廉政建设重点工作及责任分工》，将25大项工作分解到涉及校领导分管的19个单位。全校党委委员、纪委委员、副处以上干部、机关科级以上干部和全校财会人员215人参加会议。

2008年上半年召开4次协调会议：一是落实《北京林业大学重点部位重点环节监督管理办法》联席会议；二是整合全校招投标工作联席会议；三是落实全校廉政宣传教育联席会议；四是加强领导干部经济责任审计联席会议。

2008年11月25至12月20日开展全校各单位执行党风廉政建设责任制检查，以单位自查为主，结合业务管理分别对机关部处、服务单位和教学单位确定不同的检查内容。形成学校贯彻执行党风廉政建设责任制自查报告。

【党风廉政宣传教育月】　2008年5月上旬至6月上旬开展主题为"讲党性、重品行、做表率"的宣传教育月活动，通过理论研讨、专家报告会、校领导专题辅导、干部短期脱产培训和每周一课的形式，开展党员干部理想信念、廉洁从政和遵纪守法的教育。6月学校党委发出《关于开展向抗震救灾英雄教师学习的通知》，开展师德示范教育。纪委、宣传部组织观看《警示与反思》录像片。全校科级以上干部、党员和教工830余人受教育。

【处级干部专题民主生活会】　2008年上半年，全校处级干部和各级领导班子对照《关于严格禁止利用职务上的便利谋取不正当利益的若干规定》、中央纪委对领导干部廉洁从政提出的五项新要求，执行"三重一大"集体决策制度和民主作风情况，召开"讲党性、重品行、作表率"专题民主生活会。下半年，结合年终考核召开"学习和实践科学发展观"主题领导干部生活会。各级干部围绕主题，结合业务管理和征集到的群众意见，开展批评和自我批评，解决当前党员干部在思想、组织、作风方面存在的影响和制约科学发展观的突出问题。

【重点专项督察】　2008年，监察工作注重对重点部位和重点环节的管理和监督,建立监督措施15项。参与研究生招生考试、复试巡视和博士生录取条件的督察、本科特殊类招生和提前录取考试的现场监察;参与成人教育学院招生工作小组对2008年招生计划和录取工作的集体研究;保证各类招生工作六公开,加强招生规范管理和监督,维护学校办学声誉。开展教育收费自查和检查;协助上级联合检查组对学校教育收费情况进行检查。

2008年纪检监察参与各类招投标监督工作32次,涉及资金4000余万元。重点参与投标资格审查、市场询价、评标程序和环节的监督,保证学校重点工程物资采购质量和效益。

参与处级干部任免、考察工作;开展教师、职工岗位补聘和破格评聘工作的督察,保证学校改革工作顺利开展。学校向民主党派和无党派高层人士通报反腐倡廉建设和学校重大事项,举行3次学校大型信息发布会,推进学校民主

管理。

【来信来访】 2008年,纪检监察受理来信来访9件次(不包括重复件),按照《北京林业大学纪检监察信访工作规定》,提高查办质量,重视信访办结后的综合分析和教育管理。

【队伍建设】 2008年5月30日至9月5日,学校纪委委员,各分党委、党总支、直属党支部纪检委员和专职纪检监察干部开展“做党的忠诚卫士、当群众的贴心人”主题实践活动。

2008年,1人被评为年度全国纪检监察工作先进个人。纪检监察干部全年完成调研论文6篇,承担北京市教育纪检监察学会重点课题获得优秀调研论文三等奖,1篇课题论文获得北京教育纪检监察工作研究会优秀调研论文一等奖,两篇课题论文获北京市纪委研究会优秀奖。

(纪检监察由周仁水、张爱国撰稿)

统战工作

【概　况】 党委统战部是学校党委主管统战工作的职能部门,履行“了解情况,掌握政策,调整关系,安排人事”的基本职能。具体职责是:协助党委了解统战工作的全面情况,掌握分析统一战线的政治、思想动态,及时准确地反映党外人士的意见、批评和建议。深入实际和基层,对统一战线方针政策贯彻执行情况进行调查研究,提出开展工作的意见,供学校党委决策参考。督促检查各项统战方针政策的贯彻落实,正确协调统一战线内部的各种关系。有针对性地开展思想政治工作。发现、考察和培养各方面的党外代表人物,主管党外人士的政治安排。协助党委做好民主党派工作和无党派人士工作。支持和帮助民主党派基层组织加强思想建设、健全规章制度,提高成员的政治素质。协助民主党派做好发展工作和加强领导班子建设。为民主党派、无党派人士开展工作和参加统战活动创造条件。负责民族宗教工作。协助党委在师生员工中开展马克思主义民族观、宗教观的教育活动,贯彻落实党的民族宗教政策,按照有关法律

法规办事。负责归侨侨眷、港澳台海外统战工作,贯彻党和政府关于留学人员的方针政策和侨务政策,协助做好留学人员的统战工作,协助侨联开展工作。协同党委宣传部门在师生员工中宣传党的统一战线理论、方针和政策。加强统战理论政策与实践的研究,负责统战工作方面的信息报送。负责起草学校统战工作计划、总结等统战工作方面的文件。负责联系首都女教授协会北京林业大学分会。

截至2008年底,学校有民主党派基层组织3个,民主党派成员103人;有党外高级知识分子239人;有党外副处级以上干部8人;有少数民族学生1616人。

2008年,学校的统战工作以邓小平理论、“三个代表”重要思想和科学发展观为指导,认真贯彻落实党的十七大精神和各级统战工作会议精神,围绕学校的中心工作,充分调动统一战线各方面成员的积极性,为抗震救灾、北京奥运会的成功举办和为实现学校各项事业又好又快发展做出了努力。在1月25日闭幕的政协第十

届全国委员会常委会第二十次会议上，学校现任校长尹伟伦院士成为第十一届全国政协委员。1月9日，经政协北京市第十届常委会议协商决定，李俊清教授成为政协北京市第十一届委员。

【民主党派】 学校制定并坚持《北京林业大学民主党派负责人联席会制度》，协助民主党派基层组织加强自身建设。在北京市2008年公开选拔领导干部中，推荐一名党派成员参加干部公选。2月21日，鲍伟东在民盟北京市委成立的农村发展专门委员会中被聘为副主任。2月25日，陶嘉玮经农工民主党北京市第十一届委员会主委会议研究被任命为教育专门工作委员会委员。4月11日，鲍伟东被任命为民盟中央科技委员会委员，武三安被任命为民盟中央农业委员会委员。4月29日，邵玉铮被任命为九三学社第十二届中央文化工作委员会委员。

【党外代表人士】 2008年4月起，北京林业大学在无党派人士中开展"自觉接受中国共产党的领导，坚持走中国特色社会主义道路"为主题的政治交接活动，加强对无党派人士的政治引导。学校制定了《中共北京林业大学委员会关于在我校无党派人士中开展政治交接主题教育活动的实施意见》，引导无党派人士开展学习。先后为无党派人士送发了《无党派人士主题教育活动学习资料汇编》等学习材料，选送8人次党外代表人士参加市委统战部、市委教育工委组织的辅导报告会，组织党外人士参加校内的学习辅导报告。

2008年，学校举办第一期党外代表人士培训班。培训对象为民主党派、侨联负责人及骨干成员、无党派代表人士。先后组织培训班成员听取"生态文明建设"专题和"国际金融危机与我国经济形势"专题报告，结合纪念改革开放30周年组织赴上海、江苏等地参观考察。培训班成员撰写纪念改革开放30周年文章及考察体会。

11月25日，校党委召开2008年党外人士情况通报会，向党外代表人士通报学校工作。校党委副书记兼纪委书记方国良出席会议。有关部处分别介绍学校校园规划思路和近期学校道路改造情况、学校2008年党风廉政建设情况、学校师资队伍建设和人才引进工作、学校审计

和监察工作、学校基本建设工作和在建项目的进展情况。党外人士10余人参加会议，并发表意见和建议。

【民族宗教】 学校起草制定《北京林业大学2008年奥运宗教工作预案》，部署有关工作，关心少数民族学生的身心健康，做好学校少数民族师生工作，确保2008年奥运期间学校的政治安全。4月2日，调整学校民族宗教工作领导小组成员，强化学校对民族宗教工作的领导。积极开展第六届首都民族团结进步先进个人的推荐工作。

【港澳台侨】 1月15日，召开北京林业大学侨联换届选举大会。北京市侨联副主席苏建敏、副校长姜恩来应邀到会并讲话，市侨联联络维权部、文化交流部负责人及校党委统战部负责人参加大会。

3月13日，北京林业大学侨联与门头沟区水利学会举行合作协议签字仪式。合作将以门头沟水利学会基地为校侨联服务社会主义新农村的活动载体，形成优势互补、互利双赢的长效机制。校侨联委员及园林、水保专家先期已到门头沟区开展有关调研和规划工作。

5月4日，中国侨联副主席、北京市人大常委会副主任、市侨联主席李昭玲及市侨联领导到鹫峰实验林场参观，开展联谊活动，党委副书记方国良、校统战部负责人及校侨联委员陪同参加活动。

【女教授协会】 学校女教授协会分会积极开展关心和维护女教授权益、提高女教授群体素质、发挥女教授优势、开展对女大学生和女研究生的关爱等工作。在"三八"妇女节前夕出版宣传女教授事迹专栏。5月7日，邀请学校女教授为大学生主讲"树优良学风健康成才"报告。9月11日，分会组织理事和部分女教授参观国家体育场，观看残奥会田径比赛。9月27日，分会组织10余名女教授观看首都博物馆五千年文明瑰宝展。10月，召开校直机关部分女教授女性话健康座谈会。

【统战年度特色活动】 4月23日，开展纪念"五一"口号发布60周年座谈会，校党委副书记方国

良出席座谈。

举行民主党派、侨联"迎奥运"乒乓球友谊赛。九三学社北林大支社、民盟北林大支部、农

工党北林大支部、北林大侨联分别组队，有20多名成员参加了比赛活动。

（统战工作由黄中莉撰稿）

机关党建

【概　况】　北京林业大学机关党委负责机关党的思想建设、组织建设、作风建设、精神文明建设工作。截至2008年12月31日，机关共有处级领导干部75人，党支部27个，党员249人。

2008年，机关党委发挥政治核心和保证监督作用，开展思想教育、组织建设、抗震救灾、党风廉政宣传教育、校直机关工会工作，完成全年各项工作任务。

【思想教育】　机关党委通过学习实践十七大和科学发展观精神，及抗震救灾工作开展思想教育。

开展学习实践十七大和科学发展观精神活动　①11月28日，邀请校党委副书记周景为机关二级中心组成员作学习实践科学发展观辅导报告。②配合党委组织部和党校做好机关副处以上干部学习十七大精神轮训工作，制定和下发《关于机关处级干部学习十七大精神第二阶段有关安排的通知》，组织机关处级干部和党支部书记分两批观看十七大辅导报告录像片，分9组开展专题讨论。③将学习实践十七大和科学发展观精神列入党支部组织生活建议内容，要求各党支部开展形式多样的学习实践活动。党政办党支部编发学习材料下发党员，纪检审统党支部赴门头沟考察京郊农村经济社会发展取得的成就和新形势下推进农村改革发展的途径及方式。

通过抗震救灾工作开展思想教育　①开展学习抗震救灾先进事迹活动。汶川地震发生后，机关党委要求各党支部召开主题为抗震救灾的组织生活会。5月20日，党政办党支部召开"坚守岗位、奋发工作、争做贡献、永葆先进"抗震救灾主题生活会。5月29日，校工会党支部召开"万众一心，抗震救灾"主题生活会。6月2日，纪监审统党支部召开"崇高师德心生敬，特

殊党费表党性"抗震救灾主题生活会。6月3日，国际交流与合作处党支部召开"众志成城、永不放弃、学会铭记、懂得感恩"抗震救灾主题生活会。②开展自愿交纳"特殊党费"活动。机关党委在全校率先发出《关于交纳"特殊党费"支援抗震救灾工作的倡议书》，倡议机关全体党员带头响应党中央和校党委的号召，自愿交纳"特殊党费"，支援抗震救灾工作。截至6月25日，机关26个党支部242名党员共交纳"特殊党费"61 241.1元，其中17名党员交纳1000元（含）以上"特殊党费"。③组织参观抗震救灾主题展览。10月22日，机关党委组织机关党员代表24人赴中国人民革命军事博物馆参观"万众一心、众志成城"抗震救灾主题展览。

【组织建设】　2008年，机关党委采取措施推进组织建设，提高组织生活质量，探索组织生活途径，拓展组织建设工作局面。

指导党支部组织生活　2008年，机关党委拟定组织生活建议内容，包括全国"两会"精神、十七届三中全会精神、胡锦涛总书记5月3日考察北京大学时的重要讲话精神、胡锦涛总书记12月18日在纪念改革开放30周年大会上的讲话精神，抗震救灾主题生活会，学校党风廉政建设工作会议精神。

培训党支部干部　2008年9月21～26日，机关党委以"学习延安精神、重温红色道路"为主题，组织21名党支部干部赴延安学习考察，参观杨家岭、枣园等地，在宝塔山举行重温入党宣誓仪式。

做好"七一"评优表彰　宣传部党支部被评为北京高校先进基层党组织；校医院党支部、党政办党支部被评为校级先进基层党组织，郑晓清、吴丽娟、王士永被评为校级优秀共产党员。计划财务处党支部、校工会党支部、招生就业处

135

校友会党支部、研究生院党支部、发展规划处党支部被评为机关先进党支部，机关12名党员被评为机关优秀共产党员。2008年6月26日，机关党委召开庆祝建党87周年暨表彰大会，校党委副书记周景出席并讲话。

做好组织建设基础性工作 ①调整充实党支部干部。调整充实宣传部党支部、党政办党支部、纪检审统党支部的书记或委员，重新组建资产经营公司党支部。②完成党费测算和党建信息库建设工作。经收集整理、核对验算和录入数据，完成27个党支部249名党员的党费测算和党建信息库建设工作。③做好党员发展和转正工作。2008年发展党员1人，转正党员5人。完成党内统计报表，转入、转出党员的组织关系接转工作。

【党风廉政宣传教育】 机关党委开展党风廉政宣传教育活动，机关党风廉政工作更深入。

贯彻落实学校党风廉政建设工作会议精神。2008年3月26日，学校党委召开2008年党风廉政建设工作会议。机关党委要求各党支部召开专题组织生活会，向广大党员传达会议内容，讨论如何构筑牢固防线，做到廉洁自律，树立党员、干部的清廉形象。

做好党风廉政建设宣传教育月工作。学校党委5月上旬至6月上旬开展主题为"讲党性、重品行、做表率"的党风廉政建设宣传教育月活动，机关党委制定下发《关于开展党风廉政建设宣传教育月活动计划》，要求各党支部召开专题组织生活会，开展宣传和教育活动。组织机关科以上干部参加2008年6月4日由副校长姜恩来主讲的主题党课。2008年6月17日为机关普通党员放映《警示与反思》专题录像片。

做好执行党风廉政建设责任制自查工作。2008年12月，校纪委下发文件，要求各单位开展执行党风廉政建设责任制自查工作。机关党委开展自查自检，撰写自查自评报告上报校纪委。

组织完成机关党员领导干部上半年党风廉政建设专题民主生活会和下半年"学习实践科学发展观"主题民主生活会，上、下半年处级干部收入申报和重大事项报告，处级干部年度考核工作。

【校直机关工会】 2008年，校直机关工会工作取得了五个方面的成绩：一是太极功夫扇比赛获得学校一等奖，二是羽毛球比赛获得学校并列团体冠军，三是篮球联赛获得学校亚军，四是排球联赛获得学校第四名，五是"拖拉机"扑克牌比赛获得学校第四名。

为迎接奥运会召开，校直机关工会开展系列活动，营造奥运氛围：一是在机关干部职工范围内举办奥运知识竞赛并抽奖，产生一等奖5名、二等奖10名、三等奖15名。二是举办"迎奥运、攀高峰"登山活动。4月23日，校直机关工会组织机关干部职工33人攀登鹫峰，参与体育锻炼，提高身体素质。三是组织开展工间操锻炼活动。

校直机关工会组织人员参与校工会举办的"我与奥运同行，我为奥运添彩"教职工趣味运动会、拔河比赛活动，配合校工会完成教职工体检、评优表彰、分发大米、"三八"节慰问女教工、校职工消费合作社社员入股回报分红、瑜伽班培训工作。

（机关党建由雷韶华、郑晓清撰稿）

学生工作

【概　况】 学生工作部（处）是学校党委领导下的本科生教育、管理和服务机构，武装部与学生工作部（处）合署办公。学生工作部（处）下设学生管理科、思想教育科、宿教科以及学生资助管理中心和心理发展与咨询中心。2008年，学生工作部（处）坚持育人为本、德育为先，紧紧围绕学校中心工作，推动大学生思想政治教育，完善学生管理和资助体系，建设和谐公寓。

2008年，学生工作部（处）结合纪念改革开放30周年、第二十九届北京奥运会等重大事件，在大学生中大力开展主题教育和宣传活动，支持和服务广大学生积极参与北京奥运志愿服务，展现当代大学生风采；深化学生工作系统安全稳定工作机制，保障校园安全稳定；贯彻落实国家新资助政策，做到资助与育人有机结合；深化心理素质教育与心理危机干预体系建设，成立北京林业大学心理发展与咨询中心，面向全校学生开展心理素质教育工作，搬迁和改善心理咨询室，引进高年级优秀心理系研究生参与咨询工作，充实咨询师力量。2008年10月，北京林业大学学生工作会议召开，分析现阶段学生工作面临的形势和任务，提出今后学生工作着重建设"九大工程"。　　　　　　　（任　强）

【获奖情况】　2008年，学生工作部（处）多次获得校级以上集体和个人奖励：全国高校学生公寓文化建设视频大赛二等奖；北京市教育系统奥运工作先进集体；首都高校学生社团无偿献血组织工作奖、奥运应急无偿献血志愿者队伍组织奖、"举国抗震救灾，热血拯救生命"先进团体、北京林业大学奥运工作先进集体；由学生工作部（处）指导的新长城自强社获"优秀自强社"称号；1人获北京市教育系统奥运工作先进个人称号。　　　　（温跃戈　任　强）

【思想政治教育】　2008年，学生工作部（处）继续坚持育人为本，德育为先的工作理念，紧密结合改革开放30周年、汶川大地震、北京奥运会等重大时事和事件，开展相关教育活动。

结合时事开展调查研究及主题教育活动。6月2～10日开展"从抗震救灾透视爱国精神"的相关调查，采用开放式调查问卷与座谈会相结合的方式，收集125份，撰写"从抗震透视爱国精神主题调查问卷报告"。6月15日，组织学生参与爱心援助"彩虹1＋1"活动。162个班级报名参加，截至7月中旬有70个班级分三批结对班级，参与"彩虹1＋1——我们共同成长"爱心援助活动。志愿班级同学与灾区结对同学结对，并保持短信、QQ和电子邮件联系，内容主要集中在灾后的心理疏导、学习生活鼓励、缓解高考压力，指导填报志愿等方面。8月8日至9月17日，奥运会和残奥运期间，学生处、团委和各学院，组织在校学生收看北京奥运开闭幕式的直播盛况。

结合学生学习生活规律和需要，开展有针对性的重点教育。9月3日新生入学，学生处联合教务处、保卫处、团委、图书馆、招生就业处开展新生入学教育，组织参观校史展，培养学生树立主人翁意识。积极指导学院结合自身特点，开展专业思想教育和学术思想教育，帮助学生了解学科特点、就业形势和学院资源，明确学习目标。发动辅导员、班主任及时开展以班级为单位的活动，建立良好的人际关系氛围和学习氛围。
　　　　　　　　　　（李东艳　任　强）

【国防教育及征兵军训】　2008年，武装部重点指导国防协会，结合时事宣传和普及国防知识，完成2008年冬季大学生征兵工作。

4月15日，首次编辑出版《军事先锋》，两月一期，普及国防知识，增强大学生国防观念和国家安全意识，弘扬爱国主义精神。5月10日至11月10日参加北京市教委、北京国防教育协会主办的北京青少年学生国防教育网络知识竞赛活动。9月20日，组织学生参观"铁的新四军"大型图片暨书画展和"万众一心众志成城"抗震救灾主题展览。11月29、30日，组织学生开展"磨砺青春，超越自我"军训体验活动。12月9日，开展纪念"一二·九"学生运动签名活动。参加北京市定向运动协会举办的高校定向运动五次，以增强学生体质，磨炼意志。

10月21日至12月31日冬季征兵工作期间，开展"携笔从戎圆军梦，志在军营写人生"主题国防教育和爱国主义教育活动，设置征兵信息宣传板和宣传海报，印制宣传材料《致适龄同学们的一封信》和《北京林业大学学生入伍、退伍和复学实施细则》共计1500余份，设置专线咨询电话。

严格按照程序和相关政策，进行新兵的体检和政审工作。2008年冬季自愿报名入伍的学生有15人，其中男生9人，女生6人；上站体检6人，其中男生4人，女生2人；政审合格4人，均为男生，娄源海同学前往北海舰队、赖平同学前往二炮55基地、郭外同学前往总装备部26基地、徐军同学前往武警38师。
　　　　　　　　　　　（马　俊　任　强）

【心理素质教育与心理危机预防干预】　2008年，学生处继续深化心理素质教育与心理危机干预体系建设，完善《北林心理健康报》、北林心理

健康网等宣传平台，推进和完善各项工作。发挥心理系的资源优势以及心理系学生、心理社团及其他学生社团的辅助作用，将心理健康教育常规工作与学生自主创新能力相结合。发挥学生自我教育功能，发动学生社团结合日常活动开展丰富多彩的校园文化活动。加强团体辅导室管理，规律性开展团体辅导活动；开展班级心理委员培训，并对朋辈辅导进行监管。联合人文学院加强对校内兼职及外聘心理咨询师的监管和激励，提升心理咨询师业务水平和队伍凝聚力。

心理素质教育普及宣传开展一系列主题教育活动。5月25日，参与首都大学生心理健康节系列活动，其中包括"感动·感激·感悟"主题征文活动、"五环奥运·七彩人生"百万大学生阳光心语传递活动、电影《隐形的翅膀》放映活动、首都高校十佳心理社团评选活动以及系列知识普及宣传、讲座和团体活动。5月21日，针对地震后学生的反应，及时印制《抗震救灾心理援助工作手册》，包含3部分内容，即对家庭受灾学生的创伤处理；心理辅导教师与班主任如何帮助创伤学生；对未来生活中可能发生的创伤应激障碍如何应对；在北林心理健康网上宣传如何缓解地震之后的不良情绪以及地震之后的不良身体反应和心理反应等知识。5月29日至6月4日，组织以"为爱而坚强"、"自信心重塑"为主题的团体辅导以及"感通与共生——地震教会我们什么"主题讲座，使学生能够在灾难之后反思生命、亲情和信心，及时调整心态。

继续加强和完善队伍建设，提高心理教育专管人员、心理咨询师以及学院心理辅导员、班级心理委员的业务素质。2008年，专管人员外出培训11人次，咨询师督导35人次，心理辅导员培训48人次。3月4日至4月20日，陆续开展心理辅导员系列讲座，包括以"考前焦虑及宿舍人际关系"、"大学生如何塑造完美职业人格"、"怎样与学生进行交流"、"如何应对精神障碍"、"重建心理家园"、"如何掌握沟通方法和技巧"为主题的培训。11月27日，出台《引进人文学院心理系研究生作为实习咨询师的实施办法》，充实咨询师力量，将心理咨询室接待容量提高到每周40人次。

心理危机预防与干预工作有序开展。6月10日至7月20日，心理咨询中心搬迁到三教四层，并对咨询室内部环境进行整顿和装修，改善咨询环境。12月4日，正式成立心理发展与咨询中心。10月17～19日，开展新生心理测评工作，采用UPI测量表，有效问卷2911份，占全校人数的88.99%。通过本次心理测评工作，了解和掌握新生大学生活适应的总体概况，对筛查出的问题进行分类总结，开展有针对性的心理预防干预工作。

（李东艳　任　强）

【学生日常管理】　2008年，学生工作部（处）制定奥运维稳工作相关政策，组建平安奥运信息报送工作小组，在全校实行"安全周报制度"，完成市教工委"首都高校维护稳定工作动态预警体系"信息报送工作。

学生工作部（处）组织各学院每周对学生宿舍和教室各进行一次学风督察，共制作通报批评16期，通报批评640人次。大学英语四、六级考试前，学生工作部（处）要求各学院召开主题班会，对重点学生进行个别谈话，加强考风考纪建设。12月18日学生工作部（处）召开班风学风建设经验分享会，首次组织全校新生班级的班长、团支书听取2008年度先进集体和个人经验分享。

8月30～31日，学生工作部（处）继续采用电子迎新系统，完成2008级迎新工作。学生工作部（处）首次组织各学院召开新生家长会，覆盖1300余名新生家长。编写和发放《北京林业大学学生学习生活指南》、《班主任工作手册》、《班级工作手册》，制作和发放《新生基本情况登记表》、《新生情况基本信息表》材料。学生工作部（处）组织《学生管理规定2008版》的修改、编印和发放工作，保证新生人手一册系统学习，老生每个宿舍一本自主学习。学生工作部（处）组织新生填写《新生情况基本信息表》，并结合历年数据，编写《2008年北京林业大学学生基本情况调查报告》。

2008年，全校共有67个基层班级，114名教师和6412名（次）学生获得包括优良学风班、优秀辅导员、三好学生和优秀学生干部在内的36项荣誉和奖项。学生工作部（处）积极配合各学院组织召开评优表彰大会，与宣传部合作编辑出版《身边的榜样》，收录2008年评优表彰中部分先进集体和个人的事迹材料。

2008 年，学生工作部（处）共为学生办理公交 IC 卡 6738 张；为 3050 名新生办理平安人身保险，保险理赔 40 人次，赔偿金额达到 4 万多元；办理学生出国（留学、旅游、探亲）登记手续 228 人次；为正在接受非义务教育的学生开具身份证明 112 份。　　　　（温跃戈　任　强）

【学生工作队伍建设】　2008 年，北京林业大学学生工作队伍共 110 人，其中辅导员 73 人。4 月，8 名辅导员获得北京市优秀辅导员称号。全校共有 22 名优秀辅导员、92 名优秀班主任被评选为校级优秀辅导员和优秀班主任。全年学生工作部（处）组织 6 名辅导员参加教育部高校辅导员班主任骨干培训班和北京市委教育工委新上岗辅导员培训班。8 月，学生工作部（处）组织新生班主任和新上岗辅导员进行基础业务培训，围绕学生助学工作、学籍管理政策、大学生安全教育、学生职业发展、学生违纪管理、大学生心理问题的类型与对策等内容，邀请辅导员和优秀班主任代表结合自身工作实际，为新生班主任和新上岗的辅导员做岗前动员和辅导。12 月，完成辅导员教师系列岗位聘任工作。

（温跃戈　任　强）

【资助工作】　2008 年，全校评选出国家奖学金获得者 157 人，发放国家奖学金 125.6 万元，国家助学金获得者 2576 人，发放国家助学金 529.4 万元。社会各界和学校设立奖学金 30 项，3174 人次获得奖金总额 708.16 万元。社会各界和学校设立助学金 8 项，2763 人次获助学金总额 563.19 万元。为 615 名新申请贷款学生办理助学贷款 366.68 万元，为 1900 名续贷款学生发放贷款 1045 万元，新增生源地贷款学生 6 人，新贷款金额 3.6 万元。生源地贷款续放款学生 19 人，续放金额 11.4 万元。勤工助学岗位发放资助 114.3 万元。发放特殊困难补助 10 项，金额 68.2 万元，生活物价补助惠及 13 104 人，金额 759.01 万元，学费减免 43 人，减免金额 33.99 万元。

2008 年南方冰雪灾害和四川汶川地震灾害发生后，学生工作部（处）及时了解灾区学生家庭受灾情况，重点做好学费减免、缓交和特殊困难补助工作，先后下发《关于做好受灾家庭经济

困难学生资助工作的紧急通知》、《关于切实做好四川地震家庭受灾学生资助工作的意见》，对家庭受灾学生慰问、发放困难补助，主动提供受灾学生各类资助。对家庭特别困难、符合国家减免政策的学生，全年随时受理减免学费申请。2008 年，学生工作部（处）积极开展家庭经济困难学生的成才教育和能力培养，树立自立自强、感恩回报意识。7 月 15～30 日组织 5 支社会实践队 45 名学生奔赴四川地震灾区开展为期半个月的志愿服务活动，10 月 7 日至 11 月 15 日开展北京"阳光自立之星"、"阳光勤工助学之星"和"阳光志愿者之星"的评选，11 月 26 日组织召开 2008 年社会奖助学金颁发仪式。

（焦　科　任　强）

【学生公寓管理与服务】　2008 年，定期组织公寓辅导员对学生宿舍用电和防火安全进行排查，消除学生宿舍内存在的安全隐患。每周在全校学生宿舍开展日常检查评比工作，敦促学生养成良好的卫生习惯。全年共评选五星级宿舍 312 间，"最差宿舍"宿舍 408 间。在宿舍楼内举办违章电器展，进行警示教育。在学生公寓区张贴健康向上的字画、标语等，引导学生的日常行为。组织学生社团进行宿舍回收垃圾活动，及时消除隐患。在各基层班级中召开"珍爱生命 平安公寓"主题班会，提高学生安全防火意识，掌握基本消防知识和逃生技巧，查找本班同学在日常生活中有无影响学生公寓安全防火的行为，并填写学生公寓安全承诺书。

开展宿舍间、楼层间的文体活动，扩大学生和物业管理人员之间的交流和联系。让学生参与打扫公共区域卫生、日常巡视、值班等公寓管理服务工作，使学生懂得尊重他人的劳动。建立物业公司经理、管理员接待日制度，开展学生与物业公司的交流活动，促进物业公司提高服务水平，促进"和谐公寓"建设。经全体工作人员共同努力，为校外近 500 名奥运志愿者提供良好的住宿服务，顺利完成 2008 级新生的住宿安排工作。

2008 年，学生公寓自律委员会继续定期开展宿舍文化活动。5 月 13 日，联合各学院在图书馆报告厅举办消防安全知识竞赛活动，增强广大师生的消防知识。6 月 22、23 日，组织毕业生开展"跳蚤市场"活动，合理分配毕业生的学

习资源。10月13日，学生公寓自律委员会承办第七届"公寓文化节"系列活动，其中包括公益广告设计大赛、楼名征集、物业之星、公寓杯棋类大赛、运动秀、宿舍设计大赛等品牌活动，丰富学生的课余文化生活。2008年，学生公寓自律委员会办公室共编写《公寓快讯》37期，《北林公寓》6期，及时地向各学院反映公寓动态。

制定《学生公寓设施损坏赔偿制度》、《违章物品领取制度》、《传染病消毒制度》等规章制度。以北京高校公寓专业管理委员会秘书长单位身份，整合北京高校学生公寓资源，组织筹备北京高校学生公寓管理2008工作年会、北京高校2008年床上用品招标会，组织筹建北京高校学生公寓管理网。　　　　（王　巍　任　强）

国防生选培

【概　况】　武警部队驻北京林业大学后备警官选拔培训工作办公室（以下简称"选培办"）于2004年6月4日成立，是武警部队驻京高校第一家选培办，现有工作人员4人，其中主任1人，干事2人，司机1人。签约以来，北京林业大学着眼武警部队人才建设需求，紧紧围绕"依托培养"这条主线，统筹各方力量共建共育，保证国防生培养工作健康有序发展。2006年3月，选培办被武警部队评为2005～2006年度驻高校选拔培训先进办公室；2006年12月，在全军选培办主任培训暨经验交流会上，代表武警部队选培办作题为"积极协调，密切合作，推动国防生培养工作健康深入开展"的典型发言；2008年选培办被评为武警森林指挥部机关先进处。

【招收选拔】　北京林业大学与武警部队合作办学培养干部，以《国务院、中央军委关于建立依托普通高等教育培养军队干部制度的决定》为指导，按照《武警部队依托北京林业大学培养干部协议》，围绕武警部队人才队伍建设需要，牢牢把握为部队输送高素质人才的中心任务，不断扩大培养规模，提高招收选拔质量。截至2008年底，共招收选拔国防生319人，其中直接从应届高中毕业生中招收285人，在校选拔34人，淘汰7人。国防生分布在林学、水土保持、人文、信息4个学院，涉及林学、森林资源保护与游憩、地理信息系统、心理学、法学、计算机科学与技术和土木工程7个专业。其中武警部队国防生64人，森林部队国防生248人。2005年，举办北京林业大学森林部队农业推广硕士干部班，为森林部队现役干部到高校继续深造创造条件。

【军政训练】　按照《普通高等学校武警国防生军政训练计划》要求，制定《北京林业大学国防生军政训练计划》，军政训练主要由选培办组织实施。2006年4月，北京林业大学颁布《关于国防生部分军政训练课程代替全校公共选修课的决定》，用6门军政训练理论课程代替全校公共选修课，共计10学分，纳入国防生人才培养方案。组织大一、大二国防生到武警警种指挥学院进行暑假集中军政训练。组织国防生承担北京林业大学新生军训的升国旗、护军旗、训练科目演示等重要任务。国防生国旗护卫队在北京林业大学历次重大活动中表现出色。针对四届在校国防生的不同特点，区分、细化训练内容，以双休日时间为重点，突出骨干组织指挥能力训练，加大国防生队列动作训练力度。严格落实周二、周四国防日出早操制度，进行队列和体能训练。2008年4月13～30日，组成北京林业大学和选培办联合调研指导组，全程跟踪指导2004级国防生在武警吉林省森林总队当兵实习工作。6月3日～15日，按照《武警部队毕业国防生综合素质考核评估办法》，北京林业大学、选培办、武警森林指挥部干部处、保卫处、解放军第304医院、武警警种指挥学院6个相关单位，对2004级国防生进行毕业综合素质考评，淘汰3名不合格国防生。7月8～28日组织2007级国防生92人，完成解放军总政治部在66322部队统一组织的暑期驻京国防生集中军政训练任务。

【教育管理】　结合北京林业大学依托培养工作

的实践,先后制定下发《国防生日常教育管理暂行规定》、《国防生学籍管理暂行规定》、《国防生宿舍管理暂行规定》,修订《国防奖学金协议书》,规范国防生的思想教育、日常管理、学籍学分、考核奖惩。

准军事化管理 按照年级和培养目标,将国防生编成7个模拟中队,实行准军事化管理。中队骨干由综合素质优秀的国防生每学年轮流担任。选培办指导模拟中队抓好日常行为养成,督促落实国防生一日生活、请销假、内务检查、班务会、晚点名、骨干例会等日常制度,做到内务管理正规化、队列集会整齐化、举止称谓规范化,国防生军人气质、作风和品格逐渐得到强化。

思想政治教育 结合国防生思想实际、紧跟部队发展形势、中心任务以及国内外局势变化开展教育,逐步打牢国防生艰苦奋斗、献身国防的思想基础。2008年,在抵御南方低温雨雪灾害、"3·14"维稳、抗击汶川特大地震、迎接北京奥运等重大时机,开展系列教育活动。"十一"期间,邀请在武警警种指挥学院集训的首届毕业国防生返校,与在校国防生进行座谈交流。

国防生党支部 2008年2月,林学院率先成立国防生党支部。国防生入党比例较2007年提高了20%,毕业国防生入党比例达到100%。林学院党支部全年组织祭扫革命公墓、主题演讲比赛、专家报告等近10项活动。汶川发生地震后,林学院国防生党支部发出捐款倡议,第一个将集体捐款送到学校红十字协会。

文化建设 ①发挥国防生网站效能,全年共刊登新闻60余条,记载重大活动7项。②2008年6月,编印第一期《北林新绿》杂志。③课余活动丰富,利用各类节日活动,模拟中队自主组织新老生交流会、内务比赛、主题演讲和辩论赛、宿舍设计比赛、北林国防生"使命·责任"杯篮球联赛、感受改革辉煌成就"橄榄绿"杯征文比赛,参加足球"北俱杯"等主要活动。

教育管理成果 2008年,发展党员53人,占未发展人数的23%,51人获得各类非义务奖学金,其中:5人获得国家奖学金,14人被评为三好学生,6人被评为三好标兵,47人担任学生干部,9人担任学生社团主要负责人,26人在学校各类竞赛中获奖。另外,59名国防生成为奥运志愿者。在北京林业大学第七届公寓文化节表彰大会上,国防生被授予公寓文化建设特殊贡献奖。

【分配派遣】 2008年,毕业国防生41人,其中,林学院森林资源保护与游憩专业18人,人文学院法学专业9人,心理专业6人,信息学院计算机科学与技术专业8人。毕业国防生中,4人保研(1人硕博连读),7人考上研究生,3人被评为北京市优秀毕生,4人被评为北京林业大学优秀共产党员。毕业国防生分到武警森林部队7个总队(师),其中,内蒙古自治区森林总队9人,吉林省森林总队6人,黑龙江省森林总队7人,四川省森林总队6人,云南省森林总队6人,西藏自治区森林总队3人,新疆维吾尔自治区森林总队4人。

【重要事件】 2008年7月3日,北京林业大学首届国防生毕业典礼在北京林业大学图书馆举行,武警森林指挥部政治部主任闻培德少将参加并致辞,北京林业大学党委书记吴斌参加会议并讲话,武警森林指挥部副主任李文江少将,北京林业大学党委副书记、副校长钱军,副校长宋维明参加会议。

(国防生选培由郭英帅、金文斌撰稿)

安全保卫

【概　况】 党委保卫部(处)是贯彻落实学校党委、行政安全稳定工作任务的职能部门,下设安全科、政保科、安全教育与技术防范科,主要工作内容有政治稳定、防火安全、综合治理、交通安全、安全生产、治安安全、突发事件、应急处置、安全教育、科技创安、反邪教工作、国家安全、户籍管理工作。

2008年,学校党委认真贯彻教育部和北京

市关于维护校园安全稳定的工作部署，坚持"稳定压倒一切"的方针，按照"大事不出、小事减少、管理严格、秩序良好"的总体要求，坚持关口前移、重心下移的工作思路，调动广大师生的积极性和主动性，夯实学校安全稳定工作基础，确保校园秩序平稳。扎实推进"平安奥运"工作，积极预防和减少校园各类治安刑事案件的发生，保护师生员工生命和财产安全，取得了"平安奥运"创建活动的成功，探索建立校园安全稳定工作长效机制。

2008年，学校荣获北京市交通先进单位、海淀区高校治安管理工作先进单位、海淀区综合治理先进单位等荣誉称号；保卫处获得北京市公安局集体嘉奖、首都教育系统奥运工作先进集体、北京市国家安全局先进集体；保卫处10人次分别荣获市级、区级先进个人荣誉称号。

【综合治理】 学校综合治理工作坚持"打防并举、标本兼治、重在治本"的工作方针，认真细致落实"平安奥运行动"工作，积极营造安全有序的校园秩序。在校园治安工作中，学校加大治安巡逻和总体防控力度，开展专项整治，努力降低校园治安案件发案率。全年共发生刑事案件4起，治安案件26起，诈骗案件4起，较2007年发案率下降51%；其中查明案件7起、抓获犯罪嫌疑人4人，受理拾金不昧13起，张贴警示材料120余张。全年组织召开案情通报会6次，积极防范和配合公安机关打击违法犯罪。在消防安全工作中，全年共开展安全检查19次，局部及重点部位检查20次，下发隐患整改通知书20份，查缴各类违章电器16件，整改挤占消防通道、安全出口的现象22处；与二级单位签订"安全稳定责任书"51份；检修消火栓66个，更换疏散指示灯945个；开展防火及安全生产宣传4次，发放宣传材料4000千余份。奥运前，对学生公寓7号楼、第二教室楼、林业楼等10个楼宇进行消防检测和电气防火检测，确保设备的正常运转。认真组织开展防火安全和安全生产"百日整治"活动，做好"两会"、"五一"、"十一"、奥运会消防安全和安全生产工作，杜绝各类安全事故。在大型活动方面，全年校卫队共出动700多人次，完成北京高校大学生运动会、"绿桥"、梦舟明星篮球赛等86场大型活动

安保任务。在化学危险品管理工作中，采取"谁使用、谁负责"的工作原则，全年共检查实验室18次，检查实验楼8次，分两批集中查处实验室危险化学药品35千克，投入17万元集中处理化学试剂、废液，奥运期间将剧毒化学药品集中存放在外单位剧毒药品库。在安保力量的配备工作中，加大经费投入，林业楼、森工楼、生物楼、基础楼分别配备保安员。在外来人口和出租房屋的管理工作中，摸底排查外来人员情况，协助办理外来人口暂住证448个，外来人员办证率达到100%，并严格管理出租房屋、宾馆住宿情况。在政审工作中，学校共审核开幕式演职人员47人；饭店志愿者126人，涉及14家饭店；奥林匹克公园服务区志愿者1302人；城市服务志愿者3300人。在户籍身份证工作中，全年共办理身份证明8687人，办理户籍迁出2748人、迁入3140人。

【安全教育】 学校安全教育工作以普及安全常识，提高安全意识为主要工作任务，坚持以课堂安全教育为主阵地，以网络、橱窗、海报、报告会，以及实战演习等多种形式开展活动，营造安全校园氛围。全年共开展安全教育课18次，2000名学生参加安全知识学习；开展灭火演练13次，1600多名学生参加练习。针对后勤员工和公寓管理人员开展安全培训4次，400名后勤职工参加培训，帮助后勤员工学会使用灭火器和消防栓等灭火设施。发挥北京林业大学安全教育专题网站的作用，开展网络安全教育，突出网络安全教育的时效性和广泛性。

【科技创安】 学校科技创安工作以强化管理、发挥效能为工作重点，重点防范和打击各种违法犯罪活动，有效处置各类矛盾纠纷。学校安防控制中心实行24小时值班，及时接警和协调处置突发事件，全年共接警148起，查阅录像资料72次，通过监控录像提供线索查处案件9起。充分发挥控制中心的枢纽作用，完善北京林业大学消防安防控制中心管理办法和工作职责，完善值班人员管理制度，定期组织人员培训，提高值机人员业务水平和工作能力。在计算中心、生物楼安装视频监控系统，计算中心、生物楼工程共设置视频监控点14个，全部采用网络摄像机，

系统于 2008 年 7 月正式投入使用。全面检修校园视频监控系统，奥运前夕，统一维护了主楼、森工楼、学生公寓 7 号楼等 10 个楼宇的视频监控系统，确保 100％完好有效。

【应急工作】　学校应急管理以完善机制、快速响应、果断处置为指导，以"平安奥运行动"总要求为工作标准，全面提高校园应急管理水平。学校结合自身工作实际，修订和完善《北京林业大学突发事件应急处置预案》，并结合奥运工作特点制定奥运期间维护校园安全稳定的工作预案。2008 年 6 月 22 日，学校联合北京市特警总队在学校图书馆开展北京林业大学反恐防爆应急疏散演习，1000 名学生参加演习，演习取得了成功。北京市公安局等单位领导观摩演习，各学院和有关部门负责人参加了演习活动。

学校应急值班从 3 月份开始，党政办公室、保卫处和学生处联合 24 小时应急值班。在"3·14"事件和火炬传递引发的爱国活动中，应急信息及时准确，应急队伍反应快速；在毕业生离校、台湾地区选举、汶川地震期间和奥运赛时阶段，应急工作人员做好"每日一报"工作，及时了解和收集学生思想动态，化解各类矛盾纠纷，保障校园安全秩序。

（安全保卫由李耀鹏、管凤仙撰稿）

离退休工作

【概　况】　截至 2008 年 12 月 31 日，北京林业大学共有离退休人员 734 人，其中，离休人员 52 人，退休人员 682 人。2008 年新增退休人员 17 人，去逝人员 11 人。离退休工作处工作人员 9 人。

离退休工作处设有老年活动组 10 个，分别是唱歌组、舞蹈组、交谊舞组、棋牌组、乒乓球组、太极组、手工组、书画组、模特组和门球组。经常参加组织活动的离退休人员约 300 多人。

挂靠在离退休工作处的协会有北京林业大学关心下一代工作委员会、北京林业大学老教授协会、北京林业大学老科技工作者协会、北京林业大学老教育工作者协会、《流金岁月》编委会、退休工作协助管理委员会等。

【党建工作】　离退休工作处党委共有 9 个党支部，其中在职党支部 1 个，离休党支部 1 个，退休党支部 7 个，离退休党员共有 276 人。

离退休工作处党委深入组织学习十七大精神。组织二级理论中心组和各党支部学习十七大报告，组织全体党员听辅导报告，组织支部书记培训和局级干部读书班，组织全体党员进行参观。

离退休工作处党委开展评优表彰活动。离退休第五党支部被评选为学校先进基层党支部，田砚亭被学校评选为优秀共产党员。离退休工作处党委表彰：离退休第四党支部为优秀党支部，沈佩英、杨旺、卫荣斌、刘霞、刘文蔚、沈瑞珍、李硕山、秦世筠等 8 人为优秀共产党员。

离退休工作处党委在四川汶川地震后组织党员捐款和缴纳"特殊党费"近 12 万元。

【服务管理】　2008 年 4 月，学校召开离退休工作领导小组会。校党委书记吴斌、副校长陈天全、校党委副书记周景、副校长姜恩来、离退休代表贺庆棠和刘家骐以及领导小组成员出席。吴斌书记作重要讲话，充分肯定离退休工作的成绩，分析当前离退休老同志出现的"高职化、高龄化、空巢化、居住环境的陌生化"特点，并就如何加强离退休工作提出要求，要求关心老同志，服务老同志；充分发挥老同志的作用，维护学校稳定；充分发挥离退休人员原单位的作用，共同做好离退休工作；定期向老同志通报学校情况；各职能部门关心协助做好离退休工作。

提高离退休人员待遇。落实北京市 2008 年增加职务补贴文件，提高离休人员中生活不能自理人员的护理费标准，提高死亡一次性抚恤金问题：从 2004 年 10 月 1 日以后，去世人员的一次性抚恤金由 10 个月工资改为 20 个月。2008 年走

访慰问老同志达 220 人次，发放慰问金 10.51 万元。

举办"迎奥运、讲文明、树新风"系列活动。各支部分别举办特色活动；组织全体党员开展迎奥运文明礼仪知识竞赛答题；组织部分老同志参加奥运英语学习；举办迎奥运手工书画作品展；组织老同志参观奥运场馆活动。其中，老同志参加北京市委教育工委书画作品展活动，4 幅作品获奖；参加教育部改革开放 30 周年老同志文艺汇演，《乘着歌声的翅膀》获得好成绩。

2008 年 10 月份成功举办第十七届老年乐运动会。所设项目包括保龄球、投皮球、投沙袋、足球射门、踢毽、定点投篮、门球、投飞镖、掂乒乓球、套圈等。300 多名老同志参加比赛。

【发挥老同志作用】 关心下一代工作委员会委员、退休教授沈瑞珍主持完成的《女大学生思想动态调查研究报告》获得北京市关心下一代优秀调研成果三等奖。

《流金岁月》第十期完成出版工作，共收录稿件 56 篇。

老教授协会和老科技工作者协会组织老教授、老专家为国家林业建设和发展出谋划策。贺庆棠等老教授给温家宝总理和回良玉副总理提交"关于大力发展我国沙地桑产业"建议书，温总理和回良玉副总理批转国家发改委和国家林业局研阅，最后形成 7 条落实意见，吉林、河北、内蒙古、北京等省（区、市）种植百万亩沙地桑林。

老教授协会和老科技工作者协会举办南方冰雪灾害后林业恢复与重建研讨会，会议针对灾后重建，特别是林业生态恢复向国家林业局提出了一系列具体建议，受到高度重视和好评。

老教授协会和老科技工作者协会召开汶川灾区灾后重建问题的研讨会，就灾区重建的定位、指导思想、森林植被恢复、水土保持、次生灾害防治、实际灾区未来主建的生态经济链、可持续发展等等诸多问题，提出关于对汶川大地震灾区重建规划工作的建议，报送中央。温家宝总理于 6 月 23 日阅后批示"转恢复重建组参考研究"。

2008 年 6 月 7 日，由中国老教授协会发起，清华大学、北京林业大学、中国农业大学等单位联合主办的中国生态文明建设论坛在北京举行。会后向中央提交推进我国生态文明建设的几点建议。温家宝、李克强、张德江、王岐山、回良玉、刘延东、马凯等国务院领导作重要批示，要求"在工业生产中一定要重视环境保护，一定要重视生态文明建设"，"综合多学科力量，对生态文明内涵和政策深入研究"。7 月 28 日，国务院办公厅将建议转发国家发改委、环保部、教育部、工信部。

（离退休工作由曹怀香、宋太增撰稿）

工会和教代会

【概 况】 北京林业大学教职工代表大会建立于 1989 年 3 月 18 月。截至 2008 年 12 月，已召开 5 届教代会，教代会执委会为教代会常设机构，各院（系）二级教代会组织机构健全。校工会以维护教职工合法权益为主体的四项职能开展工作，教代会以民主管理合民主监督为主体，以依法行使教职工民主权利为主要内容开展工作。两会工作相互依托、相互支撑。现设有专职工会干部 7 名，工会、教代会换届大会同步进行，简称"双代会"。

2008 年进一步加强工会、教代会建设，组织庆祝"三八"妇女节系列活动，开展师德、职业道德建设系列活动；打造教职工健康工程，提高工会管理和服务水平。

【第五届教代会、第十三届工代会第四次会议】 北林大第五届教代会、第十三届工代会（简称"双代会"）第四次全体会议于 4 月 11 ~ 12 日召开。会议以"迎奥运、树新风、共建共享和谐校园，练内功、促改革、努力推进民主管理"为主题，听取校长工作报告；听取教代会、工会工作报告；听取学校学科建设现状分析及发展思路的汇报；听取有关科技平台建设的汇报；审议教代会提案工作报告（书面）；审议学校财务工作报告（书面）；审议提交工会财务工作报告（书面）；审议工会经费审查工作报告（书面）；审议学校福利费使用情况报告（书面）；

本次大会共收到7件提案。均为网上电子提案。其中，管理制度提案1件，后勤保障提案2件，学科建设与规划提案1件，基本建设和住房提案3件。经学校教代会提案委员会审查，全部立案。

【二级教代会】 2008年，在二级学院建立并实施教代会制度，制定下发《关于进一步加强和改进院（系）二级教职工代表大会制度建设的意见》，进一步推进民主政治建设，使依法治校、民主管理、科学决策逐步深入。校工会认真指导学院工会承担二级教职工代表大会工作机构的职能，并针对二级教职工代表大会推选代表、确

定议题、提案处理等重要环节，及时与二级学院党委（党总支）和工会主席交流沟通，不断提高工作水平。

【教代会巡视】 为全面了解教研室建设及运行情况，2月2~4日，校教代会、教务处、人事处和宣传部组织校内外专家开展教研室巡视。巡视内容包括学院教研室工作基本情况、是否建立健全有关规章制度、师德建设是否纳入工作范畴等。学校专门成立由校党委副书记周景、副校长宋维明任组长的教研室巡视工作领导小组。在为期3天的巡视中，巡视组对经管、材料、人文、外语、生物、水保、园林、信息、工学院、理学院和林学院11个学院的教研室工作进行巡视，听取各学院教研室的工作汇报。并最终形成教研室巡视报告提交学校。

（工会和教代会由赵晶泓、朱逸民撰稿）

共青团工作

【概　况】 共青团北京林业大学委员会（以下简称校团委）为正处级部门。校团委共设办公室、组织培训部、宣传部、文体活动部、学生科技创新教育部、生态环保工作部、志愿者工作部、研究生与青年工作部、学生二课堂素质教育中心、社会实践指导中心、学生会秘书处、社团理事会等12个部门，设岗位11人，其中书记1人，副书记3人，各部、中心设部长或中心主任1人。全校共有13个学院分团委，5个社团团工委。校团委被中共北京市委评为北京市思想政治工作先进单位，被团中央授予全国"五四"红旗团委标兵。

2008年，校团委重点夯实思想育人、实践育人、文化育人、服务育人四个育人平台，切实做好奥运工作，广泛开展绿色活动，不断加强团组织自身建设。　　　　（黄　鑫　于吉顺）

【二课堂素质教育】 校团委承担学校第二课堂综合素质培养体系的建设和运行工作，开展第二课堂素质教育。

二课堂素质教育将思想政治教育、科技创新、社会实践、校园文化、绿色环保、技能培训等内容统一纳入第二课堂素质教育教学内容，规定第二课堂3个必修课学分，与一课堂学分具有同等的效果，从而实现与第一课堂学分体系的有机衔接。截至2008年底，65%学生加入相关学生社团，每年参加学生社团活动等第二课堂素质教育活动的学生人数达100%。

2008年，校团委进一步规范二课堂活动申报、开展、认证等流程。设置二课堂素质认证中心，以社联、社团为主要实施单位开展二课堂素质教育课程，收集优秀社团的精品课程近30门。由二课堂认证中心统一安排上课时间、地点并统一管理签到，然后将按照学院分类的签到名单发至各学院进行认证。　　（徐博函　于吉顺）

【科技创新】 学校建立以研究生为实施主体，以校、院两级学生科协组织为依托，以群众性科普活动和科技创新活动为基础，以三项杯赛（"梁希杯"北京林业大学学生课外科技创新作品

北京林业大学年鉴2009卷

竞赛、"挑战杯"首都大学生课外科技创新作品竞赛、"挑战杯"全国大学生课外科技创新作品大赛)为工作主线的大学生课外科技创新教育体系,并设立学生科技创新基金,支持学生科技创新活动。

2008年4月13日,举办北京林业大学第五届"梁希杯"创业计划竞赛决赛答辩,评选出10件作品代表学校参加首都"挑战杯"比赛。在首都"挑战杯"比赛中,获得特等奖1个、一等奖2个、二等奖3个,三等奖3个。9月1日,第六届"梁希杯"课外科技学术作品竞赛正式启动,共收到800多份作品,其中哲学社会科学类500余份,自然科学类300余份。11月20日,各学院对所有初赛参赛作品进行第一次书面评,105份作品进入校级复赛。

9月底,北京林业大学水保学院胡英敏的文学作品《命韵之舞》在第一届大学生生态科普创意大赛中获得全国一等奖。

(徐博函　于吉顺)

【社会实践】 北京林业大学社会实践工作成果显著,自1993年连续16年被授予全国社会实践先进单位称号。

2008年,校团委以"众志成城心系灾区 团结一心决战奥运"为主题,组建77支学生社会实践团队(其中市级重点团队7个,校级重点团队6个,校级团队8个,院级重点团队12个,院级团队51个),开展实践活动。校团委荣获2008年全国和北京市社会实践先进单位称号,1支团队获全国优秀团队,7支团队获首都优秀团队,10名教师获首都社会实践先进个人,20名同学获首都社会实践优秀团员,3项成果获首都社会实践优秀成果。

2008年实践活动涵盖五个方面。一是宣传环保理念,开展"微笑北京 绿色长征"主题实践活动,收集环保成功案例20多件,形成调研论文30多篇。二是服务北京奥运会、残奥会,开展"微笑北林 青春奥运"奥运建功成才实践活动,组织全校3700多名志愿者完成奥运会、残奥会志愿服务工作。三是关注灾区重建和发展,开展"携手同行 共渡难关"关爱灾区同胞实践活动,组建灾后重建专业知识服务团并开展"一对一"结对帮扶活动。四是推进和谐社会建设,开展"富国强民 共创和谐"新农村建设主题实践活动,

为学校大学生"村官"所在村镇提供智力支持和决策咨询。五是深化改革开放精神要义,开展"强国之路 辉煌历程"改革足迹寻访实践活动,组建十七大精神宣讲团和改革开放成果调研寻访团。

(李　锋　于吉顺)

【绿色生态环保活动】 北京林业大学学生立足首都,面向全国,弘扬绿色文化,建设生态文明,形成以"绿色咨询"、"绿桥"、"绿色长征"为代表的大学生绿色生态环保活动品牌。

2008年4月5日,"微笑北京、绿色长征"首都大学生第十二届"绿桥"暨第二届全国青少年绿色长征接力活动在北京林业大学举行,聘请戴玉强、张迈、王克楠等10名演艺明星和奥运冠军为绿色形象大使。4～11月,全国25个省(区、市),31所高校的近万名青少年绿色志愿者直接参与活动。组织志愿者种植青春奥运林20公顷;组建首都绿化美化小分队,开展节能减塑发放环保购物袋活动,在奥运会期间,全国绿色长征志愿者共走2008千米,沿途宣传绿色奥运;围绕南方雪灾、汶川大地震等自然灾害,活动组织四川灾区分队开展心理援助、生态教育、中小学支教等志愿服务活动;围绕生态文明建设,共开展绿色咨询百余次,走访社区企业500余个,发放调查问卷600余份,环保布袋2万个;录制绿色长征150小时的活动DV短片,拍摄3万张有关调研科考的图片资料,撰写128篇科研论文和上千篇长征日记,由中国环境科学出版社出版《微笑北京,绿色长征》系列丛书。

(王　鑫　于吉顺)

【艺术团和重点文化艺术活动】 北京林业大学学生艺术团自1999年成立,2003年开始招收艺术特长生,2007年参加北京市艺术展演,舞蹈团荣获一等奖1个、二等奖1个,民乐团荣获二等奖2个,合唱团荣获二等奖2个,军乐团荣获三等奖1个。

2008年,学生艺术团共有团员500余人,包括军乐团、民乐团、合唱团、舞蹈团、礼仪队、之洋话剧社、绿方程电声乐队、吉他协会、室内乐队、曲艺社10支团队。学生艺术团聘请中国电影乐团等知名团队的专家指导团队建设,聘请腾格尔、戴玉强、王宏伟、白雪、陈红等为艺术顾问。学生艺术团荣获首都高校奥运工作先

146

进学生集体等荣誉称号。

4月5日，学生艺术团参加绿桥文化广场和绿色咨询演出，4月22日举办"活力北林 青春奥运"第五届健美操大赛，8月10日举办华人华侨、香港、澳门、台湾奥运志愿者联谊会，8月27~31日开展艺术团暑期集训，10月11日举行北京林业大学2008迎接新生音乐会，10月12日举行"青春奥运"文艺晚会，11月8日举办"微笑北京绿色长征"第二届全国青少年绿色长征接力活动文艺晚会，12月30日举办学校2009年新年音乐会，12月31日举办学校2009年新年晚会。5月8日，学生军乐团、礼仪队承担北京市高校运动会的迎宾和礼仪任务；5月17日礼仪队担任北京市志愿者誓师大会礼仪；5月31日，学生军乐团举办第四届专场音乐会；6月8日曲艺社举行相声专场演出；10月9日，参加北京市大学生舞蹈艺术展演总决赛，10月22日舞蹈团参加团市委英才学校表彰晚会演出。

（吴晓曼　于吉顺）

【艺术特长生招生】 2008年，北京林业大学有在校艺术特长生91名，分布在军乐团、民乐团、合唱团、舞蹈团和室内乐队。

2008年1月22、23日，学校2008级艺术特长生考试现场报名，分别举行西洋乐、民乐、声乐、舞蹈。共有678人报名，496人获得合格证书，476人签约，最终33人录取。

8月31日对全体特长生进行特长考核。11月份对北京林业大学特长生管理办法进行修订。

（辛永全　于吉顺）

【社团组织和重要活动】 北京林业大学学生社团联合会成立于2001年，包括五大专项社团联合分会，分别是思想政治类学生社团联合分会、绿色环保类学生社团联合分会、科技创新类学生社团联合分会、文化艺术类学生社团联合分会、体育类社团联合分会。2008年北京林业大学共有118个社团，成立5个社团，注销了3个社团。

北京林业大学学生社团联合会定期在学校举办社团大型迎新、招新活动，社团文化节，十佳社团评选答辩会，社团风云人物评选，明星社团团支部评选，社团干部训练营，"灵舞之夜"元旦露天舞会等品牌活动，引导并调动北京林业大学各类社团围绕首都大学生"绿桥"活动，走入公园、社区，开展绿色咨询，绿色文化广场

等公益活动。

社团联合会重要活动 4月5日，北京植物园承办"绿色长征，微笑北京"首都大学生第二十四届绿色咨询活动，首都各高校20多支环保类社团加入，向广大市民介绍环保知识、宣传绿色奥运、倡导绿色生活；5月18日、25日组织北京林业大学社团主要学生干部开展以"为奥运喝彩，为北林增光，为社团加油"为主题的2008北京林业大学学生社团精英交流联谊会；5月31日举办2007~2008学年北林大社"星级团支部"评选活动答辩大会；2008年9月举办以奥运为主题的文化墙绘画活动，11月9日召开文化墙评比决赛；10月19日举办十佳明星社团评选答辩大会；10月26日举办北林大2007~2008年度"社团风云人物"评选大会；11月2日召开第四届学生社团联合会延期调整大会；11月15日至12月7日举行"成长的光辉"为主题的社团文化节；12月31日，校社联联合院社联、北林大主要社团举办"灵舞之夜"。

主要社团活动 ①翱翔支农与实践社。5月成立"工友夜校"，每周二晚上对工友进行计算机培训；7月开展"校园农耕"项目；组织志愿者奔赴全国各地贫困地区进行暑期社会实践活动。11月1日举办第三届首都大学生三农文化节开幕式。②山诺会。7月11日~22日开展新疆博格达地区雪莲考察与保护活动；7月11日~30日进行开展重走丝绸路活动；7月4~30日进行环京津贫困带农村生活环境调查。③红十字会学生分会。2008年5月为汶川地震募集善款18万余元。荣获中国红十字会抗震救灾特别支持奖。④"和谐家园"志愿者协会。12月11日，国家濒管办常务副主任陈建伟来到"自然保护大讲堂"作了生态摄影学术报告暨《一滴水生态摄影》赠书仪式；12月16~19日举办"自然中国，和谐家园——我眼中的自然保护区"摄影展。⑤辩论与演讲协会：2008年11月，举办中国银行杯学院路八大高校辩论赛，北京林业大学辩论与演讲协会最终获得冠军。⑥指南针科技协会：10月14日至11月15日组织、策划第六届结构设计大赛。

（徐博函　于吉顺）

【学生会和重要活动】 北京林业大学学生会现有学生会会员1.2万余人，学生会干部400余

人，现为北京市学联主席团单位。下设共 16 个部门，即：办公室、体育部、实践部、女生部、组织培训部、自律与权益部、文艺部、宣传部、外联部、网络部、志愿者工作部、学习部、新闻中心等。学生会在校党委和市学联的领导下，引导全校同学进行自我教育、自我管理、自我服务，为广大学生提供锻炼和展示自我的舞台，充分发挥沟通同学和学校的桥梁作用。

2008 年，北京林业大学学生会召开第二十七届学生代表大会，听取并审议第二十六届学生会工作总结报告、学生会提案工作委员会工作报告，通过了修改《北京林业大学学生会章程》的决议，选举产生了第二十七届学生会委员会。

2008 年，北京林业大学学生会广泛参与学校的"绿桥"、"绿色长征"等活动，出色完成各项任务；参加奥运测试赛、奥运会、残奥会的志愿者选拔、组织培训、后勤保障等方面工作。

（郭　昊　于吉顺）

管理与服务

发展规划

【概　况】

中长期发展规划　2005 年 10 月，根据第九次党代会的精神，北京林业大学制定中长期发展规划(2006～2020)，确定今后 15 年的战略目标及发展思路。

总体目标：经过 15 年左右的努力，使学校人才培养质量和科技创新能力有大幅度提高，特色和优势学科的主要研究领域达到国际领先水平，若干新兴交叉学科建设取得重大突破，综合实力和办学水平实现质的飞跃，将学校建成为以林学、生物学、林业工程学等学科为特色，国际知名、国内高水平的多学科性、研究型大学。

阶段目标：分为三阶段，第一阶段(2006～2010 年)实现从教学研究型大学向研究教学型大学的转变；第二阶段(2011～2015 年)实现从研究教学型大学向研究型大学的转变；第三阶段(2016～2020 年)实现创建以林学、生物学、林业工程学等学科为特色，国际知名、国内高水平的多学科性、研究型大学的目标。

"十一五"发展规划。2007 年 7 月根据学校的总体发展目标，在总结学校"十五"期间建设成就，分析发展现状和面临形势的基础上，制定北京林业大学"十一五"发展规划，进一步明确学校的中长期发展定位如下：

学校类型定位　以林科为特色的高水平研究型大学。

办学层次定位　以本科教育为基础，大力发展研究生教育，积极开展留学生教育，适度发展继续教育。

人才培养目标定位　以应用型人才培养为基础，以研究型人才培养为重点，培养基础扎实、知识面宽、实践能力强、综合素质高的创新型人才。

学科专业定位　以林学、生物学、林业工程学为特色，农、理、工、管、经、文、法、哲等协调发展的多学科专业体系。

服务面向定位　立足林业，面向全国，服务首都，为国家经济社会发展以及林业、生态和环境建设提供人才、科技支撑。

学校"十一五"规划的总体发展目标　实现从教学研究型大学向研究教学型大学的转变。

学校"十一五"规划的关键指标　争取一级学科博士授权点达到 6 个，博士点增加到 40 个，硕士点增加到 80 个；博士后流动站增加到 6 个，本科专业发展到 45 个；争取国家重点学科达到 6 个以上，省部级重点学科 10 个以上，力争 6 个左右特色学科在国内显著领先，2 个优势学科达到国际领先水平；争取新上 1 个国家重点实验室和 1 个国家级工程技术研究中心，"十一五"争取科研经费 3 亿元以上，发表科技论文 5000 篇以上，被 SCI 等三大检索机构收录论文数有显著增加，取得有重大影响的标志性科研成果，力争获国家级科技奖励 7 项以上，省部级科技奖励 50 项以上；专任教师达到 1250 人以上，生师比达到 16:1，师资队伍中具有博士学位的教师从 34% 提高到 50% 以上，高级职称的比例达到 60% 以上，博士、硕士生导师队伍达到 600 人；培养和引进一批国内领先水平的学术骨干，争取在"十一五"期间新增院士 1 名以上，新增多名"长江学者"特聘教授、客座教授和"国家杰出青年科学基金人才"；在校全日制本科生规模 1.32 万人左右，在校全日制研究生规模达到 3300 人左右，力争将研究生和本科生比例由"十五"期末的 1:5.5 提高到 1:4 以上；争取获得国家级教学成果奖 1 项，国家级精品课程 2 门以上；研究生创新能力有明显提高，争取入选和获提名的全国优秀博士论文数达到 5 篇以上；学校办学条件

（教学科研用房、实验室、教学科研仪器、图书等）有较大改善，达到或超过教育部《普通高等学校基本办学条件指标（试行）》（教发〔2004〕2号）的要求。

【发展规划制定及执行情况】 2008年，学校全日制本科生招生3288人，在校生12 993人；全日制研究生招生1131人，其中：硕士生900人、博士生231人，在校研究生3275人，其中：硕士生和博士生分别为2450人和825人。全日制本科和研究生在校生为16268人。

新增2个国家级教学团队，1门国家级精品课程，3个北京市优秀教学团队，2门北京市精品课程，2名北京市教学名师；6个专业入选国家级特色专业建设点，7个专业进入北京市特色专业建设行列；2部教材获得国家精品教材称号。

全年科研项目合同经费总数达到1.14亿元；获国家科技进步二等奖2项（主持1项，参加1项）；获得授权发明专利9项，实用新型3项；以北京林业大学为第一完成单位发表的科技论文被三大检索系统172篇，其中，SCI收录47篇，EI收录79篇，ISTP收录46篇。

专任教师达到991人，具有高级专业技术职务的522人，其中，教授157人，占师资总数的15.8%；具有硕士以上学位的767人，其中博士学位451人，占师资总数的45.5%。

获准组建林木育种国家工程实验室；新建木质材料科学与应用教育部重点实验室和宁夏盐池国家林业局荒漠生态定位站；国家花卉工程技术研究中心顺利通过验收。

【统计工作】 组织完成22份（类）统计报表的编制和上报工作，主要包括：上报教育部的2008/2009学年初高等教育基层统计报表、2008年高等教育招生计划执行情况快报及2009年本科生及研究生招生计划、2008年成人高等教育招生执行情况的快报及2009年招生计划；上报教育部的2007年国有资产统计报表、校办企业2007年度财务决算报告、2008年度每月的财务情况快报；上报北京市教委校办产业管理中心的校办企业2007年度报告；上报北京市统计局关于高校体育产业情况调查报表、2007年关于学校的财务状况/能源消耗/劳资情况统计表等统计报表的年报及2008年定期报表。

（发展规划由向文生、张卫民撰稿）

校务管理

【概　况】 党政办公室是北京林业大学党委、校行政的综合办事机构。下设综合管理科、文秘科、信息科，综合档案室、收发室、电话室三个单位挂靠。2008年7月，综合档案室和原属人事处的人事档案室合并成立档案馆，挂靠党政办公室。

2008年，党政办公室围绕学校的中心工作，积极发挥领导的参谋助手、部门的综合协调、决策的督促检查作用，服务领导、服务部门、服务基层。认真做好组织协调、督查督办、调查研究、信息报送、信访接待、对外联络、公文处理、档案管理、重要活动组织、综合事务管理以及领导交办的其他工作。

2008年，党政办公室荣获首都教育系统奥运工作先进集体、北京高校档案工作先进集体

称号。完成的《以校务公开和党务公开协调发展推进高校民主政治建设》获全国高校党建研究会组织的中国高校党的建设30年研究征文活动一等奖。《绿色，因阳光而更有生机》获得全国政务公开征文三等奖。 （丁立建 邹国辉）

【综合事务管理】 2008年，党政办公室坚持服务领导、服务部门、服务师生的宗旨，进一步规范工作程序，以集中快捷的方式、统一的工作标准、优质规范的服务质量为广大师生员工提供满意服务。

加强领导带班及重要敏感日、节假日值班制度，认真做好印信管理、公务接待、会议安排、会务服务、车辆调度、会议室管理等日常工作。全年为各类合同、申报材料、证书、证明等用印

65 473 个。预约提供综合楼会议室 842 次，组织各类会议 14 次，组织各类公务接待活动 51 次，新装固定电话 210 部，全年收发各类信件、报刊 20 余万份，直接服务师生 2.5 万余人。完成学校法人证书、组织机构代码年检工作，修订校领导及各单位负责人电话表，在学校纪念品的设计制作上不断创新。

规范用印，制定《北京林业大学印章管理规定》；充分利用 OA 系统，加强会议室管理，全面实现学校会议查询、预订、审批、安排网络化，做好有关会议协调和会务服务工作。

（李延安　邹国辉）

【文书文秘】　2008 年，制发学校文件 161 件，其中党发文 24 件，校发文 115 件，党政办发 22 件，流转各类上级来文 2365 件。完成学校 2008 年党政工作要点等各种重要文件、向许嘉璐同志汇报材料、申报首都文明委城乡共建先进单位材料的撰写。　（杨金融　邹国辉）

【信息报送】　北京林业大学信息工作由校党政办公室负责。学校严格遵循信息的实效性、真实性和完整性的原则，坚持全方位、多领域、多角度地收集信息，关注热点、捕捉亮点，喜忧兼报，实行约稿制和自行报送制相结合，及时、准确、全面报送信息。

2008 年学校向教育部报送《北京林业大学学生工作重点推进"九项工程"》、《北京林业大学"四个确保"全方位做好平安奥运工作》等 50 篇信息。全年共向教育部、北京市委教育工委、北京市教委等上级部门报送紧急信息 14 篇，无迟报、瞒报、漏报现象发生。

（刘继刚　邹国辉）

【办公自动化】　北京林业大学办公自动化系统（以下简称 OA 系统）由党政办公室牵头，信息中心配合，交由专业软件公司开发。OA 系统采用 B/S 模式，用户通过用户名和密码进行唯一的身份验证后方可登陆系统。系统包括收发文管理、日程管理、会议管理、归档管理、信息发布、电子期刊等 23 个功能模块，97 项子功能。

OA 系统的总体推进思路为：以收发文和会议管理为核心功能率先完善和推进，辅以短信、短消息等个性化功能，搭建起稳定的 OA 平台，后期逐步推进和完善其他功能。办公自动化工作于 2006 年启动，经历了需求调研、系统开发和试运行 3 个阶段。2008 年为 OA 系统的试运行年，主要围绕发文功能进行试用。在试用过程中共有来自园林学院、生物学院、教务处、人事处等 23 个部门的 69 份校级发文通过 OA 系统进行了正常流转。经过调试和不断升级，该系统初步满足北林大发文流转需求。期间，草拟《北京林业大学办公自动化管理办法》和《北京林业大学办公自动化系统操作规范》。

（刘继刚　邹国辉）

【信访工作】　2008 年，学校认真贯彻执行国务院《信访条例》和教育部、北京市有关文件精神，进一步转变观念、改进作风，努力畅通信访渠道，坚持校领导接待日制度，积极听取群众的意见和呼声，认真处理广大师生的来信来访，为领导排忧，为群众解难，密切党群、干群关系，正确处理和解决各类矛盾与问题，确保学校稳定。

全年共处理来信来访 14 次，受理网上书记留言本、校长信箱的问题反映 96 件。接听、处理大量反映问题或对学校改革与建设提出建议的来电、来访。各种信访均得到妥善解决，没有产生矛盾，群众对处理结果比较满意。

（李延安　邹国辉）

【校务公开】　2008 年，学校圆满完成了北京高校校务公开目录的编制工作；认真落实北京高等学校校务公开工作基本规范要求，五易其稿，制定《北京林业大学校务公开工作实施细则（试行）》、《北京林业大学校务公开目录（试行）》，实施细则共 6 章 25 条，包括总则、领导体制和工作机制、校务公开内容和公开重点、校务公开目录、校务公开监督检查、附则。公开目录包括学校概况、改革发展及重大决策、党的建设等 10 项内容，明确了工作责任和具体要求。全年围绕教职工关心的基本建设、人事制度改革等热点问题，面向全体教职工先后组织 3 次信息发布会，发布信息，公开校务。

（杨金融　邹国辉）

北京林业大学年鉴2009卷

人事管理

【概　况】　北京林业大学人事工作主要承担学校人员编制的规划和管理、机构设置工作；负责教职工校内、校外调配和离退休审批、办理手续工作；制定人才队伍建设规划，开展各类人才队伍的补充、培养培训、使用和考核工作；负责各类岗位的设置和聘用工作；制订和执行学校教职工薪酬及福利待遇政策，缴纳在编和非在编用工人员社会保险工作；制订实施教职工奖惩办法，并组织各类优秀人才的选拔推优及管理工作；负责教职工长期公派和因私出国审批和管理工作；负责对口支援项目人员接收培训和人员派出工作；负责全校临时用工的计划管理工作。

2008年，学校人事工作继续贯彻人才强校战略，全面加强人才队伍的引进培养和使用工作，并按照国家人事部、教育部的安排部署，完成了首轮岗位设置和聘用工作，人才队伍建设工作有了较大发展。　（崔惠淑　全　海）

【师资和教职工队伍】　截至2008年12月，全校在册教职工人数为1551人。按岗位类别划分：管理岗位304人，工勤技能岗位114人，专业技术岗位1133人。专业技术岗位中，专任教师岗位991人（其中专职辅导员教师40人），其他专业技术岗位142人。专任教师岗位按岗位级别划分，全校教师中聘任高级专业技术岗位的有522人，占52.7%；中级专业技术岗位有381人，占38.4%；初级专业技术岗位有68人，占6.9%。按学位划分，全校教师中具有博士学位的有451人，占45.5%；具有硕士学位的有316人，占31.9%；具有学士学位的有219人，占22.1%。按年龄划分，全校教师30岁及以下的159人，占16%；31～40岁的420人，占42.4%；41～50岁的304人，占30.7%；51～60岁的95人，占9.6%；60岁以上的13人，占1.3%。　（杨　丹　全　海）

【岗位聘任】　2008年初学校完成岗位设置和人员聘用工作，参与本次岗位聘用的职工共有

1543人，其中：1109人聘至专业技术岗位，309人聘至管理岗位，125人聘至工勤技能岗位。在专业技术岗位聘用人员中，一级岗4人，二级岗16人，三级岗41人，四级岗96人，五至七级岗364人，八至十级岗498人；管理岗位聘用人员中，四级职员4人，五级职员30人，六级职员46人；工勤技能岗位聘用人员中，技术工二级岗（技师）15人。2008年7月，有5人破格聘任至教授四级岗位。

2008年，学校共有在聘兼职（客座）教授24人。其中新聘任兼职（客座）教授2人，另有10人聘期届满，其中1人续聘。

（吴　超　全　海）

【人才引进】　2008年由美国密西根州立大学引进高层次人才1人，引进京内外具有高级专业技术职务人员4人，接收优秀博士、博士后36人。

（张　鑫　全　海）

【中青年教师培养】

新教师岗前培训　10～12月组织开展新教师教育理论培训工作，79名新教师（校内32名）报名参加培训。培训内容包括《教师职业道德修养》、《高等教育法规概论》、《高等教育学》、《高等教育心理学》和《教学技能技法》5门课程。培训方式分面授和网络培训两种，其中：《教学技能技法》为面授，其他4门课程为网络培训。培训考核结束，75名（校内30名）学员获得了岗前培训结业证书。

学历教育　2008年，教师取得博士学位12人，取得硕士学位9人，取得学士学位7人，大专毕业5人。

2008年，学校启动中青年教师培养子项目，经审核及专家评审共有107名教师获得《青年骨干教师国家公派出国研修项目》、《青年骨干教师国内访问学者项目》、《青年骨干教师在职学位提升和课程进修项目》、《新进教师科研启动基金项目》、《青年教师学术论文资助项目》、《优秀中青年教师教学资助项目》、《中青年教师学术交流资助项目》、《国家精品课程师资培训项目》等8个项目的资助，资助金额近260万元。

教师进修 接收"西部之光"访问学者2人、教育部青年骨干教师国内访问学者4人、"质量工程"对口支援进修学员3人、新疆少数民族科技特培骨干学员1人。向对口支援单位西藏大学农牧学院派出援藏教师2名和选派第六批援藏专业技术干部2名。

另外，47人通过北京市教委关于高等学校教师资格认定。

（张向辉 全 海）

【职工管理】 2008年年度考核中，1551名教职工参加考核，考核结果为优秀的有419人，合格的有1081人，基本合格的8人，不合格的2人，因试用期、公派出国等原因不确定考核等级的41人。

学校从2003年开始逐步对新入校人员实行二级人事代理，2008年新入校人员除引进人才外均签订了人事代理聘用合同，聘期5年。根据《北京林业大学关于对新增人员实行人事代理制度的规定》（北林人发〔2007〕29号），2005年来校的90名教职工于2008年聘用合同到期，其中11人因聘任至副高及以上岗位不再实行人事代理，其余79人根据考核结果签订《北京林业大学人事代理人员聘用合同续订书》，71人获续聘，8人因考核结果为"基本合格"试聘1年。另有4名2007年考核基本合格的教职工试聘期满，经考核均获续聘。

2008年，学校共有在聘劳务派遣人员9人。

（吴 超 全 海）

【人事调配】 2008年新增人员共42人。按学历、学位划分：具有博士学位36人，占总数85.71%；具有硕士学位4人，占总数9.52%；具有学士学位1人，占总数2.38%；其他学历1人，占总数2.38%。按来源划分：接收应届毕业生26人，占总数61.90%；博士后出站来校工作10人，占总数23.81%；京内其他单位调入4人，占总数9.52%；京外引进1人，占总数2.38%；录用归国人员1人，占总数2.38%。

2008年调出人员共8人。

解决4位教师夫妻分居配偶户口进京问题。

（杨 丹 全 海）

【工资与福利】 2008年，全年在职职工工资总额12 315.84万元，年末正常发放人员1584人；全年离退休费总额2739.77万元，年末正常发放人员738人。2008年岗位变动调整工资标准800多人次；根据2007年年终考核结果，晋升薪级工资1403人次。根据北京市口头通知的要求调整全校在职及离退休人员2284人次的职务补贴标准。

2008年办理后事处理13起，发放抚恤金等各项补助共计46.67万元。根据教人司〔2008〕192号文件精神，补发了自2004年10月1日起29位去世人员的抚恤金差额部分共计39.79万元。发放防暑降温费42.91万元、"三节"补助106.7万元、年终奖励224.02万元。2008年职工福利支出共计13.66万元。

（代 琦 全 海）

【社会保险、离退休】 2008年，学校共有1884人参加北京市失业保险、工伤保险，其中432名合同制工人和非在编聘用人员参加基本养老保险，360名编制外聘用人员参加基本医疗保险。2008年，全年缴纳失业保险费90.56万元（含单位缴费、个人缴费），工伤保险费25万元。合同制工人和编制外聘用人员养老保险费136.28万元（含单位缴费、个人缴费），非在编聘用人员基本医疗保险费35.71万元（含单位缴费、个人缴费）。

2008年，共退休教职工26人。其中教师退休5人，干部退休10人，工人退休11人。

退休人员名单：

卢秀琴　张克毅　潘继云　李光沛　赵岱松
崔赛华　李新彬　常　骏　于忠胤　刘京生
张清泉　田淑芬　姚荣华　张桂云　李昕华
王　伟　崇晓云　赵必健　张国栋　李燕华
王建军　韩淑芳　姜凤龙　宋铁英　张群柱
赵万芳　　　（刘尚新 杨 丹 全 海）

财务管理

【概　况】 计划财务处是学校一级财务机构，统一管理学校各项财务工作，负责学校会计核

算、财务管理和财务监督，主要职能是负责制定学校财务会计方面的规章制度，负责多渠道筹集办学资金，负责各项经费的管理与核算，负责收费、工资发放、公费医疗、票据、会计档案、财务分析、预决算等财务管理，负责财务监督等。

计划财务处下设会计核算科、会计结算科、综合管理科、基建财务科、计划管理科和财经办公室等6个科室，现有职工20人，其中高级职称3人，中级职称8人，具有硕士学位3人，在读博士研究生2人，本科学历5人。

【贯彻财政管理体制改革】 2008年6月组织参加教育部、财政部对学校修购专款、教育教学专款的申报评估验收工作。结合学校院校两级财务管理要求，强化学校行政和科研经费支出的管理责任，制定相应的财务管理规章制度。

【财务核算与管理】 北京林业大学实行"一级核算、二级管理"的财务管理制度，基建项目由基建会计科单独核算。学校财务实行统一收支计划、统一规章制度、统一资源调配、统一业务领导、统一管理校内经济活动，维护学校正常的财经秩序。根据京房公积金发〔2008〕24号文件规定，2008年7月将教职工公积金缴存比例由9%提高至12%，追加预算支出200万元；2008年9月，计划财务处将天财高校财务管理软件升级为4.0版，进一步加强了财务核算管理工作；升级财务信息网上查询系统，让广大师生及时了解资金收支情况；安装智能排队系统，进一步提高了服务水平。

【规范个人所得税扣缴】 进一步完善自行开发的个人所得税代扣代缴系统，根据北京市地税局对个人所得税代扣代缴管理的有关规定，及时、足额上缴税款，同时，财务处统一对学校年薪超过12万元的教师进行纳税申报工作。

【收费管理】 计划财务处与教务处、学生处配合，完成学生学费的收缴工作。确保学费、住宿费收缴率，2008年毕业生学费收缴率达到了99.5%，全面完成年度收费预算。加强学校各类收费管理，组织全校收费检查和各单位的小金库检查，规范了各部门的收费行为。

【业务研究与培训】 2008年学校作为教育部第一预算小组组长高校，于7月和11月组织在京教育部直属的11所高校2009年度预算汇审会议，加强业务联系，交流财务工作经验。2008年6月，在清华大学参加教育部组织的会计从业人员业务培训，学习部门预算、政府采购、国库集中支付和政府收支分类改革等财政管理制度知识。

【研究生培养收费机制改革】 积极配合研究生院研究生培养收费机制改革，对改革方案所需经费进行反复测算，提出财务解决方案；单独设置助研、助教、助管津贴账号，配合机制改革核算助研、助教、助管津贴收支情况；核实助研津贴发放情况，确保方案顺利实施。

【国库集中支付】 2008年是学校推行国库集中支付工作的第二年，国库资金额度占学校总收入40%以上，进一步加大国库集中支付的范围，主要包括人员工资及学生奖助学金的发放、水电费、物业费、供暖费支付，以及中央修购支出及教育部下达的科研项目支出。

（财务管理由于志刚、刘诚撰稿）

审计工作

【概　况】 2008年，审计处共完成审计项目28项，审计总金额3851.76万元，出具审计报告15份。其中，经济责任审计3项，审计金额2840.57万元；修缮工程审计10项，审计金额537.19万元；科研经费审计2项，审计金额210万元；科研经费审签13项，审签金额264万元。

【经济责任审计】 2008年，审计处重点审计学校各单位财务收支及有关重要经济活动、重要资金和固定资产的管理使用情况、贯彻国家财经纪律、建立健全内部控制制度的情况。通过审计提出相应的审计建议，促进被审计人员及单位规范财务管理、健全内部控制制度。共完成经济责任审计项目3项，审计总金额2840.57万元，分别是原外语学院党总支书记姜凤龙、原信息学院党总支书记吴燕、原材料学院副院长于志明3项离任经济责任审计。6月24日，学校首次召开经济责任审计联席会议。会议通报了经济责任审计情况，讨论学校《经济责任审计联席会议制度》和《领导干部经济责任书(初稿)》并交流。

【基建、修缮工程结算审计】 2008年，审计处继续采取与财务处主复审相结合的模式，复审了主楼空调电力增容工程、环境学院试验室改造工程、苗圃锅炉房电源进线工程、生物楼电力维修工程、操场看台综合维修工程、苗圃及老干部楼供暖管线改造工程、校内部分学生楼及家属楼装修工程、主楼顶大字制作及安装工程、实验林场配电线路改造工程、主楼二次供水系统改造共10项工程，审计总金额537.19万元，审减额36.42万元，审定金额500.77万元。审计重点是各项目审批手续的健全性、维修资金使用的真实性、合法性及项目招标、合同、协议的执行情况。

【基建工程全过程审计】 按照教育部《关于加强和规范建设工程项目全过程审计的意见》的要求，2008年，审计处首次对重点工程开展全过程审计。其中"标本馆工程"采取松散型跟踪审计方式，从招投标开始跟踪审计工程项目的部分阶段和重点环节；对拟采取紧密型跟踪审计方式的教工住宅工程，制定完善了从工程设计、招投标、合同签订、施工预算、洽商变更、材料设备采购、隐蔽工程验收、竣工结算工程各阶段实施全过程监督控制的审计方案，确保工程质量和控制工程造价。首次采取公开招标方式选定教工住宅工程社会审计机构。

【科研经费审计与审签】 2月27日，审计处委托社会审计机构审计两项农业科技成果转化资金项目"森林资源精准检测广义'3S'技术平台工程化产品与示范"和"欧美杨丰产栽培技术推广应用"的结题验收，内容为：项目执行期内资金到位与支出情况、项目执行期内各年度实现的各项经济指标及累计实现的各项经济指标。2008年共审签科研经费13项，审签总金额264万元。

【审计部门建设】 审计处起草和修订多项审计制度，11项制度正式发文，分别是：《北京林业大学关于进一步加强审计工作的意见》、《北京林业大学建设工程和修缮工程全过程审计实施办法》、《北京林业大学委托社会中介机构审计管理办法》、《北京林业大学建设工程、修缮工程结(决)算审计实施办法》、《北京林业大学科研经费审计实施办法(试行)》、《北京林业大学审计人员职业道德规范》、《北京林业大学审计部门廉政建设规范》、《北京林业大学审计实施方案管理办法》、《北京林业大学审计档案管理办法》、《北京林业大学审计复核规定》、《北京林业大学审计项目年度计划管理办法》。

改版原有网站；收集和整理国家和学校有关审计方面的法律法规和制度，制作电子版放在审计处网站方便师生查询。

【审计档案归档】 审计处按照《北京林业大学档案工作暂行规定》和《北京林业大学审计档案管理办法》的有关要求，整理1989~2007年的审计档案并归类，按审计项目装订立卷，保证了归档材料完整性和系统性，有利于档案的查找和开发利用，推动了审计工作各个环节的标准化和规范化建设。

【审计培训及考察调研】 审计处参加教育部直属高校工作研讨会、审计处长培训班、会计人员继续教育等多项审计培训。组织全处成员到北京航空航天大学、北京科技大学、北京交通大学、中国农业大学4所高校考察学习。考察主要内容为：审计机构设置、审计定位和审计工作思路等基本情况；学校审计工作主要内容；基本建设和修缮工程、经济责任和学校财务预算执行与财务收支的审计开展情况；委托中介机构情况；其他相关内容。考察目的是学习借鉴他人先进的审计理念、审计思路和工作经验，促进审计处自身审计工作程序的规范和审计水平的提高。

(审计工作由李文、杨宏伟撰稿)

设备管理

【概　况】　北京林业大学实验室与设备管理处成立于2006年,下设实验室建设与管理、设备管理、设备采购3个科室。其主要职责是根据相关法律、法规和其他有关规定,制定学校重点实验室(工程中心、野外台站)等平台管理的规章制度与建设规划,平台的立项、评估及检查验收工作;仪器设备采购;大型仪器设备的开放共享;公共分析测试平台的建设和科学实验楼的运行与管理,为教学、科研提供基础条件和服务保障。

【固定资产管理】　2008全年,共登记单价800元以上仪器设备及家具共2900台(件、套),金额4033万元,其中,10万元以上的58台(件、套),金额2210万元;40万元以上的11台(件、套),金额1244万元。各项仪器设备报废回收9.65万元。

【大型仪器设备共享】　2008年4月,用于教学科研的单价40万元以上的大型仪器设备共有38台,总值2334万元,占教学科研仪器设备总值的8.8%,分布在生物学院、生物中心、林学院、水保学院、材料学院、工学院、园林学院和理学院等单位。

2008年1月建立北京林业大学大型仪器设备资源信息共享网站,推出北京林业大学大型仪器设备系列图片展,实现了大型仪器设备信息资源的共享。

【设备采购】　2008全年,采购总金额2235万元,其中公开招标项目金额935万元,零采金额399万元,采购外贸设备金额901万元,107台(件、套),全年结余资金163万元。

对教材图书、学生公寓床及新生被褥供应商进行公开招标。

(设备管理由甄晓惠、石彦君撰稿)

基建与房产管理

【概　况】　北京林业大学基本建设和房地产管理工作由基建房产处承担,下设综合科、工程科、房地产管理科和人防办公室。主要职能为制定基建及房产管理规章制度、组织工程项目招投标、工程施工、周转房管理、房补发放等管理职能。

2008年,基本建设主要集中在苗圃教工住宅和学研中心两项新建工程前期工作,该两项工程可研批复总投资合计约62910万元,建筑面积合计14.1万平方米。房产方面做好房补的发放、物业费及供暖费的报销核算、周转房的管理工作和配合学校做好奥运志愿者的后勤保障工作。

【新建工程前期工作】

苗圃教工住宅工程　3~5月,完成项目管理单位招标工作。6月,组织设计方案竞赛并进

行评选。7~9月,完成设计方案招标工作并确定设计单位。10~12月,完善设计方案。

学研中心工程　完成项目立项工作,2008年11月27日取得教育部可行性研究批复。12月下旬,组织相关人员就该工程的项目管理方式、方案征集等进行考察。

【在建工程】

标本馆布展工程　6~8月,配合设计院完成标本馆布展工程设计方案。9~11月,进行布展工程施工及监理招标工作。12月初,开始施工。

实验楼二次改造工程　6月,制定水、通风等改造方案。7月上旬,进行施工招标工作。8月底,完成改造工作并交付使用。

迎奥运建筑物外立面清洗和粉饰工程　5~6

月，完成对学 6 号楼、科贸楼和南门传达室的外立面清洗和对眷 1、2、3、4、5、6、7、13 号楼的外立面粉刷工作，清洗面积 6616 平方米，粉刷面积共 16 809 平方米。外立面清洗及粉饰工程总投资 53 万元，由国管局全额投资建设。

【交付工程】 煤改气工程。该工程位于柏儒苑小区 2 号楼北侧约 300 米，2007 年 9 月进行实施改造，拆除原燃煤锅炉，并安装 3 台 7 兆瓦新燃气锅炉。2008 年 1 月 14 日，工程竣工。该工程总投资 2319 万元，由国管局全额投资建设。

【合同、预决算工作】 完成标本馆布展工程设计概算的审核及地下一层档案室改造结算审核工作；完成实验楼加层改造的结算审核工作；完成实验楼加层改造、二次改造及学生活动中心的审计申报工作。

【工程档案及统计】 搜集整理供暖中心装修改造工程、学生活动中心工程、图书馆加层改造工作及标本馆工程相关资料；完成供暖中心装修改造工程资料归档工作；完成基本建设计划及教育部、北京市统计局基建定期报表工作。

【房地产管理】 全年发放各类住房补贴 631 万元。完成 18 户住房面积超标的处理工作，发放

房产证 56 本，收缴供暖费 12.7 万元。核发散户供暖费、物业费 211 户，供暖费补助 248 497.1元，物业费补助 102 208.56 元；支付亚运村集体物业费 35 938.82 元，供暖费 73 470.94 元，合计460 115.42 元。加强安全和卫生巡视工作，制订相关管理制度，对 3 号楼等 14 套房屋进行装修改造；奥运会期间，为入住学生 6 号楼的奥运志愿者提供后勤保障服务。

【人防工作】 制定《北京林业大学人民防空应急预案》和《北京林业大学平战转换方案》。搜集、整理普通地下室和人防地下室的工程资料，并按相关规定将其转换为电子文档，进一步完善了人防数据库工作。

【内部管理】 2008 年度制定了《工程造价控制管理办法》、《隐蔽工程验收管理办法》和《工程档案管理办法》。严格编制和审查招标文件和委托合同，聘请律师进行把关并征求审计部门意见，加强事前管理，控制建设风险。积极组织相关人员认真学习招标法、合同法等法律法规，参加教育部、建设部组织的业务培训，鼓励职工撰写研究论文。组织职工向汶川地震灾区和学校困难学生捐款；奥运期间，围绕平安奥运要求，加强工地安全管理及周转房管理工作。

（基建与房产管理由陈桂成、姜金璞撰稿）

总务管理

【概　况】 总务与产业管理处成立于 1998 年，现有事业编制职工 13 人，非事业编制职工 21人。下设节能办公室、环境科和管理科，主要工作内容：节能管理、校园环境建设、校园维修、办公用房管理；代表学校，作为甲方负责监督管理后勤服务总公司的工作。

2008 年学校总务工作继续推进节约型校园建设，重视校园环境及周边综合治理，维修改造校园基础设施，做好学校修缮和招标组织工作，加强办公用房的管理。　　（许红芹　蔡飞）

【节能工作】 制定学校能源管理规划及节能技

改方案，管理监督能源使用及其运载设备、设施的运行，做好水电暖的使用收费工作。2008 年，全校年用水量 73.4 万吨，支付水费 278.2 万元；年用电量 1913.4 万千瓦·时，支付电费 930.3万元；年用天然气 608.5 万立方米，支付燃气费1189.99 万元。2008 年回收学生宿舍、经营性单位等水电费 260 万元。

2008 年 4 月，更换检修校内 2005 年安装的节水喉，共计更换 500 只。

2008 年 5 月，实施主楼二次供水无负压改造，通过改造提高主楼供水质量，避免二次供水污染，并获得了主楼二次供水卫生许可证。

2008 年 6 月，检查校内供能设备，安排维修保养；奥运期间，签订安全责任书，24 小时值班，定期反馈有关情况。增大设备供应能力，保障宿舍全天供电，延长浴室开放时间至凌晨 2 时，为校内外 3000 余名奥运志愿者提供保障服务。配合周边高校奥运场馆供电切改工程在校园内的顺利实施。

2008 年 7 月，实施校内锅炉房燃气供暖改造，共实施气候补偿控制、终端用户室温采集系统、管网计量采集系统、管网分区分时分温控制系统、热网水力平衡系统、一次循环水泵节电改造六大项措施，年节约率 15%，每年预计节约能源支出 125 万元。

继续实施校园供暖主管道维修改造工程，更换老化管道，重做保温层。先后实施老干部活动中心、博导楼，学 3、6 号楼教工宿舍，学 4、5 号楼等暖气改造，改善供暖效果。

2008 年 7 月，推进绿色照明工程，实施路灯亮化节能改造，在信息楼、第一教室楼周边、图书馆至学 11 号楼道路，主楼周边实施改造，合计更换无极灯 55 套，增加路灯 10 盏，亮化校内道路，同时节电 50%。

2008 年 8 月，对办公区用水器具推广使用感应洁具，主楼安装感应器 80 套；8～9 月，对学校 2001 年投入使用的浴室刷卡系统进行升级改造，改善供水质量。

2008 年 8 月，更换东家属区变压器，改善东家属区供电环境。 （徐　军　蔡　飞）

【校园环境建设】 负责全校绿化美化、校园公共区域的卫生保洁、垃圾清运。承担全校 19 万平方米的绿化养护工作、44.4 万平方米的室外保洁和 1.2 万平方米的室内保洁任务。12 月，北京林业大学被评为北京市爱国卫生先进单位。

绿化美化工作　2008 年，与北京华天园林绿化工程有限公司、北京鹫峰国家森林公园合作，养护校园绿地，组织开展春季补植、新品植物引种、病虫害防治、草坪修剪、树木移植、枝条修剪、枯死树木报伐等工作。

2008 年 5～10 月，精心准备，提前设计，制作学校正门"奥运印章"花坛、"欢度国庆"模纹花坛和办公楼小广场自然式花坛，完成以"迎奥运"为重点的校园环境保障工作。

实施主楼楼顶校名大字改造工程，采用外观效果好、透光性强、色彩鲜亮、节电节能的亚克力板和 LED 光源重新制作校名大字，并在汉字下加做校名的英文标识。

2008 年，北京林业大学被评为海淀区绿化美化先进单位；总务与产业管理处王谦被评为首都绿化美化积极分子。

环境卫生工作　采取分区划片责任到人，随时检查，全天保洁。对学生食堂、公寓等重点部位，加强日常管理与检查，杜绝乱贴乱画现象。

提升保洁工作的专业化程度。与北京可莱林环境科技发展有限公司合作，完成学校教学办公楼保洁工作。对日常的环卫保洁工作高要求、勤检查、严管理，狠抓细节工作，保证卫生质量，加强人员管理，提高保洁服务档次，创造了良好的学习办公环境。 　（王　谦　蔡　飞）

【校园维修】 负责全校公共设施、设备运行日常维护；制定学校全年重点维修项目计划及相关工程实施安排，根据《北京林业大学维修改造实施管理办法》、《北京林业大学维修项目实施细则》，完成维修工程项目的方案论证、可行性分析、经费预算与结算、重点工程的招投标、质量管理与监督验收等工作。

主楼连廊及科贸附属小楼屋面防水工程由中标单位北京奥克兰防水工程有限公司施工，5 月 20～30 日施工，包括连廊、东配楼三层屋面、西配楼楼梯间、科贸附属小楼屋面等防水工程及屋面伸缩缝维修，总面积 1000 多平方米。

东配楼三层维修。由北京林业大学后勤服务总公司物业服务中心施工，5 月 1～20 日施工，室内、楼道粉刷，更换防盗门，男女厕所改造为办公室。

生物楼、眷 1 号、2 号、学 2、4、5 号楼等瓦屋面雨季前小修由北京中建建材有限公司施工。

生物楼窗户维修由北京中建建材有限公司施工，8 月 20 日至 9 月 10 日施工，生物楼 7 个要求高密封性的实验室更换为铝合金平开窗，总计更换 25 个窗户，

北京林业大学附属小学操场改造。由北京中商世纪运动场地建筑工程有限公司施工，将现有运动草坪部分（面积为 1367 平方米）更换为透气

性塑胶运动场地。现有塑胶跑道部分(面积为560平方米)及沙坑跑道(面积为150平方米)进行表层处理维修,改造总面积2400余平方米。

环半导体周边道路维修工程。由北京八达岭金宸建筑公司施工,10月27日至11月21日施工,将原有道路拆除更换为沥青混凝土道路,更换道牙,维修便道,预埋管线,新做雨水等,道路总长度955米左右。

国家花卉工程技术研究中心温室大棚改造。由北京本特温室建设公司施工,主要工程内容为原有1536平方米温室移建、新建2304平方米和1728平方米温室各一栋。

学11楼地下室环境学院实验室改造。2008年2月份施工。将原有地下室做隔断、安装防盗门、房屋粉刷、安装电气照明等设施、安装上下水及实验水池。

学11楼一层网络中心维修。粉刷3个机房,共10间房屋,铺地砖、电气照明等施工。

体育场维修。由北京林业大学后勤服务总公司物业服务中心施工,围栏防锈刷漆、加固,看台内外粉刷、个别房间电气改造。

中小维修工作。校内花岗岩维修、家属11楼楼道粉刷、操场北侧东侧及东西家属区修补渗水砖、东配楼三层中德合作房屋改造网络中心、三教人文学院粉刷及主楼308、309房间装修。

(李 庆 蔡 飞)

【办公用房管理】 2008年4月,东配楼三层国家林业局中德合作项目办腾出5间空房调整给信息中心,主楼308、309室调整给环境学院。

2008年4月,学校实验楼投入使用,统计核查林学院和生物学院腾空实验室用房的情况。

2008年5月,向各个学院发放办公用房、出租房调查表,明确各个单位房屋使用情况,确保奥运会期间房屋使用安全。

(王 毅 蔡 飞)

产业工作

【概 况】 北京林业大学产业工作坚持"积极发展、规范管理、改革创新"的指导方针,以转化科技成果并实现产业化为目的,做好校办产业规范化建设工作,坚持产学研相结合。清理学校所投资的全部企业,撤并长期亏损、投资无回报、经济和法律风险较大的企业;设立法人独资的北京林大资产经营有限公司,将经营性国有资产划转至北京林大资产经营有限公司,建立学校与企业之间的"防火墙",建立健全资产经营公司的法人治理结构,加强对学校经营性资产的监督管理,建立新型的产业管理体制。

(王自力)

【科技产业规范化建设】 截至2005年末,北京林业大学投资企业共计11家。2007年3月清算撤销全资企业4家:北京林海贸易公司、北京北林物业管理中心、北京海淀北林大汽车修理站、北京林业大学科技书店,2007年7月北京科贸实业总公司改制为北京林大资产经营有限公司。《风景园林》杂志社、北京北林方圆植物新品种

权事物所、北京鹫峰国家森林公园未纳入改制范围。设立经营性管理机构,加强现代企业制度建设,确保没有校级领导在企业中兼职,制定《北京林业大学关于规范企业冠名权的规定》,对校办企业的冠名进行清理整顿,完善企业法人治理结构。

(张 庆 王自力)

【北京林大资产经营有限公司】 北京林大资产经营有限公司于2007年7月组建,对北京林业大学授权经营的国有资产承担保值增值责任。注册资本人民币3000万元,主要经营业务和职能是国有资本、股权的经营和管理。北京林大资产经营有限公司拥有二级企业4家:北京林大林业科技股份有限公司、北京北林宾馆、北京北林印刷厂、北京京林加油站。

北京林大资产经营有限公司设立5个部门:综合管理部、财务审计部、物业管理部、资产管理部、宾馆管理部。

2008 年北京林大资产经营有限公司财务数据一览

级别	公司名称	出资人	注册资本（万元）	总资产（万元）	净资产（万元）	主营业务收入（万元）	利润总额（万元）	净利润（万元）
一级企业	北京林大资产经营有限公司	北京林业大学	3000	7616.37	5901.5	819.98	32.36	24.27

2008 年 1 月，北京林大资产经营有限公司成立物业管理部，接管北京林业大学学 7 号楼、第二教室楼、综合楼物业，签订物业管理合同。

6 月，北京林大资产经营有限公司董事会、监事会会议召开。董事会由王自力、姜金璞、刘诚、蔡飞、张绍文组成。监事会由杨宏伟、王小军、王玉茹组成。董事长王自力，总经理蔡飞，财务负责人向文生。会议批准执行《董事会工作条例》、《监事会工作条例》、《派出董事、监事管理办法》。批准试行北京林大资产经营有限公司基本管理制度，包括：总经理办公会会议制度、国有资产监督管理办法、国有资产管理办法、内部审计制度、企业负责人任期经济责任审计暂行规定、财务管理制度、货币资金管理制度、人力资源管理制度、劳动合同管理规定。

12 月，北京市教育委员会对北京林业大学校办企业的法人治理结构专项检查。专家组认为学校高度重视完善校办企业法人治理结构工作；学校与校办企业产权关系清晰；学校经营性国有资产管理组织机构健全，职责明确；企业《章程》制定及规范；对学校派往企业工作人员的任用程序规范、制度健全；学校及企业对外投资管理制度符合国家有关规定；国有资产管理及内部监督和风险控制到位；学校股东及主要控股企业股东会的履职到位；主要控股企业的董事会、监事会组成及履职规范。建议进一步完善资产经营有限公司法人治理结构，落实教育部、北京市教育委员会有关要求，推动学校科技产业持续健康发展。 （刘丽辉 蔡 飞）

【北京林大林业科技股份有限公司】 北京林大林业科技股份有限公司（以下简称北林科技）是以北京林业大学为主要发起人的拟上市高科技

股份公司，是北京市首批农业产业化龙头企业，获得国家高新技术企业认证资格，市工商局和园林局核准的守信企业。通过 ISO9001：2008 国际质量认证、ISO14001：2004 环境管理体系、GB/T28001—2001 职业健康安全管理体系三项认证，具有进出口权，拥有科研成果专利授权 48 项，植物新品种权 6 项。

北林科技主营业务：园林规划设计、园林绿化工程施工与养护管理；高中档盆花、花卉与盆景、花卉种苗（种球）生产与销售、花卉装饰服务；提供园林绿化与造林优质树种、种苗、各类草种、花种、园艺资材；进出口代理服务、技术培训与咨询服务等。

北林科技设园林工程事业部、花卉事业部、国家花卉工程技术研究中心。园林工程事业部下属北林地景园林规划设计院有限责任公司、深圳北林苑景观规划设计有限责任公司、北林科技园林工程公司和北林科技苗木及绿化养护公司，获得住房与城乡建设部核发的风景园林甲级工程设计资质和城市园林绿化壹级施工资质。

花卉事业部下属三亚北林兰业科技有限公司、种业公司、固安园艺分公司、花卉销售部和花卉租摆部。与美国、法国、荷兰、比利时、丹麦、加拿大等 30 多个国家和地区建立了友好的贸易合作关系，获得美国 JACKLIN SEED 公司授予的优秀分销商称号，以及世界知名野花种子繁育生产商 APPLEWOOD SEED 公司授予的中国代理权。

北林科技按照现代化企业制度进行运作，实行董事会领导下的总经理负责制，建立起产品经营和技术服务并举的经营管理结构，形成系统的符合现代市场经济规律的内部管理体制。

（张 庆 王自力）

后勤服务

【概　况】　北京林业大学后勤服务总公司成立于 2000 年 5 月，实行主管校长领导下的总经理负责制，下设行政部、财务部、经营管理部 3 个职能部门和物业管理中心、饮食服务中心、学生公寓中心、交通服务部、幼儿园及超市 6 个中心实体。总公司共有正式职工 56 人，人事派遣员工 4 人，合同聘用员工 510 人（其中合作经营餐厅 170 人），其中大学本科文化 18 人，大专学历 27 人，正高职 1 人，副高职 3 人，中级职称 15 人，技师 6 人，党员 27 人。为全校近 2 万名师生提供生活后勤服务，建立了后勤服务总公司 ISO9001 质量管理体系（包括餐饮、公寓、物业、幼儿园和超市服务提供）。

ISO9001 体系　建立 B 版 ISO9001 质量管理体系，通过中安质环认证中心的监督审核，完成内部审核和管理评审。

平安奥运　总公司完成 4000 多名奥运会志愿者、2000 多名残奥会志愿者和班车司机的就餐供应、夜宵服务、公寓保洁、公寓安全值班、电梯运行、开水洗浴等服务工作，以及出车接送京外志愿者工作。

第 46 届北京大学生田径运动会服务工作
总公司带领物业中心和饮食中心对体育场进行综合检修，重新油漆场边铁丝护栏网，负责 2000 多名教练员、运动员与会务组人员餐饮工作。

获奖情况　后勤服务总公司被市教工委、市教委、团市委和市学联评为首都教育系统奥运工作先进集体。饮食服务中心被市教委评为高校伙食联合采购工作先进校。幼儿园被市教委评为北京高校后勤先进幼儿园，交通服务部被市教委评为北京高校后勤先进接待单位。后勤直属党支部被市教委评为高校后勤先进基层党组织。赵桂梅、王春和郑斌 3 人分别被市教委评为北京高校后勤接待工作、幼儿园和商贸工作先进个人。

校际交流　2008 年共有北京航空航天大学、南京大学、内蒙古师范大学、浙江工业大学、郑州大学、东北林业大学等近 20 所京内外兄弟高校前来参观交流。

党建工作　后勤直属党支部现有党员 27 人，其中 2008 年 12 月份发展预备党员 1 人，按期转正 2 人。完成北京高校党员信息系统录入和年终党员统计工作。

（赵文兵　赵相华）

【后勤综合管理】　总公司召开各实体全体员工大会，通过了根据《劳动合同法》要求制定的《员工手册》以及薪酬、休假、考勤、考核、培训与录用管理等相关配套制度，与合同工全员签订劳动合同，按照人事处要求全员缴纳养老、失业、工伤和医疗 4 个社会保险，并根据法规要求调整合同工作息时间实现标准工时制以及支付加班费用，进一步规范合同工管理。

总公司固定资产 1579.4 万元，2008 年制定了《财务管理补充规定》、《固定资产管理补充规定》、《服务招标实施细则》和《办伙原材料物资采购招标实施细则》，进一步完善总公司的财务管理、资产管理和招标管理制度。

（赵文兵　赵相华）

【饮食服务中心】　饮食服务中心负责全校师生的餐饮保障工作，下属办公室、采购部、总库房、微机室 4 个部门和学生一食堂、学生二食堂、学生三食堂、清真食堂、呱呱餐厅、沁园餐厅、莘园餐厅 7 个食堂餐厅，拥有员工 360 人，其中正式工 19 人，人事派遣员工 4 人，中心所属合同工 167 人，合作经营餐厅员工 170 人，技师 3 人，高级厨师 50 人，中级厨师 23 人，全年营业收入 3443.7 万元，曾被全国伙专会和北京市教委评为先进集体，西区食堂被评为全国百佳食堂。

改善条件　中心投入资金 140 万元改善服务条件，包括更新采购厢式货车和购买配送伙食原材料电瓶车，购买服务器等办公设备，更换学一食堂的餐厅地面，对学二食堂的餐厅地面打磨抛光、维修大锅灶炉壁并更新节能燃气灶头，对学二和学三食堂所有后厨门框包不锈钢，学二食堂全面粉刷维修，学三食堂和呱呱餐厅暖气改造，西区食堂后院下水沟管道新铺设，安装食堂门禁

和红外报警系统，食堂更新冰箱和工作台柜，清理烟道更换油烟净化装置设备，购买1台40升消毒液制作机，增加8万元密胺餐具，更换总库及外包食堂不锈钢地沟篦子和总库热水装置等。

稳定伙食价格 饮食服务中心严格成本控制，加强品种创新，加大中心原材料倒挂成本出库力度，在依靠政府给予131万元办伙补贴的同时，全年动用往年积累投入223万元补贴办伙，保证伙食质量和价格稳定。

联合采购 在参加北京高校第九届伙食联采招标大会的基础上，邀请合格供应商来校举行4次米、面、粮、油、肉等重大项目的单项二次招标采购，共签订全年主要物资需求量采购合同共计金额900多万元。

餐厅合作经营 与鑫玉兰公司续签呱呱餐厅合作经营协议4年。

制定预案 制定《售饭系统应急处置预案》，并购置相应的硬件设备。

团餐服务 完成了全市高校大学生田径运动会的后勤保障工作和承担中国生态文明建设论坛领导与专家的大型自助专场餐饮服务，老教授协会自助专场餐饮服务，并在奥运会期间完成奥运志愿者就餐和学校领导为京外志愿者送行的300人晚宴。

烹饪大赛 举办了第八届炊事技术等级考核暨全员烹饪大赛，共有110人参加，比赛项目包括主食、副食、冷荤、切菜，比赛成绩与员工岗位及报酬挂钩。

民主办伙 编辑两期《伙食简报》，与校学生会联合举办饮食文化节，评选出学三食堂为文明食堂、付平等员工为十佳员工和鱼香肉丝等菜品为十佳菜肴，并协助学生会举办了学生烹饪大赛，共发放2000份调查问卷收集就餐师生的意见，师生满意度达82.80%。

社会工作 2008年受市教委托，完成"北京高校标准化食堂验收标准"的全面修改，新标准已由市教勤(京教勤〔2008〕11号)下发至各高校；以组长身份牵头承担并完成教工委及市教委的一级调研课题"建立高校伙食价格长效机制"的研究。 （赵文兵 赵相华）

【学生公寓中心】 学生公寓中心负责全校10幢学生公寓(不包括7号楼)及3栋教室楼的物业管理工作，总面积13.2万平方米，入住学生13 200人。中心现有员工138人，其中正式工5人，合同工100人，保安33人。承担公寓的门卫和安全值班、电梯服务、楼内保洁、小型维修、设施设备维护等日常服务工作。

安全工作 层层签订安全责任书，配合海淀特种设备检验所对公寓所属22部电梯进行年检，全面维护电梯对讲系统，更换东区公寓16台电梯供电双互投开关；对10号楼2部电梯做了截绳工程，分期分批更换了公寓保安，由北京市保安公司怀柔分公司更换为北京市保安公司文安分公司。配合学校做好学10号、11号、12号三栋高层公寓及三教、四教的消防设施维护工作，并更换了1台生活用水泵变频器、1台消防喷淋泵、东区公寓消防大门和东区公寓电梯机房全部11台空调。

迎新送旧工作 完成3000名毕业生的离校工作。暑期共清扫毕业生房间600余间，并配合学校对2号、5号、11号、12号公寓楼顶放水进行了改造。7~9月，中心配合学生处对1号、3号、8号、9号、10号、11号、12号公寓1500名学生进行宿舍调整，保证新生顺利入住。

沟通工作 与学生处公寓办共同举办第七界公寓文化节、物业生活我体验及评选优秀保安员、最有人气电梯司机、最佳管理员等活动，增强了员工服务意识。 （邓桂林 赵相华）

【物业管理中心】 物业管理中心下设维修工程部、茶浴供暖部、采供供应部、质量检查部4个部门，现有正式工19人，合同制工人16人，主要负责学校校舍的日常维修、部分重点工程、开水房、浴室以及冬季采暖等服务，还负责毕业生行李发送、新生行李接取、寒暑假学生火车票团购等工作。

2008年在完成31万平方米日常维修工作的同时，完成重点工程20项，共计资金400万元，承接了柏儒园小区10万平方米的供暖维修服务，毕业生行李发送、新生行李接取2000余件，寒暑假学生火车票团购8000余张。

 （潘洁忱 赵相华）

【交通服务部】 交通服务部拥有3名正式工，6名合同工，15台车。2008年自筹资金贷款购买金龙大客车1辆。全年完成学校班车及学生外出

实习用车任务。　　　（赵桂梅　赵相华）

【幼儿园】　幼儿园是北京市一级一类幼儿园，现有 8 个教学班，在园幼儿 262 人，教职工 38 人，其中正式工 11 人，非在编职工 27 人，区级骨干教师 1 人，带班教师中 85% 以上为大专

学历。

2008 年，幼儿园投入资金改善办园条件，进行室内外装修，更换所有班级的桌椅，更新一部分床和玩具柜，添置户外大型玩具一个，安装红外防盗设备。　　　　　（王　春　赵相华）

校友联络和教育基金会

【概　况】　北京林业大学校友工作办公室成立于 2005 年 1 月。主要职责是联络校友，为校友、学校和社会搭建沟通交流的平台，促进各项事业发展。主要工作内容是联络校友、出版简报、统计校友信息、建立校友网站。校友工作办公室现有工作人员 2 名。2008 年出版《校友简报》6 期，向校友寄送简报、新年贺卡、北林报等宣传材料近 5 万人次。通过填写校友登记表，组织活动等形式收集校友信息，建设校友数据库。校友网站更新及时，促进了校友的交流。

【校友联络交流】　1 月 26 ～ 28 日，校友会拜访部分校友，送上学校的新年祝福。4 月 23 日举行汪振儒先生百岁诞辰座谈会。校党委书记吴斌主持会议，校长尹伟伦发表了讲话，汪先生的同事、学生高荣孚、董世仁、高志义、何平及中国农业大学校友会许增华等参加座谈会。6 月 30 日，办公室向 2008 届毕业生发放校友登记卡，设计纪念书签赠送给每位毕业生，表达学校对 2008 届校友真诚的祝福和希望，校友们通过校友登记卡留言感谢母校的培养，祝愿母校越办越好。8 月 8 日，奥运会开幕，为部分校友邮寄了奥运开幕纪念明信片，与校友们分享奥运带来的欢乐。10 月，采访罗垂纪、赵绍曾、田松林、鲁退龄等多位老校友。4 月 24 日，"拨开就业迷雾，腾飞成功人生"主题讲座在东配楼大报告厅举行。北美枫情总经理、木工 83－2 班校友周清华，为广大学子提供了成长道路上经验。10 月 11 日，森工系成立 50 周年纪念活动举行。

校友返校活动汇总：造林、经营 54 级同学毕业 50 年聚会，共有 100 余名校友出席活动，校党委书记吴斌、校长尹伟伦看望校友并参加

活动。园林 63 级、林业 63 级纪念毕业 40 周年；林机 77 级、林机 78 级、木工 77 级、木工 78 级纪念入学 30 周年；园林、林业机械、林业、森保专业 84 级校友纪念毕业 20 周年；木工 88 班、林经 88 班纪念入学 20 周年；水土保持、木材加工、林产化工、风景园林、财会、信息 94 级校友纪念毕业 10 周年。

【各地校友联谊会】　办公室与多名校友联络，筹划成立广东、甘肃、安徽的校友联络组织。1 月 13 日天津校友会年会召开。天津校友会年会以学院组织为主，每年确定一个学院作为联系单位，组织联络校友活动。2008 年的校友活动由材料学院和工学院组织，共有 70 余名校友参加。1 月 19 日，江西校友会会长肖河，会同江西校友会秘书长沈彩周来校。宋维明副校长会见了江西校友会一行。3 月 9 日，陕西校友会 2008 年会在西安高新华海总部召开。11 ～ 12 月，广州校友多次召开广州校友会成立筹备会，为广州校友活动搭建了平台。

【教育基金会】　北京林业大学教育基金会成立于 2006 年 11 月 23 日，属于非公募基金会，宗旨是吸纳社会资源，促进教育事业发展。业务范围是支持学校科研和学校建设，奖励优秀教育工作者，奖励优秀学生，资助贫困学生，资助与教育相关的公益活动。

北京林业大学教育基金会第一届理事会名单：

名誉理事长：张怀西
理事长：吴　斌
副理事长：尹伟伦　吕焕卿　宋维明

陈天全　周　景　胡汉斌
　　　　　　姜恩来　钱　军
理事：马履一　王立平　方　力　尹伟伦
　　　吕焕卿　刘　诚　刘家骐　杨云龙
　　　吴　斌　何　昉　宋维明　张孝林
　　　张金来　陈天全　欧年华　周　景
　　　胡汉斌　赵伟茂　姜恩来　钱　军
监事：方国良　张卫民
秘书长：王立平

3月31日，北京市民政局下发年检结论通知书，北京林业大学教育基金会年检合格。4月21日，召开理事会议，主要议题是评议2007年度审计报告及工作总结，评议2008年经费收支预算报告和2008年工作要点。11月26日，举行北京林业大学社会奖学金颁奖仪式。这是学校首次对社会设立奖项进行颁奖。12月1～2日，教育基金会秘书长王立平参加在珠海举行的基金会研讨会。

捐赠管理　共接受捐赠28笔，人民币269.9316万元。单笔捐赠数额最大为159万余元。接受书籍捐赠62册。接受具有纪念价值的60年代门票2张。接受奥运场馆参观门票400张。校友活动优惠券100张，折合人民币0.3万元。

项目管理　设立奖助学（教）金28项。受益学生457人，教师3人。新设立成才助学基金、左代华助学金、"我爱母校"校友年度捐款3个项目。

高校基金会研讨会　1月10日，北京市首届高校基金会研讨会在北京林业大学举行。研讨会由北京市民政局与北京林业大学教育基金会共同发起。共有北京邮电大学等9所高校基金会派代表参加。会议认为，有必要成立高校基金会联合组织，为相互间业务探讨和工作交流提供平台，更好地服务社会公益事业。

（校友联络和教育基金会由王立平撰稿）

高教研究

【概　况】　北京林业大学高教研究室创建于1988年，1993年在此基础上成立原林业部高等教育研究中心，1999年由于学校机构调整，中心与学校编辑部合并，成立北京林业大学教育发展研究中心。2001年恢复独立建制。中心现有成员6名，其中研究人员4名。

研究中心的主要工作职责是：承担教育部、国家林业局和学校等有关部门的教育科研项目；承担教育经济与行政管理教学任务；编辑《高教信息》；为全校师生提供高教信息与资料服务；承担全国农林高校高教期刊论文索引编写任务；承担有关学术团体和学校交办的其他工作等。

"九五"以来，中心先后承担或完成教育部、国家林业局、北京市、中国工程院和学校等方面的课题20多项，组织和参与编写出版专著10余部；在教育类刊物（包括核心刊物）发表论文60多篇，获各类教育科研奖励10项。中心于2000年和2006年分别被美国波斯顿大学国际高等教育研究中心收录在《世界著名高等教育研究机构指南》一书之中。

【科研成果】　2008年高教研究中心完成各类教育科研项目7项。完成学校交办的调研任务6项，全年由李勇等作者公开发表论文5篇，其中1篇在国外期刊发表。

【学术交流】　参加国内高水平学术会议5个，国际会议1个。编辑《高教信息》以及承担有关学术团体工作。

11月25日，高教研究中心李勇博士应邀参加亚欧论坛终身学习会议，并提交《发达国家终身学习的实践及对我国的启示》的研究论文，被收录《2008亚欧国际会议终身学习论坛文集》。亚欧各国的教育政策制订者、大学代表、国际组织代表及学者等150余人参加论坛。

（高教研究由侯璐、李勇撰稿）

学会工作

【中国水土保持学会】

概　况　中国水土保持学会（Chinese Society of Soil and Water Conservation）成立于1985年3月，是由全国水土保持工作者自愿组成依法登记的全国性、学术性、科普性的非营利性社会团体，挂靠水利部、国家林业局、农业部，是中国科学技术协会的组成部分。

杨振怀任第一、第二届理事会理事长。2006年1月，在北京召开第三次全国会员代表大会，鄂竟平当选为第三届理事会理事长，吴斌任秘书长。2008年11月，召开三届二次理事会会议，增选、更选第三届理事会理事41名，常务理事14名。选举完成后，学会第三届理事会理事163名，常务理事31名。

中国水土保持学会现有14个专业委员会，22个团体会员，2360名个人会员。18个省（区、市）成立了省级水土保持学会。

2008年，中国水土保持学会（包括专委会）组织境内外学术交流和考察活动8次，参加人数700人，交流论文180篇；举办科普讲座3次，听讲人数350人；科普日举办科普展览2次，参观人数近万人；举办青少年科技活动1次、参加人数80人；组织科技下乡3次，受益农民2300人；举办实用技术培训4次，参加人数80人；制作展出科普展板46块。举办各类培训班、研讨班2期，培训人数400人，其中继续教育220人。《中国水土保持科学》编辑部出版6期正刊和2期增刊，刊出文章225篇。

学术交流　2月，中国水土保持学会小流域综合治理专业委员会在四川成都召开换届暨学术研讨会。来自水土保持业务主管部门、科研院所、大专院校的60名代表参加会议，就小流域综合治理模式、标准、治理技术、小流域综合治理信息化建设等问题进行研讨。

4月，中国水土保持学会工程绿化专业委员会在贵阳召开"全国工程绿化技术学术研讨会"，70个工程绿化、科研院所、高等院校的专家、学者和工程技术人员参加了会议，就工程绿化技术、边坡防护技术、工程绿化工程验收指标体系、低温雨雪灾害对工程绿化植被的影响等问题进行了研讨。研讨会征集80篇论文，编选发表47篇。

7月，中国水土保持学会在北京召开"四川汶川大地震灾后恢复重建过程中防治水土流失、恢复生态环境学术研讨会"。21名专家学者参加研讨会，其中13名专家亲临"5·12"汶川大地震现场。专家学者从灾后重建过程中的水土保持防治，植被恢复重建，水土流失、泥石流滑坡预测、预防、防治技术展开研讨，为震后恢复重建过程中防治水土流失、恢复生态环境建言献策。

8月，中国水土保持学会邀请台湾屏东科技大学组织的台湾水土保持技师团团员参观访问中国科学院水利部水土保持研究所和西北农林科技大学等单位，同时举行小型学术座谈和专题研讨。

9月，中国水土保持学会参加2008年中国科协年会。学会推荐的论坛主会场报告人就特大冰雪灾害后的植被恢复和四川汶川大地震灾后恢复重建过程中防治水土流失恢复生态环境做了学术报告。

9月与10月，中国水土保持学会分别组织代表团赴台参加"第六届海峡两岸山地灾害与环境保育学术研讨会"和"第九届生态环境保育学术研讨会"。

11月，中国水土保持学会召开三届二次理事会会议暨中国水土流失与生态安全综合科学考察学术报告会。理事会会议总结了学会工作，部署本届理事会后两年的工作。科考报告会从多学科全面、客观地分析和评价我国水土流失的现状、成因及发展趋势，水土流失与老少边穷地区经济发展的关系，水土流失及其治理背后存在的深层次经济、社会、管理机制、政策法规等方面的问题，为全面促进我国水土保持工作献计献策。

12月，中国水土保持学会联合国家林业局、中国林学会、北京林业大学以及学会工程绿化专业委员会在北京召开"中国北方退耕还林工程建设与效益评价学术研讨会"。研讨会从多层次、

全方位对我国北方地区的退耕还林建设与效益评价方面进行了深度研究。

完成《中国水土保持科学》2008年第6卷1～6期编辑出版工作,刊出论文132篇;完成《工程绿化与生态保护专辑》和《四川省水土保持学会第四届会员代表大会暨学术交流会论文集(成都)》2期增刊的出版工作,刊出论文93篇。2篇论文被评为第六届中国科学期刊优秀学术论文。

科普工作与青少年工作 4月,中国水土保持学会在中国地质大学(北京)校园举办水土保持生态修复和爱护环境、保护水资源等项目的科普咨询宣传活动。

9月,中国水土保持学会组织北京林业大学附属小学近80名同学分别到门头沟区龙凤岭水土保持科技示范园、灵溪水土保持户外教室和延庆县井庄镇进行"保持水土,爱护环境——青少年科技传播行动"活动。

11月,中国水土保持学会在河北石家庄市举办全国甲级编制开发建设项目水土保持方案资格证书单位持证上岗人员培训班和全国甲级编制开发建设项目水土保持方案资格证书单位持证上岗人员再培训班。

组织建设 中国水土保持学会组织实施《中国水土保持学会分支机构的设立与管理办法》和《中国水土保持学会会员管理暂行条例》。

9月,中国水土保持学会开展二届中国水土保持学会科学技术奖评奖工作,评选出科学技术奖一等奖2项、二等奖3项、三等奖5项。

中国水土保持学会按照中国科协全国学会会员统一编码制和使用中国科协个人会员管理系统的要求,继续组织开展学会会员重新登记和个人会员管理系统的使用培训工作。

中国水土保持学会成立中国水土保持学会科技协作工作委员会,为我国水土保持生态环境建设的跨部门、跨行业的科技协作提供技术平台,便于统一协调、整合资源,更好地发挥全国学会的作用。

网络建设 中国水土保持学会进一步完善学会网站建设(www.sbxh.org),不断增加学会网站的内容和信息量。学会网站点击率迅速增加,由2006年底的5万人次增加到2008年的近13万人次。

中国水土保持学会启用中国科协全国学会个人会员管理系统。对学会会员统一采用中国科协编制的11位会员编码制,对个人申请入会和个人会员进行网络化管理。

学会大事 在四川"5·12"汶川大地震发生后,中国水土保持学会泥石流滑坡防治专业委员会主任委员崔鹏和专业委员会的20名专家随成都山地灾害与环境研究所组织的汶川泥石流滑坡调查小组第一时间奔赴安县、北川、青川等重灾区考察,获取大量滑坡、崩塌以及堰塞坝的现场实际资料,并根据考察资料快速进行灾情及其发震趋势分析,为抗震救灾提供第一手资料。特别是对高危险性堰塞湖的危险性从高到低的排序,评估结果被国务院抗震救灾前方指挥部采纳,作为应急排险决策和工程处置的依据,在处理危急堰塞湖工作中发挥了重要作用。中国水土保持学会泥石流滑坡防治专业委员会被评为中国科协抗震救灾先进集体,专业委员会主任委员崔鹏被评为中国科协抗震救灾先进个人。

【中国林业教育学会】

概况 中国林业教育学会系国家一级学会,成立于1996年12月,是具有独立法人资格的学术性、科普性、公益性、全国性的社会团体。学会由教育部主管,挂靠在国家林业局,秘书处设在北京林业大学,专职工作人员3名。2007年1月中国林业教育学会召开第三次会员代表大会,选举国家林业局党组成员杨继平任第三届理事会理事长,北京林业大学党委书记吴斌任常务副理事长,北京林业大学党委副书记周景任副理事长兼秘书长。

学会现有团体会员210多个,设4个二级分会:高等教育分会挂靠北京林业大学、职业教育分会挂靠南京森林公安高等专科学校、成人教育分会挂靠国家林业局管理干部学院、林区基础教育分会挂靠黑龙江森工总局。设有组织、学术、学科建设与研究生教育、专业建设、图书与教材、毕业生就业指导、交流与合作7个工作委员会。学会网站网址为:www.lyjyxh.net.cn。

林业教育学会自1996年以来,在推进学校管理体制改革、开展林业院校重点学科建设、教育研究和成果推广、评选优秀教材及教育研究论文、组织学术研讨活动、举办各种培训班、进行国内外学习考察、主持制定和修订职业技术教育专业教学计划、主要课程教学大纲、编辑出版《中国林业教育》、林业职业教育动态等学会刊物诸多方面，开展一系列卓有成效的工作和活动，逐渐成为国家发展林业教育事业、促进民间参与的重要社会力量。

组织建设 按照国家民政部的要求和会章有关规定，2008年学会职业教育分会和基础教育分会进行换届工作。基础教育分会于2008年9月21日在河北石家庄召开第三次会员代表大会。60余名代表参加会议，黑龙江森工总局副局长吴爱国当选为基础教育分会第三届委员会主任委员。职业教育分会于2008年11月24日在厦门市召开第三次会员代表大会，76名代表参加了会议。南京森林公安高等专科学校苏惠民校长当选为职业教育分会第三届委员会主任委员。

林业教育研究与评比活动 由中国林业教育学会2006年6月组织立项开展的14个林业教育研究课题于2008年11月21~23日进行验收。本次有10个课题申请结题验收，1个课题申请延迟验收。经专家评审，10个课题均通过验收。专家组认真总结第一期教育教学研究工作的经验和问题，对第二期林业教育研究工作的立项进行了研究和商议，并决定在2009年开展新一轮教育研究课题研究工作。

成教分会坚持以教育培训能力建设研究为重点，组织会员单位参与课题研究工作。认真做好"林业行业培训规范化建设"课题研究的组织协调工作；参与了"提高林业从业人员科学素质系统研究"课题的调研工作；启动19家单位参与"林业干部教育培训能力建设"研究课题，并认真做好课题的组织协调工作；承担了"林业干部教育培训管理创新"分课题的研究任务；参与了"相关部门政策对林业的影响"课题；承担了"林业贸易政策影响"分课题的研究；积极开展远程教育研究，着力开发远程教育课件，探索林业远程教育的途径。

职教分会组织20余所林业高职高专院校参加教育部和国家林业局立项的"高职高专教育林业类专业教学内容与实践教学体系研究"，"林业高技能人才培养研究"。这些研究成果已在20余所本、专科院校相关专业中推广、应用和实验。

完成全国林业职业教育2001年以来的办学基本情况调研活动，对"十五"以来林业职业教育的办学基本情况、专业及院校分布、办学规模和办学条件进行全面摸底，向国家林业局提交调研报告，提出了发展林业职业教育的政策建议。编辑出版了《中国林业职业教育概览（2001~2006)》。

由学会图书与教材工作委员会牵头，中国林业出版社协办开展了第二届林（农）类优秀教材评奖活动。评奖工作会议于2008年4月14日在北京林业大学召开。评审组由常务副理事长吴斌教授担任，专家组组长由尹伟伦院士担任。

本次教材评奖共收到符合参评条件的教材121部，本科（含研究生）教材96部，职业教育类教材25部，主编单位涉及全国27所高、中等林（农）院校，其中本科学校21所，高职高专6所。教材的出版单位涉及31家出版社。经专家的无记名投票，产生一等奖11项（高等教育9项，高职高专2项），二等奖18项（高等教育13项，高职高专5项），优秀奖23项（高等教育17项，高职高专6项）。

毕业生就业指导工作委员会开展首届"林业院校毕业生就业指导优秀论文评选"活动。评选活动收到来自全国28所高、中等林业院校和部分林业企业参评论文70篇，评出一等奖7篇，二等奖12篇，三等奖16篇。本次优秀论文评选工作首次采用了培养人、用人单位双方共同探讨、参与的方式，收到较好的效果。

职业教育分会开展全国林业职业教育研究优秀论文的评选活动。在申报的216篇论文中评选出一等奖2篇、二等奖20篇、三等奖49篇。

培训工作 职教分会2008年8月在辽宁林业职业技术学院举办全国林业职业院校精品课程建设师资培训班，20所林业职业院校110名教师参加。在陕西杨凌职业技术学院举办全国林业高职院校"林木种苗生产技术"课程师资培训班。17所林业职业院校的34名教师参加了培训。

交流与合作 毕业生就业指导工作委员于2008年2月和11月在西南林学院和北京举办第二届、第三届林业产业发展与人才开发论坛暨林业院校毕业生供需洽谈会。来自全国各地的人造

板、地板、家具、营造林、园林花卉、林化等企业的总经理、人力资源总监以及林业院校分管毕业生就业的领导100多人参加会议，论坛期间举办大型校园招聘会，有200多家企业现场招聘，吸引几千名学生参加。

职教分会以"林业职业教育改革与创新"为主题召开学术交流研讨会，51个单位的73名代表参加，15所学校进行大会发言。以"加强林业职业院校内涵建设，推进产学研结合"为主题召开全国林业职业院校协作会，开展学术交流。全国有31所林业高职院校的53名代表参加会议。

在国家林业局立项，由中国林业教育学会、北京林业大学与加拿大UBC大学林学院、国际林业教育伙伴于2008年12月7～11日联合主办"林业教育国际研讨会暨第一届林业教育培训论坛"。

网络建设　林业教育学会网站于2007年1月开通。网站及时采集各类教育、教学、教改信息，为广大林业教育工作者搭建信息交流的平台。学会秘书处2008年编辑《教育信息动态》4期。职教分会编辑的《林业职业教育动态》由4版改为8版，扩大信息量，2008年编辑《林业职业教育动态》9期。

（学会工作由程云、岳金山、贾笑微撰稿）

校 医 院

【**概　况**】　北京林业大学医院（以下简称校医院）是一所一级甲等医院，北京市医疗保险定点医院及社区卫生服务中心。医院为北京林业大学教辅单位，副处级建制。校医院建筑面积2500平方米，固定资产542万元，万元医疗设备20余件，编制床位20张。现有职工22人，其中卫生技术人员21人（包括副主任医师4人，副主任检验师1人，主治医师、主管护师、主管药师、主管技师13人，医师、护师3人），其他技术人员1人。校医院设有内科、外科、口腔科、妇科、中医科等普通门诊，以及护理、医技、保健、急诊、中西药房等业务科室，担负全校师生员工日常医疗及全校突发公共卫生事件的应急处理工作。

校医院现有通过北京市社区医学考试获得证书的全科医生8人，社区护士8人，20名医护人员均获得不同岗位的社区准入证。2008年校医院医护人员均完成国家级继续医学教育课程学习并通过年终审核注册。11名医护人员参加北京市社区慢病管理骨干培训并获得证书，全年医护人员共发表在医学核心期刊论文7篇。

【**社区卫生服务和日常医疗服务**】　2008年校医院门急诊量6.62万人次，护理治疗患者6384人次，各种健康体检（学生、儿童、饮食人员、职工）1.5万人次，预防免疫接种10 481人次，为行为不便老人上门服务380人次，为社区育龄妇女提供计划生育指导559人次。产妇上门访视和新生儿指导科学喂养31人次。

校医院不断加强预防保健和健康教育，控制疾病发生。校医院主办《绿色健康》报，全年发行12刊8万张，免费向全校师生员工宣传各种保健知识。全年为学生举办各种健康讲座45次，举办健康促进活动12次，建立家庭健康档案2360份，个人健康档案2906份，大学生健康档案17 078份，妇女健康档案1083份，儿童健康档案163份及其他档案（精神病人、残疾人、孕产妇）100份。

校医院努力搞好学校公费医疗工作，多次获北京市医保中心的补助，2008年获近500万元的补助，全部用于补充公费医疗，使师生员工受益。校医院落实社区卫生服务的优惠政策，通过海淀区组织的各项绩效考核，获得政府的认可。2008年为学校节约经费和让利于师生员工30万元。加强和北医三院的联系，每周聘请三院专家来校医院坐诊，方便北林大师生员工。

2008年，校医院共派出医护人员参加各种重大活动的医疗保健服务，共计200多人次。北京举办奥运会期间，校医院担负3500名校内、校外等志愿者的医疗保健服务，为奥运志愿者开设24小时门诊服务。

（校医院由朱彤、贺刚撰稿）

人口与计划生育

【概　况】　北京林业大学人口与计划生育委员会成立于1979年12月20日，委员会设主任1人，副主任4人，计生委办公室是学校人口与计划生育服务的综合管理部门，办公室专职干部2人，兼职干部31人，学生管理干部15人。

学校职工育龄妇女788人，流动育龄妇女318人，学生育龄妇女9453人，职工领取独生子女光荣证1180人，两孩家庭26个，年内生育子女93人。

根据上级文件，2008年在校学生和流动人口纳入管理并实行目标责任制，按照"领导重视、责任到位、依法行政、综合治理"的原则，完成计生目标考核、生育信息报告、业务人员培训、职工子女医疗及各项奖励费用发放等21项工作，召开学生生育座谈会1次，各部门主管计划生育领导会1次，组织兼职干部培训1次，举办大学生生殖健康讲座3场，接待黑龙江省哈尔滨市计生委、湖南师范大学计生委等单位来访4次。2008年学校被评为北京市计划生育先进集体。

【在校学生计划生育管理与服务】　针对高校已婚学生在校期间生育问题逐年凸显的问题，学校计生委办公室向有关部门多次反映学生生育问题，并向市人大代表张志毅教授递交"加强高校计划生育工作"的意见稿，还协助国家人口计生委、市人口计生委调研湖南、广东、浙江、江苏、四川、北京的31所高校。在调研的基础上，国家人口计划生育委员会、教育部和公安部联合出台《关于高等学校在校学生计划生育问题的意见》。为落实该文件精神，2008年2月，北京市人口计划生育委员会、北京市教委、北京市公安局印发《北京市关于高等学校在校学生计划生育问题的实施意见》(京人口发〔2008〕12号)。至此，在校学生真正享有生育权利。当年学校办理学生生育服务39人。

【全国高校人口与计划生育工作研究】　学校计生委办公室主持国家人口与计划生育委员会研究课题——"高校人口与计划生育工作研究"，2007年3月批准立项，2008年10月正式结题。

课题内容以干部现状为基础，对承担的任务进行对比，反映当前存在的问题，采用方法有座谈会、电话访问、实地调研等方法，涉及院校85所，发放问卷调查表1250份。分设4个子课题，清华大学、北京工业大学等单位参与。

【中国高教学会人口与计划生育分会筹备】　2005年5月，中国高教学会同意筹建人口与计划生育分会。6月在北京召开筹备会议，复旦大学、浙江大学、中南大学等106所院校参加，学会副会长郝维谦和国家人口计生委宣教司副司长石海龙出席。

第一届理事大会上分别推选北京林业大学主管副校长和计生委办公室主任为常务副理事长和秘书长，同时选出10名副理事长及12名副秘书长，聘请4名顾问。理事会任期4年。

人口与计划生育分会筹备以来，理事单位增至185个，召开4次理事会议、2次秘书长会议，积极协助国家人口计生委调研学生生育情况，促进专门文件得出台，增加校际交流。

(人口与计划生育由郭海滨、胡建撰稿)

社区工作

【概　况】　林业大学社区居民委员会(以下简称"社区居委会")是党领导下的社区居民实行自我教育、自我管理、自我服务、自我监督的群众性自治组织，是社区建设、社区服务、社区管理的基层组织，是党和政府联系群众的桥梁和纽带。社区共占地10万平方米，共有住宅楼24栋，

1600余户，住宅面积 16 万 m²，常住居民4100人。社区居民中离退休人员 800 余人，在校学生 1200 余人，优抚对象 14 人，学前儿童 130 余人，残疾人 32 人。在居民文化构成中，大专以上 2400 余人，中专及高中 1300 余人，初中近 500人。社区具有相对较高层次人员多、较高文化人员多、较高素养人员多、离退休人员多等特点。

2008 年，社区完成奥运安全保卫、维持社区稳定、外国友人接待、组织观众等重要任务，充分利用社区资源，以人为本，大力发展社区教育，积极创建和谐社区。社区居委会荣获学院路地区奥运会残奥会先进集体，2 人荣获海淀区先进个人。

【组织机构】 社区内现设社区居委会、社区党支部。其中社区居委会设主任 1 名，副主任 3名，4 名委员，居委会设 6 个工作委员会，分别是社区服务和社区福利委员会、社区治安和人民调解委员会、社区医疗和计划生育委员会、社区文化教育和体育委员会、社区环境和物业管理委员会、社区共建和协调发展委员会。社区党支部有在册党员 27 人，设支部书记 1 人，组织委员、宣传委员各 1 名。

【获奖情况】 社区居委会 2008 年 3 月被北京市海淀区社区建设工作领导小组评为海淀区利用单位内部设施开展社区服务先进单位；2008年 10 月被中共海淀区委学院路工作委员会、海淀区人民政府学院路街道办事处评为北京奥运会残奥会先进集体；社区人民调解委员会被海淀区司法局评为 2008 年度海淀区优秀人民调解委员会；社区党支部被中共海淀区学院路街道工作委员会评为 2008 年度学院路街道先进基层党组织；社区服务队和林业大学社区英语辅导班被海淀区义工联合会学院路分会评为 2009 年度优秀义工团队、学院路地区人口和计划生育工作先进集体等荣誉。

（社区工作由代树刚、李发顺撰稿）

附属小学

【概　况】 北京林业大学附属小学创建于 1960年，承担北京林业大学教职工子弟的教育与服务。现有在职教工 25 人，北京市骨干教师 1 名，海淀区及学区学科带头人 5 名，本科、研究生学历占教师总人数 44%，小学高级教师占教师总人数 85%（其中包括中高级教师 2 人）。2008 年，新招生 88 人，在校生 538 人。自 2007 年以来，林大附小在海淀区教学成绩名列前茅。

【校园建设】 附小建有一座 3 层的教学楼，设有 18 个教室，多媒体电教室、计算机教室、科学实验室、图书阅览室、美术室、音乐室、形体舞蹈室、心理辅导室等功能教室配备齐全。校内建有 150 米田径跑道，正规篮球场 2 块、羽毛球场地 1 块。

【教　学】 2008 年，附小以课堂教学为主渠道，积极开展教学研究活动，加大质量监测力度，促进教学质量的全面提高。

校领导深入基层学科组织教学研究活动。组织上观摩课、汇报课、评优课，对青年教师的课堂教学进行跟踪指导，教导处定期对教师的教案进行检查，检查结果及时反馈，督促教学改进。将 4 月最后一周作为家长开放周，开展丰富多彩的家长学校学习、交流活动。

附小不断总结经验，查找不足，促进教学工作的提高。连续两年在海淀区教学质量检测中，名列第一名。2008 年 4~5 月，5 人获东升学区说课比赛一等奖。4 月，1 人获海淀区"世纪杯"展评课一等奖。9 月 19 日，教学管理先进校申报检查通过。11 月 20 日，校长钱秀玉在海淀区教学质量分析大会上作"提高校长教学领导力，促进教学质量稳步提升"发言。

附小全面有效实施《学生体质健康标准》，及时、准确地完成《学生体质健康标准》数据的统计、汇总和上报工作。坚持开展形式多样、丰富多彩的跳绳、队列比赛及柔力球展示等大课间活动。

【德　育】　2008年3月11日，附小举行2008北京奥运倒记时牌启用仪式暨"迎奥运，扬精神，树新人"活动启动式。少先队员代表向全校队员发出"迎奥运，扬精神，树新人"的倡议。3月20日，全校各班举行"迎奥运，扬精神，树新人"主题队会，通过歌曲、诗朗诵、小品等形式，进行奥运知识教育及文明礼仪教育。4月17～25日，3～6年级分年级举行"迎奥运，知奥运"奥运知识竞赛。5月26日，学校大厅举行"迎奥运、书奥运"庆六一奥运书画作品展。学校开展"迎奥运，讲礼仪"教育，评选"文明奥运星"。　　　　（附属小学由王琳、钱秀玉撰稿）

学校公共体系

信息化建设

【校园网情况】 2008 年校园网开始进行结构化升级,启动 IPV6 网络建设,初步开展无线网络建设。多项措施增强网络安全,提高了网络服务。

校园 IPv6 网络规划与建设 6 月,设计 IPV4 技术向 IPV6 技术的过渡方案。创建基于 IPV6 技术研究推广的 IPV6 实验室和 IPV6 – IPTV 视频直播系统。12 月通过教育部专家评审委员会的审批,成为首批国家 CNGI-IPV6 网络项目成员之一。

网络安全与服务 4 月,实现运动场、主楼前、综合楼外部与会议室的无线网络覆盖。5 月,逐步开始在校园网内部署北京林业大学网络安全客户端,解决网络内出现的 ARP 病毒问题。8 月,制作并发放《网络使用手册 2008 版》,10 月,举办新生网络使用培训。

【数字校园与信息化建设】 2008 年,规范学校网站建设与管理工作,建成办公自动化系统、学工系统等业务系统,推出网络虚拟校园系统等特色系统。

数字校园二期建设 1 月,举办网络 10 年庆典暨数字校园二期系统开通会,清华大学等 30 余所高校网络与信息化专家莅临会议。会议总结学校十年来网络与信息化工作取得的显著成就,并正式开通数字校园二期建设应用系统。3 月校园网站管理系统试运行,将学校主页、信息中心网站成功迁移到系统中发布,截至 2008 年底,校内共有 20 个网站迁移到网站管理系统中发布运行。8 月发布北京林业大学网络虚拟校园系统,为社会公众提供校园景观漫游和建筑物定位服务。实现校内全部楼宇、景观的网上虚拟展现,整合发布校内办公部门、网站等信息,成为国内首批提供此类系统的高校。9 月办公自动化系统试运行,实现校内公文的网上流转与审批,9～10 月通过学工系统完成 2008 级新生的数字迎新工作和 2008 年度学生评奖评优工作。12 月建成校内信息发布系统,各部门可通过数字校园门户发布通知公告,发布后将汇总显示到网络客户端的迷你门户中。

对外交流 学校多次开展与兄弟院校的网络与信息化交流研讨工作,北京大学医学部、国家林业局管理干部学院、对外经贸大学、首都体育师范学院、北京科技大学、新疆农业大学、防灾科技学院等高校来校参观交流。

(信息化建设由黄儒乐、李颂华撰稿)

图 书 馆

【概　况】 北京林业大学图书馆现有职工 97 人,其中:在编职工 66 人、正高级职称 2 人、副高级职称 22 人,下设办公室、资源建设部、资源推广部、流通部、阅览部、技术部、特藏部、教材发行部、后勤管理部等 9 个部室。全国林业院校图书情报工作委员会、全国林业院校进口教材图书中心、北京科技情报学会高等院校科技情报专业委员会设在该馆。图书馆现有阅览室座位 3258 个,纸质文献 137.35 万册,电子文献 74.32 万册,服务器全年不间断开放。图书馆提供网上预约、电话预约、超期提醒、设立还书箱、新书分区、代查代检、导读导借等多种服务。

（袁明英　阎锦敏）

【读者服务】 2008 年图书馆通过规范管理、强化意识、提升水平等手段，着重从五个方面开展读者服务工作。

读者培训　2008 年 4 月，将读者培训部更名为资源推广部，拓展读者培训的业务内容，开展电子资源的利用与推广业务。以视频教育替代了传统巡视讲解的新生入馆教育。全年举办电子资源的推广与利用讲座 37 次。

举办世界读书日主题活动　2008 年 4 月 23、24 日两天举办世界读书日主题活动，内容包括读书交流会、CNKI 读书之星表彰、读者图书荐购、图书馆坏损图书展览、《中国学术期刊全文数据库》利用讲座以及图书馆电子资源推广宣传 6 个主题，彰显校园学习文化的内涵，培养读者的信息意识。

组织图书漂流活动　与读者协会策划建立图书漂流站。截至 2008 年 12 月 31 日，已投漂图书 1150 册，期刊 630 册。

读者咨询　2008 年度解答读者远程咨询 708 条。

文献借阅服务　2008 年度完成 65 万册图书的外借服务，12.6 万人次的阅览服务。完成中文新书阅览室的改造工作。全部开放馆际互借的权限，至此全校读者均可通过馆际互借途径获得他馆的文献资源，使资源共享的效果在全校范围内开始得到体现。　（于　晗　阎锦敏）

【馆际交流合作】 2008 年共有人工馆际互借服务合作馆 40 家，全年通过人工方式借阅外馆图书 300 余册。联机馆际互借服务合作馆 64 家，2008 年 5 月图书馆加入了北京地区学校图书馆文献资源保障体系（BALIS）馆际互借系统开展此项服务。

参加 BALIS 原文传递和中国高校人文社会科学文献中心（CASHL）两个文献传递服务系统。

2008 年共完成原文传递 425 篇。可提供的文献类型有期刊论文、学位论文、会议论文、科技报告、专利文献、中外文图书、可利用的电子全文数据库。　（石冬梅　阎锦敏）

【文献资源建设】 2008 年校拨文献资源建设经费 250 万元，实际利用经费 290 万元。截至 2008 年 12 月 18 日，实际到馆中文图书 20 341 册、外文原版图书 137 册、订购中文期刊 1671 种、外文期刊 186 种（其中原版外刊 159 种、版权刊 27 种）、订购报纸 127 种，加工、著录 2007 年装订的中外文过刊 4289 册，收集 2007 年博硕论文 768 册。

采取多种途径进行文献采选。2008 年先后组织 4 批院系师生 70 余人外出参与选书，采选一批对教学科研有针对性的优秀文献；2008 年 11 月 6 日组织院长选书团，针对各院教学和科研进行文献采选，也是图书馆首次组织院长选书团参与文献资源建设。

2008 年组织春季、秋季两次书展，分别邀请第三极书局和中国教育图书进出口公司到馆做新书展览，为读者提供选择推荐优秀图书的平台。

2008 年发起收集本校教师和校友论著活动，得到积极响应，陆续收到教师捐书 150 余册。2008 年接受赠书 2126 册，其中包括朱之悌院士赠书 608 册、汪振儒先生赠书 831 册。

数字资源建设，购买了 17 个数据库。其中，中文期刊类文献有 CNKI 学术期刊、维普中文期刊。外文期刊类包括 KLUWER 全文电子期刊数据库、Proquest 生物学和农业全文数据库、BP 生物学（OVID）、农业生物教育（OVID）；索引类包括 EI 数据库（美国工程索引）、论文类的 PROQUEST 博硕论文、PQDD（ROQUEST）博硕论文文摘库；电子图书有超星电子图书、圣典电子图书、方正（APABI）电子图书，视听类有"网上报告厅"。　（张丰智　阎锦敏）

期刊工作

【概　况】 2008 年，北京林业大学主办《北京林业大学学报》、《北京林业大学学报（社会科学

版)》、《中国林学(英文版)》、《中国林业教育》以及《风景园林》5种国内外公开发行的期刊。承办高等教育出版社的英文学术期刊《中国林学前缘(*Frontiers of Forestry in China*)》。全年共编辑出版正刊30期,增刊5期。

北京林业大学期刊编辑部是中国高等学校自然科学学报研究会理事长单位(2004~2009)和秘书处所在地。受教育部科技司委托,2008年研究会组织第二届中国高校精品·优秀·特色科技期刊评比活动。11月在福建武夷山召开第十二次年会暨颁奖大会。

【组　稿】　2008年期刊编辑部的重点工作是组织优秀稿源。3月18日评选出《北京林业大学学报》优秀论文,以免收审稿费和发表费等方式鼓励获奖论文作者向《北京林业大学学报》、《中国林学(英文版)》投稿。《北京林业大学学报(社会科学版)》于2008年初提出开设新栏目《森林与环境法律问题》,约请编委和作者撰稿。该栏目于6月出版的第2期正式推出。5月5~10日,期刊编辑部赴广西生态职业技术学院以及钦州、北海、南宁等林业单位开展学术交流,宣传《中国林业教育》等北京林业大学主办的学术期刊。7月16日、17日派编辑出席在哈尔滨举行的第八届中国林业青年学术年会。10月11日、12日期刊编辑部负责人专程前往甘肃省小陇山林业实验局组织稿件。10月27日、28日在北京第23届国际杨树大会期间进行期刊展示,并主动向国内外专家约稿。2008年接收稿件数量比2007年增长30%。

【编委会换届】　2008年北京林业大学主办的3种学术期刊组建新一届编委会:《北京林业大学学报》编委会主任为尹伟伦院士,副主任为张启翔教授、颜帅编审,主编由尹伟伦兼任;《北京林业大学学报(社会科学版)》主编由吴斌教授兼任;《中国林业教育》主编由宋维明教授兼任。《中国林学(英文版)》编委会已于2007年换届,

主编由尹伟伦兼任。12月1日,期刊编辑部召开《北京林业大学学报》、《北京林业大学学报(社会科学版)》、《中国林业教育》、《中国林学(英文版)》联合编委会议。会议由张启翔主持。吴斌、尹伟伦、周景、宋维明,《北京林业大学学报》和《中国林业教育》原主编贺庆棠教授,以及近30位校内编委出席会议。期刊编辑部汇报近年的工作,提出促进北京林业大学期刊发展的具体措施。

【期刊获奖】　10月,《北京林业大学学报》获教育部科技司第二届中国高校精品科技期刊奖,这是继2006获首届获奖后第二次得奖;12月,被科技部中国科技信息研究所评定为国家精品科技期刊;连续第五次入选北京大学图书馆等单位编撰的《中文核心期刊要目总览》(2008年版);被中国科学评价研究中心评定为权威期刊,在林学类期刊中排名第一。《北京林业大学学报(社会科学版)》12月被评为北京高教学会人文社科优秀学报,其中"森林文化"、"林业史"被评为北京高教学会人文社科优秀栏目。

【对外合作】　《中国林学(英文版)》第3期配合第23届国际杨树大会召开出版专刊。《中国林学(英文版)》2006开始与世界知名的科技出版公司——施普林格合作,由其负责海外发行和网络发行;2008年在Springer-Link月均点击率达300多次,扩大了北京林业大学在国际上的学术影响。

【网络建设】　1月,北京林业大学学术期刊电子稿件管理系统(journal.bjfu.edu.cn)开通使用。通过该系统,作者、审稿专家、编辑、主编可实现网上办公,期刊出版后及时在网上发布。在线系统的使用标志着北京林业大学学术期刊开始向数字出版转型。　　(期刊工作由颜帅撰稿)

档案工作

【概　况】　北京林业大学档案馆是学校档案工作的职能管理部门,主要负责全校各门类档案立

卷归档的监督指导和档案材料的收集整理、编目保管、借阅统计、鉴定利用及编辑研究。1997年率先在林业科技事业单位中达到档案管理国家二级标准。2006年和2008年档案馆被评为北京高校档案工作先进集体。

档案馆共有1个全宗，档案构成包括党群、行政、教学、科研、基建、设备、财会、外事、出版、声像、实物、专利、人物、人事14类，库藏档案40 757卷，影片231盘，照片2.8万张，底图416张，记录了1952年至今学校发展的历程。其中包括邓小平等十几位国家领导人为学校题词以及视察学校照片；建校以来不同时期的校园影像资料；为学校建设发展作出突出贡献的知名专家资料；学校教学、科研取得突破性成就的记录；知名书画家为学校50年校庆所作作品等。

档案馆现有专职档案员7名，其中副研究馆员2人，馆员1人，助理馆员4人，大学本科学历5人，大专学历2人。档案用房650平方米，设有档案库房、办公室、阅览室；案卷排架总长度825米。

【档案馆成立】 2008年7月根据北林人发〔2008〕26号文的批复，学校成立档案馆，编制7人，挂靠党政办公室。其职责在原综合档案室基础上，整合干部人事、学生和财务类别档案。学校档案有14大门类，共计40 757卷，建立了一支由全校51个归档单位共82人组成的专兼职档案员队伍，形成结构合理、初具规模的档案体系。

【档案管理】 2008年，北京林业大学档案馆加强档案制度建设，完善档案基础工作，档案完整率、归档率、合格率达到98%以上。

制度建设 根据教育部第27号令精神，结合学校实际，重新修改和完善档案管理规章制度和管理工作流程等97项，完善和确认归档范围，实行标准化、规范化的工作程序和方法，形成新的《北京林业大学档案工作制度汇编》，提高档案管理的基础工作水平。

资源建设 开展"记忆工程活动"，全面收集、记录、整理和开发利用过去部分档案和电子档案，整合学校各类档案资源，完成14类档案的接收、整理、保管、统计、鉴定、利用和开发任务。

信息化建设 加强档案资源建设，配合学校办公自动化系统，调整归档文件整理流程，使归档工作贴近工作实际。借助网络平台和计算机技术将档案资源信息化，加强档案的开放性应用，全面实现档案信息资源共享。

【档案接收与开发利用】 2008年，档案馆共接收档案案卷9943卷；接收照片档案2800张，实物印章41枚；接收电子文件1460件，电子目录1700条；转入干部人事档案4154卷，转出3688卷。接待来馆利用者6184人次，利用档案5213卷次，网站访问量4666人次，学历、学位和成绩出国认证78人次，53项。学校平均每年利用案卷7422.8卷次，查全查准率98%以上。加强档案的信息化建设，提供全校范围内的网络应用。学校档案在教学评估、党建评估、校史编写、政策落实、工资改革、奖金调整、基建维修、扩建改建等工作中发挥了重要作用。特别是2008年档案工作在学校征用土地工作中作出了突出贡献。

（档案工作由李伟利、张月桂撰稿）

教学实验林场

【概况】 北京林业大学实验林场（以下简称实验林场）原名北京林业大学妙峰山教学林场，建于1952年，是在北京林学院成立后合并北京农大林专林场及中林所西山造林实验场的基础上建立而成。

实验林场位于北京市海淀区西北部苏家坨镇，北纬39°54′，东经116°28′，横跨海淀和门头沟两个区，面积832.04公顷，森林覆盖率96.4%，最高海拔1153米，共划分为6大经营区，12个林班，106个小班。经调查实验林场范

围内共有陆地植物 110 科 313 属 684 种(包括变种和变型),昆虫种类 12 目 72 科 800 余种。实验林场的主要任务是为教学实习科研服务、营林防火和森林旅游。

现有教职工 43 人,其中高级工程师 1 人,工程师 4 人,具有大学本科以上学历 9 人。

2008 年,实验林场围绕教学实习科研服务、营林防火和森林旅游的中心工作,投资 396.62 万元,完成危旧供电线路、电话线及有线电视线路入地改造、林场上行路两侧及停车场周边绿化环境改造、寨根休闲广场环境改造、森林防火宣传音响系统二期工程和林场职工宿舍楼维修工作。

【教学实习和科研】 实验林场发挥主阵地功能,全面服务教学实习和科研。

教学实习 根据实验林场拥有的资源及特点,在实验林场教学实习的课程有:营林生产实践、林木种苗培育技术、土壤学、地质与地貌、生态学、昆虫分类学、果树概论、植物学、园林树木学、气象学、地图学、苗圃学、园林设计、旅游规划、森林保护、环境规划、森林防火。2008 年,实验林场共接待学校教学实习师生 5882 人次,其他学校实习师生 581 人次,承担学校继续教育学院实验林场校区学生的学习、生活和住宿等后勤保障服务工作。

科研服务 实验林场配合协助遗传育种、水土保持、干旱地区造林、梅花、牡丹芍药课题组专家教授在实验林场开展研究工作。实验林场加大梅园、牡丹芍药科研基地的建设,结合教育部修缮资金,铺设梅园及牡丹芍药基地浇水管线 1580 延米,协助梅花研究栽植各类梅花品种 1060 株,配合花卉工程中心新建 2000 平方米温室,栽植北方不能陆地越冬的梅花品种 400 株。

【营林与防火】 2008 年,结合年度绿化美化工作计划,共栽植苗木 2187 株,地被植物 13 150 株,完成实验林场上行路两侧及停车场周边绿化美化 1.5 万平方米,改造残次林 13.3 公顷,义务植树单位抚育管理 40 公顷。

针对每年 11 月 1 日至次年 5 月 31 日的重点森林防火期,林场制订全年度森林防火工作计划、扑火预案。层层落实一系列行之有效的管理制度,培训专业扑火队。打设防火隔离带 43 万平方米,清理防火小道 10 千米,完成森林防火宣传音响系统二期工程。林场加强森林防火工作宣传力度。在售票处设立森林防火警示牌,在实验林场主要路口横挂森林防火宣传标语,启动森林防火宣传音响系统不间断地播放有关森林防火的宣传,以警示游人注意森林防火。全年度重点进行了 4 次大的宣传工作。实验林场全年度没有发生火情、火警和火灾现象,被评为海淀区森林防火先进单位。

【基本建设】 2008 年,实验林场多方筹集资金,共投资 396.62 万元进行实验林场基础设施建设。截至 2008 年 12 月 31 日,实验林场总建筑面积 15 942.04 平方米。

【北京鹫峰国家森林公园】 北京鹫峰国家森林公园(以下简称公园),隶属于北京林业大学。1992 年 9 月,经原国家林业部批准成立鹫峰森林公园。1995 年,公园正式对游人开放,被北京市科协命名为"鹫峰青少年科普基地"。1997 年 10 月,完成公园的总体设计。1998 年,被北京市政府首批命名为"北京市青少年科普教育基地"。2001 年,被北京市旅游局评为 AA 级旅游景区。2003 年,被中国科协命名为"全国科普教育基地",同年 11 月经国家林业局批准晋升为国家级森林公园。公园划分为鹫峰中心区、寨儿峪谷壑区和萝芭地山顶区三大景区。

2008 年,公园完成门区上行路两侧、停车场周边的绿化美化工作,修补鹫峰古道,道路两侧新增部分游人休息座凳,利用废旧水池改造为观赏喷泉。举办了鹫峰梅花节、鹫峰生态文化节、鹫峰登山节和鹫峰彩叶节系列主题旅游活动。年游人量 11 万人次。

【林场大事】 2008 年 3 月 29 日上午,国家林业局 50 多位司局级领导在实验林场开展义务植树,在护林防火公路边共栽植侧柏、美人松 60 余棵。

4 月 19 日,外交部外举办的"外交部迎奥运第七届登山比赛"活动在实验林场举行,外交部党组书记、副部长王毅,副部长李金章等 400 余名外交官参加了此次活动。

5月4日，北京市侨联一行17人在中国侨联副主席、北京市人大常委会副主任、市侨联主席李昭玲的带领下来到实验林场参观并开展登山活动。

11月1日，北京大学生体育协会主办、北京林业大学承办的"鹫峰国家森林公园杯北京大学生第五届越野攀登赛"在鹫峰国家森林公园内举行，来自北京30所高校的300多名学生报名参赛。 　　（实验林场由邓高松、王勇撰稿）

学院与教学部

林 学 院

【概　况】　北京林业大学林学院（College of Forestry）成立于 1952 年 10 月，主要由林学一级学科组成。2008 年，学院设有森林培育学、森林经理学、森林保护学、生态学、城市林业、草业科学、地图学与地理信息系统 7 个学科；建有教育部北京市共建森林培育与保护重点实验室，国家林业局重点开放性实验室 3 个，即干旱半干旱地区森林培育及生态系统研究实验室、森林资源与环境管理实验室、森林保护学实验室；同时建有包括森林培育、森林经理、森林保护、生态学等在内的本科实验室 9 个，设有国家林业局山西太岳山森林生态定位观测站。学院有林学、森林保护与游憩、草业科学（草坪科学与管理）、草坪管理（中美合作办学）、地理信息系统 5 个本科专业；拥有林学一级学科博士学位授予权，以及城市林业博士点、地理信息系统硕士点、林学博士后流动站。拥有森林培育学、森林经理学、森林保护学 3 个国家重点学科，生态学学科为北京市和国家林业局重点学科，草业科学为北京市重点学科。

林学院现有教职工 75 人，其中教师 62 人。教师中，博士生导师 21 人，教授 22 人，副教授 24 人，其中具有博士学历的教师 59 人。2008 年毕业学生 325 人，其中研究生 105 人（博士生 30 人，硕士生 75 人），本科生 220 人。招生 394 人，其中研究生 212 人（博士生 66 人，硕士生 146 人），本科生 182 人。在校生 1380 人，其中研究生 546 人（博士生 156 人，硕士生 390 人），本科生 834 人。　　　　　（高　斌　郝建华）

【学科建设】　林学院拥有 6 个博士学位授权点：森林培育学、森林经理学、森林保护学、生态学、城市林业、草业科学；7 个硕士学位授权点：森林培育学、森林经理学、森林保护学、生

态学、城市林业、草业科学、地图学与地理信息系统；1 个博士后流动站：林学博士后流动站；3 个国家重点学科：森林培育学、森林经理学、森林保护学；1 个北京市和国家林业局重点学科：生态学；1 个北京市重点学科：草业科学。

2008 年，草业学科被正式评为北京市重点学科，北京市重点学科生态学科在经过 4 年的建设后，经评估后确认为优秀学科，并获得了北京市的重点学科专项经费支持。林学院的全部学科纳入了"211 工程"三期建设行列，主要负责森林资源培育、森林可持续经营与保护、全球变化背景下森林及湿地生态系统保护 3 个子项目的建设。在学校争取优势学科创新平台项目的过程中，确定林学一级学科建设"应对全球变化的森林生态系统恢复重建与可持续经营优势学科创新平台"，相关学科均纳入了建设子项目。

2008 年，林学院加大人才引进与师资补充力度，调进 1 名副教授，接收 1 名博士和 1 名硕士。学院 2008 年度新增教授 4 名，副教授 6 名。

学院参与举办 7 个高水平学术研讨会：一是与学校国际交流与合作处举办发展中国家森林资源可持续经营管理官员研修班；二是配合学校参与承办第 23 届国际杨树大会和林业教育国际研讨会；三是森林培育学科承办由国家林业局人教司主办的全国森林培育学科建设高级研讨班和造林司主办的全国森林培育学高级研讨会；四是承办由学校和中国林科院共同主办的第二届中国森林保护学术论坛暨森林保护学科建立 50 周年纪念会；五是与中国林科院森保所联合承办第七届全国化学生态学学术研讨会；六是作为主办单位之一，在广州组织召开第二届全国生物入侵学术研讨会；七是作为主办单位之一，在重庆举办中国高尔夫球协会场地委员会第二次代表

大会暨第三次学术研讨会。

（李成茂　骆有庆）

【教　学】　学院教学工作坚持以质量建设为核心，进一步推进教学改革，不断提高教育教学质量，培养学生的学习能力、实践能力、创新能力、交流能力和适应能力。重点加强教学管理制度的执行力度；加强教研室建设、认真组织开展教研室活动；积极组织申报教育教学改革项目；狠抓梁希实验班的管理工作、推进研究型教学等措施。举办新版教学计划和教学大纲的制定编写审核工作及林学专业导师制双向选择、大学生科研训练等活动；配合学校建立人才培养方案执行跟踪反馈机制。

2008年，林学院森林资源经营管理学被评为国家级精品课程，测量学被评为北京市精品课程，森林计测学被评为学校精品课程；《测树学》被评为北京市精品教材；森林保护专业教学团队被评为学校优秀教学团队。完成林学、森保、草业、草坪管理、地理信息系统5个专业新版本科人才培养方案的编写；积极组织了校级教改项目、教材建设项目的申报工作，申报教改项目3项，本科生科研训练项目6项，国家大学生创新性实验计划2项，教材建设项目3项。

新增1个草业科学专业综合教学实习基地、1个森林保护专业综合教学实习基地。组织院青年教师进行观摩教学，开展了教研室巡视活动。组织"梁希实验班"的教学计划制定、学生选拔工作，组织相关学科为实验班学生开展讲座。推荐免试研究生40名，其中"2＋3"研究生2名，支教研究生1名。组织协调草坪中美合作项目招生、教学计划制定。

学院配合教务处，大力推进创新教育改革。自2007级"梁希实验班"建设试点以来，理科班一直在林学院进行管理，学院组织各学科为实验班学生有针对性地宣传答疑，加强师生交流，以利于学生日后选择自己的研究方向。此外，配合教务处，参与修订了2008级"梁希实验班"学生选拔方法及实验班导师制实施办法，使梁希实验班的规章制度更趋完善。

（王　珏　彭道黎）

【科研工作】　2008年，林学院新增科研项目主持经费3747万元，共获批"十一五"国家科技支撑项目1个，课题及专题3个（天然林可持续经营标准指标和评价技术、生态系统服务功能及价值化研究、自然保护区濒危物种保护技术研究、泡桐培育技术研究，经费共计696万元），"973"项目子课题3个（生物入侵对特定生态系统结构与功能的影响、大尺度森林植被模型与遥感机理模型耦合模拟、花粉管极性生长分子调控机制，经费共计116万元），"948"项目2个（节水林业经营中林木水分生理快速测定技术引进、森林碳储量监测关键技术引进，经费共计120万元），国家自然科学基金项目3个（基于知识发现的林火模型研究、林业外来有害生物入侵与扩散的多智能体模拟与空间预测、三维森林冠层热辐射方向性模型研究，经费共计85万元），省部委基金、重点课题57个（经费共计2730万元），新增教育部重点实验室和重点学科共建项目1个（100万元）；新增国际合作经费50万元。

2008年，学院共承担"十一五"国家科技支撑项目43个，"863"计划项目3个，"973"项目课题3个，"948"项目3个，国家自然科学基金项目20个，省部委基金、重点课题85个。

2008年发表论文被SCI收录7篇，马履一、李吉跃、孙建新、童小娟、韩烈保、周志勇、张和臣各1篇；EI收录26篇，其中冯仲科24篇，岳德鹏、黄华国各1篇；ISTP论文4篇；核心期刊论文180篇。

（王　蕾　赵秀海）

【党建工作】　2008年，学院党委有教工党支部6个，研究生党支部18个，本科生党支部6个。受到学校、学院党委表彰的优秀共产党员33名，先进党支部7个。学院形成重心下移、起点前移，党校两级培训，以组织为主导、以学生为主体、以规章制度为保障的党员发展工作体系。2008年，学院共发展党员127名，组织大规模党内培训4次。共培养业余党校初、高级班学员318名。此外，林学院还在全校率先成立国防生党支部。

学院党委非常重视教职工的思想政治工作，及时了解教职工的思想动态，专业技术职务和岗位评聘、考核定级以及津贴发放办法的制订等关系教职工切身利益的问题，及时化解矛盾、理顺情绪。学院注重开展学术道德教育，预防学术不端行为。学院抓好学科负责人和学术带头人的学术诚信和学术道德教育，加强监督检查，切实预防和治理学术不端行为。

林学院坚持每学期定期召开党政领导班子民主生活会，保证党风廉政责任制落到实处，确保领导班子成员将主要精力投入到学院管理工作中。学院党委认真落实"三重一大"集体决策制度，充分发挥学院班子的集体决策作用；认真落实院务公开制度，重大事项交院教代会和工会讨论决定；财务情况在全院大会上公布。在出现关系到教职工切身利益的大事时，学院党委都要召开座谈会或教代会，听取吸纳教职工的意见。2008年，学院岗位评聘实施细则和津贴分配办法的制定，就交由教代会来讨论和通过。

为了进一步贯彻中央16号文件精神，切实加强大学生思想政治教育，加强学生组织建设、能力建设和素质建设；学院在2008年度实施以"成长·责任·奉献"为主题的百名学生骨干培训计划，加大学生干部的技能培养，增长他们的才干，提升学生骨干的理论水平，提升学生自我教育、自我管理、自我服务的意识，同时，提升林学院学生干部作为林业文化传播者的责任感和自豪感，增强其在全国林业生态建设中的先锋模范作用，在生态文明的进程中充分发挥学生骨干的生力军作用。

汶川大地震之后，学院40多名教职工党员和60多名学生党员共交纳"特殊党费"3万余元。

（田子珩　张　勇）

【学生工作】　2008年3月28日，学院召开第十四次团员代表大会，选举林学院第一届团委书记和团委委员，完成学院团总支向学院团委的改制。会议总结第十三次团代会以来，学院在文化育人、实践育人、道德育人、服务育人等方面取得的重要成绩，并对未来五年的工作提出规划。

2008年，学院继续完善贫困学生资助服务体系，按照"资助"与"育人"两结合的方针，采取"奖、贷、勤、补"四项措施，实现经济资助与学生心智成长、能力培养和思想教育的紧密结合。评优表彰中获奖的有：本科生490人次，涉及各类奖项26项；获奖研究生163人次。全年落实助学贷款学生193人，其中48人为2008年新申请贷款，共发放贷款110万元；有540人次获得各类资助55万元；450人次参与勤工助学活动，发放勤工助学金近5万元。除校内设立的奖学金外，还广泛争取"中信""绿友"等社会奖学金的资助。其中，学院本科生获得国家奖学金12人，北京市三好学生1人，北京市优秀干部1人。在科技创新活动中，学院学生在第五届首都"挑战杯"科技竞赛中获得北京市三等奖1项，在第五届"梁希杯"科技竞赛中获得二等奖1项，1篇论文获得第三届首都大学生资源环境论坛特等奖，共申请到国家大学生创新性实验计划4个，北京市大学生科学研究与创业行动计划2个，大学生科研训练计划6个。

奥运会期间，学院共计291名志愿者参与服务，其中：获得了首都教育系统奥运会残奥会先进个人10人，优秀志愿者4人，北京市奥运会残奥会先进个人6人、优秀志愿者2人。在平安奥运工作中，学院落实实验药品的管理，加强安全防火的管理，确保了学院安全。

2008年，学院继续与北京市路政局等单位合作开展生态公路的研究和工程实施工作，继续与北京市园林绿化局开展北京植物种质资源调查工作和北林志愿者培训首都生态公益林管护员接力计划。组织全校200多名学生和30多名教师开展北京植物种质资源调查工作，组织100名志愿者开展京郊生态公益林管护员培训。2008年暑期社会实践，学院共有450多名学生参与管护员培训，种质资源调查和回乡社会实践活动，占全院总人数的71.2%，共回收实践成果和370多篇论文。学院第三次荣获社会实践组织奖。

截至2008年8月底，学院共有本科毕业生220名，其中上研55人，上研率为25.00%，出国4人，村官15人，其他签约119人，签约率为83.73%；合计就业人数204人，就业率为92.73%。

（唐殿珂　李成茂）

【对外交流】　2008年4月24日至5月13日，林学院与学校国际交流与合作处联合举办发展中国家森林资源可持续经营管理官员研修班，来自亚、非、欧、美四大洲45个国家的77名林业官员来学院学习。研修班先后在北京和云南进行了参观学习。

2008年草坪管理（中美合作办学）专业2004级本科生29人前往美国密西根州立大学进行为期半年的学习、实践活动，完成在美所修的全部学分。

（高　斌　骆有庆）

【学院大事】 2008 年初，我国南方发生大规模的雨雪冰冻灾害；受国家林业局派遣，在学校领导的亲自组织和带领下，学院 16 名专家参加学校组织的专家组，分赴受灾严重的湖南、贵州和江西三省调查研究。直接获得第一手材料，配合学校领导及时编写考察报告并向国家林业局领导汇报，参与灾后恢复报告的编写；有 5 人直接参与国家林业局组织的"坐堂应诊"活动。

（李成茂　张　勇）

园林学院

【概　况】 北京林业大学园林学院（School of Landscape Architecture）成立于 1993 年 1 月，由当时学校的园林系和风景园林系合并而成。主要由园林植物与观赏园艺、城市规划与设计、旅游管理 3 个学科组成，设园林树木、园林花卉、观赏园艺、园林设计、园林规划、城市规划、建筑工程、设计初步、美术、旅游管理 10 个教研室，及国家花卉工程技术研究中心、园林环境教育部工程研究中心。学院设园林、风景园林、城市规划、旅游管理、观赏园艺 5 个本科专业，拥有园林植物与观赏园艺、城市规划与设计、旅游管理 3 个硕士学位授予点，园林植物与观赏园艺、城市规划与设计 2 个博士学位授予点，园林植物与观赏园艺、城市规划与设计 2 个博士后流动站。

2008 年，学院在职教职工 100 人，其中专任教师 87 人。专任教师中，博士生导师 13 人，教授 17 人，副教授 28 人，其中具有博士学历的教师 41 人。2008 年新进教师 3 人。毕业学生 593 人，其中，研究生 128 人（博士生 27 人，硕士生 101 人），本科生 465 人。招生 670 人，其中，研究生 174 人（博士生 33 人，硕士生 141 人），本科生 496 人。在校生 2436 人，其中，研究生 545 人（博士生 116 人，硕士生 429 人），本科生 1891 人。

2008 年，园林学院党委被评为北京林业大学先进基层党组织，学院团委在奥运先锋——2008 年度北京市共青团达标创优竞赛活动中荣获五四红旗团委称号，园林专业教学团队被评为国家级优秀教学团队，风景园林专业教学团队被评为北京市优秀教学团队，园林树木学课程被评为北京市精品课程，北京林业大学北京植物园教学基地建设项目被评为北京市高等学校市级校外人才培养基地建设项目。李雄被评为北京市教学名师。

【学科建设】 学院有博士点 2 个：园林植物与观赏园艺、城市规划与设计。硕士点 3 个：园林植物与观赏园艺、城市规划与设计、旅游管理。博士后流动站 2 个：园林植物与观赏园艺、城市规划与设计。重点学科 2 个：园林植物与观赏园艺学科为国家重点学科、北京市重点学科及"211 工程"重点建设学科，城市规划与设计学科（含风景园林规划与设计）为国家林业局重点学科、北京市重点学科及"211 工程"重点建设学科。

2008 年，园林植物与观赏园艺、城市规划与设计、旅游管理 3 个学科在校研究生总数 545 人，其中园林植物与观赏园艺学科 258 人（博士生 56 人，硕士生 202 人），城市规划与设计学科 260 人（博士生 58 人，硕士生 204 人），旅游管理学科硕士生 23 人。毕业博士 27 人，硕士 101 人。

【教学工作】 2008 年，学院教育教学研究项目立项 46 个，其中北京市教改立项 1 个，校级教学改革研究项目 3 个，校级专业建设立项 1 个，院级课程建设立项 21 个，院级教材立项 17 个，院级教学改革立项 3 个。建立教学实习及就业实践基地 37 家。园林专业被评为教育部第二类特色专业建设点，园林专业和风景园林专业被评为北京市特色专业建设项目。学院出台《本科生南北方综合实习相关规定》、《园林学院教研室职责》、《园林学院接收转专业学生程序及注意事项》、《园林学院推免研究生复试办法》、《园林学院本科毕业答辩流程及相关规定》、《园林学

院实践教学环节教师安排》、《园林学院校外教学实习车辆使用规定》等教学管理文件。

2008年,学院教师主编出版教材4部:《园林种植设计》、《城市园林绿地规划(第二版)》、《风景建筑结构与构造》、《园林素描》。学院教师发表教学改革研究论文19篇。

【科研工作】 2008年,学院共承担"十一五"科研项目42个,其中,"十一五"科技支撑计划课题9个、"948"项目5个、北京市自然科学基金项目2个、高等学校博士学科点专项科研基金2个、国家林业局标准项目3个、国家林业局植物新品种测试项目6个、国家林业局重点项目2个、国家自然科学基金项目2个、教育部重点项目1个、科技成果转化与产业化项目3个、农业科技成果转化资金项目2个、林业公益性行业科研专项2个、"863"计划项目1个、北京市科技计划项目1个。获得霍英东教育基金会第十一届高等院校青年教师自然科学奖1项。

在国内外学术期刊、学术会议上发表论文共计438篇,SCI收录3篇。学院教师完成了2008年奥运会工程——北京五棵松文化体育中心景观设计、第七届中国花卉博览会博览园规划研究、深圳2011世界大学生运动会中心景观设计、西湖风景名胜区植物园景区控制性详细规划等项目。

【党建工作】 2008年,园林学院党委共有31个党支部,其中教师党支部5个、学生党支部26个。党员495人,其中教师党员47人,学生党员448人,入党积极分子358人。发展党员141人。

2008年,学院党委充分发挥在学院全局工作中的政治核心作用,紧紧围绕学校中心工作开展各项工作,并以深入学习实践科学发展观、"两会"、抗震救灾、奥运和纪念改革开放30周年为契机,重点加强全体师生思想政治教育、师德师风建设、大学生成长成才教育、党风廉政建设。

学院党委组织两次党员干部培训班暨党建工作研讨,推荐学院9名科级干部参加学校中青年干部轮训。举办党校初级班两期,培训学员223名,配合学校党校培训提高班学员197名。

在党建基地建设方面,同北京公交438路车队、北京植物园和海淀公园建立长期合作共建关系,同首都师范大学初等教育学院和协和医学院护理学院建立交流协议。

坚持定期会议制度,坚持召开民主建设工作会议,加强学院民主建设,确保职工利益。学院坚持实行院务、党务、人事、学生工作公开,加强了院务公开网络管理,积极推进了学院民主化建设进程。

2008年,园林学院党委被评为北京林业大学先进基层党组织,沈秀萍被评为北京市教育系统优秀党务工作者,周春光被评为北京林业大学优秀共产党员。学院党委共表彰院级先进党支部6个、优秀共产党员31人,优秀学生党员16人。

【学生工作】 2008年,园林学院学生工作以素质教育为中心,贯彻德育首位方针,弘扬主旋律,秉承"知山知水知花草,树木树人树品牌"的办学理念,形成了专职教师指导、学生组织协调、基层班级实施的学生工作局面。

建立学生工作例会制度、"班级+宿舍"的心理问题预警反馈机制、"党员宿舍责任人制"的长效机制等,开展"园林讲堂"、"园林之夜"文艺晚会、趣味体育节等传统文体活动。

2008年,园林学院本科生获奖情况:获国家奖学金27人,国家励志奖学金69人,国家助学金293人,宝钢奖学金1人,北京市奥运会、残奥会先进个人2人,北京市先进班集体1个,首都高校"先锋杯"优秀团支部2个,北京市三好学生2人,首都五校联合导游知识技能大赛优胜奖2人,"家琪云龙"奖学金3人,"汪-王"奖学金15人,"冠林"奖学金1人,"金光集团黄奕聪"奖学金1人,校级优秀班集体9个,三好学生145人,学习进步奖学金18人,学术优秀奖学金7人,外语优秀奖学金10人,文体优秀奖学金28人,优秀辅导员4人,优秀班主任12人,优秀学生干部140人,新生专业特等奖学金5人,"阳光勤工助学之星"奖学金4人,"阳光自理之星"奖学金4人,阳光志愿者之星1人,志愿者特殊贡献奖12人,绿友二等奖学金1人,优秀学生一等奖学金25人,优秀学生二等奖学金148人,优秀学生三等奖学金222人,

"十大歌手" 4 人。

研究生获奖情况：获北京市奥运会、残奥会先进个人 1 人，校级优秀研究生班级 2 个，优秀研究生标兵 2 人，优秀研究生 16 人，学术创新奖 14 人，学习优秀奖 20 人，优秀研究生干部 24 人，社团活动积极分子 45 人，文体活动积极分子 9 人。

学院与社会各界合作的奖学金情况：广东棕榈园林股份有限公司在学院设立的"广东棕榈奖学金"奖励 24 人，北京东方园林股份有限公司在学院设立的"东方园林奖学金"奖励 30 人，浙江省绿风园林工程有限公司设立的"浙江绿风奖学金"奖励 20 人，广州市普邦园林配套工程有限公司设立的"广东普邦奖学金"奖励 24 人，山东省光合园林科技有限公司设立的"山东光合奖学金"奖励 30 人，北京市建王园林工程有限公司设立的"建王杯"迎奥运花坛设计摄影及美术作品大赛奖励 20 人。

园林学院团委在奥运先锋——2008 年度北京市共青团达标创优竞赛活动中荣获五四红旗团委称号。学院代表队获"北林杯"羽毛球赛团体冠军、女子排球赛冠军、男子篮球赛亚军、女子篮球赛亚军、男子足球赛亚军、"五月的花海"合唱比赛二等奖。

【对外交流】 2008 年，学院共接待国外 6 个国家 33 人次来访，派出参观访问交流 5 个国家 21 人次。学院有外国留学生 7 人，其中攻读博士学位 1 人，攻读硕士学位 1 人，本科生 5 人。赴国外进修学习的教师有 4 人，赴澳大利亚联合培养博士 1 人，赴美国联合培养博士 1 人。2008 年，园林学院举办各类学术报告会共 25 场次，其中国外专家学者 10 次。

2008 年 3 月 19 日，日本观光研究学会会长、日本造园学会东北分会会长三田育雄教授到园林学院交流访问。9 月 23 日，美国天普大学可持续社区中心主任，社区与区域规划系规划部菲泽斯通（Dr. Featherstone）副教授到园林学院交流访问。10 月 29 日，日本淡路岛景观园艺学校沈悦教授到园林学院交流访问。11 月 19 日，美国风景园林师联合会前任主席鲍勃·莫迪森（Bob Mortensen）到园林学院交流访问。11 月 26 日，哈佛大学设计研究生院风景园林系主任、技术与环境中心主任，尼尔·科克伍德（Niall G. Kirkwood）教授到园林学院交流访问，并为园林学院师生作专题报告。

【第四届旅游研究北京论坛】 2008 年 12 月 20 日，第四届旅游研究北京论坛在北京林业大学举行，本次论坛以"后奥运时代旅游发展与对策"为主题，由北京旅游学会、北京大学旅游研究与规划中心、北京林业大学园林学院、清华大学景观学系和国际旅游学会共同主办，由北京林业大学园林学院承办。来自北京地区旅游管理学科领域的政府机构、高等院校、科研院所、实业界 100 余名专家学者参加论坛。论坛围绕后奥运时代旅游效应、后奥运时代旅游产业发展、后奥运时代旅游管理学科构建等三个方面开展主题研讨，北林大副校长宋维明、北京大学旅游研究与规划中心主任、北京旅游学会副会长、国际旅游学会秘书长吴必虎、国家林业局科技司标准处长冉东亚、北京林业大学园林学院院长李雄、北京旅游学会副会长兼秘书长李明德、中国旅游研究院副院长戴斌等领导和嘉宾应邀出席此次论坛。

【风景园林师 30 年学术交流会】 2008 年 10 月 24 日由北林大园林学院和中国风景园林学会规划设计委员会共同主办的风景园林师 30 年学术交流会在北京林业大学举行。本次交流会围绕风景园林专业教育与科研、风景园林学科发展与管理、风景名胜区、自然保护区、森林公园及旅游区规划、城市风貌与城市绿地系统规划、生态环境与湿地保育规划、园林绿地设计、园林绿化养护与植物栽培管理等 7 个议题展开研讨，共有 12 人在交流会上作主题发言，来自全国各地的 50 多名风景园林界专家学者出席会议。北京林业大学校长尹伟伦在大会致欢迎辞，副校长张启翔作主题发言。

【北京奥运会志愿者工作】 在北京奥运会期间，园林学院主要负责公共区观众服务和小业务口的志愿者工作，其中奥运志愿者小业务口包括环境景观处、场馆人事、票务、场馆管理、市场开发等五个方面。奥运会期间，园林学院共招募奥运志愿者 127 人，北区志愿者 19 人，残奥志愿

者123人，城市志愿者70人以及校园平安志愿者38人。奥运会后，园林学院获北京市奥运会、残奥会先进个人3人，校级奥运会、残奥会优秀

志愿者13人，先进个人27人，城市优秀志愿者7人，先进个人14人。

（园林学院由廖爱军、沈秀萍撰稿）

水土保持学院

【概　况】　北京林业大学水土保持学院（College of Soil and Water Conservation），源于水土保持专业。学校于1952年开设水土保持课程，1958年开办水土保持专业，1980年成立水土保持系，1992年更名为水土保持学院。学院设有院党委、院办公室、重点实验室、水土保持学科群、地理学科群、土地与环境学科群和土木与建筑学科群等。

学院设有水土保持与荒漠化防治、资源环境与城乡规划管理和土木工程3个本科专业，分别属于农、理、工三大门类；拥有水土保持与荒漠化防治、生态环境工程、山地灾害防治工程、复合农林学、工程绿化、土壤学等6个博士学位授权点，以及水土保持与荒漠化防治、生态环境工程、山地灾害防治工程、复合农林学、工程绿化、土壤学、自然地理学、地图学与地理信息系统、结构工程、农业生物环境与能源工程、植物营养学和生态环境地理学等12个硕士学位授予点，其中：水土保持与荒漠化防治学科是国家重点学科，生态环境地理学是北京市交叉重点学科。

学院现有山西吉县森林生态系统国家野外观测系统研究院，国家林业局首都圈、山西吉县、重庆缙云山和宁夏盐池等5个省部级以上森林生态定位研究站；水土保持与荒漠化防治教育部重点实验室、水土保持与荒漠化防治国家林业局重点开放实验室和林业生态教育部工程研究中心等3个省部级以上重点实验室；水土保持、荒漠化防治、边坡绿化和土地资源与肥料技术等4个研究所；是中国水土保持学会、中国荒漠化培训中心、中德干旱地区研究中心等学术团体和机构的挂靠单位。

2008年，学院在职教职工71人，其中专任教师49人。专任教师中，教授18人，副教授26人，博士生导师17人，硕士生导师48人，其中

具有博士学历的42人。2008年新进教师2人，都具有博士学历。

2008年，学院在校生1135人，其中：研究生438人（博士生127人，硕士生311人），本科生697人；毕业学生301人，其中：研究生109人（博士生28人，硕士生81人），本科生192人；招生381人，其中：研究生168人（博士生49人，硕士生119人），本科生213人。

（弓　成　张　焱）

【学科建设】　学院设有水土保持与荒漠化防治、生态环境工程、山地灾害防治工程、复合农林学、工程绿化和土壤学等6个博士点；水土保持与荒漠化防治、生态环境工程、山地灾害防治工程、复合农林学、工程绿化、土壤学、自然地理学、地图学与地理信息系统、结构工程、农业生物环境与能源工程、植物营养学和生态环境地理学等12个硕士点；博士生导师17人，硕士生导师48人。其中：2008年新增博士生导师2人（外聘1人），新增北京市交叉重点学科生态环境地理学。

（弓　成　张　焱）

【教学工作】　2008年，学院教学工作的基本思路是"巩固、深化、提高、发展"，目标是持续推进水保学院教学工作的不断发展，重点是加强教学建设、推进教育创新、规范教学管理、提高教育质量。采取了以提高教学质量为中心，做好各项教学组织管理工作；以执行新版教学计划为契机，狠抓教学环节，落实质量，积极组织申报教育教学改革项目；做好已立项目的期中检查工作，积极推动"十一五"系列教材的出版等工作措施。完成了2004级本科毕业生的毕业论文答辩和推荐免试攻读硕士研究生工作，举办了教学研讨会、教材审编会和本科人才培养方案研讨会等活动。

2008年，学院获得教育部教改项目2个、

北京市级教材建设立项 1 个和校级教改立项课题 6 个，共有 23 门教材立项，其中 11 门被列入"十一五"国家规划教材，有 5 部已出版；国家大学生创新试验计划立项 4 个，校级大学生科研训练计划 1 个；完成了学院 3 个本科专业的人才培养方案制定和教学大纲编写工作，出台了《关于梁希实验班专业课任课教师安排的决定》，推荐免试硕士研究生 30 人，其中：水土保持与荒漠化防治 15 人，土木工程 11 人，城乡资源环境与规划 4 人；举办了教学观摩会 6 次，教师基本功比赛 1 次，教师研讨会 4 场和学生座谈会 1 场。

2008 年，水土保持与荒漠化防治专业被列为高等学校特色专业建设点，同时也被列入教育部国家级教学团队建设项目；水土保持与荒漠化防治专业教学团队被评为北京市优秀教学团队；张洪江教授主持的《土壤侵蚀原理》被评为国家级精品课程；王秀茹教授主持的《水土保持工程学》、张建军副教授主持的《水文与水资源学》建设项目通过学校验收，成为校级精品课程。 (李春平 张洪江)

【科研工作】 2008 年，学院共承担科研项目 70 个，到账科研经费共 2110.9 万元，其中：纵向经费 1734 万元，横向经费 376.9 万元，"十一五"国家科技支撑项目 21 个，国家自然基金项目 12 个，"973"项目 1 个，"948"引进项目 1 个，国家林业局项目 5 个（其中国家林业局重点项目 1 个），北京市科技计划项目 5 个，林业公益性行业科研专项 5 个，公益性行业科研专项经费项目 1 个，博士点基金项目 4 个，科学研究与科研基地建设项目 1 个，科学研究与科研基地建设项目 1 个，林业科技成果国家级推广项目 1 个，教育部留学回国启动基金 1 个，北京市农委项目 1 个，国际合作项目 1 个，北京科技新星项目 1 个，与科研院所合作项目 8 个。

2008 年，学院获科技成果奖 5 项，其中：北方防护林理论、经营与技术获国家科技进步二等奖，长江三峡岗岩地区优先流发生及其运动机制获中国水土保持学会科技奖一等奖，黄土高原林木根系固土作用力学机制研究获第二届中国水土保持学会科学技术奖，矿山植被生态恢复材料与应用技术研究获省部级科技进步

二等奖，矿山植被生态恢复材料与应用技术研究获山西省科技进步二等奖；申请发明专利 1 项（VRT 基盘修塑植被恢复技术）；参与制定标准及技术规程（行业标准）4 部；出版学术专著 4 部；发表论文 205 篇，其中：国内核心期刊 131 篇，被三大检索收录 50 篇（SCI 收录 9 篇、EI 收录 40 篇、ISTP 收录 1 篇）。(王云琦 朱清科)

【实验室建设】 水土保持与荒漠化防治教育部重点实验室是以"单一学科独立研究与多学科综合交叉研究相结合，微观手段与宏观方法结合"为宗旨开展基础理论与应用基础理论研究；以野外大规模实地定位观测为主要手段，在我国林业生态工程、森林水文、荒漠化防治等方面的理论发展与实践建设中作出了应有贡献，为我国北方风沙区、黄河和长江中上游水土保持与荒漠化防治提供了强有力的技术支撑。实验室主要研究方向为小流域土壤侵蚀与森林水文机理与过程、水土流失生态机理与过程和荒漠化生态修复机理与过程等。现有山西吉县、方山、太岳山，陕西吴旗，宁夏西吉，北京密云、妙峰山、大兴，青海大通、香日德，重庆缙云山、河北丰宁等实验室野外研究基地 12 个。

2008 年，实验室实验条件进一步得到改善，使用各类实验室建设和科研经费购置仪器设备共计 189 件，其中大型仪器包括自动气象站、土壤碳通量测定系统和水势测量系统植物冠层分析仪等。野外试验基地建设成果显著，其中：宁夏盐池荒漠生态系统定位研究站被纳入国家林业局中国陆地生态系统定位研究网络生态定位站建设体系。 (张 岩 张 焱)

【党建工作】 2008 年，学院党委共有 24 个党支部，313 名党员，其中：教师党支部 4 个，学生党支部 20 个，教师党员 46 人，学生党员 267 人，新发展党员 75 人，入党积极分子 236 人。

党的十七大召开后，各党支部、学生组织掀起学习十七大精神的热潮，开展知识竞答，观看新闻联播，参观实践和讨论会等学习活动。暑假期间，学院有 7 个党支部相继开展"红色 1＋1"帮扶活动，其中邓小平理论学习与实践协会组建新农村改革足迹及建设主题实践实践队，在井庄镇开展内容为十七大宣讲、奥运宣传、新农村改

革开放成就调研和大手牵小手一帮一等活动。学院奥运志愿者组建北京奥运志愿服务郊区宣讲团，前往延庆县井庄镇开展奥林匹克运动和奥运服务宣讲，向当地群众和中学生宣传绿色奥运的理念和奥林匹克运动精神。

汶川大地震发生以后，学院师生积极响应学校和学院的号召，为灾区捐款捐物。学生组织、团支部及学生宿舍积极行动，结成自助救灾"帮扶对子"，大部分班级积极报名参加"彩虹1+1"爱心手机结对帮扶活动。期间，学院各支部缴纳特殊党费12 233元，学院党委还召开灾后次生灾害防治工作会。　（宋吉红　庞有祝）

【学生工作】　学院组织学习十七大精神，开展学习十七大建和谐校园、我与祖国共奋进和深入学习十七大精神建设社会主义新农村等活动，进行学团章、知团史、唱团歌、带团徽、举团旗的主题团日活动。

2008年，学院荣获校奥运会、残奥会志愿者工作优秀组织奖银奖，在学校春季运动会、新生运动会、"一二·九"越野赛中，均荣获精神文明奖和道德风尚奖，学院被评为北京林业大学文明单位；本科生和研究生共有38人获国家级奖励，12人获省部级奖励，291人次获校级奖励，136人次获院级奖励；1个班级获得省部级奖励，4个班级获得校级奖励；学院设有的"永为水土保持"、"边坡绿化"、"云南金禹"三个专业奖学金获得者有63人；学院2004级学生中共有75名同学被录取到国内外重点大学攻读研究生，攻读研究生比例达到39.06%。

（宋吉红　庞有祝）

【对外交流】　2008年，学院共接纳来自于美国、澳大利亚、日本、德国、奥地利等国家和台湾地区科研院所相关科技人员12人次。先后有17人次被派往美国、德国、加拿大、瑞典和日本等国学习和考察。　　　　　　　（弓　成　余新晓）

经济管理学院

【概　况】　北京林业大学经济管理学院（School of Economics & Management）源于学校1959年建立的林业经济专业。学院经历了学校大搬迁、"文革"停办等大的波折，也经历了改革开放后专业建设蓬勃发展的历程。林业经济管理学科在1993年国务院学位委员会和林业部学位委员会联合主持的全国林科学位与研究生教育评估中获综合评分第一名；在2001年教育部组织的全国重点学科评估中，位居全国林业经济管理学科第一名；2006年林业经济管理学科成为部级重点学科；2007年成为国家级重点培育学科，在国内外具有重要影响，成为全国林业经济管理学科的排头兵。

1987年建立经济管理学院。截至2008年底，学院现为北林大专业最多、学生人数最多的学院，设有林经、财金、统计、经贸、工商管理、管理科学与工程、物业管理7个系，设有北京林业大学林业经济国际交流与合作中心、社会林业研究中心、林业经济与政策咨询中心、林产品国际贸易研究中心、林权研究中心、中国总部经济研究中心、林业经济研究所、生态经济研究所、林业财务与会计研究室、海峡两岸经济与生态研究交流中心、物业管理研究中心、农村经济与农村发展研究中心、林业经济信息研究中心13个研究机构，建立经济管理综合实验中心，设有股票证券模拟实验室、人力资源模拟实验室、国际贸易实务模拟实验室、电子商务实验室、会计模拟实验室、统计模拟实验室、网络实验室、物业管理智能化实验室8个专业实验室和2个普通机房及1个控制室。设有农林经济管理、会计、金融、人力资源管理、工商管理、国际贸易、物业管理、管理工程与科学、统计学、经济信息管理、市场营销、电子商务12个本科专业及专业方向，有工商管理第二学士学位授予权，拥有农林经济管理、应用经济学、工商管理、管理科学与工程4个一级学科硕士授予权和行政管理、人口、资源与环境经济2个二级学科硕士授予权。林业经济管理、农业经济管理、会计、金融、行政管理、工商管理、国际贸易、人口、资源与环境经济、管理工程与科学、统计学

10个硕士授权点在招，拥有农林经济管理一级学科博士点授予权，拥有林业经济管理和农业经济管理两个博士学位授权点和林业经济管理博士后流动站。

经济管理学院拥有林业经济管理国家重点（培育）学科、北京市经济管理教学实验示范中心。

教职工104人，其中专任教师87人，专任教师中博士生导师15人，教授17人，副教授27人，其中具有博士学历的教师51人。毕业学生931人，其中：研究生110人（博士人36人，硕士生74人），本科生821人。招生827人，其中：研究生116人（博士人30人，硕士生86人），本科生711人。在校生3468人，其中：研究生415人（博士人171人，硕士生244人），本科生3053人。　　　　（张　元　陈建成）

【学科建设】　截至2008年，经济管理学院拥有农林经济管理一级学科博士点，林业经济管理（国家重点培育学科、国家林业局重点学科）和农业经济管理2个二级学科博士点，农林经济管理博士后流动站。拥有林业经济管理、农业经济管理、行政管理、会计学、国际贸易、金融学、统计学、企业管理、工商管理、人口、资源与环境经济10个二级学科硕士点。同时，学院拥有工商管理第二学位授予权，以及农业推广专业硕士下（农村与区域发展方向）专业硕士授予权。

2008年，经济管理学院博士生导师18人（兼职博士生导师3人），硕士生导师25人（兼职硕士生导师1人）。导师队伍学历结构、学缘结构、年龄结构和职称结构合理，有1名国务院学科评议组成员，有9人次担任中国林业经济学会等国家一级学会理事以上学术兼职，有4名教师享受国家政府津贴，3名教师拥有宝钢优秀教师称号，1名教师拥有北京市师德标兵称号，2名北京市优秀青年教师，1名教师获教育部新世纪优秀人才支持计划。

2008年，投入"211工程"建设经费270万元，重点培育学科建设费6万元，使学科建设及科研、教学试验保障体系得到完善。2008年，经济管理学院研究生共发表学术论文近300篇，获全国大学生博士论文大赛农林经济组一等奖等奖励10多项；19名本科生在各类期刊发表论文共计39篇。　　　　（温亚利　陈建成）

【教学工作】　2008年，教学工作的基本思路是用科学发展观统领学院教学工作，突出教学质量这个永恒主题，以课堂教学、教师队伍建设为基本点，加强实践教学，加强教育教学研究；目标是使经济管理学院的教学质量在稳定基础上再台阶，进一步提高教师的业务水平，提高学生的创新和实践能力；重点是加强青年教师培养，提高课堂教学质量；采取了青年教师指导制度、课堂教学质量奖励制度、教研室活动奖惩制度、强化期中检查等措施；举行了以学院或教研室为单位的教学经验交流会，师生座谈会，领导和同行听课，优秀课程教学观摩，教学专题讲座，名家名师讲座等活动。

2008年，1名教师获北京市教学名师称号，两项教改成果分别获北京市教育教学奖（高等教育）一等奖和二等奖。国际经济与贸易专业教学团队成为校级优秀教学团队，农林经济管理专业教学团队成为北京市优秀教学团队，林业经济管理专业是北京市特色专业和国家级特色专业。获校级专业建设项目1项，精品课程建设项目1项，重点资助项目1项，一般资助项目4项，双语教学项目1项，鼓励性项目1项；学生获校级大学生科研训练项目立项14项，获国家大学生创新性实验项目立项5项。45门课程获学院教学优秀奖；获校级教学成果奖一等奖2项，三等奖2项，优秀奖6项；共出版教材10余部，《物业管理学》被评为国家普通高等教育精品教材。

　　　　（田明华　陈建成）

【科研工作】　2008年，经济管理学院新获科研项目23项，到账科研经费230多万元，其中：纵向课题占80%，国家自然科学基金项目1个，国际合作项目3个。2008年完成并结题项目8个。经济管理教师发表各类学术论文200多篇，出版专著5部，教材6部。2008年获省部级科研奖励1项（排名第二）。学院继续实施青年教师科研启动项目，资助6名青年教师在本学科基础领域开展启动性研究，并成立了经济学、管理学和农林经济管理3个青年教师学科组，提供必要的条件，鼓励青年教师学术交流和组建团队。根据国家林业改革发展需求，成立了北京林业大学林权研究中心。　　　　（温亚利　陈建成）

【实验室建设】 经济管理学院于2002年建立综合实验中心。2008年中心拥有股票证券模拟实验室、人力资源模拟实验室、国际贸易实务模拟实验室、电子商务实验室、会计模拟实验室、统计模拟实验室、网络实验室、物业管理智能化实验室8个专业实验室和2个普通机房及1个控制室，占地460平方米，配有计算机257台，专业软件13套，承担本院10个本科专业的实验教学和实习任务。

2008年中心共承担595学时、144个班次、4440人次、52900人时数的专业实验教学和实习任务。

实验中心教学成果经济管理综合实验系统建设，在2008年1月荣获北京市教学成果一等奖。
（张　元　陈建成）

【党建工作】 2008年，经管学院党委共有33个支部，其中：教工党支部8个，学生党支部25个。党员456名，其中：在职党员67人，学生党员389人，入党积极分子1489人。发展党员186人。

2008年，经管学院党委先后组织举办了深入学习贯彻党的十七大精神系列活动、抗震救灾系列活动、纪念周恩来总理诞辰110周年系列活动、奥运会残奥会系列活动、纪念改革开放30周年系列活动等主题教育活动和主题党日活动。

5月，学院党委下发了《关于开展大力弘扬抗震救灾精神主题教育活动的通知》，通过多种途径共募集捐款10万余元，包括"特殊党费" 29603.2元。6月，学院党委召开纪念建党87周年暨表彰大会，命名表彰优秀党支部书记9人，优秀共产党员22人，先进学生党支部9个。7月，5个学生党支部与京郊农村支部开展了"红色1+1"支部共建活动、"情系城乡，共迎奥运"系列主题实践活动。学院深入总结大学生党建工作经验，编写了《大学生党支部工作规范》。

2008年，经管学院党委不断强化二级中心组学习，进一步提升领导水平；加大干部学习交流力度，着力加强后备干部队伍建设；巩固党建达标验收成果，加强基层党组织队伍建设；召开加强反腐倡廉建设工作会议，致力推进党风廉政建设；坚持定期召开党务会议、党委委员会议、党委扩大会议、党委民主生活会，为学院发展进行深入总结研讨，推进学院各项工作有效开展。

2008年，学院工会大力开展建家升级，组织开展文体活动11次，教工男子队在学校排球比赛中荣获冠军；坚持探望和资助离退休老同志，帮扶困难教职工7人次；认真组织教职工参加了学校双代会，并对工会会费使用情况进行公开；在全国模范职工小家的评选中，学院工会积极申请，被评为全国模范职工小家。

2008年，1人获北京奥运会残奥会先进个人，1人获北京市奥运会残奥会志愿者工作先进个人，1人被授予首都民族团结进步先进个人称号，1人被评为北京市德育先进工作者。
（黄国华　陈建成）

【学生工作】 2008年，经管学院组织开展了家长工程、学风督导、学术论文大赛和"学术·经管"等系列活动以及十大歌手赛、新生演讲比赛、"启航杯"辩论赛、英语情景剧大赛等传统文娱比赛。全年举办学习经验交流会10余场，"锵锵师生语"师生交流会2场；举办博士生论坛1场，研究生学术沙龙16场；邀请茅于轼等10余位经济学、管理学名家做客"经管讲坛"。学院被评为校暑期社会实践最佳组织奖。

在全国大学生英语竞赛中，1人获特等奖，3人获一等奖，8人获二等奖，12人获三等奖。在全国大学生英语四级考试中，一次性通过率达到91%。在第五届首都大学生"挑战杯"创业计划大赛中，获2个一等奖，3个二等奖，2个三等奖。68名毕业生被其他高校接收为免试研究生。在全国博士生学术论坛（农林经济管理）中，获优秀学术论文一等奖等重大学术奖励5项，学院被评为全国博士生学术论坛优秀组织奖。

在校春季运动会中，经管学院囊括男子团体第一名、女子团体第一名、男女团体第一名及精神文明奖；在校新生运动会中，经管学院获得男子团体第一名、女子团体第一名、男女团体第一名。此外，还获得"院系杯"足球联赛冠军、"院系杯"篮球联赛冠军、"院系杯"排球联赛男子组季军、"院系杯"羽毛球联赛冠军、"院系杯"乒乓球联赛男子组亚军和女子组冠军等。

2008年，经管学院定期召开班主任工作会议，实行辅导员深入学生宿舍进行安全、卫生排查制度，开展男女生宿舍卫生互查活动，举办宿舍设计大赛、宿舍安全教育活动。开展学生心理健康教育和自律工作，强化学生行为管理。定期召开寒暑假在校学生安全会议，强化对寒暑假期间在校学生的管理和服务。出台了《经济管理学院关于研究生离校外出的管理规定（试行）》。开展反作弊、诚信宣传教育活动，执行告诫劝勉规定。为研究生、本科生集中办理公交卡1000余张，为148名家庭经济困难学生办理助学贷款，提供勤工助学岗位近100个。

2008年，经管学院建立拥有1370家用人单位的数据库，向300余家重点企业单位邮寄了毕业生宣传材料，吸引了北京外交人员服务局等20余家用人单位来学院召开专场招聘会，发布招聘信息400余条。选拔了2名博士生到北京市挂职锻炼。截至9月1日，2008届本科毕业生就业率为93.04%，研究生毕业生就业率为93.97%。

2008年，经管学院组织赛会志愿者、城市志愿者、社会志愿者等7大类共计793名志愿者参加北京奥运会、残奥会志愿服务工作。学院被北京市教育工委授予首都教育系统奥运工作先进集体称号，被学校评为奥运会、残奥会优秀组织奖金奖。1名教师被北京市委、市政府授予北京奥运会、残奥会先进个人称号，1名教师被北京团市委授予北京奥运会、残奥会志愿者工作先进个人称号，1名教师被海淀区政府授予奥运会志愿服务先进个人称号，2名志愿者被北京市教育工委授予首都教育系统奥运工作优秀学生称号，64名志愿者被北京奥组委授予北京奥运会残奥会优秀志愿者和志愿者先进个人，4名志愿者被海淀区政府授予海淀区优秀志愿者称号，215名志愿者被学校授予北京林业大学优秀志愿者和志愿者先进个人称号，18名志愿者被学校授予北京林业大学志愿者特殊贡献奖。

9月，经管学院组织学生党支部、学生会、学生社团联合会等学生组织分赴北京站、北京西站、北京南站开展2008级迎新接站工作，圆满完成各项任务。

10月，经管学院召开了第三次研究生代表大会，全面总结了第二届研究生委员会工作，选举产生了第三届研究生委员会。召开了2008年团员代表大会暨换届改制大会，全面总结了团

总支工作，成立了经管学院分团委，选举产生了新一届分团委委员。

11月，经管学院召开年度评优表彰大会，命名表彰优良学风班18个，优秀班主任19人，优秀辅导员4人，优秀研究生标兵1人，优秀研究生12人，研究生学习优秀奖13人，研究生学术创新奖2人，优秀研究生干部18人，研究生社团活动积极分子20人，研究生文体活动积极分子2人，国家奖学金获得者33人，宝钢奖学金获得者1人，新生专业特等奖学金获得者11人，国家励志奖学金获得者83人，学习优秀一等奖学金获得者39人，学习优秀二等奖学金获得者221人，学习优秀三等奖学金获得者332人，三好学生224人，优秀学生干部228人，文体优秀奖学金获得者46人，学习进步奖学金获得者57人，外语优秀奖学金获得者14人，社团活动奖学金获得者14人，其他奖学金获得者13人，学术优秀奖学金获得者32人，志愿者特殊贡献奖获得者18人，"汪-王"奖学金获得者3人，"家骈云龙"奖学金获得者4人，"金光集团黄奕聪"奖学金获得者1人，"张纪光"奖学金获得者1人，"冠林"奖学金获得者1人，"阳光自立之星"奖学金获得者3人，"阳光勤工助学之星"8人，共计1496人次。

（黄国华　陈建成）

【对外交流】 2008年，学院共接待美国耶鲁大学、加拿大多伦多大学、瑞典农业大学等国外著名大学知名教授学者13人次，并给研究生重点讲授了国外林业经济等3门研究生课程，广泛开展了学术交流。派出到美国等国家进行学术访问和参加学术会议6人次。举办国际学术会议2次，参加会议的人数60多人，参加国内外学术会议11次，参加人员30多人次。提交会议论文30余篇。有3名教师分别获得国家留学基金委资助，成为国外访问学者和研修人员到美国留学或访问1年。在以往交流的基础上，美国宾州大学主管外事和科学研究的副校长吉姆教授与学院协商草签了教师及学生交流等协议，并确定了学院与宾州大学学术交流的重点领域。

（温亚利　陈建成）

【学院大事】 2008年3月，北京林业大学经济管理学院工会经过申报、汇报、答辩、现场考察、座谈、验收等程序，被中华全国总工会授予

全国模范职工小家荣誉称号。

2008 年 7 月,国家林业局副局长李育材被聘为经济管理学院名誉院长。李育材副局长历任山东省林业厅厅长、林业部综合计划司司长、林业部副部长等职,是北京大学环境管理博士、博士后,在林业方面有着丰富的理论和实践经验。

(马 娟 陈建成)

工 学 院

【概 况】 北京林业大学工学院(School of Technology),原为北京林学院森工系,成立于 1958 年。1959 年林业与木工机械专业开始招生。1991 年更名为森林工业学院,2001 年更名为工学院,2002 年 11 月改建成立工学院。2008 年,学院设有机械设计制造及其自动化、自动化、车辆与交通工程、工业设计 4 个系和林业工程装备与技术实验教学中心,设有机械工程、自动化、电气工程及其自动化、交通工程、车辆工程、工业设计 6 个本科专业。学院拥有机械设计及理论和森林工程 2 个二级博士授予权学科、机械制造及其自动化、车辆工程、机械设计及理论、机械电子工程、控制理论与控制工程、森林工程 6 个硕士授予权二级学科和林业工程 1 个博士后流动站。具有工程硕士(机械工程领域)专业学位授予权。

2008 年,工学院有在职教工 72 人,其中:专任教师 51 人,在专任教师中,博士生导师 7 人,教授 12 人,副教授 14 人。具有博士学历的教师 28 人。

2008 年,工学院毕业学生 394 人,其中:研究生 27 人(博士生 1 人,硕士生 26 人),本科生 367 人。招生 498 人,其中:研究生 39 人(博士生 16 人,硕士生 35 人),本科生 359 人。在校生 1517 人,其中:研究生 117 人,(博士生 16 人,硕士 101 人),本科生 1400 人。

【学科建设】 学院设有二级博士授予权学科 2 个:机械设计及理论和森林工程,其中森林工程学科为北京市重点学科;二级硕士授予权学科 6 个:机械制造及其自动化、车辆工程、机械设计及理论、机械电子工程、控制理论与控制工程、森林工程。设有林业工程(森林工程方向)1 个博士后流动站。

2008 年,森林工程学科被正式被批准为北京市重点学科。森林工程学科作为林业工程一级学科群的一部分被列为北京林业大学三期"211 工程"建设内容。

【教 学】 2008 年,完成 2002 版教学计划修订,形成 2007 版教学计划;编写和修订 389 门课程大纲,并已印刷成册;设计、论证和总结完善"认识实习、工程图测绘实验、机械 CAD 课程设计周"等新的教学环节。

2008 年,工学院承担校级教学改革项目 5 项,其中重点资助项目 2 项,校级精品课程建设 1 项,校级优秀团队建设 1 项,校级教材建设 1 项。《高等林业院校机电类专业创新性人才培养体系的研究与实践》获北京市教育教学成果奖(高等教育)二等奖。申请大学生创新性实验计划国家级 4 项,市级 2 项,校级 13 项。参加学生科技活动 6 项,进入北京市机构创新设计大赛参赛项目 4 项,获二等奖 1 项,三等奖 2 项,其中两项已申报专利。2008 年 6 月,工学院首次组队参加了 2008 年亚太大学生机器人大赛国内选拔赛,并进入 32 强,北京林业大学是唯一参赛的林业院校。

2008 年,车辆工程专业开始招生。共招收 3 个班,总计 90 人。

2008 年,工学院组织申报 2009 年教育部修购项目,认真做好申报 2009 年北京市农林工程类实验教学示范中心的准备工作。

【科研工作】 2008 年,工学院院教师撰写各类项目申报书 36 份(国家级 13 份,省部级 21 份)。获得国家自然科学基金项目 1 个,国家林业公益行业专项 1 个,"948"项目 2 个、子项目 1 个,北京市教委项目 1 个,学校新教师科研启动基金

2 个，新增纵向科研经费 707 万元。全年在研项目达到 32 个，承担的科研总经费达 2020 万元。本年度申报专利 12 项，已获得授权专利 3 项，教师在国内外期刊发表论文 74 篇，其中被 SCI、EI、ISTP 收录 15 篇，核心期刊 59 篇；发表科技专著 7 部。

【实验室建设】 工学院林业工程装备与技术实验教学中心于 2005 年成立，面积 3474 平方米，设备总资产价值 2000 万元。实验教学中心设有基础实验实习教学部、装备与技术专业实验教学部和科研开发部，是集实践教学、科学研究和产品开发于一体的人才培养基地，为相关学科和专业博士、硕士、工程硕士和本科人才的培养提供了保证。林业工程装备与技术实验教学中心始建于 1958 年，前身是成立于 1958 年的林业机械实验室和林用车辆实验室。在国家"211 工程"和"教育振兴计划"等重大项目支持下，快速发展，已逐步形成了设备齐全，技术先进，功能完善的实验与实习教学中心。其中，基础实验实习教学部设有力学实验室、机械测试实验室、电子技术实验室、电工学实验室、液压与气压技术实验室，形成了工学基础课程的保障体系。装备与技术专业实验教学部设有林业机器人创新实验室、园林机械性能及地表性能测试实验室、林火监测与扑救技术装备实验室、木材性能检测与林木无损检测实验室、林业精确灌溉控制技术实验室、生物质材料成型与综合利用技术实验室、林用车辆性能检测实验室等教学研究型实验室，成为培养高层次人才和开展科学研究的支撑体系。科研开发部是立足林业、面向全国和服务首都的科研产品开发及推广应用的科研教学研究中心。科研开发部于 2007 年成立了林用机器人研究与推广中心、生物质材料成型与综合利用技术推广中心和木质材料及活立木无损检测技术推广中心。

2008 年在实验室建设方面，继续完成 2007 年 680 万元现代林业工程（装备与技术专业实验教学部）的仪器设备调试和验收工作，改善了部分实验室的工作和环境，修理和补充了部分实验室的仪器设备，提高了实验教学中心的教学与科研开发质量。

【党建工作】 2008 年，工学院设有党支部 13 个，其中教师党支部 4 个，学生党支部 9 个。党员 181 人，其中：教工党员 37 人，学生党员 144 人。本年度新发展党员 51 人。

2008 年，工学院党委定期开展二级中心组学习，提升中心组成员理论素养，共组织两次二级中心组学习，学习的内容分别为科学发展观专题、十七届三中全会精神解读。学习形式灵活，包括集中学习、座谈、讨论等，学院党委在充分总结 2007 年党建评估工作的基础上，巩固成果、创新模式，注重加强组织建设、思想建设、作风建设，根据学院发展需要，对教工党支部进行了调整，对教工支部的书记、支委进行改选，按系设立支部，使支部的工作与学院的行政工作有效结合起来。在廉政建设方面，学院严格执行院务公开制度，坚持重大问题必须交由学院教代会、工会讨论。

在学习十七大精神期间，学院党委组织各基层支部开展知识竞答、举办学习讲座、观看十七大录像、参加实践和学习讨论等活动。系统学习了《中共中央关于推进农村改革发展若干重大问题的决定》、《胡锦涛在全党深入学习实践科学发展观活动动员大会上的讲话》、《抗震救灾英雄教师先进事迹》等重要文件。

2008 年，工学院党委组织全院党员以"特殊党费"的形式支援四川汶川地震灾区，同时组织志愿者分队深入灾区，直接参与到抗震救灾和灾后重建等各项工作中。

【学生工作】 2008 年，本科生评优工作中，工学院 2 人被评为北京市三好学生，7 人被评为校级三好学生；获北京市先进集体 1 个，获北京林业大学先进班集体 7 个；共评出国家奖学金、宝钢奖学金、优秀学生奖学金和冠林助学金等奖、助学金共 1014 人次，其中 52 人获国家奖学金，1 人获宝钢奖学金；学生科技创新大赛获北京市二等奖 1 项奖，三等奖 3 项；获北京林业大学社会实践优秀团队 5 支，社会实践优秀论文 13 篇；在 2008 年北京奥运会和残奥会中，工学院共有 83 名奥运会志愿者、98 名残奥会志愿者和 89 名城市志愿者参与服务，其中：1 人获奥组委优秀志愿者奖，10 人获奥组委先进个人奖，2 人获海淀区优秀城市志愿者奖，20 人获北京林业大学

优秀志愿者奖，41人获北京林业大学先进个人奖；研究生评优工作中，1人被评为北京林业大学优秀研究生标兵，3人被评为北京林业大学优秀研究生，4人被评为北京林业大学优秀研究生干部，6人被评为北京林业大学研究生社团积极分子，2人被评为北京林业大学研究生文体活动积极分子，6人获北京林业大学研究生学习优秀奖，1人获北京林业大学研究生学术创新奖。

2008年，学生活动以服务奥运、改革开放30周年、50年院庆、新农村建设、抗震救灾等为主题，开展了学习十七大、纪念改革开放30周年和院庆50周年等团日、学术和社会实践等活动。举办了"力士杯"拔河赛、"森工杯"足球赛、"挑战杯"篮球赛、"风之彩"十大歌手赛、"工学讲堂"等活动；共组织9支社会实践队伍，全院600余人参与其中，收到社会实践论文314篇，获校级资助团队1个。

2008年，工学院院2006级学生四级通过率达到84.5%，其中两个班四级通过率达到100%。

2008届本科毕业生签约率为77.5%，就业率93.8%，研究生签约率为81%，就业率90.5%。推免研究生共48人，其中留校就读研究生21人，占总人数44%，达到历年最好水平。

【对外交流】 2008年，学院共接待来自英国、美国、日本3个国家共4人次的专家来访，进行学术交流活动，他们分别为工学院师生作专题学术报告。其中，2008年5月，英国爱丁堡纳皮尔大学John Moore博士了英国木材性质研究概况的学术讲座；2008年9月，日本山梨大学工学部部长铃木嘉彦先生作了环境生态学的学术讲座；美国林产品实验室John F. Hunt博士作了近红外光谱分析的应用和分析步骤的学术讲座。

本年度先后有3人次派往美国、德国、加拿大等国家参加科研合作、学习考察和国际会议，其中参加科研课题资助出国开展科研合作研究1人次、参加国际学术会议2人次，参加国内召开的国际学术会议5人次。提交论文8篇。

（葛东媛 于文华）

【重要事件】 2008年10月12日，工学院与材料学院共同举办"森工50年"院庆活动。当日，两院共同召开"森工50年"庆祝大会，校党委书记吴斌教授、校长尹伟伦院士分别为院庆致辞，学院领导、校友代表、老教师代表先后讲话。共有500多名校友参加庆典活动。活动期间，新老校友共同参加了游校园、校史展、与在校生座谈等活动，"忆50载风雨历程，话半世纪森工情深"，回顾辉煌、畅想未来，感受学院50年发展的风雨历程和丰硕成果。

（工学院由葛东媛、于文华撰稿）

材料科学与技术学院

【概　况】 北京林业大学材料科学与技术学院（College of Material Science and Technology）成立于2002年11月，前身是1958年成立的北京林学院森林工业系，主要由林业工程一级学科和设计艺术学二级学科组成。截至2008年，材料学院设木工系、化工系、艺术系、实验管理中心及木质材料科学与应用教育部重点实验室、林业生物质材料与能源教育部工程中心、木材科学与木质材料科学与应用北京市重点实验室、木材科学与技术北京市实验教学示范中心。学院设木材科学与工程、林产化工、艺术设计、包装工程4个本科专业，木材科学与工程、家具设计与制造、包装工程、林产化工、制浆造纸、环境艺术设计、装潢艺术设计7个本科专业方向，拥有木材科学与技术、林产化工、设计艺术学3个硕士学位授权点、木材科学与技术，林产化工2个博士学位授权点、林业工程学科博士后流动站。拥有木材科学与技术国家重点二级学科、林业工程北京市一级重点学科、林产化学加工工程北京市及国家林业局重点学科，以及木材科学与技术、林产化学加工工程"211工程"重点建设学科。

2008 年，学院有教职工 92 人，其中专任教师 76 人。专任教师中，博士生导师 12 人，教授 16 人，副教授 21 人，其中具有博士学历的教师 47 人。毕业学生 468 人，其中：研究生 51 人（博士生 8 人，硕士生 43 人），本科生 417 人。招生 446 人，其中：研究生 78 人（博士生 8 人，硕士生 70 人），本科生 368 人。在校生 1735 人，其中：研究生 217 人（博士生 24 人，硕士生 193 人），本科生 1518 人。 （王　楠　杨永福）

【学科建设】 材料学院现有林业工程一级学科 1 个，其中包括木材科学与技术、林产化学加工工程 2 个二级学科博士点，木材科学与技术、林产化学加工工程和设计艺术学 3 个硕士点。

木材学专家申宗圻教授和林业机械专家顾正平教授等老一代学者为林业工程学科建设奠定了坚实的基础，学科研究内容几乎覆盖林业工程一级学科的各个领域。近 5 年来，共招收了 255 名博士和硕士研究生，授予博士和硕士学位 119 人，博士研究生论文曾获北京市优秀博士论文和全国百篇优秀博士论文。近 5 年发表学术论文 583 篇，46 篇被 SCI、EI 和 ISTP 收录。

学科具有一支结构合理、国内外有一定影响、富有创造力的学术队伍，长江学者特聘教授 1 人，国务院学位委员会林业工程学科评议组召集人 1 人，另外还有 10 多人在林业工程相关学会担任正副理事长、常务理事和理事；在国际上，有 5 名教授任联合国环境开发署独立咨询专家。

林业工程一级学科通过多年的建设和发展，已经成为我国林业领域的高级人才培养基地和承担国家和部门各类课题的科学研究中心。特别是"九五"以来，该学科被列入国家"211 工程"重点建设学科，获得仪器设备总经费投入达 3000 万元，显著改善该学科的软硬件条件。"十一五"期间，学校继续重点建设该学科，为学生培养和科学研究提供了强有力的保障。 （王　楠　赵广杰）

【教学工作】 2008 年，材料学院教学工作的基本思路是全面开展本科质量工程建设，深化教学改革和教学方法研究，目标是提高课堂教学质量，力争专业建设、课程建设、教学内容、教学方法的改革和实践上一个新台阶，重点抓教风和学风建设。

全年组织 2 次教师座谈会，5 次学生座谈会，充分掌握教学实际。进行 8 次教学观摩，增进教师交流，提高教师特别是青年教师教学水平。支持了多位青年教师参加全国性教学改革研究学术会议。鼓励教师申报各级教改立项，向学校申报 9 项，获批 4 项，2 项教改成果代表学校申报北京市教改成果奖。3 部教材申报学校教材立项，获批 2 项。学生培养方面，1 名大学生科研项目代表学校参加全国性大学生科研交流，5 件设计作品分别在全国不同类型设计比赛中获奖。 （王　楠　丁密金）

【科研工作】 2008 年，材料学院共有 11 个课题立项，其中高等学校学科创新引智计划重点项目课题 1 个、国家自然科学基金项目 3 个。科研经费 1000 多万元。获授权发明专利 7 项。发表科技论文 200 多篇，SCI 收录 23 篇，EI 收录 9 篇，ISTP 收录 4 篇。2 人被评为教育部新世纪优秀人才，1 项北京市发明专利奖，获梁希青年论文奖一、二等奖各 1 项，1 篇论文被评为北京林业大学优秀博士论文。

2008 年，材料学院举办木质生物质材料与能源高层论坛，多名院士参与并作主题发言。承办第一届非物质木文化国际研讨会。 （王　楠　李建章）

【实验室建设】 2008 年，木质材料科学与应用实验室被认定为教育部重点实验室，获建木材科学与技术北京市实验教学示范中心，批准建设林业生物质材料与能源教育部工程中心。

木材科学与技术学科主要有木材科学、木材干燥、木工机械与刀具、木材加工工艺、胶黏剂、包装工程 7 个实验室。林产化学加工工程学科主要有植物资源化学、生物质能源转化工程、制浆造纸及性能检测、木材化学、化工原理、精细化工、污水处理 7 个实验室。设计艺术学学科主要有材料艺术、装饰艺术、装潢设计、摄影 4 个实验室。截至 2008 年底，材料学院实验室总面积 3500 平方米，校外教学实习基地 15 个，专业期刊资料室 1 个，仪器设备总值 3000 余万元。2008 年 5 月 8 日，木质材料科学与应用教育部重点实验室通过专家组论证，正式立项建设。 （王　楠　高建民）

【党建工作】 2008 年,材料学院党委共有 14 个党支部,其中:教师党支部 4 个,学生党支部 10 个。党员 329 人,其中:教师在职党员 54 人,学生党员 273 人,入党积极分子 445 人。2008 年发展党员 113 人。

材料学院党委通过学习党的十七大及十七届三中全会精神,学习胡锦涛同志在抗震救灾先进基层党组织和优秀共产党员代表座谈会上的讲话以及抗震救灾先进事迹,观看《为奥运奉献、为党旗增辉》光盘等形式开展学习宣传,进一步提高党员队伍素质,充分发挥党员先锋模范作用。

各支部加强和改进对支部党员的经常性教育和管理,严格执行发展党员公示制、票决制,认真地做好党员发展和转正工作,保证了党员质量,并坚持召开民主生活会,深入开展批评与自我批评。开展形式多样、内容丰富的支部特色活动,突出材料学院支部活动的特色和创新。

在党校学员的培养方面,共有 77 人参加了业余党校提高班的学习,结业 73 人;共有 204 人申请业余党校初级班的学习,通过理论学习,开展讨论,社会实践活动等多种方式,对学员进行培养和考核。通过聘请学院优秀的学生党员作为党校辅导员,对党校学员的讨论活动和社会实践活动进行指导,言传身教,收到了很好的效果。为每个新生班级配备党员辅导员,从思想、学习、工作以及生活等各方面为新生提供关心和支持。

另外,充分发挥由学生入党积极分子组成的启明星协会的作用,开展了"启明星时政我知道"等活动,通过购买和学生捐赠方式丰富了信仰图书角藏书,为学生提供了图书借阅平台。

(薛凤莲 杨永福)

【学生工作】 2008 年,材料学院学生工作的总体思路是以维护安全稳定、促进优良学风院风、构建和谐学院为主题,结合学院专业特色和学生的具体情况开展各项工作,促进大学生的全面成长成才,工作重点是团总支改制、学风建设、奥运志愿者工作、就业服务、科技创新活动,启动家长工程建设和学风督导工程,采用辅导员、班主任、学生干部三级联动的措施,抓好学生会、社团联合会、科协、职业发展中心、启明星协会等学生组织的建设,举行了主题团日活动、优秀团支部评比、舍歌大赛、奥运志愿者慰问、志愿精神座谈、年度评优表彰、北京高校材料学院联盟、艺术作品长廊展览、"材料杯"系列的学生体育比赛、心理健康月、就业指导月、防火安全宣传月等活动,开展了特色活动 10 次,1 万余人次的学生参与,通过这些活动活跃了学院学生的课余文化生活,凝聚了学生的力量,提高了学院的学风。 (蒋 玮 倪潇潇)

【对外交流】 2008 年,学院共接待国外 6 个国家 10 人次来访,派出参观访问交流 3 个国家 15 人次。举办国际学术会议两次,参加会议 78 人次,提交论文 105 篇,签署了合作意向 2 项,在科学研究、研究生培养、短期讲学等方面取得了进展。

2008 年 5 月 19 日,材料学院特邀国际著名光化学科学家藤岛昭教授来校作学术报告,并聘请其为北京林业大学名誉教授。藤岛昭先生系国际著名光化学科学家,中国工程院外籍院士,日本东京大学终身名誉教授。

(王 楠 赵广杰)

生物科学与技术学院

【概 况】 北京林业大学生物科学与技术学院(College of Biological Sciences and Biotechnology)于 1997 年在国家理科基础研究与教学人才培养基地(简称国家理科基地)基础上组建而成。学院设有植物科学、动物科学与微生物、生物技术、生物化学与分子生物学系及食品科学与工程 5 个系,显微和良繁 2 个中心。设生物科学(理科基地班)、生物技术和食品科学与工程 3 个本科专业,拥有植物学、林木遗传育种学、野生动植物保护与利用、生物化学与分子生物学、微生物学 5 个博士学位授予权学科，及 7 个硕士学位授予权学科。

2008 年，学院在职教工 87 人，其中专任教师 64 人。专任教师中，中国工程院院士 1 人，长江学者讲座教授 1 人，教授 22 人（其中博士生导师 16 人），副教授 30 人。承担总理基金研究项目、国家重大基础研究"973"、高新技术"863"、国外农业先进科学技术引进"948"、国际科技合作、国家科技攻关和国家自然科学基金重点与基础项目数 10 项，获得国家和省部级科技进步奖 20 多项。

2008 年，学院毕业学生 295 人，其中：研究生 98 人（博士生 25 人，硕士生 73 人），本科生 197 人。招生 289 人，其中：研究生 136 人（博士生 31 人，硕士生 105 人），本科生 153 人。在校生 1085 人，其中：研究生 395 人（博士生 94 人，硕士生 301 人），本科生 690 人。

【学科建设】 生物学院有林木遗传育种、植物学、野生动植物保护与利用 3 个国家重点学科、国家理科基地、生物学博士后流动工作站、生物学一级学科博士学位授予权。有植物学、林木遗传育种学、野生动植物保护与利用、生物化学与分子生物学、微生物学 5 个学科的博士和硕士学位授予权。有细胞生物学、农产品加工与贮藏工程学科的硕士学位授予权。承担着国家与部门重点学科、"211 工程"、理科基地和部门重点实验室建设和生命科学及其相关高新科学技术、基础研究与教学人才培养任务。

2008 年，学院新增微生物博士点和细胞生物学硕士点两个学科。林木遗传育种学科成功申报林木育种国家工程实验室。

在"211 工程"三期中，学院立项两个：木本植物生长发育与逆境生物学、林木育种分子基础与良种工程，总建设经费 1068 万元。野生动植物保护与利用作为支撑学科，参与全球变化背景下森林及湿地生态系统保护项目，项目经费 448 万元。植物学科申请到学科建设项目 1 个，总经费 650 万元。

2008 年，学院共引进博士及博士后人才 3 人，从国外直接引进三级教授 1 人，推荐学校破格晋升教授 1 人。

【教学工作】 2008 年，学院组织 4 部教材参加校级教材建设立项，其中，食品工艺学和植物生理学获校级精品课程立项，经费 3 万元；树木学精品课程获教育部"质量工程"支持，经费 6 万元。发酵工程、生物化学通过校级精品课程结题验收。在申报的 2007 年度校级优秀教学成果奖中，获校级二等奖 2 个，校级三等奖 2 个，校级优秀奖 3 个，组织申报北京市教育教学成果奖 1 个。出版《树木学》等"十一五"规划教材。

2008 年，生物科学专业获教育部第三批本科特色专业建设项目，经费 20 万元。创新型实践教学方法在食品科学与工程专业人才培养方面的改革与实践获批校级专业建设立项，经费 2 万元。学院理科基地完成 8 种外文原版教材的购置工作。组织召开理科基地教学研讨会，进行了国家人才培养基金项目子项目的结题和中期汇报。

学院拓展实践教学空间，丰富实习内容。2008 年，生物学专业学生的生物学综合实习地点为烟台昆嵛山、云南西双版纳和内蒙古大学，之前组织教师进行实地考察和制定实习计划，取得满意的实习效果。

2008 年，学院共选派 10 名骨干教师参加骨干教师培训班或全国性教学研讨会。赴国外访学教师 6 名，学成回国 1 名。结合两次期中教学检查，学院组织教学观摩课程 3 门次，每学期每位教师及管理人员至少听课 1 次。召开师生座谈会 4 次。学院结合期中教学检查，通过听课、观摩、学校督查、学生评价及教学基本功比赛，不断提高青年教师的教学水平。2008 年，植物生物学教学团队获批学校优秀教学团队，经费 5 万元。

2008 年，树木学精品课程获批教育部"质量工程"，"创新型实践教学方法在食品科学与工程专业人才培养方面的改革与实践"获批校级专业建设立项。张德强获北京市师德先进个人。

【科研工作】 2008 年，学院获国家科技进步二等奖 1 项。组织申报国家、省部级科研项目共 62 个，其中，国家自然基金获准 11 个、经费共计 280 万元；省部级科研项目获准 9 个、经费共计 217 万元；其他项目 1 个。截至 2008 年，在研项目总数达 106 个，经费 3115 万元，其中：

国家自然科学基金31个、省部级46个、横向课题29个。

2008年，学院标志性科研成果有新突破：共取得科研成果20项，获奖成果1个。其中：自然科学基金项目结题12个，科技部农业科技成果转化资金项目验收2个，国家林业局"948"项目验收1个，申请专利6个。2008年，在各级各类学术刊物共发表论文98篇，其中被SCI、EI、ISTP收录20篇、核心期刊论文78篇。

学院加强学生科研训练工作，开展学生创新研究项目的申请、答辩、审批及立项工作，共立项20个。申请学校国家大学生创新计划，获批4个，经费合计9.2万元。申请大学生科研训练项目16个，经费合计3万元。

【实验室建设】 2008年，学院科研平台建设取得新突破。配合学校有关部门，完成部分实验室的搬迁、仪器设备调试和管理工作。修理或更换专业楼7个教学实验室的窗户，改善组培实验室的工作和卫生环境，及时修理和补充部分教学实验室的仪器设备，提高了实验教学质量。

【党建工作】 2008年，生物学院党委共有23个党支部，其中教工党支部6个，学生党支部17个。共有党员287人，其中在职教工党员59人，学生党员228人（本科生52人，研究生176人）。新发展党员50人。

4月，学院党委与行政、工会一起组织全院教职工参观庐山会议会址，了解我国社会主义事业建设过程中的困难。下半年，学院党委组织全院教职工到天津考察中国改革开放30年的成就。

坚持两周一次的组织生活制度。上半年，学院分党委利用组织生活时间，安排各党支部组织党员学习《胡锦涛在纪念周恩来诞辰110周年座谈会上的讲话》、《胡锦涛在北京大学师生代表座谈会上的讲话》、《抗震救灾英雄教师先进事迹》等材料。下半年，院党委组织党员学习党的十七届三中全会通过的《中共中央关于推进农村改革发展若干重大问题的决定》、《胡锦涛在全党深入学习实践科学发展观活动动员大会上

的讲话》等重要文件。在学习十七大精神期间，院团委组织20多个基层团支部、宿舍团小组通过开展参观、座谈、观看教育影片、海报宣传、义务劳动等形式进行理论学习和实践活动。2008年，学院党委被评为校先进基层党组织。

【学生工作】 2008年，生物学院本科生获奖情况如下：获美国数学建模成功参赛奖5人，2008年全国大学生英语竞赛全国一等奖1人、二等奖2人、三等奖6人，2008年"高教社杯"数学建模竞赛北京赛区甲组二等奖4人，北京市优秀班集体1个，国家奖励20人，学校奖励226人，北京林业大学理科生物学基地奖学金16人，被评为校优良学风班集体4个。在"院系杯"羽毛球赛中，学院获团体第三名。学院获"五月的花海"合唱比赛三等奖和健美操大赛第五名。

研究生获奖情况：获学校奖励88人，校优秀班集体2个，院优秀班集体2个，有4人发表的论文被SCI和EI收录。博士生服务团到北京市怀柔区大棚子村，用专业知识为农民答疑解难，促进当地经济发展，被评为北京市优秀社会实践团队。

【对外交流】 生物学院鼓励学科教师组织和参加国内外学术会议。2008年，野生动植物保护与利用、植物学、林木遗传育种学科举办过多次学术交流会议。2008年10月，学院协助国际合作处，承担第二十三届国际杨树大会的部分会务及组织工作。12月，学院主办首届中国雁鸭类保护与监测网络国际研讨会，由国家林业局野生动植物保护司资助，来自美国、俄罗斯、韩国、日本和蒙古的十几位外国专家，以及来自30多个保护区、科研院所及高校的90多名国内代表参加了会议。

【学院大事】 在南方雨雪冰冻灾害、汶川大地震灾害期间，生物学院利用救灾过程中涌现出的典型模范事迹教育学生增强爱国主义、集体主义，组织全院学生奉献爱心，安抚和帮扶受灾地区生源学生。由学院经手募集到的各班级、社团学生自发捐款20 952.5元，来自74名教职工捐

款15 950元。

在服务北京奥运会期间，共有320名学生参与奥运志愿服务。在学校奥运会残奥会表彰中，获首都奥运工作先进集体1个，首都高校奥运工作优秀学生干部1人，首都高校奥运工作优秀学生组织指导教师1人，特殊贡献奖称号10人，优秀志愿者称号20人，先进个人40人，其中餐饮业务口服务团队和城市志愿服务北京植物园站点获优秀团队称号。学院被评为优秀组织奖铜奖。

（生物科学与技术学院由樊新武、周伯玲撰稿）

信息学院

【概　况】　北京林业大学信息学院(School of Information Science and Technology)成立于2001年，设有信息管理与信息系统、计算机科学与技术、数字媒体艺术、动画4个本科专业。拥有计算机应用技术、计算机软件与理论、管理科学与工程、森林经理学信息管理方向、设计艺术学景观动画方向5个硕士点，林业装备工程、森林经理学信息管理方向两个博士点。

学院下设信息教研室、计算机软件教研室、数字媒体教研室、网络教研室、计算机实验教学中心5个二级教学单位，拥有设备先进的网络与操作系统实验室、数字媒体实验室、软件综合实验室、用友ERP实验室和开放实验室。计算机实验教学中心于2007年被评为北京市实验教学示范中心。

学院拥有一支优秀的科研团队，近年来承担了"十一五"国家科技支撑课题项目、国家自然科学基金项目、国家"863"计划项目、地理信息系统应用、企业信息管理系统、森林资源管理信息系统研究、森林经营决策支持系统的研制开发、数字林业公共平台、数字化森林生态站平台构建等国家级、省部级和横向课题数十项，获得多项国家级、省部级科技奖。

学院积极鼓励教师参加教学改革研究工作，近5年共主编、参编教材65部，其中5部被评为北京市精品教材。主编"十一五"国家级规划教材8部，主持和参加教改课题43项，获北京市教学改革成果一等奖1项。

截至2008年底，学院共有教职工62人，其中：专任教师46人，高级实验室师2人，副研究员1人。专业教师中博士生导师4人，教授6人，副教授14人，其中具有博士学位的教师28人。2008年毕业生261人，其中：研究生46人（博士生2人，硕士生44人），本科生215人。招生320人，其中：研究生52人（博士生8人，硕士生44人），本科生268人。在校生1085人，其中：研究生151人（博士生20人，硕士生131人），本科生934人。　　（赵　威　刘宏文）

【学科建设】　学院拥有二级学科博士培养方向二个：森林经理（信息管理方向）、林业装备工程（林业信息化）。二级学科硕士点3个：计算机软件与理论、计算机应用技术、管理科学与工程。二级学科硕士培养方向2个：设计艺术（景观动画技术方向）、森林经理（信息管理方向）。2008年学院新增硕士生导师1人，教授1人，副教授1人，共有硕士生导师20人，博士生导师4人。　　　（聂丽萍　黄心渊）

【教　学】　2008年，学院教学工作的基本思路是在顺利推进日常教学及教学管理工作的前提下，大力加强本科质量工程建设工作，进一步提高学院本科教学的质量和水平，重点抓好本科教学研究与改革工作，深入推进教学研究与改革立项、精品课程建设、教材建设、教学团队建设、实验室建设、大学生科研训练计划、制定教学工作奖励暂行办法等工作。

2008年，学院共申请到各类校级教学研究与改革课题23项，总计金额20.5万元。其中：优秀教学团队建设项目1项，专业建设1项，精品课程建设项目1项，教学改革研究课题7项，国家大学生创新性实验计划项目4项，北京林业大学大学生科研训练计划项目9项。

学院一贯重视年轻教师教学能力培养工作，

2008年共组织年轻教师教学水平培训会10次，组织学院年轻教工观摩兄弟院校高水平教学基本功演示6场，制定《北京林业大学信息学院教学工作奖励暂行办法》，鼓励教师积极参与教学活动。2008年11月举办了信息学院教学基本功比赛，全院40岁以下青年教师全部参加比赛，8名教师晋级决赛。

《计算机网络安全基础(第3版)》获2008年度普通高等教育精品教材称号；《面向对象的程序设计语言——C＋＋(第2版)》评为2008年北京高等教育精品教材。出版"十一五"国家级规划教材两部，分别为《3ds Max三维动画教程》和《Visual C＋＋程序设计》。

（马晓亮　陈志泊）

【科研工作】 2008年学院到位科研经费共84万元，其中：纵向经费40万元，横向经费44万元。科研立项项目8个，其中：国家自然科学基金项目1个，"973"子项目1个，省部级项目6个。

2008年，学院共承担"十一五"科技支撑子项目1个，"863"项目1个，"973"课题子项目两个，国家自然科学基金项目两个，省部级项目8项，软件著作权登记两项。2008年共发表论文30篇，其中：SCI收录3篇，EI收录8篇，ISTP收录2篇。

（聂丽萍　黄心渊）

【实验室建设】 学院2008年按照北京市计算机实验教学示范中心建设的目标和要求，新建嵌入式系统实验室和计算机组成原理实验室，扩建了网络实验室，增加3套路由交换器，扩建了数字媒体实验室，增加了30套数位板，使数位板的数量增加至60套。 （马晓亮　陈志泊）

【党建工作】 2008年，信息学院党委共有17个党支部，其中：教工党支部5个、学生党支部12个。党员214人，其中：在职党员37人、学生党员177人，全年共发展党员68人，其中：本科生59人、研究生9人、积极分子383人。

在2008年学校"七一"表彰中，信息学院党委获北京林业大学先进基层党组织荣誉称号，郑云获北京林业大学优秀共产党员荣誉称号。学院党委同时也开展了评优表彰活动，评出优秀党支部2个、优秀党务工作者1名、优秀党支部书记3名、优秀共产党员5名、优秀支委3名、优秀联系人5名。

2008年10～12月，按照北京市委教育工委、学校党委相关要求，学院完成了党员数据库基本建设，将学院全部党员、积极分子共计577人数据采集、录入至北京市教育工委组织部数据库。

（杨伟杰　刘宏文）

【学生工作】 2008年，学院学生工作以"进一步深化大学生思想政治教育"为主线，以"规范辅导员岗位职责与奖励机制"为突破口，以"倡导爱国主义、弘扬红色经典、传承传统文化"为特色活动，将工作重心放在帮扶大学生就业上，学生德育工作取得一定进展。

2008年，学院学生在各领域屡获奖项，其中：全国大学生数学建模大赛北京市一等奖1人，二等奖3人。全国大学生英语竞赛二等奖6人，三等奖5人。北美数学建模荣誉奖3人。北京市大学生"挑战杯"二等奖、"梁希杯"企业策划大赛一等奖各1项。获北京市三好学生1人。北京市优秀学生干部1人。首都高校优秀基层团干部1人。国家奖学金9人。国家励志奖学金23人。新生专业特等奖学金3人。家骐云龙奖学金1人。北林阳光自立之星1人。北林勤工俭学之星2人。金光集团黄奕聪奖学金1人。优秀学生一等奖学金11人，二等奖学金68人，三等奖学金103人。三好学生67人。优秀学生干部74人。社团单项奖学金18人。学术优秀奖学金12人。文体优秀奖学金3人。学习进步奖学金13人。其他奖学金2人。2008年暑期社会实践校级先进个人1人。暑期社会实践校级优秀论文一等奖3篇，二等奖3篇，三等奖2篇。暑期社会实践校级项目1支，院级项目2支。北京市优秀志愿者2人，北京市志愿者先进个人18人，首都教育系统奥运工作优秀学生1人，首都高校奥运工作优秀学生干部1人，海淀区优秀志愿者2人，校奥运会、残奥会志愿者特殊贡献奖10人，校志愿者先进个人48人。首都先锋杯团支部1个，校级优良学风班5个，校先进班集体1个。学习进步奖2项，外语鼓励奖3项，数学鼓励奖6项，外语单项奖5项。校第三届学生记者基本功擂台赛中获得优秀组织奖，校学生乒乓球比赛女子团体第三名，学生足球联赛B组第一名，校 2008 好运北京系列测试赛优秀组织奖，校奥运会、残奥会志愿者工作优秀组织奖，校田径运动会女子团体总分第五名，校田径运动会精神文明奖。获优秀研究生标兵 1 人，优秀研究生 5 人，学习优秀奖 5 人，学术创新奖 1 人，优秀研究生干部 10 人，文体活动积极分子 5 人，社团活动积极分子 1 人，"爱林"校长奖学金 10 人，

先进班集体 1 个。 （闻 亚 任忠诚）

【对外交流】 2008 年，学院积极拓展国际交流与合作，外国专家学者应邀来访交流 5 次，学院出访或出国参加国际学术会议 3 人次。

（聂丽萍 黄心渊）

人文社会科学学院

【概　况】 北京林业大学人文社会科学学院（College of Humanities & Social Sciences）源于建校之初的政治教研室，于 2001 年正式成立。学院下设法学系、心理学系和社会科学部，有法学、心理学 2 个本科专业，有公共关系与市场营销、法学两个辅修专业。社会科学部承担全校本科生、硕士生和博士生的思想政治理论类公共课教学，并面向全校学生开设人文素质类选修课 35 门。社会科学部下设 5 个教研室，分别是马克思主义原理教研室、毛泽东思想和中国特色社会主义理论教研室、中国近现代史教研室、思想道德修养与法律基础教研室和文学艺术教研室。学院从 2007 年开始，为森林培育学科（林业史方向）培育博士生。学院有科学技术哲学、马克思主义基本原理、思想政治教育、法学理论、应用心理学和行政管理 6 个硕士点。设有北京林业大学生态文明研究中心暨国家林业局生态文明研究中心，下设 5 个研究所，分别为生态环境政策与公共管理研究所、生态法制研究所、生态心理研究所、公共关系文化传播与应用研究所和网络文化研究所。2004 年建立的北京林业大学人文社会科学学院实验中心，有法学模拟法庭和系列心理学实验室。学院科研经费近年呈加速增长趋势，开始由教学型学院向教学研究型学院转变。2004 ~ 2008 年，学院承担各类课题 67 项，其中：国家级课题 5 项，省部级课题 22 项，到账经费 730 万元。

2008 年，学院在职教职工 58 人，其中：专任教师 49 人，硕士生导师 19 人。教授 6 人，副教授 25 人，其中：具有博士学位教师 35 人，硕士学位 14 人。2008 年新进教师 4 人，均具有博士学位。

2008 年，学院毕业学生 230 人，其中：硕士研究生 31 人，本科生 199 人；招生 242 人，其中：博士生 4 人，硕士生 64 人，本科生 174 人；在校生 822 人，其中：研究生 157 人（博士生 8 人，硕士生 149 人），本科生 665 人。

（杨冬梅 于翠霞）

【学科建设】 学院有二级学科硕士点 6 个：科学技术哲学、马克思主义基本原理、思想政治教育、法学理论、应用心理学和行政管理。2008 年年初完成各学科岗位聘任工作，制定绩效考评指标，明确各位教师学科发展方向。实施研究生培养机制改革，完成 6 个学科新培养方案编制工作。2008 年度硕士、博士研究生招生 68 人，比 2007 年增加 11 人。学院开始招收高校教师在职攻读硕士研究生和农业推广生态文明建设方向的硕士研究生。聘请国家林业局科技司司长张永利教授、清华大学哲学系卢风教授为科学技术哲学学科兼职教授。

2008 年，学院新增教授 2 人，副教授 9 人。

（杨冬梅 于翠霞）

【教学工作】 2008 年，学院在教学研究改革工作立项方面具体情况如下：获校级优秀教学成果二、三等奖各 1 项；教学立项，获校级专业建设 1 项，校级教学改革课题立项 5 项；学院教师指导的学生科研立项获批国家大学生创新实验计划 1 项，校级科研训练计划项目 7 项。

2008 年 9 月，学院开展新教师培训工作。就教学课题的申报、教改论文的要求、教师上课的要求、教学方法和手段、教学办公经费的使用、教学课题申报、教务系统的使用、课程考试等事项，向新进教师进行了详细说明。

学院法学系法律诊所首次开课、通过中国法

学会法律诊所教育委员会的验收，并获3万元资助。开课期间，法律诊所接受案件12起，通过法院判决结案5起。心理系继续完善本科生研究实践小组制度，现有本科生研究实践小组12个，为大学生创新计划的实施提供有力的支撑。

2008年，学院选派14名教师参加教育部和北京市委教育工委组织的教师培训，并创造条件保证各系（部）的多名教师参加各级各类的学术性会议，以提高教师教学科研的后劲。

学院全年教学效果良好。从2007～2008学年第二学期教学质量评价结果来看，学院参评理论课138门，66%的课程高于95分。从2008～2009学年第一学期教学质量评价结果来看，学院参评理论课132门，无低于80分的课程，评价分数大于90分的课程所占比例均超过了全校77.43%的平均水平。 （邓志敏 于翠霞）

【科研工作】 2008年，学院申请到各类课题21个，到账经费370余万元，其中：教育部、国家林业局、中国法学会、北京市等省部级课题9个，经费333万元，横向课题7个，经费38.4万元。始于2006年的国家级在研课题《中华大典·林业典》编纂工作进展顺利。资料普查工作超额完成，获得资料总字数超过2500万字。原大纲调整后，协助南京林业大学熊大桐教授完成《森林培育与管理》分典编辑工作。其他4个分典将陆续完成。林业公益性行业科研专项经费项目生态文明建设的评价体系与信息系统技术研究申报成功，获得300万元资助，实现学院科研又一突破性进展。学院法学系教师积极参与国家林业局林权改革方面的科学研究取得阶段性成果，为国家林业局林权改革实践提供理论支撑。2008年9月，校生态文明研究中心升格为国家林业局生态文明研究中心。

2008年，学院教师共发表论文53篇，其中国内核心期刊发表论文21篇。出版学术译著2部，学术专著2部，编著2部，教材2部。

2008年6月，学院承办中国生态文明建设论坛，该会由中国老教授协会、清华大学、北京林业大学、中国农业大学等单位主办。国内知名专家、学者和学院教师围绕生态文明建设进行深入探讨并完成《中国生态文明建设的理论与实践》一书。2008年11月，该书由清华大学出版社出版。 （杨冬梅 于翠霞）

【实验室建设】 北京林业大学人文社会科学学院实验中心建立于2004年，有法学模拟法庭和系列心理学实验室，承担着学院本科生、硕士生的实验教学和科研任务。2008年实验室实验场地由原来的290平方米增加到430平方米，新增140平方米。实验中心实验室从6个增加到12个，新增沙盘实验室、青少年心理发展实验室、心理教学机房、心理模拟实验室、生理认知实验室、团体咨询实验室。在此基础上，心理实验室利用2007年修购专项经费新购置一批实验仪器，并对全体专业教师、实验人员以及研究生进行了系统培训。 （邓志敏 于翠霞）

【党建工作】 2008年，人文学院党委共有12个党支部，其中：教工党支部4个，本科学生党支部4个，研究生党支部4个。共有党员206人，其中：在职教工党员43人，学生党员163人（本科生83人，硕士研究生80人）。新发展党员94人。

2008年，学院党委组织学生党员开展奥运宣传进社区、生态文明进社区义务讲解的志愿服务活动，在2007年基础上，继续在圆明园为游客进行义务讲解活动，并邀请圆明园展览馆馆长来校为广大学生讲座，讲解圆明园历史知识。

2008年，人文学院有1人获得北京高校优秀共产党员荣誉称号，1人被评为校优秀共产党员。评出4个院级先进基层党组织、5名院级优秀党支部书记、14名院级优秀共产党员、5名院级优秀学生党建工作者。2008年，有14人次获得学校人才工程资助。

2008年，学院学生党建工作以党员教育为主线，以党员发展为重点，重视教育和实践相结合，以系列主题教育活动为平台，形成了学院学生党建工作特色，即"人文党风"、"教育基地"、"特色党校"、"支部共建"等。学院结合党史教育、生态文明、爱国主义教育等鲜明主题，开展党史知识竞赛、点亮人生之灯演讲比赛、弘扬生态文明小品竞赛、"倾听两会，聚焦奥运"配音比赛以及"歌颂改革，追梦神州"歌曲改编大赛等品牌化教育活动。 （刘祥辉 于翠霞）

【学生工作】 2008 年，人文学院本科生获奖情况：首都挑战杯学生创业设计大赛二等奖 2 人；全国大学生英语竞赛一等奖 1 名，三等奖 1 名；2 名学生成功申请国家大学生实验创新计划项目，18 名学生成功申请 7 项北京林业大学大学生实验创新计划项目；学院学生会被评为首都高校奥运工作优秀学生组织。志愿者中 8 人被评为北京市奥运会、残奥会志愿者先进个人，16 人被评为校级奥运会、残奥会优秀志愿者，31 人被评为校级奥运会、残奥会志愿者先进个人，8 人获志愿者突出贡献奖；获校乒乓球联赛男团第一名、春季运动会男团第三名、团体第五名、北京林业大学健美操大赛二等奖、北京林业大学院系杯足球赛三等奖、新生运动会男团第三名、女团第六名和精神文明奖；北京市乒乓球甲级联赛第一名 1 人；北京市三好学生 1 人，首都优秀基层团干部 1 人，北京市先进班集体 1 个，首都先锋杯优秀团支部 1 个，首都大学生暑期社会实践优秀团队 1 支，校级重点实践团队 1 支，院级重点团队 1 支，首都大学生暑期社会实践先进工作者 2 人，暑期校级社会实践先进个人 2 人，暑期社会实践团队校级优秀实践论文 2 篇，暑期社会实践校级个人优秀实践论文 10 篇；校级优良学风班 3 个；国家奖学金 7 人，国家励志奖学金 17 人，新生专业特等奖学金 2 人，优秀学生奖学金 131 人，金光集团黄奕聪奖学金 1 人，家骐—云龙奖学金 1 人，校级阳光自立之星奖学金 1 人，校级阳光勤工助学之星奖学金 2 人，各类单项奖 29 人，三好学生 51 人，校级优秀学生干部 56 人，新生优秀辅导员 12 人，社团活动奖学金 10 人；本科生公开发表论文 6 篇。

研究生获奖情况。校级优秀班集体 1 个，优秀研究生标兵 2 人，优秀研究生 4 人，学习优秀奖 5 人，学术创新奖 4 人，优秀研究生干部 7 人，社团活动积极分子 14 人，文体活动积极分子 11 人；联合国环境署生态－和平领导中心研究项目论文评比最高奖 1 篇，ACCA 就业力大比拼香港全国总决赛季军和最佳人气奖 1 人，第二届中国大学生公共关系策划大赛最佳案例奖 1 个，提名奖 1 个，入围奖 1 个，全国拉拉操电视大奖赛一等奖 1 名，中国教育研究会科教论文评比一等奖 1 个，学生出版专著 1 本。

（刘祥辉 于翠霞）

【对外交流】 学院与美国、日本、荷兰、加拿大等国家及台湾、香港地区长期开展学术交流，每年聘请多名国外知名学者来学院讲学。学院鼓励教师参加国内外学术交流会议。2008 年，学院参加国际学术会议 15 人次、国内学术会议 57 人次，举办各种学术报告会 10 场次。学院受聘外出讲学 4 人次，外出社会考察 10 人次，进修学习 10 人次。本科生赴南非、英国、美国留学各 1 人，硕士生赴匈牙利留学 1 人，赴韩国学习交流 1 人，赴香港学习交流 1 人。教师赴美国进修学习 2 人。联合国环境署成员、台湾清华大学王俊秀教授（5 月），美国天普大学法学院亚洲项目主任 John Smagula 博士（10 月），丹麦心理治疗师 Birgitte Malgard Hansen 女士（10 月），荷兰马斯特里赫特大学法学院比较环境法和国际环境法学教授迈克尔·福尔（11 月），加拿大国家公园管理处政府官员、环境科学家吴万里（12 月），分别到学院交流访问。

（杨冬梅 于翠霞）

外语学院

【概 况】 北京林业大学外语学院（School of Foreign Languages）成立于 2001 年 1 月，设有外国语言文学一级学科。外语学院设有英语、日语两个本科专业，外国语言学及应用语言学、英语语言文学两个硕士学科点，并承担全校的公共外语（大学外语、研究生外语）教学任务。外语学院下设英语系、日俄语系、大学英语教学部、研究生英语教研室、外语培训中心、语言与应用语言学研究所、国外考试中心、北京市英语口语等级证书考试考点和培训点等机构。成人教育设有英语专业本科和专科起点本科（专升本），外语培训中心开设各种托福网考和 SAT 等英语培

训班。

2008年底，学院现有教职工88人，其中专任教师79人。专任教师中，教授6人，副教授24人，其中具有博士学历的教师6人。全年毕业学生161人，其中：研究生27人，本科生134人。招生153人，其中：研究生25人，本科生128人。在校生583人，其中：研究生81人，本科生502人。

【学科建设】 外语学院设有英语、日语两个本科专业。英语专业是2005年学校评出的6个重点建设专业之一。英语专业高年级阶段分为两个专业方向：英语语言文化和商务英语。商务方向开设经济学、管理学、国际金融、市场营销等专业课程，均用英语授课，使用引进MBA教材，并由此衍生出硕士学科点商务英语方向。英语语言文化方向力求保持和加强传统英语专业宽口径适应性。外语学院有硕士一级学科点外国语言文学，二级学科点两个：外国语言学及应用语言学、英语语言文学。英语专业共有硕士生导师20名，其中教授5名。日语专业共有硕士生导师4名，其中教授1名。

2008年，外语学院调整了英语语言文学和外国语言学及应用语言学硕士学科点学科培养方向和课程设置结构。全面修订研究生人才培养方案。修订2002版本科人才培养方案，完成2007版人才培养方案并编印各门课程教学大纲。

2008年，中国英语教学研究会语音专业委员会成立，史宝辉教授当选副会长。

【教学工作】 2008年1月9日，教育部高等教育司正式发文《教高司函〔2008〕14号》，公布2007年28所高校英语专业评估结果，11所高校评估结果为优秀，其中参评的9所理工科类学校中只有北林大外语学院获得优秀。

2008年3月，外语学院在大兴外研社培训中心成功举办了以落实"质量工程年"为核心的外语学院教学研讨会。副校长宋维明教授与会并予以指导。

2008年，大学英语四级通过率达到89.43%，为学校历史最高。其中单班通过率80%~89%的班级41个，90%~99%的班级30个，100%的班级12个。大学日语四级达100%。

大学俄语四级达100%。2008年，全国大学英语竞赛中，2名同学获全国特等奖，8名同学获全国一等奖，23名同学获全国二等奖，46名同学获三等奖。同时，英语专业四、八级通过率远远超过全国理工院校平均水平，四级达88.78%，超过全国平均线26.96个百分点；八级86.24%，超过平均线40.96个百分点。日语专业四级通过率达80%，专业八级达75%，日语专业四、八级通过率也都远远超过全国平均水平。

4个校级教改项目顺利验收：高级英语、英语专业和大学英语教学的新思路——批判式阅读教学法、英语专业阅读教学的新思路、计算机网络环境下的大学英语教学改革。共有6门主干课程立项为精品课程，1项北京市精品教材，参与1项国家级"十一五"规划教材。

获北京林业大学教学成果奖4项。其中一等奖（英语专业系列课程建设综合研究）1项；二等奖（对基于计算机的大学英语听说教学模式的实践与研究、日语专业系列课程建设及教学法研究）2项；优秀奖（英语专业英语经贸复合型人才培养模式研究）1项。常青、魏萍两名教师获得校级优秀中青年教师教学资助项目资助。英语语言文学教学团队评为北京林业大学教学优秀团队。1名教师被评为校教学创新先进个人。

举办第一届东亚杯日语讲演比赛。学生胡光昭在"CCTV杯"全国英语演讲比赛北京赛区获得一等奖。

【科研工作】 在"国家大学生创新性实验项目与大学生科研训练项目"申请立项工作中，学院学生获得国家大学生创新性实验项目2项，北京林业大学大学生科研训练项目5项。

外语学院教师柴晚锁获第二十届韩素音青年翻译大赛英译汉组一等奖和汉译英组三等奖。

启动"语言文化沙龙"系列学术活动，每两周举办一次，除本院教师自愿举办讲座外，还邀请了中国社会科学院赵世开研究员、北京大学高一虹教授、北京外国语大学梁茂成教授、外交学院武波教授等进行学术讲座。组织首届北京林业大学研究生英语演讲比赛和首届外语学院研究生学术论文研讨会。

【实验室建设】 外语学院在二教设有4间60座

位的语言实验室，用于英语专业教学，共计 440 平方米。

"十五"期间学校给外语学院投入 500 多万元，增添了 80 座的多媒体语言实验室 4 间（共计 240 个座位），用于本科生教学，在一教增设 20 多间视听教室，专门用于大学英语和英语专业教学。2004 年、2005 年学校又在新图书馆和二教投入 436 座网络教室用于大学英语教学改革，使大学英语教学全面实现了网络化教学。此外西配楼有 75 座位的多媒体机房安装有《纵横美国》教学软件，供英语专业学生进行听说训练。

【党建工作】 2008 年，外语学院党委共有 10 个支部，其中：教师党支部 4 个、学生党支部 6 个。党员 142 人，其中：在职党员 43 人，学生党员 99 人，入党积极分子 180 人。发展党员 40 人。

2008 年，外语学院紧密围绕学校中心工作，结合学院工作实际，全面开展党建和思想政治工作。加强党的思想建设、组织建设和作风建设，扎实抓好党支部建设工作，坚持"三会一课"制度，改进党支部活动方式和内容，把党支部建设成为坚强的战斗堡垒。根据系部、教研室和党支部的发展需要，调整部分系主任、教研室主任、党支部书记。

围绕教学"质量工程年"主题，开展学习和实践科学发展活动，使学院全体师生明确方向、统一认识、达到了教学质量不断提高的目的。

坚持二级中心组学习制度，不断提高学院党政领导和党委成员的理论水平和执政能力。在教职工中加强教风和师德教育建设，加强党风廉政教育，促进党员干部廉洁自律，防止学术腐败。

加强对外语学院团委、学生会和工会工作的指导，充分发挥工会组织在团结教育学院教职工、参与民主管理和为教职工排忧解难方面的作用。重视统一战线工作，发挥民主党派和无党派民主人士在学院建设中的作用，完善党委委员与民主党派和无党派民主人士联系机制。

2008 年外语学院党委荣获学校先进基层党组织，苏静被评为北京高校优秀辅导员，王雪梅获学校优秀党员称号。常青、白雪莲获校级"巾帼之星"称号。外语学院女排在校教职工女排联赛

中夺冠，这是学校自 2001 年开始举办教工排球联赛以来，外语学院女排连续第四次获得冠军。

【学生工作】 2008 年，外语学院学生工作以北京奥运会为契机，紧紧围绕学校工作重点，坚持以理想信念教育为核心、以学风建设为重点、以班级宿舍建设为基础、以学生全面发展为目标的总体工作思路，开展多项特色活动，全面培养和提高学生综合素质。

本科生评优工作中，外语学院 1 人获"宝钢奖学金"，1 人被评为北京市三好学生，1 人评为北京市优秀基层团干部，1 人被评为首都高校社会实践优秀实践团员，共有 107 人获北京林业大学学习优秀奖学金，55 人获各类专项奖学金，76 人获北京林业大学三好学生及优秀学生干部，同时 1 个班级获得北京市先进班集体，1 个团支部获首都先锋杯优秀团支部，3 个班级获得北京林业大学优良学风班，1 名教师被评为北京林业大学优秀辅导员，5 名教师被评为北京林业大学优秀班主任。研究生评优工作中，1 人被评为北京林业大学优秀研究生标兵，2 人被评为北京林业大学优秀研究生，3 人获得学术优秀奖，5 人获得学术创新奖，5 人被评为北京林业大学社团活动积极分子，1 人被评为北京林业大学文体活动积极分子，6 人被评为北京林业大学优秀研究生干部，1 个班级被评为北京林业大学研究生先进班集体，1 人被评为北京林业大学研究生优秀辅导员。

在北京林业大学 2008 年"五四杯"系列活动中，外语学院荣获"五月的花海"合唱比赛第二名、健美操比赛三等奖等。英语俱乐部获得北京林业大学十佳社团、北京市高校优秀社团、奥运先锋社团称号，爱心家园被评为北京林业大学优秀学生社团团支部。

暑期社会实践活动中，外语学院"红色 1 + 1"社会实践队赴北京市怀柔区汤河口镇东湾子村进行文化普及、知识宣讲、文艺演出，活动受到中国共产党新闻网、大学生村官在线等媒体的报道。100 多名学生参加了个人社会实践，实践单位近百家，遍及全国多个省市。1 名学生被评为首都高校社会实践优秀实践团员，1 名学生被评为北京林业大学社会实践先进个人。

外语学院依托学生会和学生社团，多次举办

具有专业特色的文化活动，如"外语风情节"特色活动月、宿舍设计大赛、学习经验交流会、趣味运动会、圣诞舞会、知识竞赛等。

研究生会举办了第三届"研究生学术活动月"，组织了多场学术讲座，并举办了学术沙龙、学习经验交流会、元旦联欢会等活动。先后取得北京林业大学舞林大会第二名、校研究生院夏季篮球赛男篮第三名、研究生院首届秋季羽毛球赛第四名等。

外语学院以就业质量和学生满意度为工作目标，举办模拟招聘会、校友座谈会等活动，全方位提供就业服务，完成了2008届毕业生就业工作。2008届本科毕业生就业率为97%，研究生就业率为100%。

【对外交流】 2008年，外语学院邀请美国堪萨斯州立大学（Kansas State University）的于涵博士进行了为期两周的系列学术讲座，并邀请清华大学日籍专家笈川幸司、北京大学博士后渡边举办学术讲座。参观访问交流美国3人次。参加全国会议5人次，提交论文5篇。2名日语专业硕士研究生作为中日交换留学生，赴日本鸟取大学留学。

外语学院与日中文化交流中心签署翔飞日本短期留学合作协议书，2名日语专业教师和1名学生赴日短期留学。

【学院大事】 在南方冰冻雨雪灾害、汶川地震灾害期间，外语学院利用救灾过程中涌现出的典型模范事迹教育学生增强爱国主义、集体主义，组织全院学生奉献爱心，安抚和帮扶受灾地区生源学生。外语学院师生共捐款23 500元，特殊党费16 838元。

2008年北京奥运会期间，外语学院共有283名学生参与奥运志愿服务，充分发挥专业优势，在观众服务第一线各个岗位上用双语（中英、中日）为观众提供语言支持服务，完成了赛会志愿者、住宿志愿者、奥林匹克公共区志愿者和城市志愿者的服务工作。其中5名学生被评为北京奥运会、残奥会志愿者先进个人，1名学生被评为北京奥运会、残奥会优秀志愿者，2名学生被评为海淀区奥运服务保证工作优秀志愿者，55人荣获各类校级志愿者荣誉称号，外语学院获得北京林业大学奥运志愿者优秀组织奖。

（外语学院由姜玉丹、万国良撰稿）

理学院

【概 况】 北京林业大学理学院（College of Sciences）承担全校研究生、本科生的数学、物理和化学等课程的教学任务，办有电子信息科学与技术、数学与应用数学两个本科专业和生物物理硕士学科点。现有教职员工70余人，其中50%以上为正、副教授。几年来，理学院教师担任全国高等教育研究会数学和物理专业委员会委员、教育部农林理科教指委委员、中国物理学会农林分会主任、北京物理学会理事等职务；教师先后获得省部级教学奖励5项，承担学校教学研究课题17项，获奖4项；9位教师获得学校青年教师基本功大赛的奖励；6位教师分别获得霍英东奖、宝钢奖、北京市优秀教师等称号。

学院现有学生484人。近年来，学院学生先后有5人被评为北京市三好学生，两人被评为北京市优秀学生干部，1人荣获"宝钢教育基金"，先后有6个班级被评为北京市先进班集体和北京市先锋杯团支部，在北美大学生数学建模竞赛中，1人获二等奖；在全国大学生英语竞赛中，学院有14人次获全国一、二、三等奖；在全国大学生数学建模大赛中，学院有3人获全国一等奖，3人获全国二等奖，5人获北京市一等奖。四年来学院已有63名学生被保送到北大、清华、中科院、北航、北邮、北理、北交、华南理工等校攻读研究生；此外，学院健美操队在校健美操大赛上连续三年获得冠军。

（孙 楠 张文杰）

【学科建设】 理学院现有1个二级学科硕士点：生物物理学。2008年学科新增硕士生导师2人，截至2008年底，学院有硕士生导师14人，其中：教授 4 人，副教授 10 人，初步形成了一支梯队合理、综合素质高的学科团队。

（张焱焱　张文杰）

【教学工作】　2008 年，完成 2007 版电子信息科学与技术、数学与应用数学两个专业的教学计划修订，以及全部基础课及专业课的教学大纲编写。

2008 年，理学院教学改革研究项目申报 12 个，获批 6 个，校级精品课程建设项目申报 2 个，获批 1 项，物理教学团队建设获批为优秀教学团队。2008 年校级教材建设项目申报 2 个、获批 2 个。2008 年国家大学生创新性实验项目申报 3 个，获批 2 个，北京林业大学 2008 年大学生科研训练项目申报 9 个，获批 6 个。有 5 项教学研究课题结题验收，5 项进行中期检查。

教育部精品课程师资培训计划，学院有 9 名教师参加了培训。参加由中国电子学会主办的 EDP 资格认证师资培训，有两名教师取得电子设计工程师（EDP）专业技术资格认证电子设计（初级）工程师考评员资格。

积极组织培训学生参加全国数学建模比赛、高等数学竞赛、物理竞赛及电子设计大赛等活动，并取得了好的成绩。数学建模竞赛获得了北京市一等奖 2 队，二等奖 1 队；数学竞赛获得甲组和丙组三等奖各 1 名；北京市电子竞赛获得二等奖 1 队；北京市大学生物理实验竞赛获得二等奖 1 队、三等奖 1 队；北京高校生命科学创意大赛获得一等奖 1 队。

落实了 8 个本科教学研究生助教岗位。

（田　慧　张文杰）

【科研工作】　2008 年，学院到账科研经费共计 121.8 万元。科研新立项项目 5 个，其中：国家自然科学基金项目 1 个，荒漠化和沙化监测专题项目 1 个，中国环境科学研究院项目 2 个，国家林业公益性行业科研专项 1 个，与外校合作项目 1 个。

2008 年共发表论文 38 篇（全部为第一作者或独立作者），其中：在国内核心期刊发表论文 12 篇，发表被 SCI、EI、ISTP 三大检索收录的论文 9 篇。

（张焱焱　张文杰）

【物理与电子学实验中心】　物理与电子学实验中心由物理实验室、电子学实验室、生物物理实验室组成，实验中心面向全校开设力、热、声、光、电、近代物理、电子技术、生物物理等方面的实验内容。

实验中心的基础类实验涉及力、热、声、光、电、流体、液体表面现象，覆盖面广，为学生提供全方位的认识物质运动基本现象与规律，掌握进行科学实验与研究基本方法的实验场所。同时，基础实验也为专业实验提供基本理论、实验基本测量方法等的支持。

物理与电子学实验中心共有资产 391 万元，仪器设备 1254 台（件），实验室面积 1000 平方米。物理与电子学实验中心的专业实验室包括电子学实验室、生物物理实验室。物理实验室为基础实验室。物理实验室、专业实验室各设主任 1 名，现有实验员 4 人，指导教师 12 人。实验室整体经费受理学院的领导，实验教学、实验室建设规划、使用等学术相关问题受电子系的指导。

2008 年度物理与电子实验中心共完成了物理 A、B、C，摄影技术实验等物理实验课程，电子技术实验（一）、（二），计算机接口实验，电子电路 CAD，计算机组成原理，电子工艺实习，宽带 IP 实验，单片机实习等专业实验课程教学。

（田　慧　张文杰）

【化学实验中心】　化学实验中心始建于 1952 年，曾分无机实验室和有机化学实验室，1993 年合并称为化学及分析实验室，1998 年更名为化学实验室，2004 年正式命名为化学实验中心。化学实验中心为林学、水保、木工、园林、环境、林化、生物、食品等 17 个专业本科生开设无机化学、分析化学、有机化学、物理化学、仪器分析等基础化学实验课。现有实验室用房面积约 1300 平方米，直接用于学生实验的用房为 978 平方米。固定资产总值为 40.8 万元，其中 10 万元以上的仪器 6 台，总计 123.15 万元。

化学实验中心现有专职实验技术人员 5 名，其中：高级实验师 2 名、实验师 2 名、助理工程师 1 名。兼职实验教师 12 名，其中：教授 1 名、副教授 5 名、讲师 6 名。

化学实验中心在 2008 年度完成了无机化学实验、有机化学实验等 11 门实验课的准备工作，其中胶体化学实验是新开实验。

实验中心教师积极参加化学实验教学改革，

参加的化学实验课程体系及实验内容改革与创新校级教改项目已于2008年上半年顺利结题。相关教师还参与有机化学实验、分析化学实验教材的编写工作。

化学实验中心根据北京市公安局及学校对化学试剂和毒品管理的要求，严查安全隐患，对化学实验中心的所有化学试剂药品及毒品进行了彻底的清查，分类管理，分类储存，全部登记，并录入计算机，加强对化学试剂和毒品的科学管理。另外，为了配合学院地下室的修建工程，对实验中心地下库房的化学试剂、药品和玻璃仪器等所有物品做了全面的清查整理，登记入账。

（田　慧　张文杰）

【党建工作】 2008年，理学院党委共有4个党支部，分别为数学教工党支部、理化教工党支部、研究生党支部、学生党支部。共有教工党员35人，研究生党员10人，本科生党员30人，积极分子214人，其中新发展党员28人。

学院党委高度重视学生思想政治教育，加强理论学习和思想引导，紧密围绕学校、学院中心工作，全面提高学生思想素质。2008年，学院党委先后组织学生党员和入党积极分子赴军事博物馆参观大型主题展览《复兴之路》，深入学习贯彻党的十七大精神，坚定走中国特色社会主义道路的信心和决心；组织党员和入党积极分子举办"喜迎奥运、党员先行"知识竞赛；组织全院同学参加"学习十七大精神"征文比赛；组织同学开展丰富多彩的主题团日活动等，引导学生树立正确的世界观、人生观和价值观。广大学生积极参与上述活动，在全校举行的学习十七大精神优秀活动评选的过程中，学院获得征文比赛优秀组织奖，学生党支部"回顾党史、牢记党恩"主题演讲比赛被评为优秀党日活动。

2008年，在学校"七一"党建表彰中，理学院数学党支部被评为校级先进党支部，理化党支部的程艳霞被评为校级优秀共产党员。

（孙　楠　张文杰）

【学生工作】 2008年理学院共有学生484人，其中：研究生19人，本科生465人。

在2008年的资助工作中，理学院共有109人获得了各种资助，累计资助金额达25.6万元，并为17名经济困难学生办理国家助学贷款。

在2008年的评优工作中，理学院本科生获奖情况：国家奖学金获得者5人，国家励志奖学金获得者12人，校三好学生获得者33人，校学习优秀一等奖学金获得者5人，校学习优秀二等奖学金获得者33人，校学习优秀三等奖学金获得者50人，校优秀学生干部获得者33人，学术优秀奖学金获得者8人，新生专业特等奖学金获得者2人，学习进步奖获得者6人，文体优秀奖学金获得者7人，社团活动奖学金获得者3人，"金光集团黄奕聪"奖学金获得者1人，"家骐—云龙"奖学金获得者1人，"阳光自立之星"获得者1人，"阳光勤工助学之星"获得者1人，优良学风班2个。

研究生获奖情况："爱林"校长奖学金获得者1人，优秀研究生获得者1人，优秀研究生标兵获得者1人，研究生学业优秀奖获得者1人，优秀研究生干部获得者2人，社团活动积极分子获得者2人。

此外，在此次评优工作中，与学生工作相关的教师获奖情况：优秀研究生辅导员获得者1人，优秀辅导员获得者1人，优秀班主任获得者3人。

理学院积极组织学生参加校级校园文化活动，活动参与面不断扩大，成绩水平不断提高，在2008年全校学生运动会中获得精神文明奖，在"一二·九"长跑比赛中获得道德风尚奖。

同时，理学院也十分注重本院学生活动的开展，新老生联谊会、"K歌之王"争霸赛、元旦联欢晚会、宿舍设计大赛、"理之风采"辩论赛、"光炫杯"乒乓球赛、"理之玄"知识竞赛、足球赛、篮球赛、趣味运动会、素质拓展等活动，紧密围绕奥运年的主题，为同学们搭建一个施展才华的舞台，极大地提高了同学们对奥运的参与热情，丰富了校园文化生活。

2008年，理学院共有194名学生报名参加志愿服务工作，最后选出奥运会志愿者43名，其中北区场馆群志愿者4名，奥林匹克公园公共区志愿者39名，分别在福娃表演，引导员，安检协查员，验证员，信息亭咨询员，员工与行政，志愿者业务口等不同岗位进行志愿服务。

此外，理学院还有33名城市志愿者，从8月1～10日在友谊宾馆服务站点进行志愿服务。为协助监督奥运期间校园安全情况，12名学生参加校园安保志愿者，为校园安全提供志愿服务。另外，有 4 名 2007 级女生被选为开幕式笑脸节目演员。

学院有 2 名学生被评为北京市志愿者先进个人，2 名学生被评为海淀区优秀志愿服务工作者，15 名学生被评为校志愿者先进个人，8 名学生被评为校优秀志愿者，学院被评为校奥运会、残奥会志愿者工作优秀组织奖。

2008 年理学院共有 148 名学生参加了暑期社会实践活动，递交社会实践论文 107 篇。1 人被评为首都高校社会实践优秀实践团员；2 名教师被评为校级社会实践优秀指导教师，2 名学生被评为校级社会实践先进个人，"绿色平安奥运"

服务团被评为校级优秀社会实践团队，另外，获得校级优秀社会实践论文一等奖 1 篇，三等奖 1 篇。学院团委编印了《路——理学院2007～2008学年社会实践论文集》一书，记录学院的社会实践成果。

（孙　楠　张文杰）

【对外交流】　2008 年 4 月，为促进友好和学术的交流，理学院与日本山形大学理学部签订了学术交流协定书，其中包括学生交流、教职员工交流、合作研究活动等内容。国家政府奖学金留学生 1 人来学院攻读生物物理学专业的硕士学位。

（张焱焱　张文杰）

自然保护区学院

【概　况】　北京林业大学自然保护区学院（College of Nature Conservation）成立于 2004 年 12 月，由教育部和国家林业局共同建设，是我国唯一的培养自然保护区建设与管理专门人才的学院。

学院坚持"教学为本、科研为先，学科立院、人才强院"的办学理念，以本科生导师制为育人特色，以培养实践型、创新型、与国际接轨的人才为育人宗旨，全面推进学院发展建设。学院拥有自然保护区学学科，并招收博士和硕士研究生。主要研究方向是自然保护区建设与管理、野生动植物保护与管理、湿地保护与恢复、保护经济与环境政策等。学院开设 1 个本科专业，即野生动物与自然保护区管理专业，该专业从 2006 年开始招生，被列为教育部特色专业加以建设。学院现设 4 个教研室，分别是自然保护区教研室、野生动物资源教研室、湿地教研室、保护经济教研室。学院还招收自然保护区建设与管理方向的农业推广硕士研究生。2007 年 7 月 20 日学院成立董事会，充分发挥社会力量建设学院。

2008 年 6 月 25 日，经学校批准，挂靠在自然保护区学院的北京林业大学野生动物研究所正式成立。2008 年年底，主要由自然保护区学院管理和使用的珍稀濒危野生动植物标本馆开始全面布展工作。该标本馆将主要为学院的教

学和科研服务，同时兼顾科普宣传工作。

2008 年，学院教职员工 22 人，专任教师 17 人，其中：教授 4 人，副教授 5 人，讲师 8 人，都具有博士学位。2008 年，新进教师 3 人，其中：副教授（博士后）1 人，应届博士 2 人。

2008 年度，学院毕业研究生 14 人，其中：博士生 4 人，硕士生 10 人。招生 51 人，其中：研究生 19 人（博士生 4 人，硕士生 15 人），本科生 32 人。在校生 135 人，其中：研究生 47 人（博士生 14 人，包括外国留学博士生 1 人；硕士生 33 人）、本科生 88 人。（刘传义　王艳青）

【学科建设】　学院提出均衡发展保护生物学、环境政策、陆地生态系统和湿地生态系统保护 4 个学科方向，构建以保护生物学和环境政策为支撑的陆地与湿地生态系统保护学科体系的建设思想。

学院拥有林学一级学科下设的自然保护区学自主备案学科专业硕士点、博士点，可依托林学博士后流动站招收博士后。学科现有博士生导师 3 人（含外聘），硕士生导师 10 人（含外聘），初步形成结构合理的学科团队。学科的学术影响力进一步提升。

（关文彬　王艳青）

【教学工作】　2008 年，学院教学工作以完善本

科人才培养方案，建立健全本科教学制度，加强本科教学管理为重点，全面提高学院本科教学水平和教学质量。

2008年，学院野生动物与自然保护区管理专业本科培养方案完稿并印刷，完成全部课程教学大纲的制定工作。

2008年，学院教师申报并获批2项教育部教改项目，分别是保护经济学课程教学内容与教学模式的构建和国外野生动植物保护专业课程设计研究。有2项本科生主持的大学生科研训练计划立项课题被列入2008年大学生科研训练项目，分别是稻城地区黑颈鹤繁殖栖息地及种群数量调查和西山鼠类种群结构及影响因子研究。有1项本科生主持的南方雪灾后自然保护区社区居民生活现状调查与分析项目被正式列入北京市大学生科学研究与创业行动计划项目。

2008年度，2006级本科生在一、二年级实施"一对一"导师指导的基础上，在三、四年级实施"多对多"的集体辅导与"一对一"指导相结合、以导研为主要目的的导师组制，继续深化导师制工作。　　　　　　　（徐基良　王艳青）

【科研工作】　2008年，学院获得国家科技支撑项目"自然保护区建设关键技术研究与示范"2项课题主持和2项专题主持，获得1项国家林业公益性项目主持、1项"973"项目课题副主持、3项国家自然科学基金面上项目。学院还获得了国际合作等横向项目10余项，到账科研经费311.5万元。

学院组织申报林业国家级自然保护区管理、珍稀濒危物种野外救护与繁育和珍稀濒危物种调查监管项目8项，被全部纳入国家计划。组织起草了"十二五"国家生态保护科技项目建议1项，国际合作项目3项；参与国务院三峡委组织的三峡库区消落带生态环境治理工程规划。

学院与其他三个单位共建完成"211工程"项目三期全球变化背景下森林及湿地生态系统保护的立项工作。　　　　　　（时　坤　王艳青）

【党建工作】　自然保护区学院直属党支部2007年1月正式成立。学院直属党支部不断建立健全各项党建规章制度，探索党建与思想政治工作长效机制。2008年，学院党建与思想政治工作

抓住师德建设、人才队伍建设、大学生思想政治教育重要环节，切实围绕学院发展规划、学科建设、科学研究、人才培养的中心工作，整体推进学院的改革建设与发展。

2008年，经学校党委批准，学院直属党支部改制为党总支。党支部由原来的1个支部发展为2个党支部，其中：1个教工党支部，1个学生党支部，以便根据不同人员情况采取有效模式开展支部活动。学院现有党员38人，其中教工党员9人，学生党员29人，入党积极分子43人。全年共发展党员13人。学院有1人被评为校级优秀共产党员。　　　（杨　场　王艳青）

【学生工作】　2008年，学院获得奖励学生累计96人次，其中：获国家奖学金2人，国家励志奖学金4人，北京市三好学生1人，北林大新生专业特等奖学金1人，"汪一王"奖学金1人。全年度，学院办理学生贷款23人次，累计13.8万元。

学院实施本科生导师制初见成效，并逐步断深化。2008年，学院着重做好科研引导、论文指导、考研向导、就业辅导"四导"工作。

学院发挥专业优势做好暑期社会实践工作，立项数量达到9项；实践课题立项评比获全校第一名，2支团队被评为北京市重点团队。

学院由教师发起设立学生科技创新基金，该基金已有8万元，将全部用于学生开展科技创新活动。学院加强院风、学风、考风建设，努力构建和谐学院，坚持以学生为本，做好服务育人工作。2008年，自然保护区学院学生会、研究生会、"和谐家园"志愿者协会3个学生组织同时成立。学院启动"自然保护大讲堂"，邀请了5名美国专家、3名英国专家、1名日本专家和多名国内知名专家举办了十多场学术报告，正在逐渐发展成学院的特色文化品牌活动。奥运期间开展"湿地使者"志愿者项目，被《中国绿色时报》报道。　　　　　　　（贝裕文　王艳青）

【对外交流】　2008年学院邀请来自英国、美国、日本、新加坡等国内外知名学者和专家。学院邀请英国自然保护联合委员会主席、原澳大利亚环境署署长Peter Bridgewater博士来学院访问讲学，并聘任为学院兼职教授。邀请日本植物学会会

长、东京农工大学教育中心主任、原副校长福岛司教授来学院访问讲学。学院成功地组织十多场学术报告会。

学院先后有 10 余人次前往荷兰、日本、韩国、澳大利亚、泰国等地参加国际学术会议。

2008 年，学院与韩国、日本、英国、俄罗斯等国自然保护领域专家发起成立国际保护地研究协会，学院当选理事单位，同时，将出版定期英文国际刊物《自然保护区研究》。学院还当选为中、韩、日、澳等国黄海合作伙伴委员会成员。

（时　坤　王艳青）

【濒危野生动植物标本馆】 该标本馆旨在收集、保存我国濒危野生动植物标本，介绍我国典型生态系统及其濒危物种保护进展，宣传和普及野生动植物保护知识，是自然保护区等学科的人才培养基地。

2008 年，学院积极开展标本馆布展设计及标本收集工作。在先后考察了国内外同类标本馆的基础上，进一步明确了标本馆的定位，积极与设计方沟通并提出科学合理的布展设计任务书，完成布展设计方案并提请专家论证后上报。在国家林业局和学校大力支持下，学院着力解决标本来源问题，现已从哈师大等院校协调来20 件蟾蜍骨骼标本、1 件狍头骨标本、16 枚卵标本以及 89 件鸟类标本。并为标本馆现有的大象等现有标本添加防虫剂，同时开展标本馆数字平台的科技攻关，确保标本馆布展工作的顺利进行。学院完成教育部"修购专项"标本馆标本收集申报工作，获得首期标本购入资金 470 万元。

（郭玉民　王艳青）

环境科学与工程学院

【概　况】 北京林业大学环境科学与工程学院（College of Environmental Scienece and Engineering）成立于 2007 年 4 月。拥有环境科学和环境工程两个本科专业和环境科学硕士学位授予权，并在生态环境工程博士点学科和生态学博士点招收博士研究生。

环境学院现有教职工 28 人，其中：专任教师23 人，全部具有博士学位，教授 5 人（其中博士生导师 3 人），副教授 10 人。教师中有多人获得国家和省部级科技奖和其他荣誉称号，并在相关国家学术团体中担任理事，已经形成了一支高素质、年富力强的师资队伍。毕业学生 74 人，其中：硕士研究生 9 人，本科生 65 人。招生 117人，其中：硕士研究生 27 人，本科生 90 人。在校生 346 人，其中：硕士研究生 53 人，本科生293 人。

【学科建设】 2008 年，环境学院根据国家需求和自身优势，明确了学科发展的 4 个方向：环境污染控制理论与技术，生态环境污染机制与修复技术，生态环境规划、管理与评价，废弃物资源化利用技术。环境学院为此确定了学科建设的具体实施步骤。学科建设已被北京林业大学列入"211 工程"三期和优势学科创新平台建设之中。

2008 年，环境学院围绕上述研究方向，积极参与国家和地方环境保护的科研工作，正在承担的课题 20 余项，包括"973"、"863"、国家自然科学基金和国家科技支撑等国家级课题和省部级科研课题及横向课题。2008 年，环境学院科研经费到账约 1800 万元，科研成果获省部级奖 2 项，出版论著 2 部，申报发明专利 6 项。

【教学工作】 2008 年，环境学院教学工作的基本思路是坚持教育创新、深化教学改革、强化教学管理，目标是提高本科生教育教学质量，重点是进行部分专业的教学改革立项，鼓励高年级本科生参加各类创新性实验计划和教师的科研项目。环境监测课程被评为 2008 年北京林业大学精品课程；环境工程专业课程体系与实践教学体系构建获得 2008 年度北京林业大学专业建设项目立项；污染生态学、环境学、固体废弃物处理处置技术 3 门课程获得 2008 年度北京林业大学教学改革研究项目立项；孙德智教授指导的

2005级环境科学本科生李媛申请的课题移动床生物膜反应器生物填料的改性与水处理性能研究获得2008年国家大学生创新性实验项目立项；环境学院4名教师指导的课题获得了2008年大学生科研训练项目立项。

【科研工作】 2008年，环境学院参与国家水体污染控制与治理科技重大专项子课题3个，主持国家环保部公益性行业专项1个，参与国家环保部公益性行业专项2个，获得教育部新世纪优秀人才基金项目1个，参与国家环保部课题2个，参加国家环保部汶川特大地震灾后环境安全评估项目1个，获得教育部重点项目1个，获得北京市科技新星计划（B类）项目1个，获得北京市科技新星计划（A类）项目1个，获得北京市自然科学基金项目两个，获得教育部博士点基金项目1个。到账纵向科研经费629.4万元，横向科研经费156.4万元。环境学院教师获黑龙江省技术发明一等奖1项（张立秋，排名第五）。学院共有3篇论文被SCI收录。积极参与学校"211工程"三期和"优势学科创新平台"建设，正在逐步建设"面源污染生态防治"平台。利用已有的研究成果，利用膜分离技术处理工业废水、对散货堆放场防风防尘技术进行评估和优化申请获得横向课题。

【实验室建设】 2008年，环境学院实验室面积约900平方米，其中教学实验室450平方米，科研实验室面积450平方米。环境学院利用修购专项、科研经费等，不断加强和完善实验室的建设。重新改造了学11号楼地下室，作为环境学院的教学演示模拟基地。实验室已购置了TOC、原子吸收、气相色谱等分析仪器，科研试验和本科生的教学实验已经基本能正常运转。

【党建工作】 2008年，环境学院党建工作的目标是：深入贯彻落实党的十七大精神，认真学习领会全国"两会"精神，把践行科学发展观贯穿于工作始终，搞好学院党政领导班子的思想作风建设，组织带领全院党员、干部及师生为学院中心工作的顺利完成而共同努力。

学院调动广大教工党员参与环境学院中心工作的积极性，党员教师承担的科研项目占全

院科研项目的90%以上，成为环境学院教学、科研的骨干。

学院对学生党员主要开展"述责测评"活动，使学生党员的责任意识明显增强，先锋模范作用受到广大同学的好评。

学院细化学生的思想政治教育。加大入党积极分子的培养力度，2008年共有25人参加了北京林业大学党校高级班的学习，69人参加了环境学院党校初级班的学习。学院学生党员发展取得显著成效，2008年共发展学生预备党员19人，转正7人。

学院工会工作在没有正式成立部门工会的情况下，积极推进民主管理，努力为教职工办实事。组织教职工召开重要节日座谈会，为生病教职工送温暖，为环境学院受灾学生捐款捐物；组织教职工积极参加各项师德建设活动，有1名教师被评为北京林业大学第一届青年科技之星，环境学院被评为北京林业大学创新集体，并上报参评北京市教育创新先进集体。

学院制定党风廉政建设工作责任制，书记、院长分工负责。环境学院的重要事项都由党政共同商定，涉及到教职工切实利益的事项交由集体讨论征求意见，重要工作随时向教职工通报，资金使用情况年度末向全体教职工进行通报。在研究生招生、经费审批和使用、办公和试验设备购置、考核和聘任、党员发展等重大事项上都严格按照相关规定和程序进行，做到了公开、公平和公正。

2008年，学院党总支共有党支部5个，其中教师党支部1个、学生党支部4个。党员62人，其中教师党员14人，学生党员48人。

【学生工作】 2008年，环境学院立足"自我教育、自我管理、自我服务"的方针，以"服务学院中心工作、服务学院学生成长成才"为宗旨，转变工作思路，与时俱进，锐意改革，在内部建设、制度完善、机构建立、精神文明建设等方面大胆开展工作，领导学生组织开展一系列服务全院广大同学的特色活动，不断完善学生管理制度。

学院关注社会热点，深化理论学习，引导学生树立正确的世界观、人生观、价值观；完成团总支改制分团委工作，有效促进学生工作发展；加强学生干部队伍自身建设、精简机构、提高办

事效率，提高团委和学生组织的号召力和战斗力；以全心全意为同学服务为宗旨，充分发挥学生自律委员会的桥梁纽带作用，积极主动地代表和维护广大学生的利益；促进院风学风建设，积极开展各项科技、文化、艺术、体育活动，丰富同学业余生活，营造健康向上、积极活泼的学院文化氛围；加强勤工助学和学生就业服务工作，积极开展对外交流；服务奥运，做好奥运志愿者工作。

【对外交流】 2008 年，环境学院不断加强国内外学术交流与合作，已与美国、加拿大、德国、日本和韩国等国建立了学术交流、专家互访和合作研究等方面的良好关系，有 4 位境外专家来学院讲学和学术交流，有 10 人次到境外国家和地区(美国、日本、西班牙、奥地利、台湾等)参加学术会议和科学考察。

（环境科学与工程学院由杨君、孙德智撰稿）

体育教学部

【概　况】 北京林业大学体育教学部(Division of Physical Education)成立于 1989 年，为处级体育教学行政部门(前身为体育教研组，1986 年前隶属基础部，1986 年后，归属学校直属部门)，全面负责学校体育教学、体育科研、运动队训练、竞赛、群众体育活动及运动场馆管理工作。2008 年，共有教职工 37 人，其中专任教师 34 人，具有高级职称 14 人，具有硕士学位教师 7 人，在职在读博士研究生 1 人、硕士研究生 3 人。2008 年，北林大获得 2008 年北京高校高水平运动队建设检查评估达标学校奖，获得北京市教委颁发的《贯彻学校体育工作条例》先进学校称号。

（李东才）

【学科建设】 2008 年，学校体育学科建设主要从精品课程建设、教研室建设、师资队伍建设、教学科研等方面展开。

精品课程建设 2008 年，体育部启动"大学体育"精品课程建设工作。重新改编体育教学部指定教材《体育理论与实践教程》，对教材的结构、内容、形式等均做了较大的改动，使其适应新时期的体育课程改革要求。同时根据新课程改革要求，体育部集全体教师力量编写新版《体育课程教学大纲》。继续推进新一轮体育课程改革，实行体育课学分制管理办法，运用"三自主"体育选课方法，制定新的教学评价体系和标准。

教研室建设 2008 年，体育部依照学校教学管理改革精神，推动教研室建设。体育教学管理工作统一归属体育教学办公室，其中办公室下设 4 个教研室，包括体操教研室、武术教研室、大球教研室、小球教研室，每个教研室设教研室主任 1 名。4 个教研室协助教学办公室和主管教学主任进行体育学科的建设和管理工作。

师资队伍建设 2008 年，体育部加强教师在职培训力度，通过技术技能培训、在职攻读学位等方式，切实提高体育教师的理论科研水平和实践技能。截至 2008 年底，体育部教师在职攻读博士学位 1 人，在职攻读硕士学位 3 人。2008 年 10 月，2 名教师参加北京高校青年骨干教师培训班学习，并顺利结业。

教学研究 2008 年 6 月，体育部鼓励教授和副教授积极申请学校的教学改革课题。4 项课题获得学校教改课题立项。体育部鼓励教师根据个人专长，开展教材编写工作，2 名教师主持编写健身舞蹈类国家培训教材。

（姜志明　李东才）

【教学工作】 2008 年 4 月体育部进行新一轮体育课程改革，重点是进行"三自主"体育课程改革模式的构建。其具体内容有：一年级的学生由体育部根据其兴趣爱好与体质情况进行编班，二年级学生必须在第三至第七学期完成两个学期的体育课程，选课编班在教务处网站上完成，不足 15 人不得开班。体育教学大纲中调整了身体素质考核的比例，其中身体素质占 30%，专项考核占 40%，学习态度与进步幅度、课外考勤各占 5%，理论考试占 20%。6 月编制具有北京林业大学特色的体育教学大纲，开设篮球、排球、足球、武术、乒乓球、羽毛球、健美、健美操、形体、艺术体操、拓展训练、散打、空手道、跆拳道、体育舞蹈、街舞、拉丁操、定向越野、网球、瑜伽、轮滑、素质、风雨课程、球类

等级裁判、体质监测、保健等26个大项、86个小项教学。11月，新编理论教材《体育理论与实践教程》，本书内容包括理论篇、实践篇、奥林匹克运动知识和体育法规政策4部分。

2008年体育教学工作按照计划顺利开展。学期中安排学生补考，组织教师填写教学日历，加强体育教学安全第一的教育，严肃教学纪律，发现问题及时解决。坚持定期教学检查，所有教师以教学专项组为单位进行听课，教师座谈会以教学专项组为单位座谈，观摩教学由教学主任统一安排。教学秘书收期中教学检查表，进行总结汇报、反馈，整理完成期中教学检查反馈表，向教务处上交反馈表、听课卡。上述举措，收到良好的效果，2008年学生对体育教师教学评价在学校名列前茅。3月10日教务处公布2007~2008学年第一学期教师教学评价结果，体育教学部被评课程门次为226门，评价分数高于95分的为98门，占43.4%，评价分数在90~95分的为101门，占44.7%。9月16日教务处公布2007~2008学年第二学期教师教学评价结果，体育教学部被评课程门次为225门，评价分数高于95分的为99门，占44.0%，评价分数在90~95分的为99门，占44%。

（满昌慧　孙承文）

【科研工作】　2008年，学校体育科学研究取得较大成绩。2008年11月举行的北京市高等学校第十四届体育科学论文报告会上，学校有4篇论文获奖，其中：一等奖1项、二等奖1项、三等奖2项。同时，1名教师的《大学生跆拳道裁判员队伍建设的思考》获得中国大学生体育协会跆拳道分会在河南开封举行的首届全国大学生跆拳道、武术论文报告会一等奖。

体育部教师撰写高校体育方向相关论文38篇并同时发表于《首都体育学院学报》增刊上，为教师的教学研究提供了研究动力和平台。

校级体育教学改革课题研究进展顺利。5月，体育部承担的两个校级教改课题结题。6月，体育部成功获批4项校级教改课题。

（姜志明　李东才）

【群体工作】　学校组织的群体竞赛活动主要有以下内容：

球类竞赛活动　2008年3月22日至4月7日，举办北京林业大学学生篮球联赛。共有13个队参加，获得男子组前三名的学院分别是经济管理学院、材料学院、园林学院代表队，获得女子组前三名的学院分别是园林学院、工学院、林学院代表队。

3月22日至4月15日，举办北京林业大学学生足球联赛。共有12个队参加，分为甲乙组各6个队比赛，获得甲组前三名的学院分别是经济管理学院、园林学院、林学院代表队；获得乙组前三名的学院分别是信息学院、理学院、人文学院代表队；获得精神文明奖的代表队是水保学院和生物学院代表队。

10月6~22日，举办北京林业大学学生排球赛。获得女子组前三名的单位分别是园林院、林学院和经济管理学院，获得精神文明奖的单位是材料学院。

11月10~17日，举行北京林业大学"院系杯"羽毛球赛。获得前三名分别是经管学院、园林学院、生物学院。

11月23日，举行北京林业大学学生乒乓球联赛。工学院获得男子团体第一名、经管学院第二名、园林学院和人文学院并列第三名，第五名分别是外语学院、水保学院、林学院和材料学院；获得女子团体第一名经管学院、第二名工学院、第三名信息学院和材料学院；获得男子单打第一名宁虓、第二名顾佳文、第三名杨超和黄山杉；获得女子单打第一名徐顺超、第二名陈露、第三名孙筱和田春寒。

春秋季运动会　4月12日召开春季运动会。共有13个学院的706名运动员报名参加女子12个项目、男子13个项目共计25个项目的角逐。取得女子团体总分前八名的学院分别是经济管理学院、材料学院、园林学院、外语学院、水保学院、生物学院、林学院、工学院；取得男子团体总分前八名的学院分别是经济管理学院、园林学院、材料学院、人文学院、林学院、水保学院、环境学院、生物学院；取得男女团体总分前八名的学院分别是经济管理学院、园林学院、材料学院、水保学院、林学院、生物学院、人文学院、外语学院。

10月18日召开秋季新生运动会。以院为单位共有13支代表队、1690名运动员参加了男女共23个项目的比赛。取得女子团体总分前6名的代表队分别为经济管理学院、园林学院、林学院、生物学院、信息学院和人文学院；取得男子团体总分前6名的代表队分别为经济管理学院、园林学院、人文学院、工学院、环境学院和材料学院；获得男女团体总分前6名的代表队分别为经济管理学院、园林学院、材料学院、环境学院、水保学院和工学院。另外，此次运动会设置团体趣味运动竞赛项目共7项，其项目名称分别为"搭桥过河"、"心心相印"、"障碍接力"、"花轿取亲"、"苹果大丰收"、"超级拖鞋"和"托球跑"。

其他活动 12月6日纪念"一二·九"冬季长跑活动暨青少年阳光体育长跑活动启动仪式，共有1764名运动员参加比赛，姜恩来副校长到会致辞。
（赵　宏　李东才）

【运动训练与竞赛】

高水平运动队管理 严格遵守有关招生的政策，制定了相关的规章制度、处罚条例等管理文件。2008年，共有11个省市97名学生报考北京林业大学，60名学生参加体检，体检合格人数48人，最后录取人数15人。

参加校外体育竞赛 4月3～27日，学校组队参加首都经济贸易大学承办的"迎奥运"2008年北京市大学生篮球联赛女子乙组比赛，共12名运动员参赛，获得第三名。

5月7～28日，学校组队参加首都经济贸易大学承办的2008年北京市大学生篮球联赛男子甲组比赛，共12名运动员参赛，获得第二名。

5～6月，学校组队参加北京交通大学协办的2008年北京市大学生男子足球比赛，获得第四名。

5月8～11日，北京林业大学、北京市大学生体育协会承办，北京市大学生体育协会田径分会协办的"迎奥运"首都高校第46届学生田径运动会在北京林业大学举行，共57所高等院校组队参赛，1000多名运动员参加了甲、乙、丙3个组别计77个项目的比赛，本届运动会为期4天。学校有37名运动员参加甲组比赛，创造了在该项赛事中的历史最好成绩，获得女子甲A组第六名，男子甲A组第三名，男女甲A组第四名，共获得3枚金牌，并获得体育道德风尚奖，教师陈东获得优秀教练员称号，张建新获得优秀运动员称号并打破北京市高校运动会纪录达到运动健将的标准。

5月31日至6月1日，学校组队参加在清华大学举行的"迎奥运"2008年北京市大学生"中体联合杯"沙滩排球赛，共6名运动员参赛，获得女子甲组第六名。

10月18日至11月8日，学校组队参加2008年北京市大学生女子足球联赛。共20名运动员参赛，获得女子组第七名，

11月1日，学校组队参加2008年北京大学生第五届越野攀登赛鹫峰国家森林公园杯的比赛，共10名运动员参加比赛，获得甲组团体第四名并获得突出贡献奖。

10月12～30日，学校组队参加在中央民族大学举行的第十一届CUBA中国大学生篮球联赛北京选拔赛，共12名运动员参加比赛，获得乙组第三名。

11月9～30日，学校组队参加在中央民族大学举行的2008年北京市大学生排球联赛（暨北京市排球联赛高校组），共12名男运动员和12名女运动员分别参加了男、女组别的比赛，获得普通学生组男子A组第二名，女子B组第二名。

12月6～7日，学校组队参加在首都经济贸易大学举行的北京市大学生体育协会乒乓球分会承办的2008年"闽龙杯"北京市大学生乒乓球锦标赛，共10名运动员参赛，获得乙A组女子团体第三名，乙A组男子团体第五名。

12月20日，组织跳绳代表队参加在北京信息科技大学举办的北京市高校大学生跳绳比赛，获得女子4×30秒单双摇跳（接力）第一名。

12月28日，学校组队参加在北京体育大学举行的第二十五届首都田径精英赛，获得男子3枚金牌，女子2枚金牌，男女金牌数第一名的好成绩。
（陈　东　李东才）

【体质监测】 2008年体育部主要承担《学生体质健康标准》测评工作，为教育部决策提供科学实验数据。

体育部建立了体质监测中心，按照教育部、国家体育总局联合颁发的《学生体质健康标准》的规定进行，面向全校本科生。测定身高、体重、肺活量、握力、立定跳远、坐位体前屈、台阶实验、50米、800米（女生）、1000米（男生）等内容。

体育部利用学生周六周日的休息期间，组织学生集中进行测试，学校有测试仪器3套，共计17台。2008年9月中旬开始测试，12月10日测试结束，测试学生总人数12 621人，12月20日上报教育部。

北京林业大学学生体质监测综合评定统计

年级		样本数	优秀(%)	良(%)	及格(%)	不及格(%)
大学一年级	总体	3250	8.71	56.37	31.42	3.5
	男	1268	11.44	55.84	30.13	2.59
	女	1982	6.96	56.71	32.24	4.09
大学二年级	总体	3085	1.72	44.7	35.43	18.15
	男	1304	1.99	42.64	26	29.37
	女	1781	1.52	46.21	42.34	9.93
大学三年级	总体	3083	15.24	61.24	22.12	1.4
	男	1328	17.09	61.07	20.26	1.58
	女	1755	13.85	61.37	23.53	1.25
大学四年级	总体	3203	0.94	44.36	32.34	22.36
	男	1361	1.1	39.31	25.42	34.17
	女	1842	0.81	48.1	37.46	13.63
大学总体	总体	12621	6.62	51.66	30.36	11.36
	男	5261	7.85	49.61	25.39	17.15
	女	7360	5.75	53.12	33.91	7.22

（王　涛　李东才）

【场地后勤】 2008年体育教学设施有一定补充。学校投资36万元，粉刷体育场看台；投资20余万元，安装12平方米全彩室外显示屏1台。

2008年体育教学部购置复印机、台式计算机、笔记本电脑跳高架、乒乓球台和网球柱等体育器材，共计10余万元，全年共增加固定资产30余万元。　　　　　　　　（马宪中　李东才）

【党建工作】 2008年，体育教学部直属党支部共有党员22人，占总人数的59.5%，全年发展预备党员1人，预备党员转正1人。

2008年，体育部直属党支部按照科学发展观的要求，从思想、组织、作风上在建立长效机制上和反腐倡廉建设上下功夫，不断增强与发挥支部在体育教学部的领导核心、支部的战斗堡垒和党员的先锋模范作用，建设和谐的体育部。7月，体育部直属党支部获得校级先进党组织荣誉。

2008年，体育部全体教职工向四川地震灾区捐款5800元，党员交纳"特殊党费"2200元，为学生助困捐款共计2800元。

加强工会和教代会工作。体育部配合校工会完成了"三八"女工趣味运动会，职工运动会，职工中国功夫扇，职工篮球、排球比赛，教工木球队的建立和训练，开展女工瑜伽训练班和教工太极拳训练班。协助学校离退休处完成离退休人员第十七届老年运动会和各项健身活动的组织。1名教师被评为2008年学校巾帼之星；体育部工会被评为学校先进部门工会。

体育部直属党支部服务群众，对离退休的教职工做到定期发放慰问费和定期看望。党政工共同组织全体教职工进行学习和休养活动，分别于1月、6月到南方、山东开展活动。

（孙　恒　李东才）

【对外交流】 2008年，广泛开展对外交流活动，派出陈东、满昌慧、刘甄悦参加第二十九届北京奥运会裁判工作，陈东、满昌慧获得第二十九届北京奥运会优秀国内技术官员称号，刘甄悦获得北京残奥会、奥运会体育展示工作突出贡献奖，在志愿者组织工作中体育教学部获学校特殊贡献奖。6月，北京市大学生体育协会脚斗士、空手道分会在北林大成立。8月19日，台湾跆拳道队领队兼主教练宋景宏率队来北林大交流学习。11月21日，北林大体育教学部与石家庄统战部，在北林大举行了太极拳技术与理论交流。

（李东才）

人　物

院士简介

【沈国舫】 浙江嘉善人，1933 年 11 月出生于上海。中共党员。中国著名的林学家、林业教育家、中国工程院院士、中国现代森林培育学的主要创建者和学科带头人。第八、第九、第十届全国政协委员。中国工程院原副院长。1956 年毕业于前苏联列宁格勒林学院林业系。现任中国环境与发展国际合作委员会中方核心专家、北京林业大学教授、博士生导师、森林培育学科带头人。曾任北京林业大学校长（1986～1993 年）、中国林学会理事长（1993～1997 年）、北京市人民政府专业顾问（林业顾问组组长），现兼任国务院学位委员会学科评议组成员，《林业科学》、《森林与人类》、《北京林业大学学报（英文版）》主编等职。长期从事森林培育学方面的教学科研工作，在森林立地评价与分类、造林树种选择、混交林营造、干旱与半干旱地区造林等方面有多项研究成果，并在发展速生丰产用材林技术政策等的制定、大兴安岭特大森林火灾后恢复森林资源和生态环境工作方针的制定等方面起到了关键作用。近年来，致力于较宏观的林业可持续发展的研究及城市林业的研究，参与并领导了数项工程院的咨询研究项目。曾获国家级、省部级科技进步奖 6 项，全国优秀教材奖及全国优秀图书奖 3 项，著有《造林学》、《林学概论》、《中国造林技术》、《中国森林资源与可持续发展》、《森林培育学》等通用教材及专著 9 部，发表学术论文百余篇，1991 年被评为国家级有突出贡献优秀科技专家，1996 年获全国"五一"劳动奖章和首都劳动奖章，2004 年获国家林业局"林业科技贡献奖"。（刘传义　全　海）

【关君蔚】 满族，1917 年 5 月生于辽宁省沈阳市。中共党员。中国工程院院士、著名水土保持和生态控制系统工程专家、北京林业大学教授。

1941 年毕业于日本东京农工大学。1942～1947 年，任北平大学农学院森林系副教授，1949～1952 年任河北农学院森林系副教授。1953 年起在北平林学院和北京林业大学任教，历任副教授、教授，教研室主任、水土保持系主任。1984 年建立中国高等林业院校第一个水土保持专业和水土保持系，建立了具有中国特色的水土保持学科体系，任博士生导师。1995 年当选为中国工程院院士，1998 年转为资深院士。2007 年 12 月 29 日因病医治无效，在北京西苑医院逝世，享年 91 岁。

关君蔚院士一生始终致力于创建具有当代中国特色的水土保持科学体系，始终致力于我国水土保持、防护林体系的教学与科研，始终致力于造福生态脆弱的老少边穷地区，不断改善我国的生态环境。他用现代科学理论构筑了生态控制系统工程，是我国林业和水土保持学界德隆望尊的学术泰斗。关君蔚院士在日本学成归国后，一直在第一线从事水土保持教学与科学研究工作。他主编了全国第一部水土保持教材《水土保持学》，其后又主编了高等农林院校教材《土壤保持原理》等多部教材和专著，并主笔编写了《中国大百科全书》、《中国农业百科全书》中的"水土保持"等条目。其专著《山区建设和水土保持》、《我国防护林体系及林种》1985 年获全国农业区划委员会一等奖。关君蔚院士 1978 年获国家科学大会奖，1983 年被评为全国水土保持先进个人，1989 年被评为全国优秀教师，2004 年获国家首届林业科技重奖。2005 年，他关于北京市山区生态环境建设与山地灾害防治的建议，得到回良玉副总理的亲笔批示。

2008 年 1 月 4 日，关君蔚院士遗体告别仪式在北京八宝山革命公墓举行。在京林业及相关系统各单位的代表和北京林业大学师生员工近千人

表达缅怀之情。中共中央政治局常委、国务院总理温家宝，国务院副总理回良玉，国务委员陈至立，全国人大常委会副委员长、中国科协主席韩启德，全国人大常委会原副委员长、中国科协名誉主席周光召等送了花圈，对关君蔚院士的不幸逝世表示沉痛的哀悼。教育部、科技部、水利部、国家林业局、中国工程院、中国科学院等200多家单位发唁电，送花圈、挽联，对关院士的逝世表示沉痛哀悼，并对其亲属表示深切慰问。

（刘继刚 田 阳）

【陈俊愉】 安徽安庆人，1917年生。中共党员及民盟成员。1940年于金陵大学园艺系毕业后，先后在武汉大学、华中农学院园艺系任教。1957年起任教于北京林学院，现为中国工程院院士，北京林业大学园林学院教授、博士生导师及名花研究室主任，兼中国园艺学会副理事长、中国花协梅花蜡梅分会会长及国际园艺学会梅 Prunus mume 品种国际登录权威（IRA）等。培养了大批园林专门人才（含学士、硕士、博士等）；创造了花卉"野花育种"新技术和进化兼顾实用的花卉品种二元分类法，在世界上独树一帜；中国梅花系统研究的第一主持人，建立了中国梅花品种分类新系统与品种资源图，育成一批优良抗寒新品种；对中国野生花卉种质资源有深入的分析研究；创导花卉抗性育种新方向并选育梅花、地被菊、月季、金花茶等新品种80多个；系统研究了中国梅花；在探讨菊花起源上有新突破。其研究成果获部级科技进步一、二等奖9项，国家科技进步奖4项，出版专著14部，其中《中国梅花品种图志》获林业部科技进步一等奖、国家科技进步三等奖，《中国花经》获建设部科技进步二等奖，《金花茶育种与繁殖研究论文汇编》获林业部科技进步一等奖、国家科技进步二等奖，公开发表文章200多篇。

（周春光 全 海）

【孟兆祯】 湖北武汉人，1932年生。中共党员。1956年毕业于北京农业大学园艺系造园专业后开始在北京林学院任教至今。现为中国工程院院士，北京林业大学园林学院风景园林规划与设计教授，博士生导师，兼任中国风景园林学会荣誉理事长，城建部风景园林专家委员会副主任，北京市人民政府园林绿化顾问组组长，上海市绿化局顾问组组长、《风景园林》杂志名誉主编等。以中国传统园林艺术与设计为特长，对假山艺术尤有造诣，代表见解为"人类社会生产必须与环境建设相协调。人与天违，天人俱伤；人与天调，天人共荣。"与"要继承和发展中国传统园林文化，创造具有中国特色、地方风格和适应现代化社会生活的新园林"。培养了大批硕士、博士研究生（其中外籍学生2名）以及博士后一名，曾指导3名学生4次获国际大学生风景园林设计竞赛大奖。学术思想活跃，理论成果丰富，发表论著40余篇。有《中国古代建筑技术史·掇山》、《避暑山庄园林艺术理法攒》获国家科技进步二等奖，主持完成《中国大百科全书·建筑卷·置石、假山、园林工程》。主持数十项风景园林设计，获林业部、建设部设计一、三等奖和深圳市工程建设一等奖，2004年获首届林业科技贡献奖。

（周春光 全 海）

【尹伟伦】 天津市人，生于1945年9月。1988年7月加入中国共产党，1968年9月参加工作，硕士研究生毕业，教授。1968年9月北京林学院（现北京林业大学）林学专业毕业被分配到内蒙古牙克石甘河林业局工作，先后任技术员、车间主任。1978年9月至1981年6月在北京林学院攻读硕士学位，毕业后留校任教。1981年7月起先后任植物生理教研室副主任、实验室主任。1985年11月至1986年11月在英国威尔士大学进修学习。1993年3月任资源与环境学院副院长，1993年9月任校长助理，1993年12月任校党委委员、副校长。1994年5~10月在比利时安特卫普大学进行科研合作。1997年被授予国家级有突出贡献中青年专家称号。2000年1月任校党委常委、常务副校长。2004年7月任校党委常委、校长。2005年12月当选为中国工程院院士。2008年1月当选为第十一届全国政协委员。

主要研究方向是植物抗旱抗盐机理，林木生长发育调控及转基因育种。主编教材与著作有《国际杨树研究新进展》、《中国松属主要树种栽培生理生态与技术》。主持课题有国家"九五"、"十五"攻关项目，国家"863"及国家自然基金项目。主要科研成果先后获国家发明三等奖1项，国家科技进步二等奖4项，国家教学成果一等奖1项，省部级科技、教学奖15项。兼任国际杨树委员会执委，中国林学会副理事长，中国杨树委员会主席，国务院应急办专家组专家，中国植物协会常务理事，北京市政府顾问，北京市学位委员会委员等。获全国优秀科技工作者，全国模

范教师，全国优秀教师，北京市优秀教育工作者，国家级、省部级突出贡献中青年专家，宝钢优秀教师特等奖等 10 余项荣誉称号。享受国务院政府特殊津贴。　　　　（张　鑫　全　海）

长江学者

　　2008 年学校共有"长江学者奖励计划"特聘教授、讲座教授 3 人，分别是林学院骆有庆教授、生物学院李百炼教授、材料学院孙润仓教授。

【骆有庆】　1960 年 10 月 19 日出生，男，博士，浙江义乌市人。1982 年本科毕业于南京林业大学，1985 年研究生毕业于北京林业大学后留校工作。现为长江学者特聘教授、林学院院长、教授、博士生导师，森林保护学科带头人，教育部创新团队带头人，教育部北京市共建森林培育与保护重点实验室主任。现兼任中国昆虫学会常务理事、中国林学会森林昆虫分会副主任委员、北京昆虫学会副理事长以及中国科协、国家林业局、农业部、国家质检总局、国家标准局等多个专家组成员；多家学术刊物的常务编委和编委。获全国首批新世纪百千万人才工程国家级人选、北京市高校教学名师、教育部优秀骨干教师、北京市先进工作者称号，并获北京市五四青年奖章、北京市高校优秀青年骨干教师、林业敬业奖、全国林业科技先进个人等荣誉。主持国家科技攻关、省部级重点课题、国际合作、国家"973"重大基础研究课题、国家"863"高新技术专题、各类自然科学基金、霍英东基金、成果转化基金、科技支撑项目、博士点基金等课题近 30 项。以第一完成人获得国家科技进步奖二等奖、省部级科技进步一等奖、中国林学会梁希奖、霍英东高校青年基金项目奖。
（张　鑫　全　海）

【李百炼】　1957 年 12 月生，男，美籍华人，北京林业大学长江学者讲座教授，美国北卡罗莱纳州立大学林学和环境资源学院教授，博士生导师。现任美国北卡罗莱纳州立大学副校长，北美林木遗传改良协作组主任，国际林联 IUFRO

第二学部"树木生理与森林遗传"主席，国际著名林学杂志 Forest Science 和 Canadian Journal of Forest Research 副主编，瑞典农业大学、澳大利亚昆士兰大学、芬兰赫尔辛基大学和北京林业大学等多所著名大学的兼职教授和博士生导师。一直从事林木遗传改良的教学和科研工作。主讲"数量遗传学"和"生物信息学"等课程；主持十余项来自美国科学基金会、农业部、能源部等机构和部门的研究和开发项目。在树木遗传育种学、分子遗传学和基因组学等领域取得了多项研究成果，并成功地应用于美国重要用材树种火炬松和南方松的育种实践中。现已成为国际上该领域颇有知名度的育种专家。迄今，在国际著名的各种专业杂志和专业书籍上发表了 100 多篇高水平学术论文，被引用次数高达 2000 多次。
（张　鑫　全　海）

【孙润仓】　1955 年 3 月 3 日生，男，英国威尔士大学博士毕业，国家杰出青年基金获得者，博士生导师，长江学者特聘教授。现为北京林业大学林产化工学科带头人，兼任华南理工大学制浆造纸工程国家重点实验室主任。20 多年来，一直从事农林废弃物生物质高值化应用方面的基础研究。在国内外学术期刊上发表论文 350 余篇，其中 SCI 收录论文 201 篇，论文被他人在 SCI 收录期刊中正面引用 1000 余次，参加了 24 次有关该领域的国际会议，其中 13 次以邀请身份作大会报告。同时还被国外专家邀请参与编写 Hemicelluloses：Chemistry and Technology 等英文专著 9 部和英国科学分离百科全书 1 部。申请发明专利 8 项，已授权 5 项。现为国务院学位委员会学科评议组成员，英国化学会 Fellow，美国木材科学学会委员会 Committee Member，美国化学会会员，美国纽约科学院邀请高级会员，美国高技术科学学会成员，英国和美国高技术科学联合会

成员。国家基金委第十一届生命学部二审专家（林产化工与制浆化学）。*Bioresources*（美国）副主编，被聘为 3 种国外期刊编委，同时还是美国、英国、德国等 20 余种国际期刊的兼职审稿人。培养的一名博士生获得 2007 年全国百篇优秀博士论文，一名博士生获 2008 年全国优秀百篇博士论文提名奖。获省部级科技进步（自然科学类）一等奖 3 项，二等奖 2 项。

（张　鑫　全　海）

博士生导师名录

林学院（39 人）

赵秀海　韩海荣　张　征　李俊清　马钦彦
冯仲科　苏德荣　卢欣石　韩烈保　李吉跃
刘　勇　马履一　徐程扬　骆有庆　贺　伟
郑小贤　孙玉军　亢新刚　彭道黎　沈国舫
孙建新　刘琪璟　张晓丽　武三安
李根前（外聘）　唐守正（外聘）　吴　坚（外聘）
张星耀（外聘）　范少辉（外聘）　王有年（外聘）
方　伟（外聘）　王玉柱（外聘）　赵春江（外聘）
宋国华（外聘）　徐正会（外聘）　盛茂领（外聘）
周国模（外聘）　王　兵（外聘）　陆元昌（外聘）

园林学院（16 人）

陈俊愉　李　雄　赵　鸣　朱建宁　王向荣
刘晓明　孟兆祯　周　曦　刘　燕　张启翔
戴思兰　成仿云　董　丽　贾桂霞　王四清
郑国生（外聘）

水土保持学院（20 人）

王玉杰　孙向阳　孙保平　余新晓　张洪江
朱金兆　贺康宁　王秀茹　陈丽华　王百田
朱清科　吴　斌　周心澄　谢宝元　赵廷宁
孙德智　丁国栋　张盼月　孙世国（外聘）
王小平（外聘）

经济管理学院（18 人）

宋维明　朱永杰　金彦平　高　岚　陈建成

聂　华　温亚利　张大红　田治威　吴铁雄
夏自谦　张彩虹　王立群　刘俊昌　张　颖
张新伟（外聘）　石峰（外聘）　郑文堂（外聘）

工学院（7 人）

钱　桦　俞国胜　刘　毅　鲍际平　李文彬
刘晋浩　赵　东

材料科学与技术学院（12 人）

常建民　赵广杰　曹金珍　蒲俊文　孙润仓
李　黎　谢益民（外聘）　张齐生（外聘）
王向明（外聘）　林作新（外聘）
陈克复（外聘）　于志明

生物科学与技术学院（24 人）

陈少良　高荣孚　李凤兰　郑彩霞　刘玉军
尹伟伦　金幼菊　蒋湘宁　王华芳　张柏林
王建中　孙爱东　张志毅　康向阳　李　云
胡德夫　张志翔　沈应柏　李百炼（外聘）
陈晓阳（外聘）　邹　坤（外聘）　师光禄（外聘）
杨敏生（外聘）　薛达元（外聘）

信息学院（4 人）

赵天忠　黄心渊　吴保国　武　刚

自然保护区学院（3 人）

崔国发　雷光春　陈建伟（外聘）

（人事处供稿）

教授名录

（合计 153 人）

　　截至 2008 年 12 月，学校教授岗位在聘人员 153 人。

教授一级岗（4 人）：

沈国舫　陈俊愉　孟兆祯　尹伟伦

教授二级岗（16 人）：

骆有庆　戴玉成　卢欣石　朱金兆　吴　斌
孙保平　余新晓　张志毅　高荣孚　李凤兰
蒋湘宁　张启翔　王向荣　宋维明　赵广杰

孙润仓

教授三级岗(38人)：

马履一	韩烈保	李俊清	孙建新	刘 勇
冯仲科	郑小贤	李吉跃	赵秀海	李文彬
俞国胜	刘晋浩	黄心渊	雷光春	孙德智
康向阳	王华芳	王建中	张志翔	陈少良
金幼菊	周心澄	张洪江	王百田	孙向阳
刘俊昌	王立群	朱建宁	刘晓明	李 雄
成仿云	刘 燕	戴思兰	常建民	曹金珍
严 耕	史宝辉	沈繁宜		

教授四级岗(95人)：

韩海荣	苏德荣	马钦彦	刘琪璟	张晓丽
贺 伟	武三安	亢新刚	彭道黎	徐程扬
孙玉君	朱清科	王玉杰	张志强	谢宝元
陈丽华	林子臣	王秀茹	赵廷宁	贺康宁
丁国栋	郑彩霞	李 云	李博生	张柏林

孙爱东	胡德夫	沈应柏	刘玉军	张德强
高宏波	蒲俊文	高建民	申世杰	张双保
李 黎	于志明	温亚利	陈建成	丁密金
李建章	许 凤	鲍际平	钱 桦	韩 宁
撒 潮	于文华	刘文定	张继晓	刘 毅
赵 东	宫晓滨	曹礼昆	周 曦	赵 鸣
贾桂霞	王四清	董 丽	夏自谦	朱永杰
顾凯平	苏 宁	田治威	金彦平	张大红
吴铁雄	聂 华	张 颖	张彩虹	韩 朝
武 刚	袁津生	吴保国	赵天忠	吴 燕
高孟宁	张文杰	廖蓉苏	谢惠扬	戴秀丽
张京霞	朱建军	吴江梅	訾 缨	段克勤
李 健	肖文科	孙承文	时小冬	陈晓鸣
崔国发	张 征	王毅力	张立秋	张盼月

（人事处供稿）

民主党派、侨联、女教授协会负责人

中国民主同盟北京林业大学支部

    主　委：鲍伟东

    副主委：武三安　金 笙

    委　员：胡泽民　向 燕

中国农工民主党北京林业大学支部

    主　委：陶嘉玮

    副主委：陈树椿

    委　员：曹芳萍　夏新莉

九三学社北京林业大学支社

    主　委：雷增普

    副主委：刘 毅　谭红杨

    委　员：彭祚登　金幼菊

北京林业大学归国华侨联合会

    主　席：金 笙

    副主席：苏新琴　高甲荣

    秘书长：陈亦平

    委　员：黄庆喜　王元生　申功诚

首都女教授协会北京林业大学分会

    会　长：沈瑞珍

    秘书长：赵世华

    理　事：刘文蔚　张金凤　张京霞

           陈丽鸿　姚春丽　王立群

（党委统战部供稿）

2002 ~ 2008 年大事记

2008 年大事记

1 月

2 日 北林大信息学院黄心渊教授在 CG 行业权威赛事中荣获"2007 中国 CG 行业杰出贡献奖(个人)"称号。

3 日 在公布的 2008 ~ 2009"中文社会科学引文索引"(CSSCI)来源期刊中,《北京林业大学学报(社会科学版)》进入"高校综合性社科学报"核心期刊行列。

10 日 北林大网络十周年庆典暨数字校园二期应用系统开通仪式举行。

14 日 北京市首届高校基金会研讨会在北林大举行。

16 日 北林大生物学院张德强被授予 2007 北京市青年岗位能手称号。

17 日 北林大林学院教授李俊清当选为北京市第十一届政协委员。

25 日 北林大校长、中国工程院院士尹伟伦教授当选第十一届全国政协委员。

26 日 中国林业教育学会三届二次常务理事会在北林大召开。中国林业教育学会理事长杨继平发表讲话,中国林业教育学会常务副理事长吴斌总结 2007 年工作,学会秘书长周景介绍 2008 年学会的工作设想。

31 日 《森林生态与环境研究——贺庆棠科技文集》由中国林业出版社出版发行。北林大校长尹伟伦院士作序。

同日 北京市委教育工委副书记、北京市政府教育督导室主任线联平看望北林大园林花卉专家陈俊愉院士、老同志王友琴。

2 月

4 日 北京市教委专职委员孙善学一行来到北林大,慰问寒假留校学生以及家乡受雨雪天气影响受灾的学生,并送来慰问金 10 万元。

14 ~ 18 日 北林大 26 名院士、专家、教授组成 3 个考察组,分赴贵州、湖南、江西 3 个冰雪灾害的重灾区,对遭遇严重雨雪冰冻灾害的森林资源和生态环境进行全面"会诊"。

23 日 在北京高校宣传教育工作会上,北林大获得学习十七大精神优秀主题教育活动奖。

24 日 北林大 2008 年本科招生增加动画和车辆工程两个专业,分别设在信息学院和工学院。

同日 北林大荣获诺基亚青年创业教育计划"创业教育示范高校"称号。

25 日 北林大主编《大学新闻网》一书正式出版,系列丛书主编为中国高校校报协会副理事长、北京高校校报研究会理事长、北林大教授铁铮。

26 日 在 2008 年北京市共青团工作会上,北林大共青团获得多项奖励和表彰。学校团委荣获 2007 年度北京市团费收缴先进单位;林学院团总支获得奥运先锋——2007 年度北京市五四红旗团委称号;"绿色长征,和谐先锋"2007 全国青少年绿色长征接力活动获得首都青少年生态环保奖优秀项目奖;"微笑北京,奥运先锋"纪念"一二·九运动"长跑赛获得 2007 年"微笑北京"主题活动优秀活动项目奖;人文学院 2007 级硕士生金玉婷获得奥运先锋——2007 年度北京市优秀共青团员荣誉称号；团委相关同志还获得 2007 年度北京市团务工作先进个人和 2007 年度北京共青团信息工作优秀信息员荣誉称号。

同日　北京林业大学专家赴湖南、贵州、江西三省考察林业特大冰雪灾害纪实图片展展出。

29 日　北林大《改革·创新·发展》教改论文集由中国林业出版社正式出版，共收录北林大教师和教学管理工作者撰写的论文 81 篇。

3 月

3 日　在北京奥运花坛设计大赛中，北林大园林学院苏怡、汪昕梦、张云路 3 名研究生的作品童心盼奥运荣获一等奖。舞动的北京、奥运皮影大戏台、浮动的草立方、国粹迎奥运、盛世大舞台、融一和荣获三等奖。

同日　中国老教授协会林业专业委员会和北林大老教协、老科协的生态、森保、造林、林经等各有关学科的老专家、老教授在北林大举办林业灾后恢复与重建研讨会。

4 日　北林大荣获 2007 年度北京高校奥运会、残奥会筹办工作先进单位称号。严耕、张传慧、于吉顺、佟立成、辛永全 5 人荣获 2007 年度北京高校奥运会、残奥会筹办工作先进个人称号。

5 日　加拿大昆特兰大学学院（Kwantlen University College）商学院院长亚瑟和国际合作处处长 Sandra Schinnerl 女士一行到北林大访问。

10 日　北林大教师冯仲科入选 2007 年度新世纪百千万人才工程国家级人选。

13 日　中国高校校报 2006 年度好新闻评选结果揭晓，《北林报》3 篇作品榜上有名。《你是不是称职的学生》（作者：铁铮）获言论类一等奖；《红绿"1＋1"工程对口支援"村官"》（作者：铁铮）获消息类二等奖；《60 多天体会的村官味道》（作者：王磊）获通讯类二等奖。

15 日　在北京奥运会、残奥会培训工作推进大会上，北林大荣获 2007 年奥运培训工作先进单位称号，佟立成荣获 2007 年奥运培训工作先进个人称号。

20 日　北京市副市长赵凤桐、北京市教育委员会副主任杜松彭来北林大检查伙食工作。

21 日　科技部国际合作司欧洲处处长一行到北林大调研。

23 日　门头沟区水利学会与北林大归侨侨眷联合会正式举行合作签约仪式。

26 日　由国家林业局发展计划与资金管理司和北林大经济管理学院合作的研究成果——《林业及相关产业分类（试行）》由国家林业局和国家统计局联合发布。

29 日　第一届非物质木文化研讨会在北林大召开。

同日　国家林业局 50 多位司局级领导前往北林大林场植树。

4 月

3 日　全国青少年生态环保社团骨干培训在北林大拉开帷幕。

5 日　"微笑北京、绿色长征"——首都大学生第十二届"绿桥"暨第二届全国青少年绿色长征接力活动在北林大开幕。

9 日　国家林业局副局长祝列克一行慰问北林大南方冰冻灾害考察专家，并就南方林业灾后恢复重建工作，与北林大领导、专家进行座谈。

11 日　北京地区高校毕业生就业工作会暨就业研究会培训会在北林大举行。

14 日　第二届高、中等院校林（农）类优秀教材评奖工作会议在北林大举行。

19 日　外交部迎奥运第七届登山比赛活动在北林大鹫峰公园举行，外交部 400 余名外交官参加了此次活动。

23 日　在 2007 年"关爱女孩"青年志愿者行动报告会上，北林大学生谷雪刚、张丽丹荣获调

研论文一等奖，郭琪、龙颖茜荣获调研论文二等奖，王胜男、杜鹃荣获调研论文三等奖。学校团委荣获最佳组织奖。

同日　由中华人民共和国商务部主办、北林大承办的2008商务部发展中国家林业官员研修班在北林大开班。

24日　"大自然地板"2008年全国大学生环保辩论赛北京区决赛在北林大举办。

25日　北林大自然保护区学院学生组成的"IFAW北林大志愿者小组"入围由国家林业局湿地保护管理中心（中华人民共和国国际湿地公约履约办公室）、水利部水资源管理司等单位共同主办的"2008湿地使者行动活动"，并赴江苏南京参加湿地使者集中培训。

29日　北京市教育委员会公布北京市重点学科建设项目验收结果，北林大生态学学科、木材科学与技术学科被评定为优秀。

同日　在北京市教育委员会公布的2007年北京市重点学科评选结果中，北林大林业工程一级学科等5个学科被评为北京市重点学科。

5月

6日　北京市侨联一行17人参观北林大鹫峰实验林场并开展登山活动。

同日　北林大学生胡英敏的文字作品《命韵之舞》在首届大学生生态科普创意大赛中获得一等奖。

9日　北林大"木质材料科学与应用教育部重点实验室"建设计划通过可行性论证。

同日　由北林大自然保护区学院主办的"自然保护大讲堂"正式启动。美国东伊利诺伊州大学Gordon Tucker教授、刘志伟教授以"民族植物学"为主题做首场学术报告。

10日　在第46届首都高校田径运动会上，北林大荣获男女团体总分（甲组）第四名，创造了在该项赛事中的历史最好成绩。北林大选手张建新荣获男子（甲组）十项全能冠军，并刷新该项赛事的首都高校记录。

12日　"全国道德模范在京巡讲——与青年话成长"在北林大举行。

15~16日　北林大被评为北京市研究生培养工作优秀单位。王国柱、马履一等完成的《研究生教育管理信息系统的研建与推广》获研究生培养工作优秀成果一等奖，贾黎明、王兰珍等完成的《博士研究生学位论文质量控制与激励机制创新》获研究生学位工作优秀成果二等奖。

19日　中国工程院外籍院士、国际著名光化学科学家藤岛昭教授被聘为北林大材料学院名誉教授。校长尹伟伦代表学校向其颁发聘书。

22~25日　北林大13个学院300名奥运志愿者参与为期4天的好运北京2008田径公开赛，承担奥林匹克公园公共区观众引导、安全检查等服务工作。

26日　北林大工学院学生万超等人设计制作的"熊猫精灵"多功能清洁车，在第十一届中国北京国际科技产业博览会青年学生科技作品互动展区展出。

27日　北林大11名学生获得2008年国家留学基金资助出国留学研究生录取资格。

28日　北林大紧急成立专家组，就防止四川地震次生山地灾害中面临的重大问题提出书面意见和建议。

同日　教育部关心下一代工作委员会调研工作座谈会在北林大召开。

29日　北林大绿色讲堂第一届老教授论坛启动仪式举行。

30日　在中国生态文明建设高层论坛开幕式上，北京林业大学党委书记、北林大生态文明研究中心主任吴斌出席并做了学术报告。北林大等10家单位获首批国家生态文明教育基地称号。

6月

1日 中共中央机关刊物《求是》杂志发表了北林大党委书记吴斌的署名文章——《把论文写在大地上》。

2日 北林大党委宣传部党支部被评为北京高校先进基层党组织,生物学院康向阳和人文学院林震被评为北京高校优秀共产党员,园林学院党委书记沈秀萍被评为北京高校优秀党务工作者。

3日 北林大与浙江省长兴县签署"北京林业大学与浙江省长兴县人才共建合作协议书"。

5日 北林大园林学院城市规划与设计专业刘晓明教授受聘为2008年度IFLA国际大学生风景园林设计竞赛评委。

7日 北京市高校体育教师师德师风研讨会在北林大召开。

同日 "中国生态文明建设论坛"在北林大举办。该论坛由中国老教授协会、清华大学、中国农业大学、北京林业大学、联合国工业发展组织中国投资与技术促进处绿色专家委员会联合主办,北京林业大学承办。来自中国老教授协会、各高校老教授协会、各专业委员会等30余家高校、研究机构的85名专家学者以及来自《人民日报》、《新华社》、《光明日报》、《科技日报》、《中国教育报》、中央人民广播电台等14家媒体单位生参加。13位专家围绕"中国生态文明建设"主题作报告。

8日 北林大康洁教学科研实习基地揭牌仪式在河北省河间市举行。

10日 北林大体育教学部教师索海洋应邀参加第四届全国大学生跆拳道锦标赛的裁判工作,并获得优秀裁判员称号。

13日 2008年中美草坪管理专业联合办学五校联席会议在北林大举行。

16日 北林大纪委荣获2007年度全国教育纪检监察信息报送工作先进集体荣誉称号。

同日 北林大学生在第五届"挑战杯"首都大学生创业计划竞赛的终审答辩中获得佳绩,分别获特等奖1项、一等奖2项。

18日 北林大学生的"熊猫精灵"——多功能清洁车作品在第11届中国北京国际科技产业博览会上参展,荣获二等奖;Kitard—燃气灶定时开关、多功能擦洗一体机荣获三等奖;折叠桌荣获"成功参赛奖"。

22日 北林大在校内组织举行反恐防爆应急疏散演习,海淀区消防监督处、北京市特警总队的指战员参加了此次演习。

同日 北林大多家学生社团荣获2007~2008年度首都高校"优秀学生社团、奥运先锋社团、学生社团奥运精品活动项目"等奖项,学校团委被评为"学生社团工作先进单位"。

23日 原全国人大常委会副委员长许嘉璐来校调研。

24日 我国著名林业教育家、植物学家、树木生理学家、树木生理学的开拓者和奠基人,中国农工民主党第九届中央委员和中央科教文工作委员,北京市政协第五届、第六届常委,北林大著名教授汪振儒先生,于2008年6月24日11时50分在北京逝世,享年101岁。

25日 北京植物学会在北林大生物学院召开高校植物学课程设置与教学经验专题研讨会。

28日 北京大学生体协角斗士分会在北林大成立。

30日 苏丹新纳尔(Sinnar)大学代表团一行访问北林大。

7月

2日 由中国水土保持学会主办的"四川汶川大地震灾后恢复重建过程中防治水土流失恢复生态环境座谈会"在北林大举行。

4日 国家林业局副局长李育材受聘北林大经管学院名誉院长,校党委书记吴斌为其颁发聘书。

15日 在2008ACCA就业力大比拼香港总决赛中,北林大法学专业2007级研究生张浩获第三名和最佳人气奖。

8 月

4日 团中央书记处第一书记陆昊、书记处书记卢雍政等领导，北京市委、北京奥组委一行来到北林大，慰问来自四川、河南以及北林大的奥运赛会志愿者。

7日 北京奥运圣火传到京郊顺义。北林大学生苑杰作为3名大学生火炬手之一，担任第197棒火炬手。

13日 北林大园林专业、水土保持与荒漠化防治专业和农林经济管理专业被评为北京市优秀教学团队。

本月 北林大植物学科王瑞刚的博士论文被评为2008年北京市优秀博士学位论文，指导教师为陈少良教授。

9 月

1日 鹫峰国家森林公园获得2007年度首都文明旅游景区称号。

同日 北京市教育工会服务残奥运工作动员大会在北林大召开。

2日 北京奥组委顺义奥林匹克水上公园场馆团队致信北林大，感谢北林大园林学院博士生马俊峰为水上公园场馆形象景观设计安装以及维护、转换等各项任务所作出的贡献。

同日 在"全国高校英语语音教学与研究学术研讨会暨中国英语教学研究会语音专业委员会成立大会"上，北林大外语学院教师史宝辉当选语音专业委员会副会长。

10日 新华网在新华视频以《残奥会志愿者：服务他人快乐自己》报道北林大奥林匹克公园公共区志愿者志愿服务残奥会的事迹。

11日 在中国家具行业协会四届四次理事扩大会议暨中国家具协会成立20周年庆典大会上，北林大兼职教授林作新被授予中国家具杰出贡献奖。

12日 北林大水保学院张洪江教授主要负责的"长江三峡花岗岩地区优先流发生及其运动机制"和陈丽华教授主要负责的"黄土高原林木根系固土力学机制研究"入选第二届中国水土保持学会科学技术奖。

19日 2008年度国家自然科学基金集中受理期间申报项目评审结束，北林大获批各类项目31项，总经费805万元，涉及生命科学学部、地球科学学部、管理科学学部、信息科学学部等。

21日 中国工程院院士、北林大校长尹伟伦教授出席在安徽召开的森林可持续经营国际会议。

23日 中国林学会第二届梁希青年论文奖评选结果揭晓，北林大材料学院许凤先获一等奖；牛建植、曹金珍、张灵运、张德强、石娟和陈少良等获二等奖；黄华国、侯智霞、王蕾、毕华兴和田明华获三等奖。

24日 由北林大主要承担，园林学院旅游教研室乌恩副教授主持，旅游、园林、自然保护等相关学科教师共同完成的《鄱阳湖国家级自然保护区生态旅游发展规划》在江西省南昌市通过专家评审委员会的评审。

本月 北林大园林专业教学团队和水土保持与荒漠化防治专业教学团队被确立为2008年度国家级优秀教学团队。

10 月

3日 第八届中原花木交易博览会花木产业高层论坛在河南许昌举行，国家林业局副局长李育材出席论坛开幕式并讲话，副省长刘满仓致辞，中国工程院院士、北林大校长尹伟伦主持论坛。

6日 北林大荣获2007年度首都文明单位标兵称号。

10日 应奥地利维也纳农业大学邀请，北林大水保学院有关教师赴奥科研访问，推进中奥科技合作的进一步开展。

14日 北林大图书馆馆长、民建会员刘勇教授荣获"毕节试验区智力支边金奖"；关毓秀教授及其他7名专家荣获"毕节试验区智力支边银奖"。

15日 北林大党委书记吴斌会见日本东京农工大学校长小畑秀文一行，并与该校签署校际合作协议。

16日 甘肃小陇山林业实验局、北林大教学科研合作协议签字暨基地挂牌仪式在天水植物园举行。

20日 2008海峡两岸林业循环经济与生态文明学术交流营开营仪式在北林大举行。

21日 在2008年全国博士生学术论坛（农林经济管理）上，北林大经济管理学院的谢屹博士荣获论文一等奖，经管学院获优秀组织奖。

同日 第三届首都大学生三农文化节之"第二届知青与三农论坛"在北林大举行。

23日 校长尹伟伦院士接见联合国粮农组织杨树委员会高级官员吉米·卡尔先生等一行4人，并召开工作会议，商榷第23届国际杨树大会筹备事宜。

同日 国家发改委批复林木育种国家工程实验室项目资金申请报告。项目将建设林木分子标记辅助育种、基因工程育种、细胞遗传与细胞工程育种、良种繁育等技术研发平台，以及人工气候室、温室、组培室等配套设施。这是北林大第三个国家级科研平台。前两个分别是山西吉县野外生态台站、国家花卉工程技术研究中心。

27日 以"杨树、柳树与人类生存"为主题的第23届国际杨树大会在北京开幕，会程4天。来自世界各地的近200名专家研究和探索杨树柳树和人类生存和发展的关系。大会共收到论文249篇，内容涉及杨树基因工程与遗传育种、分子生物学、杨树栽培、经营管理、木材加工、杨树生态环境保护和多资源利用等各个层面。

29日 校长尹伟伦代表北林大与日本森林综合研究所签订合作协议。

30日 在全国党的建设研究会高校党建研究会专业委员会成立大会暨纪念改革开放30周年高校党的建设工作创新论坛上，北林大党委书记吴斌主持、党政办公室有关同志参与的"以校务公开和党务公开协调发展推进高校民主政治建设"研究论文，获优秀论文一等奖；校党委副书记周景主持、党委组织部参与的"高校院（系）工作的领导体制和工作机制探究"研究论文获优秀论文奖。

31日 北林大获得2008年北京市师德先进集体称号。

11月

3日 北林大—辽宁林业职业技术学院教学科研合作协议签字仪式暨北林大辽宁林业职业技术学院实验林场教学科研合作基地揭牌仪式在辽宁省清原县举行。副校长宋维明代表学校在协议上签字，并为该基地揭牌。

4日 国家花卉工程技术研究中心验收专家组到校，通过听取汇报、现场考察、座谈等形式对该中心进行验收和评估。校长尹伟伦院士出席会议并讲话，副校长张启翔教授汇报中心3年来的建设情况。

10日 北林大外语学院教师柴晚锁在"第二十届韩素音青年翻译大赛"中同时获得英译汉一等奖和汉译英三等奖。

19日 在三北防护林体系建设30年总结表彰大会上，原中国工程院副院长、中国工程院院士沈国舫和水土保持学院高志义教授获三北防护林体系建设突出贡献者称号。

20日 北林大研究生委员会被北京团市委、市学联授予首都高校奥运工作先进学生集体荣誉称号。

24日 北林大与北京建筑工程学院实践教学合作协议签字揭牌仪式举行。北林大党委书记吴斌、副校长宋维明出席会议并为该基地揭牌。

25日 德国风景园林师协会代表团一行17人在中国风景园林学会相关领导的陪同下对北林大进行了访问。

同日　北京市教委召开2008年北京地区高校毕业生就业工作总结研讨会，会上表彰了25所北京地区高校示范性就业中心，北林大是获奖单位之一，副校长姜恩来代表学校上台领奖。

26日　在第三届林业产业发展与人才开发论坛上，北林大获一等奖论文1篇、二等奖论文2篇、三等奖论文1篇。会议共评选出林业院校毕业生就业指导优秀论文38篇，北林大被授予优秀组织奖。

26～29日　北林大副校长张启翔带队的科技特派团到对口帮扶陕西省略阳县，对地震灾后恢复重建工作进行科学考察。

12月

2日　北林大生物技术2006级张尹、电子2006级刘昂、数学2006级郭青海3名学生组成的代表队在首届北京高校生命科学创意大赛中获一等奖。

同日　"北林大·北美枫情地板就业实践基地"签字及授牌仪式在"北美枫情地板"苏州工厂举行。北林大副校长姜恩来与北美枫情分管生产的余光明副总经理签署协议书，并代表北林颁发"就业实践基地"铜牌。

3日　"中韩日林产品贸易国际研讨会"在北林大召开。来自中国、韩国、日本的林产品贸易专家围绕"林产品贸易的区域合作机制"等主题进行交流研讨。

4日　北林大信息学院学生在2008年全国大学生数学建模竞赛北京赛区中取得多项好成绩。莫可（信息06－1班）获得北京市一等奖，温晓薇（信息06－1班）、龚博文（信息06－2班）、郑煜（信息06－1班）获得北京市二等奖。另外王君美（信息05－3）、马兴（信息05－2）、伊冰静（信息05－2）获得北美数学建模荣誉奖。

8日　林业教育国际研讨会暨第一届中国林业教育论坛在北林大开幕。来自美国、加拿大、芬兰、马来西亚、韩国、委内瑞拉、印尼的20名专家学者和中国27所林农院校、科研单位、林业管理机构的百余名专家学者一起，交流、研讨在环境问题日益严峻的大背景下，发展林业教育、促进国际间合作的对策。

同日　SOHO中国董事长潘石屹捐赠40万元人民币资助北林大百名经济困难学生。校党委书记吴斌、副校长姜恩来、北京市青少年发展基金会李春风等出席资助仪式。

10日　北林大优势学科创新平台建设项目作为国家"优势学科创新平台"第二批重点建设项目正式获准立项建设。

13日　中国雁鸭类保护与监测网络国际研讨会在北林大召开。国内外100余名代表共同研讨"中国雁鸭类网络——现状和行动计划"主题。鸟类专家中国科学院郑光美院士、国家林业局野生动植物保护与自然保护区管理司副司长王伟、中国动物学会鸟类学分会秘书长张正旺、亚雁鸭类网络工作组组长吴地正行、湿地公约处亚太地区高级顾问Lew Young博士分别进行致辞。

17～21日　林业经济高端系列讲座在北林大举行。瑞典总理办公室可持续发展委员会成员、瑞典农业科技大学林业经济系主任Bengt Johan Kristr. m教授作首场报告，主题为"环境价值的评价"。国家林业局资源司副司长王祝雄、国家林业局天保中心副主任陈学军、国家林业局造林司副司长李怒云、瑞典农业科技大学林业经济系教授公培臣等先后举行学术报告。

19日　华民慈善基金会大学生就业扶助项目北林大报告会举办。华民慈善基金会理事长卢德之博士、北林大副校长姜恩来出席报告会并致辞。

19～22日　北林大经济管理学院副教授金笙，作为大会正式代表参加北京市第十二次妇女代表大会。

20日　以"后奥运时代旅游发展与对策"为主题的2008年第四届旅游研究北京论坛在北林大举行。

21日　北京林大林业科技股份有限公司荣获由中国花卉报社颁发的改革开放三十年中国杰出花木企业称号。

同日　北林大就业服务中心开展的"就业指导月与职业发展月"被评为北京高校科学就业观教育品牌活动，北林大就业服务中心学生助理团被评为优秀职业类学生社团。

22~23日 北林大党委书记吴斌出席中国北方退耕还林工程建设与效益评价研讨会并发言。

23日 北林大水保学院3名教师参加中国水土保持科学考察表现突出，受到水利部、中国科学院、中国工程院等联合表扬。

24日 国际杨树委员会主席比索菲致信中国杨树委员会，感谢他们积极参加在北京召开的第23届杨树大会，并通报尹伟伦院士等3位国际专家被新一届执委一致推举为国际杨树委员会执委。

25日 在北京高校党建研究会成立20年纪念大会暨2008年年会表彰"纪念改革开放30年

暨北京高校党建研究会成立20年征文活动"中北林大共获得2个二等奖和1个三等奖，并获得优秀组织奖。

27日 北林大在青岛分别与青岛海燕木业有限公司和彬圣木业有限公司签订合作协议，建立教学实习和就业实践基地。

同日 北林大校长尹伟伦院士出席第二届高水平特色型大学发展论坛并作主题发言。教育部直属的26所具有突出办学特色的高水平大学主要负责人参会。教育部党组副书记、副部长陈希出席并讲话。

30日 在北京高校党校协作组2008年年会上，北林大被推举任组长单位。

2007 年大事记

1 月

1日 以长江学者特聘教授骆有庆为带头人的"重大林业病虫灾害预警与生态调控技术研究"团队入选教育部创新团队。

3日 骆有庆教授负责的"森林有害生物控制"、张志翔教授负责的"树木学"获教育部2006

年度国家精品课程。

8日 北林大获得北京市教育工作委员会与北京高教学会心理咨询研究会联合颁发的"心理健康教育工作心理危机预防特色奖"。

3 月

6日 共青团中央、全国绿化委员会等8部委联合表彰2006年全国保护母亲河行动有突出贡献的集体和个人。北林大团委被评为全国保护母亲河行动先进集体。校党委书记吴斌荣获2006年全国保护母亲河行动先进个人称号。

8日 北林大《研究型教学与高校创新人才的培养》课题获2006年"教育部人文社会科学研究一般项目"立项资助。

12日 北京林大林业科技股份有限公司被评为2006年度北京市守信企业。

15日 北林大获批教育部研究生教育创新计划项目，创建林学及相关学科研究生实验教学和科研创新中心。

21日 中共海淀区委对2006年度为海淀区建设作出突出贡献的统一战线50名先进个人进行表彰。北林大生物中心主任、九三学社社员金幼菊教授被评为先进个人。

27日 北京林大林业科技股份有限公司获得首批《园林绿化施工企业安全生产证》证书。

同日 由中国林业教育学会组织评选的第四届中国林业教育研究优秀论文奖评选结果揭晓。北林大共有7篇论文获奖。其中：一等奖论文1篇、二等奖论文3篇、三等奖论文3篇，获奖数居各参评单位前列。

28日 北林大老教授协会的田砚亭教授，在北京十大志愿者评选中，从近200名的优秀志

愿者中脱颖而出，入围前30名，荣获2006北京十大志愿者提名奖。

29日 教育部与北京市联合召开的北京高校大学生村官工作座谈会在北林大举行。教育部副部长李卫红、中共北京市委常委、教育工委书记朱善璐等领导出席座谈会。座谈会邀请部分高校领导、大学生村官代表和村官所在村党支部书记座谈、交流有关情况。

同月 北京林业大学学术委员会进行换届选举，成立北京林业大学第六届学术委员会。尹伟伦任主任。

4月

1日 "绿色长征·和谐先锋"——2007首都大学生第十一届"绿桥"活动，在北京林业大学举行启动仪式。国家林业局党组成员、中央纪委驻国家林业局纪检组组长杨继平，中共北京市委常委、教育工委书记朱善璐出席开幕式并发表重要讲话。校长尹伟伦致开幕词。当天，还在北京植物园举办首都大学生第23届绿色咨询暨"微笑北京·美化环境"志愿服务活动。组织首都大学生和国际友人共200多人，连续第五年奔赴中华文明肇始之地——北京周口店猿人遗址附近的龙骨山种植"首都大学生青春奥运林"。

10日 美国风景园林师协会（ASLA）公布2007年度专业奖项（Professional，Awards），由北林大园林学院教师王向荣和林箐领导团队完成的"鱼塘上的公园与城市新区——2007年中国厦门国际园林花卉博览会园博园"获得分析与规划类荣誉奖（ASLA，Analysis and Planning Honor Award）。

12日 北京林业大学环境科学与工程学院成立大会暨揭牌仪式举行。国家环保总局、教育部有关司局负责人，来自清华大学、中国科学院等10多所高等院校和科研院所的专家学者参加揭牌仪式。国家环保总局局长周生贤写信祝贺。

17日 北京林业大学完成2007年度国家自然科学基金申请、申报工作，共申报国家自然科学基金项目145项，申请项目数创历史新高。

21日 外交部机关在北京林业大学实验林场举行登山活动。北林大党委书记吴斌陪同外交部部长李肇星、副部长李金章参加登山活动。

5月

7~10日 教育部组织专家对北林大英语专业进行评估。

17日 全国厂务公开民主管理工作先进单位表彰大会在全国总工会举行。北林大获全国厂务民主管理工作先进单位称号。中共中央组织部副部长欧阳淞为北京林业大学颁奖，并对学校校务公开及民主管理工作给予充分肯定。

18日 北林大获中共北京市海淀区委员会、北京市海淀区政府、中国人民解放军北京市海淀区人民武装部颁发的先进人民武装部称号。

20日 美国宾夕法尼亚大学教育学院教授Allan、Joseph、Medwick博士应邀来北林大进行学术交流，并做题为"美国高等教育改革现状与趋势"的学术报告。

22日 2007年中美草坪管理专业联合办学五校联席会在北林大举行，来自美国密西根州立大学、东北农业大学、四川农业大学、苏州农业职业技术学院以及学校的代表出席会议。

23日 2007商务部发展中国家林业官员研修班在北林大开班。来自亚、非、拉36个国家的林业管理官员汇集北京林业大学，接受为期20余天的培训。本次研修班主题是"中国林业产业发展概要"。

同日 北京高校第五届青年教师教学基本功比赛结果揭晓，北林大理学院教师岳瑞锋荣获比赛一等奖，林学院教师李景文、理学院教师高伟分别荣获二等奖、三等奖。同时，岳瑞锋还获得最佳教案奖、最佳演示奖。

25 日 北林大陈少良、张晓丽两名教师获得第九届中国林业青年科技奖。

同日 北林大自然保护区学院发展研讨会召开。研讨会由北京林业大学和国家林业局野生动植物保护司共同组织。校长尹伟伦主持会议，校党委书记吴斌做专题报告。国家林业局赵学敏副局长及有关司局负责人参加会议。

29 日 北京林业大学与北京市路政局科技合作签字仪式举行。学校党委书记吴斌、北京市路政局副局长方平分别代表合作双方签署科技合作协议，正式启动了双方在公路生态绿化研究、工程设计等领域的全面合作。

6 月

6 日 第六届北京高校建筑结构设计联赛在北京交通大学举行。北林大水保学院 2004 级土木专业学生刘英亮、郭雪芳、李新欣和周亭组成的 TREE 小组在本次大赛中以名为"合韵"的建筑获得专业高层组三等奖。

8 日 清华大学聘请北林大教授沈国舫为双聘教授。

15 日 北林大人文学院林震副教授入选北京市新世纪社科理论人才"百人工程"。至此，学校已有 3 位教师入选该工程。

18 日 在 2007 年全国大学生英语竞赛决赛中，北林大 3 名本科生获特等奖。还有 4 名学生获得一等奖，18 名学生获二等奖，36 名学生获得三等奖，学校获优秀组织奖。

同日 北林大与波兹南农业大学联合培养人才签约仪式举行。副校长张启翔与波兹南农业大学副校长代表合作双方签署协议。

24 日 汇集北林大优秀共产党员先进事迹的《绿海红帆——北京林业大学优秀共产党员》举行首发仪式。该书汇集学校建校以来的 10 位优秀共产党员的先进事迹，集中展现了学校共产党员的精神风貌。

26 日 第二届国际运动场草坪科学与管理大会（The 2th International Conference on Turfgrass Science and Management for Sport Fields）在友谊宾馆举行。来自国内外专家代表 120 余人共同交流和探讨运动场建造、草坪建植和养护管理等相关技术。

30 日 北京林业大学教育基金会揭牌暨奖助学金签字仪式举行。全国政协副主席张怀西、北京市民政局社团办基金管理处处长石怀森，基金会理事刘家骐，基金会理事、华海医信股份有限公司董事长张孝林等校友，基金会全体理事、学校有关部处负责人等参加仪式。

7 月

2 日 北京市实验教学示范中心评审团对北林大木材科学与技术实验教学中心进行了评估。

7 日 "绿色长征、和谐先锋"——全国青少年绿色长征接力活动出征仪式在北林大举行。活动发动 23 所高校的大学生环保社团代表，组成 10 支青少年志愿者团队，奔赴全国 22 个省（区、市）的 26 个国家自然保护区，开展以宣讲生态环保和绿色奥运理念，生态环境科学考察调研为主要内容的"绿色长征"。

20 日 北京林业大学自然保护区学院董事会成立大会召开。会议审议并通过《北京林业大学自然保护区学院董事会章程》，协商并通过"北京林业大学自然保护区学院董事会常务董事"名单。董事会顾问由中国工程院院士沈国舫、李文华、金鉴明、马建章，中国科学院院士蒋有绪、郑光美担任；董事会主席由国家林业局原副局长赵学敏担任。

8 月

7 日 北京市园林绿化局联合北京林业大学开展北京市植物种质资源调查工作。北林大林学院、生物学院、园林学院、自然保护区学院、北京市林木种子苗木管理总站、北京市林业勘察设计院共同参与调查。调查工作采取分享设计、综合调查、数据共享、专题汇总的方式开展。

31 日 教育部发布《教育部关于公布国家重点学科名单的通知》，北林大植物学、木材科学与技术两个二级学科增补为国家重点学科；林学一级学科被认定为国家一级重点学科，涵盖林木遗传育种、森林培育、森林保护学、森林经理学、野生动植物保护与利用、园林植物观赏园艺及水土保持与荒漠化防治等 7 个二级学科。

9 月

3 日 全国政务公开领导小组授予北京林业大学全国政务公开工作先进单位称号。此次共评选出政务公开先进单位 123 家，北林大为教育系统唯一一家获得此称号的单位。

6 日 骆有庆教授获得第三届北京市高等学校教学名师奖。

7 日 北林大管理学、森林资源经营管理、植物学被评为 2007 年度北京市级精品课程。

11 日 北林大侨联被北京市侨联授予北京市侨联工作先进集体荣誉称号；学校归侨侨眷苏新琴、金笙获得首都侨界先进个人荣誉称号。

13～14 日 北京市委教育工委组织专家组对北林大党建和思想政治工作进行检查评估工作。专家组听取了书记、校长报告，审阅了相关材料，召开了多种内容的座谈会，还进行了访谈、走访等。检查结束后，市委教育工委委员高云华代表专家组就达标检查情况向学校进行了沟通，高度评价学校党建和思想政治工作。

19 日 北林大首批"梁希实验班"学生选拔完成。60 名 2007 级本科新生经过选拔考试、面试被录取，文、理班各 30 名学生。

26 日 北林大荣获第三届关注森林组织奖。

28 日 骆有庆教授负责的"林学专业教学团队"和赵广杰教授负责的"木材科学与工程专业教学团队"被评为 2007 年北京市优秀教学团队。

10 月

10 日 北林大获 2006 年度首都精神文明建设先进单位称号。这是自 2004 年以来连续第 3 次获得该项荣誉。

12 日 北京市政府公布第二批市级非物质文化遗产名录，北林大与北京插花艺术研究会联合申报的"传统插花艺术"项目入选。

同日 北林大第一届"梁希实验班"开班典礼举行。

18 日 校党委书记吴斌率领北京林业大学代表团，访问俄罗斯莫斯科国立林业大学和沃罗涅日林业技术大学，并与这两所学校签订校际合作协议。

15～21 日 北林大以"弘扬学术，彰显文化，尊师重教，聚焦校友"为主题，组织建校 55 周年校庆活动周。

26 日 2007 年林业敬业奖励基金颁奖仪式在北林大举行。北京林业大学长江学者特聘教授骆有庆等 4 人成为本届林业敬业奖获得者。

30 日 北林大党委书记吴斌荣获北京市依靠教职工办好高等学校的优秀党委书记。本次有 13 所首都高校党委主要负责人获奖。本次活动由北京市教育工会组织开展。

11 月

8 日 北京市科委公布入选 2007 年度北京市科技新星计划人员名单。北林大生物学院副教授张德强入选新星计划（A 类），环境学院副教授李敏入选新星计划（B 类）。

20~21 日 北林大发起的全国"生态文明与和谐社会"学术研讨会召开。来自全国各地 30 余家高校、研究所的 54 名专家学者以及部分高校的研究生参加了研讨会。25 位专家学者围绕"生态文明与和谐社会"主题，从论科技转向与生态文明、生态文化的科学基础等方面作了主题发言。

27 日 第十届"挑战杯"全国大学生课外学术科技作品竞赛决赛结果揭晓，北林大学生的作品"退耕还林工程生态价值评估与补偿——以陕西省吴起县为例"荣获全国二等奖。

12 月

7 日 北林大国家理科生物基地建设十周年总结暨 2006~2007 学年评优表彰大会举行。

8~9 日 由中国老教授协会、中国农业大学和北京林业大学等联合主办的"为建设社会主义新农村作贡献"专家论坛召开。来自国务院有关部门，全国人大，全国政协，北京市农委，全国及北京几十所农、林高校的领导、专家、教授 100 多人参加论坛。20 多位专家、教授进行主题发言。

12 日 加拿大魁北克大学阿比提比分校校长 Johanne. Jean 女士一行 4 人到北林大访问，并与北林大签署合作协议，双方将在联合培养项目等方面进行深入合作。

17 日 教育部、国务院学位委员会正式公布 2007 年全国优秀博士论文获得者名单，北林大盛茂领博士的学位论文《中国古北区林木钻蛀害虫天敌姬蜂（膜翅目：姬蜂科）分类研究》名列其中，指导教师为李镇宇教授。

27 日 人事部、教育部表彰全国教育系统先进集体与个人。北林大教师严耕荣获 2007 年度全国模范教师称号和全国高校优秀思想政治理论课教师称号。

28 日 由北林大吕焕卿任主编，于翠霞、张传慧、铁铮任副主编的《塑造绿色事业的建设者》荣获 2002~2007 年度北京高校优秀德育研究成果一等奖。

28 日 教育部公布国家重点（培育）学科名单，北林大的林业经济管理学科被批准为国家重点（培育）学科，成为该学科领域全国唯一的国家重点（培育）学科点。

同日 北京林业大学生态文明研究中心正式成立，校党委书记吴斌担任中心主任，原中国工程院副院长、沈国舫院士担任中心学术委员会名誉主任。该中心是林业系统第一家生态文明研究中心。

29 日 张洪江教授负责的"土壤侵蚀原理"和马履一教授负责的"森林培育学"被评为国家级精品课程。至此，学校拥有的国家级精品课程数量已达到 6 门。

同日 北林大获得全国大中专学生志愿者暑期三下乡社会实践活动先进单位称号，这是学校连续第 15 年获得该项荣誉。

同日 中国工程院院士、著名水土保持和生态控制系统工程专家、北京林业大学教授关君蔚，因病医治无效，于 15 时 35 分，在北京西苑医院不幸逝世，享年 91 岁。

2006 年大事记

1 月

7 日 北林大与沧州临港经济开发区签署合作意向书，拟共同建设"北林大中捷教学实习基地"。该基地位于河北沧州中捷农场现代教育科技园区，系北林大教学、实习及产业化基地。合作意向书确定，对方将在境内 200 公顷土地权属通过无偿划拨方式转移给北林大用于基地建设。

同日 北林大被北京市委教育工委、北京市教委评为北京高校科技创安工作先进学校，学校科技创安工程被评为 12 个北京高校科技创安示范工程。

2 月

20 日 在全国第十次博士学位授权审核中，北林大土壤学科被新增为博士学位授权学科，成为我国林业领域中的首个博士点。

25 日 北林大深港澳校友会在深圳成立。这是继陕西、海南、重庆后的第 4 个校友会。

26 日 共青团北京市委成立北京高等学校同类学生社团联合组织秘书处，其中首都大学生环保社团联盟秘书处设在北林大。

同月 北林大经教育部批准成为可招收高水平运动员（通常称作"体育特长生"）的高校。北京具有这一资格的高校共有 23 所。学校 2006 年计划招收田径运动员 34 人，涵盖了 17 个田径项目。

3 月

1 日 北林大团委被北京市教育工委、北京市教委、共青团北京市委、北京市学联联合授予北京高校学生社团工作先进单位称号。

同日 北林大水土保持学院团总支荣获共青团北京市委达标创优竞赛活动组织奖；人文学院法学 03 – 2 班团支部荣获"五四"红旗团支部称号；李明子荣获优秀共青团员称号。

3 日 北林大与黄河水利委员会天水水土保持科学实验站、天水水土保持监督局合作共建的"北京林业大学天水水土保持教学科研生产三结合基地"挂牌。

13 日 在国务院学位委员会博士学位授权点定期评估中，北林大参评的机械设计及理论、城市规划与设计（含风景园林规划与设计）、林业经济管理等 3 个学科全部通过评估。

15 日 北林大曹金珍教授和韩烈保教授获得第八届中国林业青年科技奖。

22 日 北林大园林学院的高若飞、耿欣与两名日本千叶大学学生共同合作完成的"Growing，Parade"获得日本第 19 届建筑环境设计竞赛的佳作奖。

同日 "扶贫中国行——新长城广东之旅"大型公益活动暨全国高校优秀自强社评选活动在广州举行，北林大自强社被评为全国优秀新长城高校自强社。

23 日 北林大设立"香港深发红木家具助学金"。

27 日 北林大与北京城建研究中心就业实践基地挂牌仪式举行。

28 日 《北京林业大学学报》成为《中国学术期刊文摘（中文版）》的文摘收录源期刊，并被正式收录。

同日 北林大信息学院陈钊和材料学院曹金珍获霍英东青年教师奖。

29日 骆有庆教授和李百炼教授正式与北林大签约,分别成为学校聘任的首位长江学者特聘教授和首位长江学者讲座教授。

30日 中国水土保持学会工程绿化专业委员会成立大会暨首届工程绿化学术研讨会在北林大召开。该组织是第一个工程绿化方面的全国性学术组织。

30日 北林大与浙江萧山开发区构建合作平台,在萧山经济技术开发区建立学校学生就业实习、教学实习和社会实践基地、科学研究和科技成果转化基地,并在学校建立萧山经济技术开发区人才交流和引进基地。

31日 北林大与森禾种业股份有限公司签署协议,在森禾公司设立教学实习、就业实践基地。

同月 北林大首次认定一批讲师、副教授等低职称教授破格作为研究生副导师与本学科正式导师联合招生,招生时为这些副导师单独下达指标。

4 月

1日 在2006年高等学校科技工作会议上,北林大科技处被评为全国高等学校科技管理先进团队,陈欣被评为全国高校科技管理先进个人。

同日 2006首都大学生第十届"绿桥"系列活动暨践行社会主义荣辱观宣讲团启动仪式举行。仪式上成立了"首都大学生践行社会主义荣辱观宣讲团"和中国青少年生态环保志愿者之家,聘任牛群、胡兵、陶虹、大山、韩晓鹏为第五届首都大学生绿色形象大使。

同日 胡锦涛等党和国家领导人在北京奥林匹克森林公园进行植树活动,校长尹伟伦院士、森林保护专家骆有庆教授作为专家代表参加。

3日 "母亲河"论坛暨"青春装点新农村·百支青少年生态环保志愿者服务队进百村结百队"活动在北林大启动,全国政协副主席、农工民主党常务副主席李蒙,共青团中央书记处第一书记周强等出席,李蒙向青少年志愿者服务队授旗。

4日 首届生态文化论坛在北林大召开。国家林业局、中央党校、中科院、清华大学、北京大学、北京师范大学、中国人民大学等院校的相关领域专家、学者参加了论坛。与会专家共同讨论我国生态文化研究的现状、研究方法等问题,倡导树立科学发展观,促进科学技术与自然环境和谐发展。

5日 北林大被共青团北京市委员会、北京市青年联合会确定为首批青少年外事交流基地。

同日 "绿色奥运·携手未来——第五届中韩大学生志愿者交流营"活动开幕。北林大组织首都高校近百名大学生志愿者和韩国100多名大学生在周口店遗址附近的龙骨山上共同栽种"中韩青少年友谊林"。

11日 在九三学社北京市委员会成立55周年纪念大会上,北林大九三学社支社获得"创优争先"活动先进集体一等奖。

12日 国家林业局公布国家林业局重点学科点和重点学科培育点名单,北京林业大学植物学等10个学科被评国家林业局重点学科,在全国林口21个单位中排名第二,位居林业高校首位。

15~16日 北京市生态公益林建设暨森林可持续经营研讨会在北林大举行。60多名专家、学者对北京生态公益林建设进行把脉诊断,提出具体对策。

19日 "首都深入落实社会主义荣辱观暨2006年精神文明建设工作大会"在北京会议中心召开,北林大获2005年度首都文明单位荣誉称号。

同日 在海淀区2006年园林绿化工作大会上,北林大实验林场荣获"十五"期间海淀区义务植树特别贡献奖及2005年度海淀区绿化美化先进单位。

24日 北林大完成清理规章制度工作。学校自2005年5月起开展对全校各职能部处的规章制度清理审核,确认属于学校规章制度的文件共561份,其中拟保留文件270份,拟废止文件110份,拟修改文件119份,拟补充文件62份。

5 月

4 日　全国人大常委会副委员长、民建中央主席许嘉璐来北林大调研。许嘉璐在实验林场听取北京林业大学党委书记吴斌汇报，并对我国的林业建设、教育、科技等工作作了重要指示。国家林业局党组成员、中纪委驻国家林业局纪检组组长杨继平参加了汇报会。

8 日　国家林业局党组书记、局长贾治邦来到北林大调研，校党委书记吴斌作汇报，国家林业局党组成员、中央纪委驻国家林业局纪检组组长杨继平一同来校。

15 日　武警森林部队推广硕士班在北林大开学。这是森林部队首次开设授予国家承认学位的研究生班。首届硕士班共招收 47 名学生，来自森林部队的 8 个单位。

同日　由北京林业大学材料学院主办的第一届木质生物质能源化及高效利用国际会议召开。

24 日　由商务部主办、北林大承办的上海合作组织林业管理研修班在北林大开幕。

31 日　北林大召开新闻发布会向全校通报党总支改制为分党委、校园详细规划落实方案、科技大楼使用管理方案、人事分配制度改革等学校重点新工作的有关情况。这是北林大首次以新闻发布会的形式向教职员工通报学校工作。

6 月

14 日　北京市"鼓励首都高校、科研院所支援新农村建设暨彩虹工程签约大会"举行，北林大团委荣获彩虹工程优秀组织单位荣誉。

19 日　在首届 ACI 中国区大学生商务谈判模拟大赛北京地区总决赛中，北林大经管学院"森林木"代表队获大赛北京地区总冠军。

21 日　教育部党组副书记、副部长袁贵仁专门听取北京林业大学工作情况汇报。校党委书记吴斌、校长尹伟伦等汇报学校近期工作。

26~27 日　"十五"、"211 工程"建设项目验收专家组对北林大进行考察，专家组通过听取汇报、召开座谈会、深入实验室考察等，全面了解学校"十五"、"211 工程"项目建设情况。专家组最后形成了反馈意见，对北林大"十五"、"211 工程"建设给予了高度的评价。

7 月

2 日　北林大园林学院张启翔教授、生物学院张志毅教授被评为第二届北京市高等学校教学名师。

9 月

5 日　北林大教师韩烈保荣获第九届中国青年科技奖。

6 日　北林大举行与沧州临港经济技术开发区"北京林业大学沧州临港教学实习基地"土地证交接仪式，校长尹伟伦代表北林大与沧州市政府签署科教合作协议。

11 日　2006 年我国首批 490 名风景园林硕士专业学位研究生入学。北林大招生 55 人，是招生规模最大的单位。

15 日　"北京林业大学沧州临港教学科研基地"奠基仪式举行。全国人大常委会副委员长李铁映出席并为教学科研基地奠基。

19～20日 "2006年中国风景园林教育大会"在北林大举行，会议就中国风景园林事业发展与人才培养进行了讨论。两院院士、中国风景园林学会理事长周干峙、中国风景园林学会驻IFLA代表刘晓明、建设部城建司副巡视员曹南燕等领导出席。

20日 北京市委教育工委、市教委等单位联合表彰在教育战线上作出突出成绩和贡献的教师。北林大教师严耕、李雄、史宝辉分别获得"北京市优秀教师"荣誉称号。

22日 北林大获得全国绿化委员会、国家人事部、国家林业局三部委共同颁发的"全国绿化先进集体"称号。

同月 北林大的毛白杨良种选育课题组和水土保持学院获得全国林业科技工作先进集体称号，尹伟伦、朱金兆、骆有庆、侯小龙、蒋湘宁等5人获得全国优秀林业科技工作者称号。

10月

11日 北京林业大学中国总部经济研究中心成立。

11～31日 北京林业大学党委以公开竞聘的形式开展部分学院行政班子换届及部分机关处级岗位干部选任工作。全校共有96人次报名参加岗位竞聘。经过严格的组织选拔程序，35个处级岗位全部竞聘成功。

18日 北林大学院党总支改制和行政换届工作会召开，全面启动学院党总支改制成分党委工作。

20日 北京林业大学宣传工作会召开，这是学校第一次全校性专门研究宣传工作的会议。会议出台了《中共北京林业大学委员会关于进一步加强和改进宣传工作的意见》、《中共北京林业大学委员会加强和改进宣传思想工作实施办法》等文件。

21～23日 2006全国博士生学术论坛(林业及生态建设领域相关学科)在北林大举行。教育部副部长吴启迪、全国政协人口与资源环境委员会副主任温克刚、国家林业局副局长雷加富等领导出席。此次论坛是林业及生态建设领域相关学科的首次全国博士生学术论坛，论坛以"创建和谐、秀美、绿色家园"为主题，设置林学、园林、林业工程、林业经济管理4个分论坛，论坛发布了"2006博士生绿色宣言"。

26日 北京林业大学与美国北卡罗来纳州立大学正式签订合作协议。双方将在教师、学者和学生交流，以及教育、研究等范围的资料交流等方面进行合作。

28日 全国林业自然保护区发展50年学术报告会在北林大召开。此次大会由国家林业局与国家环保总局、农业部、国土资源部、国家海洋局、水利部和中国科学院联合举办，旨在总结我国自然保护区建设和管理工作50年来取得的成就，表彰先进，树立典型，交流经验。

11月

4日 北林大学生发起的首届首都大学生"三农"文化节启动。文化节的主题是"情系三农，共建和谐"，22所高校的代表联合向首都大学生发出《支农倡议书》。

6日 北林大与华彬国际集团签署合作协议，建立高尔夫球场草坪教学和实习基地。

8日 北林大进行北京市海淀区人大代表选举工作，选举宋维明、郭素娟为海淀区第十四届人大代表。

14日 北林大被北京市教委评为北京高校毕业生就业工作先进集体。

29日 北林大饮食中心被中国高校伙食专业委员会评为全国先进集体，西区学生食堂被授予全国百佳食堂称号，并被增选为全国高校伙食专业委员会常务理事单位。

12 月

12 日 在北京市学生联合会第十次代表大会的选举工作会议上，北林大再次当选为北京市学生联合会第十次代表大会主席团单位。

16 日 北林大河南校友会在郑州成立。推举产生了以蒋书铭为会长、孔照英为执行会长、曹章贵等为副会长、肖武奇为秘书长的校友会组织机构。

20 日 在北京高校后勤研究会庆祝成立20周年庆典上，北林大饮食服务中心被市教委评为先进饮食中心，学生公寓中心被市教委评为先进学生公寓。

24 日 北林大举行园林教育55周年庆祝大会。来自全国各地的300余名校友代表汇聚一堂，庆祝园林教育55周年。

2005 年大事记

1 月

4 日 北林大开通中共北京林业大学委员会党校网站。

同日 《北京林业大学学报》获全国高校科技期刊优秀评比一等奖。

5 日 北林大冯仲科教授应邀担任著名测绘杂志《GIM-International—the Global Magazine for Geomatics》的顾问编委。

7 日 北林大70名师生志愿者参加在工人体育馆举行的中国演艺界赈灾大型演唱会捐款服务工作。

9 日 北林大园林学院王莲英教授主持的"牡丹露地二次开花栽培技术和秋发机理的研究"成果通过国家林业局科技司鉴定。

11 日 校党委书记吴斌到华中农业大学参观访问。

12 日 美国农业部科技代表团一行6人访问北林大，校党委书记吴斌亲切接见代表团成员。代表团与北林大有关专家开展学术交流。

18 日 北京同仁医学科技开发公司、北京同仁验光配镜中心出资4万元资助北林大经济困难学生寒假返乡。

19～23 日 北林大水土保持专家吴斌教授出席在日本神户举行的联合国世界防灾大会，并作《中国黄土高原土壤侵蚀与对策》学术报告。会议期间，日本国务大臣、国家公安委员会委员长、众议员、大会主席村田吉隆，亲切会见了吴斌教授并合影留念。

20 日 中国林业经济学会第六次会员代表大会在北京召开。会议选举产生了第六届理事会领导机构，国家林业局局长周生贤为理事长。北林大副校长宋维明教授当选为副理事长，经济管理学院刘俊昌教授、陈建成教授当选为常务理事。

22 日 我国著名的林木遗传育种学家、中国工程院院士朱之悌教授在北京因病医治无效逝世，享年76岁。

同日 在北京高教学会心理素质教育研究会学术研讨暨工作经验交流会上，北林大获心理素质教育特色活动奖。

24 日 北林大基础科学与技术学院更名为理学院。

26 日 全国政协副主席张思卿前往北林大小汤山花卉生产基地考察。

同月 校党委书记吴斌参加在武汉举行的教育部直属高校工作咨询委员会第15次全体会议。

2月

5日 北京市教委专职委员王旭东、北京市教工委有关负责人来校，检查了北林大寒假期间的安全工作，并慰问了北林大春节留校的经济困难学生，送来5万元慰问金。

7日 海淀区政府有关领导一行7人向北林大春节留校大学生发放了5万元的春节慰问金和价值2万元的电话卡，并向与会大学生代表拜年。

20日 我国著名木材学家、博士生导师、北京林业大学教授申宗圻先生于2005年2月20日16时30分辞世，享年88岁。

25~27日 北林大第九次党代会召开。会议明确提出了学校发展总体目标和"三步走"的战略构想，对今后4年的主要任务进行了部署，选举产生了新一届党委和纪委。

中共北京林业大学第九届委员会第一次全体会议选举产生中共北京林业大学第九届委员会党委常务委员会；选举产生了党委书记、副书记，通过了纪委书记、副书记选举结果。党委常委名单如下：吴斌、尹伟伦、陈晓阳、陈天全、周景、钱军、宋维明、姜恩来、方国良。党委书记：吴斌，党委副书记：周景、钱军、方国良。

中共北京林业大学新一届纪律检查委员会举行第一次全体会议。会议讨论通过纪委第一次全体会议选举办法。会上选举产生方国良为新一届纪委书记，张爱国、石彦君为纪委副书记。

3月

1日 中共中央政治局常委、全国政协主席贾庆林亲切接见了第二届关注森林奖获奖代表。北京林业大学党委书记吴斌作为组织奖获奖单位代表参加了接见。北京林业大学获关注森林组织奖、梁希林业宣传突出贡献奖、关注森林新闻奖、梁希林业图书期刊奖、关注森林文化艺术奖等多个奖项。

2日 在北京卫戍区司令部召开北京市学生军训工作表彰总结大会上，北林大荣获2004年北京市学生军训工作先进学校称号。

3日 北林大校长尹伟伦教授经中国林学会评审推荐，荣获第三届全国优秀科技工作者荣誉称号。

同日 北林大获北京市高校党的建设和思想政治工作中的宣传思想政治工作单项进步奖。

5日 北林大列入首批大学英语四六级考试改革试点学校。

8日 北林大第九届党委第二次常委会议召开，启动新一轮的职能部处干部竞聘上岗工作。

同日 北林大启动2005年本科专业评估工作。

15日 北林大确定37个教改研究项目及15门双语课程建设项目。

17日 国家林业局科技司在北林大举行成果鉴定会，对学校经济管理学院陈建成教授主持完成的"森林资源资产统计核算及其纳入国民经济核算体系的研究"进行鉴定。

18日 国家林业局科技司在北林大主持召开"名优花卉矮化分子调控机制与微型化生产技术研究"成果鉴定会。

19日 2005年首都大学生绿色论坛在北林大举行。此次论坛的主题是：垃圾分类回收与绿色大学创建。

22日 中国林学会森林工程分会常务理事会在哈尔滨召开。会上增补北京林业大学为副理事长单位。工学院李文彬教授担任副理事长。

25日 "北京科学技术情报学会六届五次常务理事扩大会议"在北林大召开。会议增补北林大图书馆为北京科学技术情报学会常务理事单位，并担任专业委员会主任馆。

同日 北京植物病理学会病虫害研究专家、北京林业大学教授沈瑞祥和杨旺等专家赴延庆调查板栗病因。

同日 北林大举行学生党员宿舍挂牌活动，

共有 680 余间学生党员宿舍挂牌。

26 日 中国风景园林教育座谈会在北林大召开。本次大会由中国风景园林学会主办,北京林业大学园林学院承办。国务院学位办、建设部城建司、中国风景园林学会等全国风景园林教育主管部门,以及清华大学、同济大学、南京林业大学等综合及农林类高等院校的 31 家单位的 53 位领导和专家到会。中国风景园林学会甘伟林常务副理事长主持大会。

27 日 西北农林科技大学赵忠副校长、教务处处长王国栋等一行 8 人来北林大调研。北林大校长尹伟伦、副校长宋维明、教务处负责人、评建办公室及教务处人员参加了座谈。

28 日 2004 年度国家科学技术奖励大会在人民大会堂隆重举行。全国 300 项科研成果荣获国家科学技术三大奖。北林大冯仲科教授主持的森林资源精准监测广义"3S"技术研究荣获国家科技进步二等奖,并受到党和国家领导人的接见。

28~30 日 青海省政府支持藏羚羊申请成为 2008 年奥运会吉祥物巡回展览活动走进北京林业大学。青海省副省长、民建中央委员会副主席马培华一行在北林大举行了"激情奥运会、美丽藏羚羊"专场报告会。

29 日 中国工程院第 36 场工程科技论坛在北林大图书馆五层报告厅举行。论坛由中国工程院主办,北京林业大学承办。中国工程院副院长沈国舫院士,中国工程院院士石玉林、关君蔚、刘更另,中国科学院院士蒋有绪,以及来自中国工程院、水利部、北京市水务局的专家,分别围绕生态环境建设与水土保持作了学术报告。

同日 北林大纪委监察处网站在 2004 年反腐倡廉宣传教育"五好一创"(好党课、好文章、好作品、好新闻、好网站、创新工作)评选活动中,获得"好网站"三等奖。

31 日 北林大刘勇教授被国土资源部聘为第二届国家特邀国土资源监察专员。

4 月

1 日 "绿色奥运、志愿北京"首都大学生创建绿色奥运第九届"绿桥"系列活动开幕式在北林大举行。包括 200 余支首都高校环保社团代表在内的 6000 多大学生志愿者参加活动。

2 日 国家林业局 50 多位司局级干部前往北林大实验林场植树。

同日 2005 首都大学生绿色论坛——绿色文化与北京奥运主题论坛在北林大举行。

同日 北林大等首都四十余所高校的数百名青年志愿者与首都市民、港澳台同胞以及数十名国际青年志愿者,在中华文明发祥地——北京周口店猿人遗址,共同种植象征和平友谊的"青春奥运林"。

6 日 北京林业大学国防教育在线专题网站正式开通。

7 日 浙江林学院党委副书记、常务副院长周国模一行 8 人来到北林大考察交流。

12 日 北林大 2005 年计划面向全国招收本科生 3600 名。学校扩大在北京、江苏、浙江、广东等 4 个省(市)的招生计划,较 2004 年共计增招 50 人。其中在京招生 390 人,增招 20 人。

15 日 教育部国际合作司司长曹国兴、副司长岑建军以及国家留学基金委秘书长张秀琴率领教育部国际合作司、教育部港澳台事务办公室以及国家留学基金委 100 多名同志前往北林大林场植树。北林大党委书记吴斌和副校长陈晓阳陪同。

16 日 由北林大、北京植物园及中国园艺学会联合主办的"我爱梅花,我为国花投一票"活动在北京植物园举行。北林大校长尹伟伦出席活动并发言。北林大陈俊愉院士以及来自中国农科院、北京市科协、北京植物园等单位的有关人士参加了活动。

20 日 北京市科协党组书记副主席田小平、办公室主任陈立新等一行来到北林大林场就北京国际梅园建设事宜进行调研。

同日 世界著名环保人士、香港地球之友总干事吴方笑薇女士来北林大作报告,主题为"纪念世界地球日,爱护我们共同的家园"。

25 日 北京林业大学与平谷区政府签订共

建合作意向书。

28日 捷克农业大学校长 Jam hrom 教授一行4人来到北林大，就开展留学生培养、教师互访、科研合作等事宜签署合作协议。

同月 教育部公布2005年高等学校本科教学工作水平评估结论（教高函〔2006〕9号），北京林业大学评估结论被确定为"优秀"。

北林大后勤服务总公司财务部完成固定资产的全面清查和建账完善工作，顺利通过学校财务外请会计师事务所的财务审计；饮食中心财务并入总公司财务，实行财务人员外派到中心工作机制。

5月

1日 北京林业大学与北京市西山林场合作完成的《北京市西山地区森林生态恢复机理的研究》获得2003～2004年度北京市林业局科技进步一等奖。

同日 北林大6名学生在"阿拉神灯杯"中国青年实用软件设计大赛中获奖。

10日 北京林业大学与湖北宜昌林业局签署全面科教合作协议。

11日 北林大被首都精神文明建设委员会命名为首都文明单位。

12日 北林大与北京建筑木材总厂签署就业实践与教学实习基地合作协议，这是该校建立的首个就业实践与教学实习基地。

同日 北京林业大学与湖北省林业局签署了人才培养科技合作协议。

同日 北林大的转 AhDREB1 基因白杨杂种三倍体在中间试验安全性评价评审会上顺利通过安全评价。

17日 中国和澳大利亚合作项目"中澳首蓿抗逆性评价与育种"第5次工作会议在北林大召开。

21日 北林大与天津海湾公司联合创办的盐碱滩涂地改良技术研究中心成立。

21～22日 第一届风景园林专业研究生学术论坛暨 ifla－unesco 国际风景园林学生设计竞赛参赛作品交流会在北林大举行。

22日 纪念2005年国际生物多样性日专家报告会在北林大召开。

24日 日本林业同友会顾问、日本国际协力机构（JICA）原常务理事兼特别顾问神足胜浩，中日林业生态培训中心项目专家组组长宇津木嘉夫一行来到北林大访问交流。

26日 北林大"木材科学与工程北京市重点实验室"通过专家验收。

同日 台湾大学、台湾中山大学、台湾实践大学、台湾成铭大学、台湾彰化师大等高校专家和相关企业代表组成的代表团，到北林大经济管理学院进行人力资源学术交流。

27日 北京市科学技术奖励大会暨2005年北京科技工作会议颁发，北林大韩烈保教授主持的"裸露坡面植被恢复综合技术研究"、冯仲科教授的"森林精准监测与信息集成研究"、张启翔教授的"花卉高产栽培及花期调控技术引进、研究及示范"分获北京市科学技术奖一、二、三等奖。

30日 美国内务部鱼和野生动物局国家野生动物保护司副司长 James Kurth 先生一行5人来北林大访问交流。

31日 北林大获中国红十字总会印度洋海啸救援特别支持奖荣誉称号。彭珮云为北林大颁发奖牌。

同月 北林大学生杨明智的"地躺拳"在2005年北京市高校武术比赛中获得第一名。北林大有15人次跻身前八名。

北林大教工羽协男队在"首届高校学院路杯羽毛球赛"中分别夺得冠军和第四名。

北林大被教育部授予2004年教育部人防工作目标管理先进单位称号。

北林大囊括首都高校第43届大学生田径运动会男女团体冠军，并荣获体育道德风尚奖。

北林大园林学院彭春生教授主持编写的《2008北京奥运花卉》一书荣获北京奥组委颁发的纪念证书，并被列入首都博物馆收藏品目录。

北林大承办的"奥运文化节"之首都高校模特大赛暨环保服饰设计大赛举行。北林大的林子群获得环保服饰设计冠军。

北林大园林学院研究生小组的"安全的盒子——北京传统社区儿童发展安全模式"作品，在国际大学生风景园林设计竞赛中获一等奖，即"国际风景园林师联合会——联合国教科文组织奖"。

北林大退休教师杨旺和沈瑞祥教授提出的"应对生态林管护员进行培训"建议受到北京市委领导的重视。

6 月

2 日 在北京大学生思想政治教育工作会议上，北林大学生工作部、经济管理学院获北京高校德育工作先进集体称号，全海、李铁铮、沈秀萍、陈丽鸿、赵海燕获北京高校优秀德育工作者称号。

4 日 北林大水源保护林培育与经营管理技术推广项目获 2004 年度北京市农业技术推广二等奖。

8 日 北林大资源与环境学院骆有庆教授在北京市表彰全市劳动模范和先进工作者大会上，荣获北京市先进工作者称号。

17 日 北林大与八达岭林场签署协议，建立北京林业大学八达岭教学科研实习基地。

23 日 北林大团委党支部获北京高校先进基层党组织称号，丁国栋、管凤仙、张启翔获北京高校优秀共产党员称号，铁铮获北京高校优秀党务工作者称号。

同月 北林大水保学院土木 02 班代表队获得北京理正杯建筑结构设计联赛结构类三等奖和总分第六名。

北林大在第三届"挑战杯"首都大学生课外学术科技作品竞赛中共获得 19 项奖励，其中一等奖 1 项、二等奖 6 项，三等奖 12 项。

北林大参与的三项国家转基因植物研究与产业化专项课题通过专家验收。

北林大当选为中国高校人口与计划生育研究会常务副理事长单位，副校长姜恩来当选为中国高校人口与计划生育研究会常务副理事长，胡建当选为研究会秘书长。

北林大教师曹金珍、林箐获得 2004 年度北京市青年岗位能手称号。

7 月

2～3 日 北京林学会召开会员代表大会，北林大校长尹伟伦当选为北京林学会理事长。

7 日 水土保持高等教育改革与发展研讨会在北林大召开。

8 日 北林大 2005 年暑期社会实践启动仪式举行，145 支暑期社会实践团奔赴全国的 20 多个省份开展社会实践活动。

10～12 日 北京林业大学召开发展战略研讨会。教育部发展规划司和科技部农社司农业处负责人作高等教育和科技发展报告。各学院交流"十一五"发展思路。

12 日 "彩虹工程"——首期全国大学生创业培训在北林大举行。共青团中央书记处书记杨岳等领导出席了开学典礼。

同月 北林大与金光集团、内蒙古森林工业(集团)公司、大兴安岭林业集团公司等单位签署就业实习与教学实习合作协议。

北林大运动员在"首届中国右玉生态健身旅游节"上获得了第四届大学生三项越野运动会和第十一届独轮车邀请赛团体总分第五名。杜建、公海林组获得个人第五名。

北林大尹伟伦教授主持的森林资源类本科人才培养模式改革的研究与实践项目在 2005 年高等教育国家级教学成果奖评审中，获得国家级教学成果一等奖。

中国学位与研究生教育学会农林工作委员会管理研究会筹备会议在北林大召开。

北林大第六届研究生支教团中的 5 名志愿者获伊金霍洛旗优秀共产党员称号。

8月

3日 北林大在全国大学生第十届田径锦标赛（麒麟杯）中获得银牌4枚，铜牌3枚。男女团体总分分列第三和第九名。男女团体总分列第七名。

12日 北林大体操健美队在首届中国学生健康舞锦标赛中获普通高等院校组健康街舞比赛第二名和最佳团队组织奖。

9月

1日 北林大学生社团山诺会当选"2005年绿色中国与当代青年夏令营暨第九期全国大学生环保社团（志愿者）培训"全国十佳优秀环保社团。

同日 北林大举行迎评创优百日倒计时揭牌仪式。

6~7日 结构用集成材标准国际研讨会暨国家标准起草大纲编制会议在学校召开。

9日 北林大召开保持共产党员先进性教育动员大会，对全校开展先进性教育活动进行全面动员。全校各党总支、直属党支部的3012名共产党员和574名发展对象参加动员大会。

17日 水利部副部长鄂竟平来北林大调研。

19日 美国密西根州立大学农学院院长Armstrong来北林大访问，尹伟伦、陈晓阳、宋维明参加座谈。

21日 北林大侨联获北京市侨联第二届首都新侨乡文化节最佳组织奖。

24~25日 北林大主办的首届全国森林文化学术研讨会召开。

26日 北林大心理学系与美国中美精神心理研究所合作举办的第三届人本主义暨精神心理学国际学术研讨会召开。

27日 北林大"就业指导月"启动仪式暨2005关注大学生就业百校巡讲开始。

29日 中国高校校报协会第四次会员代表大会在京举行。大会选举产生了第四届协会理事会。北京林业大学校报总编辑李铁铮再次当选为研究会副理事长。

同日 北林大主编《学府纪实》一书公开出版。

10月

8日 北林大开通保持共产党员先进性教育专题网站。

9~12日 第二届中国灾害史学术会议在北林大举行。

14日 北京市生物类实验教学示范中心评审会召开。生物学院本科实验教学中心被评为北京高校实验教学示范中心，成为北京地区高校首批5个生物学实验教学示范中心之一。

16日 北林大获得首都学生军训工作先进单位称号。

17日 北林大主办的新疆阿勒泰地区林业局干部培训班开班。

同日 北林大首次推行团总支书记竞选上岗。

20~21日 北林大举办林学专业人才培养研讨会。

25日 《风景园林》设计师高峰论坛在北林大举办。

26日 北京高教学会研究生教育研究会秘书长会议在北林大举行。

27日 民盟北京林业大学支部召开换届选举大会，校党委副书记方国良、民盟海淀区委副主委韩文琪和校党委统战部负责人参加会议。

28日至11月6日 北林大开展2005年冬季征兵工作。

31日至11月2日 北林大组织本科教学水平预评估。

11月

2日 北林大举行2005年十大歌手总决赛。

3日 美国林业政策代表团来北林大访问。

7～8日 北林大首届结构设计大赛作品展举行。

11日 北林大旧图书馆改造、标本馆、变电站等3项工程全部封顶。

同日 北林大林木遗传育种国家重点学科博士生张德强的学位论文《毛白杨遗传连锁图谱的构建及重要性状的分子标记》入选2005年全国百篇优秀博士论文,指导教师为张志毅教授。

同日 《北京林业大学网络宣传教育文件汇编》编辑完成。

10～12日 由国家林业局、浙江省政府和中国林学会联合举办的首届中国林业学术大会在浙江杭州举行。北林大4项科技项目获首届梁希科学技术奖。王莲英教授主持的牡丹品种分类、选育及栽培新技术,王华芳教授主持的名优花卉矮化分子调控机制与微型化生产技术研究,陈建成教授主持的中国森林资源投入产出及纳入市场运作体系的研究和余新晓教授主持的都市重要水源区水源涵养林技术体系研究与示范分获一、二、三等奖。彭春生教授获"梁希科普奖"。

14日 北林大代表队获迎奥运北京大学生越野攀登赛第三名。

20日 北林大首届林木、花卉遗传育种学术论坛开幕,陈俊愉作首场报告。

22日 北林大获得2005年度首都高校社会实践先进单位荣誉称号和2005年度大学生社会实践首都贡献奖;乌恩等3人获得2005年度"首都高校社会实践先进工作者"荣誉称号;北京林业大学赴大兴安岭林业集团公司博士团等15个社会实践团队获得2005年度首都大学生社会实践优秀团队荣誉称号。

23日 北林大获北京市高校党内统计全优报表单位称号。

24日 北林大党委书记吴斌出席了在人民大会堂举行的《刘少奇论林业》出版座谈会,并获赠书。

25日 北林大生物学院生物实验教学中心被评为北京市高等学校实验教学示范中心。

26日 北林大园林学院、研究生院主办的"2005首都高校旅游研究生学术论坛"举行。

12月

4日 北林大举行纪念首任院长李相符同志诞辰100周年座谈会。校领导、师生代表和来宾深切缅怀李相符先生一生的光辉业绩、执着的革命理想、高尚的情操品德和献身林业科学、林业高等教育事业的精神。全国政协副主席张梅颖撰写纪念文章,学校出版纪念专集,印制纪念邮票。

6日 北林大完成2005年国家林业局重点学科申报工作。组织了3次校内专家的评议会、审核会,完成了涉及7个学院11个学科的国家林业局重点学科申报工作。

10～16日 以张百良为组长的教育部专家组对北林大进行本科教学水平评估。经过全面的评估,学校本科教学得到了专家组和教育部评估中心的高度评价

13日 林学家尹伟伦当选中国工程院院士。

15日 北林大团委获全国五四红旗团委标兵称号。

18日 青海省副省长、民建中央委员会副主席马培华发来感谢函,感谢北林大大力支持藏羚羊"申吉"活动。

22日 北京林业大学举行先进性教育活动群众满意度测评大会。学校各层面的代表160多人对学校先进性教育活动群众满意度进行了测评,群众满意率为99.37%

25日 北京林业大学保持共产党员先进性教育活动总结大会召开,标志着学校历时3个多月的先进性教育活动圆满结束。

26日 金光纸业 APP 北京林业大学奖学金举行颁发仪式。

27日 北京 5 所高校宣传思想工作总结会在北京林业大学举行，北京市委教育工委宣教处、清华大学、中国农业大学、北京语言大学、北京地质大学、北京林业大学参加了会议。

28日 教育部副部长李卫红到北林大调研

座谈，校党委书记吴斌、校长尹伟伦、校党委副书记钱军参加了座谈。

同日 北京林业大学第十届研究生学术活动月闭幕。活动月共邀请国内外专家 60 余人，举办 4 个学术论坛，学术讲座及报告近 50 场。

30日 国家花卉工程技术研究中心与北京林大林业科技股份有限公司合作签字仪式举行。

2004 年大事记

1 月

5日 由北林大韩烈保教授主持的"裸露坡面植被恢复综合技术研究"通过北京市科委主持的专家鉴定。

6日 教育部副部长吴启迪到北林大，宣布教育部党组的任免决定，任命吴斌为北京林业大学新一任党委书记。

8日 北林大常务副校长尹伟伦教授被聘为国家中长期科学和技术发展规划研究"生态建设、环境保护与循环经济科技问题研究"专题骨干研究人员，参加规划战略研究。

10日 北京林业大学教学质量评价结果查询系统在教务处网站正式上网。该系统是对全

校教师课堂教学质量学生进行评价的结果查询系统，可查询北林大全体教师及客座教授、外聘、反聘教师的评价结果。

14日 北京林大林业科技股份有限公司获得中国质量管理体系认证中心（CQC）颁发的 ISO9001：2000 质量管理体系认证书，这标志着自 2001 年 12 月 20 日在北林科技推行的 ISO9001：1994 向 ISO9001：2000 的转版工作顺利完成。

18日 北林大女教授金幼菊当选政协北京市海淀区第七届委员会副主席。

2 月

5日 教育部副部长吴启迪、教育部直属高校办公室副主任陈维嘉来校，听取北林大关于"面向 21 世纪教育振兴行动计划"实施情况的汇报。并视察北林大部分实验室、教学楼、学生公寓以及花卉基地和科贸公司。

10日 北林大研究生院招生处被评为 2003 年度北京市高校招生工作先进集体。

同日 国家林业局副局长赵学敏到北林大调研。

14日 北京林业大学 2004 年工作会议召开。校党委书记吴斌传达教育部直属高校咨询

委员会会议及北京市寒假高校领导干部会议精神，传达了教育部部长周济的重要讲话，校长朱金兆布置 2004 年学校工作要点。

16日 教育部科技司副司长雷朝滋来北林大作题为"高水平大学建设思考"专题报告。

17日 国家林业局科技司司长李东升到北林大调研。

同月 北林大林场被评为海淀区护林防火先进单位。

北林大完成秀峰寺的修缮和改建一期工作。

3月

30日 北林大副校长陈晓阳会见英国威尔士大学副校长马克贝尔德并签署合作备忘录。

4月

1日 北林大毕华兴副教授荣获第八届中国青年科技奖。

3日 43所高校学生代表聚集在北林大,启动首都大学生"绿色奥运,志愿北京"系列活动。姜昆、朱军、陈红、陈琳、董炯被聘为第三届首都大学生绿色形象大使。

8～14日 北林大举行处级干部理论学习班。北京大学马克思主义学院陈占安教授围绕"三个代表"重要思想作首场报告。

17日 北林大举行第一次校园开放日,接待考生家长1000余人次。

24日 北京第一座梅花精品园在北林大鹫峰国家森林公园奠基。

5月

4日 北林大博士生导师陈少良教授获北京市第十八届"五四"奖章。

9日 北林大党委中心组赴井冈山考察学习。

12日 北林大第一个性健康教育网页《青苹果乐园》试运行。

13日 我国第一位林业经济管理博士后正式进入北京林业大学经管学院博士后流动站。该博士后的导师是宋维明教授,研究课题是城市林业生态系统评价机制。

21日至6月中旬 北林大党委书记吴斌作落实科学发展观,加快学校改革和发展主题报告。全校范围内开展为期1个月的全面落实科学发展观大讨论,形成了加快学校发展的一系列建议。

24日 北林大与美国农业部林务局南方全球变化研究所、美国吐丽嘟大学合作,共同开展"森林经营与气候变化对密云水库流域森林生态系统碳、水通量耦合影响"的合作研究项目。吐丽嘟大学生理生态学助理教授Noormets博士为北林大师生作题为"森林经营管理对生态系统碳水通量的影响"的学术报告。

27日 北林大与北京市水务局共同建设的延庆水土保持实验实习基地举行揭牌仪式。

同日 美国密西根州立大学代表团一行10人来北林大访问并与北林大首届草坪专业学生见面交流。

同月 北林大校学生男子篮球队在北京高校男篮(B组)联赛中获季军,创下历史最好成绩。

同月 北林大田径队参加北京市高校43届运动会,获甲组男女团体第三名、女子团体第三名,男子团体实现了四连冠。共获9枚金牌、8枚银牌、4枚铜牌。

同月 北林大学生在美国大学生数学建模竞赛中获一等奖、二等奖、参赛奖各一组。

同月 北林大研究生院顺利通过国务院学位办组织的专家组转正评估,被批准正式成立研究生院。

6月

4日 武警部队与北林大携手合作培养军队人才签约仪式举行。根据培养协议,从2004年起，北林大作为武警部队依托国民教育培养干部的定点学校，将采取招收国防生、从在校学生中选拔国防生、直接接收应届毕业生入伍、选送现役干部入学深造等4种模式，为武警部队培养干部。

8日 北林大召开"211工程"工作会议。会议传达了国家发改委《关于北京林业大学"十五"、"211工程"建设项目可行性分析研究报告的批复》，各子项目负责人分别做了工作汇报，并签订了《"211工程"建设项目责任书》

同月 由北林大党委副书记张清泉主持，校纪委和校工会共同完成的《实施校务公开，优化教育环境，办好让人民满意的高等教育》获北京高等学校党的建设和思想政治工作优秀成果三等奖。

7月

6日 中国宏观经济研究院常务副院长刘福垣研究员来北林大作科学发展观报告。

同日 北林大新图书馆试运行。

12日 教育部任命尹伟伦为北京林业大学校长，陈晓阳、陈天全、宋维明、姜恩来为副校长；免去朱金兆的北京林业大学校长，吕焕卿、陈森的副校长职务。

18日 中南林学院院长章怀云、副院长谭益民来到北林大交流办学经验。

26日 学校组织完成国家花卉工程技术研究中心建设项目立项评估工作。

同月 校党委研究决定，根据需要进行机构设置调整，党办和校办合并为党政办公室，单独设置国际交流与合作处。

8月

同月 《北京林业大学学报》在教育部科技司组织的2004年全国高校优秀科技期刊评比中获一等奖。

9月

7日 北林大外语学院青年教师罗凌志被评为北京市师德先进个人。

7～13日 越南林业大学校长代表团一行7人在校长阮鼎图带领下访问北林大，续签两校合作协议。

16日 北林大关君蔚院士获得中国老教授协会颁发的科教兴国贡献奖。

同日 《北林报》主编李铁铮当选为北京市新闻学会第四届常务理事会常务理事，是北京高校中惟一进入理事会的人员。

19～25日 中德"干旱半干旱地区生态系统恢复与稳定性"国际学术研讨会在北林大召开，13名国外知名专家和30多名国内专家共同研讨土地退化原因以及沙区植被恢复可能性、适生乡土植物种类及稳定性的生态条件、干旱地区植被优化实验研究等问题。

27日 北林大党委研究决定，成立北京林业大学校友会（筹委会），校长尹伟伦担任校友会会长，吕焕卿任常务副会长，具体负责校友会各项筹备工作的开展，校友会挂靠在招生就业处。

28日 北林大园林学院两名教师在第二届全国少数民族美术作品大赛上获大奖。杨凡的作品《青藏行旅》获国画类金奖，韩朝的作品《高原》获得国画类优秀奖。

同月 北林大被中国青少年发展基金会列入"中国肯德基曙光基金"第三批实施高校。该基金将从2004～2012年资助北林大品学兼优的贫困大学生，累计资助金额总计100万元。

10 月

11 日 宣武区委、区人大、区政府、区政协主要负责人来到北林大,参加"宣南文化之夜"活动。在活动开始之前,双方签署了合作协议书。北林大党委书记吴斌、校长尹伟伦等校领导参加活动。

12 日 匈牙利国家林业科学院院长 Funrer 博士一行 4 人访问北林大,并签署双边合作协议。

同日 全国高等学校教学研究中心组织鉴定委员会,对北林大尹伟伦教授主持的"森林资源类本科人才培养模式的改革研究与实践"教学研究项目进行了验收及成果鉴定。专家委员会一致同意该项目结题验收并通过成果鉴定。

14 日 水土保持与荒漠化防治教育部重点实验室接受专家组评估。

26 日 北京高校第七届图书情报资料学术年会在北林大图书馆召开。

30 日 北林大在学 10 号楼举行 2004 年北京林业大学学生公寓消防演习。

11 月

2 日 俄罗斯瓦维洛夫研究所研究员、牧草中心主任 NickolaiI. dzyubenko 教授对北林大进行学术访问。

4 日 北京市委教工委组织专家对北林大宣传思想政治工作进行检查评估。专家们对北林大宣传思想政治工作取得的成绩给予肯定。

10~11 日 第二届中国林业经济论坛在北林大召开。

11~12 日 北林大第八次教学工作会议举行。各学院部副处级以上领导、副教授以上教师,各职能处室副处级以上干部、教学信息员及学生代表参加了会议。校长尹伟伦作题为"实施质量工程,深化教学改革,努力创建教学工作优秀学校"的教学工作报告。副校长宋维明作了题为"振奋精神、高效务实,迎接教学工作水平评估"的报告。副校长陈晓阳主持会议。

12 日 北林大山诺会"学生公寓垃圾分类回收希望活动"项目获得鄂尔多斯生态环保优秀奖,并获得 2 万元奖励。

16 日 北林大纪委监察处网站正式开通,全面及时反映北林大党风廉政建设和反腐败工作情况。

16~17 日 韩国尚州国立大学校长金钟镐等一行 4 人到北林大访问,与北林大签订学术交流协议书,内容涉及学生交流,教师和管理人员交流,学术资料、出版物和信息交流,共同从事科学研究。

18 日 2004"瑞田景观杯"首届全国青年"人类发展与和平"景观设计大赛结束,北林大园林学生获得 3 项优秀奖、4 项单项奖,13 名参赛学生均获入围奖,园林学院获得最佳组织奖。

23 日 北林大关君蔚院士获国家林业局首次林业科技重奖,并获得一次性奖金 50 万元。北林大沈国舫、朱之悌、孟兆祯、陈俊愉、董乃钧等获得为林业发展作出重要贡献的科技工作者称号,获得一次性奖金各 10 万元。

24 日 北京林业大学举办学校发展战略规划高级论坛,邀请中国工程院郭予元院士、唐守正院士、关君蔚院士研讨学校发展战略规划。

28 日 北林大召开第二十五次学生代表大会。本次大会选举产生了新一届学生委员 59 人。来自全校的 531 名学生代表和 29 名列席代表参加会议。北京大学、清华大学、中国人民大学、北京师范大学等 30 多所兄弟院校学生会代表参加会议。

29 日 南昌工程学院党委书记李水弟、校长王志锋、副校长樊启甸以及党办、教务处、环境工程系负责人来北林大,与北林大签署高等教育合作办学协议。根据签署的协议,双方将在学科专业建设、师资队伍建设、科研和研究生教育、产研等方面开展合作。

12 月

7 日 北林大举办学校发展战略规划院士论坛，邀请10位院士研讨学校发展战略规划。中国工程院副院长沈国舫院士主持论坛。

14 日 北林大期刊编辑部主任、学报编委会副主任、副主编颜帅当选为中国高校自然科学学报研究会理事长。

16 日 北京市卫生局向北林大颁发食堂卫生监督量化A级管理铜牌，北林大学生一食堂、学生二食堂、教工餐厅和回民食堂4个内部食堂全部通过海淀区卫生局食堂卫生监督量化A级验收。

27 日 北京林业大学自然保护区学院成立大会举行。国家林业局副局长赵学敏参加成立大会。

同日 首都女教授联谊会第三次代表大会召开。北林大沈瑞珍教授当选为首都女教授联谊会理事。

28 日 北林大"汪一王"奖学金第一期颁发仪式举行。40名学生各获每学年5000元资助。"汪一王教育基金"由加拿大华侨汪琦一王身焕伉俪出资1500万元设立，北林大是首批受助高校，同时获助的高校还包括清华大学和中国农业大学。

31 日 北林大学生10号楼公寓顺利通过北京市标准化学生公寓验收。

同月 北京林业大学与中国林学会联合召开首届全国林业科技期刊发展研讨会。

同月 《北京林业大学学报》获新闻出版总署组织的"第三届国家期刊奖——百种重点科技期刊奖"。

同月 北林大经管学院2002级工商管理专业学生钱茜获2004全国大学生英语竞赛特等奖，这是北林大首次在全国大学生英语竞赛中获此殊荣。

同月 全国大学生数学建模竞赛暨北京市大学生数学建模竞赛颁奖大会在中国地质大学举行，北林大有1队获得全国二等奖，2队获北京市一等奖，3队获北京市二等奖。另有7名学生获得全国一等奖，14名学生获得全国二等奖，28名学生获得全国三等奖。

同月 《中国林业教育》获国家林业局等单位组织的第二届梁希林业图书期刊奖。

同月 北林大团委荣获全国保护母亲河行动集体成就奖荣誉称号，成为全国唯一一所获此殊荣的高校。

2003 年大事记

1 月

14 日 北林大李铁铮获"关注森林"总结表彰活动新闻类一等奖，校党委副书记周景出席了表彰会。

同日 北林大召开勤工助学信息发布会，邀请15家企业来校招聘，提供300余工作岗位。学生处发放26 400元困难学生补助，为在校过春节学生准备年夜饭。

同月 北林大10名贫困学生参加《北京晨报》等多家单位联合主办的"晨报读者元旦烟台游"活动，奔赴社会主义新农村——烟台市南山村进行为期两天的社会实践考察。

2 月

18 日 北林大经济管理学院成立管理工程系。

24日 北林大30名获国家一等奖学金学生代表参加在人民大会堂举行的"首届国家奖学金发放仪式"。

27日 北林大3项科研成果获国家科技进步二等奖,获奖项目分别由朱金兆教授、尹伟伦教授、骆有庆教授主持完成。

27日 北林大统战部召开民主党派会议,传达北京市人大第十二次会议、北京市政协第十次会议精神,近50名民主党派成员参加会议。

同月 北林大研究决定,在原有工学院基础上成立林产工业学院(暂定名)和机电工程学院(暂定名)。

3月

1日 北林大的林学一级学科新设置二级学科,生态环境工程、自然保护区学获国务院学位办备案批复。

7日 北林大"十五"、"211工程"建设项目细化论证和学校发展规划工作部署会议召开,校长朱金兆主持传达教育部《关于进一步做好2003年"211工程"建设工作的通知》,并对北林大"十五"、"211工程"建设项目的细化工作和学校发展规划进行部署。

9日 由北京团市委主办、北林大和首都大学生环保志愿协会承办的2003年首都大学生保护母亲河日活动举行。

12日 由校团委主办,资环学院、水保学院团总支承办的二课堂素质教育正式开课,邀请现代国际关系研究所有关问题专家,分别就美伊关系、朝核问题、中非及第三世界国家关系、台湾问题举办4场讲座。

13日 北京林业大学振兴计划人才培养专项课题计划正式启动,首批70项课题获得157

万元的资助。

19日 北林大党委中心组召开会议,集中学习"两会"会议精神。中国工程院院士沈国舫传达"两会"精神,并做学习辅导报告。

26日 北林大与莫斯科国立林业大学(高等教育学院)签署了合作协议。约定双方在园林、林学等学科方面开展合作。

29日 北林大被评为北京市2002年度信访工作目标管理考核优秀单位。

同月 北林大中水处理站工程被列为北京市政府2003年重要实事工程,并获得经费补助。

同月 北林大确定2003年本科生招生总规模为3200人,新增数学与应用数学专业,草业科学专业新增高尔夫球场方向,木材科学与工程专业增加家具设计与制造方向,环境工程专业停招。

同月 北京林业大学教育教学系列改革研究的理论与实践课题全面启动。

4月

2日 由北京市大学生体育协会主办,北林大承办的2003年北京市高校篮球联赛(乙组)在北林大田家炳体育中心开赛。

4日 参加中韩"未来林"交流活动的100多名韩国大学生来北林大参观。

14~21日 从佑安医院了解到,北林大一北京籍学生在家中出现疑似"非典"症状。学校立即采取措施,将与该同学有过接触的35名同学采取隔离,进行医疗观察。21日,被隔离的35名学生没有发现染病症状,解除隔离,开始

正常的学习生活。

21日 北林大分别召开校领导班子会议、中层干部会议,再次对预防"非典"工作进行部署。决定设立预防"非典"专门办公室;保持信息报告畅通;加强学校"非典"防控工作的宣传力度;实行校园封闭管理,暂不召开大型会议等措施。

22日 北林大"非典"预防工作领导小组办公室印发《北京林业大学各院系、职能部处抗"非典"日报显示表》,张榜公布各单位"一日两

报"的上报情况。

同日　北林大发出《关于对各种原因要求离校和已经离校的学生加强管理的通知》，要求各院系摸清离校学生基本情况、加强联系。

23 日　按照教育部专家组建议，北林大暂停 3 个班以上的合班课和全校 A 类选修课，暂停各种课程考试。

同日　北林大向家住北京、不住校学生及家长发出公开信，明确要求学生加强自我保护意识，养成良好卫生习惯，不要离校，已回家的学生做好个人防护，不去人群密集的地方，暂时不要返校。

25 日　北林大按照首都高校领导干部会议要求再次强调不停课、不离校，并决定，"五

一"放假一天，严格封闭校园，师生发放专门的证件，凭证进入餐厅、浴室、图书馆、宿舍楼，进入公共场所一定戴口罩。

同月　北林大被评为北京市爱国卫生先进单位。

同月　北林大加强"非典"防治工作，成立各级"非典"预防工作小组，多次召开会议，认真传达上级指示要求，贯彻落实教育部、北京市有关会议精神，精心研究部署有关的预防工作，有条不紊地实施了多种严密的预防措施。

同月　北林大与供电局多次商谈北林大学生宿舍楼配电改造方案，促成海淀供电局来北林大现场办公，当场同意北林大学生宿舍经改造后从 2003 年起可以执行民用电价。

5 月

15 日　北林大召集相关部门工作会议，决定由总务产业处承担金工厂的环境整治任务及日后管理工作。

16 日　北林大的教学秩序逐步恢复，4 个班

以下课程按原计划合班上课。

同月　北林大筹建的林木、花卉遗传育种教育部重点实验室顺利通过验收。

6 月

26 日　北林大和人事部全国人才流动中心签署人事代理、人才派遣协议，标志北林大在人事制度改革中迈出新步。

同月　材料学院曹金珍的博士论文《吸着、解吸过程中水分与木材之间的相互作用——从介电驰豫及吸附热力学》获 2003 年全国优秀博士学位论文奖，导师为赵广杰教授。

同月　北林大完成 2003 年硕士招生工作，实际录取 470 名，比原计划增招 20 名。

6 ~ 7 月　北林大组织大学生志愿服务西部计划志愿者招募，并出台 9 项政策支持毕业生志愿服务西部，全面开展咨询和集中招募工作，总计招募志愿者 49 人。

7 月

1 日　北林大党委召开庆祝中国共产党成立 82 周年大会。学校现任领导、老校领导、院士、民主党派代表出席大会。胡汉斌做重要讲话，朱金兆宣读党委关于表彰优秀共产党员、优秀党务工作者的决定。吕焕卿主持大会。校医院党支部被评为北京高校先进基层党组织，贺刚被评

为北京高校优秀共产党员。

同日　北京市教委、海淀区政府等部门来北林大现场办公。重点解决大学生公寓、临时食堂、学生 10 号楼建成合作等问题。

同月　北林大李凤兰、赵广杰、沈国舫、宋维明等 5 名专家被聘为国务院学位委员会第五届

学科评议组成员。

生物学院的植物生理学课程建设获教育部国家理科基地创建名牌课程项目。

7~8月 学校开展2003年暑期社会实践活动，并在北京各地区举办"青春奥运活力北京"文化广场活动。

8月

2日 "非典"离校学生返校，开始正式上课，在暑假完成学习任务。

21~24日 学校举办中层干部学习贯彻"三个代表"重要思想培训班。

9月

3日 北林大开通"绿色新闻网"。

10日 北林大召开庆祝第19个教师节大会。表彰教学科研获奖者，颁发奖金160余万元。

18日 中国教科文卫工会、河北省教育工会代表团来北林大考察。

28日 在2003届全国大学生英语竞赛中，北林大7人获一等奖，19人获二等奖，38人获

三等奖。

同月 北林大购买六道口大学生公寓（62 220平方米）。

同月 北林大工会荣获全国模范职工之家称号。

同月 北林大在二教一层大厅举行"走进科学家——侯艺兵眼中的院士"展览。

10月

10~12日 北林大举办党支部书记学习贯彻"三个代表"重要思想培训班。

10~17日 北林大党委中心组赴延安、西安考察。

20日 苏格兰阿伯泰邓迪大学代表来访，

就学术交流与人才培养的合作事宜展开交流。

24日 经国务院学位委员会批准，北林大生物学科成为一级学科。

同月 北林大在大学生党员中开展以"述责测评"为主题的保持共产党员先进性教育活动。

11月

2日 北林大承办第一届北京大学生原创歌曲大赛。

4日 《北林在线》改版。

7日 北林大党委统战部组织学习十六届三中全会精神报告会。各民主党派成员、部分无党派代表人士、副处级以上党外领导干部及侨联小组成员进行学习。报告由北京市社会主义学院院长、首都经济研究会副会长陈剑研究员主讲。

11日 教育部部长赵沁平到北林大作"走出我国研究型大学的道路"报告。

15日 北林大参加北京市首届高校教工足球邀请赛，获男队亚军。

同日 北林大团委被中宣部、中央文明办、团中央、教育部、全国学联授予全国2003年度社会实践先进单位。

21日 北林大与中国生态环境研究中心签订合作协议。

同日　由中国扶贫基金会主办"新长城——彭磷基助学金"发放仪式举行，北林大有60名学生获资助。

25日　北林大与武警森林指挥学校签署联合办学协议。

27日　北林大举行第五届青年教师教学基本功比赛。

29~30日　北林大发起并与有关单位联合主办生态文明与价值观高级研讨会。

同月　北林大确定2004年硕士研究生招生规模为600名，全校共有40个学科招收，其中新增学科16个。

同月　2003年北林大共有112人被推荐校外研究所、大学免试研究生，4人被接收直接攻读博士研究生，6人被接受为硕博连读研究生。

同月　北林大与美国密西根州立大学合作举办草坪管理专业本科教育。

12月

10日　北林大宋维明、郭素娟当选海淀区人大代表。

20日　北京高校校报选举产生第四届理事会，北林大李铁铮当选理事长，北林大承担秘书处工作。

20日　北林大成立高尔夫研究与教育中心。

23日　北林大的金幼菊、武三安、刘勇当选为海淀区政协委员。

24日　北林大林场晋升为国家级森林公园。

同月　北林大作为教育部展团成员首次参加在山西杨凌举办的第十届中国农业高新科技成果博览会。

学校教学实习林场鹫峰科普基地工程竣工。

北林大对机关正处级干部考核办法进行改革。

2002年大事记

1月

22日　学校召开北京林业大学德育工作会议，由校党委常务副书记、副校长吕焕卿主持会议。会议传达了《北京高等学校德育评估标准》具体内容，并对相关职能部门和各学院进行了分工。

同月　教育部批准北林大增设日语、自动化、包装工程、人力资源管理、心理学、地理信息系统等6个本科专业。

2月

11日　北林大为寒假留校学生举办"天大地大，林大是我家；有你有我，除夕大团圆"除夕之夜师生联欢晚会，胡汉斌、吕焕卿、尹伟伦、陈森、周景等校领导及各学院的领导与在校学生欢度新年。

3月

1日　北林大团委被评为全国志愿者服务百优先进集体。

3 日 北林大召开 2002 年干部工作会议。会议确定了全年工作总体思路，要求全校广大师生员工，以"三个代表"重要思想为指导，以迎接建校 50 周年为契机，以学科建设为龙头，实现"质量、结构、特色、效益"可持续发展，求真务实，真抓实干，为把北林大建设成为国际知名、特色鲜明的多科性、研究型、高水平大学努力。

8 日 北林大举行庆祝"三八"妇女节表彰先进女教工大会。

9 日 北林大在北京动物园举行"保护母亲河日"环保宣传活动。

15 日 教育部副部长张保庆来北林大调研。国家林业局副局长李育材参加调研。

27 日 北林大党委中心组集中学习朱镕基总理在九届全国人大五次会议上作的政府工作报告。

同月 北林大成立网络宣传教育办公室。

同月 北林大组织教师申报 2002 年全国普通高等学校优秀教材评奖工作。

同月 国际侵蚀控制协会授予北林大王礼先教授以及水保学科 2002 年环境贡献奖。

同月 在 2002 年全国大学生英语竞赛中，北林大获全国一等奖 3 项，二等奖 19 项，三等奖 39 项，同时有 3 名教师获优秀指导教师称号，2 名教师获优秀组织个人奖，教务处被全国大学生英语竞赛组委会授予优秀组织奖。

4 月

5 日 北林大选举吕焕卿当选出席北京市第九次党代会代表。

6 日 首都大学生"迎接绿色奥运——绿桥"系列活动在北林大举行开幕仪式。

11 日 北林大党委中心组深入河南南街村、洛阳学习考察。

23～26 日 北林大对本科专业进行全面评估。

24 日 北林大被北京市委、市政府信访办公室评为 2001 年度信访（排查调处）工作考核优秀单位。

同日 北林大举办网络知识培训班，党委中心组成员、部分机关领导干部参加学习。

同日 北林大制定《北京林业大学加强和改进校处级领导班子和领导干部作风建设的实施意见》。

25 日 北林大全文转发教育部 2002 年对领导干部廉洁从政提出的六条要求。并要求副处以上党员干部对照检查过好民主生活会。

27 日至 5 月 2 日 北林大 38 名教工在工会组织下赴南京、上海等地进行为期 5 天的考察。

同月 北林大举行贯彻落实《公民道德建设实施纲要》系列活动。

同月 北林大鉴定、验收科技成果 5 项，获国家科技进步二等奖 3 项，北京市科技进步二等奖 1 项。

同月 北林大优秀教学成果奖评选工作启动。

4～5 日 北林大学生处和人文院共同举办心理咨询与辅导培训班，共有 100 多名学校心理咨询人员、学生处、团委、各院系党团总支干部以及班主任和学生辅导员参加培训。

5 月

8 日 北林大党委中心组学习讨论江泽民总书记考察中国人民大学讲话精神。

20～31 日 北林大向中华慈善总会、中国儿童少年基金会捐款 6 万余元。

同月 北林大学生运动员在北京市高校第 40 届学生田径运动会上捧回甲组男子团体总分第一、女子团体总分第三、男女团体总分第二以及体育道德风尚奖 4 个奖杯。

6月

4 日 北林大举行"保护母亲河——首都大学生 Recycle 示范宿舍公寓楼挂牌仪式"。

10 日 北林大组织开展 2001 届毕业生离校宣传教育，召开北京林业大学—中国工商银行北京市中关村支行 2001 级毕业生国家助学贷款毕业确认大会。

13~17 日 北林大开展以推进素质教育，倡导文明学风为主题的"抓考风、促学风文明宣传月"系列活动。

14 日 北京林业大学—中国农业银行北京市海东支行 2001 级学生国家助学贷款协议签署仪式举行。

19 日 北林大开展校务公开试点工作。

同月 北林大的生态学科、木材科学与技术学科成为北京市首批重点学科。

6~7 日 北林大开展专项清理治理校园网有害信息。

7月

22 日 北林大组织召开全国教育科学"十五"规划国家重点课题"整体构建学校德育体系深化研究与推广实验"大学组开题暨第一次学术研讨会。

同月 北林大制定《北京林业大学"国家奖学金"暂行管理实施办法》的安排意见。

同月 教育部颁发 2001 年高等教育国家级教学成果奖证书及奖状，北林大（第一主持、二主持）获国家级一等奖 1 项，获国家级二等奖 2 项。

同月 北林大全面启动教育振兴行动计划

人才专题，70 项课题获得重点资助，资助总金额高达 160 万元。

同月 北林大获得教育部授予的体育学科教授评审权，并有权进行外聘专家组建学科评议组试点工作。

同月 北林大 10 名学生赴韩国参加中韩大学生绿色环保交流活动。

同月 学校校务公开监督委员会和校务公开委员会联合对经济管理学院、人文学院、资产管理处和招生就业处 4 家单位开展校务公开检查评估试点工作。

9月

5 日 第二届国际人居环境与绿化产业学术研讨会在北林大召开。

8 日 北林大举行 2002 级新生班主任培训，共有 80 余名 2002 级新生班主任以及学生工作干部参加培训。

12 日 北林大党委中心组学习江泽民同志在北师大百年校庆大会上的讲话。

14 日 著名华裔科学家吴瑞教授接受邀请担任北林大荣誉教授，并出任北林大有关菊花转基因研究的顾问。

16 日 北林大"十五"、"211"工程建设开始启动。

26 日 教育部部长陈至立一行来北林大视察。

同月 北林大整理《北京林业大学党风廉政建设汇编》，收录 1997 年以来制定的党风廉政建设各项制度。

同月 北林大推行校务公开制度。

同月 北林大建设多媒体教室 10 个。

同月 北林大在 2002 年全国大学生数学建模竞赛中，3 队获北京市一等奖，1 队获北京市二等奖。在 2002 年北京市大学生数学竞赛中，北林大有 1 人获北京市甲组一等奖，1 人获甲组二等奖，2 人获丙组三等奖。

9~12 月 北林大组织编制与《2002 教学计划》配套的各专业教学大纲，编印 26 本教学大纲，涵盖 31 个专业和专业方向。

10 月

8 日 北林大王礼先教授主编的《流域管理学》教材获得国家级一等奖。

9 日 学校印制《北京林业大学 50 周年校庆宣传手册》600 册。

12 日 北林大党委副书记张清泉主编的《把论文写在祖国大地上》出版发行。

15 日 北林大建校 50 年校史暨书画展开幕。

15 ~ 25 日 北林大举办建校 50 年校史展，参观人数达 1 万多人次。

16 日 江泽慧向北林大赠书。

同日 北林大举行建校 50 周年校庆庆祝大会。全国人大常委会副委员长何鲁丽、科技部部长徐冠华、教育部副部长周济、国家林业局党组成员江泽慧等领导及数十名院士和 2 万多名来宾出席大会。

同日 "绿色摇篮"庆祝北京林业大学建校 50 周年大型文艺晚会举行。

17 日 庆祝北京林业大学建校 50 周年师生文艺晚会举行。

21 日 中共中央政治局常委、国务院副总理李岚清到北京林业大学考察。

29 日 教育部党组成员、纪检组组长田淑兰来校视察。

2 ~ 29 日 北林大"211 工程"可行性研究报告通过专家论证。

同月 北林大《辉煌 50 年》校庆画册出版。

同月 中共中央政治局常委、全国人大常委会委员长李鹏为北京林业大学建校 50 周年题词："实施可持续发展战略，为再造秀美山川培育人才"。

11 月

4 日 北林大生物学理科基地"十五国家基础科学人才培养基金申请书"顺利通过专家评审。

8 日 北林大组织全校师生员工收看党的十六大会议开幕式现场直播。

14 日 中宣部理论局常务副局长张国祚在北林大作学习十六大专题辅导报告。

15 日 北林大组织全校党员、干部、部分群众收看新一届中央政治局常委与中外记者见面实况的电视直播。

20 日 首都高校"博士论坛"在北林大举行。

22 日 北林大党委邀请中央党校副教务长王瑞璞教授作十六大学习辅导报告。

12 月

23 日 北林大当选市学联第九届主席团单位。

24 日 北京部分高校宣传部长和学生处长会议在北林大召开。

同月 北林大计算机学籍管理交费注册系统正式启用。

同月 北林大首届现代教育技术培训班开课，131 人参加培训，240 人参加考核，最后 138 人取得一级资格证书。

同月 北林大与重庆市林业局进行科教合作。

同月 北林大首次招收 30 名艺术特长生。

同月 北林大修订并完善《北京林业大学一级单位校务公开工作考核评估标准》（机关各部处）和《北京林业大学二级单位校务公开工作考核评估标准》（学院和实体单位），为进一步开展校务公开检查评估作准备。

同月 北林大张启翔教授获得 2002 年宝钢奖教育奖优秀教师特等奖。

表彰与奖励

重要科研成果名录

表1 国家级科研项目奖励

年度	获奖名称	等级	项目名称	主要完成人员	备注
2008	国家科技进步奖	2	名优花卉矮化分子、生理、细胞学调控机制与微型化生产技术	尹伟伦、王华芳、段留生、徐兴友、彭彪、韩碧文、侯小改、刘改秀、王玉华、曾端香	北林大为第一完成单位
2008	国家科技进步奖	2	北方防护林经营理论、技术与应用	朱教君、曾德慧、姜凤岐、刘世荣、范志平、朱清科、赵雨森、宋西德、周新华、金昌杰	北林大为第三完成单位

表2 其他奖励

年度	奖励名称	等级	获奖者
2008	霍英东教育基金会第十一届高等院校青年教师自然科学奖	3	于晓南
2008	第二届梁希青年论文奖	1	许 凤
2008	第二届梁希青年论文奖	2	张凌云
2008	第二届梁希青年论文奖	2	曹金珍
2008	第二届梁希青年论文奖	2	牛健值
2008	第二届梁希青年论文奖	2	张德强
2008	第二届梁希青年论文奖	2	陈少良
2008	第二届梁希青年论文奖	2	石 娟
2008	第二届梁希青年论文奖	3	黄华国
2008	第二届梁希青年论文奖	3	侯智霞
2008	第二届梁希青年论文奖	3	王 蕾
2008	第二届梁希青年论文奖	3	毕华兴
2008	第二届梁希青年论文奖	3	田明华

（科技处供稿）

重要教学成果名录

表1 2008年北京市优秀博士学位论文作者及指导教师名单

序号	博士生	导师	学科、专业	博士学位论文题目
1	王瑞刚	陈少良	植物学	盐诱导氧化胁迫与杨树耐盐性研究

表2 2008年优秀博士学位论文作者及指导教师名单

序号	博士生	导师	学科、专业	博士学位论文题目
1	张谦	张志毅	林木遗传育种	毛白杨抗锈病基因筛选与NBS型抗病基因分析
2	王瑞刚	陈少良	植物学	盐诱导氧化胁迫与杨树耐盐性研究
3	马晓军	赵广杰	木材科学与技术	木材苯酚液化生成物碳素纤维化材料的制备及结构性能表征
4	杨永青	蒋湘宁	生物化学与分子生物学	胡杨抗旱耐盐碱生态生理及分子基础研究

表3 2008年北京市级学位与研究生教育教学成果奖名单

序号	获奖单位、个人	获奖名称	授奖部门	授奖时间
1	北京林业大学	北京地区研究生培养工作优秀单位	北京市高教学会研究生教育研究会	2008.5
2	北京林业大学	北京地区学位与研究生教育管理先进集体	北京市教育委员会、北京市学位委员会	2008.12
3	马履一	北京地区学位与研究生教育管理先进个人	北京市教育委员会、北京市学位委员会	2008.12

（研究生院供稿）

表4 2008年教学成果奖名单

序号	获奖项目名称	获奖类别及等级	负责人	授奖部门
1	林业拔尖创新型人才培养模式的研究与实践	北京市教学成果一等奖	尹伟伦等	北京市教育委员会
2	"研究型大学"目标定位下本科教学"分类管理"的研究与实践	北京市教学成果一等奖	宋维明等	北京市教育委员会
3	经济管理综合实验系统建设项目	北京市教学成果二等奖	夏自谦等	北京市教育委员会
4	对基于计算机的大学英语听说教学模式的研究与实践	北京市教学成果二等奖	白雪莲等	北京市教育委员会
5	园林专业本科新人才培养模式的研究与实践	北京市教学成果二等奖	张启翔等	北京市教育委员会
6	研究性教学在当代心理学教学实践中的探索性研究	北京市教学成果二等奖	朱建军等	北京市教育委员会
7	高等林业院校"机电类专业创新型人才培养体系"的研究与实践	北京市教学成果二等奖	钱桦等	北京市教育委员会
8	普通高校内部教学质量监控体系的探索与实践	北京市教学成果二等奖	韩海荣等	北京市教育委员会

表5 2008年教材获奖情况

序号	获奖项目名称	获奖类别及等级	负责人	授奖部门
1	物业管理学	国家级精品教材	韩 朝	教育部
2	计算机网络安全基础(第3版)	国家级精品教材	袁津生	教育部
3	测树学	北京市精品教材	孟宪宇	北京市教育委员会
4	面向对象程序设计——C++	北京市精品教材	陈志泊	北京市教育委员会
5	城市园林绿地规划	中国林业教育学会优秀教材一等奖	杨赍丽	中国林业教育学会
6	土壤学	中国林业教育学会优秀教材一等奖	孙向阳	中国林业教育学会
7	林木育种学	中国林业教育学会优秀教材一等奖	陈晓阳	中国林业教育学会
8	园林花卉应用设计	中国林业教育学会优秀教材一等奖	董 丽	中国林业教育学会
9	木材切削原理与刀具	中国林业教育学会优秀教材一等奖	李 黎	中国林业教育学会
10	景观生态学	中国林业教育学会优秀教材二等奖	余新晓	中国林业教育学会
11	统计数据分析理论与方法	中国林业教育学会优秀教材优秀奖	陈建成等	中国林业教育学会
12	计算机应用技术基础	中国林业教育学会优秀教材优秀奖	毛汉书等	中国林业教育学会
13	计算机应用基础	中国林业教育学会优秀教材优秀奖	袁津生	中国林业教育学会

质量工程获奖

2008年获得省部级以上质量工程建设项目

序号	项目名称	类别及等级	负责人	立项部门
1	生物科学专业	国家级第三批特色专业建设点	郑彩霞	教育部
2	园林专业教学团队	国家级优秀教学团队	张启翔	教育部
3	水土保持与荒漠化防治专业教学团队	国家级优秀教学团队	余新晓	教育部
4	森林资源经营管理	国家级精品课程	亢新刚等	教育部
5	园林专业	北京市特色专业建设点	张启翔	北京市教育委员会
6	风景园林专业	北京市特色专业建设点	李 雄	北京市教育委员会
7	水土保持与荒漠化防治专业	北京市特色专业建设点	张洪江	北京市教育委员会
8	生物科学专业	北京市特色专业建设点	张志翔	北京市教育委员会
9	林学专业	北京市特色专业建设点	韩海荣	北京市教育委员会
10	农林经济管理专业	北京市特色专业建设点	刘俊昌	北京市教育委员会
11	木材科学与工程专业	北京市特色专业建设点	李 黎	北京市教育委员会
12	农林经济管理专业教学团队	北京市优秀教学团队	温亚利	北京市教育委员会

（续）

序号	项目名称	类别及等级	负责人	立项部门
13	园林专业教学团队	北京市优秀教学团队	张启翔	北京市教育委员会
14	水土保持与荒漠化防治专业教学团队	北京市优秀教学团队	余新晓	北京市教育委员会
15	测量学	北京市精品课程	冯仲科等	北京市教育委员会
16	园林树木学	北京市精品课程	张启翔等	北京市教育委员会
17	教学名师	北京市教学名师	宋维明	北京市教育委员会
18	教学名师	北京市教学名师	李 雄	北京市教育委员会

（教务处供稿）

教师、职工个人或集体重要奖励

1. 韩烈保、郑彩霞、朱清科，2008年被批准享受国务院政府特殊津贴；
2. 韩海荣、郎霞，2008年宝钢教育基金会宝钢优秀教师；
3. 高志义、沈国舫，三北防护林建设突出贡献者。

（人事处供稿）

学生评优表彰名单

北京市三好学生、优秀学生干部、先进班集体名单

北京市三好学生(25人)

孙 宇	林学06-3	刘洪萌	环规06	吴丹子	城规06-1
戚均慧	旅游06-1	闫汝南	会计05-4	宋雨河	会计06-3
杨 全	工商05-4	刘寅	工商05-3	牛志超	工商05-3
李 华	国贸06-1	李 烨	林经06-1	陈经新	交通05-1
尚 蛟	交通06-3	蒋丽媛	自动化06-1	苏辉辉	林化05-2
周振兴	艺设05-1	刘 坤	食品05-1	温晓薇	信息06-1
戴 莹	法学06-3	金玉婷	硕人文07	方 莉	英语06-2
刘丽娟	英语06-4	曾 艳	电子05-1	马 静	保护区06
陈旭露	环境06-2				

北京市优秀学生干部(8人)

张 鑫	北京林业大学研究生会主席	韦佳汛	北京林业大学学生艺术团副团长
马驰知	北京林业大学学生会主席	秦国伟	林学院学生党支部书记
卢 璐	草业科学05级团支书	白 洋	生物学院知行理论协会副会长
高广磊	水保学院学生会主席	彭奕然	信息学院社联主席

北京市先进班集体(8个)

英语07-1班	林化07-3班	工设06-2班

法学 06 - 3 班　　　园林 06 - 3 班　　　梁希 07 - 1 班
环境 06 - 2 班　　　电子 06 - 1 班

本科生评优表彰名单

国家奖学金（共 157 人）

陈 欣	生科 06	宋默识	生科 05	方一超	生科 06
路 瑶	生科 07 - 3	钟庭艳	生技 05 - 2	宋文玲	生技 07 - 1
余芽芳	数学 05 - 2	郭青海	数学 06 - 2	房雅倩	数学 07 - 1
熊 鸽	数媒 07 - 1	方 莉	英语 06 - 2	焦 娇	英语 05 - 4
张 丰	英语 06 - 2	胡 杨	英语 07 - 2	桑 博	日语 07
郭 鑫	电子 05 - 1	曾 艳	电子 05 - 1	周 峰	电气 07 - 2
张 芊	食品 06 - 1	徐晋予	食品 07 - 1	曹 彪	地信 05
赵久佳	地信 06	傅新宇	地信 07	王 敏	林学 05 - 4
孙 宇	林学 06 - 3	包 蕾	林学 06 - 1	熊 慧	林学 07 - 2
马原九子	园艺 07 - 1	陈晶鑫	园艺 06 - 2	傅 茜	园艺 05 - 1
徐 希	园林 05 - 3	姜 珊	园林 05 - 5	刘卓君	园林 05 - 5
柳小路	园林 06 - 5	葛雪梅	园林 06 - 6	韦仪婷	园林 06 - 6
莫 濛	园林 07 - 5	秦晓晴	园林 07 - 2	汪 妍	园林 06 - 2
王晨雨	园林 07 - 6	胡 玥	风园 07 - 2	周 琳	风园 07 - 2
张 嘉	林化 05 - 2	刘 洋	林化 05 - 2	马雅琦	林化 05 - 3
张浩月	林化 06 - 1	刘永娟	林化 06 - 3	胡菊芳	林化 07 - 1
马淑杰	林化 07 - 2	阎加培	草坪 05	靳 毅	草业 05
王晶晶	城规 05 - 2	饶 飞	城规 05 - 3	许 愿	城规 06 - 2
范文婷	城规 06 - 4	吴丹子	城规 06 - 1	朱斯斯	城规 07
冯悦怡	园艺 07 - 1	杨 昀	旅游 05 - 2	叶 倩	旅游 05 - 1
邓南茜	旅游 06 - 2	豆 玲	旅游 06 - 2	胡 璟	旅游 07 - 2
任利利	游憩 05	华 颐	游憩 06	姜 冰	计算机 05 - 1
吴国星	计算机 05 - 3	李东东	计算机 06 - 2	董芳菲	计算机 06 - 5
孙升芸	计算机 07 - 2	王君美	信息 05 - 3	温晓薇	信息 06 - 1
陆 阳	信息 07 - 1	刘 莎	自动化 05 - 1	姚 雷	自动化 05 - 4
尹中兴	自动化 06 - 3	孙晓明	自动化 07 - 1	周振兴	艺设 05 - 1
韩立文	艺设 05 - 4	张 博	艺设 06 - 2	吕 力	艺设 06 - 3
许少波	艺设 06 - 4	雷淑玲	艺设 07 - 3	任学勇	木工 05 - 2
单芙蓉	木工 06 - 4	何文昌	木工 07 - 1	柯 清	木工 07 - 4
沈德钰	工设 05 - 2	林 楠	工设 06 - 2	息宇婷	工设 07
韩 丽	包装 05 - 1	邱盈盈	包装 06	李辰宇	包装 07
孙光瑞	木工 05 - 3	罗冠群	木工 06 - 3	赵海霞	环规 05
刘洪萌	环规 06	李 洁	环工 07 - 1	李 宇	交通 05 - 3
尚 蛟	交通 06 - 3	李亚楠	交通 07 - 3	李 思	环境 05 - 1
陈 苗	环境 06 - 1	姜学兵	水保 05 - 3	李芳华	水保 06 - 2
张 倩	水保 06 - 3	廖 岚	水保 07 - 3	陈晓阳	土木 05 - 1
潘 倩	土木 06 - 2	戴显庆	土木 07 - 2	万 超	机械 05 - 3

259

庞占中	机械 06 - 3	李翀	机械 07 - 2	杜凯冰	机械 07 - 3
刘国	法学 06 - 3	马莎	法学 07 - 3	宋晨	法学 05 - 1
季璟妍	心理 07 - 2	瞿玥涵	心理 05 - 1	陈献科	心理 06 - 2
张娥	心理 05 - 2	李萍	会计 05 - 3	易慧	会计 05 - 1
肖静	会计 07 - 1	彦晶	会计 07 - 3	胡光昭	会计 06 - 1
徐军	会计 06 - 4	李晨曦	人资 07 - 1	叶曼	人资 05 - 2
王曼	工管 05 - 1	李科	工商 05 - 2	刘禹含	工商 06 - 2
陈露	工商 07 - 7	谢菲菲	工商 07 - 3	高妮	工商 05 - 5
蔡波斯	工商 06 - 4	白延静	工商 06 - 5	孙营营	林经 06 - 1
周慧	林经 05 - 2	招碧宁	林经 05 - 2	余琳林	林经 07 - 1
田静怡	林经 07 - 2	吕萍	金融 06 - 1	邵蓉	金融 05 - 1
童超	金融 07 - 2	艾佳	统计 07 - 1	唐晓欢	统计 06 - 2
邱琦荟	统计 05 - 2	高明明	国贸 06 - 2	杜文婧	国贸 07 - 2
孙晰晶	国贸 05 - 1	王蕊	营销 05 - 1	陶陶	营销 06 - 2
刘美琦	保护区 06	张小莹	保护区 06	汤成龙	梁希 07 - 2
刘程蕾	梁希 07 - 1				

国家励志奖学金(共 403 人)

吕端龙	数学 05 - 1	王萍花	数学 05 - 2	马燕	数学 06 - 1
邢莹	数学 07 - 2	刘栋梁	数学 06 - 2	徐斌	数学 07 - 1
孟玉柱	数媒 07 - 2	金晓颖	数媒 07 - 1	梁倩倩	地信 05
姚智	地信 06	郭江	地信 07	黄保锋	计算机 05 - 2
程超然	计算机 05 - 3	董肖莉	计算机 05 - 4	刘春华	计算机 06 - 1
谢晓波	计算机 06 - 3	仰孝富	计算机 06 - 4	周洁冰	计算机 06 - 5
王丽君	计算机 06 - 6	莫勇	计算机 07 - 1	孙福	计算机 07 - 2
韦智芳	计算机 07 - 3	罗叶琴	计算机 07 - 4	朱文充	电子 05 - 1
于东阳	电子 05 - 2	万冬冬	电子 06 - 1	吴娜娜	电子 06 - 2
刘亚军	电子 07 - 1	石飞飞	电子 07 - 2	雷震宇	信息 05 - 1
马兴	信息 05 - 2	瞿舟	信息 05 - 3	任海艳	信息 05 - 4
王茝横	信息 06 - 2	徐凌验	信息 07 - 1	刘凤媛	信息 07 - 2
周妮	艺设 05 - 1	吴衍强	艺设 05 - 2	徐璐	艺设 05 - 3
张亚群	艺设 05 - 4	周颖莉	艺设 06 - 1	牛真真	艺设 06 - 2
王婷婷	艺设 06 - 3	戴文超	艺设 06 - 4	黄利兵	艺设 07 - 1
李高峰	艺设 07 - 2	韩泉	艺设 07 - 3	郭嫚	艺设 07 - 4
卢向阳	工设 05 - 2	吴丹	工设 06 - 1	汪维	工设 06 - 2
董方雪	工设 07	张金花	包装 05 - 1	刁艳	包装 05 - 2
张强军	包装 06	黄玉明	包装 07	畅晓洁	食品 05 - 2
袁亚荣	食品 05 - 3	徐冬旸	食品 06 - 1	曹夼	食品 06 - 2
罗丹萍	食品 06 - 3	张红霞	食品 07 - 1	尹欢欢	食品 07 - 2
辛晶	食品 07 - 3	张梦远	生技 05 - 1	林先雄	生技 05 - 2
陈清清	生技 06 - 1	索玉静	生技 06 - 2	张肖	生科 05
唐璐	生科 06	李雅	生科 06	周海君	生物 07 - 2

陆　路	生科 07 - 3	张双双	生科 07	肖领平	林化 05 - 1
彭　茜	林化 05 - 1	李　帅	林化 05 - 2	王兴祥	林化 05 - 3
王　乐	林化 05 - 3	刘玉莎	林化 05 - 3	韩敏捷	林化 05 - 4
田维乾	林化 06 - 1	白　杨	林化 06 - 1	李颖雯	林化 06 - 2
霍淑媛	林化 06 - 3	包修婷	林化 06 - 3	高江艳	林化 06 - 4
欧阳鹏	林化 06 - 4	陈　品	林化 07 - 1	徐　丹	林化 07 - 2
罗影龄	林化 07 - 2	祝婧超	林化 07 - 3	佘　颖	林化 07 - 3
刘　欣	林化 07 - 4	赵　丹	旅游 05 - 1	卞海宁	旅游 05 - 2
王雪梅	旅游 05 - 3	付振兴	旅游 06 - 1	冯丽园	旅游 06 - 2
刘亚平	旅游 06 - 3	朱　婷	旅游 07 - 1	尚　波	旅游 07 - 2
张　莉	旅游 07 - 2	严彩霞	园艺 05 - 1	程忠贤	园艺 05 - 1
袁洪波	园艺 05 - 2	李　媛	园艺 05 - 2	王丽平	园艺 06 - 1
王　爽	园艺 06 - 2	刘　晶	园艺 07 - 1	刘　瑜	园艺 07 - 1
周桂英	园艺 07 - 2	郑　佳	园艺 07 - 2	崔少征	城规 05 - 1
华　锐	城规 05 - 1	李　煜	城规 05 - 2	王贵书	城规 05 - 2
胡杰冰	城规 05 - 3	杜山江	城规 05 - 3	常志君	城规 05 - 4
丛　鑫	城规 05 - 4	周　伟	城规 06 - 1	李天俊	城规 06 - 1
王艺烨	城规 06 - 2	舒智慧	城规 06 - 2	王晓雨	城规 06 - 3
陈俊梅	城规 06 - 4	魏　曦	环规 05	庞吉林	环规 06
杨　雪	环规 07	邵琳琳	环工 07 - 1	文慧娜	统计 05 - 1
王甜甜	统计 05 - 2	王甜甜	统计 05 - 3	田　侃	统计 06 - 1
田　侃	统计 06 - 1	韩敏生	统计 06 - 2	付　政	统计 07 - 1
王　丹	统计 07 - 1	王　丹	统计 07 - 1	付　政	统计 07 - 1
荣钰婷	人资 05 - 1	汪宇婷	人资 05 - 1	曹　路	人资 06 - 1
关默默	人资 06 - 1	曹　路	人资 06 - 1	于　楠	人资 06 - 2
郝新强	人资 07 - 1	蒋　丹	人资 07 - 1	邵　丽	人资 07 - 2
刘　铁	营销 05 - 2	程　林	营销 06 - 1	张敏娟	营销 06 - 1
徐诗娟	营销 06 - 2	田　海	营销 06 - 2	肖　敏	营销 07 - 1
李文琴	营销 07 - 2	王　帅	林经 05 - 2	赵志威	林经 05 - 2
罗龙兵	林经 05 - 2	甄莉君	林经 05 - 2	李海权	林经 06 - 1
李　烨	林经 06 - 1	张雨帆	林经 06 - 2	周慧萍	林经 06 - 2
王爱华	林经 07 - 1	温　馨	林经 07 - 1	雷　蕾	林经 07 - 2
李　利	国贸 05 - 1	袁　慧	国贸 05 - 2	刘红美	国贸 05 - 3
何　敏	国贸 06 - 1	李　华	国贸 06 - 1	向文琼	国贸 06 - 2
郑　杨	国贸 07 - 1	黄竹美	金融 05 - 1	陈　静	金融 05 - 1
黄　音	金融 05 - 2	唐艳艳	金融 05 - 2	万　千	金融 06 - 1
万　千	金融 06 - 1	王凤梅	金融 06 - 2	黄前阳	金融 07 - 1
朱明波	金融 07 - 1	岳贺山	工管 05 - 2	牛全伟	工管 05 - 2
郑作海	工管 05 - 3	李秋玲	工管 05 - 3	冯秋燕	工管 05 - 4
刘　凤	会计 05 - 2	徐宝丽	会计 06 - 3	高洪爽	会计 07 - 1
夏梓梅	会计 07 - 1	刘　杰	会计 07 - 2	闫如宝	会计 07 - 2
于中杰	会计 07 - 2	赵　玉	工商 05 - 3	江仁仁	工商 05 - 4

梁春宇	工商 05 – 4	张丽杰	工商 05 – 5	郑松林	工商 06 – 1
庞 好	工商 06 – 2	王晓敏	工商 06 – 5	周 英	工商 06 – 5
刘 佳	工商 06 – 6	王 庄	工商 06 – 6	李玫丽	工商 06 – 7
韩春华	工商 06 – 8	潘巧兰	工商 07 – 1	张丽宁	工商 07 – 2
邓晓艳	工商 07 – 1	孙 巧	工商 07 – 2	丁佳琪	工商 07 – 3
任 强	工商 07 – 4	张全英	工商 07 – 5	刘明会	工商 07 – 7
杨艳雪	工商 07 – 7	陈慧猛	法学 05 – 2	李 斌	法学 05 – 2
邢超亚	法学 05 – 2	张玉明	法学 06 – 1	魏警晖	法学 06 – 1
周金波	法学 06 – 3	蒋飞飞	法学 07 – 1	蒋济泽	法学 07 – 2
程 淼	法学 07 – 2	彭义升	心理 05 – 1	付 婷	心理 05 – 1
侯发明	心理 06 – 1	程 杰	心理 06 – 2	高金金	心理 06 – 2
于凤花	心理 06 – 3	宋家龙	心理 07 – 2	叶柳红	心理 07 – 3
刘 慧	自动化 05 – 1	杨 琴	自动化 05 – 2	刘松松	自动化 05 – 3
冯复剑	自动化 05 – 4	徐 星	自动化 06 – 2	肖华飞	自动化 07 – 2
王怡萱	自动化 06 – 3	林 言	自动化 06 – 4	邰清清	自动化 07 – 2
李锦清	自动化 07 – 1	王 荣	游憩 05	王亚妮	游憩 05
孙鹏举	游憩 06	杨 虎	游憩 06	苏宝琴	游憩 07
王志强	游憩 07	闫 亮	电气 07 – 1	柯秋红	电气 07 – 1
闫凯迪	保护区 06	刘云珠	保护区 06	黄 琳	保护区 07
朱平芬	保护区 07	刘 鹏	机械 05 – 1	王有刚	机械 05 – 3
程丽娇	机械 06 – 1	刘 广	机械 06 – 2	周 春	机械 06 – 2
赵亚东	机械 06 – 3	闫海成	机械 05 – 1	彭文胜	机械 07 – 1
解 勇	机械 07 – 3	蔡 靖	机械 07 – 3	林振杨	土木 05 – 1
王健勇	土木 05 – 2	彭 益	土木 06 – 1	李 晶	土木 06 – 2
吕洪宾	土木 07 – 1	昂 康	土木 07 – 2	黄 荣	草业 05
杨浩春	草业 05	范溪溪	草业 06	薛海丽	草业 06
郑 涵	草业 07	于晓文	草业 07	周乾坤	交通 05 – 1
雷 镁	交通 05 – 2	孙 颖	交通 05 – 3	李红梅	交通 06 – 1
李丹萍	交通 06 – 1	陈少锋	交通 06 – 2	李 帆	交通 07 – 1
马 克	交通 07 – 1	王 利	交通 07 – 3	林燕华	环境 05 – 1
邱 斌	环境 05 – 1	王亚玲	环境 05 – 2	史晶晶	环境 06 – 1
杨梦龙	环境 06 – 2	罗 姣	环境 07	王利慧	日语 06
池慧青	日语 07	马玉梅	日语 07	任月芳	英语 06 – 1
许景城	英语 06 – 1	龙 果	英语 06 – 3	黄 波	英语 06 – 4
靳 真	英语 07 – 1	谷苏徽	英语 07 – 1	张 杰	英语 07 – 1
王丽娜	英语 07 – 3	张 宁	英语 07 – 4	杜 俊	园林 05 – 1
张晓谦	园林 05 – 1	邢 丽	园林 05 – 2	龙 璇	园林 05 – 2
林文笛	园林 05 – 3	肖 阳	园林 05 – 3	张敏霞	园林 05 – 4
秦小萍	园林 05 – 5	丁德慧	园林 05 – 5	邹明珠	园林 05 – 6
赵云波	园林 05 – 6	王 雪	园林 06 – 1	朱毓芬	园林 06 – 3
韩 慧	园林 06 – 4	李佩芳	园林 06 – 4	黄静文	园林 06 – 5
王建军	园林 06 – 5	黄文祥	园林 06 – 6	王 杰	园林 07 – 1

宋爱春	园林 07 - 1	刘婷婷	园林 07 - 1	胡俊亭	园林 07 - 2
蔡 颖	园林 07 - 2	刘自姣	园林 07 - 3	舒斌龙	园林 07 - 4
孟 真	园林 07 - 4	邓丽萍	园林 07 - 5	赵 娜	园林 07 - 5
张寒飞	园林 07 - 6	谢 辛	园林 07 - 6	熊闻进	风园 07 - 1
刘唯一	风园 07 - 2	张瀚文	风园 07 - 2	王 菲	风园 07 - 4
郭琼霜	风园 07 - 4	张彦雷	林学 05 - 1	赵强明	林学 05 - 2
吴 涛	林学 05 - 2	谢佳利	林学 05 - 3	刘 渡	林学 05 - 3
何艳丽	林学 05 - 4	孙小燕	林学 05 - 4	孙振凯	林学 06 - 1
杜 燕	林学 06 - 1	包昱君	林学 06 - 2	江伟玲	林学 06 - 2
马莉华	林学 06 - 3	李 宣	林学 06 - 3	王文浩	林学 07 - 1
陈 凤	林学 07 - 1	武 娴	林学 07 - 2	刘锋涛	林学 07 - 2
周兆媛	林学 07 - 3	王英英	林学 07 - 3	肖红霞	水保 05 - 1
李付杰	水保 05 - 1	王志明	水保 05 - 2	吴海龙	水保 05 - 2
杨 凯	水保 05 - 3	李志洪	水保 06 - 1	闵稀碧	水保 06 - 2
黄 琴	水保 06 - 2	刘 青	水保 06 - 3	张国兰	水保 06 - 3
唐 祥	水保 07 - 1	任 远	水保 07 - 1	周晓果	水保 07 - 2
刘旭辉	水保 07 - 3	杨 波	水保 07 - 3	何碧清	木工 05 - 1
刘晓颖	木工 05 - 2	李宇宇	木工 05 - 2	林椰妃	木工 05 - 3
何正斌	木工 05 - 4	王向阳	木工 05 - 4	田 茜	木工 05 - 4
孙 锋	木工 06 - 1	张 越	木工 06 - 1	张树丽	木工 06 - 2
任红玲	木工 06 - 3	樊任夫	木工 06 - 3	侯春娅	木工 06 - 4
陈 龙	木工 06 - 4	胡 波	木工 06 - 4	陈丽琼	木工 06 - 5
刘 敏	木工 07 - 1	王文亮	木工 07 - 2	徐耀飞	木工 07 - 3
罗书品	木工 07 - 3	张 琪	木工 07 - 3	贾路章	木工 07 - 4
舒健平	木工 07 - 4	陈 惠	木工 07 - 5	王世雷	梁希 07 - 2
刘建华	梁希 07 - 1				

宝钢奖学金(共 8 人)

秦 伟	博水保 07	胡英敏	水保 05 - 3	俞 月	林化 06 - 1
夏 雯	城规 06 - 2	陈 超	英语 06 - 1	王 程	工信 05 - 1
肖 杰	食品 05 - 3	惠 忻	工设 06 - 2		

新生专业特等奖学金(共 51 人)

赵海雷	林学 07 - 3	瞿 展	游憩 07	焦 桐	地信 07
潘 璐	草业 07	来傅华	草坪 07	胡娈运	水保 07 - 2
谭 枭	环规 07	罗 璐	土木 07 - 1	李舒扬	园林 07 - 6
张海天	园林 07 - 6	郑一波	旅游 07 - 2	洪 艳	园艺 07 - 2
关南希	风园 07 - 2	任 平	生物 07 - 2	岳 洋	食品 07 - 2
崔 婷	木工 07 - 1	王笑梅	木工 07 - 4	邢 杨	林化 07 - 1
宾银平	林化 07 - 2	陈淑梅	包装 07	王 田	艺设 07 - 1
张 乐	艺设 07 - 3	应世澄	艺设 07 - 4	王 珍	营销 07 - 2
褚 珊	工商 07 - 2	王 琪	工商 07 - 4	王晓伟	工商 07 - 5

刘佳敏	会计 07 - 3	许晓静	统计 07 - 1	周语洋	国贸 07 - 1
袁立璜	金融 07 - 2	车远达	林经 07 - 2	周晓维	营销 07 - 1
任 昆	人资 07 - 1	张敬芳	法学 07 - 1	成 年	心理 07 - 3
彭俊杰	信息 07 - 1	宋天乙	计算机 07 - 3	孙 婉	数媒 07 - 1
王 珺	英语 07 - 3	唐玲丽	日语 07	王 磊	机械 07 - 2
许大涛	交通 07 - 1	林 娜	工设 07	庞 帅	自动化 07 - 2
郑 福	电气 07 - 1	孙琳琳	电子 07 - 2	万 劼	数学 07 - 1
朱平芬	保护区 07	秦墨梅	环境 07	金 心	环工 07 - 1

"汪一王"奖学金(共60人)

张彦雷	林学 05 - 1	池秀莲	林学 05 - 2	戴 诚	林学 05 - 3
董 点	林学 07 - 3	衣晓丹	林学 06 - 2	李晓冬	林学 06 - 3
张迷离	草业 06	李艳平	水保 06 - 3	张艺磊	水保 05 - 1
宋思铭	水保 05 - 1	梁 媛	水保 06 - 1	唐清亮	水保 05 - 3
曹 娟	游憩 05	尚二萍	环规 05	杜 敏	土木 05 - 2
朱文博	土木 07 - 1	罗亚丹	土木 07 - 2	曾昭君	城规 07
杨 瑞	城规 07	许亚楠	城规 06 - 3	刘艳茹	城规 06 - 4
王蕴红	园艺 06 - 1	唐 婉	园艺 06 - 2	李 媛	园艺 05 - 2
袁洪波	园艺 05 - 2	张 倩	园艺 05 - 1	曲文静	园艺 07 - 2
邓子龙	园林 07 - 5	岑绮雯	园林 06 - 3	黎 檬	园林 07 - 3
秦小萍	园林 05 - 5	邹明珠	园林 05 - 6	李林媛	园林 06 - 2
李文玉	园林 05 - 4	官筱薇	风园 07 - 3	李敏明	生技 05 - 1
胡 涛	生技 06 - 1	李晓楠	生科 06	杨 扬	生科 07
何碧清	木工 05 - 1	陈 丽	木工 05 - 3	魏雪婷	木工 06 - 1
杨 蒙	木工 07 - 5	苗 天	木工 07 - 2	李 帆	木工 06 - 5
周 帅	林化 06 - 2	曹辉波	林化 06 - 2	林青含	林化 05 - 3
苏辉辉	林化 05 - 2	申 越	林化 07 - 1	卫秋明	林经 06 - 1
李 红	林经 06 - 1	张艳丽	林经 06 - 2	陈明莲	保护区 07
陆 英	环境 05 - 1	李 媛	环境 05 - 2	袁冬琴	环境 06 - 2

"家骐云龙"奖学金(共20人)

叶建青	生技 06 - 2	付建蓉	交通 06 - 2	张文凭	英语 06 - 1
谢 佳	园林 06 - 6	刘 芊	园林 06 - 1	贾慧霞	园林 06 - 2
虞 芳	艺设 06 - 1	孙丽英	机械 06 - 3	柏 龙	游憩 06
李雪艳	地信 06	张 橙	工商 06 - 2	闫 艳	工商 06 - 6
蔡俊格	会计 06 - 2	刘 瑶	会计 06 - 2	何 静	法学 06 - 3
未 林	水保 07 - 3	陈祥真	林化 06 - 4	徐婵婵	计算机 06 - 6
郭晓霞	电子 06 - 1	刘 颖	包装 06		

"KDT 极东机械"奖学金(共5人)

宋坤霖	木工 05 - 2	宋明耀	木工 05 - 3	王 杰	机械 05 - 2
谷珊珊	工设 05 - 2	程金矿	自动化 05 - 2		

"瑞原佳和"奖学金（共10人）

陈小云	木工 06 - 1	王海元	木工 06 - 2	高雪景	木工 06 - 3
蒋金梅	木工 06 - 4	王 宵	木工 06 - 5	赵 赫	木工 07 - 1
杨 涛	木工 07 - 2	夏 捷	木工 07 - 3	杨 茹	木工 07 - 4
吴赵旭	木工 07 - 5				

"张纪光"奖学金（共5人）

王 瑶	地信 07	陈 仲	生科 07 - 3	朱志华	营销 07 - 2
谭媛媛	英语 06 - 4	吴 凯	交通 06 - 2		

"金光集团黄奕聪"奖学金（共15人）

李丛丛	林学 05 - 4	涂 蕾	游憩 05	胡 俊	林学 05 - 1
樊晓敏	包装 05 - 1	邱 晨	包装 05 - 2	刘森鸣	艺设 05 - 2
丁 方	包装 06	檀子惠	艺设 06 - 1	宗 阳	会计 07 - 2
宋琳琳	法学 05 - 3	杨 静	信息 06 - 1	武 兴	工设 06 - 2
侯湘玲	数学 05 - 1	李宗楠	环境 06 - 2	崔 柳	城规 06 - 4

"嘉汉林业·北美枫情"奖学金（共10人）

刘伟新	木工 06 - 2	张行	木工 06 - 3	黄志义	木工 06 - 4
冯 栋	木工 06 - 5	丰志波	木工 07 - 1	吕美玲	木工 07 - 4
武海炜	木工 07 - 5	黄 瑜	包装 07	王金洲	艺设 07 - 1
刘昱	艺设 07 - 4				

"冠林"奖学金（共5人）

张国遵	工商 07 - 1	张中华	艺设 05 - 1	李 超	自动化 05 - 1
田艳春	园艺 05 - 1	付亚男	食品 07 - 1		

优良学风班（共67个）

计算机 05 - 3	计算机 06 - 1	数媒 07 - 2	信息 05 - 1	信息 06 - 2	法学 06 - 3
心理 07 - 1	心理 07 - 2	城规 05 - 1	城规 06 - 4	风园 07 - 2	旅游 05 - 1
园林 05 - 2	园林 06 - 3	园林 07 - 6	园艺 05 - 1	园艺 06 - 2	包装 06
林化 05 - 4	木工 05 - 2	木工 05 - 3	木工 06 - 4	艺设 05 - 1	艺设 06 - 1
艺设 07 - 2	工设 06 - 2	机械 06 - 1	机械 06 - 3	机械 07 - 2	机械 07 - 3
自动化 6 - 3	自动化 07 - 2	生科 05	生科 06	生物 07 - 1	食品 05 - 3
日语 06	英语 07 - 1	英语 07 - 4	工商 06 - 5	国贸 05 - 2	国贸 06 - 1
国贸 06 - 2	国贸 07 - 1	国贸 07 - 2	会计 05 - 4	会计 06 - 1	会计 06 - 4
金融 06 - 2	梁希 07 - 1	林经 06 - 2	统计 05 - 2	统计 06 - 1	统计 07 - 1
营销 06 - 2	草坪 07	地信 05	林学 06 - 1	林学 07 - 2	梁希 07 - 2
环规 06	水保 06 - 2	水保 06 - 3	水保 07 - 3	电子 06 - 1	电子 07 - 1
环境 05 - 2					

优秀辅导员（共22人）

陈余珍 李成茂 李晓凤 李扬 蒋玮 徐吉东 贾子超 刘尧 周春光 高杨

王晓莉　覃艳茜　李　波　王　敏　赵蔓卓　沈一岚　张　霞　闻　亚　朱　庆　代智慧
王艳洁　杨　君

优秀班主任（共92人）

林学院（6人）

高　斌　杨　丹　郝建华　张远智　康峰峰　林　娟

园林学院（12人）

高淑芳　刘　伟　乌　恩　胡清旻　陆光沛　杨晓东　李燕妮　马　俊　张晋石　李运远
孟祥刚　赵惠恩

水土保持学院（5人）

高　阳　张　焱　关立新　李耀明　盛前丽

经济管理学院（19人）

仲艳维　陈　凯　李华晶　米　锋　王燕俊　张东宇　高大为　李　伟　欧阳汀　翁　婧
焦　科　黄　鑫　刘丽萍　邵风侠　吴红梅　柯水发　马　宁　王　磊　肖　进

工学院（9人）

陈洪波　韩　鹏　张军国　陈来荣　杨尊昊　程旭峰　易宏玲　郭世怀　张　健

材料科学与技术学院（11人）

高　喆　李耀鹏　龙晓凡　苟进胜　南　珏　于　扬　江　涛　夏芸枫　张求慧　李　健
萧　睿

生物科学与技术学院（5人）

范俊峰　隋金玲　胡晓丹　李颖岳　庞晓明

信息学院（6人）

任忠诚　齐建东　陶建军　杨伟杰　尹大伟　朱　庆

人文社会科学学院（6人）

王广新　田　浩　杨志华　李媛辉　张　鑫　杨　帆

外语学院（5人）

陈咏梅　王一娜　高月琴　范　莉　刘笑非

理学院（3人）

陈　菁　姚宇峰　张桂芳

自然保护区学院（1人）

高俊琴

环境科学与工程学院(2人)

　李　敏　田子珩

梁希实验班(2人)

　徐迎寿　赵蔓卓

三好学生(共981人)

林学院(71人)

张彦雷	林学05－1	池秀莲	林学05－2	梁爽	林学05－2
王海平	林学05－2	李杨	林学05－3	华星	林学05－3
杨清雯	林学05－3	景艳丽	林学05－4	袁媛	林学05－4
王敏	林学05－4	涂蕾	游憩05	任利利	游憩05
南楠	游憩05	杨浩春	草业05	靳毅	草业05
卢璐	草业05	阎加培	草坪05	张婧之	草坪05
金山	草坪05	王书涵	地信05	李敏敏	地信05
张宇昕	地信05	祁卫	林学05－1	胡俊	林学05－1
杜燕	林学06－1	包蕾	林学06－1	刘诗琦	林学06－1
陈贝贝	林学06－2	包昱君	林学06－2	衣晓丹	林学06－2
贺帅	林学06－3	龙颖茜	林学06－3	李晓冬	林学06－3
孙鹏举	游憩06	张燕如	游憩06	李婧	游憩06
杨婧姣	草业06	范溪溪	草业06	薛海丽	草业06
陈俊	草坪06	王莎	草坪06	李茜	草坪06
姚智	地信06	陈江凌	地信06	黄晓磊	地信06
汤成龙	梁希07－2	胡耀升	林学07－1	张舒泓	林学07－1
郝倩	梁希07－2	陈凤	林学07－1	魏松坡	林学07－2
熊慧	林学07－2	赵海雷	林学07－3	周兆媛	林学07－3
马兰	林学07－3	王志强	游憩07	刘思思	游憩07
李莹	游憩07	单博阳	地信07	郭春蕾	地信07
焦桐	地信07	杨新乐	草业07	于晓文	草业07
潘璐	草业07	来傅华	草坪07	李丹	草坪07
陈思琪	草坪07	陆桂红	梁希07－2	于明含	梁希07－2
杜豫苏	梁希07－2	卢海玮	梁希07－2		

园林学院(145人)

郑丹丹	旅游05－1	刘通	园林05－1	陶然	园林05－1
杜小玉	园林05－1	张超	园林05－2	龙璇	园林05－2
邵天然	园林05－2	马樱宁	园林05－3	崔易梦	园林05－3
刘荔	园林05－4	于超	园林05－5	刘宗红	园林05－5
徐瑾	园林05－5	邹明珠	园林05－6	张晓艳	园林05－6
潘贺洁	园林05－6	叶倩	旅游05－1	李敏	旅游05－1
杨昀	旅游05－2	王佼	旅游05－2	程忻	旅游05－2
黄志远	旅游05－3	马志坤	旅游05－3	王雪梅	旅游05－3

萨茹拉	城规 05 - 1	华 锐	城规 05 - 1	方 圆	城规 05 - 1
李 煜	城规 05 - 2	刘 鹤	城规 05 - 2	王乐君	城规 05 - 3
姚 岚	城规 05 - 3	郭 佳	城规 05 - 4	邹敏璐	城规 05 - 4
潘 岩	园艺 05 - 1	李慕梓	园艺 05 - 1	傅 茜	园艺 05 - 1
王泽翻	园艺 05 - 2	李 媛	园艺 05 - 2	沈 景	园艺 05 - 2
刘圣维	园林 05 - 4	周 鑫	城规 05 - 4	张 晋	园林 05 - 3
马牧野	城规 05 - 3	刘 雯	园林 05 - 4	王晶晶	城规 05 - 2
张婧远	园林 06 - 1	刘 芊	园林 06 - 1	王 雪	园林 06 - 1
黄冠荣	园林 06 - 2	滕依辰	园林 06 - 2	矫明阳	园林 06 - 2
李林媛	园林 06 - 2	李 源	园林 06 - 3	吴 君	园林 06 - 3
蒲虹宇	园林 06 - 3	张汀汀	园林 06 - 4	李思思	园林 06 - 4
边 聪	园林 06 - 4	刘利泓	园林 06 - 5	柳小路	园林 06 - 5
谢 佳	园林 06 - 6	韦仪婷	园林 06 - 6	葛雪梅	园林 06 - 6
孟姗姗	旅游 06 - 1	王 卉	旅游 06 - 1	戚均慧	旅游 06 - 1
冯丽园	旅游 06 - 2	万 铂	旅游 06 - 2	豆 玲	旅游 06 - 2
戚安平	旅游 06 - 3	荀 琳	旅游 06 - 3	谢芳芳	旅游 06 - 3
甘雨欣	城规 06 - 1	吴丹子	城规 06 - 1	王乘乘	城规 06 - 1
闫 晨	城规 06 - 2	朱 堃	城规 06 - 2	夏 雯	城规 06 - 2
杜永安	城规 06 - 3	张菁菁	城规 06 - 3	王晓雨	城规 06 - 3
龚 瑶	城规 06 - 4	范文婷	城规 06 - 4	宋 文	城规 06 - 4
毛敏汇	园艺 06 - 1	艾春晓	园艺 06 - 1	袁 园	园艺 06 - 1
冯 璐	园林 06 - 5	陈晶鑫	园艺 06 - 2	张英杰	园艺 06 - 2
王 亚	园艺 06 - 2	余蓉培	园艺 06 - 2	许 愿	城规 06 - 2
刘艺青	城规 06 - 3	范向楠	风园 08 - 2	梁 婵	园林 07 - 1
侯 蕾	园林 07 - 1	李晨然	园林 07 - 1	朱虹如	园林 07 - 2
吴 婷	园林 07 - 2	秦晓晴	园林 07 - 2	黎 檬	园林 07 - 3
卜 菁	园林 07 - 3	闫晓颖	园林 07 - 3	马彬彬	园林 07 - 4
刘 琦	园林 07 - 4	吴 婷	园林 07 - 4	张 楠	园林 07 - 5
刘 畅	园林 07 - 5	谢安平	园林 07 - 5	王 阔	园林 07 - 6
周丹瑶	园林 07 - 6	王晨雨	园林 07 - 6	许 立	旅游 07 - 1
刘 莉	旅游 07 - 1	王晋楠	旅游 07 - 1	李 薇	旅游 07 - 2
曹 颖	旅游 07 - 2	胡 璟	旅游 07 - 2	郑一波	旅游 07 - 2
贺 凯	城规 07	王倚天	城规 07	曾昭君	城规 07
冯悦怡	园艺 07 - 1	尤佳妍	园艺 07 - 1	刘 晶	园艺 07 - 1
洪 艳	园艺 07 - 2	李凤仪	园艺 07 - 2	耿 婧	园艺 07 - 2
李 朝	风园 07 - 1	谭 喆	风园 07 - 1	温明洁	风园 07 - 1
甘 琦	风园 07 - 2	胡 玥	风园 07 - 2	周 琳	风园 07 - 2
郭佳希	风园 07 - 3	阎超一	风园 07 - 3	官筱薇	风园 07 - 3
白 雪	风园 07 - 4	冯艺佳	风园 07 - 4	严 珏	风园 07 - 4
贺 翱	园林 08 - 3	陈 园	园林 08 - 1	周 佳	园艺 07 - 2
徐澜宁	风园 08 - 1				

水土保持学院(53人)

张艺磊	水保 05 - 1	李付杰	水保 05 - 1	马 渊	水保 05 - 1
彭孝飞	水保 05 - 2	魏 宝	水保 05 - 2	王志明	水保 05 - 2
姜学兵	水保 05 - 3	胡英敏	水保 05 - 3	唐清亮	水保 05 - 3
刘泽超	环规 05	赵海霞	环规 05	魏 曦	环规 05
李 鹏	土木 05 - 1	林振杨	土木 05 - 1	陈晓阳	土木 05 - 1
张改果	土木 05 - 2	周晓珍	土木 05 - 2	杜 敏	土木 05 - 2
郭志起	水保 06 - 1	张 艳	水保 06 - 1	邱一丹	水保 06 - 1
张琳琳	水保 06 - 2	贺 宇	水保 06 - 2	闵稀碧	水保 06 - 2
张 倩	水保 06 - 3	刘金艳	水保 06 - 3	刘 青	水保 06 - 3
刘洪萌	环规 06	彭丽瑶	环规 06	王 娜	环规 06
杨金彪	土木 06 - 1	彭 益	土木 06 - 1	郝鲜玲	土木 06 - 1
高泽朋	土木 06 - 2	李 晶	土木 06 - 2	潘 倩	土木 06 - 2
徐 舟	水保 07 - 1	秦 越	水保 07 - 1	杨苑君	水保 07 - 1
杨 龙	土木 07 - 2	胡娈运	水保 07 - 2	王 谦	水保 07 - 2
刘旭辉	水保 07 - 3	彭喜君	水保 07 - 3	杨松楠	水保 07 - 3
杨 雪	环规 07	孙欢欢	环规 07	周召能	土木 07 - 1
罗 璐	土木 07 - 1	邱 敏	土木 07 - 1	任 璐	土木 07 - 2
李 腾	土木 07 - 2	罗亚丹	土木 07 - 2		

经济管理学院(225人)

潘欣欣	工商 05 - 1	双 双	工商 05 - 1	王叶子	工商 05 - 1
龚 静	工商 05 - 2	梁雪珍	工商 05 - 2	曾晓晔	工商 05 - 2
史静媛	工商 05 - 3	赵倩倩	工商 05 - 3	张 昱	工商 05 - 3
张翼飞	工商 05 - 4	郭丽云	工商 05 - 4	颜 静	工商 05 - 4
许塑宇	工商 05 - 5	沈 哲	工商 05 - 5	苏思斯	工商 05 - 5
赵华盈	会计 05 - 1	韩 曦	会计 05 - 1	杨 欣	会计 05 - 2
戴 晴	会计 05 - 2	刘小琴	会计 05 - 3	李 萍	会计 05 - 3
程 成	会计 05 - 4	王若烨	会计 05 - 4	胡 然	会计 05 - 4
韩 月	统计 05 - 1	肖 莉	统计 05 - 1	刘 丹	统计 05 - 1
沈国际	统计 05 - 2	杜雨潇	统计 05 - 2	张晋溢	统计 05 - 2
陈 伟	国贸 05 - 1	孙晰晶	国贸 05 - 1	张姝姝	国贸 05 - 1
李 星	国贸 05 - 2	袁 慧	国贸 05 - 2	田文美	国贸 05 - 2
马莉娜	国贸 05 - 3	王顶顶	国贸 05 - 3	王 阳	国贸 05 - 3
吴瑞方	金融 05 - 1	关涵之	金融 05 - 1	杨 妍	金融 05 - 1
曾冠楠	金融 05 - 2	常 玥	金融 05 - 2	付 玉	金融 05 - 2
王 禹	林经 05 - 1	申津羽	林经 05 - 1	黄莉莉	林经 05 - 1
秦国伟	林经 05 - 2	赵 春	林经 05 - 2	周 慧	林经 05 - 2
张严彦	营销 05 - 1	田继鸣	营销 05 - 1	王 蕊	营销 05 - 1
刘德璐	营销 05 - 2	谢 忱	营销 05 - 2	万珊珊	营销 05 - 2
张 娜	人资 05 - 1	张桂新	人资 05 - 1	李 祎	人资 05 - 1
胡万会	人资 05 - 2	叶 曼	人资 05 - 2	童婧之	人资 05 - 2

王 曼	工管 05 - 1	曾 晴	工管 05 - 1	沈 珊	工管 05 - 1
周 盟	工管 05 - 2	胡喜莺	工管 05 - 2	陆 屹	工管 05 - 2
逯叶飞	工管 05 - 3	李秋玲	工管 05 - 3	王 琛	工管 05 - 3
杨 全	工管 05 - 4	周 刚	工管 05 - 4	张莉莉	工管 05 - 4
林雅敏	会计 06 - 2	王 欣	工商 06 - 1	毛 慧	工商 06 - 1
连洁梅	工商 06 - 1	徐佳辰	工商 06 - 2	王 翔	工商 06 - 2
徐燕涛	工商 06 - 2	许凯琳	工商 06 - 3	李海芬	工商 06 - 3
陈洁琼	工商 06 - 3	蔡波斯	工商 06 - 4	黄晨雨	工商 06 - 4
陈晓阳	工商 06 - 4	戚 伟	工商 06 - 5	徐怡珺	工商 06 - 5
陈冰冰	会计 06 - 2	白延静	工商 06 - 5	王 庄	工商 06 - 6
闫 艳	工商 06 - 6	靳芙佳	工商 06 - 6	李钰瑾	工商 06 - 7
李洁薇	工商 06 - 7	李玫丽	工商 06 - 7	葛 晨	工商 06 - 8
叶文思	工商 06 - 8	王妙丽	工商 06 - 8	孟 南	会计 06 - 1
王地利	会计 06 - 1	王安琪	会计 06 - 1	蔡俊格	会计 06 - 2
张潇元	会计 06 - 3	陈 莎	会计 06 - 3	施 展	会计 06 - 3
林 怡	会计 06 - 4	汤皓茗	会计 06 - 4	金美花	会计 06 - 4
韩宇哲	统计 06 - 1	郑 茜	统计 06 - 1	王 彦	统计 06 - 1
韩敏生	统计 06 - 2	马 莹	统计 06 - 2	唐晓欢	统计 06 - 2
李 华	国贸 06 - 1	孔 聪	国贸 06 - 1	关 萍	国贸 06 - 2
郭 菲	国贸 06 - 2	陶 青	国贸 06 - 2	曾 旭	金融 06 - 1
仲晴青	金融 06 - 1	吕 萍	金融 06 - 1	磨琪卉	金融 06 - 2
王凤梅	金融 06 - 2	黄燕娜	金融 06 - 2	方 苑	林经 06 - 1
孙营营	林经 06 - 1	卫秋明	林经 06 - 1	王长波	林经 06 - 2
侯一蕾	林经 06 - 2	王庭秦	林经 06 - 2	黄湘媛	营销 06 - 1
田 佳	营销 06 - 1	张 悦	营销 06 - 1	苏春杰	营销 06 - 2
王 珍	营销 07 - 2	陶 陶	营销 06 - 2	陈颖菲	营销 06 - 2
梁 和	人资 06 - 1	屈芳芳	人资 06 - 1	杨 爽	人资 06 - 1
孙 僖	人资 06 - 2	高铭尉	人资 06 - 2	刘晓琳	人资 06 - 2
唐 帅	国贸 06 - 1	王卓然	统计 07 - 1	郑雅婷	金融 07 - 2
王丹青	工商 07 - 1	江生生	工商 07 - 1	张 锐	工商 07 - 1
王 丹	工商 07 - 2	褚 珊	工商 07 - 2	张 宏	工商 07 - 3
赵姝颖	工商 07 - 3	谢菲菲	工商 07 - 3	王 琪	工商 07 - 4
王一凡	工商 07 - 4	李文婷	工商 07 - 4	孙 瑾	工商 07 - 5
朱思翘	工商 07 - 5	张辛连	梁希 07 - 1	陆雪玫	工商 07 - 6
王亦男	工商 07 - 6	陶峰静	工商 07 - 6	刘程蕾	梁希 07 - 1
马 骏	工商 07 - 7	杨艳雪	工商 07 - 7	邵鹏霏	工商 07 - 7
任 仁	工商 07 - 8	向美霞	工商 07 - 8	王 露	工商 07 - 8
苏 捷	梁希 07 - 1	张雅璇	梁希 07 - 1	刘 媛	会计 07 - 1
舒子仪	会计 07 - 1	高洪爽	会计 07 - 1	柯曼綦	会计 07 - 2
李 彦	会计 07 - 2	田 旭	会计 07 - 2	刘佳敏	会计 07 - 3
王 惠	会计 07 - 3	孙之涵	会计 07 - 3	李轶臣	统计 07 - 1
张丽伟	统计 07 - 1	许晓静	统计 07 - 1	王美莹	统计 07 - 2

李 平	统计07-2	陈 欢	金融07-2	王亚琼	国贸07-1
周语洋	国贸07-1	俞培玉	国贸07-1	杜文婧	国贸07-2
谭 颐	国贸07-2	陆佳怡	国贸07-2	卞 博	金融07-1
魏福全	金融07-1	芦 洁	金融07-1	邹青慧子	金融07-1
童 超	金融07-2	纪梦晨	金融07-2	许燕飞	金融07-2
周畑钿	金融07-2	叶智超	林经07-1	余琳林	林经07-1
彭 越	林经07-1	王加其	梁希07-1	安琳瑶	林经07-2
宋 洋	林经07-2	车远达	林经07-2	刘崇文	营销07-1
肖 静	会计07-1	蔡琳珊	国贸07-1	许忆宗	营销07-1
朱志华	营销07-2	李晨曦	人资07-1	段璎珊	人资07-1
万 媛	人资07-1	段艳芳	梁希07-1	张冬时	人资07-2
张筱雯	人资07-2	吴益芳	人资07-2	安 宁	林经07-2

工学院(108人)

刘小虎	机械05-1	黄重才	机械05-2	丁 文	机械05-2
周 彬	机械05-3	沙群	机械05-3	刘仕波	机械05-3
秦 颖	交通05-1	刘丽娟	交通05-1	崔 阳	交通05-1
曾 科	交通05-2	黄丽燕	交通05-2	张百杰	交通05-2
程 冲	交通05-3	万 素	交通05-3	刘方亮	交通05-3
王婉莹	工设05-1	于亚男	工设05-1	张 硕	工设05-2
孙富利	工设05-2	崔宇锋	工设05-2	冉 苒	工设05-2
李 远	自动化05-1	刘 莎	自动化05-1	梁 爽	自动化05-1
程金矿	自动化05-2	周 清	自动化05-2	杨 琴	自动化05-2
陈 宸	自动化05-3	夏志峰	自动化05-3	冯复剑	自动化05-4
姚 雷	自动化05-4	陆 鹏	自动化05-4	肖志远	机械06-1
张 喆	机械06-1	程丽娇	机械06-1	王建利	机械06-2
刘 广	机械06-2	周 春	机械06-2	辛 磊	机械06-2
张旭楠	机械06-2	赵亚东	机械06-3	庞占中	机械06-3
孙丽英	机械06-3	吴 瑾	交通06-1	李丹萍	交通06-1
胡甜甜	交通06-1	王玉鑫	交通06-2	吴 凯	交通06-2
付建蓉	交通06-2	李明阳	交通06-3	杨 洋	交通06-3
沈逸薇	交通06-3	皮诗晗	工设06-1	郭 慧	工设06-1
郎瑞雪	工设06-1	李久洲	工设06-2	惠 忻	工设06-2
姜 茜	工设06-2	杨广群	自动化06-1	李 力	自动化06-1
蒋丽媛	自动化06-1	卢 斌	自动化06-1	毛 堃	自动化06-2
徐 星	自动化06-2	焉 迪	自动化06-2	岳子丰	自动化06-3
肖华飞	自动化06-3	黄 妍	自动化06-3	王怡萱	自动化06-3
钟发琴	自动化06-3	刘圣波	自动化06-4	任婷婷	自动化06-4
俞舟燕	自动化06-4	吴 腾	机械07-1	门 森	机械07-1
蔡飞燕	机械07-1	刘翼晨	机械07-2	王 磊	机械07-2
李 翀	机械07-2	陆 润	机械07-3	杜凯冰	机械07-3
解 勇	机械07-3	杨 雷	机械07-4	肖彭森	机械07-4

毕智华	机械 07 - 4	唐龙飞	交通 07 - 1	尤瑞臻	交通 07 - 1
王莉瑶	交通 07 - 1	罗 瑞	交通 07 - 2	乔洪海	交通 07 - 2
叶 菁	交通 07 - 2	陈海军	交通 07 - 3	王 利	交通 07 - 3
孙晓娟	交通 07 - 3	苏 文	工设 07	刘 立	工设 07
息宇婷	工设 07	李 浩	自动化 07 - 1	冯 超	自动化 07 - 1
黄 旭	自动化 07 - 1	李可一	自动化 07 - 2	刘芷宁	自动化 07 - 2
庞 帅	自动化 07 - 2	郑 福	电气 07 - 1	孙 鑫	电气 07 - 1
王莉莉	电气 07 - 1	周 峰	电气 07 - 2	孙昌辉	电气 07 - 2

材料科学与技术学院(112 人)

肖领平	林化 05 - 1	何碧清	木工 05 - 1	李敏捷	木工 05 - 1
冯 丽	木工 05 - 1	郑宇翔	木工 05 - 2	王 丹	木工 05 - 2
徐炜玥	木工 05 - 2	林椰妃	木工 05 - 3	李瑞雪	木工 05 - 3
孙光瑞	木工 05 - 3	赵 靖	木工 05 - 4	刘玲玲	木工 05 - 4
曹 叶	木工 05 - 4	翟美玉	林化 05 - 1	苏辉辉	林化 05 - 2
贾 宁	林化 05 - 2	刘 洋	林化 05 - 2	刘圣英	林化 05 - 3
马雅琦	林化 05 - 3	刘玉莎	林化 05 - 3	韩敏捷	林化 05 - 4
樊延玲	林化 05 - 4	张金花	包装 05 - 1	樊晓敏	包装 05 - 1
韩 丽	包装 05 - 1	张纪芝	包装 05 - 2	方艳平	包装 05 - 2
刁 艳	包装 05 - 2	史剑波	艺设 05 - 1	金奕龙	艺设 05 - 1
张亚楠	艺设 05 - 1	王 静	艺设 05 - 2	朱亚男	艺设 05 - 2
罗 丹	艺设 05 - 2	万 鑫	艺设 05 - 3	李 杨	艺设 05 - 3
孙心乙	艺设 05 - 3	韩立文	艺设 05 - 4	张亚群	艺设 05 - 4
何 川	木工 06 - 1	张 越	木工 06 - 1	杨婷婷	木工 06 - 1
王海元	木工 06 - 2	郝文夐	木工 06 - 2	张树丽	木工 06 - 2
樊任夫	木工 06 - 3	罗冠群	木工 06 - 3	任红玲	木工 06 - 3
陈 龙	木工 06 - 4	侯春娅	木工 06 - 4	蒋金梅	木工 06 - 4
陈世华	木工 06 - 5	李 帆	木工 06 - 5	鲁诗怡	木工 06 - 5
李世娟	林化 06 - 1	俞 月	林化 06 - 1	白 杨	林化 06 - 1
周 帅	林化 06 - 2	曹辉波	林化 06 - 2	谷 嘉	林化 06 - 3
刘永娟	林化 06 - 3	霍淑媛	林化 06 - 3	宫 政	林化 06 - 4
高江艳	林化 06 - 4	孙培培	林化 06 - 4	张强军	包装 06
何金儒	包装 06	丁 方	包装 06	齐北辰	艺设 06 - 1
檀子惠	艺设 06 - 1	陈珑音	艺设 06 - 1	贺俊珲	艺设 06 - 2
陈 静	艺设 06 - 2	薛 鑫	艺设 06 - 3	冯 帆	艺设 06 - 3
韩晓君	艺设 06 - 3	戴文超	艺设 06 - 4	王 烨	艺设 06 - 4
黄 珑	艺设 06 - 4	何文昌	木工 07 - 1	刘 敏	木工 07 - 1
崔 婷	木工 07 - 1	苗 天	木工 07 - 2	罗书品	木工 07 - 3
张 琪	木工 07 - 3	柯 清	木工 07 - 4	贾路章	木工 07 - 4
王笑梅	木工 07 - 4	王 婷	木工 07 - 5	陈 惠	木工 07 - 5
秦 朗	木工 07 - 5	陈 品	林化 07 - 1	胡菊芳	林化 07 - 1
邢 杨	林化 07 - 1	罗影龄	林化 07 - 2	马淑杰	林化 07 - 2

宾银平	林化 07 - 2	张 婷	林化 07 - 3	祝婧超	林化 07 - 3
肖 欢	林化 07 - 4	任 哲	林化 07 - 4	李辰宇	包装 07
陈淑梅	包装 07	黄利兵	艺设 07 - 1	林荣亮	艺设 07 - 1
王 艳	艺设 07 - 1	彭烨珺	艺设 07 - 2	王 蕾	艺设 07 - 2
赵 青	艺设 07 - 3	胡晓叶	艺设 07 - 3	刘 昱	艺设 07 - 4
应世澄	艺设 07 - 4				

生物科学与技术学院(54 人)

王涵一	生技 05 - 1	吴丽华	生科 05	张浩林	生技 05 - 1
李泳池	生科 05	姜蕴轩	生技 05 - 2	蒋凌玲	生技 05 - 2
徐文艺	生科 05	刘 佳	食品 05 - 1	孟阿会	食品 05 - 1
刘 坤	食品 05 - 1	佘 遥	食品 05 - 2	温丹萍	生技 05 - 1
刘 艳	食品 05 - 2	张 璐	食品 05 - 2	刘奕炜	生科 06
吴 迪	生技 06 - 1	姚 阳	生技 06 - 2	王斯琪	生科 06
张 兰	生科 06	王博文	生技 06 - 2	郭 霖	生技 06 - 2
徐冬旸	食品 06 - 1	张 芊	食品 06 - 1	陈靓萍	食品 06 - 1
杨 洋	食品 06 - 2	曹 亢	食品 06 - 2	辛 晶	食品 07 - 3
张涵帅	食品 06 - 2	富 荆	食品 06 - 3	罗丹萍	食品 06 - 3
王 婧	食品 06 - 3	王 晟	生物 07 - 1	杨 洋	生科 07
杨 扬	生科 07	任 平	生物 07 - 2	马小婷	生物 07 - 2
王冬旭	生物 07 - 2	路 瑶	生科 07 - 3	黄 珍	生科 07 - 3
董文倩	生技 07 - 2	张 琨	食品 07 - 1	张 璐	食品 07 - 1
刘宁宁	食品 07 - 1	李路宁	食品 07 - 2	宁 欣	食品 07 - 2
岳 洋	食品 07 - 2	王 莹	食品 07 - 3	缴 莉	食品 07 - 3

信息学院(66 人)

崔鹏程	信息 05 - 1	雷震宇	信息 05 - 1	刘 颖	信息 05 - 1
马 兴	信息 05 - 2	周美美	信息 05 - 2	伊冰静	信息 05 - 2
张 田	信息 05 - 3	张冬梅	信息 05 - 3	王君美	信息 05 - 3
马牧原	信息 05 - 4	任海艳	信息 05 - 4	杨可可	信息 05 - 4
朱 诺	计算机 05 - 1	张 帆	计算机 05 - 1	李 敏	计算机 05 - 1
李志国	计算机 05 - 2	刘 虹	计算机 05 - 2	宫 磊	计算机 05 - 2
吴国星	计算机 05 - 3	王 冉	计算机 05 - 3	吴 非	计算机 05 - 4
李 旼	计算机 05 - 4	李东东	计算机 06 - 2	杨 林	信息 06 - 1
杨 静	信息 06 - 1	温晓薇	信息 06 - 1	武庭文	信息 06 - 2
王盼盼	信息 06 - 2	李妙妙	信息 06 - 2	范希龙	计算机 06 - 1
梁旭鹏	计算机 06 - 1	佘佐彬	计算机 06 - 1	汪伟锋	计算机 06 - 2
荣元媛	计算机 06 - 2	谢晓波	计算机 06 - 3	单秀芳	计算机 06 - 3
刘亚旋	计算机 06 - 3	周 鑫	计算机 06 - 4	范立媛	计算机 06 - 4
高 阳	计算机 06 - 5	李宝娟	计算机 06 - 5	周洁冰	计算机 06 - 5
臧 哲	计算机 06 - 6	邢雅洁	计算机 06 - 6	胡 塱	计算机 06 - 6
杜 刚	信息 07 - 1	彭俊杰	信息 07 - 1	陆 阳	信息 07 - 1

董天翔	信息07-2	张　晨	信息07-2	罗　锐	计算机07-1
程钧沅	计算机07-1	孙　福	计算机07-2	佟　超	计算机07-2
郑薇薇	计算机07-3	袁思思	计算机07-3	宋天乙	计算机07-3
杨斯杰	计算机07-4	田文凯	计算机07-4	罗叶琴	计算机07-4
翟　言	数媒07-1	孙　婉	数媒07-1	奉梦青	数媒07-1
李雪雯	数媒07-2	郭　雪	数媒07-2	邓　玉	数媒07-2

人文社会科学学院(50人)

鲍　婕	法学05-1	宋　晨	法学05-1	宫丽彦	法学05-1
陈慧猛	法学05-2	李　斌	法学05-2	费　娜	法学05-2
武家田	法学05-3	林岚虹	法学05-3	宋琳琳	法学05-3
付　婷	心理05-1	瞿玥涵	心理05-1	王冬冬	心理05-1
张　娥	心理05-2	汤　沛	心理05-2	章轶斐	心理05-2
王佳玮	法学06-1	潘文博	法学06-1	张玉明	法学06-1
吴　锐	法学06-2	张　仪	法学06-2	官梦奂	法学06-2
周金波	法学06-3	刘　国	法学06-3	侯欣迪	法学06-3
侯发明	心理06-1	吴诗龙	心理06-1	张肖萌	心理06-1
高金金	心理06-2	陈献科	心理06-2	王文思	心理06-2
黄碧雄	心理06-3	宋海涛	心理06-3	于凤花	心理06-3
王林世	法学07-1	张敬芳	法学07-1	余冬梅	法学07-1
崔　超	法学07-2	程　淼	法学07-2	彭荣杰	法学07-3
周　晴	法学07-3	马　莎	法学07-3	邓金荣	心理07-1
马　舒	心理07-1	李莫池	心理07-1	宋家龙	心理07-2
何　津	心理07-2	季珺妍	心理07-2	蒋立垍	心理07-3
成　年	心理07-3	王玉珏	心理07-3		

外语学院(38人)

章　晓	英语05-1	邵　丹	英语05-1	周　鑫	英语05-1
韩雪然	英语05-2	曹天骄	英语05-2	张本婧	英语05-2
王贵勇	英语05-3	关俊杰	英语05-3	张婷婷	英语05-3
马新馨	英语05-4	张人元	英语05-4	李　楠	日语05
杜　晶	日语05	程子夏	日语05	张　蓓	英语06-1
施新园	英语06-1	兰奇瑜	英语06-1	高　杨	英语06-2
金珊珊	英语06-2	方　莉	英语06-2	周　敏	英语06-3
黎　萌	英语06-3	杨　洋	英语06-3	刘颖颖	英语06-4
刘侣岑	英语06-4	和娟娟	日语06	陈泓羽	日语06
段　炼	英语07-1	陈　彦	英语07-1	方　婕	英语07-2
胡　杨	英语07-2	牟洺锐	英语07-2	余愿玲	英语07-3
李亚可	英语07-3	张川子	英语07-4	李林林	英语07-4
张　宇	日语07	杨萌萌	日语07		

理学院(33人)

| 周钰威 | 电子05-1 | 郭　鑫 | 电子05-1 | 曾　艳 | 电子05-1 |

刘震宇	电子05－2	刘涵	电子05－2	许志卿	数学05－1
张曼	数学05－1	何玲	数学05－2	程馨慧	数学05－2
马辰	电子06－1	万冬冬	电子06－1	康雅萍	电子06－1
万琳	电子06－2	王媛媛	电子06－2	刘伊莉	电子06－2
刘寅亮	数学06－1	张梦	数学06－1	魏卫	数学06－1
刘栋梁	数学06－2	郭青海	数学06－2	张美丽	数学06－2
彭刚	电子07－1	董江	电子07－1	王佩	电子07－1
张少谦	电子07－2	王聪聪	电子07－2	孙琳琳	电子07－2
杨金勇	数学07－1	万劫	数学07－1	常嘉育	数学07－1
甘竞	数学07－2	张圆	数学07－2	邢莹	数学07－2

自然保护区学院(6人)

段利娟	保护区07	陈明莲	保护区07	朱平芬	保护区07
马静	保护区06	俞凯恺	保护区06	闫凯迪	保护区06

环境科学与工程学院(20人)

宗宁	环境05－1	邱斌	环境05－1	谢静	环境05－1
孟霄宁	环境05－1	陆英	环境05－1	刘佳宁	环境05－2
李媛	环境05－2	蔡娟娟	环境05－2	夏元超	环境06－1
史晶晶	环境06－1	周卫亮	环境06－1	李晓祎	环境06－2
陈旭露	环境06－2	龚向敏	环境06－2	张相	环境07
郭怡	环境07	韦佳嘉	环工07－1	舒玉江	环工07－1
贾媛	环工07－2	王雪	环工07－2		

优秀学生干部(共**1122**人)(名单略)

优秀学生一等奖学金(共**166**人)

林学院(9人)

王莎	草坪06	戴诚	林学05－3	许玥	林学06－1
来傅华	草坪07	贾宁	林学05－4	张燕如	游憩06
薛海丽	草业06	李丛丛	林学05－4	瞿展	游憩07

园林学院(25人)

李慧	城规05－2	周利利	风园08－3	邓子龙	园林07－5
马牧野	城规05－3	程忻	旅游05－2	李舒扬	园林07－6
刘艺青	城规06－3	孟姗姗	旅游06－1	张海天	园林07－6
董悠悠	城规08	郑一波	旅游07－2	陈京京	园林08－2
关南希	风园07－2	邵天然	园林05－2	贺翔	园林08－3
郭佳希	风园07－3	王冬	园林05－5	潘岩	园艺05－1
范向楠	风园08－2	周详	园林06－1	张英杰	园艺06－2
周详	风园08－3	蒲虹宇	园林06－3	洪艳	园艺07－2
刘水鑫	园艺07－2				

水土保持学院(9人)

王娜	环规06	黄琴	水保06-2	林振杨	土木05-1
李付杰	水保05-1	闵稀碧	水保06-2	李珥	土木06-2
胡英敏	水保05-3	李鹏	土木05-1	罗璐	土木07-1

经济管理学院(40人)

胡喜莺	工管05-2	王晓伟	工商07-5	王凤梅	金融06-2
陈红林	工管05-3	陆雪玫	工商07-6	芦洁	金融07-1
杨全	工管05-4	张萌	工商07-8	张燕芬	林经05-1
曹帆	工商05-1	田文美	国贸05-2	王长波	林经06-2
赵倩倩	工商05-3	张丽娜	国贸05-3	车远达	林经07-2
王程	工商05-4	孔聪	国贸06-1	李祎	人资05-1
杨芳芳	工商06-1	李澍奇	国贸07-1	杨爽	人资06-1
王倩	工商06-3	李菊英	会计05-2	刘晓琳	人资06-2
靳芙佳	工商06-6	尹永莲	会计05-4	姜长佳	人资07-2
李玫丽	工商06-7	张潇元	会计06-3	刘鑫	统计05-1
朱秦瑶	工商06-8	舒子仪	会计07-1	郑茜	统计06-1
张海芳	工商07-1	李彦	会计07-2	吴熊	营销05-2
褚珊	工商07-2	付玉	金融05-2	王珍	营销07-2
安宁	林经07-2				

工学院(17人)

郑福	电气07-1	陈平	机械06-3	梁爽	自动化05-1
纪芳磊	工设05-1	王磊	机械07-2	夏志峰	自动化05-3
姜茜	工设06-2	方建海	交通05-1	焉迪	自动化06-2
方晨曦	机械05-1	杨闻	交通05-3	钟发琴	自动化06-3
王有刚	机械05-3	隋晓庆	交通06-3	庞帅	自动化07-2
周春	机械06-2	许大涛	交通07-1		

材料科学与技术学院(18人)

樊晓敏	包装05-1	何碧清	木工05-1	李杨	艺设05-3
张强军	包装06	宋坤霖	木工05-2	门琳	艺设05-3
刘玉莎	林化05-3	宋明耀	木工05-3	檀子惠	艺设06-1
俞月	林化06-1	任红玲	木工06-3	王烨	艺设06-4
宾银平	林化07-2	胡波	木工06-4	张乐	艺设07-3
徐丹	林化07-2	崔婷	木工07-1	应世澄	艺设07-4

生物科学与技术学院(13人)

李敏明	生技05-1	祝杲阳	生科06	肖杰	食品05-3
孙建峰	生技07-2	郭芳睿	生科06	王姗姗	食品05-3
徐文艺	生科05	任平	生物07-2	曹亢	食品06-2
张兰	生科06	王彩霞	食品05-2	王菲	食品06-2
岳洋	食品07-2				

信息学院(11 人)

刘 虹	计算机 05 – 2	韦智芳	计算机 07 – 3	伊冰静	信息 05 – 2
范希龙	计算机 06 – 1	宋天乙	计算机 07 – 3	彭奕然	信息 06 – 1
周 鑫	计算机 06 – 4	郭 雪	数媒 07 – 2	王冠宇	信息 07 – 2
邢雅洁	计算机 06 – 6	马 兴	信息 05 – 2		

人文社会科学学院(7 人)

鲍婕	法学 05 – 1	王林世	法学 07 – 1	于凤花	心理 06 – 3
温旖君	法学 05 – 3	苑 蕾	心理 06 – 1	蒋海飞	心理 07 – 1
魏警晖	法学 06 – 1				

外语学院(6 人)

杜 晶	日语 05	雷 榕	英语 05 – 2	陈绪冬	英语 06 – 1
宋 兰	英语 05 – 1	关俊杰	英语 05 – 3	杨 洋	英语 06 – 3

理学院(5 人)

丁靓子	电子 05 – 1	孙琳琳	电子 07 – 2	张一青	数学 05 – 2
李恩全	电子 06 – 1	武明明	数学 05 – 2		

自然保护区学院(1 人)

耿雪萌	保护区 07

环境科学与工程学院(3 人)

李 媛	环境 05 – 2	张炜铃	环境 06 – 1	秦墨梅	环境 07

优秀学生二等奖学金(共 965 人)(名单略)

优秀学生三等奖学金(共 1467 人)(名单略)

学术优秀奖学金(共 115 人)(名单略)

外语优秀奖学金(共 32 人)(名单略)

学习进步奖学金(共 195 人)(名单略)

文体优秀奖学金(共 198 人)(名单略)

社团活动奖学金(共 251 人)(名单略)

拾金不昧奖学金(共 10 人)(名单略)

见义勇为奖学金(共 2 人)(名单略)

阳光自立之星奖金(共 20 人)(名单略)

阳光勤工助学之星(共 38 人)(名单略)

志愿者特殊贡献奖学金(共 115 人)(名单略)

(学生处供稿)

研究生评优奖励名单

宝钢奖学金（1人）

水土保持学院　秦　伟

"爱林"校长奖学金（76人）

林学院

蒋　影　郭晓晓　杜　哲　孙红梅　黄桐毅
隋学良　石　锐　王晓明　张彬彬　李孔晨
赵丽琼　吴　见

园林学院

孙　帅　卞　婷　常钰琳　张云路　张铭芳
霍丽丽　黄晓雪　李轶群　孟　锐　侯艳伟
李　琳　赵　晶　陆潇潇　安　雪

水土保持学院

娄会品　张艺潇　张小侠　周晖子　庞　卓
张莹莹

经济管理学院

赵　娥　齐红超　康清恋　忻　艳　王战男
杨莉菲　郑云玉　安健期　徐玲玲　李　敏
马淑银　林　启　褚玲仙　王国君　薛　白
夏　琦　杨志耕　许艳秋　肖玮玮　吴　丹
苏贤明　宋雨玲　张玉红　李心怡　赫扬扬

工学院

杨　瑶　齐　慧　伍亚虎　刘学成　黄　娜

材料科学与技术学院

邢　勉　杨海艳　马建锋　赵雨思　赵　画
尹　婧　赵　靖　李　雪　马　君　江进学
钟　莎　张　颖　高　巍　林　剑　韩　昱
李东方　伍　波　孙　薇　唐焕威　张天昊
胡传坤　毛　佳

生物科学与技术学院

李　娜

信息学院

靳雪茹　曾　茜　郭艳芬　赵禹晶　张仕响
苏　慧　张　洋　张绍晨　魏厚明　李生珍

人文社会科学学院

徐寅杰　葛高飞　颜添增　张　浩

外语学院

宋松岩　林　宇

理学院

苏细容

优秀研究生标兵（共23人）

林学院

隋宏大　蔡华利　王　佳　张和臣　何春霞
聂敏莉　吴露露

园林学院

李　倞　徐　析

水土保持学院

秦　伟

经济管理学院

何继新

工学院

黄　娜

材料科学与技术学院

姚　胜

生物学院

姜金仲　林秦文　金　莹

信息学院

张琪然

人文社会科学学院

张　浩　郑玉虎

外语学院

熊艳丽

理学院

苏细容

自然保护区学院

王　冰

环境科学与工程学院

魏科技

优秀研究生（共76人）

林学院

李孔晨　艾　琳　赵丽琼　吴　见　赵俊卉
李　菁　王梦君　刘娟娟　占玉燕　邓彩萍
李翠翠

园林学院

于冰沁　王红兵　孙向丽　申亚男　杨　鑫
高　娟　安　雪　李英男　杨德艳　赵　晶
张力圆　于小鸥　佟　跃　陆潇潇

水土保持学院

庞　卓　陈　静　徐　娟　岳征文　彭海燕
张莹莹　辛　颖　马莉娅　薛肖肖　宋子炜
杜林峰　王　宇

经济管理学院

苏贤明　吴　丹　韩　笑　赫扬扬　林水富
乔　厦　姜宏瑶　李心怡　张富龙　宋雨玲
苏　帆　张玉红

工学院

王丽绵　高　岩

材料科学与技术学院

毛　佳　张天昊　唐焕威　余丽萍　胡传坤

生物科学与技术学院

刘志雄　王　君　张树苗　白姗姗　孙　鹏
徐利利　沐先运　万　文　李　娜

信息学院

魏厚明　李　畅　李生珍　张绍晨

人文社会科学学院

李　萌　颜添增

外语学院

李　琛　卞亚南

自然保护区学院

赵　一

环境科学与工程学院

李　晶　张　旭

生物科学与技术学院

博生物 07 班　硕生化微生物 07 班

信息学院

研信息 06 班

人文社会科学学院

硕人文 07 班

外语学院

硕外 07 班

环境科学与工程学院

研环境 07 班

优秀辅导员（13 人）

林学院

林　平　贾忠奎

园林学院

李庆卫

水土保持学院

宋吉红

优秀研究生干部（共 176 人）（名单略）
学业优秀奖（共 117 人）（名单略）
学术创新奖（共 51 人）（名单略）
文体活动积极分子（共 54 人）（名单略）
社团活动积极分子（共 211 人）（名单略）
优秀班级体（17 个）

林学院

研森培 07 班　研草业 07 班　研生态 07 班

园林学院

园硕 07 - 1 班　园硕 07 - 2 班

水土保持学院

硕水保 071 班　硕水保 074 班

经济管理学院

硕士统计班　硕士管理科学与工程班

工学院

研工 07 班

材料科学与技术学院

研材料 07 班

经济管理学院　翟　祥
工学院　张　健
材料科学与技术学院　薛凤莲
生物科学与技术学院　张平东
信息学院　聂丽平
人文社会科学学院　朱洪强
外语学院　蓝瞻瞻
理学院　孙　楠
环境科学与工程学院　杨　君

（党委研工部供稿）

学生重要学科竞赛获奖名单

北京林业大学参加 2008 年全国大学生英语竞赛获奖名单（合计 79 人）

全国特等奖（共 2 人）
谢 忧　王 娜
全国一等奖（共 8 人）
胡光昭　卢禹辰　龚 瑶　李琳璐　张延君　胡 琦　徐千茹　吴丽华
全国二等奖（共 23 人）
王乘乘　钟 洁　于 超　陈玮睿　杜雨潇　吴 宁　吕 萍　李妙妙　李超骍　杨 全　樊晓敏
潘 璐　李 帆　黄湘媛　胡晞曦　朱文充　王盼盼　左婷辉　王 阳　胡 塈　熊 鸽　邓晓妹
王 健
全国三等奖（共 46 人）
刘 姗　周 玲　温旖君　聂鹤云　张 兰　杨 昀　林 怡　叶 曼　王冠宇　曾 月　陈婷婷
樊任夫　张丽伟　陈 欣　程志斌　袁 苑　陶 然　罗 西　韩 慧　张雅美　宋天宇　祝杲阳
郑丹丹　丰志波　张 甜　刘丹萍　安琳瑶　孟 南　龙烨晗　薛 白　宋默识　温晓薇　陆 阳
孙 娟　张小莹　袁世喆　李 宇　孙 宁　王雅文　赵大萍　冯 绘　孙慧洁　李祥红　莫 婷
杨 明　张立抒彤

北京林业大学参加 2008 年全国大学生数学建模竞赛获奖名单（合计 9 人）

北京市一等奖（共 6 人）
韩 潇　张 兰　莫 可　胡玉婷　刘 昂　杨馨媛
北京市二等奖（共 3 人）
温晓薇　龚博文　郑 煜

（教务处供稿）

280

毕业生名单

博士生毕业名单（合计 171 人）

林学院（合计 44 人）

草业科学（共 7 人）
张晓波　方文娟　李雪　刘君　张静妮
王铁梅　孙双印

林业装备工程（共 5 人）
张彦林　万学道　姚山　冯海霞　姜伟

森林保护学（共 5 人）
王国红　刘长海　武海卫　阎雄飞　孙月琴

森林经理学（共 6 人）
郭建宏　李吉梅　王元胜　张慧平　豪树奇
杨馥宁

森林培育（共 16 人）
李庆梅　汤景明　童方平　甘敬　赵广亮
王兰珍　马超德　王艳梅　郑蓉　贺随超
于海群　李效文　刘海燕　何茜　王玉涛
马书燕

生态学（共 5 人）
粟维斌　伊力塔　法蕾　孙立　万慧霖

园林学院（合计 28 人）

城市规划与设计（共 14 人）
翟付顺　张晓燕　彭蓉　王春沐　杨云峰
汤振兴　江天远　侯晓蕾　郭巍　欧阳高奇
李春青　李飞　傅凡　沈实现

园林植物与观赏园艺（共 14 人）
曾端香　温放　黎海利　王顺利　张莉俊
韩秀丽　张春英　黄鑫　王华　王越
赵冰　顾翠花　张睿鹂　周秀梅

水土保持学院（合计 34 人）

复合农林学（共 2 人）
陈卫平　李洁

工程绿化（共 3 人）
孙长安　胡淑萍　刘艳慧

山地灾害防治（共 2 人）
赵辉　张成梁

生态环境工程（共 12 人）
刘喜云　王晓江　张文军　李瑞　李素艳
孟广涛　曲红　周利华　滕朝霞　刘秀萍
张香凝　高程达

水土保持与荒漠化防治（共 15 人）
史常青　吉文丽　肖洋　张富　王建华
杨光　徐先英　宋吉红　刘士余　张超
杜丽娟　张晓明　段玉玺　岳永杰　周刚曾

经济管理学院（合计 19 人）

林业经济管理（共 19 人）
刘东生　王祝雄　于德仲　李道和　刘源
李秀娟　王顺彦　吴卫红　邵权熙　李小勇
颜颖　谢屹　韩嵩　梁丽芳　屈红国
王志芳　胡永宏　石道金　李砾

工学院（合计 5 人）

机械设计及理论（共 5 人）
董金宝　霍光青　刘西瑞　肖江　田勇臣

材料科学与技术学院（合计 8 人）

林产化学加工工程（共 3 人）
何静　胡文　张勇

木材科学与技术（共 5 人）
司慧　任强　马路　李小清　朱本诚

生物科学与技术学院（合计 23 人）

林木遗传育种（共 4 人）
陈洪伟　郝艳宾　张正海　李义良

生物化学与分子生物学（共3人）
王天祥　盖　颖　陈己任
野生动植物保护与利用（共3人）
陈金良　安　钰　姚圣忠
植物学（共13人）
金　麾　梁明武　卜福花　张晓玫　于亚军
杨远媛　钟传飞　李妮亚　李　艳　李雪萍
杨明嘉　王立平　李　俊

信息学院（合计5人）

森林经理学（共5人）
周洁敏　夏忠胜　袁传武　王春玲　王李进

自然保护区学院（合计5人）

自然保护区学（共5人）
林大影　王双玲　李晓京　黄晓凤　赵格日乐图

硕士生毕业名单（合计603人）

林学院（合计89人）

草业科学（共16人）
董静华　董　明　高小虎　郭云文　廖　宁
刘立成　孟　芳　王　莹　魏元帅　肖昆仑
徐　冰　姚　娜　曾艳琼　赵会娟　赵慧芳
卓　丽
地图学与地理信息系统（共20人）
白尚斌　陈晓雪　李树伟　李亚东　刘　广
刘佳璇　刘婷婷　刘　翔　刘云伟　罗　凯
聂振钢　裴莲莲　秦红斌　王红亮　熊妮娜
袁伟志　曾兵兵　张慧芳　张亚玲　朱晓荣
森林保护学（共10人）
董　芳　黄海荣　矫振彪　李伦光　刘　丽
齐晓丰　尚　蓓　汤宛地　王建美　张彦龙
森林经理学（共11人）
李菲菲　刘　畅　刘佳峰　史大林　王晓晶
肖　尧　张　俊　张丽华　赵浩彦　赵永泉
郑焰锋
森林培育（共22人）
安永兴　车文瑞　陈　崇　陈森锟　段永宏
房　城　何　斌　胡启鹏　黄看看　姜　枫
靳利军　景　森　李大威　李　宁　梁君瑛
马丰丰　牛君丽　庞　静　万　坚　王小婧
吴长虹　谢秀丽
生态学（共10人）
陈　圆　程小琴　胡　赫　康秀亮　刘贤娴
刘艳玲　吕　佳　卫　敏　夏伟伟　杨　爽

园林学院（合计102人）

城市规划与设计（共52人）
陈　玲　陈美兰　陈　婉　程　鹏　丁　戎
杜　曼　范存星　付　倞　郭屹岩　郝风博
郝　倩　侯　芳　胡　倩　胡青青　黄　亮
蒋侃迅　雷　蕾　黎鹏志　李小芬　李　昕
李颖璇　刘博新　刘　钢　刘红秀　刘赟硕
吕文君　罗　倩　罗志远　马　斌　孟维康
牛铜钢　彭忱霖　祁建勋　孙海涛　田　甜
王晶华　王玮琳　王　璇　肖　辉　谢卫丽
闫　明　颜玉璞　杨　帆　张公保　张　军
张　鹏　张晓婧　张晓叶　张　胤　赵　灿
郑　寒　周蝉跃
旅游管理（共8人）
陈　静　杜　颖　李丽娜　刘婧媛　刘明丽
宋蕴娟　王　冰　朱丹丹
园林植物与观赏园艺（共42人）
陈　珂　崔　静　杜秀娟　费　菲　胡继颖
胡　泉　黄文盛　金晓波　刘海姗　刘　华
刘佩佩　刘文娟　刘　曦　刘晓倩　卢　洁
马　莉　唐　伟　田　苗　王　惠　王　俊
王　敏　王小芳　王　颖　王友彤　魏佳玉
杨　果　杨振华　叶灵军　于　君　翟　蕾
张　栋　张　凡　张　蕾　张　立　张　骞
张颖星　郑红娟　郑维伟　周　华　周丽霞
朱　珺　向巧彦

水土保持学院（合计83人）

地图学与地理信息系统（共7人）

方　斌　冯愿楠　郭超颖　廖　芳　林靓靓
纳　磊　朱秀杰

复合农林学（共6人）

刘利霞　鲁兴隆　马　骏　苏　兴　闫艳平
殷丽强

工程绿化（共8人）

常馨方　贺露红　黄栋学　马欣欣　逢　红
杨秀梅　张　华　张维成

结构工程（共3人）

蒋　博　李　博　赵　昕

农业生物环境与能源工程（共9人）

付仕伦　焦丽艳　李　军　李　盼　刘星颖
田　硕　王　雪　张　静　赵　欣

山地灾害防治工程（共1人）

陈　涛

生态环境工程（共8人）

陈国亮　郭红艳　梁　月　廖　行　孙文轩
孙　毅　王　玉　武　晶

水土保持与荒漠化防治（共25人）

包昱峰　陈慧新　陈婷婷　陈子珊　胡会亮
胡月楠　李　晖　李　猛　李　维　刘云芳
卢晓杰　芦新建　罗　德　沈　彦　孙庆艳
万勤琴　王　惠　王　庆　王炜炜　王晓贤
席光超　余晓燕　张红丽　张进虎　张　锐

土壤学（共4人）

孟冬梅　曲天竹　王　觅　邹荣松

植物营养学（共4人）

王乐乐　王玉红　韦安泰　邹　妍

自然地理学（共8人）

陈静谊　董　磊　荆丽波　栾　勇　尹　娜
于明涛　张俊卿　张晓娟

经济管理学院（合计67人）

管理科学与工程（共10人）

郭倩楠　李　歆　刘姗姗　陆　研　宋　颖
王文龙　岳　宾　张　诺　郑雪松　周　唯

国际贸易学（共12人）

单丽君　宫云平　李　佳　李　洋　刘耕耘
卢　茜　马　琏　孟　辕　牛懿帅　任明亮
张　甜　赵晓妮

会计学（共16人）

曹开东　崔　颖　范洪岩　高晓鑫　郭　静
姜　瑰　姜玲玲　孔令娇　李　青　李文彦
李　欣　刘劲松　刘　焱　石旭晖　张惠玲
张　静

林业经济管理（共13人）

蔡　珍　崔向雨　谷　梅　姜莉萍　康会欣
李　伟　马玉芳　梅　怡　邵亮亮　孙晓明
王景娜　王琳琳　周　瑞

企业管理（共6人）

丛　艳　冯志东　牛　文　濮珍贞　唐　筱
徐　薇

统计学（共10人）

付　强　刘书茂　刘欣明　马　莉　秦　琴
田亚新　王　琪　游　彬　赵春飞　赵丽娟

工学院（合计21人）

车辆工程（共6人）

程　铭　方　俊　李大维　万年红　许春雷
尹建业

机械电子工程（共2人）

高　勇　李　丽

机械设计及理论（共7人）

曹智涓　丁文华　李　蕾　刘训球　俞宏虎
曾　欢　张婷婷

控制理论与控制工程（共3人）

白陈祥　聂　凯　王元园

森林工程（共3人）

高功名　王　扬　杨　磊

材料科学与技术学院（合计43人）

林产化学加工工程（共12人）

陈国伟　杜　洁　李　滢　毛大伟　苗婷婷
沈艳尼　谈　滔　汪国华　王卫刚　王晓峰
徐博函　原盛广

木材科学与技术（共25人）

安　静　常　乐　陈　鹏　丁　杰　何远伦
黄松军　焦真真　林　翔　刘　博　刘　佳
刘　颖　刘玉容　马　力　任晓峰　史文萍
王　侠　吴　帅　夏松华　熊文韬　徐力峥
徐伟涛　于　赫　张丹丹　赵　敏　郑兴国

设计艺术学（共6人）

金小倩　石　伟　蔚一潇　谢翠琴　张少婷

张永琳

生物科学与技术学院（合计73人）

林木遗传育种（共15人）

郭长花　贺佳玉　胡君艳　贾　婕　贾子瑞
金晓洁　李海霞　李　娜　李　琰　李　悦
刘婷婷　马海渊　欧阳芳群　薛　瑾　杨伟光

农产品加工及贮藏工程（共9人）

方梦琳　郭　佳　韩俊娟　李　曼　刘翠平
卢晓蕊　马国刚　孟令频　檀丽萍

生物化学与分子生物学（共15人）

白　华　李　芳　刘瑞玲　柳　燕　马莹莹
彭晓霞　宋晓丹　王　伟　王晓雪　王　鑫
吴　敏　肖　平　严晓丹　赵　鹏　周章印

微生物学（共3人）

段　杉　樊　军　王　玥

野生动植物保护与利用（共13人）

曹　青　曹婷婷　崔媛媛　李　娜　李晓旭
李欣悦　刘莹娟　吕　琪　孟春玲　王　博
张　扬　郑志华　庄健荣

植物学（共18人）

陈江华　陈　星　戴园园　李牡丹　刘跃华
路荣春　沈瑗瑗　盛德策　石　勇　宋金艳
田晓芳　王慧娟　温安娜　乌　达　闫　慧
姚有庆　张　华　张鹏翀

信息学院（合计42人）

管理科学与工程（共12人）

范伦挺　胡　玥　孔　佳　廖晓华　马宇飞
苏　霞　王路漫　武　勇　许　兴　姚　轩
黄欣娟　徐　梧

计算机应用技术（共15人）

冯振兴　高映雪　郭敏哲　胡玉斌　李金戈
李　雷　刘华平　罗云深　王全红　武晓岛
张倩倩　赵海峰　周秋珍　朱　宁　邹奕婷

森林经理学（共12人）

段旭良　高桂桂　孔令孜　李　琳　刘志辉
吕晓莉　罗惠琼　彭　维　申　晋　薛　晶
姚　敏　余芳艾

设计艺术学（共3人）

刘晓茜　翟海娟　张　璐

人文社会科学学院（合计31人）

科学技术哲学（共19人）

郭　锐　何　燕　黄桂英　李钠钠　李　拯
罗华莉　盛佳丽　施莹莹　陶爱萍　王大亮
王　涵　闫　珺　杨堂英　叶　莉　喻　真
张艳丽　张　艺　赵　奇　朱婧媛

马克思主义理论与思想政治教育（共12人）

杜明娟　樊宇凤　高雪东　刘细艳　吕孝权
施伟韦　田金梅　田　甜　吴　旻　谢　司
徐　笛　杨　刚

外语学院（合计27人）

外国语言学及应用语言学（共27人）

柴晚锁　陈　玲　范恭华　关春溪　江　春
金　玲　李　莉　林　璐　刘彩霞　刘　慧
吕艺超　曲媛媛　王广英　王任环　王卓君
席　欣　徐　尧　杨　硕　杨　夕　尹丽丽
张　卉　张丽君　张荣花　张　威　张　燕
赵晓东　周　密

理学院（合计6人）

生物物理学（共6人）

郭　林　季韶洋　石　慧　孙永林　王　敏
王晓辉

环境科学与工程学院（合计9人）

环境科学（共9人）

谷石岩　姜　潇　卢　佳　孙玲玲　王　珂
徐永利　于　健　赵　娟　郑雅芹

自然保护区学院（合计10人）

自然保护区学（共10人）

陈　燕　陈元君　程　芸　丁丽亚　郭　佳
谈　探　王德国　鲜冬娅　张秋岭　宗　雪

（研究生院供稿）

本科生毕业名单（合计 3342 人）

林学院（合计 212 人）

林学（共 82 人）

朱 曦	卢祯林	宁 宇	邱 知	张 翔
孙 宇	徐新华	张广奇	林海晏	关 明
唐 刚	邱 洋	孙 凯	舒 焕	王 艳
霍婷婷	谢千瑾	潘春芳	王泠懿	鲁丽敏
刘春莹	王晶晶	刘彦君	王 燕	李 川
孙 维	陆亚刚	赵 朝	郑永魁	周建峰
盛晨阳	曾晓鶏	梁 雨	乔 永	郑有琳
邢明亮	刘 韩	张 辉	陈志钢	徐 钊
刘凤娇	陈 颖	张红梅	徐倩情	蒋春颖
刘湘洋	姜慧泉	刘 姗	畲 萍	朱建花
侯新红	吴红娟	管玄玄	藕 然	陈雪凉
吴 峰	付 刚	李显亮	柴永健	潘 俊
潘 旭	宋天宇	胡文超	张 博	吴小冬
郭 庆	何赵伟	冯秋琳	怀慧明	冯旭鹏
廖文静	杨静怡	孙 琦	何列艳	王莹莹
李 娜	马文杰	黄彩霞	王晓明	王 娟
张鲁娅	曹 鑫			

森林资源保护与游憩（共 49 人）

余 科	刘海涛	野海堂	迟桂富	隋学良
邵德宇	张 鹏	宁加聪	高必强	范 铖
张元遴	黄桐毅	石 锐	王晓晨	肖 翠
海丽华	曾 源	周 娇	赖家蓉	张仕其
郭怀文	孙 武	代海军	周 帆	黄灿辉
杨 松	陈 烨	李永强	陈 昊	郭 杨
孙 东	李 成	郭 涛	苑 杰	王韶华
吴 卫	吴晓悦	陈 洁	时榕蔚	李帅琪
艾怡雯	张 妍	刘婷婷	刘晓锋	嬴光万
何道洪	永珠次仁	次仁曲培	次仁旺姆	

草业科学（城市草坪方向）（共 37 人）

聂慧松	黄晶晶	孙振华	普建林	黄桂翔
徐方印	范 寅	许 诺	姜 岩	周 宇
熊 兴	赵志刚	董 政	王培君	陈浏安
孙 琼	孙 维	刘向荣	蒋 影	黎瑞君
冯 兰	王林琳	张 弘	乔天立	李育昕
张金娇	陈美玲	孙 静	黄文婷	王 尧
马 瑶	杜靓靓	王 睿	赵 静	

哈丽莎·米吉提　伊力夏提·艾合麦提江
阿衣别克·那斯如拉

草坪管理（中美合作办学项目）（共 12 人）

钱 琰	李 响	王 皓	黄敏杰	潘 晶
沈炯甲	任 芳	赵 媛	孙 睿	田 雯
金 璐	赵思静			

地理信息系统（共 32 人）

薛辰琛	冯 阳	马越欣	兰箫旋	徐先虎
罗广平	陶忠云	陈 峥	袁 帅	覃 溪
程 鹏	袁 海	潘况一	张 婧	隗 莹
杜 哲	苗宏慧	左英馨	钟 璇	张薇薇
梁诗博	林渊钟	严 庆	赵凤鸣	李 丹
郭晓晓	王兆红	孙红梅	李 梓	李 程
董 超	叶 影			

园林学院（合计 473 人）

园林（共 195 人）

孙 巍	孙华阳	王洪宇	胡 垠	张 冬
周 啸	王玉圳	杨 涛	孙妍艳	杨忆妍
黄倩竹	黄晓倩	王 娟	陈炫然	高 莹
高明明	谭桂芳	于思洋	屈尔蓉	焦 阳
管银瓶	王晓聪	刘 然	黄祯琦	许 超
于昕雅	黄晓雪	庞 璐	李 景	解 琦
刘 婷	江 平	王宏彬	饶英贤	杨 寅
金元峰	王 森	殷 琦	王 栋	刘 杨
柴思宇	德 晔	朱里莹	卢延洪	祁琼玉
陈士宁	张开爽	王玉枝	薄胜男	张建成
崔梦珏	李 阳	王 琳	王 珏	张易文
李运虹	林 溪	郭 琼	周 丽	潘晓敏
熊扬眉	谭 璇	霍 锐	赵怀皓	林 旻
李博伦	龙飞军	丛 元	茅凯嵘	张 扬
张云路	刘 笑	陈夏茵	傅彩莲	赵 莉
李晶晶	李洁冰	杨 硕	唐 珊	郝 爽
殷 雯	杨 楠	王丽华	曹昊钰	王珺哲
赵怡琼	赵 青	马信可	郭悦然	鹿 巍
刘苊辰	黄玫玫	刘家琳	卢一华	高江菡
黄天义	陈家泰	薛 铸	罗勇彬	李 强
赵 帅	王 超	金兴涛	靳 秾	许 晶
刘明华	陶艳丽	周芷滢	杨 兰	高春苗

北京林业大学年鉴2009卷

马双枝	游琦	李颖睿	金艳燕	任寅
刘婷	李轶群	靳瑞聪	张莹	葛瑶华
刘志芬	付孜扬	刘素璇	袁彰欣	陈颖
韦晓舫	刘砾莎	冯磊	陈进明	时钟瑜
刘玺	黄文锋	戈晓宇	张晓俊	王巍
徐杨	张涛	张昊宁	王莹	李红艳
秦崇芬	刘燕玲	李春瑾	高默林	王荣荣
王彦杰	潘洁	刘晓萍	李昱臻	张博文
毛莉	李黎	张婧妮	张晶晶	王乐砾
曾婧	马旖	张慧	陈颖	兰丽婷
蔡序	黄文文	张仁杰	张亮	刘鹏
康海军	宋军勇	潘翔	吴敬涛	王昀昀
陈文琼	刘云帆	王宏	罗君	张婕
王颖	范崇宁	崔超	刘薇	魏绍影
张凌	张岩	张莉颖	郭姝	李宁
权佳佳	李静	王琼	李文娟	林妍
王嘉嘉	贺舒婷	姜成勖	朱凯元	吕锐

城市规划（共126人）

范端阳	刘原道	赵睿	郭荣坤	范强
陈佳东	张铭然	卢勇	孙帅	潘辰恺
魏犇	卞斐	陈佳音	张程	张焱菁
宋顿	蔡宏静	江紫明	田乐	纪姗姗
李天飞	刘蕾	金佳鑫	夏宇	刘小芸
张鸣明	唐铃铃	王煦侨	宫婷	刘璇
水腾飞	孙长娟	高晓艳	沈昡男	汪勇翔
洪涛	杨玺	刘占胜	赵德亮	单国栋
聂鼎	刘兆欣	兰洲	程冠华	马文华
张晏阳	林捷	黎琼茹	韦蕴芳	岳崇
王楠琼	高慧宇	罗晋平	董荔冰	卞婷
叶雪	白晶	杨钰	郝春	龚沁春
耿佳丽	刘昱彤	廖雪杉	徐筱婷	张荐硕
于涵	郑科	王志唤	孙轶戈	史虓
于小迪	杨拥邦	王鹏	秦学	杨睿
余茵	费荻	许天馨	雷维群	苏博
魏方	蒋慧超	蒋芸菊	文明	唐秋楠
徐姗	董丽	单良	白桦琳	朱玲
王晓	张菲	石莹莹	高洋	侯亚娟
谭小玲	黄坤连	王长宏	潘尧阳	刘岩彬
张一康	张柔然	罗春龙	于学敏	程晋川
李俊强	张晓玥	张安琪	王超颖	王雪飞
蒋凌杰	潘墨苑	孙冰清	王文月	侯春薇
解陈娟	邵雅萍	张谊佳	项华珺	孙娇
焦扬	陈飞	唐臻	侍文君	陶陶

徐陈韫姿

旅游管理（共88人）

何文斌	马五福	柳开运	刘帅虎	穆立新
隋学武	井琛	王文杰	李罕梁	马晋晋
张雁	赵妍	闫丽英	林善媚	李萃玲
张颖	黄川	黄梦颖	黄佳	柏扬
晏伟英	张莹	于小倩	孟婷婷	冯利宁
张露	姚莉	吕娅	王盛女	王柏林
丁刚	刘署光	吴永新	华华	郭栋
王显华	朱钰	唐超	刘啸	刘燕
谢雯莎	陈金	梁曼	付瑶	詹薇
李妮	蔡亚利	徐彩	高丽	邹文静
范倩倩	崔花妮	皮丽君	周梦茜	孙丹丹
杨莲婷	颜娃	古新超	莫晓玮	张艳平
孙双	王珺	周辉	马鹏军	朱华俊
郭萱	刘贞贞	林锦	范丽亚	刘丽凤
陶文燕	侯艳伟	胡若杞	胡雯雯	刘悦
杜巍	邱畑畑	艾婉玉	吕桂芳	李一兵
李芬	张秦	樊琳	李柏娜	常惜
唐飒飒	尼玛扎西	白玛德吉		

园艺（观赏园艺方向）（共64人）

李岑	董必焰	郭昊	刘平	黄煜
朱立群	魏继兴	吴小土	钱鹏	薛昳
李冰华	王琳	周逸龄	刘寅	王彩凤
阮欢	金白莲	王萍珠	龚春莹	乐婷婷
崔丹	毛菲	冯亚莉	惠楠	于洋
邓茜	刘彦坤	尹逊楠	王倩	王影
李爽	朱海强	郭维	孙荣生	李成璋
赵伟	汪涛	马晓强	姚晓东	朱娟
董倩妮	刘颖	莫晓明	王光雅	唐明
于长艺	张铭芳	裴红美	王铁新	史言妍
罗欣	孟锐	包欣	张丹	靖晶
王学凤	张鑫	桑叶子	刘意恒	李雅琳
周生艳	时怡	王景景	张文秀	

水土保持学院（合计189人）

水土保持与荒漠化防治（共64人）

兰敏	吴煜禾	赵辉	马珣	王鹏
周彬	贾国栋	闫长宝	姚宇	李增毅
蒙旭东	张峻玮	张东	张伟	阳文兴
李威	邓铭瑞	刘曦	胥莹	唐寅
李义	谢婧	奇凯	马琳娜	刘静
王茜	陈琳	贺淑霞	李悦	张晶

286

梁文梦　郝名利　白斌　韦立伟　张淳
师百杰　汪瑛　向家平　李家悦　范敏锐
张建宇　孙祥　张益源　骆汉　张鑫
吴亮亮　鄢煜　郑方方　倪晓蓉　郭琪
孙艳　刘昊华　高小如　李玲　张心阳
侯睿昕　贾慧慧　宋维念　雷佳妮　张枫
周兰　索朗次仁　次仁仓决　次仁德吉

资源环境与城乡规划管理（共61人）

李毅　朱岩　童鸿强　赵哲光　靳刚雷
冯靖宇　李善　邓永成　焦江　沈瑞昌
杨侃　王进超　吴海龙　戴铭　何薇
郑钰　张小剑　王珺莉　宋欢杰　周莹
谭诗　汪源　江燕民　张晨岚　李汉超
熊璐璐　曹欣　王利　岳丹　刘秀丽
陈珏　刘峰　吕盟　许智超　杨业光
张东东　王德志　柳行　奚振华　张大伟
夏庆华　辜彬　陈炯　陈杨　刘佳
刘薇　容士平　徐康　田晓玲　胡岚
周晖子　陈尉　黄凌　张艺潇　韩海霞
李佳佳　张佩　王蕊　周洁　张铁英
于蕾

土木工程（共64人）

洪光　周朔　周浩　严敏杰　郭中华
韩鑫晔　乐成双　朱伟庆　金日　安述春
黄霄宏　梅伟平　刘阳　张磊　高上
刘挚鹏　张可　潘隆锋　赵杰　郭雪芳
徐婷　张鑫　李进　常莹莹　万金枝
周亭　张玉静　赵雅　梅芳　王砾瑶
方春　陈百送　王树鑫　徐胜文　李盛华
袁健　刘宇　饶君　梁斌　曹鹤
彭传斌　汤立斌　张卿　刘英亮　张德永
马彬　高刚　张雷　蔡树森　殷小峻
舒明超　李昕欣　蔡红远　张文龄　陈少芬
刘利　王兵兵　陈丹　顾烨　齐宝红
毛琦　李青蔚　孙艺　阿根木江·阿不拉

经济管理学院（合计813人）

农林经济管理（共70人）

滕腾　李灵犀　揭日兴　张华　朱治国
张昌达　贾鹏　孙久灵　杨彪　李伟建
李高尚　马龙波　史良义　李勇　孙婷婷
宋曦　徐烨琳　邵瑞　陈文君　田书菊
崔征　王复旦　章程　韩敌非　康媛

晋生菊　王玉冰　冯琼　丁艳荣　张茜
孙雨葭　陈曦　张炎佳　徐佳　艾好
杨玮　马星宇　孙晓勐　黄少勇　陈健
邢熙　关维宁　姜楠　宋玉成　唐信夫
姚军　郑森予　盛利　虞啸　沈红霞
宋北辰　胡慧芬　赵丞　许丹　田晓维
孙丽辉　王战男　张艳　李松林　王静
杨莉菲　王晓琴　冀海萍　朱子贞　杨静
何燕　陈洪贞　季娟　郑召翠　阿衣木汗

会计学（共62人）

韦柳瑄　刘喆　陈献超　孙鼎逢　王继成
赵鹏翔　魏景玉　李恒林　胡光文　李佳熹
陈菁菁　张莉　黄宁　马丽君　裴丽伟
刘斯玮　宋亚美　李蒙　袁丽娟　眭乔
蔡茂菁　戴筱　张雨　郭丹凤　陈文娟
肖卉　邢旭静　黄彦菱　杨文慧　周巧巧
温子然　莫杰麟　霍建　余淼　曹瑞群
冯硕　刘翼　崔海娟　刘红霞　黄薇
吴姗姗　李青　韩佳美　张瑞妍　郑娇
黄欣如　潘晔　陈娟　孙白巧　曾苗
魏若望　臧冬生　陈晓曼　胡一沛　马小青
林启　杨帆　陈婷　张金钰　董莹
崔艳辉　王翔俊健

会计学（国际会计方向）（共64人）

蔡彪　付强　曹晖　郑捷　田澄
苏尚才　孙彤　刘锦源　荀慧斌　柴有鹏
唐亮　刘倩　许芸芸　季雁楠　何阳
孙思婉　李阳　罗溪　宋中华　叶媛
张娜娜　丁玎　方圆　黄蓉　金文天
朱德慧　暴菲　张小丽　何亚玲　孟蝶
侯琳　沈筱筱　王国君　郭东岳　梁宇博
陈凌鹏　陈峰　李春霖　武帅　韩冬伟
刘阳　薛白　柳婧　张默捷　白露
王晓雯　翟姝　关歆　陈子静　杨光旭
吴海霞　宋玥　卢天芝　邹娴　潘金雨
赵花莲　吕志博　李沫砚　冯艳晶　崔萌
王静　王奕　程瑛　褚玲仙

工商管理（共77人）

车杰　刘兵　王宁　郝欢　王文海
吴坤浓　朱天磊　王虎　许智亮　谢德斌
徐浩　金晓博　田野　宋军卫　程肖飞
薛应登　王磊　金振宇　杨江美　李永新
于万　韦隽婷　刘芳菲　荣杏　王文雅

宋梓源	孙 婷	贾晨悦	黄小晓	敖丹丹
李玉娟	李振峰	刘 婧	邓艳敏	程 钰
王春惠	朱 晖	蒋 立	张坤鹏	贾 彬
李 维	李 涛	李胜文	王 鹏	徐 鹏
熊 浩	曾国航	杭斯乔	周 谨	郎 福
吴素隆	吴 鹏	邵玉栋	王 凯	王 攀
王 烨	马 爽	王 睿	韦华芳	陈倩倩
李艳丽	刘林玲	唐晓曼	苏 妍	顾盈盈
黄 昱	李 佳	张 媛	黄瑾玥	肖玮玮
张 静	党 媛	刘 玲	严 雪	扎西央宗
欧阳明慧	西热卓玛			

工商管理(经济信息管理方向)(共66人)

黄东锦	黄身杰	林德茂	黄 承	崔 凯
王英杰	于琥林	严荣耀	罗 旋	高 雅
魏 洁	倪晓琴	王 淼	翁 珏	于 淼
郭 晶	李 彦	霍 妍	王 慧	关秀华
赵 敏	白 金	王名君	张 倩	许 怡
刘 敏	张红元	陈 露	母 丹	张媛媛
白 洁	张之宇	罗坤芳	高培宏	赵子威
向 杰	王志君	邱发洋	齐达功	吴 伟
张 涛	陈 锦	张若愚	马晓青	殷 崴
王艳桃	丁 丽	周 博	王 卉	姜 婷
董圣楠	范娜娜	索 超	刘唤唤	高 敏
李轶维	张 蔷	杨 洋	王 帆	文秦丽
米 涛	方 跃	龚艳君	李 蓉	杜 宇
董 鑫				

工商管理(物业管理方向)(共127人)

李晓丹	严江宝	李永佳	陈祖铭	赵国鑫
周 飔	余 进	樊 伟	杨小亮	郭 嘉
宋 洋	马艳红	朱 坤	冯 琳	袁梦楠
廖静静	周 佳	韩 碧	符之孟	李静君
曹丽荣	于 露	李媛睿	池仙娥	陈 钰
李 敏	任姝霖	李沐孜	黄建美	冯玉梅
孙文静	胡新新	林选铜	杨 勇	吴亦迪
黄世雄	王 超	苏 佳	牛 波	康 溉
郭 洁	郭姗姗	赵 雪	舒 情	吴丽莉
马淑银	马 云	胡燕林	潘 珠	孙文静
谢慧娟	赵绿茵	陈 雨	安银花	王 娟
罗 婷	徐洋宁	杨 雯	许凤凤	帕 马
马 真	陈婧靓	韦 微	邱 洁	刘 佳
刘 焕	胡晓明	高吉瑞	谢寅鹤	刘宇宁
周 浩	姜 国	任士伟	李燕菲	边晓晨
吴 雪	高 茵	王亚然	李绿梅	许蕾殷

郑婧婕	伍 雪	刘亚静	张 纯	韩婧婧
崔凯旋	杨翠云	许乃文	吴玉婷	赫瑞霞
李 斐	吕菁菁	任 懿	王 佳	沙丽曼
陈喆宁	赵晨耕	孙 浩	王伦泽	郑绩人
刘卓林	朱泓波	李华东	吴佳骅	王诺蝶
李 萱	马莹莹	施 静	路 旭	洪育梅
胡 玮	张 煜	熊晓露	潘春会	李 健
程一宁	刘磊进	杨 洋	李佳阳	浦 君
轩玉婷	曾 孝	王勇婧	王 雪	加依娜
汪晓翠	帕提古丽·艾尔肯			

统计学(证券投资分析方向)(共33人)

张大威	曾伽宁	高 明	李 威	圣付青
于明豪	冯 拓	苗 壮	吴昌龙	韩 笑
杜 洁	孙 杨	赵若男	蒲春梅	李 怡
马莉旬	唐 静	陈明艳	黄雯霞	宋蛟洁
董玫汐	许姝明	刘 艺	姜云茜	田 琳
史祎美	张 剑	付丽明	张 旭	忻 艳
冯钦芳	赵 众	孙钠娜		

统计学(市场调查与分析方向)(共33人)

郭俊勇	巫锡椿	黄孟玮	李富龙	刘 欢
刘维炼	徐永奎	曹国伟	冯 研	于祥伟
黎 禹	李 璁	涂定远	周乐茂	游精兵
冯若愚	康清恋	张奕婧	马红梅	齐红超
赵 娥	王丽珍	郭 丽	孙华丽	田雅琼
贾雅娟	汤志华	李 捷	张 叶	赵 钰
杨 岚	杨旎琨	赖小兰		

国际经济与贸易(共70人)

张 芳	夏 琦	房苏殊	郑云玉	袁 越
刘 特	阮永刚	张晨星	曹亚军	蔡苏龙
宁 涛	顾立洋	黄 辉	袁 静	韩 晓
杜若若	郭佳文	王 寅	史岳峰	叶 汝
祁素萍	周素茵	刘慧敏	王 乐	李 阳
刘 笑	殷冬花	周 谦	甄婷婷	郭诗瑶
王 楠	杜 婧	陈思静	张雨薇	董跃迪
贾 程	吴静芸	孙 肃	高 滨	陈 方
张伟强	张贺石	覃 磊	丁 慧	沈芊呈
李志伟	王景云	王晓丹	刘雪琴	郝 迪
刘同原	徐 超	田婧思	曹 胗	张君羊
吴嘉玲	杜 艳	孙泽炎	刁 菲	谢智琼
韩 璐	张书瑶	杨 艳	郭思聪	吉晓玲
王燕燕	张 莉	韩春艳	胡 姗	张 磊

金融学(共71人)

徐希平	彭 涌	沈文滔	蔡 珞	刘文君

周镇中 钟　兴 王道明 苏　欣 原利斌
陆云鹤 于　萌 宋晓颖 张　娜 姚　瑶
董　妍 滕菲菲 李雪玲 王　薇 章亚男
郭　曼 郑芳媛 王菲菲 陈　定 胡佳玲
郑利花 赵　茜 刘　薇 陈晓雯 李培融
田　原 武雅倩 赵　艳 梁　烁 马玉枝
沈艳芬 冯　燕 姚　娟 谢木子 李奕鹏
乔　溪 王　路 高燕飞 李育霖 胡　焱
王钟睿 李　影 张　元 冯　艳 陈　晨
白　雪 许艳秋 李倩颖 李　宁 付凯丽
郑菊花 丁　丽 罗　净 廉　博 谷丹予
付　婷 张　敏 路云秀 侯丁琳 林旭静
车文静 吴　静 郭　璐 范晓楠 陈婷婷
刘静慧子

市场营销(电子商务方向)(共60人)

崔若思 杨寿安 刘晓义 李会杰 黄　森
金兆国 杨志耕 滕　兵 徐志远 林子群
万福军 温鑫钢 张　驰 蒋晓峰 郑　云
牛　丽 张　帆 蓝飞艳 郄志俊 袁丰莉
卫　婧 陈　姣 龚晓君 徐　燕 赵剑赟
焦晓娟 周雨楠 闫　晶 王　彧 刘　玲
周　怡 王小洁 范　悦 安占宝 徐　劢
张　健 慕华粪 吕　鹏 吕国梁 黄佳笛
宋雨涵 刘　娣 林岩秀 陈雯雯 徐春晓
李　慧 欧磊敏 石琦瑛 徐　艳 徐玲玲
盛晓薇 解晓庆 苏　霞 安健期 李肖萱
金　音 陈　恳 李　昂 马晓雷 张　欢

人力资源管理(共58人)

高　嵬 崔　征 胡泽冰 张　男 田　冰
刘　洋 张小雷 刘晓亮 杨贵川 朱晓明
苏　艺 田　磊 李　娜 任苗苗 张碧君
霍荣芳 李　琪 郭景明 汪红玲 廖明娥
李文慧 张小敏 陈凤娇 邵　楠 李　岩
徐金丽 张　帆 张　磊 田芮夕 赵群超
程　霈 张　堃 冯召栋 陈　飞 闫效禹
吴　上 陈　然 张清淋 毛铮言 高　然
王丽丽 李思远 齐　笑 金　蕾 田红柳
李　哲 夏　凡 何　英 车小倩 曹家宁
周　旻 李　蕊 毕晓娜 郭旭凯 冯　玮
王　彬 周夕入 曹冬岚

工商管理(二学位班)(共22人)

李　鹏 张　扬 贺　亮 苏　丹 刁劭譞
王　伟 常　虹 任丽娜 王　超 杨　露
张　燕 谢利双 居　然 梁　燕 王　芳
陈箐妍 杜　红 郭　婷 刘　杉 覃　云
才　溢 高　阳

工学院(合计330人)

机械设计制造及其自动化(共60人)

吴桔升 吴海洋 吴　霄 陈　毅 兰世游
张绍全 韩文学 郑　楠 黄开胜 王　磊
李民亮 廖　辉 何　宇 燕　盼 陈　实
林　勇 陈超辉 周　洋 王　凯 王志刚
裴旭东 王志亮 陈　诚 范刘雁 赵亚珅
杜　蕾 柏　鹭 范文丹 王利荣 贺在梅
莫琳琳 张　珂 张　辰 陈　磊 段文博
陈　然 田子夜 刘　营 王　聪 宋子明
顿成元 杨坤山 张　磊 周荣辉 陈　林
盛伟华 马　凯 殷　亮 刘　辉 郭新毅
徐长有 金晓巍 陈　昕 张宏燕 孙雅纯
赵晓晓 杨　超 王迎迎 刘　娜 杨小宁

交通工程(汽车运用工程方向)(共97人)

张大伟 杨晓琳 郑伯超 汪小刚 蔡远林
葛　韬 黄　岩 刘登虎 孙　刚 蒋大伟
刘炳剑 薛　陀 梁星文 李　智 任志强
杨晓飞 陈少鹏 水　浩 袁　敏 王　超
施　强 李　晨 马小妹 李　玲 张　新
沈昭延 李　兰 刘凤杰 闫　艳 李宁琳
孙　逊 邓　丽 代成亮 王晨光 陈文彬
李永金 黄焕章 杨骁斌 宋晓文 张海成
蔡　猛 洪　波 姚京宁 钟慧敏 王　森
焦嘉甲 柳　峰 晋良波 李　寅 冯科珂
徐俊尧 郭　璇 兰小青 张　静 孙振佳
李　燕 王　兰 赵丽新 刘晨昊 杨燕燕
杨　艳 张梅杰 谢先静 喻琛琦 许士翔
高一鹏 张　凡 朱兴佳 李　毅 石　文
王　虎 樊锦涛 黄　明 谢　松 凡桂宽
陈彦民 邹建波 贾大伟 李澎亮 李爱骥
吴文刚 葛慧铭 吕　伟 张普波 王浩龙
孙美超 曹　硕 王　玥 薛　琳 柯　妍
余　悦 马丽芳 黄　弘 谢文静 马玉娇
韩砚艳 沈佳佳

工业设计(共58人)

徐　未 袁友军 聂　维 刘海毛 张维彬
金　焱 郝瑞敏 王　宁 潘文东 王宏斌
董雯洋 孙　颖 姚　湘 杜　娜 杨　洋

杨慧玲	张琳琳	黄 赛	徐 馨	王 娟
崔 蕾	齐 颖	齐 慧	张雪莲	李旭颖
吕聪聪	谢 磊	于 焱	刘书剑	杨德朋
马在维	陈 明	张 文	严育香	顾晓东
陈 峥	林海鹤	叶枝茂	林 洋	殷 硕
刘小月	刘凤琪	吴亚男	付春媛	潘 倩
杨莹莹	王乙臣	巩 简	于晓琦	张翼鹤
吕丽娟	闫东宁	石 婕	曹 琳	雷彤娜
张洁莹	毕先颖	陈文晓黎		

自动化（共 59 人）

万 振	徐长军	吴忠伟	刘晓睿	余朝华
徐 磊	徐 会	朱小路	刘 宁	王 超
边逸迅	刘 明	胡培金	马绍桓	刘博虎
李 洋	徐 军	张群超	江小问	范思远
荣 美	彭曾愉	彭小璇	余潇潇	李婷婷
贺迎凤	马剑英	宋 扬	邵陈蔚	伍亚虎
侯 健	任 旭	陆宣林	吴孝红	杨 亮
乔迎超	雷智勇	姜宪明	刘字濠	杨宇霆
单建国	陶建华	李兆德	刘学成	方智勇
高 平	吴 捷	江 挺	胡敏婕	李佳星
王 然	刘 妍	何桂苗	王 倩	穆 洋
叶春燕	贺晓娟	李晓夏	贾元妹	

自动化（工业自动化方向）（共 56 人）

张杰宇	宁 宁	张治国	赵学亮	孟广毅
金明吉	李辉球	田振国	汤尚国	王 磊
蔡政宇	白宇峰	陶文强	隋海建	毛 峰
王 洋	周群博	杨 海	孙 亮	黎 媚
陈 悦	李明明	张 萍	薛慧霞	林雪芹
陈 桃	昌 琛	张 平	王 昊	蒋剑锋
乔治银	谯甲甲	滕海鹏	蔡柏平	甘典文
谢奇才	陈 寅	姚世飞	吴 丹	郭鹏宇
刘宝磊	王士超	白磊磊	刘 猛	林光证
常 龙	严博文	王潇宵	张 莹	张彩云
于莹莹	冯 琳	张雪芬	夏 川	闫 文
唐 婷				

材料科学与技术学院（合计 412 人）

木材科学与工程（共 55 人）

王连军	刘建秋	熊 浩	张雷虎	江进学
张 鹏	郭建强	尹绪金	药敏健	郑 伟
杨 洋	黄 苓	葛 玲	潘 玮	张瑞敏
李 款	刘 玲	乔燕琴	邸 茜	刘 燕
王 珽	李 晶	王 怡	周丽丽	刘炳玉

江小丹	贾 海	周 敏	何宗华	常 明
朴 杰	李昊庭	周新明	郭立敏	罗 智
张亦田	于 航	饶谢平	刘婧婧	陈 霞
李文姬	巫丽妃	李慧杰	刘 芳	钟 莎
周璐璐	白 雪	刘 嬖	刘娅菲	景亮晶
张 霞	贾东宇	戴 婧	张 颖	楚 航

木材科学与工程（家具设计与制造）（共 59 人）

赖先章	张 文	常 斓	林 剑	祁端阳
孟力猛	栾平超	曹欢欢	谭忠华	张忠范
徐 卓	谭国超	王 明	屈 鹏	朱文菊
苑 菲	刘 丽	孟璐雯	李玲妹	高 巍
曹 扬	房小菲	金仙明	金 华	孙 星
宋沛颖	李 婧	吴 瑕	龚 涌	何百军
张 雷	陈春剑	廉荣飞	马 肖	张 鑫
聂剑锋	田其意	王昊诚	朱一飞	孙 林
刘 涛	李 鹏	桂乾坤	陈 璐	张 晨
何 欣	韩 昱	吴美玲	杨 瑶	明 星
高弘昀	宫小迪	郑蕊馨	高着琳	郑 瑜
孟令萱	姜 媛	杨倩雯	曾 元	

林产化工（共 55 人）

张亚伟	姚林江	强海亮	覃智超	尉迟健
王兴奇	李铭根	王 勇	刘 春	谢建杰
王 磊	周文超	邓 禹	任 勇	周红涛
胡维忠	王其辉	钱 斌	浦文婧	刘倩倩
王丽丽	许 琳	金 银	辛婷婷	安乐静
丁 睿	杨 婷	李宏静	齐 祥	林 星
熊 健	窦 伟	甄伟兴	梁振浬	吴正波
高福明	章园红	李潘望	刘佳梁	祁海啸
范 鑫	李 斯	柏雄师	马 周	黄冬海
王 芳	马 蕾	蒋 力	黄 晴	廖晓霞
郁 玮	孙 冉	李春梅	黄 玲	杨海艳

林产化工（制浆造纸工程方向）（共 47 人）

胡凌山	李鸿翔	王 立	李后坤	孙卫超
时慧星	程时文	孙维昕	王 伟	吴 斌
叶 臣	高 巍	钱文珺	姚文英	王潇潇
刘玉兰	金紫燕	悟 罕	雷 超	白银娜
王亚娟	张 莹	周蓉霞	陶蓓蓓	代松家
吴稻武	赵 帅	谢双林	胡 宇	邱建国
谭细生	周 鑫	苏国文	于志强	王协昆
蓝霁虹	罗森曼	焦 皎	孟云兰	邢 勉
白雯锐	孟莉莉	王得香	钱荣敬	贾 佳
周舒珂	韩 燕			

包装工程（共63人）

李 钧	李万兆	孙 文	伍 波	田新平
王 昆	姜 哲	王韶华	余远洋	梁 鹏
彭常斐	徐 磊	胡文静	张雅妍	梁 泊
林静玉	高 虹	赖 芳	罗 玲	满青竹
王雯静	张 慧	梁丽娟	孙其英	刘 英
殷 怡	胡 辰	董晓婷	万 洁	陈 勰
向 伟	杨 威	宋 懿	桑子涛	闫春祥
舒 庆	李 帅	毛 帅	宋 波	田 君
莫钧超	李东方	白冰洁	徐 瑶	顾婷婷
马翠媛	黄 茸	吴昊俣	韩彦雪	车艳丽
赵艳花	孙 薇	朱柯桦	张 洋	郭婷婷
赵 晶	熊晓丹	吕 倩	杨雨竹	方玉昕
黎 婧	胡 睿	麻慧敏		

艺术设计（共101人）

吴姝君	曹 闪	黄丽斯	李 晔	任晓敬
祁 麟	颜鹏程	贺 琦	初 文	冯 伟
苏 贤	李林泽	郭克轩	孙胜亚	李金科
李 军	杨元智	朱 叶	林可心	张雨婷
田 璐	麦洋洋	蔺泽丰	刘 晨	韩 冰
孙雯然	赵雨思	段岩蕾	张 敏	刘小东
曾亚奴	赵瑞玲	路 雪	马静文	王小磊
赵 画	万晓默	王 岩	刘立发	刘 军
张 进	胡 楠	曹现伟	夏文睿	朱文勇
吴诚实	孙明明	李 强	杨智超	方 姗
盛 洁	刘 洋	雷 阳	葛 欣	刘晓丽
郑红红	于丽硕	张晓薇	刘晓明	尹 婧
杨欢欢	李秋萍	张 力	乔 娇	邵文青
刘 莉	姚 卉	高 见	李芬铭	张士彬
申海滨	黄 玙	李战龙	张 华	张树伟
胡耀程	蒋 磊	陈代国	张 亮	刘文明
庞明龙	王 坚	张 寅	宋 扬	狄 琨
刘 珺	董星月	王志敏	于 涵	徐 颖
卞慧彩	刘 堃	耿轶为	褚天舒	孙晓泽
耿艳玲	宋锦婷	颜华艳	冷 冰	王 昕
姜 玲				

艺术设计（装潢艺术设计方向）（共32人）

侯 莉	姚 佳	毛 玮	张 俊	何 龙
刘 聪	李鹏荣	吴 坤	韩 笑	赵德鹏
刘海周	霍旭光	赵 靖	刘筱倩	郭庆娴
郝九超	张 颖	张晶晶	郭珊珊	王 曦
王晶晶	蒲婷婷	侯 爽	马佳宁	彭昊云
李学学	李 雪	赵 隽	张晓琳	夏佳美

高素云 武 媛

生物学院（合计193人）

生物科学（共32人）

贾 蕙	孟 姣	卢 瓛	马 拓	杨 治
孙 莹	张柳燕	王彩玲	富炜琦	钱丽颖
孟 希	夏禹荪	苏 晓	冯 越	李文娟
李 佳	王 微	张 怡	陈媛媛	李小桐
满 鹏	伯云台	史文焱	施丽丽	王 杨
付 育	李 霓	韩彦莎	叶浩彬	吴佑君
林 黎	付蓁蓁			

生物技术（共71人）

邸晓亮	滑 昕	叶 舒	张明园	王晓明
邵亚申	杨 珺	薛企猛	曹春伟	冉金龙
胡琛霏	陈娃瑛	曹丹丹	廖 玲	宋 婧
叶 静	史军娜	王 锋	吴 穷	李新强
杨 光	陈 静	李 爽	邓勤思	余 洋
梁 潇	吕 坤	刘小明	陆 奇	张 星
陈 骥	戚 东	黄振晖	王 兰	李 睿
马 拓	高 狆	许焕捷	张 雯	马夷昀
庄学平	许雯婷	邹 国	袁金梁	金杭康
李 娜	田信玉	赵 青	王晓燕	何文婷
王彩娟	李婧嫄	常青云	邹丽雪	孙祥明
李 萌	刘文文	覃玉蓉	朱莉思	杜方舟
乔 楠	张洪亮	孔祥林	吕 鹏	楚静莹
熊巧琳	刘 飞	琚 康	孙 鹏	刘 丹
杜 娟				

食品科学与工程（共90人）

王志远	贺 寅	王兴发	陈泉圣	白 夜
夏 雄	李 军	李大年	黎小波	许小茜
路馨丹	徐雅丽	黄婵媛	菅红磊	李倩倩
刘恩梅	周 钧	王 政	浦炯晔	徐鸿沄
尚琳琳	刘伟红	朱 琳	白淑芹	张 欣
唐 绚	马 顾	祝婷秀	罗 园	韦丹丹
吕海建	杜跃超	洪艺有	陈 健	田 许
赵 稳	汤 沙	朱 杰	郑智勇	武建云
刘 宇	洪 荒	汪一帆	张梦雅	林秀椿
郑朝慧	董海芹	牛 渊	李婷婷	邱同玲
陈 欣	李 丹	冯阳阳	田 理	王慧敏
陈 夏	张颖华	刘变利	朱 萍	易 超
文 磊	罗 晨	赵悦茗	隈朋晔	陈 文
周瑞鹏	陈 进	陈双喜	王小恺	仇志伟
宋继华	杨 静	董靖晨	王岩艳	刘 榴

北京林业大学年鉴2009卷

裴会红	刘文颖	李玉娣	何群芳	金美含
唐雅婷	车玉华	陈 娜	舒 扬	王红燕
吴纪平	张世英	刘婷婷	王 爽	陈 琳

信息学院（合计 208 人）

信息管理与信息系统（共 111 人）

李 璐	吴湖忠	李 凌	姚 诚	吴 准
左凤然	高 亮	刘志强	沈秉远	崔博一
王 明	容宏强	姚 剑	宋 瑞	任丽娟
白露莎	袁慧颖	贾维维	刘云云	李 鑫
闵立辉	俞惠倩	董文英	王亚婧	彭 淼
戴 璐	张 颖	徐 静	王 珂	回 悦
张飞虎	林煌杰	吴 宇	吴琼雷	肖 鹏
邹玉华	张晋宁	汤姿平	潘广通	孙元臻
付俊陶	屠延妍	田 心	戴 婕	刘勋勋
伍晓蔓	张仕响	李美男	向 森	董芳冰
罗 凡	綦君梅	朱 艳	母一诺	张永欣
陈 赛	邵长春	司 维	史云龙	冯国权
陈奕雷	谷雪刚	夏向东	许林才	曾军崴
谢光颖	李 虎	王飞亚	殷 玥	李 然
赵宇欣	阙玉珍	王 萃	齐晓静	王 芳
宁 靓	黄 薇	康 慧	王 威	李娓娓
吴俊楠	郜 惟	邵玉婷	宋 炜	李 岩
张 璋	陈文俊	徐陆军	崔绍龙	杜艳冰
张君毅	易修彬	陈尚安	丛颖男	石泽映
王一川	鲁寅杰	王 钰	林 瞳	苏 慧
范东晓	刘爱菊	于 爽	刘 林	莫 倩
王 鑫	张艳英	李 恒	姜 莹	周 畅
熊旭娟

计算机科学与技术（共 49 人）

朱 峰	张 剑	朱 罕	程 明	王 澍
胡晓磊	董 晨	刘佳伦	陈 文	章 勇
宗志强	张俊杰	马千里	王 哲	王纪年
李文强	李 坤	王唯伟	常 悦	张晓璇
杨秋艳	谢亚琛	何 洁	龚 风	余文霞
高 飞	陆华博	刘 寅	周 磊	王 卓
齐 伟	陈经禄	李碧鸿	洪 卫	张 磊
郑 宇	闫喜彬	韩 锋	王 力	李志强
董 超	曹新蕾	李京丽	魏 然	李丹丹
王左君	翟 莹	车云雁	赵禹晶

计算机科学与技术（艺术设计方向）（共 48 人）

| 武晓东 | 何晓斌 | 陈 岩 | 李朝晖 | 宋 斌 |
| 张元杰 | 刘诚信 | 张英全 | 邵和明 | 张 超 |

夏 宏	曾静娜	王 蕾	靳雪茹	陈晖君
刘冬香	李 佩	林 箐	王 蕊	曾 茜
王 楠	陶 璟	柳 榛	王璐婷	瞿 寰
何奇康	张兴华	李 睿	杨 波	陈了然
解 旻	裴 勇	严孙荣	张依依	刘 瑶
叶 星	苏 力	姚丽娟	邢美军	郭艳芬
李 玲	符 蓉	过翊沄	陆 红	刘春艳
孙 存	刘 迪	王 琳

人文学院（合计 196 人）

法学（共 135 人）

刘 熙	杨观宇	农实斌	吴 迪	张 备
徐寅杰	裴 军	曹 凌	白 玉	马虎跃
何 健	于 涛	周凯华	胡 韵	索 晶
安 跃	塔 欣	黄惠英	黎雪茹	袁亦芳
张金体	许文思	张馨月	陈小卫	杨 婷
鞠雅莉	戴晨婉	杜宗婵	盛 洁	张 丽
孙 博	闫碘碘	邹 荔	任晓璐	万晓光
赵 展	郭 星	傅立静	周晓东	廉立竹
李永庆	赵晋宁	郝树平	季宝存	丁 炜
梁建军	曾鹏飞	湛娜娜	曹 婧	崔莉莉
李 静	杨 爽	黄桂花	苏菊花	王丽舒
宋 鸽	李双丽	徐 丽	周康余	陆茹萍
赵青杨	郭晓宇	赵玉梅	杨媛元	王学文
李 然	赵 晗	王欣炜	朱 虹	任仲伟
程彦军	熊恩祥	贾杰罡	张兆虎	鲁 锋
常维华	蔡 寒	张扶摇	李海建	陈 沛
何茂桥	霍 芳	王 星	罗少英	钟 焱
林婉琼	张 娴	蔡雪娜	李 平	苏玉婷
李雨佳	唐 荣	钟绍祯	燕慧依	王真真
李 源	黄 文	沈 丹	马文婷	雷 笑
孔莉宏	潘 晶	付天龙	尚 文	梁志扬
周 杰	胡 浩	陈庆远	屈永通	王跃虎
徐 飞	杨 彬	杨明智	颜 涵	聂 阳
马 硕	陈 丹	王 丹	罗凤璇	戴 凡
黄玉华	朱亚娣	康彦芳	魏 炜	谢琼立
罗向好	刘 婵	叶 娥	刘 昕	李 霖
李旭丽	赵 颖	高晓霞	王亚星	金 燕

心理学（共 61 人）

顾 弓	刘贤伟	王钊恒	胡志强	黄 圆
孙 全	李 强	刘 波	陈 峰	李秀忠
常书士	李 昂	坝明辉	朱丽娅	高 静
李 君	姚 芳	张秋云	曹杏娥	肖 露

张　喆　王义梅　葛高飞　杨　敏　刘瑾雯
幺德杰　莫　力　郑　洁　何　洁　肖　惠
李　苑　丁　凯　吴小亮　孟长治　杨孝平
张福利　白　扬　孙文彬　郭　峰　侯鸿亮
谭洞微　王银顺　向　科　戴　静　张露引
焦寅鹏　窦　玮　王　洋　王　萌　苗　培
罗　盘　章菁菁　雷姝娴　庄春萍　贺　婕
刘菁菁　何玉蓉　牟优优　徐　莉　钟　歆
何　谐

外语学院（合计131人）

英语（共107人）
王志强　刘关珏　吴孝刚　李　杰　朱　倩
袁　媛　刘　芳　刘　娜　黄　娟　汪漪漩
林　愉　朱海娜　钟　慧　雷　蕾　谢雅娜
李　丽　徐　静　王　薇　杨　帆　刘丛丛
张举燕　赵丽丽　郭丽娟　何单娜　康金超
张圆圆　王　芳　易　青　张　成　杨锦成
曹　橹　杨　超　唐文涛　梁　晨　徐　然
巫扬帆　陈美华　李洁钰　刘潇竹　郝瑞肖
杨　敏　黄　洁　邢元媛　赵越超　姜唯尹
曾雅丽　田冬暖　龚　佳　李月女　魏立莉
缪碧玉　王　虹　胡　婧　陈　思　刘苏州
谭兆亨　刘国良　喻官伟　孟庆运　方　芳
张　雪　柳　森　郑　晶　林　娜　王雯清
梁　艳　田　野　杨卓娅　毛秋月　冯　涛
龚　慧　汤　云　沈敏凤　宋松岩　乔京晶
梁　影　李轶佳　余王含　周韧姝　曲萍萍
林雄奇　唐军良　林　宇　任　超　王翔蔚
马　婧　徐梦奇　应　蕾　吴　璐　陈倩文
颜　东　杨惠乔　刘　静　齐雪松　许露露
向婷婷　王晓航　郑　烨　张　幸　牛　越
李津利　窦　娟　丁　洁　钱石洁　李　妍
张冉冉　王晶晶

日语（共24人）
李方东　孙成阳　翟世光　张　柳　王　硕
牛　森　刘思思　王彩妤　李　娇　孟　雪
王晶玉　万晓琳　李伊然　孙金红　王　英
赵婧婧　刁敬轩　王一柳　信洪琴　孟　琳
闫　歌　张　艳　傅姝祯　吴蓉琼

理学院（合计123人）

电子信息科学与技术（共65人）

冯　鹏　熊恩亮　王可争　赵宏鹏　黄　鑫
伍德生　谢二周　黄鹏翔　陕　羿　单志伟
罗依华　崔　岩　夏晓明　章正师　董俊良
张泽鸣　石　凯　周　为　赵闻宇　郭标河
刘　璐　张　玮　庞欣荣　丁小康　张海玲
雷　雪　魏晓敏　兰晓琴　尹志宁　郝德梅
吕素涵　王薇薇　张凤英　王重阳　杨　波
张　烁　蔡文响　刘仁诚　季永恋　黄飞展
廖广阳　曹　丹　阳　彻　孙达根　王瑜迅
冯俊俊　梁启晖　刘松枝　董占朋　李小宁
朱聪翀　陈金凤　马立新　张彩祥　康丽萍
段苟苟　汤靓洁　孙　玉　王伟兰　刘晓倩
杨　娜　王　敏　杨远慧　郭虹怡　张惠慧

数学与应用数学（共58人）
王　犇　刘　江　农镇雨　江　彦　白　雷
谭　镇　何　瑜　孟星宇　曾　峰　姚　潇
孟宪哲　马升平　杨坤林　刘　达　俞　超
凌　曦　李　任　冼慧莹　张凤岩　刘潇璨
刘　颖　粟　怿　李　旭　姜英子　潘　莹
夏然云　刘晓静　李仲夏　崔维芳　陈　怡
许　谦　郝学赛　叶　挺　马学鹏　程　军
郑　飞　邵银涛　陈　麟　董　硕　石　超
肖　宏　沈铁军　韩　寅　王　恰　赵淑琴
李玉妍　张亚男　周金瑾　黄梓馨　杜明艳
刘　涛　张　璟　郑　方　许　娜　李　雪
张　妍　章伟红　杨　航

环境科学与工程学院（合计62人）

环境科学（共62人）
汪成运　程　赛　白云鹏　张华美　冯　晶
刘剑澜　汪　浩　金　彪　孙世昌　张国振
王　辉　李　波　李旭东　李　洋　陶璨雄
庞　姗　韩　笑　吴玲玲　潘吉兰　盛文璐
温　馨　杨　毅　李　志　向凤琴　王　菲
蒋　婧　蔡雪琪　刘　彬　韩婷婷　李　佳
阮铃铃　马　琳　马淑勇　赵　煜　吴承沣
林鹏程　潘齐坤　刘革非　黄承贵　李建钊
谭　鸿　张新建　张雷雷　唐　维　孙冠宇
胡康博　吴　广　高　媛　张艺娟　黎淑钻
李道静　孙小棠　马炎炎　马华敏　廖小玲
吕　萍　张翰林　张培培　吴　婷　肖　婧
黄灵芝　王　吟

（教务处供稿）

学位授予名单

博士学位授予名单（合计 182 人）

林学院（合计 45 人）

草业科学（农学 6 人）

张晓波 方文娟 李 雪 刘 君 张静妮
王铁梅

林业装备工程（工学 5 人）

张彦林 万学道 姚 山 冯海霞 姜 伟

森林保护学（农学 5 人）

王国红 刘长海 武海卫 阎雄飞 孙月琴

森林经理学（农学 6 人）

郭建宏 李吉梅 王元胜 张慧平 豪树奇
杨馥宁

森林培育（农学 18 人）

周金池 李庆梅 汤景明 童方平 甘 敬
赵广亮 王兰珍 马超德 王艳梅 郑 蓉
贺随超 于海群 李效文 刘海燕 何 茜
王玉涛 马书燕 董 珂

生态学（理学 5 人）

粟维斌 伊力塔 法 蕾 孙 立 万慧霖

园林学院（合计 29 人）

城市规划与设计（工学 15 人）

翟付顺 张晓燕 韩瑞光 彭 蓉 王春沐
杨云峰 汤振兴 江天远 侯晓蕾 郭 巍
欧阳高奇 李春青 李 飞 傅 凡 沈实现

园林植物与观赏园艺（农学 14 人）

曾端香 周秀梅 温 放 黎海利 王顺利
张莉俊 韩秀丽 张春英 黄 鑫 王 华
王 越 赵 冰 顾翠花 张睿鹏

水土保持学院（合计 36 人）

复合农林学（农学 2 人）

陈卫平 李 洁

工程绿化（农学 3 人）

孙长安 胡淑萍 刘艳慧

山地灾害防治（工学 2 人）

赵 辉 张成梁

生态环境工程（农学 12 人）

刘喜云 王晓江 张文军 李 瑞 李素艳
孟广涛 曲 红 周利华 滕朝霞 刘秀萍
张香凝 高程达

水土保持与荒漠化防治（农学 17 人）

史常青 吉文丽 肖 洋 张 富 陈月红
王建华 杨 光 徐先英 宋吉红 刘士余
张 超 杜丽娟 张晓明 段玉玺 李铁铮
岳永杰 周 刚

经济管理学院（合计 24 人）

林业经济管理（管理学 24 人）

王雪梅 王心同 刘东生 王祝雄 侯胜田
于德仲 杨新华 张晓静 李道和 刘 源
李秀娟 王顺彦 吴卫红 邵权熙 李小勇
颜 颖 谢 屹 韩 嵩 梁丽芳 屈红国
王志芳 胡永宏 石道金 李 砾

工学院（合计 7 人）

机械设计及理论（工学 7 人）

陈 劭 董金宝 霍光青 高 林 刘西瑞
肖 江 田勇臣

材料科学与技术学院（合计 8 人）

林产化学加工工程（工学 3 人）

何 静 胡 文 张 勇

木材科学与技术（工学 5 人）

司 慧 任 强 马 路 李小清 朱本诚

生物科学与技术学院（合计 22 人）

林木遗传育种（农学 4 人）

陈洪伟 郝艳宾 张正海 李义良

生物化学与分子生物学（理学 3 人）

王天祥　盖　颖　陈己任
野生动植物保护与利用(农学　3人)
陈金良　安　钰　姚圣忠
植物学(理学　12人)
金　麑　梁明武　卞福花　张晓玫　于亚军
杨远媛　钟传飞　李妮亚　李　艳　李雪萍
杨明嘉　王立平

信息学院(合计6人)

森林经理学(农学　6人)

周洁敏　夏忠胜　袁传武　王春玲　庄作峰
王李进

自然保护区学院(合计5人)

自然保护区学(农学　5人)
林大影　王双玲　李晓京　黄晓凤　赵格日乐图

同等学力人员博士学位授予名单(合计6人)

理学博士3人,农学博士3人。

林学院(合计3人)

草业科学(农学　1人)
费永俊
森林经理学(农学　1人)
李长胜

森林培育学(农学　1人)
白　夜

生物科学与技术学院(合计3人)

植物学(理学　3人)
李　昆　胡晓丹　谢晓亮

硕士学位授予名单(合计605人)

林学院(合计89人)

草业科学(农学　16人)
董静华　董　明　高小虎　郭云文　廖　宁
刘立成　孟　芳　王　莹　魏元帅　肖昆仑
徐　冰　姚　娜　曾艳琼　赵会娟　赵慧芳
卓　丽
地图学与地理信息系统(理学　20人)
白尚斌　陈晓雪　李树伟　李亚东　刘　广
刘佳璇　刘婷婷　刘　翔　刘云伟　罗　凯
聂振钢　裴莲莲　秦红斌　王红亮　熊妮娜
袁伟志　曾兵兵　张慧芳　张亚玲　朱晓荣
森林保护学(农学　10人)
董　芳　黄海荣　矫振彪　李伦光　刘　丽
齐晓丰　尚　蓓　汤宛地　王建美　张彦龙
森林经理学(农学　11人)
李菲菲　刘　畅　刘佳峰　史大林　王晓晶

肖　尧　张　俊　张丽华　赵浩彦　赵永泉
郑焰锋
森林培育(农学　22人)
安永兴　车文瑞　陈　崇　陈森锟　段永宏
房　城　何　斌　胡启鹏　黄看看　姜　枫
靳利军　景　森　李大威　李　宁　梁君瑛
马丰丰　牛君丽　庞　静　万　坚　王小婧
吴长虹　谢秀丽
生态学(理学　10人)
陈　圆　程小琴　胡　赫　康秀亮　刘贤娴
刘艳玲　吕　佳　卫　敏　夏伟伟　杨　爽

园林学院(合计102人)

城市规划与设计(工学　53人)
滨岸健一　陈　玲　陈美兰　陈　婉　程　鹏
丁　戎　杜　曼　范存星　付　倞　郭屹岩
郝风博　郝　倩　侯　芳　胡　倩　胡青青

黄　亮　蒋侃迅　雷　蕾　黎鹏志　李小芬
李　昕　李颖璇　刘博新　刘　钢　刘红秀
刘赟硕　吕文君　罗　倩　罗志远　马　斌
孟维康　牛铜钢　彭忱霖　祁建勋　孙海涛
田　甜　王晶华　王玮琳　王　璇　肖　辉
谢卫丽　闫　明　颜玉璞　杨　帆　张公保
张　军　张　鹏　张晓婧　张晓叶　张　胤
赵　灿　郑　寒　周蝉跃

旅游管理(管理学　8 人)

陈　静　杜　颖　李丽娜　刘婧媛　刘明丽
宋蕴娟　王　冰　朱丹丹

园林植物与观赏园艺(农学　41 人)

陈　珂　崔　静　杜秀娟　费　菲　胡继颖
胡　枭　黄文盛　金晓波　刘海姗　刘　华
刘佩佩　刘文娟　刘　曦　刘晓倩　卢　洁
马　莉　唐　伟　田　苗　王　惠　王　俊
王　敏　王小芳　王　颖　王友彤　魏佳玉
杨　果　杨振华　叶灵军　于　君　翟　蕾
张　栋　张　凡　张　蕾　张　立　张　骞
张颖星　郑红娟　郑维伟　周　华　周丽霞
朱　珝

水土保持学院(合计 **83** 人)

地图学与地理信息系统(理学　7 人)

方　斌　冯愿楠　郭超颖　廖　芳　林靓靓
纳　磊　朱秀杰

复合农林学(农学　6 人)

刘利霞　鲁兴隆　马　骏　苏　兴　闫艳平
殷丽强

工程绿化(农学　8 人)

常馨方　贺露红　黄栋学　马欣欣　逄　红
杨秀梅　张　华　张维成

结构工程(工学　3 人)

蒋　博　李　博　赵　昕

农业生物环境与能源工程(工学　9 人)

付仕伦　焦丽艳　李　军　李　盼　刘星颢
田　硕　王　雪　张　静　赵　欣

山地灾害防治工程(工学　1 人)

陈　涛

生态环境工程(农学　8 人)

陈国亮　郭红艳　梁　月　廖　行　孙文轩
孙　毅　王　玉　武　晶

水土保持与荒漠化防治(农学　25 人)

包昱峰　陈慧新　陈婷婷　陈子珊　胡会亮
胡月楠　李　晖　李　猛　李　维　刘云芳
卢晓杰　芦新建　罗　德　沈　彦　孙庆艳
万勤琴　王　惠　王　庆　王炜炜　王晓贤
席光超　余晓燕　张红丽　张进虎　张　锐

土壤学(农学　4 人)

孟冬梅　曲天竹　王　觅　邹荣松

植物营养学(农学　4 人)

王乐乐　王玉红　韦安泰　邹　妍

自然地理学(理学　8 人)

陈静谊　董　磊　荆丽波　栾　勇　尹　娜
于明涛　张俊卿　张晓娟

经济管理学院(合计 **67** 人)

管理科学与工程(管理学　10 人)

郭倩楠　李　歆　刘姗姗　陆　研　宋　颖
王文龙　岳　宾　张　诺　郑雪松　周　唯

国际贸易学(经济学　12 人)

单丽君　宫云平　李　佳　李　洋　刘耕耘
卢　茜　马　珵　孟　辕　牛懿帅　任明亮
张　甜　赵晓妮

会计学(管理学　16 人)

曹开东　崔　颖　范洪岩　高晓鑫　郭　静
姜　瑰　姜玲玲　孔令娇　李　青　李文彦
李　欣　刘劲松　刘　焱　石旭晖　张惠玲
张　静

林业经济管理(管理学　24 人)

蔡　珍　崔向雨　谷　梅　姜莉萍　康会欣
李　伟　马玉芳　梅　怡　邵亮亮　孙晓明
王景娜　王琳琳　周　瑞

企业管理(管理学　6 人)

丛　艳　冯志东　牛　文　濮珍贞　唐　筱
徐　薇

统计学(经济学　10 人)

付　强　刘书茂　刘欣明　马　莉　秦　琴
田亚新　王　琪　游　彬　赵春飞　赵丽娟

工学院(合计 **21** 人)

车辆工程(工学　6 人)

程　铭　方　俊　李大维　万年红　许春雷
尹建业

机械电子工程(工学 2人)
高勇 李丽
机械设计及理论(工学 7人)
曹智涓 丁文华 李蕾 刘训球 俞宏虎
曾欢 张婷婷
控制理论与控制工程(工学 3人)
白陈祥 聂凯 王元园
森林工程(工学 3人)
高功名 王扬 杨磊

材料科学与技术学院(合计43人)

林产化学加工工程(工学 12人)
陈国伟 杜洁 李滢 毛大伟 苗婷婷
沈艳尼 谈滔 汪国华 王卫刚 王晓峰
徐博函 原盛广
木材科学与技术(工学 25人)
安静 常乐 陈鹏 丁杰 何远伦
黄松军 焦真真 林翔 刘博 刘佳
刘颖 刘玉容 马力 任晓峰 史文萍
王侠 吴帅 夏松华 熊文韬 徐力峥
徐伟涛 于赫 张丹丹 赵敏 郑兴国
设计艺术学(文学 6人)
金小倩 石伟 蔚一潇 谢翠琴 张少婷
张永琳

生物科学与技术学院(合计75人)

林木遗传育种(农学 15人)
郭长花 贺佳玉 胡君艳 贾婕 贾子瑞
金晓洁 李海霞 李娜 李琰 李悦
刘婷婷 马海渊 欧阳芳群 薛瑾 杨伟光
农产品加工及贮藏工程(工学 9人)
方梦琳 郭佳 韩俊娟 李曼 刘翠平
卢晓蕊 马国刚 孟令频 檀丽萍
生物化学与分子生物学(理学 15人)
白华 李芳 刘瑞玲 柳燕 马莹莹
彭晓霞 宋晓丹 王伟 王晓雪 王鑫
吴敏 肖平 严晓丹 赵鹏 周章印
微生物学(理学 3人)
段杉 樊军 王玥
野生动植物保护与利用(农学 13人)
曹青 曹婷婷 崔媛媛 李娜 李晓旭
李欣悦 刘莹娟 吕琪 孟春玲 王博
张扬 郑志华 庄健荣

植物学(理学 20人)
曹学锋 陈江华 陈星 戴园园 李牡丹
刘跃华 路荣春 沈瑗瑗 盛德策 石勇
宋金艳 田晓芳 王慧娟 温安娜 乌达
闫慧 姚有庆 张华 张鹏翀 张云霞

信息学院(合计42人)

管理科学与工程(管理学 10人)
范伦挺 胡玥 孔佳 廖晓华 马宇飞
苏霞 王路漫 武勇 许兴 姚轩
管理科学与工程(工学 2人)
黄欣娟 徐梧
计算机应用技术(工学 15人)
冯振兴 高映雪 郭敏哲 胡玉斌 李金戈
李雷 刘华平 罗云深 王全红 武晓岛
张倩倩 赵海峰 周秋珍 朱宁 邹奕婷
森林经理学(农学 12人)
段旭良 高桂桂 孔令孜 李琳 刘志辉
吕晓莉 罗惠琼 彭维 申晋 薛晶
姚敏 余芳艾
设计艺术学(文学 3人)
刘晓茜 翟海娟 张璐

人文社会科学学院(合计31人)

科学技术哲学(哲学 19人)
郭锐 何燕 黄桂英 李钠钠 李拯
罗华莉 盛佳丽 施莹莹 陶爱萍 王大亮
王涵 闫珏 杨堂英 叶莉 喻真
张艳丽 张艺 赵奇 朱婧媛
马克思主义理论与思想政治教育(法学 12人)
杜明娟 樊宇凤 高雪东 刘细艳 吕孝权
施伟韦 田金梅 田甜 吴旻 谢司
徐笛 杨刚

外语学院(合计27人)

外国语言学及应用语言学(文学 27人)
柴晚锁 陈玲 范恭华 关春溪 江春
金玲 李莉 林璐 刘彩霞 刘慧
吕艺超 曲媛媛 王广英 王任环 王卓君
席欣 徐尧 杨硕 杨夕 尹丽丽
张卉 张丽君 张荣花 张威 张燕
赵晓东 周密

理学院（合计 **6** 人）

生物物理学（理学 6 人）
郭 林 季韶洋 石 慧 孙永林 王 敏
王晓辉

环境科学与工程学院（合计 **9** 人）

环境科学（工学 9 人）

谷石岩 姜 潇 卢 佳 孙玲玲 王 珂
徐永利 于 健 赵 娟 郑雅芹

自然保护区学院（合计 **10** 人）

自然保护区学（农学 10 人）
陈 燕 陈元君 程 芸 丁丽亚 郭 佳
谈 探 王德国 鲜冬娅 张秋岭 宗 雪

同等学力人员硕士学位授予名单（合计 21 人）

林学院（合计 **3** 人）

森林经理学（农学 3 人）
侯正阳 李宇昊 徐 晴

园林学院（合计 **6** 人）

园林植物与观赏园艺（农学 6 人）
邓 炀 丁 尚 洪 艳 李锐丽 马志飞
孙国慧

经济管理学院（合计 **9** 人）

林业经济管理（管理学 9 人）
范朝阳 黄 薇 雷韶华 刘冬梅 马 会
梦 梦 孙丽川 王 颖 钟明川

信息学院（合计 **3** 人）

森林经理学（农学 3 人）
姜喜麟 蓝瞻瞻 田 禾

高校教师硕士学位授予名单（合计 5 人）

园林学院（合计 **2** 人）

园林植物与观赏园艺（农学 2 人）
陆东芳 高玉艳

经济管理学院（合计 **1** 人）

会计学（管理学 1 人）

孙 旭

生物学院（合计 **2** 人）

野生动植物保护与利用（农学 1 人）
张 霁
植物学（理学 1 人）
赵丽萍

学士学位授予名单(合计3288人)

林学院(合计207人)

林学(共78人)

朱曦 卢祯林 宁宇 邱知 张翔 孙宇 徐新华 张广奇 林海晏 关明 唐刚 邱洋 孙凯 舒焕 王艳 霍婷婷 谢千瑾 潘春芳 王泠懿 鲁丽敏 刘春莹 王晶晶 刘彦君 王燕 李川 孙维 赵朝 郑永魁 周建峰 盛晨阳 曾晓鸡 梁雨 乔永 郑有琳 邢明亮 刘韩 张辉 陈志钢 徐钊 刘凤娇 陈颖 张红梅 徐倩倩 蒋春颖 刘姗 畲萍 朱建花 侯新红 吴红娟 管玄玄 藕然 陈雪凉 吴峰 付刚 李显亮 柴永健 潘旭 宋天宇 胡文超 张博 吴小冬 郭庆 何赵伟 冯秋琳 怀慧明 冯旭鹏 廖文静 杨静怡 孙琦 何列艳 王莹莹 李娜 马文杰 黄彩霞 王晓明 王娟 张鲁娅 曹鑫

森林资源保护与游憩(共48人)

余科 刘海涛 野海堂 迟桂富 隋学良 邵德宇 张鹏 高必强 范铖 张元遴 黄桐毅 石锐 王晓晨 肖翠 海丽华 曾源 周娇 赖家蓉 张仕其 郭怀文 孙武 代海军 周帆 黄灿辉 杨松 陈烨 李永强 陈昊 郭杨 孙东 李成 郭涛 苑杰 王韶华 吴卫 吴晓悦 陈洁 时榕蔚 李帅琪 艾怡雯 张妍 刘婷婷 刘晓锋 嬴光万 何道洪 永珠次仁 次仁曲培 次仁旺姆

草业科学(城市草坪方向)(共37人)

聂慧松 黄晶晶 孙振华 普建林 黄桂翔 徐方印 范寅 许诺 姜岩 周宇 熊兴 赵志刚 董政 王培君 陈浏安 孙琼 孙维 刘向荣 蒋影 黎瑞君 冯兰 王林琳 张弘 乔天立 李育昕 张金娇 陈美玲 孙静 黄文婷 王尧 马瑶 杜靓靓 王睿 赵静 哈丽莎·米吉提 伊力夏提·艾合麦提江 阿衣别克·那斯如拉

草坪管理(中美合作办学项目)(共12人)

钱琰 李响 王皓 黄敏杰 潘晶 沈炯甲 任芳 赵媛 孙睿 田雯 金璐 赵思静

地理信息系统(共32人)

薛辰琛 冯阳 马越欣 兰箫旋 徐先虎 罗广平 陶忠云 陈峥 袁帅 覃溪 程鹏 袁海 潘况一 张婧 隗莹 杜哲 苗宏慧 左英馨 钟璇 张薇薇 梁诗博 林渊钟 严庆 赵凤鸣 李丹 郭晓晓 王兆红 孙红梅 李梓 李程 董超 叶影

园林学院(合计465人)

园林(共193人)

孙巍 孙华阳 王洪宇 胡垠 张冬 周啸 王玉圳 杨涛 孙妍艳 杨忆妍 黄倩竹 黄晓倩 王娟 陈炫然 高莹 高明明 谭桂芳 于思洋 屈尔蓉 焦阳 管银瓶 王晓聪 刘然 黄祯琦 许超 于昕雅 黄晓雪 庞璐 李景 解琦 刘婷 江平 王宏彬 饶英贤 杨寅 王淼 殷琦 王栋 刘杨 柴思宇 德晔 朱里莹 卢延洪 祁琼玉 陈士宁 张开爽 王玉枝 薄胜男 张建成 崔梦珏 李阳 王琳 王珏 张易文 李运虹 林溪 郭琼 周丽 潘晓敏 熊扬眉 谭璇 霍锐 赵怀皓 林旻 李博伦 龙飞军 丛元 茅凯嵘 张扬 张云路 刘笑 陈夏茵 傅彩莲 赵莉 李晶晶 李洁冰 杨硕 唐珊 郝爽 殷雯 杨楠 王丽华 曹昊钰 王珺哲 赵怡琼 赵青 马信可 郭悦然 鹿巍 刘苡辰 黄玫玟 刘家琳 卢一华 高江菡 黄天义 陈家泰 薛铸 罗勇彬 李强 赵帅 王超 金兴涛 靳秾 许晶 刘明华 陶艳丽 周芷滢 杨兰 高春苗 马双枝 游琦 李颖睿 金艳燕 任寅 刘婷

李轶群	靳瑞聪	张 莹	葛瑶华	刘志芬
付孜扬	刘素璇	袁彰欣	陈 颖	韦晓舫
刘砾莎	冯 磊	陈进明	时钟瑜	刘 玺
黄文锋	戈晓宇	张晓俊	王 巍	徐 杨
张 涛	张昊宁	王 莹	李红艳	秦崇芬
刘燕玲	李春瑾	王荣荣	王彦杰	潘 洁
刘晓萍	李昱臻	张博文	毛 莉	李 黎
张婧妮	张晶晶	王乐砾	曾 婧	马 旖
张 慧	陈 颖	兰丽婷	蔡 序	黄文文
张仁杰	张 亮	刘 鹏	康海军	宋军勇
潘 翔	吴敬涛	王昀昀	陈文琼	刘云帆
王 宏	罗 君	张 婕	王 颖	范崇宁
崔 超	刘 薇	魏绍影	张 凌	张 岩
张莉颖	郭 姝	李 宁	权佳佳	李 静
王 琼	李文娟	林 妍	王嘉嘉	贺舒婷
姜成勖	朱凯元	吕 锐		

城市规划(共124人)

范端阳	刘原道	郭荣坤	范 强	陈佳东
张铭然	卢 勇	孙 帅	潘辰恺	魏 犇
卞 斐	陈佳音	张 程	张焱菁	宋 颐
蔡宏静	江紫明	田 乐	纪姗姗	李天飞
刘 蕾	金佳鑫	夏 宇	刘小芸	张鸣明
唐铃铃	王煦侨	宫 婷	刘 璇	水腾飞
孙长娟	高晓艳	沈昡男	汪勇翔	洪 涛
杨 玺	刘占胜	赵德亮	单国栋	聂 鼎
刘兆欣	兰 洲	程冠华	马文华	张晏阳
林 捷	黎琼茹	韦蕴芳	岳 崇	王楠琼
高慧宇	罗晋平	董荔冰	卞 婷	叶 雪
白 晶	杨 钰	郝 春	龚沁春	耿佳丽
刘昱彤	廖雪杉	徐筱婷	张荐硕	于 涵
郑 科	王志唤	孙 轶	史 虓	于小迪
杨拥邦	王 鹏	秦 学	杨 睿	余 茵
费 荻	许天馨	雷维群	苏 博	魏 方
蒋慧超	蒋芸菊	文 明	唐秋楠	徐 姗
董 丽	单 良	白桦琳	朱 玲	王 晓
张 菲	石莹莹	高 洋	侯亚娟	谭小玲
黄坤连	王长宏	潘尧阳	刘岩彬	张一康
张柔然	罗春龙	程晋川	李俊强	张晓玥
张安琪	王超颖	王雪飞	蒋凌杰	潘墨苑
孙冰清	王文月	侯春薇	解陈娟	邵雅萍
张谊佳	项华珥	孙 娇	焦 扬	陈 飞
唐 臻	侍文君	陶 陶	徐陈韫姿	

旅游管理(共87人)

何文斌	马五福	柳开运	刘帅虎	穆立新
隋学武	井 琛	王文杰	李罕梁	马晋晋
张 雁	赵 妍	闫丽英	林善媚	李萃玲
张 颖	黄 川	黄梦颖	黄 佳	柏 扬
晏伟英	张 莹	于小倩	孟婷婷	冯利宁
张 露	吕 娅	王盛女	王柏林	丁 刚
刘署光	吴永新	华 华	郭 栋	王显华
朱 钰	唐 超	刘 啸	刘 燕	谢雯莎
陈 金	梁 曼	付 瑶	詹 薇	李 妮
蔡亚利	徐 彩	高 丽	邹文静	范倩情
崔花妮	皮丽君	周梦茜	孙丹丹	杨莲婷
颜 娃	古新超	莫晓玮	张艳平	孙 双
王 珺	周 辉	马鹏军	朱华俊	郭 萱
刘贞贞	林 锦	范丽亚	刘丽凤	陶文燕
侯艳伟	胡若杞	胡雯雯	刘 悦	杜 巍
邱畑畑	艾婉玉	吕桂芳	李一兵	李 芬
张 秦	樊 琳	李柏娜	常 惜	唐飒飒
尼玛扎西	白玛德吉			

园艺(观赏园艺方向)(共61人)

李 岑	董必焰	郭 昊	刘 平	黄 煜
吴小土	钱 鹏	薛 昳	李冰华	王 琳
周逸龄	刘 寅	王彩凤	阮 欢	金白莲
王萍珠	龚春莹	乐婷婷	崔 丹	毛 菲
冯亚莉	惠 楠	于 洋	邓 茜	刘彦坤
尹逊楠	王 倩	王 影	李 爽	朱海强
郭 维	孙荣生	李成璋	赵 伟	汪 涛
马晓强	姚晓东	朱 娟	董倩妮	刘 颖
莫晓明	王光雅	唐 明	于长艺	张铭芳
裴红美	王铁新	史言妍	罗 欣	孟 锐
包 欣	张 丹	靖 晶	王学凤	张 鑫
桑叶子	刘意恒	李雅琳	周生艳	时 怡
张文秀				

水土保持学院(合计187人)

水土保持与荒漠化防治(共62人)

兰 敏	吴煜禾	赵 辉	马 珣	周 彬
贾国栋	闫长宝	姚 宇	李增毅	张峻玮
张 东	张 伟	阳文兴	李 威	邓铭瑞
刘 曦	胥 莹	唐 寅	李 义	谢 婧
奇 凯	马琳娜	刘 静	王 茜	陈 琳
贺淑霞	李 悦	张 晶	梁文梦	郝名利
白 斌	韦立伟	张 淳	师百杰	汪 瑛

向家平　李家悦　范敏锐　张建宇　孙　祥
张益源　骆　汉　张　鑫　吴亮亮　鄢　煜
郑方方　倪晓蓉　郭　琪　孙　艳　刘昊华
高小如　李　玲　张心阳　侯睿昕　贾慧慧
宋维念　雷佳妮　张　枫　周　兰　索朗次仁
次仁仓决　次仁德吉

资源环境与城乡规划管理（共61人）

李　毅　朱　岩　童鸿强　赵哲光　靳刚雷
冯靖宇　李　善　邓永成　焦　江　沈瑞昌
杨　侃　王进超　吴海龙　戴　铭　何　薇
郑　钰　张小剑　王珺莉　宋欢杰　周　莹
谭　诗　汪　源　江燕民　张晨岚　李汉超
熊璐璐　曹　欣　王　利　岳　丹　刘秀丽
陈　珏　刘　峰　吕　盟　许智超　杨业光
张东东　王德志　柳　行　奚振华　张大伟
夏庆华　辜　彬　陈　炯　陈　杨　刘　佳
刘　薇　容士平　徐　康　田晓玲　胡　岚
周晖子　陈　尉　黄　凌　张艺潇　韩海霞
李佳佳　张　佩　王　蕊　周　洁　张铁英
于　蕾

土木工程（共64人）

洪　光　周　朔　周　浩　严敏杰　郭中华
韩鑫晔　乐成双　朱伟庆　金　日　安述春
黄霄宏　梅伟平　刘　阳　张　磊　高　上
刘挚鹏　张　可　潘隆锋　赵　杰　郭雪芳
徐　婷　张　鑫　李　进　常莹莹　万金枝
周　亭　张玉静　赵　雅　梅　芳　王砾瑶
方　春　陈百送　王树鑫　徐胜文　李盛华
袁　健　刘　宇　饶　君　梁　斌　曹　鹤
彭传斌　汤立斌　张　卿　刘英亮　张德永
马　彬　高　刚　张　雷　蔡树森　殷小峻
舒明超　李昕欣　蔡红远　张文龄　陈少芬
刘　利　王兵兵　陈　丹　顾　烨　齐宝红
毛　琦　李青蔚　孙　艺　阿根木江·阿不拉

经济管理学院（合计803人）

农林经济管理（共69人）

滕　腾　李灵犀　揭日兴　张　华　朱治国
张昌达　贾　鹏　孙久灵　杨　彪　李伟建
李高尚　马龙波　史良义　李　勇　孙婷婷
宋　曦　徐烨琳　邵　瑞　陈文君　田书菊
崔　征　王复旦　章　程　韩敌非　康　媛
晋生菊　王玉冰　冯　琼　丁艳荣　张　茜

孙雨葭　陈　曦　张炎佳　徐　佳　艾　好
杨　玮　马星宇　黄少勇　陈　健　邢　熙
关维宁　姜　楠　宋玉成　唐信夫　姚　军
郑森予　盛　利　虞　啸　沈红霞　宋北辰
胡慧芬　赵　丞　许　丹　田晓维　孙丽辉
王战男　张　艳　李松林　王　静　杨莉菲
王晓琴　冀海萍　朱子贞　杨　静　何　燕
陈洪贞　季　娟　郑召翠　阿衣木汗

会计学（共62人）

韦柳瑄　刘　喆　陈献超　孙鼎逢　王继成
赵鹏翔　魏景玉　李恒林　胡光文　李佳熹
陈菁菁　张　莉　黄　宁　马丽君　裴丽伟
刘斯玮　宋亚美　李　蒙　袁丽娟　眭　乔
蔡茂菁　戴　筱　张　雨　郭丹凤　陈文娟
肖　卉　邢旭静　黄彦菱　杨文慧　周巧巧
温子然　莫杰麟　霍　建　余　森　曹瑞群
冯　硕　刘　翼　崔海娟　刘红霞　黄　薇
吴姗姗　李　青　韩佳美　张瑞妍　郑　娇
黄欣如　潘　晔　陈　娟　孙白巧　曾　苗
魏若望　臧冬生　陈晓曼　胡一沛　马小青
林　启　杨　帆　陈　婷　张金钰　董　莹
崔艳辉　王翔俊健

会计学（国际会计方向）（共64人）

蔡　彪　付　强　曹　晖　郑　捷　田　澄
苏尚才　孙　彤　刘锦源　荀慧斌　柴有鹏
唐　亮　刘　倩　许芸芸　季雁楠　何　阳
孙思婉　李　阳　罗　溪　宋中华　叶　媛
张娜娜　丁　玎　方　圆　黄　蓉　金文天
朱德慧　暴　菲　张小丽　何亚玲　孟　蝶
侯　琳　沈筱筱　王国君　郭东岳　梁宇博
陈凌鹏　陈　峰　李春霖　武　帅　韩冬伟
刘　阳　薛　白　柳　婧　张默捷　白　露
王晓雯　翟　姝　关　歆　陈子静　杨光旭
吴海霞　宋　玥　卢天芝　邹　娴　潘金雨
赵花莲　吕志博　李沐砚　冯艳晶　崔　萌
王　静　王　奕　程　瑛　褚玲仙

工商管理（共74人）

车　杰　刘　兵　王　宁　郝　欢　王文海
吴坤浓　朱天磊　谢德斌　徐　浩　金晓博
宋军卫　程肖飞　薛应登　王　磊　金振宇
杨江美　李永新　于　万　韦隽婷　刘芳菲
荣　杏　王文雅　宋梓源　孙　婷　贾晨悦
黄小晓　敖丹丹　李玉娟　李振峰　刘　婧

301

邓艳敏	程钰	王春惠	朱晖	蒋立
张坤鹏	贾彬	李维	李涛	李胜文
王鹏	徐鹏	熊浩	曾国航	杭斯乔
周谨	郎福	吴素隆	吴鹏	邵玉栋
王凯	王攀	王烨	马爽	王睿
韦华芳	陈倩倩	李艳丽	刘林玲	唐晓曼
苏妍	顾盈盈	黄昱	李佳	张媛
黄瑾玥	肖玮玮	张静	党媛	刘玲
严雪	扎西央宗	欧阳明慧	西热卓玛	

工商管理（经济信息管理方向）（共65人）

黄东锦	黄身杰	林德茂	黄承	崔凯
王英杰	于琥林	严荣耀	罗旋	高雅
魏洁	倪晓琴	王森	翁珏	于淼
郭晶	李彦	霍妍	王慧	关秀华
赵敏	白金	王名君	张倩	许怡
刘敏	张红元	陈露	母丹	张媛媛
白洁	张之宇	罗坤芳	高培宏	赵子威
向杰	王志君	邱发洋	齐达功	吴伟
张涛	陈锦	张若愚	马晓青	殷崴
王艳桃	丁丽	周博	王卉	姜婷
董圣楠	范娜娜	索超	刘唤唤	高敏
李轶维	张蕾	杨洋	王帆	文秦丽
米涛	方跃	李蓉	杜宇	董鑫

工商管理（物业管理方向）（共124人）

严江宝	李永佳	陈祖铭	赵国鑫	周飔
余进	樊伟	杨小亮	郭嘉	宋洋
马艳红	朱坤	冯琳	袁梦楠	廖静静
周佳	韩碧	符之孟	李静君	曹丽荣
于露	李嫒睿	池仙娥	陈钰	李敏
任姝霖	李沐孜	黄建美	冯玉梅	孙文静
胡新新	林选铜	杨勇	吴亦迪	黄世雄
王超	苏佳	牛波	康溉	郭洁
郭姗姗	赵雪	舒情	吴丽莉	马淑银
马云	胡燕林	潘珠	孙文静	谢慧娟
赵绿茵	陈雨	安银花	王娟	罗婷
徐洋宁	杨雯	许凤凤	帕马	马真
陈婧靓	韦微	邱洁	刘佳	刘焕
胡晓明	高吉瑞	谢寅鹤	刘宇宁	周浩
姜国	任士伟	李燕菲	边晓晨	吴雪
高茵	王亚然	李绿梅	许蕾殷	郑婧婕
伍雪	刘亚静	张纯	韩婧婧	崔凯旋
杨翠云	许乃文	吴玉婷	赫瑞霞	李斐
吕菁菁	任懿	王佳	沙丽曼	陈喆宁

赵晨耕	孙浩	王伦泽	刘卓林	朱泓波
吴佳骅	王诺蝶	李萱	马莹莹	施静
路旭	洪育梅	胡玮	张煜	熊晓露
潘春会	李健	程一宁	刘磊进	杨洋
李佳阳	浦君	轩玉婷	曾孝	王勇婧
王雪	加依娜	汪晓翠	帕提古丽·艾尔肯	

统计学（证券投资分析方向）（共33人）

张大威	曾伽宁	高明	李威	圣付青
于明豪	冯拓	苗壮	吴昌龙	韩笑
杜洁	孙杨	赵若男	蒲春梅	李怡
马莉旬	唐静	陈明艳	黄雯霞	宋蛟洁
董玫汐	许姝明	刘艺	姜云茜	田琳
史祎美	张剑	付丽明	张旭	忻艳
冯钦芳	赵众	孙钠娜		

统计学（市场调查与分析方向）（共32人）

郭俊勇	巫锡椿	黄孟玮	李富龙	刘欢
刘维炼	徐永奎	曹国伟	冯研	于祥伟
黎禹	李璁	周乐茂	游精兵	冯若愚
康清恋	张奕婧	马红梅	齐红超	赵娥
王丽珍	郭丽	孙华丽	田雅琼	贾雅娟
汤志华	李捷	张叶	赵钰	杨岚
杨旎琨	赖小兰			

国际经济与贸易（共70人）

张芳	夏琦	房苏殊	郑云玉	袁越
刘特	阮永刚	张晨星	曹亚军	蔡苏龙
宁涛	顾立洋	黄辉	袁静	韩晓
杜若若	郭佳文	王寅	史岳峰	叶汝
祁素萍	周素茵	刘慧敏	王乐	李阳
刘笑	殷冬花	周谦	甄婷婷	郭诗瑶
王楠	杜婧	陈思静	张雨薇	董跃迪
贾程	吴静芸	孙肃	高滨	陈方
张伟强	张贺石	覃磊	丁慧	沈芊呈
李志伟	王景云	王晓丹	刘雪琴	郝迪
刘同原	徐超	田婧思	曹肸	张君羊
吴嘉玲	杜艳	孙泽炎	刁菲	谢智琼
韩璐	张书瑶	杨艳	郭思聪	吉晓玲
王燕燕	张莉	韩春艳	胡姗	张磊

金融学（共70人）

徐希平	彭涌	沈文滔	蔡珞	刘文君
周镇中	钟兴	王道明	苏欣	原利斌
陆云鹤	于萌	宋晓颖	张娜	姚瑶
董妍	滕菲菲	李雪玲	王薇	章亚男
郭曼	郑芳媛	王菲菲	陈定	胡佳玲

郑利花　赵　茜　刘　薇　陈晓雯　李培融
田　原　武雅情　赵　艳　梁　烁　马玉枝
沈艳芬　冯　燕　姚　娟　谢木子　李奕鹏
乔　溪　王　路　高燕飞　李育霖　胡　焱
王钟睿　李　影　张　元　冯　艳　陈　晨
白　雪　许艳秋　李倩颖　李　宁　付凯丽
郑菊花　丁　丽　罗　净　谷丹予　付　婷
张　敏　路云秀　侯丁琳　林旭静　车文静
吴　静　郭　璐　范晓楠　陈婷婷　刘静慧子

市场营销(电子商务方向)(共60人)
崔若思　杨寿安　刘晓义　李会杰　黄　森
金兆国　杨志耕　滕　兵　徐志远　林子群
万福军　温鑫钢　张　驰　蒋晓峰　郑　云
牛　丽　张　帆　蓝飞艳　郗志俊　袁丰莉
卫　婧　陈　姣　龚晓君　徐　燕　赵剑赟
焦晓娟　周雨楠　闫　晶　王　彧　刘　玲
周　怡　王小洁　范　悦　安占宝　徐　劢
张　健　慕华奏　吕　鹏　吕国梁　黄佳笛
宋雨涵　刘　娣　林岩秀　陈雯雯　徐春晓
李　慧　欧磊敏　石琦瑛　徐　艳　徐玲玲
盛晓薇　解晓庆　苏　霞　安健期　李肖萱
金　音　陈　恩　李　昂　马晓雷　张　欢

人力资源管理(共58人)
高　嵬　崔　征　胡泽冰　张　男　田　冰
刘　洋　张小雷　刘晓亮　杨贵川　朱晓明
苏　艺　田　磊　李　娜　任苗苗　张碧君
霍荣芳　李　琪　郭景明　汪红玲　廖明娥
李文慧　张小敏　陈凤娇　邵　楠　李　岩
徐金丽　张　帆　张　磊　田芮夕　赵群超
程　需　张　堃　冯召栋　陈　飞　闫效禹
吴　上　陈　然　张清淋　毛铮言　高　然
王丽丽　李思远　齐　笑　金　蕾　田红柳
李　哲　夏　凡　何　英　车小倩　曹家宁
周　旻　李　蕊　毕晓娜　郭旭凯　冯　玮
王　彬　周夕入　曹冬岚

工商管理(二学位班)(共22人)
李　鹏　张　扬　贺　亮　苏　丹　刁劭譞
王　伟　常　虹　任丽娜　王　超　杨　露
张　燕　谢利双　居　然　梁　燕　王　芳
陈箐妍　杜　红　郭　婷　刘　杉　覃　云
才　溢　高　阳

工学院(合计322人)

机械设计制造及其自动化(共57人)

吴桔升　吴海洋　吴　霄　陈　毅　兰世游
张绍全　韩文学　郑　楠　黄开胜　王　磊
李民亮　廖　辉　何　宇　陈　实　林　勇
陈超辉　周　洋　王　凯　王志刚　裴旭东
王志亮　范刘雁　赵亚坤　杜　蕾　柏　鹭
范文丹　王利荣　贺在梅　莫琳琳　张　珂
陈　磊　段文博　陈　然　田子夜　刘　营
王　聪　宋子明　顿成元　杨坤山　张　磊
周荣辉　陈　林　盛伟华　马　凯　殷　亮
刘　辉　郭新毅　徐长有　金晓巍　陈　昕
张宏燕　孙雅纯　赵晓晓　杨　超　王迎迎
刘　娜　杨小宁

交通工程(汽车运用工程方向)(共92人)
张大伟　杨晓琳　郑伯超　汪小刚　蔡远林
葛　韬　黄　岩　刘登虎　孙　刚　蒋大伟
刘炳剑　薛　陀　梁星文　李　智　任志强
杨晓飞　陈少鹏　水　浩　袁　敏　王　超
施　强　李　晨　马小妹　李　玲　沈昭延
李　兰　刘凤杰　闫　艳　李宁琳　孙　逊
邓　丽　代成亮　王晨光　陈文彬　李永金
黄焕章　宋晓文　洪　波　姚京宁　钟慧敏
王　森　焦嘉甲　柳　峰　晋良波　李　寅
冯科珂　徐俊尧　郭　璇　兰小青　张　静
孙振佳　李　燕　王　兰　赵丽新　刘晨昊
杨燕燕　杨　艳　张梅杰　谢先静　喻琛琦
许士翔　高一鹏　张　凡　朱兴佳　李　毅
石　文　王　虎　樊锦涛　黄　明　谢　松
凡桂宽　陈彦民　贾大伟　李澎亮　李爱骥
吴文刚　葛慧铭　吕　伟　张普波　王浩龙
孙美超　曹　硕　王　玥　薛　琳　柯　妍
余　悦　马丽芳　黄　弘　谢文静　马玉娇
韩砚艳　沈佳佳

工业设计(共58人)
徐　未　袁友军　聂　维　刘海毛　张维彬
金　焱　郝瑞敏　王　宁　潘文东　王宏斌
董雯洋　孙　颖　姚　湘　杜　娜　杨　洋
杨慧玲　张琳琳　黄　赛　徐　馨　王　娟
崔　蕾　齐　颖　齐　慧　张雪莲　李旭颖
吕聪聪　谢　磊　于　焱　刘书剑　杨德朋
马在维　陈　明　张　文　严育香　顾晓东
陈　峥　林海鹤　叶枝茂　林　洋　殷　硕
刘小月　刘凤琪　吴亚男　付春媛　潘　倩
杨莹莹　王乙臣　巩　简　于晓琦　张翼鹤
吕丽娟　闫东宁　石　婕　曹　琳　雷彤娜

张洁莹　毕先颖　陈文晓黎

自动化（共59人）

万　振　徐长军　吴忠伟　刘晓睿　余朝华
徐　磊　徐　会　朱小路　刘　宁　王　超
边逸迅　刘　明　胡培金　马绍桓　刘博虎
李　洋　徐　军　张群超　江小问　范思远
荣　美　彭曾愉　彭小璇　余潇潇　李婷婷
贺迎凤　马剑英　宋　扬　邵陈蔚　伍亚虎
侯　健　任　旭　陆宣林　吴孝红　杨　亮
乔迎超　雷智勇　姜宪明　刘字濠　杨宇霆
单建国　陶建华　李兆德　刘学成　方智勇
高　平　吴　捷　江　挺　胡敏婕　李佳星
王　然　刘　妍　何桂苗　王　倩　穆　洋
叶春燕　贺晓娟　李晓夏　贾元妹

自动化（工业自动化方向）（共56人）

张杰宇　宁　宁　张治国　赵学亮　孟广毅
金明吉　李辉球　田振国　汤尚国　王　磊
蔡政宇　白宇峰　陶文强　隋海建　毛　峰
王　洋　周群博　杨　海　孙　亮　黎　媚
陈　悦　李明明　张　萍　薛慧霞　林雪芹
陈　桃　吕　琛　张　平　王　昊　蒋剑锋
乔治银　谯甲甲　滕海鹏　蔡柏平　甘典文
谢奇才　陈　寅　姚世飞　吴　丹　郭鹏宇
刘宝磊　王士超　白磊磊　刘　猛　林光证
常　龙　严博文　王潇宵　张　莹　张彩云
于莹莹　冯　琳　张雪芬　夏　川　闫　文
唐　婷

材料科学与技术学院（合计405人）

木材科学与工程（共55人）

王连军　刘建秋　熊　浩　张雷虎　江进学
张　鹏　郭建强　尹绪金　药敏健　郑　伟
杨　洋　黄　苓　葛　玲　潘　玮　张瑞敏
李　款　刘　玲　乔燕琴　邱　茜　刘　燕
王　珵　李　晶　王　怡　周丽丽　刘炳玉
江小丹　贾　海　周　敏　何宗华　常　明
朴　杰　李昊庭　周新明　郭立敏　罗　智
张亦田　于　航　饶谢平　刘婧婧　陈　霞
李文姬　巫丽妃　李慧杰　刘　芳　钟　莎
周璐璐　白　雪　刘　墅　刘娅菲　景亮晶
张　霞　贾东宇　戴　婧　张　颖　楚　航

木材科学与工程（家具设计与制造）（共56人）

赖先章　张　文　常　斓　林　剑　祁端阳
孟力猛　栾平超　曹欢欢　谭忠华　张忠范

徐　卓　王　明　屈　鹏　朱文菊　苑　菲
刘　丽　孟璐雯　李玲妹　高　巍　曹　扬
房小菲　金　华　孙　星　宋沛颖　李　婧
吴　瑕　龚　涌　张　雷　陈春剑　廉荣飞
马　肖　张　鑫　聂剑锋　田其意　王昊诚
朱一飞　孙　林　刘　涛　李　鹏　桂乾坤
陈　璐　张　晨　何　欣　韩　昱　吴美玲
杨　瑶　明　星　高弘昀　宫小迪　郑蕊馨
高着琳　郑　瑜　孟令萱　姜　媛　杨倩雯
曾　元

林产化工（共54人）

张亚伟　姚林江　强海亮　覃智超　尉迟健
王兴奇　李铭根　王　勇　刘　春　谢建杰
王　磊　周文超　邓　禹　任　勇　周红涛
胡维忠　王其辉　钱　斌　浦文婧　刘倩倩
王丽丽　许　琳　金　银　辛婷婷　安乐静
丁　睿　杨　婷　李宏静　齐　祥　林　星
熊　健　窦　伟　甄伟兴　梁振浬　吴正波
高福明　章园红　李潘望　祁海啸　范　鑫
李　斯　柏雄师　马　周　黄冬海　王　芳
马　蕾　蒋　力　黄　晴　廖晓霞　郁　玮
孙　冉　李春梅　黄　玲　杨海艳

林产化工（制浆造纸工程方向）（共47人）

胡凌山　李鸿翔　王　立　李后坤　孙卫超
时慧星　程时文　孙维昕　王　伟　吴　斌
叶　臣　高　巍　钱文珺　姚文英　王潇潇
刘玉兰　金紫燕　悟　罕　雷　超　白银娜
王亚娟　张　莹　周蓉霞　陶蓓蓓　代松家
吴稻武　赵　帅　谢双林　胡　宇　邱建国
谭细生　周　鑫　苏国文　于志强　王协昆
蓝霁虹　罗森曼　焦　皎　孟云兰　邢　勉
白雯锐　孟莉莉　王得香　钱荣敬　贾　佳
周舒珂　韩　燕

包装工程（共62人）

李　钧　李万兆　孙　文　伍　波　田新平
王　昆　姜　哲　王韶华　余远洋　梁　鹏
彭常斐　徐　磊　胡文静　张雅妍　梁　泊
林静玉　高　虹　赖　芳　罗　玲　满青竹
王雯静　张　慧　梁丽娟　孙其英　刘　英
殷　怡　胡　辰　董晓婷　万　洁　陈　纝
向　伟　杨　威　宋　懿　闫春祥　舒　庆
李　帅　毛　帅　宋　波　田　君　莫钧超
李东方　白冰洁　徐　瑶　顾婷婷　马翠媛
黄　茸　吴昊俣　韩彦雪　车艳丽　赵艳花

孙薇　朱柯桦　张洋　郭婷婷　赵晶
熊晓丹　吕倩　杨雨竹　方玉昕　黎婧
胡睿　麻慧敏

艺术设计(共99人)
吴姝君　曹闪　黄丽斯　李晔　任晓敬
祁麟　颜鹏程　贺琦　初文　冯伟
苏贤　李林泽　郭克轩　孙胜亚　李金科
李军　杨元智　朱叶　林可心　张雨婷
田璐　麦洋洋　蔺泽丰　刘晨　韩冰
孙雯然　赵雨思　段岩蕾　张敏　刘小东
曾亚奴　赵瑞玲　路雪　马静文　王小磊
赵画　万晓默　王岩　张进　胡楠
曹现伟　夏文睿　朱文勇　吴诚实　孙明明
李强　杨智超　方姗　盛洁　刘洋
雷阳　葛欣　刘晓丽　郑红红　于丽硕
张晓薇　刘晓明　尹婧　杨欢欢　李秋萍
张力　乔娇　邵文青　刘莉　姚卉
高见　李芬铭　张士彬　申海滨　黄玙
李战龙　张华　张树伟　胡耀程　蒋磊
陈代国　张亮　刘文明　庞明龙　王坚
张寅　宋扬　狄琨　刘珺　董星月
王志敏　于涵　徐颖　卞慧彩　刘堃
耿轶为　褚天舒　孙晓泽　耿艳玲　宋锦婷
颜华艳　冷冰　王昕　姜玲

艺术设计(装潢艺术设计方向)(共32人)
侯莉　姚佳　毛玮　张俊　何龙
刘聪　李鹏荣　吴坤　韩笑　赵德鹏
刘海周　霍旭光　赵靖　刘筱倩　郭庆娴
郝九超　张颖　张晶晶　郭珊珊　王曦
王晶晶　蒲婷婷　侯爽　马佳宁　彭昊云
李学学　李雪　赵隽　张晓琳　夏佳美
高素云　武媛

生物学院(合计192人)

生物科学(共32人)
贾蕙　孟姣　卢瓛　马拓　杨治
孙莹　张柳燕　王彩玲　富炜琦　钱丽颖
孟希　夏禹荪　苏晓　冯越　李文娟
李佳　王微　张怡　陈媛媛　李小桐
满鹏　伯云台　史文焘　施丽丽　王杨
付育　李霓　韩彦莎　叶浩彬　吴佑君
林黎　付蓁蓁

生物技术(共70人)
邸晓亮　滑昕　叶舒　张明园　王晓明

邵亚申　杨珺　薛企猛　曹春伟　冉金龙
胡琛霏　陈娃瑛　曹丹丹　廖玲　宋婧
叶静　史军娜　王锋　吴穹　李新强
杨光　陈静　李爽　邓勤思　余洋
吕坤　刘小明　陆奇　张星　陈骥
戚东　黄振晖　王兰　李睿　马拓
高翀　许焕捷　张雯　马夷昀　庄学平
许雯婷　邹国　袁金梁　金杭康　李娜
田信玉　赵青　王晓燕　何文婷　王彩娟
李婧媛　常青云　邹丽雪　孙祥明　李萌
刘文文　覃玉蓉　朱莉思　杜方舟　乔楠
张洪亮　孔祥林　吕鹏　楚静莹　熊巧琳
刘飞　琚康　孙鹏　刘丹　杜娟

食品科学与工程(共90人)
王志远　贺寅　王兴发　陈泉圣　白夜
夏雄　李军　李大年　黎小波　许小茜
路馨丹　徐雅丽　黄婵媛　菅红磊　李倩倩
刘恩梅　周钧　王政　浦炯晔　徐鸿沄
尚琳琳　刘伟红　朱琳　白淑芹　张欣
唐绚　马颀　祝婷秀　罗园　韦丹丹
吕海建　杜跃超　洪艺有　陈健　田许
赵稳　汤沙　朱杰　郑智勇　武建云
刘宇　洪荒　汪一帆　张梦雅　林秀椿
郑朝慧　董海芹　牛渊　李婷婷　邱同玲
陈欣　李丹　冯阳阳　田理　王慧敏
陈夏　张颖华　刘变利　朱萍　易超
文磊　罗晨　赵悦茗　隗朋晔　陈文
周瑞鹏　陈进　陈双喜　王小恺　仇志伟
宋继华　杨静　董靖晨　王岩艳　刘榴
裴会红　刘文颖　李玉娣　何群芳　金美含
唐雅婷　车玉华　陈娜　舒扬　王红燕
吴纪平　张世英　刘婷婷　王爽　陈琳

信息学院(合计207人)

信息管理与信息系统(共110人)
李璐　吴湖忠　李凌　姚诚　吴准
左凤然　高亮　刘志强　崔博一　王明
容宏强　姚剑　宋瑞　任丽娟　白露莎
袁慧颖　贾维维　刘云云　李鑫　闫立辉
俞惠倩　董文英　王亚婧　彭森　戴璐
张颖　徐静　王珂　回悦　张飞虎
林煌杰　吴宇　吴琼雷　肖鹏　邹玉华
张晋宁　汤姿平　潘广通　孙元臻　付俊陶
屠延妍　田心　戴婕　刘勃勃　伍晓蔓

张仕响 李美男 向　森 董芳冰 罗　凡　　邹　荔 任晓璐 万晓光 赵　展 郭　星
綦君梅 朱　艳 母一诺 张永欣 陈　赛　　傅立静 周晓东 廉立竹 李永庆 赵晋宁
邵长春 司　维 史云龙 冯国权 陈奕雷　　郝树平 季宝存 丁　炜 梁建军 曾鹏飞
谷雪刚 夏向东 许林才 曾军崴 谢光颖　　湛娜娜 曹　婧 崔莉莉 李　静 黄桂花
李　虎 王飞亚 殷　玥 李　然 赵宇欣　　苏菊花 宋　鸽 李双丽 徐　丽 周康余
阙玉珍 王　萃 齐晓静 王　芳 宁　靓　　陆茹萍 赵青杨 郭晓宇 赵玉梅 王学文
黄　薇 康　慧 王　威 李娓娓 吴俊楠　　李　然 赵　晗 王欣炜 朱　虹 任仲伟
郜　惟 邵玉婷 宋　炜 李　岩 张　璋　　程彦军 熊恩祥 贾杰罡 张兆虎 鲁　锋
陈文俊 徐陆军 崔绍龙 杜艳冰 张君毅　　常维华 蔡　寒 张扶摇 陈　沛 何茂桥
易修彬 陈尚安 丛颖男 石泽映 王一川　　霍　芳 王　星 罗少英 钟　焱 林婉琼
鲁寅杰 王　钰 林　瞳 苏　慧 范东晓　　张　娴 蔡雪娜 李　平 苏玉婷 李雨佳
刘爱菊 于　爽 刘　林 莫　倩 王　鑫　　唐　荣 钟绍祯 燕慧依 王真真 李　源
张艳英 李　恒 姜　莹 周　畅 熊旭娟　　黄　文 沈　丹 马文婷 雷　笑 孔莉宏

计算机科学与技术（共49人）　　　　潘　晶 付天龙 尚　文 梁志扬 周　杰

朱　峰 张　剑 朱　罕 程　明 王　澍　　胡　浩 陈庆远 屈永通 王跃虎 徐　飞
胡晓磊 董　晨 刘佳伦 陈　文 章　勇　　杨　彬 杨明智 颜　涵 聂　阳 陈　丹
宗志强 张俊杰 马千里 王　哲 王纪年　　王　丹 罗凤璇 戴　凡 黄玉华 朱亚娣
李文强 李　坤 王唯伟 常　悦 张晓璇　　康彦芳 魏　炜 谢琼立 罗向好 刘　婵
杨秋艳 谢亚琛 何　洁 龚　风 余文霞　　叶　娥 刘　昕 李　霖 李旭丽 赵　颖
高　飞 陆华博 刘　寅 周　磊 王　卓　　高晓霞 王亚星 金　燕
齐　伟 陈经禄 李碧鸿 洪　卫 张　磊　　**心理学（共61人）**
郑　宇 闫喜彬 韩　锋 王　力 李志强
董　超 曹新蕾 李京丽 魏　然 李丹丹　　顾　弓 刘贤伟 王钊恒 胡志强 黄　圆
王左君 翟　莹 车云雁 赵禹晶　　　　　孙　全 李　强 刘　波 陈　峰 李秀忠

计算机科学与技术（艺术设计方向）（共48人）　常书士 李　昂 坝明辉 朱丽娅 高　静

武晓东 何晓斌 陈　岩 李朝晖 宋　斌　　李　君 姚　芳 张秋云 曹杏娥 肖　露
张元杰 刘诚信 张英全 邵和明 张　超　　张　喆 王义梅 葛高飞 杨　敏 刘瑾雯
夏　宏 曾静娜 王　蕾 靳雪茹 陈晖君　　幺德杰 莫　力 郑　洁 何　洁 肖　惠
刘冬香 李　佩 林　箐 王　蕊 曾　茜　　李　苑 丁　凯 吴小亮 孟长治 杨孝平
王　楠 陶　璟 柳　榛 王璐婷 瞿　寰　　张福利 白　扬 孙文彬 郭　峰 侯鸿亮
何奇康 张兴华 李　睿 杨　波 陈了然　　谭洞微 王银顺 向　科 戴　静 张露引
解　旻 裴　勇 严孙荣 张依依 刘　瑶　　焦寅鹏 窦　玮 王　洋 王　萌 苗　培
叶　星 苏　力 姚丽娟 邢美军 郭艳芬　　罗　盘 章菁菁 雷姝娴 庄春萍 贺　婕
李　玲 符　蓉 过翊沄 陆　红 刘春艳　　刘菁菁 何玉蓉 牟优优 徐　莉 钟　歆
孙　存 刘　迪 王　琳　　　　　　　　　何　谐

人文学院（合计189人）　　　　　　**外语学院（合计131人）**

法学（共128人）　　　　　　　　　　**英语（共107人）**

刘　熙 杨观宇 农实斌 张　备 徐寅杰　　王志强 刘关珏 吴孝刚 李　杰 朱　倩
裴　军 曹　凌 白　玉 何　健 于　涛　　袁　媛 刘　芳 刘　娜 黄　娟 汪漪漩
周凯华 胡　韵 索　晶 安跃塔欣　　　　林　愉 朱海娜 钟　慧 雷　蕾 谢雅娜
黄惠英 黎雪茹 袁亦芳 张金体 许文思　　李　丽 徐　静 王　薇 杨　帆 刘丛丛
张馨月 陈小卫 杨　婷 鞠雅莉 戴晨婉　　张举燕 赵丽丽 郭丽娟 何单娜 康金超
杜宗婵 盛　洁 张　丽 孙　博 闫碘碘　　张圆圆 王　芳 易　青 张　成 杨锦成
　　　　　　　　　　　　　　　　　　　曹　橹 杨　超 唐文涛 梁　晨 徐　然

巫扬帆　陈美华　李洁钰　刘潇竹　郝瑞肖
杨　敏　黄　洁　邢元媛　赵越超　姜唯尹
曾雅丽　田冬暖　龚　佳　李月女　魏立莉
缪碧玉　王　虹　胡　婧　陈　思　刘苏州
谭兆亨　刘国良　喻官伟　孟庆运　方　芳
张　雪　柳　森　郑　晶　林　娜　王雯清
梁　艳　田　野　杨卓娅　毛秋月　冯　涛
龚　慧　汤　云　沈敏凤　宋松岩　乔京晶
梁　影　李轶佳　余王含　周韧姝　曲萍萍
林雄奇　唐军良　林　宇　任　超　王翔蔚
马　婧　徐梦奇　应　蕾　吴　璐　陈倩文
颜　东　杨惠乔　刘　静　齐雪松　许露露
向婷婷　王晓航　郑　烨　张　幸　牛　越
李津利　窦　娟　丁　洁　钱石洁　李　妍
张冉冉　王晶晶

日语（共24人）

李方东　孙成阳　翟世光　张　柳　王　硕
牛　淼　刘思思　王彩妨　李　娇　孟　雪
王晶玉　万晓琳　李伊然　孙金红　王　英
赵婧婧　刁敬轩　王一柳　信洪琴　孟　琳
闫　歌　张　艳　傅姝祯　吴蓉琼

理学院（合计118人）

电子信息科学与技术（共61人）

冯　鹏　熊恩亮　王可争　赵宏鹏　黄　鑫
伍德生　谢二周　陕　羿　单志伟　罗依华
崔　岩　夏晓明　章正师　董俊良　张泽鸣
石　凯　周　为　赵闻宇　郭标河　刘　璐
张　玮　庞欣荣　丁小康　张海玲　雷　雪
魏晓敏　兰晓琴　尹志宁　郝德梅　吕素涵
王薇薇　张凤英　杨　波　张　烁　蔡文响
季永恋　黄飞展　曹　丹　阳　彻　孙达根
王瑜迅　冯俊俊　梁启晖　刘松枝　董占朋

李小宁　朱聪翀　陈金凤　马立新　张彩祥
康丽萍　段苛苛　汤靓洁　孙　玉　王伟兰
刘晓倩　杨　娜　王　敏　杨远慧　郭虹怡
张惠慧

数学与应用数学（共57人）

王　犇　刘　江　农镇雨　江　彦　白　雷
何　瑜　孟星宇　曾　峰　姚　潇　孟宪哲
马升平　杨坤林　刘　达　俞　超　凌　曦
李　任　冼慧莹　张凤岩　刘潇璨　刘　颖
粟　恠　李　旭　姜英子　潘　莹　夏然云
刘晓静　李仲夏　崔维芳　陈　怡　许　谦
郝学赛　叶　挺　马学鹏　程　军　郑　飞
邵银涛　陈　麟　董　硕　石　超　肖　宏
沈铁军　韩　寅　王　怡　赵淑琴　李玉妍
张亚男　周金瑾　黄梓馨　杜明艳　刘　涛
张　璟　郑　方　许　娜　李　雪　张　妍
章伟红　杨　航

环境科学与工程学院（合计62人）

环境科学（共62人）

汪成运　程　赛　白云鹏　张华美　冯　晶
刘剑澜　汪　浩　金　彪　孙世昌　张国振
王　辉　李　波　李旭东　李　洋　陶璨雄
庞　姗　韩　笑　吴玲玲　潘吉兰　盛文璐
温　馨　杨　毅　李　志　向凤琴　王　菲
蒋　婧　蔡雪琪　刘　彬　韩婷婷　李　佳
阮铃铃　马　琳　马淑勇　赵　煜　吴承沣
林鹏程　潘齐坤　刘革非　黄承贵　李建钊
谭　鸿　张新建　张雷雷　唐　维　孙冠宇
胡康博　吴　广　高　媛　张艺娟　黎淑钻
李道静　孙小棠　马炎炎　马华敏　廖小玲
吕　萍　张翰林　张培培　吴　婷　肖　婧
黄灵芝　王　吟

媒体重要报道要目

2008 年校外媒体重要报道要目

中国教育报：北林大"十一五"增加科研经费（2008 - 1 - 1）

北京晚报：北林大成立生态文明研究中心（2008 - 1 - 2）

光明日报：各界人士痛别水保专家关君蔚院士（2008 - 1 - 6）

科学时报：关老走了，留下了精神（2008 - 1 - 11）

科技日报：中国著名水保专家关君蔚院士辞世（2008 - 1 - 12）

科技日报：北林大"十一五"开局两年科研经费超 2 亿（2008 - 1 - 17）

科技日报：北林大新增两门国家级精品课（2008 - 1 - 25）

中国花卉报：北林大承担国家科技项目实力增强（2008 - 1 - 28）

光明日报：北林大举全校之力研究生态文明（2008 - 1 - 30）

中国绿色时报：林业在生态文明中应发挥重要作用（2008 - 2 - 1）

中国绿色时报：现代林业发展需要规划路线图（2008 - 2 - 1）

中国绿色时报：尊重自然才是以人为本（2008 - 2 - 1）

中国绿色时报：推进现代林业需要注意三个问题（2008 - 2 - 1）

北京晚报：北林大专家会诊受灾林业（2008 - 2 - 14）

北京晚报：插花入选国家级非物质文化遗产公示名单（2008 - 2 - 14）

北京青年报：北林大专家今赴三省会诊受灾林区（2008 - 2 - 14）

中国教育报：北林大专家赴雪灾区会诊受灾林业（2008 - 2 - 19）

光明日报：北林大专家分赴贵州、湖南、江西（2008 - 2 - 20）

科学时报：北林大专家就灾后林业重建提出建议（2008 - 2 - 25）

北京日报：首都大学生热办三农文化节（2008 - 2 - 26）

中国绿色时报：北林大老教授不遗余力作奉献（2008 - 2 - 26）

中国绿色时报：院士专家为林业灾后重建献策（2008 - 2 - 26）

北京日报：90 岁院士感动了 90 后（2008 - 2 - 26）

科技日报：北林大新增动画和车辆工程两专业（2008 - 2 - 28）

中国绿色时报：科学制定生态恢复工程规划（2008 - 2 - 28）

中国绿色时报：切莫轻言救灾初战告捷（2008 - 3 - 3）

人民网：村官刘建辉：期待下一次挑战（2008 - 3 - 6）

人民网：基层很精彩：大学生记者收获感动（2008 - 3 - 6）

中国绿色时报：柴达木盆地植被恢复有新技术（2008 - 3 - 12）

搜狐网：北京林业大学校长：南岭雪灾后火险隐患重（2008 - 3 - 13）

中国经济网：尹伟伦：建环保部突显生态文明治国理念（2008 - 3 - 13）

北京晚报：老市长和老院士的约定（2008 - 3 - 17）

北京日报：小动物们的通道奥运公园生态桥（2008 - 3 - 19）

科技日报：北京奥运花坛设计赛大学生获一等奖（2008 - 3 - 20）

中国绿色时报：老市长和老院士"梅园结义"（2008 - 3 - 20）

中国绿色时报：绿色总难成热点，为啥？（2008 - 3 - 21）

中国绿色时报：尹伟伦委员把两会精神带回校园（2008 - 3 - 24）

科技日报：奥林匹克森林公园将现"生态大桥"（2008 - 3 - 25）

北京日报：生命过程论挑战达尔文生命进化论（2008 - 3 - 26）

中国绿色时报：生态文明要从绿色生活做起（2008 - 3 - 26）

中国绿色时报：北林大学生获奥运花坛设计赛一等奖（2008 - 3 - 26）

科学时报：绿色奋斗史的忠实记录（2008 - 3 - 27）

科学时报：九旬院士青春在，老梅绽放领群芳（2008 - 3 - 28）

中国绿色时报："绿量"能否代替"森林覆盖率"（2008 - 4 - 3）

中国绿色时报：木文化研究框架基本形成（2008 - 4 - 7）

南方日报：孟兆祯：景观建设要形成传统"接力"（2008 - 4 - 11）

中国绿色时报：国家林业局与北京林业大学召开座谈会（2008 - 4 - 14）

中国绿色时报：北林大研究生教学推出新举措（2008 - 4 - 15）

北京晚报：北林大在京招生 370 人（2008 - 4 - 21）

中国绿色时报：北林大用新举措新魅力吸引考生（2008 - 4 - 21）

中国绿色时报：国际杨树大会今秋在京论杨柳（2008 - 4 - 25）

中国绿色时报：46 国林业官员来华研修森林可持续经营（2008 - 4 - 29）

中国教育报：北林大特殊培养方式吸引考生（2008 - 4 - 30）

国际在线："全国道德模范在京巡讲"林大报告会举行（2008 - 5 - 12）

北青网：林大众学生 陪汶川同学通宵等消息（2008 - 5 - 14）

中国绿色时报：一个世纪不算长（2008 - 5 - 15）

中国绿色时报：北林大九旬院士捐出万元表衷肠（2008 - 5 - 24）

湖南日报：国务院参事来湘调研林业和粮食问题（2008 - 5 - 27）

光明日报：北林大成立专家组主攻地震次生山地灾害（2008 - 6 - 2）

《求是》杂志：把论文写在大地上（2008 - 6 - 3）

科技日报：环保教育不忘农家子弟（2008 - 6 - 5）

科学新闻杂志：灾后林业如何尽快恢复重建（2008 - 6 - 7）

科学新闻杂志：中国森林能否走向健康（2008 - 6 - 7）

科技日报：北林大成立专家组主攻地震次生山地灾害（2008 - 6 - 10）

北京晚报：震区考生报考北林大不退档（2008 - 6 - 11）

人民网：绿色长征宣传绿色奥运京杭运河团正式出征（2008 - 6 - 12）

北京晚报：中美联手培养首届草坪专业毕业生（2008 - 6 - 15）

中国绿色时报：北林大教授灾区开展心理援助（2008 - 6 - 16）

中国教育报：北林大关爱震区考生有新举措（2008 - 6 - 18）

科学时报：消除你我的碳足迹（2008 - 6 - 20）

北京晚报：菊花不等秋天开 夏日绽放庆奥运（2008 - 6 - 20）

人民网：北京林业大学出台震区高考生录取方案（2008 - 6 - 23）

科学新闻杂志：打好防治震后次生山地灾害这一仗（2008 - 6 - 25）

北京考试报：绿色校园奉献爱（2008 - 6 - 26）

中国共产党新闻网：北林学生党支部与小王庄村共建（2008 - 6 - 29）

中国教育新闻网：北京林业大学生态廊道透着浓浓绿（2008 - 7 - 8）

科技日报：北林大全面建设优秀教学团队（2008 - 7 - 8）

科学时报：北林大学生培训京郊生态林管护员（2008 - 7 - 15）

科学时报："他培养了几代年轻人"（2008 - 7 - 22）

中国绿色时报：充满绿色奥运精神的追求（2008 - 7 - 22）

中国教育报：北林大暑期实践活动专业特色鲜明（2008－7－23）

北京日报：北京植物有多少种百人钻山摸底数（2008－7－29）

中国教育报：四地五千大学生比拼就业力（2008－8－10）

中国绿色时报：北林大志愿者高擎奥运火炬（2008－8－13）

中国绿色时报：北林大学生获就业能力赛佳绩（2008－8－13）

中国绿色时报：北林大三支教学团队跻身市优（2008－8－13）

中国绿色时报：北林大研究生教育规模30年扩大百倍（2008－8－13）

中国绿色时报：绿色奥运之风助推绿色大学建设（2008－8－13）

中国绿色时报：北林大志愿者服务奥运（2008－8－21）

中国绿色时报：北林大本科专业从7个到51个的跨越（2008－8－27）

北京考试报：北林大5000志愿者服务奥运（2008－8－27）

京华时报：志愿者电影《微笑圈》进高校（2008－8－30）

北京考试报：女教授主创颁奖花（2008－9－3）

中国绿色时报：科研繁荣推进了杨树产业发展（2008－10－16）

中国绿色时报：科学家揭开移栽油松大量致死之谜（2008－10－17）

青岛新闻网：北林大专家参与青岛森林湿地资源核算技术研究（2008－10－19）

北京日报：拿什么拯救北京油松（2008－10－25）

长江商报：九枝"中国红"月季代表至尊（2008－10－20）

河南商报：城市规划应遵循"天人合一"（2008－10－20）

中国绿色时报：科学家揭开移栽油松大量致死之谜（2008－10－20）

中国绿色时报：关爱自然人自在（2008－10－27）

科技日报：第23届国际杨树大会在京开幕（2008－10－28）

北京日报：全球林学家京城论杨柳（2008－10－29）

光明日报：30多国200位专家纵论杨柳与人类生存（2008－11－02）

中国绿色时报：专家为中国森林保护建言（2008－11－05）

北京日报：北林大八成多学生参与社团活动（2008－11－05）

中国教育报：首都大学生"三农"文化节在北林大开幕（2008－11－07）

中国教育报：校团委主办首都高校辩论邀请赛（2008－11－09）

中国青年报：北京万名大学生志愿者接力绿色长征（2008－11－10）

科技日报：北林大新增林木育种国家工程实验室（2008－11－13）

中国绿色时报：民族品牌香精何时飘"香"世界（2008－11－13）

北京日报：林大学生校园农耕（2008－11－19）

中国绿色时报：北林大学生社团凸显绿色（2008－11－21）

中国经济网：全国青少年绿色长征接力活动北京圆满闭幕（2008－11－24）

中国绿色时报：北林大教育部级特色专业增至6个（2008－12－04）

中国绿色时报：专家学者认为森林培育学科建设必须加强（2008－12－04）

北京晚报：306所高校设有林科（2008－12－08）

科技日报：中外林业大学校长研讨林业教育改革（2008－12－09）

中国绿色时报：北林大园林教育30年大发展（2008－12－16）

中国绿色时报：校园农耕耕种绿色生活（2008－12－18）

中国绿色时报：专家商讨后奥运旅游发展与对策（2008－12－23）

中国绿色时报：尹伟伦被推举为国际杨树委员会执委（2008－12－24）

中国绿色时报：北林大加强林权理论研究（2008－12－30）

（王燕俊　李铁铮）